科学计量与知识图谱系列丛书　　丛书主编：李　杰

信息资源管理专业推荐教材

Introduction to Scientometrics

科学计量学导论

李　杰◎著

U0952320

科学计量学是量化的科学学，

目标是创造一个可持续的科学发现与研究生态。

Scientometrics is the quantitative science of science,

with the goal of creating a sustainable ecosystem

for scientific discovery and research.

首都经济贸易大学出版社
Capital University of Economics and Business Press
·北　京·

图书在版编目（CIP）数据
科学计量学导论 / 李杰著. -- 北京 : 首都经济贸易大学出版社, 2025. 1. -- ISBN 978-7-5638-3765-6
Ⅰ. G301
中国国家版本馆 CIP 数据核字第 20242Z27V9 号

科学计量学导论
KEXUE JILIANGXUE DAOLUN
李　杰　著

责任编辑　薛晓红
封面设计　砚祥志远·激光照排 TEL: 010-65976003
出版发行　首都经济贸易大学出版社
地　　址　北京市朝阳区红庙（邮编 100026）
电　　话　（010）65976483　65065761　65071505（传真）
网　　址　http://www.sjmcb.cueb.edu.cn
经　　销　全国新华书店
照　　排　北京砚祥志远激光照排技术有限公司
印　　刷　唐山玺诚印务有限公司
成品尺寸　185 毫米 × 260 毫米　1/16
字　　数　591 千字
印　　张　28.5
版　　次　2025 年 1 月第 1 版
印　　次　2025 年 1 月第 1 次印刷
书　　号　ISBN 978-7-5638-3765-6
定　　价　180.00 元

一个人的一生都在寻找自己。

希望本书能帮助科研从业者认识科研活动中的自己。

献给那些热爱科学计量学的朋友们！

To all the Scientometricians!

本页插图由作者通过提示词在ChatGPT中生成（2024年5月21日）。

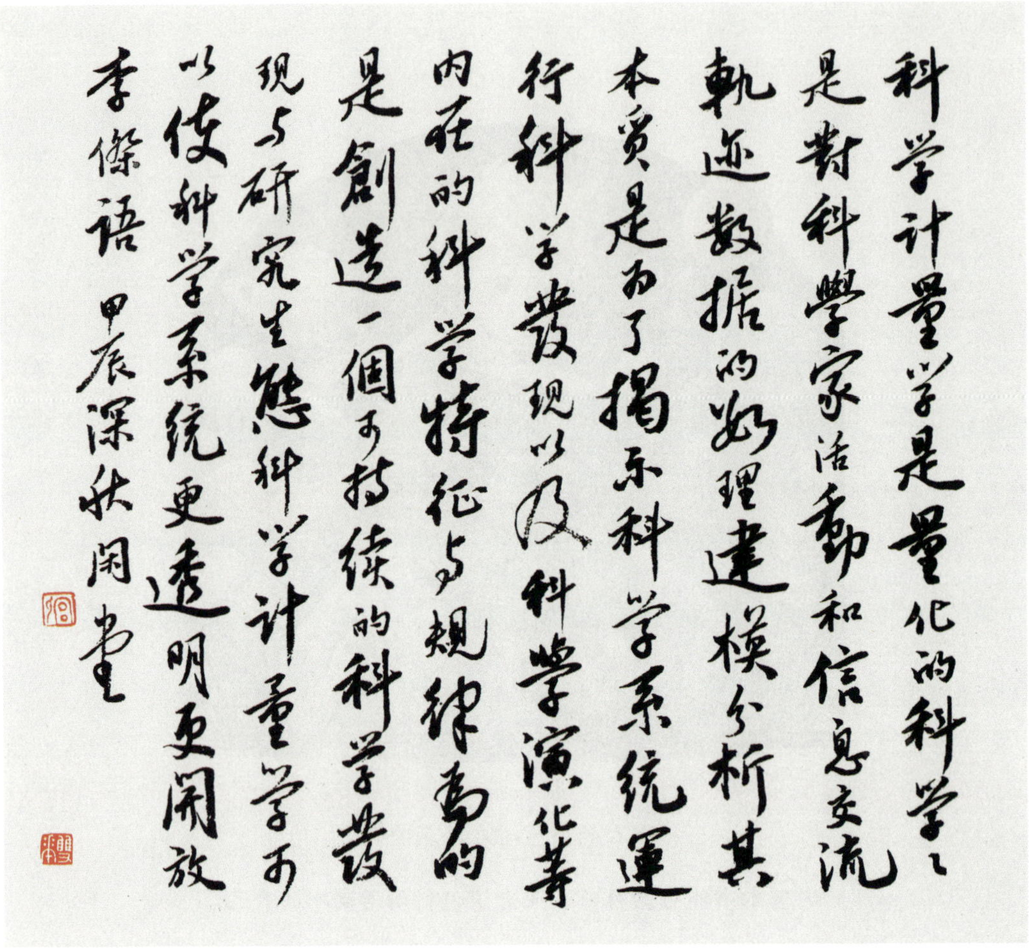

当代书法家宫双华先生书李杰语（2024年11月4日）。对照的英文为：Scientometrics is the quantitative science of science, focusing on the mathematical modeling analysis of trajectory data related to scientists' activities and information communication processes. Its essence is to reveal the inherent scientific characteristics and laws of the operation of scientific systems, scientific discoveries, and scientific evolution, with the goal of creating a sustainable ecosystem for scientific discovery and research. Scientometrics can make the scientific system more transparent and open（Li Jie, 2023）.

科学计量与知识图谱系列丛书

科学计量与知识图谱系列丛书

◎ BibExcel 科学计量与知识网络分析（第三版）

◎ CiteSpace 科技文本挖掘及可视化（第三版）

◎ Gephi 网络可视化导论

◎ MuxViz 多层网络分析与可视化（译）

◎ Python 科学计量数据可视化

◎ R 科学计量数据可视化（第二版）

◎ VOSviewer 科学知识图谱原理及应用

◎ 专利计量与数据可视化（译）

◎ 引文网络分析与可视化（译）

◎ 现代文献综述指南（译）

◎ 科学计量学导论

◎ 科学学的历程

◎ 科学知识图谱导论

◎ 科学计量学手册

推荐语
RECOMMENDATION

Science, the study of its principles as studied through the science of science, and the metrics used to measure scientific activity are integral to our knowledge-driven society. Moreover, knowledge is not just generated: it must be shared and passed on to successive generations. This principle is exemplified by Li Jie in his book *Introduction to Scientometrics*.

In his work, Li Jie offers a comprehensive exploration of bibliometrics-scientometrics (with a preference for the term scientometrics) while also delving into the historical underpinnings of the field. This historical context is particularly valuable, as it demonstrates a respect for the evolution of ideas.

Given that scientometrics is a scientific discipline in its own right, and that it moreover informs science policy and research evaluation, *Introduction to Scientometrics* is highly recommended for classroom instruction as well as for personal enrichment and research.

Ronald Rousseau（普赖斯奖获得者、
国际科学计量学与信息计量学学会原主席）

I highly appreciate the publication of the present book. It gives an up to date and comprehensive survey of scientometrics and related topics. It covers the history and main results of the field from the beginning up to the present showing also several well organized tables, charts and figures. I was especially impressed by Chapter 3 that tackles my favourite topic: scientometric indicators. As far as I could understand from the few English sentences and figures in the Chinese text, in contrast to many scientific books, the volume of Dr. Jie Li is not only informative but also interesting, and readable. There are only relatively few books devoted to scientometrics, bibliometrics, informetrics and altmetrics. In addition, even less with such a wide spectrum of the discipline. Therefore, it would be essential to translate this excellent book into English.

Peter Vinkler（普赖斯奖获得者、
匈牙利科学院化学研究中心科学顾问）

This is an interesting book and it makes a valuable contribution to scientometrics. It serves as a useful introduction to a range of different issues and methods for people who are interested in，or would like to use，scientometric methods.

Mike Thelwall（普赖斯奖获得者、英国谢菲尔德大学教授）

“科学，只有她成功地应用数学的时候，才算达到了完善的地步。”马克思的这个论断乃是告诉人们，定量分支学科的产生和建立，是任何一门科学在其演化过程中的必由之路。自钱学森首倡开展科学学/科学计量学研究以来，近半个世纪的研究和开拓，我国科学计量学研究已然分门别类，成绩卓著。国际公认的科学计量学之父普赖斯指出，大凡一个新生领域开垦一个阶段之后，必有某个综述性的论文/著作出现。李杰博士的大著《科学计量学导论》之付梓，恰好印证了普赖斯的科学预言。适逢其会，当前正处在网络化、数字化、智能化走向融合而又日趋鼎盛的新时代；或曰，这是一个“数智时代”，亦称“第四次工业革命”。AI能把科学计量学引向何方?《科学计量学导论》或有助于指引前进方向。科学计量学智能（AI for scientometrics）必将是绘就当代科学伟大明天的新思想新工具新助力。

蒋国华（中国科学计量学开创者之一、中国科学学与科技政策研究会
原副理事长兼科学计量学与信息计量学专业委员会首任主任）

经过半个多世纪的发展，科学计量学已经成为科学学的重要分支，并被广泛地应用于科研评价、科技政策以及科技情报等研究与实践中。李杰博士的《科学计量学导论》从“简史”“原理”“指标”“数据”“工具”“未来”六个维度，系统详实地勾勒了科学计量学的整体图景，势必成为当前以及未来科学计量学研究和学习的重要参考书。同时，该书所呈现的科学计量学知识架构也必将在构建中国自主的科学计量学知识体系中发挥应有的作用。

邱均平（杭州电子科技大学资深教授、中国科学学与科技政策研究会
科学计量学与信息计量学专业委员会名誉主任）

后生可畏。年轻真好。

李杰写作此书的过程中，我多次参与讨论，提供一些个人的意见供他参考。因此，我深知作者的宏愿所在。现在，科学学在全世界似乎又热起来了，但是，西方国家好些从事科学学研究的学者只是采用了science of science的名称，其实完全忘记了科学学的发展历程，他们对科学学的奠基人、拥戴马克思主义的英国物理学家贝尔纳的贡献有意无意地视而不见，是非常不合适的。李杰知道这一点，所以在这本基础性的科学计量学（可简单理解为科学学的量化研究）著作中，花了极大的力气考镜源流。我虽然深知考镜源流的重要性，但若是让我来做这件事，我是力有不逮的。此后生可畏一也。

去年李杰刚刚主编完成了《科学计量学手册》，一个集全国科学计量学年轻学者之力完成的开创性的作品。紧接着，他又着手写作《科学计量学导论》。前一件事好像是向业界证明："我是可以调动指挥千军万马的"；后一件事好像是要补充说明："我也是可以上前线亲手扳动扳机的"。而且，除了他个人的这两项伟业丰功，他还积极促成了我国科学计量学事业先驱者之一蒋国华先生的早年著作《科学学的起源》之修订重印（新书定名为《科学学的历程》）。三管齐下，需要投入的时间和精力是惊人的！此后生可畏二也。

年轻真好，既是说李杰的，也是说我自己的。李杰今年才37岁。我37岁时，正在中国驻美国大使馆科技处担任科技外交官，当然我也是在服务国家，但由于时间精力有限，当时在著述方面就无法与37岁的李杰比肩了。不过，本人也年轻过，也曾有"指点江山，激扬文字"的豪情。大约是在我读研期间的1983年，我思考了"科学技术发展有什么规律"的问题。我在一篇从未投稿的短文中写道："纵观全世界科技发展的历史，我觉得，有利于科学技术发展的主要因素有三条，这三条基本上是相互独立的。用一句话来概括：一个社会的科学技术发展速度与学术自由程度成正比，与该社会的经济实力成正比，与现有的知识总量成正比。"回过头来看，我40多年前提出的这条科学计量学猜想或假说似乎还是那么回事。可惜我那时自信心不足，没有把自己信笔涂鸦的东西当回事，没有接着做验证假说的工作。后来，尽管我也发表了一些东西，但我认为思想深度都比不上当年的这个猜想。

我希望阅读本书的年轻人向李杰学习，抓紧青春年华，踏踏实实地从事学术研究。我也希望年轻人顺便向年轻时的武夷山学习，大胆思索，思考无禁区。大家切记：科学计量学是一块广阔的天地，在那里是可以大有作为的。

武夷山（中国科学技术发展战略研究院研究员、原副院长，中国科学学与科技政策研究会科学计量学与信息计量学专业委员会第二任主任）

李杰博士的《科学计量学导论》在众多同类图书中独树一帜，尤以数据翔实和插图精美令人耳目一新。全书从简史、原理、指标、数据、工具、未来六个方面系统展现了科学计量学的过去、现在和未来，对青年学者全面认识和学习科学计量学有重要的参考价值。此外，该著作也非常适合作为本科生或研究生的教材或教学参考书。

叶鹰（欧洲文理科学院院士，原浙江大学、南京大学教授）

科学计量学是量化的科学学，对促进科学研究生态向好发展和塑造良好的科研文化有重要价值。同时，科学计量学能让科技工作者更好地理解当前的科研评价体系和科学内在规律的测度方法，对增进科学家认识科学系统自身有积极的意义。如果你想更加系统深入地认识科学计量学在科学研究中的价值，强烈推荐李杰博士的新作《科学计量学导论》。

冯长根（国际欧亚科学院院士、中国科学技术协会原副主席）

序言
FOREWORD

截至 2024 年 6 月 30 日，Web of Science中收录了 42 945 篇以“bibliometric*”和“scientometric*”为主题的文献。通过这些文献，我们可以粗略地了解到科学计量学的研究和应用的现状。在这些文献中，研究论文占 66%，综述文章占 23%，会议出版物占 7%。作为参照，以统计为主题的文献有 2 525 884 篇，研究论文占 86%，会议出版物占 12%，而综述文章只有 3%。这意味着文献综述目前已经成为科学计量学的主要应用类型之一。

与此同时，科学计量学正经历着高速增长阶段。科学计量学文献总量在 2001 年至 2007 年的 6 年间翻了一番，而作为参照的统计主题从 2001 年到 2009 年用了 8 年才翻了一番。更为重要的是，近年来科学计量学翻番的速度仍在加快（从 2020 年翻番只用了 3 年），而统计主题的翻番则有所减慢（2009 年后 11 年才翻了一番）。

科学计量学本身也正在各个领域快速普及。发表科学计量学文献最多的研究领域是信息科学与图书馆科学（20%），这也是科学计量学的老家。其次是计算机科学（17%），然后是商业经济学（13%）和环境科学（11%）。除计算机科学以外，其他领域里发表的科学计量学论文绝大多数研究的是科学计量学在该领域里的应用。

科学计量学文献产出最多的 5 个国家分别为中国（22%）、美国（13%）、西班牙（9%）、印度（8%）和巴西（7%）。而统计主题的文献中，前五大国家是美国（28%）、中国（11%）、英国（7%）、德国（6%）和意大利（5%）。这表明科学计量学在中国的普及程度尤其显著。

Shneider（2009）曾提出一个关于研究领域发展过程的模型，该模型广义上是一个提出问题和解决问题的过程。这个过程包括四个阶段：第一阶段是新问题的提出和长期研究目标的确立。新概念常常在这个阶段引入，以和现有知识区分开来。第二阶段的主要目的是针对确立的问题而构建专用的工具或设施等，就像当年建造红外望远镜时所处的阶段一样。第三阶段的特征是将新开发完成的工具用于第一阶段中所确立的问题。这个阶段的发展和知识的更新迭代是最快的。目前大规模语言模型的应用也处于这个阶段。此外，有了新工具之后，人们往往会进行新的尝试，并将新工具用于其他目的，甚至会仅仅因为好奇而将其用于没有直接联系的问题，反正这样似乎也不会付出什么太大的代价。这样的冒险有时能带来意外的惊喜——意外的发现和启发。而这些意外发现可能继而引发一个新领域的诞生，开始一个新的属于一个全新领域的第一阶段。第四阶段，也是最后一个阶段，其特点是对经验教训的反思和整理。正如大规模物种灭绝的研究在发现其十多年来一直寻找的证据后所经历的反思以及随后出现的学术迁徙和转移（Chen，2006，2024）。科学计量学作为一个跨越众多学科边界迅速扩展的领域，正处于第二和第三阶段之间——新工具不断涌现，新应用的范围不断拓展。

Shneider 的四个阶段模型的优点是简单直观，因而可以适用于很多不同问题。与其相比，Kuhn 的科学范式转移（paradigm shift）在学术界更是家喻户晓（Kuhn，1962）。Kuhn的科学发展模式的核心运作机制在于危机出现后新旧范式之间的交替，这同样可以在更高的抽象层次上视为提出问题和解决问题的过程。很多学者认为 Kuhn 模式的科学革命并不常见，这种看法也许会让我们对许多日常研究中遇到的问题熟视无睹。更有实际意义的策略是了解各种理论在各个层次和不同尺度上是否能提供最简单最直接的解释。“9·11”恐怖袭击之前，恐怖主义学术研究的重点主要集中在恐怖袭击对肉体的危害。“9·11”事件之后，学者们注意到媒体上持续而详尽的报道会对人们的心理健康带来意想不到的伤害（Chen，2006）。从研究本身来看，这是注意力的转移，但是从学术整体认识来看，这是对当时恐怖主义研究范式的突破。大规模物种灭绝所经历的是研究对象的转移，但是保留了现有范式，所以这次转移的实质是将一次成功的方法再次应用到另一个具有类似特征的问题上。这几个例子说明，了解相关的模型和理论背景对科学计量学是如何的重要。如果仅以量化的指标为依据，又有多少具体过程和关键细节会被忽视（Chen，2016）。

科学计量学在各个学科领域中的快速推广和应用，也常常伴随着令人担忧的隐患。科学计量学在实际应用中所涉及的基础知识以及对研究结果的合理解读往往得不到足够的重视。而缺乏足够的重视会直接影响到分析和决策的质量。当我们拥抱科学计量学的新浪潮时，必须牢记：那些看似简单且而又貌似普遍适用的数字指标和它们背后的理论一样都具有适用的条件或者受到特定环境的约束。了解哪些情况适用和哪些情况不适用是非常关键的，也是非常基本的要求。以常见的期刊影响因子为例，期刊影响因子的适用对象为期刊而不适合作为判断学者个人学术影响力的指标。

对科学计量学最大最广和持续时间最长的需求来自如何提高国家、机构以及学科之间的工作效率（Bernal，1939）。科学政策和科学战略管理等研究和应用也都体现了这一特点，尤其当各国政府面临来自各个方面的压力而需要更频繁地证明它们对资源分配是正当的、合理的、更有效率以及更符合社会需求的。这种自上而下的需求同时也成为导致一些隐患的直接原因，其过于注重对学术研究外在特性的短期定量分析评价，而忽略对科学研究领域内在结构变化等动态过程的长期观察追踪。

学术研究本身在宏观上就是一个复杂适应系统。以提高效率为目标的科学计量学研究与追求未知的科学探索并非总能保持一致。社会责任和个人的学术生涯等短期或长期因素可能会影响每个人自己的选择。了解一个学科领域的发展规律是更为抽象的知识。用时髦的说法是元知识（Meta-knowledge）。对元知识的认识才应该是科学学与科学计量学的核心价值，各种计量的指标方法等不过是认识元知识的途径。学术评价、战略管理等作为具体目标只有建立在这个基础之上才能健康地发展。学术内容本身是形形色色的树木，而科学学让我们看到的是森林。

在这样的时代背景下，李杰的《科学计量学导论》及时为广大科研工作者提供了一个了解科学计量学的窗口。《科学计量学导论》以丰富的图表和流畅的文笔介绍了科学计量学的发展历史，包括分布于不同国家的学术流派，科学计量学中的基本原理，主要概念、指标、文献数据以及分析工具等方面，尤其适合有兴趣涉猎科学计量学的读者参考学习。

陈超美（Chaomei Chen）
美国德雷塞尔大学
2024年7月7日

参考文献（References）

BERNAL JD , 1939. The social function of science[M]. London：George Routledge & Sons Ltd.

CHEN CM, 2016. Grand challenges in measuring and characterizing scholarly impact[J]. frontiers in research metrics and analytics, 1(4). doi：10.3389/frma.2016.00004.

CHEN CM, 2024. Visual analytic studies of science[EB/OL]. [2024-4-20]. https：//www.youtube.com/watch?v=t-BbGhxLkH4.

CHEN CM, 2006. CiteSpace II：Detecting and visualizing emerging trends and transient patterns in scientific literature[J]. Journal of the American Society for Information Science and Technology, 57(3)：359-377.

KUHN TS, 1962. The structure of scientific revolutions[M]. University of Chicago Press.

SHNEIDER AM, 2009. Four stages of a scientific discipline：four types of scientists[J]. Trends in biochemical sciences, 34(5)：217-223.

前言

PREFACE

大约在书稿完成三分之二的时候，我不禁把自己的感受快速写了下来，因为此时内心的感受或许是最为真实的。

科学计量学历史的回望

当我回顾科学计量学的历史时，仿佛与历史当中的人在对话，走进了他们当时的那个年代，作为一个跨时空的旁观者，在看在听他们在学术研究中的思考、辩论甚至无奈等。我深深地感受到了科学计量学历史所积淀下来的人文底蕴，这或许就是“科学理性”的另一面“科学感性（或人性的部分）”，这像是走进了一座“千年古刹”所感受到的那股历史气息。我想说，科学的这种“人性”的部分，才是最真诚的、最难能可贵的。同时，面对这样一段历史，我的内心是复杂的。这段时光对于亲历者似乎那么漫长，但是回望历史的长河，我们又是那么渺小，小到不值得一提。这种对历史的回顾会让观察者变成一个“怪人”。这是因为，频繁地在“历史”与“当下”、“理想”与“现实”之间切换，迫使你不得不重新思考人生的意义和工作（学术）的价值，这或许是学习任何历史资料都会带来的感受。

科学计量学的历史发展让我感受到了科学思想萌芽的“无意识”，正如“伟大不能被计划一样（Greatness Cannot Be Planned）”，有规律可循，但又无实际的措施去执行（我一直认为“科学”是被发现的，只有“工程”才能被计划）。当然，在科学计量学萌芽期的学者们，无意识的成分要更显著一些，给人的感觉就是，完全出于好奇做出来看看。当然，他们所做的探索也都难跳出时代的局限，这或许解释了为什么在科学计量学萌芽阶段，弗朗西斯·高尔顿（Francis Galton）、阿尔丰沙·德堪多（Alphonse Pyramus de Candolle）以及詹姆斯·麦卡恩·卡特尔（James McKeen Cattell）都从人口统计学角研究了科学家的特征。在经过一定时期的发展之后，科学计量学进入了库恩的“常规科学”阶段。然而，这一阶段的科学计量学似乎在逐渐变得“无趣”。这或许是因为“解谜题”式的科学研究本身就不那么令人着迷，又或许是因为“常规科学”阶段发展成了科学发现的“变现期”，科学计量学成了很多人的“谋生”手段。这样来看，在“常规科学”下依靠指标（Indicator）形成的奖励系统（reward system of science）而“谋生”的科研工作者，必然会有意无意地极力维护现有范式，因为范式被打破，意味着自己的“利益”受损，“饭碗”不保（“学术共同体”向“利益共同体”的转变，或许也标志着科学进入了“常规科学”阶段）。这样一来，“常规科学”阶段（特别是该阶段的成熟期）必然导致创新性工作的急剧减少，直到后来发生科学革命而自我瓦解。这或许就是科学研究从探索到走向科学实用主义的悲哀之处，当然更悲哀之处在于作为科学研究主体的“人”也逐渐变得不纯粹了。

科学计量学的三点思考

科学计量学与其说是科学学（Science of Science）的进一步科学化，倒不如说是“大人们热爱数字的结果”（...the grown-ups who are no longer interested in anything but figures...）（《小王子》）。在成年人的世界里，我们喜欢把自己的功劳或者成就数字化（这和富翁说自己有多少钱差不多）。放在科学研究领域，就像那些鼓吹自己是洛特卡定律中的少数者，或者二八定律中的小部分强势者一样。这是因为，大家都似乎相信，你越是贪婪地获取，你就会获取更多！或许这是“马太效应（Matthew Effect）”被发现后给人类文明带来的负面影响，又或是“Publish or Perish（不发表就灭亡）”的游戏规则给科研人员带来的无奈，正所谓“满纸荒唐言，一把辛酸泪”。特别是当前的这个时代，一批青年学者已经崛起，他们当中有相当一批人所发表的论文数能达到甚至超过自己年龄的3~5倍。当然，“我不在意你的脑子慢，我在意的是你发表的速度比你思维的速度快”（Wolfgang Pauli）。普赖斯（1963）在《小科学，大科学》中也直言：“如果没有其他原因，而只是因为这把尺子的存在使人们为了成为出类拔萃之辈而一味地发表论文，那这把尺子就是把坏尺子”。我曾经也发出感慨：这样的游戏规则让大家都疲于奔命！科学研究和自然真理的发现成了一场由人主导的“累人研究游戏（game of tiring research）”。当然，这种荒唐不知道还要持续多久，有时候我也“乐在其中”（我们的后代将会如何看待今天的我们？是不是会像我们看待过去科学史上的“荒唐”一样）。我想，在“数字化”蓬勃发展的今天，“指标化”会进一步将科学推向深渊。此外，在这场“数字游戏（number game）”之中，科学计量学学者不得不认识到一点，即“科学计量指标必须回归简单”。埃弗雷特·罗杰斯在《创新的扩散》（*Diffusion of Innovations*）中提到“简单性”的重要性，即只有人们首先认为某种创新易于使用，然后才会予以采纳。这个现象用来解释当前科学计量学领域的指标创新及应用再恰当不过了，即“成百上千”的指标被研究出来了，经常使用的就那几个（我总结的潮流指标依次为论文数、被引次数、影响因子、h指数、多样性指数以及颠覆性指数）。

科学计量学的定律是围绕两个方面形成的，分别为实体统计分布模型（statistical model，包括时间特征）和实体关系模型（共现模型，即co-occurrence model）。当然，这或许不是科学计量学领域独有的思考问题的方式。在实体统计分析中，通常是将作为分析对象的知识载体进行解构，并对解构后的知识单元进行统计处理。以特定实体为对象，通过统计分布研究得到的代表性研究成果有：普赖斯定律（文献增长率）、洛特卡定律（作者生产率）、布拉德福定律（期刊文献分布律）以及齐普夫定律（词频分布律）等。在实体关系的研究中，通常是通过共现理论将实体的关系建立起来，进而从知识网络的视角对科学知识的结构进行分析。在这方面，代表性的成果有引文网络理论、共被引理论、耦合理论、共词理论等。这两个方面的定律或原理形成了当前科学计量学的核心知识体系。当然，科学计量学的指标（indicator）也可以划归到统计模型中，即可以认为指标是通过“相关实体”来测度“目标实体”的影响力的。

数据和工具已经成为影响科学计量学发展的关键基础要素。数据就好比石油，工具则好比炼油的机器。在整个发展历程中，数据和工具的快速发展极大地促进了科学计量学的发展。然而，我在撰写本书的过程中发现，科学计量学领域的数据处于“失控”状态，且以“数据”为核心依托的科学计量学的发展受“数据”的牵制越来越大。这反映了一个重要的现实问题，即科学计量学正在摆脱“科学学”的内核，回归到了“文献统计学”，这是一个令人不安的事实。此外，科学计量学工具的发展，使得炼油的“效率”不断提高，然而“效果”的提升却不尽如人意。且随着技术的发展和工具的开发，我们对科学文本的解构也逐渐达到了极限（例如：文本实体的解构已经达到了所谓的“细粒度”），然而，“过度解构”使得实体含义与具体语境的结合变得更加模糊（即过度“细粒度”化使得实体缺失了语义层面的可解释性）。换句话说，“打碎了再重构”是科学计量学的重要方法，但是颗粒度打得太碎，重构的结果将失去意义（因为可解释性严重降低了）。虽然未来是光明的，但当前面对科学计量学的危机，难免不让人忧心忡忡。下一步我们应该朝什么方向走？这是当前摆在科学计量学学术共同体面前的重要问题。

我国科学计量学的反思

回顾科学计量学的漫长发展历史，再看我国科学计量学的过去与现在，不免令人感慨。虽然我国的科学计量学相对国际起步比较晚，但在初期就已经做出了具有中国特色的科学计量学成果（赵红州称其为“数理科技史学”），且随着发展，我国已经形成了全球规模最大的科学计量学学术共同体。然而，在繁荣发展的表象之下，往往潜藏着危机。因此，对于我们所面临的问题也不得不注意：

其一，在科学计量学基础设施的建设上，我国与世界发达国家还存在显著的差距。特别是在数据和工具基础设施的建设中，与欧美形成了巨大的反差。在数据方面，欧洲有Scopus、Dimensions以及OpenAlex等数据库，美国以Web of Science独领风骚，而我国还尚未形成具有显著竞争力的国际科学文献数据库产品。与此同时，我国与国外相比，用于进行科技文献数据分析的工具（平台）的建设是极其落后的。欧洲诞生了BibExcel、VOSviewer以及SCIMAT等工具，美国诞生了CiteSpace、HistCite以及SCI2 等工具，我国则在这方面是缺失的（我说的是具有国际影响力的工具）。随着智能化应用的深入，欧美数据库或相关工具已经嵌入了生成式人工智能（AIGC）技术，用于提升科学计量学数据分析的智能化（例如：Elicit、Scite以及Scopus AI等）。

其二，在原创性的科学计量学理论方面，我国科学家的贡献还很少。当然，除了以赵红州教授为代表的我国早期科学计量学原创性成果以外（例如：最佳年龄定律、科学研究的智力常数以及科学中心的转移等），我国已经很久没有出现过具有思想性和国际影响力的论文了（注意“抓眼球”≠“学术贡献”）。在我们回顾科学计量学的国际原创性学术贡献时，无论是影响因子（impact factor）、h指数、王冠指数、睡美人指数还是I3 指数等，都来自欧美。我国学者的核心贡献则在于无限扩展（例如：期刊的影响力评价、h指数研究和扩展、学科交叉或颠覆性指标的应用等等）。

其三，规模优势带来发展的同时，也伴随着问题。我国已经形成了世界上规模最大的科学计量学学术共同体，我想这一点是毋庸置疑的。同时在科学计量学相关主题的论文规模上，我国更是排名第一。然而当回归到学术贡献的评价上时，我们表现出了一定的不足。例如：我国大规模的科学计量学论文仍以应用为主，且多是建立在国外学者开发的指标、工具或数据库的基础上。虽然这给我国科学计量学在全球带来了很大的曝光度，但一些国外学者在私下对单纯利用国外工具、国外数据库以及国外理论的简单应用嗤之以鼻，甚是不屑。这样的问题并非个例，我们不得不重视。

虽然发展过程中存在问题，但是我们仍然期待我国的科学计量学在未来能出现从0 到 1 的学术成果。这里不得不提一句：用“功名利禄”作为诱饵所激发的科研创新，很难创造出从 0 到 1 的成果！将科学产出等价到“金钱”“权利”“地位”上，是对科学的最大侮辱，但是作为科学研究主体的人对此甚是“喜欢”。我坚信重赏之下必有“勇夫”，然而重赏之下未必有“智者”。科技创新更多需要的是“智者”，而不是“勇夫”。带着“情怀”去做一些事情，比单纯地以金钱地位为诱惑要“科学”得多，这就是为什么我们一直在推崇“两弹一星”精神。科学计量学学术研究要回归到学术本身，要把关注点放在科学的实际贡献上，哪怕是促进学术共同体发展的贡献上，等等。同时，我们也呼吁一些在科学计量学领域已经具备相关资源和条件的学者，应该进一步为科学计量学学术共同体公益做一些事情，而不是陶醉于“马太效应”的“回报游戏”中不能自拔。当然，虽然对于未来我们满怀希望，但在“论文潮（paper boom，与‘婴儿潮'类似)"下成长起来的那些学者，很难改变已经形成的行事"惯性"。例如：我国一些学者所发表的论文总量已经达到了"不能见人"的程度，你是否认为"日记"式论文发表能带来科学创新突破？论文发表的"量变"会带来"质变"吗？

为了更好地发展我国的科学计量学事业，我们不妨来思考以下问题：①我们有国际权威的科学文献数据中心吗？②我们有国际认可的学术理论吗？③我们有核心的算法发明吗？④我们有成熟的工具软件或数据分析平台吗？⑤我们有权威的国际期刊或学术组织吗？⑥我们有科学计量学领域的教育家吗？⑦我们有科学计量学领域的商业精英吗？等等。如果有，那么这是我国科学计量学的幸事！如果没有，我们又应该怎么做呢？

谈一谈本书的结构与内容

以上的内容，更多是我在撰写本书时的琐碎感受。下面我想对本书的结构、内容和相关素材进行较为系统的介绍，以帮助读者更好地认识本书的组织逻辑和核心内容。本书内容结构简略地可表示为图1。

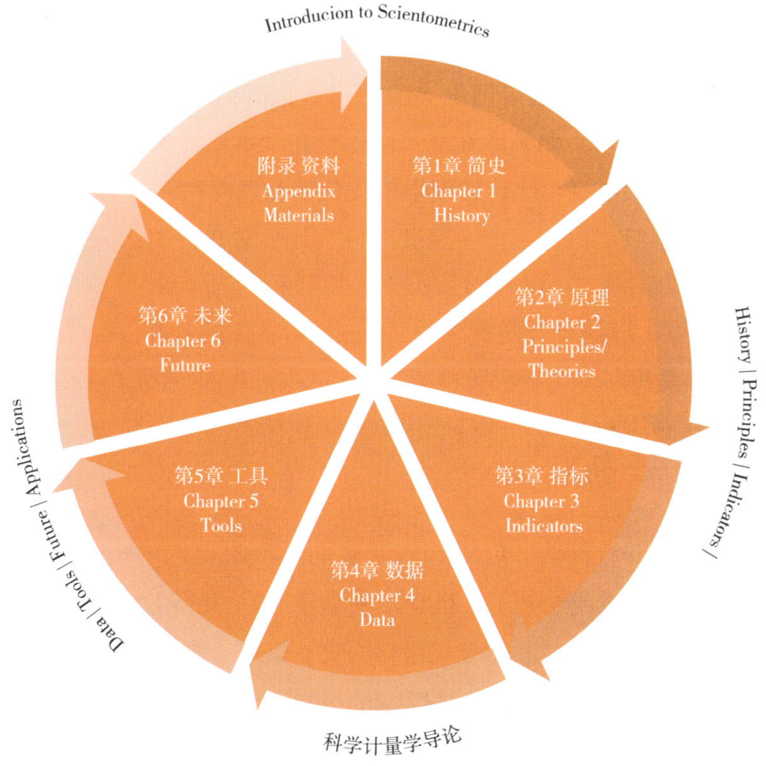

图1 《科学计量学导论》的结构（structure of the book）

首先，本书的内容共包含了6个章节：第1章 简史（History），系统回顾了科学计量学的发展历程，这也是学习科学计量学的基础，我坚信“忘记历史就等于背叛”，因为科学计量学的初心和使命是浸透在整个历史发展中的。第2章 原理（Principles/Theories），主要涉及了科学计量学重要的统计分布规律和知识单元共现原理等。第3章 指标（Indicators），介绍了科学计量学中常见的作者指标、期刊指标、机构指标以及网络指标等，用户除了可以用于学术评价，还可以通过这些指标的辅助来发现科技文献中的关键信息。第4章 数据（Data），主要对科学计量数据要素的数据质量、数据分类、数据检索以及数据平台等数据基础知识进行了介绍。第5章 工具（Tools），对科学计量学中的工具进行了系统性的梳理，同时对典型的工具，如CiteSpace、VOSviewer和CitNetExplorer进行了较为详细的介绍。第6章 未来（Future），一方面结合科学计量学实际的发展状况，对存在的问题进行了讨论，另一方面，结合当前时代的机遇，对科学计量学未来的发展进行了展望。需要特别注意的是，在内容的安排上，第5章和第6章篇幅相对较少，这是考虑了两章内容对实践环节课时的需要（上机实验）。此外，在初稿的架构中，专门设置了应用（Applications）一章。但撰写过程中，经过思考后，删除了该章节。这主要是基于两个方面的考虑：其一，我个人不想为科学计量学的应用设置边界，我认为教育的意义在于启发学生的思想。通过学习，能洞察科学计量学内在知识体系的学生，不会为科学计量学的应用而烦恼。带有思想性的所谓“无用知识”或许才是当前人工智能时代最有用的知识。其二，当前“常规科学”阶段的科学计量学研究几乎都是应用主导的，读者很容易从国内外的期刊或研究报告中找到应用的案例。此外，如果你和我一样还处在学术研究的“Publish or perish”阶段，你也不妨看看复杂网络与统计物理学的几位学者近期在*Science*、*Nature*以及*PNAS*上发表的科学计量学应用论文，你一定会对科学计量学在科学研究中的应用产生极大信心。建议教师在讲授“科学计量学导论”课程之前，鼓励学生预修信息检索（Information Retrieval）、统计学与概率论（Statistics and Probability Theory）、线性代数（Linear Algebra）、数据科学与数据可视化（Data Science and visualization）等基础课程。由于本教程尽可能地突出了科学计量学内容和知识体系的全面性，因此授课教师在讲授相关章节时可以有所取舍。

为了支持和促进开放科学计量学（Open Scientometrics）运动，我在撰写《科学计量学导论》的前后，完成或绘制了《科学计量学导论》（资料汇编）、《科学计量学发展简史》、《科学计量工具简史》、《科学计量指标简史》以及《普赖斯奖简史》等学习素材，用户可以通过作者的邮件（lijie_jerry@126.com）索取。在本书撰写收尾之际，仍有大量的遗憾，奈何个人能力有限只能结稿。恳请各位读者能对书中的一些疏漏予以理解，也希望在未来适当的时候能够对本书内容进一步地修订和完善。

最后，要特别感谢在科学计量学学习和研究中给予我极大帮助的老师和朋友们，感谢刘潜先生（1933—2024）、刘则渊先生（1940—2020）、郭晓宏教授、冯长根院士、宫双华教授、李开伟教授、蒋国华教授、武夷山研究员、陈超美教授、梁立明教授、邱均平教授、赵丹群教授、曲建升研究员、杨玲社长、叶鹰教授、张薇研究员、Aleksandar Jovanovic、Hale Andrew、Genserik Reniers、Nees Jan van Eck、Ludo Waltman、Floris Goerlandt、Ronald Rousseau、Péter Vinkler、Mike Thelwall、欧阳昭连研究员、付慧真博士、胡小君教授、吴登生教授、樊春良教授、赵星教授、杨立英研究员、沈哲思博士、李睿教授、唐莉教授、李江教授、魏瑞斌教授、张琳教授、赵勇研究员、杜建博士、胡志刚教授、侯剑华教授、陈悦教授、杨思洛教授、徐硕教授、杨冠灿教授、李继超教授和曾利博士等专家学者。感谢他们在“科学计量与知识图谱”系列丛书出版过程中的合作、关心、鼓励或帮助。最后，特别感谢蒋国华教授、武夷山先生、陈超美教授、Ronald Rousseau、Péter Vinkler等前辈在我撰写本书过程中的反馈和建议，他们不仅帮助我及时发现和修改了相关笔误，而且提出了很多建议，使得本书的内容更加充实。此外，他们中的一部分学者为本书撰写了推荐语，我也知道并不是因为本书写得有多么出彩，这其中更多地包含了他们对我未来的期望。

李杰

2024年2月第一版　于北京

2024年3月最终稿　于北京

最伟大的科学发现是发现了无知。人类一旦意识到自己对世界知之甚少，便突然有了获取新知的理由，这开辟了科学进步之路。

尤瓦尔·诺亚·赫拉利，《从智人到智神：未来简史》

The greatest scientific discovery was the discovery of ignorance.Once humans realized how little they knew about the world，they suddenly had a very good reason to seek new knowledge，which opened up the scientific road to progress.

Yuval Noah Harari，*Homo Deus*：*A Brief History of Tomorrow*

目录

CONTENTS

1 简史 …………………………………………………………… 1

1.1 概述……………………………………………………………………1

1.2 科学计量学的发展历程…………………………………………………2

1.3 科学计量学的中国范式………………………………………………… 42

1.4 科学计量学的内涵认识………………………………………………… 60

1.5 科学计量学的重要事件………………………………………………… 67

思考题 ………………………………………………………………… 78

参考文献 ……………………………………………………………… 78

2 原理 ……………………………………………………………91

2.1 概述………………………………………………………………… 91

2.2 科学知识单元频次分析………………………………………………… 92

2.3 科学知识单元关系分析…………………………………………………119

2.4 科学知识单元叠加分析…………………………………………………148

2.5 科学发展的模式与隐喻…………………………………………………159

思考题 …………………………………………………………………167

参考文献 ………………………………………………………………169

3 指标 ………………………………………………………… 179

3.1 概述……………………………………………………………………179

3.2 如何数数………………………………………………………………181

3.3 学者测度指标…………………………………………………………183

3.4 期刊测度指标…………………………………………………………192

3.5 机构测度指标…………………………………………………………207

3.6 网络测度指标……215
3.7 测度王国……228
3.8 科研评价……243
3.9 指标反思……248
思考题……249
参考文献……251

4 数据……261

4.1 概述……261
4.2 文献数据质量……264
4.3 文献数据分类……268
4.4 文献数据检索……272
4.5 文献数据平台……278
4.6 学术数据共享……297
4.7 数据未来的思考……297
思考题……301
参考文献……302

5 工具……307

5.1 概述……307
5.2 工具类别……308
5.3 工具算法……313
5.4 计量图谱……314
5.5 分析框架……322
5.6 工具实践……324
5.7 工具思考……346
思考题……350
参考文献……351

6 未来 …… 355

6.1 问题 …… 355

6.2 未来 …… 362

6.3 总结 …… 369

思考题 …… 370

参考文献 …… 370

附录 …… 373

附录1 杰出科学计量学者 …… 373

附录2 科学计量学指标 …… 383

附录3 莱顿宣言 …… 388

附录4 数据平台与工具 …… 394

附录5 推荐的学术刊物 …… 398

附录6 推荐的学术读物 …… 400

附录7 推荐的学术会议 …… 419

附录8 重要组织或机构 …… 420

后记：科学计量学的历程 …… 421

1 简史

HISTORY

> 在终极的分析中，一切知识都是历史；在抽象的意义下，一切科学都是数学；在理性的基础上，所有的判断都是统计学[1]。
>
> ——卡利安普迪·拉奥（1997）

1.1 概述

科学计量学发展简史是认识科学计量学本质的重要途径，正如杰弗里·戈勒姆在其著作《科学哲学初学者指南》中提到的那样：要了解某个事物的本质，除了下定义，还有一种方法可以应用，那就是研究它的历史（Gorham，2009；杰弗里·戈勒姆，2019）。对科学计量学的历史进行回顾，要胜过直接单纯地从学习科学计量学的定义开始。此外，对科学计量学发展简史的认识，同样也能让我们更好地展望科学计量学的未来，以使我们不会在“热点频现”的时代迷路。正如英国首相丘吉尔（Winston Churchill）所说：“回顾历史越久远，展望未来越深远（The farther backward you can look，the farther forward you can see）。”

从科学发展的历史观维度上，对科学发展过程进行过系统思考和分析的学者中，最具代表性的当属科学史家与科学哲学家库恩，其最具代表性的思想和成果凝聚在了1962年出版的《科学革命的结构》中（Kuhn，1962；下面简称为《结构》）。在《结构》一书中，库恩从历史观的视角讨论了科学发展和演变的过程。为了描述科学发展过程，库恩在研究中引入了“范式（paradigm）”一词，并将科学发展的阶段划分为前科学阶

[1] 原文：All knowledge is，in final analysis，history. All sciences are，in the abstract，mathematics. All judgements are，in their rationale，statistics. ——C.R. Rao（1920—2023）. 源自他的著作*Statistics and Truth*（1997）。

段、常规科学阶段、科学危机、科学革命。在前科学阶段，科学的发展属于范式的累积阶段。进入常规科学阶段以后，科学系统内部的范式被固定下来，科学共同体的工作就是在特定的范式下从事类似于“解谜题”的研究活动。当现有范式不能对新的现象和发现进行科学的解释时，即出现了“反常”，现有的范式将面临挑战。科学“反常”的积累将引起科学发展的危机，进而导致科学革命和新范式的形成。然后，科学共同体又在新的范式下从事科学研究工作。

库恩的这种科学发展历史观视角，为我们提供了认识科学计量学历史发展的基本理论框架。在本部分，以库恩对科学发展阶段的认识为基础，将科学计量学的发展阶段划分为前科学阶段和常规科学阶段，并在最后结合当前科学发展的整体环境，讨论了科学计量学或将面临的潜在危机。在科学计量学的历史发展中，由特定时期重要人物和他们完成的重要学术成果组成其发展脉络。因此，在具体的论述中，本部分将重点对特定时期的人物和他们的工作成果展开讨论与分析。

1.2 科学计量学的发展历程

如前所述，任何历史都是由人和这些人所做的事情组成的，若将这些人和事在宏观尺度上通过时间顺序串联起来，那么就自然而然地形成了科学计量学的发展历程。这一发展历程“诉说着”科学计量学的“成长”过程，也为我们深刻揭示了科学发展的动力学。

1.2.1 前科学阶段

“滚滚长江东逝水，浪花淘尽英雄”。一代人有一代人的使命，我们中的大多数人终究会消逝在科学史的长河中，但是做出了真正贡献的学者即使在数百年后仍然会被提起。

1.2.1.1 思想萌芽期——混沌期

19世纪中后期与20世纪初期：科学计量学的萌芽（以人口统计学为主要方法）

根据普赖斯在《小科学，大科学》中“再访高尔顿（Galton revisited）”的论述，科学计量学学者Szabó、赵红州、蒋国华等关于早期科学计量发展历史的总结，以及鲁索等在其著作中梳理的信息计量学历史事件的时间线等信息（Price，1963；Szabó，

1985；赵红州等，1984 a；蒋国华，2001；方勇，2005；Rousseau et al.，2018），本书选择在科学计量学萌芽期的三位学者重点进行介绍，分别是弗朗西斯·高尔顿爵士（Sir Francis Galton，1822—1911）、阿尔丰沙·皮拉穆斯·德堪多（Alphonse Pyramus de Candolle，1806—1893）以及詹姆斯·麦卡恩·卡特尔（James McKeen Cattell，1860—1944），如图1.1。

高尔顿（1822—1911）　德堪多（1806—1893）　卡特尔（1860—1944）

图1.1　科学计量学思想萌芽期代表人物

1869/1874：科学计量学代表研究

弗朗西斯·高尔顿爵士，英国知名的科学家，其对科学的贡献遍布了人类学、优生学、气象学、统计学以及心理学等领域。当然，他还有一个重要的身份是《进化论》提出者达尔文的堂兄弟。高尔顿对科学计量学的贡献主要体现在两部书中。1869 年和 1874 年，高尔顿分别出版了《遗传天赋》（*Hereditary Genius*，1869）和《英国男科学家：他们的天性和培养》（*English Men of Science*：*Their Nature and Nurture*，1874）。他对当时的科学家的统计和分析结果显示：伟人们，其中包括大科学家在内，似乎都是有血缘关系的。因此，无论过去和现在，绝大多数杰出的政治家、科学家、诗人、法官和统帅，皆出自名门望族，即人类的才能是能够通过遗传延续的。虽然当前学术界对高尔顿的观点仍有争议，但是恰如普赖斯指出的那样，高尔顿著作中有几个调查附记是颇有价值的，一方面它是高尔顿关于杰出科学家质量分布的独创研究，另一方面也正是今天称之为社会学和心理学的研究报告（Price，1961；赵红州等，1984 a）。

1873：科学计量学代表研究

阿尔丰沙·皮拉穆斯·德堪多，法国和瑞士的植物学家，其另外一个重要身份是瑞士植物学家奥古斯丁·皮拉穆斯·德堪多（Augustin Pyramus de Candolle）的儿子。1873 年，他出版了著作《两百年来科学和科学家的历史》（*Histoire des Sciences et des Savants Depuis Deux Siècles*），研究了世界著名科学团体，如英国皇家学会、法国科学院以及柏林科学院等在200年间的成员名单，考察了这些科学家的家庭出生、民族背景、宗教信仰，分析了社会、经济、政治、语言、宗教、种族、地理环境等因素对科学发展及科学家成长的影响（de Candolle，1873）。他运用了量化的方法，建立了多个计量指标来比较各国的科学状况。如他统计了不同国家的科学家人数、科学家占国家人口的百分比、每百万人口中的院士人数、国家科学院中的外籍院士人数等，并用这些指标对不同国家进行了排序。在今天看来，该研究是早期重要的一项科学计量学工作。然而，遗憾的是，德堪多的这本书并不像他的植物学著作一样，受到他的同代人的注意。在他们看来，这本书宣扬的是一种异己学说。只是在近40年后，情况才开始发生变化。1911年，德国著名的物理化学家奥斯特瓦尔德亲自给这本书写了序言并译成德文出版。在后期，美国科学社会学家默顿在研究宗教对科学的影响的时候，依然大量地引证德堪多在这本书中提供的统计资料（赵红州等，1984 a）。

1906：科学计量学代表研究

1906年，作为*Science*编辑的美国心理学家詹姆斯·麦卡恩·卡特尔（James McKeen Cattell，1860—1944），启动了每五年出版一次的传记指南《美国男科学家名人录》（*American Men of Science*），他收集了在美国从事研究的数千名科学家的信息（如图1.2）。卡特尔基于这些数据，进行了定期和系统的科学统计研究，一直持续到20世纪30年代（Cattell，1906 a，1906 b，1906 c）。后来美国的相关学者和机构延续了该项

TABLE I. THE NUMBER OF AMERICAN MEN OF SCIENCE AND THEIR DISTRIBUTION AMONG THE SCIENCES.

	Special Societies.	Fellows of Association.	Members of Academy.	University Professors.	Doctorates in Five Years.	Contributors to SCIENCE 13 Vols.	Who's Who.	Biographical Dictionary (Estimated).[4]
Mathematics..	375	81	1	136	61	35	46	380
Physics	149	167	23	105	69	155	73	556
Chemistry.....	1933	174	12	143	137	73	166	656
Astronomy ...	125	40	12	41	16	48	51	212
Geology........	256	121	13	55	32	161	174	436
Botany.........	169	120	7	57	53	94	70	416
Zoology	237	146	17	83	72	243	131	620
Physiology ...	96	10	2	53	18	22	25	156
Anatomy......	136	10	0	56	1	13	18	116
Pathology.....	138	14	5	68	4	44	56	224
Anthropology	60	60	3	4	5	56	37	92
Psychology ...	127	40	1	37	63	58	21	136
Total..........	3801	983	96	838	531	1002	868	4000

图1.2 《美国男科学家名人录》统计的人数及领域的分布（Cattell，1906 a）

工作，在统计中增加了女性科学家，并将该名录的名称修改为《美国男女性科学家名人录》（*American Men & Women of Science*，Lerner，2023）。卡特尔在分析中制作了关于科学家数量及其地理分布的统计，并根据表现对科学家进行了排名。卡特尔的研究和探索为科学计量学的发展奠定了一定的基础，是科学计量学发展史上不得不提的一项系统性工作（Godin，2006）。从研究的范式来看，其仍然带有显著的"人口统计学"特征。

从高尔顿、德堪多以及卡特尔的研究来看，他们更多地把研究的注意力放在了"科学家"的人口统计学特征、社会关系以及环境因素的分析上，现在看来，这种科学计量研究视角与当时可获取的数据直接相关。

1.2.1.2 初步探索期——范式积累

20世纪初期到20世纪中期：科学计量学探索与发现

萌芽期的科学计量学，范式尚未形成，来自全球不同地区的科学家有意或无意地根据自己对研究问题的兴趣和理解，开启了科学计量学的案例研究。在这个时期，科学计量学的研究方法论尚未形成，各个领域把自己的工作仍归为文献统计学（a statistical analysis of the literature）或书目统计学（statistical bibliography）研究，尚未形成具有一定结构的知识体系。此外，一个明显的特征是，科学家选题也很自由，没有具体的研究边界。在这一时期产生了一批具有一定代表性的科学计量学学者，包括科尔（1917）、洛特卡（1926）、格罗斯（1927）、布拉德福（1934）、齐普夫（1949）以及贝尔纳[1]（1939）。其中，就有科学计量学领域三大定律的代表人物，见图1.3。

洛特卡（1880—1949）

布拉德福（1878—1948）

齐普夫（1902—1950）

图1.3 科学计量学初步探索期代表人物

[1] 贝尔纳将在科学计量学的欧洲学派中介绍，因此本部分不再赘述。

1917：科学计量学代表研究

英国牛津大学博士、动物学领域教授科尔（F.J.Cole）和博物馆馆长奈莉·伊尔斯（Nellie B.Eales）出于对解剖学历史研究的需要，在1917年开创性地利用比较解剖学的科学文献，对学科的发展历史进行了系统的科学计量回顾，是科学计量学领域早期基于科技文献进行科学发展历史演进研究的最具代表性的工作。

在前期的研究中，两位学者为了对解剖博物馆进行系统的历史研究，采用博物馆数据作为样本进行了分析，但仍然存在若干问题需要进一步解答。为此，他们改变了分析思路，采用比较解剖学的论文数据对样本进行分析。他们认为论文数据是一项独立而明确的工作，它是永久的、可访问的，可以被评判，而且在大多数情况下，很容易确定它是由谁、何时、何地完成的，并方便在方格纸[1]上对结果进行绘制（如图1.4）。经过对比较解剖学论文的分析，两位学者在《科学进展》杂志上发表了题为《比较解剖学的历史：文献的统计分析（第1部分）》的论文（Cole et al.，1917）。在研究中，两位学者完成了四个方面的内容，现在看来仍是科学计量学案例研究的典范。这四个方面分别为：①用曲线绘制了16世纪到1860年比较解剖学家的论文产出活动；②进

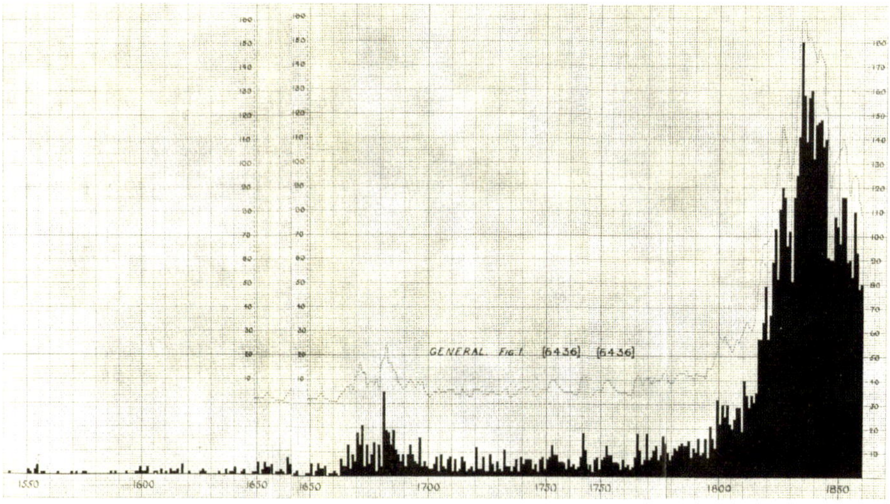

图1.4　比较解剖学论文的年度产出趋势（Cole et al.，1917）

[1] 在早期的科学计量数据统计分析中，数据通常都由作者手工整理和统计。对于数据的可视化而言，更不是像今天这么简单，而是需要数学与统计学制图中常用的一种"方格纸"来定义图形的比例，并将手工统计的数据描绘到方格纸上。回头再看，当时的历史条件下，获取、整理和分析数据都是一件很不容易的事情。然而，当我们用今天科学计量学或知识图谱的分析范式去评价这篇论文的时候，我们会发现，这篇论文仍然很经典。这篇论文或许也会给你传递一种信息，那就是"炫技"不是科学，只有科学地揭示问题才是。

一步对欧洲的样本进行了分析，以体现出欧洲每个国家在比较解剖学研究中的表现；③以类似的方式确定了哪些动物群体以及主题的哪些方面吸引了研究人员的注意；④追踪同时期事件、公共机构和个人对解剖学思想历史的影响，即将解剖学研究的整体机构活动以及每个国家和主题部分的相对重要性以几何图形的形式进行了展示。浏览论文全文，两位学者的这种科学计量学工作即使放到现在都可以认为是出色的案例研究工作。

1922：科学计量学代表研究

1922 年 5 月，温德姆·赫尔姆（Wyndham Hulme，1859—1954）在英国剑桥大学担任“桑德斯读者”（Sandars Reader）时举办了四场讲座。其内容为“在图书分类中实现统一性是图书馆管理和书目学合作行动的先决条件（the need for uniformity in book classification as a preliminary to co-operative action in library administration and bibliography）”。虽然四场讲座的主题是很相近的，但是当时所吸引的听众群体却有明显差异。因此，赫尔姆专门将关于书目统计学的两讲内容提取了出来，出版了《与现代文明增长相关的书目统计学》（Hulme，1923）。例如：他按照《国际科学文献分类目录》，分别统计了各个时期在各个科学领域上论文的产出排序（如图 1.5）。此外，他还对作者、期刊特别是专利信息进行了统计。1923 年，*Nature*为此专门发表了对该书的介绍。赫尔姆认为图书目录学需要合作行动，并在这些讲座中，他强调了作为这

International Catalogue of Scientific Literature.

Order of the Sciences based upon their Total Output.

1901	1913.	1901–1913.
1. Physiology.	1. Physiology.	1 Physiology.
2. Chemistry.	2. Zoology.	2. Zoology.
3. Zoology.	3. Chemistry.	3. Chemistry.
4. Botany.	4. Bacteriology.	4. Botany
5. Physics.	5. Botany.	5. Bacteriology.
6. Bacteriology.	6. Anthropology.	6. Physics.
7. Astronomy.	7. Physics.	7. Anthropology.
8. Geography.	8. Geography.	8. Geography.
9. Geology.	9. Geology.	9. Geology.
10. Anthropology.	10. Mathematics.	10. Anatomy
11. Mathematics.	11. Astronomy.	11. Mathematics.
12. Anatomy.	12. Anatomy.	12. Astronomy.
13. Meteorology.	13. Mineralogy.	13. Mineralogy.
14. Mineralogy.	14. Biology.	14. Meteorology.
15. Biology.	15. Meteorology.	15. Mechanics.
16. Mechanics.	16. Mechanics.	16. Biology.
17. Palæontology.	17. Palæontology.	17. Palæontology.

图 1.5　不同领域论文产出的统计分布（Hulme，1923）

种需求示例的图书目录数据对于解释和阐释现代文明进展中的变化的重要性。虽然可以认为该书是最早的科学计量学教材，但需要注意的是，这本书不是严格意义上对统计书目的研究。在该书的序言中，赫尔姆也明确说明，该书为大家提供一种方法论和示例，而不是研究的最终结果。值得一提的是，Cole 等（1917）的研究工作得到了赫尔姆的引用和关注，表明早期在书目统计和文献统计上英国学者工作的延续性，要知道在当时信息很不发达的情况下，能发现同行为数不多的成果是一件困难的事情。后来，美国芝加哥大学图书馆的托马斯·杜萨系统对赫尔姆图书分类进行了研究，其中详细介绍了赫尔姆的生平，感兴趣的读者可以进一步参考学习（Dousa et al.，2018）。

1926：科学计量学代表研究

1926年，美国纽约大都会人寿保险公司（Metropolitan Life Insurance Company，New York）的阿尔弗雷德·詹姆斯·洛特卡（Alfred James Lotka，1880—1949）对科研论文的作者产出频次进行了统计分析，并在《华盛顿科学院学报》上发表了科学计量学领域的知名论文《科学生产力的频率分布》（Lotka，1926）。在研究中，洛特卡对来自《化学文摘》（1907—1916）10年索引中的作者进行了统计，对发表1篇、2篇、3篇……论文的作者数依次进行了计数（其中删除了以组织名义发表的论文）。在分析过程中，洛特卡仅仅提取了姓名中以字母A和B开头的作者进行进一步的处理。利用类似的方法，洛特卡对《物理学史表》的作者频次分布也进行了处理。当绘制有1篇、2篇、3篇……论文的作者的频率与这些作者发表论文数量 1、2、3…之间的关系时，若将两个变量都放在对数刻度上，会发现在每种情况下，数据点都相对密集地分布在一条斜率约为 2：1 的直线周围，如图 1.6。通过最小二乘法，由《物理学史表》前 17 个点确定的曲线斜率为 2.021 ± 0.017。类似地，由《化学文摘》前 30 个点确定的曲线斜率为 1.888 ± 0.007。因此，洛特卡得出存在于频率 y 与贡献 x 篇论文的人数之间的一般关系公式：

$$x^n y=\text{const}$$

式中，const表示常数（c），x表示论文数，y表示发表了x篇论文的作者频率。

那么，当n=2 时，可以推出，发表 1 篇论文的作者数为c，发表 2 篇论文的作者数为$c/4$，发表 3 篇论文的作者数为$c/9$，以此类推，发表了n篇论文的作者数是c/n^2，即发表了n篇论文的作者数量是发表 1 篇论文作者数量的 $1/n^2$。此即科学生产力的反比平方定律。

洛特卡是第一位较为系统地对文献中作者生产率共性特征进行挖掘的学者，发展了以往学者对书目文献中作者信息的简单统计分析。因此，洛特卡这项工作对于科学计量学本身的发展有深远影响。然而，洛特卡定律发表以后，沉睡了三十余年，直到普赖斯出版了他的两部重要著作《巴比伦以来的科学》（1961）和《小科学，大科学》（1963），该定律才被又一次挖掘出来，重新获得了关注和重视（赵红州，1984 a）。

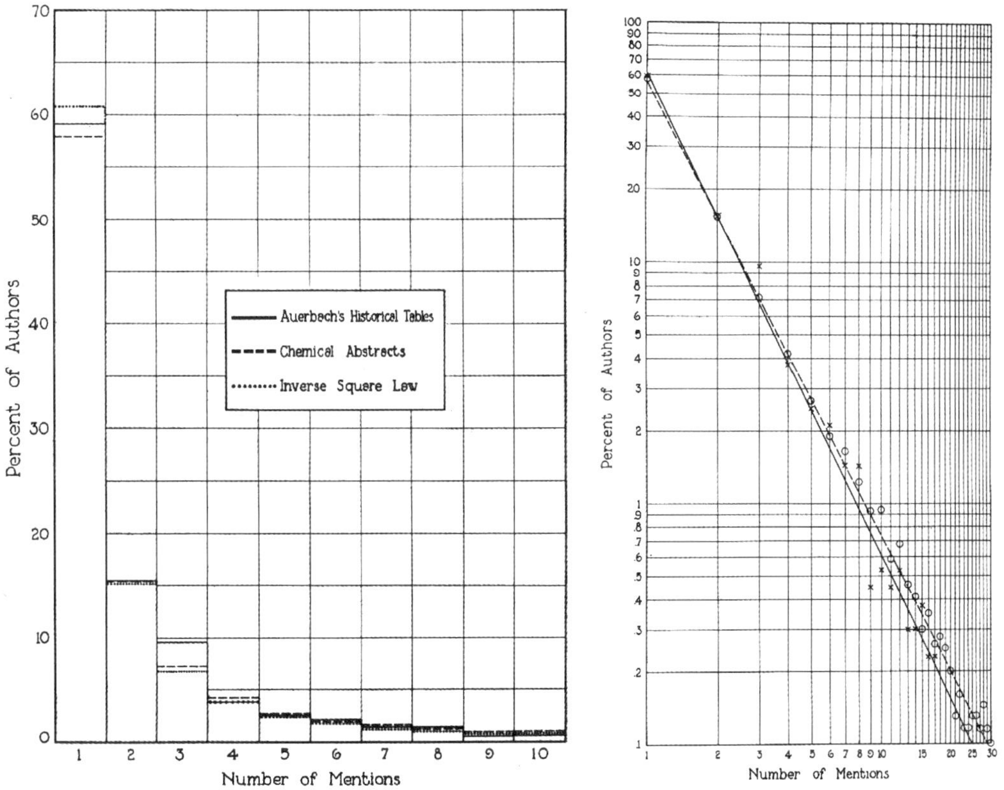

（a）频率分布。Auerbach《物理学史表》全字母表中提到的作者百分比，以及《化学文摘》1907—1916年索引中提到的字母A和B作者的百分比。

（b）以对数尺度表示的频率图。《物理学史表》（十字点），《化学文摘》（圆圈点）。实线表示由倒数平方法给出的点，指数= 2；虚线对应指数1.8。

图1.6 《化学文摘》和《物理学史表》分析曲线（Lotka，1926）

1927：科学计量学代表研究

1927 年，来自美国波莫纳学院化学院的研究人员P.L.K.格罗斯（P.L.K.Gross）和E.M.格罗斯（E.M.Gross）在*Science*上发表了论文《大学图书馆与化学教育》（Gross et al.，1927），首次对出版物的参考文献信息进行了统计分析（如图 1.7），以应对图书资源，特别是期刊资源的缺乏。研究中，两位学者对1926年《美国化学会杂志》（*Journal of the American Chemical Society*）的全卷数据进行了统计，提取和统计了其所引用期刊的分布信息，并通过 1916—1925 年的引文数据，分析确定了重要期刊的清单，依次为*J.Chem.Soc.*（《化学学会杂志》，引用数 159）、*Berichte*（《德国化学报告》，引用数

108）、*Z.Phys.Chem.*（《物理化学杂志》，引用数 59）、*J.Biol.Chem.*（《生物化学杂志》，57）以及*J.Phys.Chem.*（《物理化学杂志》，引用数 55）等。实际上，两位学者的工作是以早期图书馆典型需求为目的的研究，即节约经费、购买最需要的资源。这也为加菲尔德引文索引数据库的开发及其潜在应用价值做了前期探索，在科学计量学领域被称为“首篇引文分析论文”。

	Total	1921–1925	1916–1920	1911–1915	1906–1910	1901–1905	1896–1900	1891–1895	1886–1890	1881–1885	1876–1880	1871–1875
Ber.	686	78	30	67	115	79	64	60	56	53	44	33
J. Chem. Soc.	390	122	37	60	45	47	21	20	5	2	1	......
Ann.	278	26	8	37	33	23	22	21	19	18	13	......
Z. physik. Chem.	191	53	6	21	29	19	28	16	6	......	......	......
Compt. rend.	126	26	3	23	15	23	15	21	7	9	8	......
J. Phys. Chem.	93	42	13	13	5	1	1	......	......	......	......	......
Ann. Physik	93	18	4	28	13	6	0	0	6	5	2	......
J. Biol. Chem.	80	41	16	14	7	......	......	......	......	......	......	......
Am. Chem. J.	70	......	......	9	21	20	14	8	4	2	1	......
Z. anorg. Chem.	68	21	11	5	8	11	6	2	......	......	......	......
Ann. Chim.	68	5	0	6	9	7	3	5	1	8	4	2
Bull. Soc. Chim.	60	16	3	4	7	10	4	4	3	4	2	1
Proc. Roy. Soc.	55	30	5	4	8	5	1	0	1	......	......	......
J. Ind. Eng. Chem.	53	33	10	5	1	......	......	......	......	......	......	......
Z. Phys.	51	41	5	......	......	......	......	......	......	......	......	......
Monatsch.	51	2	1	21	5	9	3	2	5	3	......	......
J. prakt. Chem.	50	6	1	2	2	6	3	12	6	6	2	2
Phil. Mag.	49	17	14	4	2	3	3	1	1	0	0	1
Gazz. chim. ital.	44	10	6	2	6	4	8	4	3	0	1	......
Phys. Rev.	44	23	8	3	5	4	......	......	......	......	......	......
Physik. Zeit.	41	26	0	7	3	......	......	......	......	......	......	......
Z. Elektrochem.	37	11	13	4	4	4	1	......	......	......	......	......
Biochem. Z.	37	18	2	9	10	......	......	......	......	......	......	......
Rec. trav. chim.	36	14	5	2	2	2	5	4	1	1	......	......
SCIENCE	27	22	3	......	......	......	......	......	......	......	......	......
Trans. Far. Soc.	24	18	0	1	0	1	......	......	......	......	......	......
Proc. Nat'l Acad.	22	19	0	......	......	......	......	......	......	......	......	......
Nature	21	13	5	1	......	......	......	......	......	......	......	......

图1.7 《美国化学会杂志》（1926）引用期刊分布（Gross et al.，1927）

1934：科学计量学代表研究

1934 年，英国化学学者塞缪尔·克莱门特·布拉德福（Samuel Clement Bradford，1878—1948）在期刊*Engineering*上发表了论文《专门学科的情报源》（Bradford，1934），对来自“应用地球物理学”领域（Applied Geophysics，1928—1931）和“润滑学”领域（Lubrication，1931—1933）的文献在期刊中的分布规律进行了研究，他指出：“如果将科技期刊按其刊载某个学科论文数量的多少来进行降序排列，则可以把期刊划分成专门面向这个学科的核心区和包含与核心区同等数量论文的其他几个区域。这时，核心区域的期刊数量与相继各区域的期刊数量有 $1:n:n^2:\cdots$的关系”。可以使用如图 1.8 所示可视化形式进行表示，即$\alpha:\beta:\gamma=1:n:n^2$。

布拉德福的发现成为后来确定特定领域核心期刊的基础理论，其思路一直被沿用至今。该定律提出后，不断有学者进行应用或扩展，在图书情报学领域产生了广泛的学术影响。例如，在国际顶级期刊*Nature*上有多篇对该定律的研究或讨论（Brookes，1969；Naranan，1970）。在他 1948 年去世后，更是被学术界共同纪念（Pledge，1948；Ditmas，1948）。

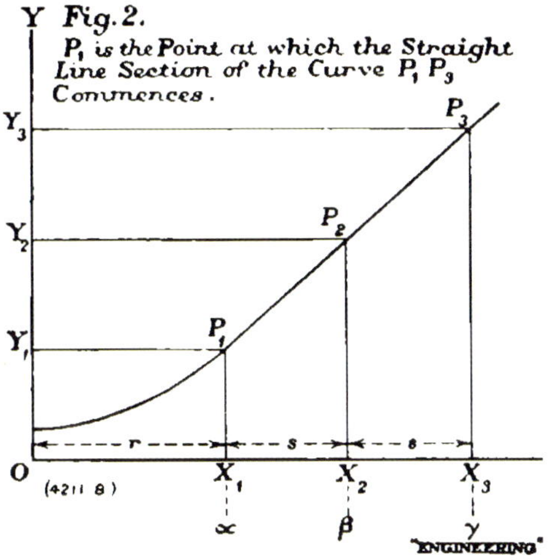

图 1.8　期刊累积量（*x*轴取对数）与论文累计量（*y*轴）的关系

注：*α*为核心区的期刊数，*β*为第一区和第二区累积的期刊数，*γ*为第一区到第三区累积的期刊数（Bradford，1934）

1949：科学计量学代表研究

科学计量学的发展，离不开对文本内容，特别是科学家用词特征分布的研究。在该方面的研究中，来自美国哈佛大学的教授乔治·金斯利·齐普夫（George Kingsley Zipf，1902—1950）起到了积极的作用。因此，在当前科学计量学的历史发展介绍中，齐普夫也被放在了重要的位置。虽然齐普夫并不是最早对自然语言文本的词频进行研究的第一人，但从其著述来看，他的研究是最为系统和完整的。在计量语言学界认为，齐普夫同样为计量语言学的诞生奠定了坚实的基础。现在从科学计量学视角来看，齐普夫的研究以及他发现的规律同样为科学计量学的发展和研究提供了理论基础。因为他对词频分布规律的深入研究，以及他在科学解释与跨学科应用方面的卓越贡献，后来学界以他的名字命名了该定律，即“齐普夫定律”（Zipf’s law）。该定律反映了词语的频次和频序之间的统计规律，这种规律广泛存在于人类语言现象以及诸多自然与社会现象之中。

自 1929 年齐普夫出版其博士论文《相对频率作为语音变化的决定因素》（Zipf，1929）以来，他在词频研究中还出版了大量的论著。1932 年，齐普夫出版了第一本专著《语言中的频率原则研究选编》（Zipf，1932），从跨语言的角度描述了英语、汉语、拉丁语等不同语言文本中的词频分布特征。在后续出版的作品中，最为知名的是 1949 年出版的《人类行为与省力原则——人类生态学引论》（Zipf，1949），该著作进一步将统计方法和模型应用于自然语言的频次分布，发现了词频的分布规律（如图 1.9），即 $f \cdot r = C$。同时，提出了著名的“最省力原则”（the principle of least effort），用于解释齐普夫定律。“最省力原则”认为，人在使用语言进行交际时，语言受到两个方向相反的力的作用。一个是统一化力（force of unification），另一个是多样化力（force of diversification）。说话者期望编码负担最小化，即用尽可能少的语言形式表达尽可能多的意义，极端的情况是只用一种形式来编码所有意义。听话者期望解码负担最小化，即所有需要传达的意义要使用尽可能多的语言形式来表达，极端的情况是语言形式与意义一一对应。交际双方的需求是矛盾的，只有在两个方向的作用力相互妥协、形成动态平衡的情况下，交际双方才真正达到了省力的目的。这种妥协与平衡，造成了语言单位的幂律分布特征。“最省力原则”也成为一条解释人类诸多行为的基本准则。

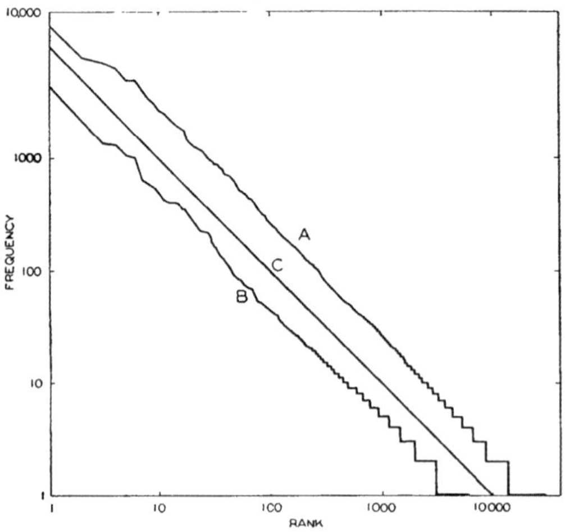

图 1.9　齐普夫书中的第一张词频分布图（Zipf，1949）

注：原始文献中词语的排名-频率分布图，图题为图 2-1。（A）James Joyce 数据；（B）Eldridge 数据；（C）斜率为-1 的理想曲线。

1.2.2　范式的形成

科学计量学的产生，标志着科学学在其成长演化过程中基本结束了自己的前科学阶段，从而进入了常规科学的成熟阶段（赵红州等，1984）。然而，如果从科学计量学自身的发展视角来看，科学计量学进入常规科学阶段应该有这样的特征：①科学计量学的理论框架已经基本形成，全球有一批学者在一定的共识基础上进行科学计量问题的研究和讨论，即他们之间有“共同话语”；②引文数据库是进行科学计量学研究的基础，也是科学计量学学者进行量化建模和“实验分析”的“标准试剂”；③科学计量学的科学价值和实践价值也被逐渐认可，并被广泛应用于不同的决策场景中。综合科学计量学进入常规科学的特征，其本质是科学计量的无形学院已经形成，且在稳定范式下开展科学计量学研究或工作。

实际上，在科学计量学的范式积累期已经出现了一批学者，并形成了无形学院，学者们开始一起集中探讨科学计量学领域的理论与实践问题，与上一个阶段相比，形成了较为系统的研究著作，而不是短篇幅的探索性研究。科学计量学一词也被计量学学术共同体接纳，英文被翻译为Scientometrics。这一时期出现了若干代表人物和代表成果，例如：普赖斯发表了《小科学，大科学》（1963），苏联的科学家纳利莫夫和穆利钦科出版了科学计量学领域第一部著作《科学计量学：把科学作为信息过程来研究科学发展》（1969），默顿发表了《科学社会学》（1973），加菲尔德博士创建了SCI数据库并出版了著作《引文索引法的理论及应用》（1979），等等。在这个时期，普赖斯和加菲尔德博士对科学计量学的贡献是奠基性的，后来的学者也称他们为“科学计量学之父”。在这些奠基者的基础上，全球各个国家也形成了不同的研究学派。下面主要以国家或地区为划分标准，来介绍科学计量学在科研范式形成阶段的代表人物和代表工作。

1.2.2.1 科学计量学的美国学派

在科学计量学的美国学派中，呈现出人才的集聚现象，出现的知名学者有德瑞克·约翰·德索拉·普赖斯（Derek John de Solla Price，1922—1983）、尤金·埃利·加菲尔德（Eugene Eli Garfield，1925—2017）、罗伯特·金·默顿（Robert King Merton，1910—2003）、迈克尔·朱利叶斯·亚历山大·莫拉夫奇克（Michael Julius Alexander Moravcsik，1928—1989）以及亨瑞·斯莫尔（Henry Small，1941—）等[1]。这里主要介绍美国在本时期最具代表性的三位科学计量学人物，即普赖斯、加菲尔德和默顿，如图1.10。

普赖斯（1922—1983）　加菲尔德(1925—2017)　默顿（1910—2003）

图1.10　美国科学计量学的代表人物

[1] 美国的科学计量学者中，多位学者获得了普赖斯奖，如加菲尔德（1984）、默顿（1995）、莫拉夫奇克（1985）以及斯莫尔（1987）等。

（1）普赖斯，一位系统性用数理模式呈现科学计量价值的学者！

德瑞克·约翰·德索拉·普赖斯是美国科学史、科学学与科学计量学著名学者，被誉为“科学计量学之父”。20 世纪 60 年代，普赖斯基于他在不同时期的学术讲稿，在科学计量学领域出版了两部里程碑著作——《巴比伦以来的科学》（Price，1961；1975）和《小科学，大科学》（发表于 1963 年，1986 年升级版为《小科学，大科学及其他》），更是凭借《小科学，大科学》获得了 1981 年的贝尔纳奖。现在回头来看，在当前的时期，普赖斯对科学计量学的贡献仍然是巨大的，也是开创性的。普赖斯在其著作中系统地呈现了统计分析科学文献信息对认识科学发展本质的重要性。他在科学计量学领域的标签有“科学计量学之父”[1]、“指数增长规律”（Price，1956）、“普赖斯指数”、“普赖斯定律”、“科学论文的网络”（Price，1965）等。普赖斯对科学计量学的贡献无疑是重大的，在他去世之后，多位学者专门发表纪念论文，系统综述了他在科学学与科学计量学领域光辉的一生（Crawford，1984；Mackay，1984；Yagi et al.，1996）。加菲尔德博士在纪念普赖斯的论文中如此结尾：“只要我们生活和工作在这个不断发展的领域（科学计量学），我们不仅会思念 Derek，而且会每天都被他的影响所提醒。从这个意义上说，他已经变得永垂不朽”[2]（Garfield，1985；王崇德，1987）。国际科学计量学与信息计量学学会（ISSI）和*Scientometrics*期刊为了纪念普赖斯，于 1983 年专门设置了“普赖斯奖”，用于奖励在科学计量学领域做出重要贡献的学者，这或许是对普赖斯精神最好的一种传承方式。首届普赖斯奖颁奖典礼于 1984 年 12 月 20 日举行，由 Moravcsik颁给了尤金·埃利·加菲尔德博士，以肯定他对科学计量学发展做出的卓越贡献（Moravcsik，1984）。

（2）加菲尔德，一位构建科学计量学基础设施的杰出学者型商业领袖。

尤金·埃利·加菲尔德是国际知名的科学计量学学者。作为一名学者型商人，加菲尔德为科学计量学和科学学做出了突出的贡献。从其商业的贡献来讲，受《谢泼德引文》（*Shepard's Citations*）的启发，他创建了全球最为知名和被科学计量学领域信赖的科学引文数据库SCI，并在 1995 年的*Science*杂志上发表了里程碑论文《科学引文索引》（Garfield，1955）。一方面，该数据库使得全球科学计量学共同体能借助数据分析，发现和验证科学计量学的理论与方法；另一方面，该数据库犹如化学领域的“标准试剂”一样，使得不同地区的学者可以通过同样的标准数据，实现计量分析结果的可比

[1] 在 1986 年出版的《小科学，大科学及其他》中，默顿和加菲尔德为该书做了序言，并称普赖斯为“科学计量学之父”。

[2] as long as we live and work in this growing field，we will not only miss Derek，but be reminded of his impact on a daily basis. In that sense，he has become immortal.（Garfield，1985）

较（即在一定程度上实现和促进了全球学者之间的对话）。单单SCI数据库一项成果，便足以让加菲尔德博士青史留名。除此之外，加菲尔德在创建SCI数据库的早期实验阶段，积极与贝尔纳、普赖斯、默顿等学者互动（Garfield，2009），同时自己也积极挖掘引文索引的学术潜力，发表了若干在科学计量学领域有积极意义的学术成果。作为一名学者，加菲尔德博士与普赖斯等学者一同创建了期刊*Scientometrics*，并担任共同主编。此外，他积极推动设立了科学计量学领域的最高奖——普赖斯奖（the Derek de Solla Price Memorial Award）和国际科学学领域的知名奖项——贝尔纳奖（John Desmond Bernal Prize）。他在*Science*等国际知名期刊上发表了若干篇引文理论与方法的论文。与普赖斯类似，加菲尔德将自己的演讲报告集结成《引文索引法的理论及应用》，并于1979 年出版（Garfield，1979）。该书共包含 11 章内容，其中有 7 章内容是在具体场景中的应用，分别为：引文索引法的概念、引文索引法的历史、引文索引的设计和生产、引文索引法的应用以及引文索引法的未来。加菲尔德博士是引文分析和引文索引技术的集大成者，不妨用以下的标签对他进行总结："SCI引文索引""影响因子""集中与分散律""引文历史网络"等。毫无疑问，加菲尔德博士对科学计量学的贡献是巨大的。1984 年，首届科学计量学界的最高奖——普赖斯奖授予给了加菲尔德。后期的发展也证明，加菲尔德的SCI数据库及其持续的更新、完善和发展，在商业上非常成功。毋庸置疑，加菲尔德在科学计量学学术研究上的贡献是巨大的。

（3）默顿，一位让科学计量学有了人文内核的社会学家。

罗伯特·金·默顿，美国社会学家，哥伦比亚大学教授，开创了科学社会学的研究，曾任美国社会学协会第 47 任主席。作为一名社会学家，默顿从社会学的理论出发，深入研究了科学运行的机制和规律，并出版或发表了多篇科学社会学的论著，为科学计量学提供了社会学理论的支持。他的代表作有《十七世纪英格兰的科学、技术与社会》（1938）、《科学中的马太效应》（1968）、《科学社会学》（1973）以及《论社会结构与科学》（1996）等。默顿对科学计量学的贡献是特殊的，他使以"硬科学"为发展目标的科学计量学有了人文的内核，是对普赖斯以数学和科学史学研究科学计量学的有效补充。默顿在科学学和科学计量学领域都取得了卓越的成就。1982 年，其凭借代表作《科学社会学》获得了社会科学研究学会（Society for Social Studies of Science，4S）的贝尔纳奖。由于默顿的科学社会学理论等对科学计量学研究的深入影响，1995 年国际*Scientometrics*期刊和ISSI授予他科学计量学领域的最高荣誉——普赖斯奖。

美国科学计量学学派的三位学者之间保持着密切的关系。在一定程度上，加菲尔德SCI数据库在科学史和科学计量学上应用的成功与普赖斯是密不可分的。当然，与默顿对SCI数据库的认可也有直接的关系。这也打开了早期加菲尔德仅仅想通过SCI索引来改变以往主题索引获取情报信息的想法，使得SCI的价值进一步放大。在此之后的若干年，SCI数据库坚持与学术界的密切联系和互动，在科学计量学领域产生了很多原创性应用。例如：普赖斯奖获得者Small就是ISI的早期员工之一。虽然这里论述更多的是过去的历史，但美国学派的经验在一定程度上也给出了学术与商业交互的典型案例。在国际上，同类数据库发展成功的案例中总少不了科学计量学、科学哲学以及科学史等研究学者的身影。当然，仅仅提供数据服务的商业模式往往给人一种缺少“科学底蕴”的感觉。

1.2.2.2 科学计量学的苏联/俄罗斯学派

科学计量学的苏联学派对科学学和科学计量学的产生和发展发挥了重要作用。代表性的科学学学者有凯德罗夫（Б.М.Кедров）、米库林斯基（С.Р.Микулиский）、多勃罗夫（Геннадій Михайлович Добров，1929—1989）、瓦西里 · 瓦西列维奇 · 纳利莫夫（Vasiliy Vasilevich Nalimov，俄文为Васи́лий Васи́льевич Нали́мов；1910—1997）以及海通谢尔盖·海通（Сергей Давыдович Хайтун，1941—）等（刘则渊，2012），如图1.11。苏俄在科学计量学领域具有重要贡献的学者主要来自两大学派，分别是以多勃罗夫为代表的数学模型学派和以纳利莫夫为代表的信息流和系统学派。

多勃罗夫（1929—1989）　纳利莫夫（1910—1997）　海通（1941—）

图1.11　苏联/俄罗斯科学计量学领域的代表人物

（1）多勃罗夫，以科学学促进了科学计量学的研究。

多勃罗夫是苏联科学学的奠基人之一，乌克兰科学学创始人，乌克兰国家科学院科学技术潜力与科学史研究中心创始人，苏联科学院院士。同时他也是国际科学史学院院士和国际人文与自然科学院院士，1968年获得经济学博士学位，1970年成为教授。他在科学技术潜力、科学技术预测和科学计量学的发展中做出了重要贡献，是苏联早期从事科学计量学的学者之一。他在科学计量学相关领域的代表作为《普通科学学导论》[1]（Добров，1966；多勃罗夫，1984），该书也开创了乌克兰的科学学研究。此外，他也是科学计量学领域旗舰期刊*Scientometrics*创刊主编之一。

（2）纳利莫夫，创造了科学计量学一词，对科学计量学发展有特殊的意义。

瓦西里·瓦西列维奇·纳利莫夫，莫斯科国立大学的教授，哲学家、数学家、教育家等。1959 年他和同事发表了第一篇关于科学计量学的论文《科学技术信息作为控制论的一个任务》，探讨了世界科学增长的数学模型，并提供了使用这些模型的逻辑依据。在后来的研究中，纳利莫夫继续强调量化研究科学发展的重要性和科学计量学方法与科学发展逻辑相结合的必要性。1996 年，他人生的最后一篇论文以《超个人心理学杂志》（*The Journal of Transpersonal Psychology*）为例，采用科学计量学的方法研究了这个新的科学分支的起源和发展（Nalimov et al.，1996）。在其所有成果中，最为知名的是他在 1966 年首创了“科学计量学”（Наукометрия）一词（Rousseau，2021；Nalimov et al.，1966），并于 1969 年和他的研究生穆尔钦科（Mul’chenko）出版了首部科学计量学专著《科学计量学：作为信息过程的科学发展研究》（Nalimov et al.，1969）。虽然科学计量学在苏联的发展遇到了各种困难，但在 1974 年出版的《苏联大百科全书》中收录了科学计量学的相关介绍，并提及了 1969 年纳利莫夫的科学计量学专著（Granovsky，2001）。因纳利莫夫为科学计量学所做的开创性贡献，他于 1987 年获得了科学计量学领域的最高荣誉——普赖斯奖。

自纳利莫夫等率先提出“科学计量学”一词以来，该词于 1971 年被翻译为英语和波兰语，于 1980 年被翻译为匈牙利语，之后Callon还在法国出版了法文版的科学计量学专著*La scientométrie*（Callon et al.，1993）。然而，俄语科学计量学一词出现以后，在不同地区或不同机构出现了不同的译法。例如：美国空间外国技术处将Наукометрия翻译为Measurement of science（测度科学），最近几年又有学者将自己的科学计量学研究方向称为Quantitative Science Studies（量化科学元勘）、Computational Science of Science（计算科学学）或科学学大数据（Big data for Science of Science）等。

（3）海通：苏联关于科学计量学的第二本重要专著，丰富和发展了苏联的科学计量学[2]。

谢尔盖·海通毕业于莫斯科物理技术学院，任职于俄罗斯科学院S.I.Vavilov自然科学和技术历史研究所，是苏联和俄罗斯的物理学家和科学史学家。他以在热力学和统计物理学、宇宙学、进化论、科学计量学、科学学、哲学和经济学等领域的研究而

[1] 原书名为*Наука о науке*：*Введение в общее наукознание*。

[2] 海通博士. https：//znanierussia.ru/articles/Хайтун,_Сергей_Давыдович.

闻名。其中，他在科学计量学领域最为知名的贡献是出版了《科学计量学：现状与前景》一书（Хайтун，1983）。在该书中，作者明确了科学学的基本任务，并认为科学发展将从粗放发展为主的阶段转变为集约发展为主的阶段；认为完成这个阶段任务，科学学需要借助于定量方法。海通认为科学学的定量分支有三个方面：①科学计量学，研究科学学研究对象中诸参数的定量规律，以及其他经验科学学研究对象中的各种测量结果；②科学学的数学模型，主要是利用科学计量学所揭示的规律性，借助数学模型来描述测量结果；③决策理论，即利用上述科学计量成果和数学关系，寻求研究对象的一定参数值，以使该对象在由具体研究目标所给定的方向上最优化（丁鸿富等，1986）。1989 年，海通出版了《科学的定量分析问题》（*Проблемы количественного анализа науки отв*），进一步发展了1983年著作中的思想，提出了将非高斯统计引入科学计量学定量方法的积极建议。此外，他还讨论了测度模型的“客观性”问题，即如何将指标与潜在变量联系起来。

1.2.2.3 科学计量学的欧洲学派

（1）英国学派：科学计量学思想的孕育和早期发展地。

英国的科学计量学代表人物主要有两位，一位是科学学的开创者约翰·德斯蒙德·贝尔纳（John Desmond Bernal，1901—1971），他的思想影响了科学计量学的产生。另一位是科学计量学早期的重要践行者贝特拉姆·克劳德·布鲁克斯（Bertram Claude Brookes，1910—1991），如图1.12。

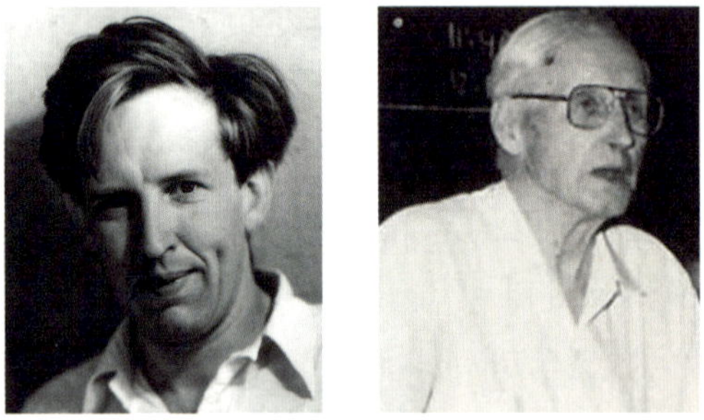

贝尔纳（1901—1971）❶　　布鲁克斯（1910—1991）

图1.12　英国科学计量学的代表人物

贝尔纳虽然严格意义上并不属于科学计量学的学者，但是他的名著《科学的社会功能》（Bernal，1939）却启发了一批科学计量学学者（Goldsmith et al.，1964），特别是深刻地影响了“科学计量学之父”普赖斯。在《科学的社会功能》出版 25 年的纪

❶ 贝尔纳的学生马凯（Alan Lindsay Mackay）也是知名的科学学学者，与我国的科学学与科学计量学界有较为频繁的来往（例如：赵红州、蒋国华和刘则渊等）。

念文集《科学的科学》中，普赖斯甚至认为："贝尔纳正是以其1939年出版的不朽巨著，而成为广泛地开拓'科学地分析科学'的第一人（Goldsmith et al.，1964；戈德史密斯 等，1985）"。因此，这一部分对贝尔纳进行简要的介绍是必要的[1]。

贝尔纳是英国科学家，出生于爱尔兰，毕业于剑桥大学，其研究方向多样，包含X射线晶体学、科学学、科学史等领域。贝尔纳的学术洞察往往都很具有前瞻性，且有一些想法后来都获得了诺贝尔奖（当然获奖人从来都没有他）。可能是由于他对新的想法只是浅尝辄止（可谓"好读书，不求甚解"），并未进一步深入研究而取得颠覆性的科学发现，因此始终与诺贝尔奖无缘。科学史上把这种现象称为"贝尔纳效应"。贝尔纳在科学学领域的代表作《科学的社会功能》（1939）是科学学研究中的重要转折，该书包含两个重要的议题——"科学现在所能起的作用"和"科学所能起的作用"，不仅影响了当时那个时代的科学家群体和关注科学对社会发展影响的人群，也影响了普赖斯后来的研究方向，即普赖斯将自己的科学活动从数学和物理学转向了科学史研究。普赖斯自己也曾经说，是贝尔纳的著作武装了他的头脑，引导他走进了科学计量学的大门（赵红州等，1984 a）。也就是说，虽然普赖斯被后世称为"科学计量学之父"，但是贝尔纳的科学学思想则在一定程度上孕育了"科学计量学"的产生。贝尔纳离世后，学术界为了纪念他，在加菲尔德博士的推动下，1981年在社会科学研究学会创建了贝尔纳奖（John Desmond Bernal Prize）。获奖者中有一批学者同时也为科学计量学做出了重大贡献，例如：第一届贝尔纳奖获奖者普赖斯（Derek de Solla Price），以及后来的默顿（Robert K.Merton）、库恩（Thomas Kuhn）、瑞普（Arie Rip）、卡隆（Michel Callon）等（参见附录1.3）。

布鲁克斯，英国著名情报学家（或信息科学家），是科学计量学重要的开拓者和奠基者之一。曾先后在皇家空军和供应部（第二次世界大战期间）、伦敦大学学院电气工程系（1947—1968）以及伦敦大学图书馆学与档案学院（1966—1977）工作。布鲁克斯的重要学术贡献集中在信息科学和科学计量学两个方向。在研究中，布鲁克斯提出了"布鲁克斯方程"（Brookes equation），即"知识"与"信息"的关联模式的基本方程 $K[S]+\Delta I=K[S+\Delta S]$，这个方程表达了知识结构 $K[S]$ 通过信息 ΔI 改变形成的新的知识结构 $K[S+\Delta S]$ 的过程，其中 ΔS 是指修改的效果。并以卡尔波普尔的"三个世界"哲学理论为基础，用"知识基础"论作为情报学基础理论，确立了情报学中的知识学派（Brookes，1975，1980 a）。在谷歌学术中，布鲁克斯被引最高的10篇论文也主要是

---

[1] 从史料来看，贝尔纳影响了普赖斯的科学计量学研究，普赖斯则影响了埃格赫（Egghe）从事科学计量学研究，埃格赫又影响了鲁索（Rousseau），即：贝尔纳→普赖斯→埃格赫→鲁索。埃极赫是知名学者布鲁克斯的学生，而鲁索又是埃格赫的学生。

由这两个方向组成的。其在信息科学领域中，较早地从哲学、定量科学以及范式转变等视角对信息科学开展了系统的研究（Brookes，1980 a，1980 b，1980 c，1981）。在科学计量学领域，布鲁克斯则在科学哲学（Brookes，1960）、布拉德福定律/齐普夫定律（Brookes，1968，1969，1977）以及文献老化（Brookes，1970，1972）等方面做了大量工作，是早期科学计量学研究范式下的典型工作。1989 年他与Jan Vlachý共同获得了科学计量学的最高奖普赖斯奖。此外，他还为科学计量学界培养了一位知名的学者Egghe（2001年普赖斯奖获得者）。

（2）匈牙利学派：科学计量学实践应用的典范。

科学计量学的匈牙利学派之所以发展起来，与科学计量学实践价值的发现是密不可分的。核心的学者为分析化学教授蒂博尔·布劳恩（Tibor Braun，1932—2022）、化学教授彼得·温克勒（Péter Vinkler，1941—）、化学博士安德拉斯·舒伯特（András Schubert，1946—）以及数学博士沃尔夫冈·格兰泽（Wolfgang Glänzel，1955—），如图 1.13。由于布劳恩开创了匈牙利的科学计量学研究，因此本部分重点介绍其所做的奠基性工作。

布劳恩（1932—2022）　温克勒（1941—）　舒伯特（1946—）　格兰泽（1955—）

图1.13　匈牙利科学计量学的代表人物

布劳恩，曾任罗兰大学教授，布达佩斯信息科学与科学计量学研究所（Information Science and Scientometric Research Unit，ISSRU）所长，*Scientometrics*期刊创始人兼首任执行编辑和*Journal of Radioanalytical and Nuclear Chemistry*的创刊主编。1983年，布劳恩与科学计量学的学者共同提议设立了科学计量学的国际奖项——普赖斯奖（The Derek de Solla Price Memorial Award）。他本人由于在科学计量学应用和发展中的开拓性贡献，也在1986年获得了该奖项。在布劳恩逝世后，他的同事兼学生格兰泽认为："他系统地促进了科学计量学的制度化，将一个'无形学院'转变成为一个'有形学院'"（Glanzel et al.，2022）。梁立明教授曾评价："Tibor Braun是一位极其罕见的有着两种平行且完整科学生涯的人——作为化学家和作为科学计量学家，在两个科学领域他都获得了国际声誉。人们惊异他何以能长期在两个关联度不大的领域中并行学术生涯”（梁立明等，2010）。布劳恩的科学计量学核心贡献可以总结为两点：其一，他借助加菲尔德博士开发的SCI数据库对各个国家的科学态势指标进行了分析，出版了专著《科学计量指标：32 个国家出版绩效和引用影响的比较评估》（Braun et al.，1985；赵红州等，1989），也成为早期科学计量学指标应用于科技评价的典型代表。同时，作为分析化学领域的杰出研究人员，他将科学计量学的理论与方法巧妙地应用在分析化学科研发展态势的评价中，出版了专著《分析化学文献：一项科学计量评估》（Braun et al.，1987），该著作不仅是化学领域开创性的科学计量应用研究，也是当时国际上为数不多的将科学计量学应用于特定学科的案例。其二，他为科学计量学学术共同体的发展和成长做出了重要的前期贡献。其中，他在全球范围内创建了最早致力于研究和发展科学计量学的学术机构之一，即布达佩斯的信息科学与科学计量学研究所，创办了*Scientometrics*期刊（其中在 1987—2013 年担任该刊的主编），并推动设立了普赖斯奖。这两项工作对于科学计量学过去和现在的发展都具有特殊的意义。此外，他还为该机构的科学计量学团队引入了舒伯特和格兰泽，后期两位学者在科学计量学中也做出了重要的贡献，并分别在 1993 年和 1999 年获得了普赖斯奖。然而遗憾的是，匈牙利学派的科学计量学后期并没有继续发展壮大。后来格兰泽工作调动到了比利时鲁汶大学ECCOM中心，并在2013年接替了布劳恩，成为*Scientometrics*的主编（Garfield，2014）。

（3）荷兰学派：用科技评价促进科学计量学发展。

荷兰是全球科学计量学的重镇之一，产生了一批在国际上具有较高学术影响力的学者。其中，为荷兰科学计量学发展做出突出贡献的代表学者有来自莱顿大学的安东尼·范瑞安（Anthony F.J.van Raan，1945—）和亨克·莫德（Henk F.Moed，1951—2021）以及荷兰阿姆斯特丹大学的路特·莱兹多夫（Loet Leydesdorff，1948—2023），如图 1.14。结合现在的科学计量学发展来看，荷兰莱顿大学CWTS的学术传承和延续是最好的，已经在早期学者的基础上，培养和产生了一批科学计量学学术新星（李杰，2022，2024 a）。下面重点对早期的三位开拓者进行介绍。

亨克·莫德，荷兰莱顿大学科学技术元勘中心（CWTS）创始人之一，具有物理学、数学和计算专业的学历背景。他自 1981 年开始到莱顿大学工作，并在 1989 年完成了科学元勘[1]领域的博士论文，范瑞安是其导师之一。此论文成为该机构首篇与科学指标直接相关的博士论文（Moed，1989）。1990 年起，莫德作为*Scientometrics*副主编之一，服

[1] 在科学学和科学计量学的语境下，我们将Science Studies翻译为科学元勘。例如：莱顿大学的Centre for Science and Technology Studies译为科学技术元勘中心。读者可进一步参考：武夷山所著《科学元勘的未来》。https：//blog.sciencenet.cn/blog-1557-233807.html。

莫德（1951—2021）

莱兹多夫（1948—2023）

范瑞安（1945—）

图 1.14　荷兰科学计量学的代表人物

务于科学共同体。同时，莫德担任了《定量科学技术研究手册》的第一主编（Moed et al.，2004），为该工具书的完成发挥了重要作用。他还先后出版了《科研评价中的引文分析》（Moed et al.，2006）、《评价性信息计量学的应用》（Moed et al.，2017）等著作，并针对科研评价发表了大量论文。此外，莫德在科学计量学研究的后期访问了多个国家、地区或机构（如：爱思唯尔、意大利Sapienza University of Rome以及SCImago等），积极将引文评价的方法论进行传播。鉴于莫德在科学计量学的应用与实践中做了大量开创性的工作，1999 年授予他普赖斯奖（李杰等，2023 a）。

路特·莱兹多夫，荷兰阿姆斯特丹大学教授，终身致力于从多角度、多学科视角思考和探索科学计量学、科学传播等领域的理论建构和方法论问题。他在科学计量学领域的学术贡献为：全面对科学计量学的各类问题进行了深入的剖析，促进了诸如科学计量指标（例如：I3 指标、多样性测度等）、科学知识图谱算法（例如：矩阵的标准化与全科学结构图）、科学知识系统动力学等研究。其中，最具代表性的两部著作为《科学计量学的挑战》（Leydesdorff，2001）和其人生的最后一部专著《交流互证知识之演化动力学：观察一种经验性科学哲学之交流理论视角》（Leydesdorff，2021）。莱兹多夫是开放科学的先行者，他开放科学的实际行动极大地促进了科学计量学的知识交流和学术争鸣。他几乎没有喊过“开放科学”的口号，但是却真正在践行着开放科学的理念。任何人都可以通过莱兹多夫的主页获取其已经发表或尚在工作中的论文（Working paper）。特别是他开发并分享了大量科学计量学工具，以及几乎自己所有论文中使用的软件程序，以供学术共同体学习、检验或研究使用。除了在科学计量学领域的贡献外，他与美国社会学家亨利·埃茨科维茨共同提出了三螺旋模型（Etzkowitz et al.，1995），阐释了知识经济时代“大学—产业—政府”三方的协同创新关系，这也成为莱兹多夫最为人津津乐道的学术成就之一。鉴于莱兹多夫在科学计量学的杰出贡献，2003 年，他被授予了科学计量学最高奖——普赖斯奖。2023 年，莱兹多夫去世之后，国内外学术共同体以不同的形式开展了学术纪念活动。其中，他生前工作的单位阿姆斯特丹传播研究学院（Amsterdam School of Communication Research，ASCoR）设立了“莱兹多夫跨学科奖学金（Leydesdorff Interdisciplinary Fellowship）”，以促进和认可跨学科工作，并表彰来自其他学科的研究者对ASCoR研究做出的杰出贡献。

安东尼·范瑞安，荷兰莱顿大学科学技术元勘中心（CWTS）创建人之一，并担任首任主任，后来更是成为CWTS的首位“量化科学”领域教授。范瑞安的学科背景为数学、物理和天文学，先后在1969年和1973年获得了理学硕士和物理学博士学位。1985年，范瑞安改变了原有的研究方向，由物理学转向科学技术元勘研究（Science and Technology Studies）。范瑞安在科学计量指标的设计和工具的方法方面做出了重要的贡献，特别是利用科学计量指标开发了莱顿排名（Leiden Ranking）等产品。范瑞安和莫德等人还共同开发了后来知名的“王冠指数”，作为主编组织撰写了《科学技术量化研究手册》（van Raan，1988）。2004年，出于对延迟认可（Delayed Recognition）的兴趣，提出了“睡美人文献（Sleeping Beauties）”，并成为科学计量学中知名的“科学隐喻”和研究方向。范瑞安为科学计量学的发展发挥了重要作用，并在1995年获得了普赖斯奖。

（4）比利时学派：科学计量学走向数学化的重要贡献者。

比利时科学计量学的贡献是特殊的，其主要表现在两位数学家师生的加入，他们是利欧·埃格赫（Leo Egghe，1952—）和罗纳德·鲁索（Ronald Rousseau，1949—），如图1.15。

利欧·埃格赫（1952—）

罗纳德·鲁索（1949—）

图1.15 比利时科学计量学的代表人物

利欧·埃格赫是比利时安特卫普大学教授，师从普赖斯奖获得者布鲁克斯（Bertram Claude Brookes），埃格赫于2001年也获得了普赖斯奖。他在科学计量学学术发展、学术共同体的建设以及学术传播交流中发挥了重要的作用。1981年，埃格赫参加了普赖斯在布鲁塞尔的一场讲座，这次经历为处在职业十字路口的埃格赫开启了科学计量学的学术道路（Egghe，2008）。埃格赫最为科学计量学领域所熟知的贡献主要集中在他的两部著作中。1990年他和鲁索合著的《信息计量学导论》[1]（Egghe et al.，1990）以及他在2005年所著的《信息生产中的幂律：洛特卡信息计量学》（Egghe，2005），成为领域内重要的科研和教学参考资料。2006年，他在h指数的基础上又进一步提出了g指数，激发了行业内科学计量指数的热潮，是最早发现并挖掘h指数价值的学者；2007年，埃格赫又创办了*Journal of Informetrics*期刊，极大地促进了科学计量学数学原理的研究发展与学术交流。他的大多数工作是与其学生鲁索完成的，他们密切的高质量合作已经成为科学计量学界的模范，也被誉为科学计量学界的"双子星"。

罗纳德·鲁索是比利时安特卫普大学教授，同时在欧洲多个国家或地区兼任客座教授。他是国际信息计量学与科学计量学学会的创始人之一，与其导师埃格赫共同组织和举办了第一届国际科学计量学与信息计量学会议。因为对科学计量学学术发展做出的贡献，鲁索于2001年获得了普赖斯奖。同时，他也被业界誉为"信息计量学之父"。鲁索的科学计量学成就与其前期的学术积累密不可分，他分别在1977年和1992年获得了数学和图书情报学的博士学位，这在科学计量学界是少有的现象（还有一位是沃尔夫冈·格兰泽）。鲁索在科学计量学中的研究是特殊的，他的数学功底使得科学计量学在"数学化"方向上有了深入的储备。他对科学计量学的整体认知汇集在了2018年出版的《成为计量智慧者》（*Becoming Metric-wise*）一书中，科学计量学哲学的、数学的、方法的、技术的以及应用的内容都可以在该著作中窥见一斑（Rousseau et al.，2018）。

综上，埃格赫和鲁索的核心贡献主要可以概括为两个方面：①科学共同体的建设。他们通过国际科学计量学与信息计量学学会以及举办ISSI会议，让国际的科学计量学力量空前团结了起来，促进了不同国家和地区的学术交流。特别是帮助了发展中国家或地区（例如：中国和印度）科学计量学人才的培养和国际化。②科学计量学的学术贡献。鲁索和埃格赫的数学背景，加强了科学计量学的"数学化"，促进了它的"科学化"。这种既推动了科学计量学的学术研究，又极大地服务了科学计量学学术共同体的学者是较为罕见的。

（5）法国学派：共词方法的诞生和科学计量学的发展。

法国科学计量学的贡献主要表现在共词理论、方法与技术的开创性探索和应用上。

---

[1] 在1992年出版的中译版中，该书被翻译为《情报计量学引论》。后来由于种种原因，国内逐渐淡化了情报计量的提法，现在更多人将其译为"信息计量学"。

其中，最具代表的学者是米歇尔·卡隆（Michel Callon，1945—），如图1.16。

卡隆（1945—）[1]

图1.16 法国科学计量学的代表人物

自1967年起，米歇尔·卡隆在巴黎矿业学院（Mines Paris Tech）担任社会学教授，1982—1994年曾担任创新社会学中心主任，并在1998—1999年担任科学社会研究学会（Society for Social Studies of Science，4S）主席。他与布鲁诺·拉图尔（Bruno Latour）和约翰·劳（John Law）一起，被认为是行动者-网络理论（Actor-Network Theory）或翻译社会学的“创始人”。他的主要贡献是提出并完善了共词分析的新技术与新方法（Callon et al.，1983），同时他撰写出版了迄今已知的第一部法文版*La scientométrie*（科学计量学）专著（Callon et al.，1993）。卡隆虽然在科学计量学做出了突出贡献，但遗憾的是，他未持续与国际科学计量学的学术共同体建立长期密切的交流或合作，如此种种原因，使他未能获得普赖斯奖。2002年，他因在科学技术社会方面的研究获得了科学社会研究学会颁发的贝尔纳奖。2007年，他还获得了法国国家科学研究中心（CNRS）颁发的银质奖章，以表彰他取得的高质量原创成果。

（6）德国学派：促进科学计量学国际学术组织的形成和科学计量学的新发展。

在德国科学计量学早期的学术共同体中，希尔德伦·克雷奇默（Hildrun Kretschmer，1947—）无疑是最活跃的一位，如图1.17。她为国际早期科学计量学学术共同体的形成和跨国科学计量学交流与发展做出了卓越的贡献。

希尔德伦·克雷奇默就职于德国柏林自由大学教育与心理学系，兼任河南师范大学名誉教授、大连理工大学特聘教授，曾任国际科学计量学与信息计量学学会（ISSI）首任主席等职。在科学计量学发展早期，她为科学计量学在德国乃至全球的传播起到了重要作用。同时，她在科学计量学科研合作的研究中颇有建树，发表了数篇高影响力论文（Kretschmer，1994，2008 a，2008 b，2015 a，2015 b）。在国际学术交流中，她积极帮助了印度和我国科学计量学的国际化，为发展中国家的科学

克雷奇默（1947—）

图1.17 德国科学计量学的代表人物

[1] Michel Callon. https：//www.pressesdesmines.com/author-book/callon-michel/

计量学人才培养和成果走向世界起到了重要作用。例如：2000 年，克雷奇默与我国梁立明教授、印度的Ramesh Kundra教授共同发起成立了COLLNET全球跨学科研究网络，该组织也创办了期刊*Collnet Journal of Scientometrics and Information Management*，并主办了系列COLLNET会议。这一组织及其系列学术活动的举办，极大地促进了中国和印度与世界其他国家和地区科学计量学研究的交流。

1.2.2.4 科学计量学的印度学派

早期印度科学计量学的研究在世界范围来讲都是比较活跃的。据统计，1984—2000 年，当印度科学计量学在世界舞台已经拥有相当话语权的时候，我国的声音还很微弱。Schubert对 1978—2001 年*Scientometrics*的发文统计显示，印度在该时间段的发文量位于美国、荷兰、匈牙利和德国之后，排名第 5，我国当时则排在 18 位，与印度之间的差距是显著的（梁立明，2010；Schubert，2002）。因此，有必要对印度早期的科学计量学研究进行分析和总结。特别要说明的是，我国的科学计量学研究演进将在下一节系统介绍。

在印度的学者中，具有一定国际学术影响力的要数苏比尔·库马尔·森（Subir Kumar Sen，1947—2013），如图 1.18。苏比尔就职于加尔各答大学图书馆和信息科学系，在早期的科学计量学研究中，主要关注布拉德福律（Bradford's Law）和文献分散现象，曾经担任国际ISSI学会会刊*JISSI*（*The International Journal of Scientometrics and Informetrics*）的编辑（1995—1996）。在科学计量学领域中最为著名的贡献是引入或扩展了两个新概念，一个是"生物-文献计量学（bio-bibliometrics）"，另一个是对"文献耦合"概念的扩展（Jana et al.，2013）。苏比尔在国际科学计量学活跃的学术表现，为提升印度在国际科学计量学共同体中的影响力发挥了重要作用。2013 年，苏比尔去世后，Jana（2013）等在ISSI *Newsletter*上专门发表长文，回顾其科学计量学学术人生，足见其在国际学术共同体中的地位。

苏比尔·库马尔·森（1947—2013）❶

图1.18 印度科学计量学的代表人物

在以上对国际主要国家/地区代表学者回顾的基础上，本书整理和扩展形成了科学计量学国际代表学者的关联图谱，读者可以进一步通过图 1.19 了解或研究（图 1.19 仅仅作为对前文论述的总结和对未来学习的辅助，切勿用于其他用途。特别是对学者的评价）。

❶ Newsletter 33. https：//www.issi-society.org/media/1137/newsletter33.pdf.

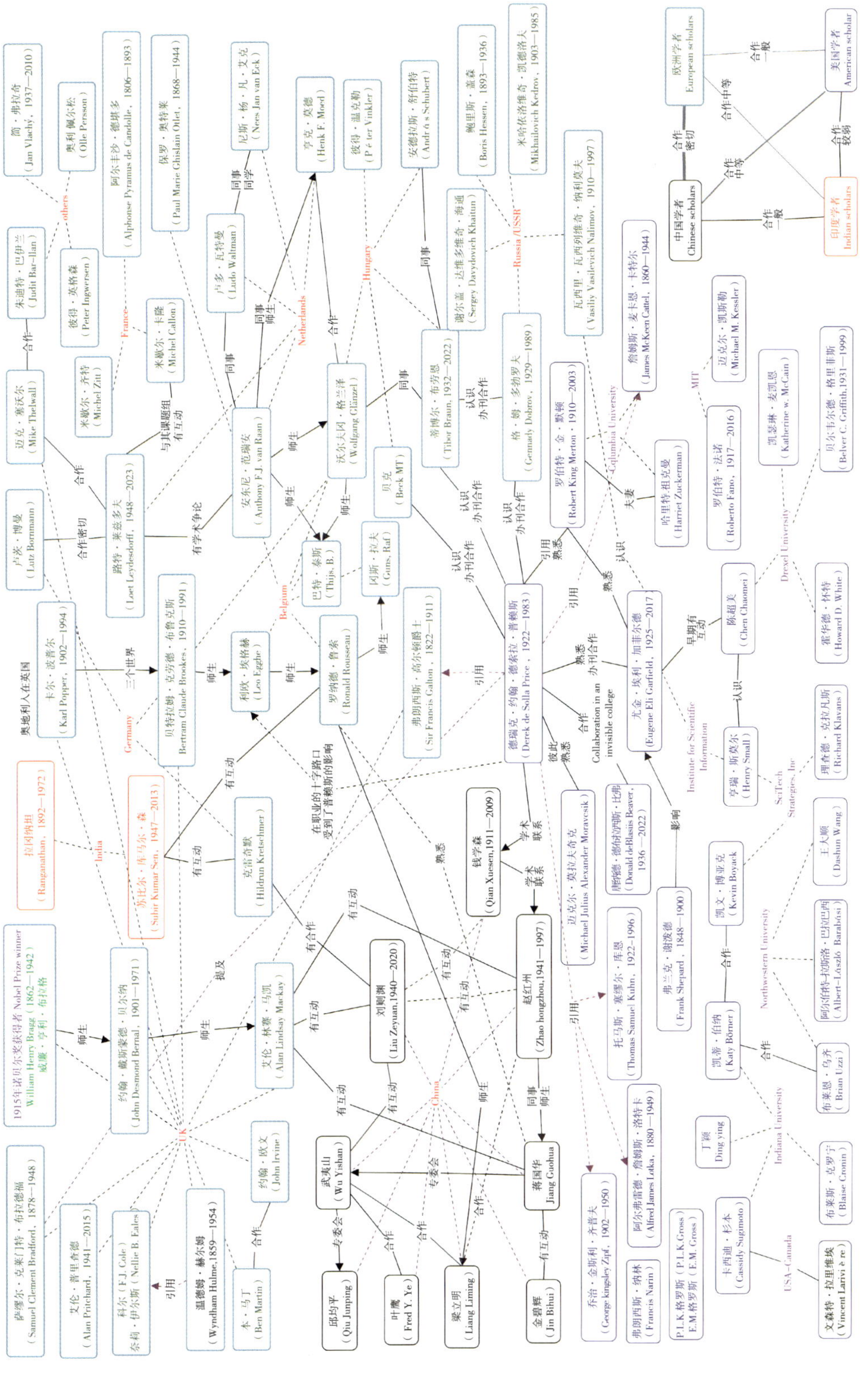

图 1.19　科学计量学领域核心国家或地区的学者（部分）

1.2.2.5 范式形成的思考

通过前面对各个国家/地区科学计量学代表人物和贡献的综述，不得不发出这样的感叹：科学计量学范式的形成是幸运的，能在同一时代集合到科学史家、数学家、物理学家、化学家、结构语言学专家、社会学家以及哲学家共同为科学计量学的前期做准备，科学计量学的产生和蓬勃发展是可预期的。他们的这些前期工作的完成以及大量学术著作的出版，标志着科学计量学范式已经形成。

在普赖斯、加菲尔德、默顿和纳利莫夫等开创者的基础上，基于引文理论与方法，借助SCI引文索引和相关文献资料，科学计量学领域的学者又进一步对科学计量学的基础问题和技术方法进行了系统的研究，使科学计量学进入了常规科学阶段。下面主要从“科学计量学基本指标的确立”和“科学知识网络分析范式的形成”两个维度进行总结。

（1）科学计量学基本指标的确立。

科学计量学指标（Scientometrics Indicator）是科学计量学应用于科技管理决策的基础，在普遍采用同行评议的主观评价阶段，科学计量学指标的出现给学术界焕然一新的感觉。因此，在科学计量学初步发展阶段，指标的开发和应用研究吸引了一大批学者。2000 年以后，科学计量学产生了多个对学术领域有重要影响的评价指标。在所有指标中，新王冠指数（van Raan，2004）、睡美人指数（van Raan，2004）、h指数（Hirsch，2005）等引起了科学计量学领域的广泛关注。其中，h指数是 2005 年由美国加利福尼亚大学圣地亚哥分校的物理学家乔治·赫希提出的，是集成了作者论文产出和引证次数的综合指标（Hirsch，2005）。自 2005 年以来，h指数已经逐渐发展成为科学计量学领域的重要研究方向之一，围绕着h指数的讨论、修订和变体的论文频繁发表（李杰等，2023 b）。h指数也被称为 21 世纪以来科学计量和信息计量领域最具创新的发现之一（叶鹰，2018）。后来，由于其在科学计量学领域和科学领域的膨胀式发展，被称为“h指数泡泡”或“股市泡沫”（Rousseau et al.，2013）。

综上，科学计量指标的深入发展，为基于科学计量的科学评价提供了科学依据。在一定程度上，也使得科学计量学直接服务于全球科学家，特别是全球的科研评价系统。例如：作为一名学者开始重视自己的引文表现、所发表论文的期刊影响因子以及h指数等；同时，新研发的指标也开始在机构排名和国家绩效评价中发挥作用（例如：*Nature*指数、各类大学排名以及国家科技竞争力态势分析等）。此外，引文网络的发展为科学知识的网络化分析和科学发展谱系图的绘制奠定了理论基础。这也使得指标和引文网络成为科学计量学领域最为核心的内容。

（2）科学知识网络分析范式的形成。

与前科学阶段相比，本阶段科学知识网络相关理论的出现，使得科学计量学从简单指标的测度和讨论迈向了科学知识系统的研究（这里的知识网络可以看成知识系统）。例如：在美国学者加菲尔德（1955）引文理论的基础上，美国学者凯斯勒提出了文献的耦合方法（Kessler，1962，1963）；美国学者亨瑞·斯莫尔和俄国学者依林娜·马沙科娃分别独立提出了文献的共被引方法（Small，1973；Marshakova，1973）；美国学者霍华德·怀特提出了作者的共被引分析（White，1981）；美国德雷塞尔大学凯瑟琳·麦凯恩提出了期刊的共被引分析（McCain，1991）。此外，法国学者卡隆提出共词分析（Callon et al.，1983），美国学者比弗（Beaver）等系统完成了对科研合作的分析（Beaver et al.，1978，1979 a，1979 b）[1]。这些学者基于科学计量知识单元关系的构建和分析，为我们从不同视角认识科学结构的发展提供了理论基础（如图 1.20）。从这一阶段的重要贡献上来看，美国对引文分析技术与方法的研究起到了最重要的推动作用。

图 1.20　科学知识网络的盲人摸象隐喻（Morris et al.，2008）

1.2.3　发展建设期

一个学科进入范式成熟期之后，会呈现科研产出成果的激增现象。因为在范式形成之后，领域内的定律、数据、工具等都会逐渐发展成熟，科学成为一种在特定范式

[1] Donald de Blasiis Beaver（1936—2022），唐纳德·德布拉西斯·比弗，1936年7月16日出生于纽约市，就读于迪尔菲尔德学院和哈佛大学，并于 1966 年从耶鲁大学获得博士学位。曾就职于密苏里大学堪萨斯城分校、富兰克林与马歇尔学院以及威廉姆斯学院。专注于科技史和科学合作的研究。

下的“解谜题”活动。当然，蓬勃发展的背后通常伴随着原创性理论产出的衰减甚至缺失。这个阶段潜藏的科学危机也在积累。这和经济增长类似，大涨之后必然要迎来大落，只是时间还没到而已。因此，对于认识科学发展阶段而言，也需要保持“忧患意识”，在面对“热潮”的时候，要思考潮退之后科学的发展问题。

1.2.3.1 快速发展期

21 世纪，在科学计量学的成熟理论范式支撑下，大数据科学和数据可视化技术把科学计量学推向了高潮！

（1）科学知识图谱的兴起。

利用科学引文索引数据绘制科学结构图并不是一个新的问题，在SCI索引发布的初期，来自美国科学信息研究所（ISI）的Garfield 和Small 就开始了相关的研究和讨论（Garfield，1983；Small，1985，1999，2003）。2003 年，Katy Börner在美国科学院组织了一场Mapping Knowledge Domains学术会议（Shiffrin et al.，2004），进一步引发了学界对科学知识图谱的关注和研究热度。会后近 20 篇会议论文在《美国科学院学报》（*PNAS*）上发表，更是成为后来进行科学知识图谱研究的知识基础。我国科学知识图谱的萌芽与发展就是受到此次会议的影响。在会议结束后的 20 余年里，大数据和数据可视化技术得到了空前的发展和完善，科学文献的挖掘也进入了新的发展阶段。目前，科学知识图谱的分析方法逐渐普及，已经成为科学计量学领域最为成熟的应用方法之一。可以说，当前科学知识图谱的分析方法已经成为科学计量学研究学者必备的一项基础技能。

早期，科学知识图谱的分析方法仅仅是熟谙计算机技术的研究人员的事情，对于传统的科学计量学学者，数据的深入挖掘和可视化还存在一定的技术壁垒。然而，在大数据背景下，科学计量学吸引了一部分计算机或者数据科学家的加入，改变了这种现状。目前，已经开发的针对科学文献进行数据挖掘和知识图谱分析的常用工具不少于 20 种（如图 1.21）。其中，在科学计量学领域最为知名的学者要数美国德雷塞尔大学陈超美教授（代表作CiteSpace）、美国印第安纳大学Katy Börner（代表作SCI2）以及莱顿大学科学技术元勘中心Nees Jan van Eck（代表作VOSviewer）等。工具的开发降低了科学知识图谱绘制的门槛，使得该方法得到了大面积的应用。通过Web of Science统计，研究主题涉及CiteSpace的论文达到了 3 649 篇，涉及VOSviewer的论文已经达到了 5 313 篇。其中，CiteSpace最为经典的论文（Chen，2006）在WoS中的被引次数达到了 2 961 次；VOSviewer的经典论文（van Eck et al.，2010）则被引达到了 7 018 次。种种迹象都表明，科学知识图谱的兴起为科学计量学的发展带来了强劲的动力。

图 1.21　常用科学计量与知识图谱工具演变（李杰，2023 a）

然而，科学知识图谱应用中的问题也随着发展逐渐凸显了出来，主要表现在两个方面：其一，理论与核心技术的危机。科学知识图谱的内核和原理是由上一阶段的科学文献的知识网络理论与方法支撑的，虽然计算机和数据可视化使学者实现了通过计算机进行图谱绘制，但近年来科学计量学原理发展的停滞使得科学知识图谱的发展受到一定的影响。其二，实践应用的危机。过去十余年，科学知识图谱铺天盖地的应用形成了类似于“h指数泡泡（h–bubble）”的“科学知识图谱泡泡（Science Map bubble）”。大量的应用渐渐从受追捧到怀疑和批评，甚至这种现象出现在了依靠科学知识图谱崛起的青年一代身上。这实际上是由于大量高重复和低质量的实践引起的。作为科学计量学领域的学者，我们需要思考的是如何解决科学知识图谱在发展中的问题（例如：科学的多样性、不平等性或颠覆性等研究），而不是一味追求新的前沿，继续去吹新的“泡泡”。总之，完全舍弃和否定曾经助力科学计量学崛起的科学知识图谱，于情于理都不是明智之举。

（2）科学计量学大数据的兴起。

通过科学计量学成果发表的期刊来判断科学计量学成果的重要性，虽然失之偏颇，但在国际最为知名的期刊上发表科学计量类的成果，确实能在一定程度上反映科学计量学的接受度和重要性。在早期的科学计量学研究阶段，普赖斯、加菲尔德、布鲁克斯等学者都在世界名刊*Science*和*Nature*等期刊上发表过科学计量学成果。此后，在漫长的发展阶段中，除了有学者们对科学计量指标进行评论或发表宣言外（且有不少是对科学计量指标的负面评价），鲜有科学计量学的研究性论文再在此类期刊上发表。这种情况随着大数据和复杂网络等方法与技术的发展而带来了改变。

自2006年左右开始，美国有一批学者开始依托科学文献海量数据，在大数据技术、信息可视化技术以及统计物理和复杂网络理论的支撑下，在*Nature*、*Science*以及*PNAS*等国际知名期刊上发表了数篇科学计量学研究成果。这些研究成果的发布似乎给科学计量学又赢得了话语权和发展的机遇，也引发了科学计量学领域以大数据样本进行研究的流行度。其中，讨论较为热烈的研究结论有“团队在知识生产中日益占主导地位”（Wuchty et al.，2007），“大团队稳步发展，小团队突破式创新”（Wu et al.，2019），“论文和专利的创新程度越来越低”（Park et al.，2023），等等。特别是数位来自复杂科学、统计物理以及科学计量学领域的学者在*Science*上发表的Science of Science综述（Fortunato et al.，2018）和王大顺等出版的《科学学》（Wang et al.，2021），更被认为是科学学的春天要来了。大数据时代的确为科学学的发展带来了契机，但是我们不难发现，这些通过大数据分析得到的结果容易陷入“正确的废话”的怪圈。或者说，“大数据，小定律；小数据，大定律”。如果情况是这样的话，我们只能平常心看待新的发展，小数据时代的方法不能被边缘化或甚至舍弃。

最后，科学知识图谱和科学计量学大数据的兴起无疑为科学计量学的发展带来了新动力。然而，科学计量学的被动发展始终存在。我们不难发现，科学知识图谱主要是由从事计算机和数据分析的学者推动和完成的。例如：陈超美教授、Katy Börner以及Nees Jan van Eck等。科学计量学大数据的兴起则是由从事复杂网络和统计物理的学者完成的。例如：现在知名的王大顺和巴拉巴西团队。科学计量学的这种发展模式值得我们进一步反思。

（3）科学计量学人才的成长。

通过对以往历史的回顾，我们不难发现，科学知识图谱和科学计量学大数据众多的贡献主要来自领域外。实际上在该阶段，科学计量学领域内也兴起或培养了若干人才（特别是中青年人才）。其中，荷兰莱顿大学CWTS出现了人才的集聚现象，代表的学者主要有Nees Jan van Eck（VOSviewer等工具开发者）、Ludo Waltman（JOI和QSS前主编）以及Vincent Traag（研发了莱顿算法）等；美国在这个时期成长起来的代表学者有Cassidy Sugimoto（前ISSI主席）；加拿大代表学者有Vincent Larivi è re（现任QSS主编）。此外，我国也产生了一批优秀的青年科学计量学者，并在国际科学计量学学术共同体中产生了一定的影响力。这些青年学者在国际的科学计量学学术界已经崭露头角，部分已经成为未来科学计量学普赖斯奖的潜在获奖者（其中，Ludo Waltman已经于 2021 年获奖）。为了直观地反映近期在科学计量学研究中兴起的学者，本书对科学计量学领域重要期刊过去五年（2019—2023）的论文高产作者进行了分析。结果显示，科学计量学领域又涌现出了多位新兴的活跃学者，如图 1.22。这些高产的学者如果具有显著的研究特色和公认的科学计量学贡献，势必在不久的将来获得普赖斯奖。

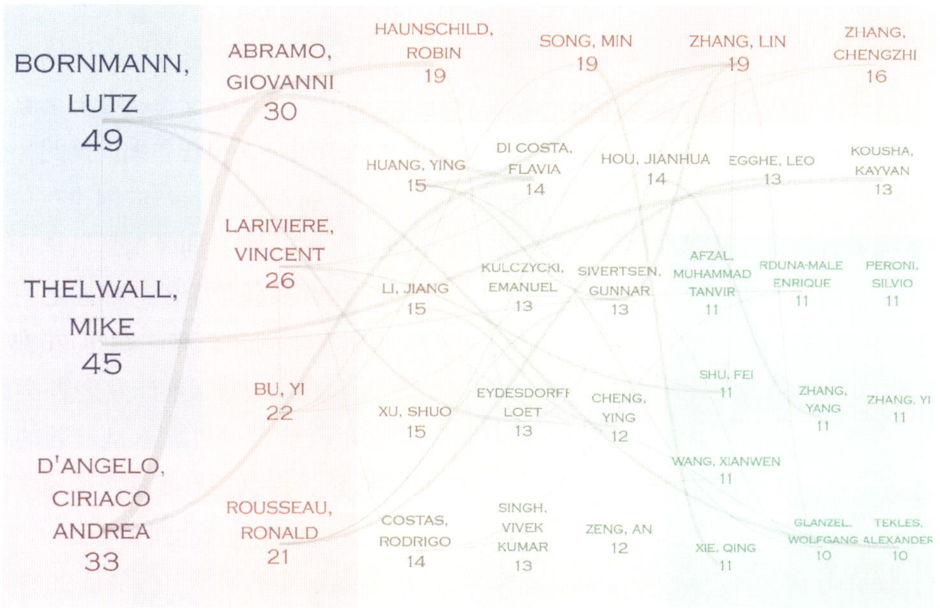

图 1.22　2019—2023 年科学计量学领域的高产学者及合作关系

注：上图为2019—2023年来自科学计量学主要期刊的作者合作网络。数据检索条件为*Quantitative science Studies* OR *Scientometrics* OR *Journal of Informetrics*（Publication Titles） and Article OR Review（Document Type） AND 2019—2023。

1.2.3.2 共同体建设

科学计量学进入常规科学阶段之后，科学共同体为科学计量学的发展又先后完成了多项意义重大的事项，可以总结为以下三个方面：①科学计量学学术期刊*Scientometrics*正式创刊；②科学计量学全球性组织——国际科学计量学与信息计量学学会（International Society for Scientometrics and Informetrics，简称ISSI）创建；③科学计量学领域的最高奖——普赖斯奖（the Derek de Solla Price Memorial Medal）设立。

1.2.3.2.1 科学计量学领域期刊的创建

科学计量学领域期刊的创建，是科学计量学话语权提升的直接表现。在没有科学计量学期刊之前，学术共同体只能无奈地将科学计量成果分散地投到其他领域的不同期刊上，使得这种早期在特定学科领域的非主流认识很难被领域的学术共同体接纳和认可。这种情形下，科学计量学界的声音很难被其他领域的学者听到，更不利于科学计量学内部的学术交流与分享。正如普赖斯当年的感慨："许多年来，我们一直寄人篱下，充当我们某些毗邻领域杂志的客座撰稿人"。那么，创建一本科学计量学领域内的期刊就水到渠成了（赵红州等，1984）。

1978 年 9 月，科学计量学学术期刊*Scientometrics*（ISSN：0138–9130）创建，并由匈牙利科学院出版社和荷兰爱思唯尔出版社合作出版，创始主编由普赖斯、多勃罗夫、加菲尔德和贝克（Beck MT）共同担任，并由匈牙利科学院布劳恩担任执行编辑（Price，1978）。1982 年，*Scientometrics*期刊进一步合并了《学术交流研究》杂志，使该刊进一步壮大。1987 年之后，编辑部改组，并由布劳温一人担任主编。至此，全球科学计量学者有了一个具有共同语境的学术对话平台。*Scientometrics*的创建在一定程度上也标志着科学计量学内部知识单元结合强度的进一步加强，同时也是科学计量学进入常规科学阶段的标志之一。自 1978 年创刊以来，截至 2023 年，*Scientometrics*累计发表各类论文 7 439 篇，且发文量呈显著的增长趋势。其中，年度发文量的峰值出现在 2020 年，达到 494 篇，之后出现了一定的回落，特别是 2023 年的年度论文产出下降到了 265 篇（如图 1.23）。

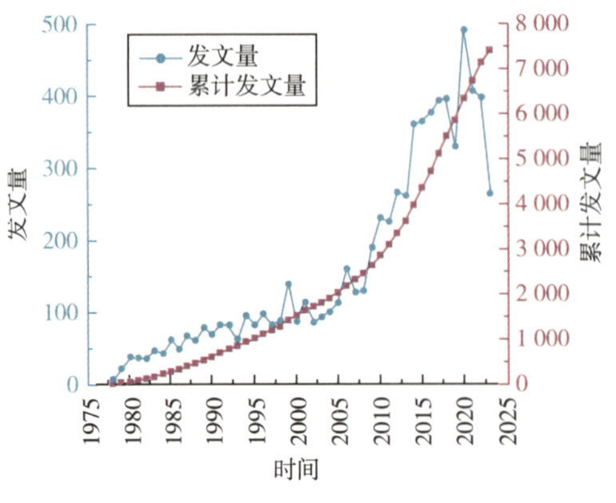

图 1.23 *Scientometrics*（1978—2023）期刊刊文趋势

除了*Scientometrics*期刊之外，科学共同体还先后创建了*COLLNET*

Journal of Scientometrics and Information Management、*Journal of Informetrics*、*Frontiers in Research Metrics and Analytics*以及*Quantitative Science Studies*等期刊。详见表1.1。

表 1.1　科学计量学领域所创办期刊列表

编号	期刊名称	创刊时间	创刊主编/负责人
1	*Scientometrics*	1978	Derek de Solla Price等
2	*International Journal of Scientometrics and Informetrics*（*Discontinued*）❶	1995	Hildrun Kretschmer
3	*COLLNET Journal of Scientometrics and Information Management*	2006	Hildrun Kretschmer
4	*Journal of Informetrics*	2007	Leo Egghe
5	*Journal of Scientometrics Research*	2012	Sujit Bhattacharya
6	*Journal of Data and Information Science*	2016	张晓琳、Ronald Rousseau
7	*Frontiers in Research Metrics and Analytics*	2016	陈超美
8	*Journal of Altmetrics*	2018	Judit Bar-Ilan
9	*Quantitative Science Studies*	2019	Ludo Waltman
10	*Data Science and Informetrics*	2021	邱均平
11	*Journal of Data Science, Informetrics, and Citation Studies*	2022	Anup Kumar Das

综上所述，科学计量学一系列刊物的创建，促进了科学计量学学术共同体的建设和学术交流。同时，这些期刊也成为科学计量学领域重要的物质遗产，将继续见证并影响着未来的科学计量及其相关领域的研究。

1.2.3.2.2　科学计量学普赖斯奖的创建

1983 年普赖斯逝世后，国际科学计量学界为了纪念他，由*Scientometrics*的创始人兼主编Tibor Braun等人发起并创建了科学计量学领域的最高奖——普赖斯奖（the Derek de Solla Price Memorial Medal），如图 1.24。自 1984 年以来，普赖斯奖由国际学术期刊*Scientometrics*依托ISSI学术年会定期向在科学计量学领域做出杰出贡献的学者颁发。普赖斯奖的评奖流程分为提名和投票两部分，提名小组由*Scientometrics*期刊编辑、评审委员会成员和前普赖斯奖获奖者组成。提名小组首先会提名 6 位他们认为对科学定量

❶ *International Journal of Scientometrics and Informetrics*目前已经停刊. https://www.issi-society.org/publications/international-journal-of-scientometrics-and-informetrics-1995-1996/。

研究领域做出重要贡献的科学家，并形成候选人名单，然后由委员会成员进行投票，最终得票最多的科学家（或团队）为获奖者。普赖斯奖设立之初，每年颁发一次，自1993 年国际科学计量学和信息计量学学会（International Society for Scientometrics and Informetrics，ISSI）成立后，普赖斯奖在国际科学计量学和信息计量学学会两年一度的大会中颁发。

图 1.24　科学计量学普赖斯奖奖章（*Scientometrics*，2008）

1984—2023 年，全球共有来自 12 个国家/地区的 32 位学者获得该奖项，完整版的获奖名单参见附录 1.2 和图 1.25。统计分析发现，从获奖者来源国家/地区的贡献特征来看，欧美学者表现突出。美国以 11 位获奖者独占鳌头，英国、匈牙利和荷兰分别以 4 位获奖者并列第二，迄今为止中国未有该奖项的获得者。美国在科学计量学表现出了极强的优势，且获奖者来源也具有很强的多样性。在 11 位获奖者中，有 5 位来自业界，包括Eugene Garfield（美国ISI公司）、Henry Small（ISI & SciTech Strategies）、Richard Klavans（SciTech Strategies）、Kevin Boyack（SciTech Strategies）以及Francis Narin（Computer Horizon Inc），其他国家或地区的获奖者则主要来自学术界。从获奖者的年龄来看，截止目前，年龄最小的获奖者是莱顿大学科学技术元勘中心的Ludo Waltman[1]，获奖年龄为 39 岁（之前最小年龄获奖者一直由Wolfgang Glänzel保持）；获奖年龄最大的是Robert K.Merton，获奖时已经 85 岁。此外，在获奖上还呈现出一定的机构集聚和

[1] 我们在2018年出版的《R科学计量数据可视化》（第70页）中表达了Ludo Waltman和Nees Jan van Eck未来很有潜力获得普赖斯奖。2021年Ludo获得了该奖，而Nees并未获奖。有一种说法是当时如果是团队奖则他们有可能一起获奖。有意思的是，2023年就以团队的形式授予了来自SciTech Strategies的两位学者。此外，在科学计量学领域做出突出贡献的陈超美教授一直未能获奖，个人认为如果陈超美教授不能获奖，该奖项的学术性至少会被相当一部分学者质疑（实际上，陈超美对科学计量学理论与实践的贡献应该在Ludo之上）。学缘关系和机构集聚是否影响了当前奖项的公平性，目前不得而知。作为科学计量学领域的奖项，虽然级别赶不上诺贝尔奖，但可以在流程上更加科学、透明和公平。相比早些年的获奖者，近几年获奖者的学术贡献都相对模糊。建议在今后公布获奖者后，能明确给出获奖者的代表作，特别是给出其对科学计量学的具体贡献。这样一来，像诺贝尔奖一样，可以允许已经获过奖的学者再次获奖。

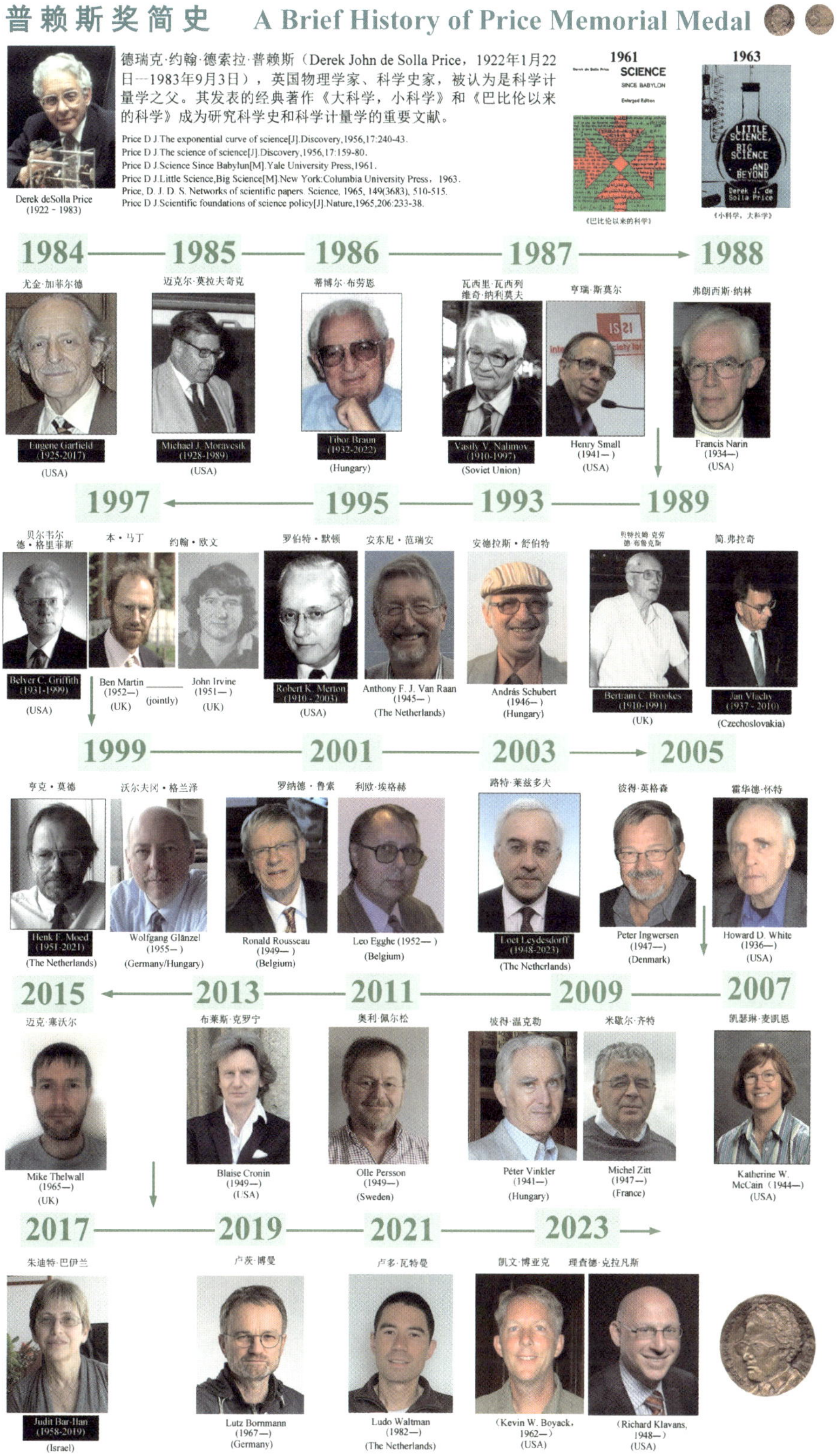

图 1.25 1984—2023 年普赖斯获得者（李杰，2023 a）

师承关系，例如：匈牙利科学院先后产生了四位获奖者（Tibor Braun、András Schubert、Wolfgang Glänzel以及Péter Vinkler）；荷兰莱顿大学科学技术元勘中心（Anthony F. J. van Raan、Henk F. Moed以及Ludo Waltman）、美国SciTech Strategies公司（Henry Small、Richard Klavans以及Kevin Boyack）、美国德雷塞尔大学（Belver C. Griffith、Howard D. White以及Katherine W. McCain）分别先后产生了三位获奖者。从获奖者的专业背景来看，几乎都是跨学科到科学计量学领域的学者。比如：来自物理学领域的Price和Anthony F. J. van Raan（物理学）；来自化学领域的András Schubert和Tibor Braun；来自数学领域的Rousseau、Egghe、Glänzel以及Thelwall；来自化学和结构语言学领域的Garfield；来自社会学领域的Merton；来自计量经济学领域的Ludo Waltman；等等。

对国内而言，自1993年赵红州先生首次被提名以来，经过30余年，虽然仍有个别学者获得普赖斯奖提名，但从整个国际科学计量学的研究和发展来看，我国学者研究成果的独立性和开创性还有待进一步提高。具体表现在：①科学计量学的研究，特别是重要成果，太过倚重于国外科学计量学学者的背书；②国内科学计量学呈现了大而不强、力量分散、重技术应用轻原理研究的态势；③相当长的一段时期，国内的科学计量是对欧美理论和方法的修修补补，国际上很少出现对我国科学计量学者成果的大面积讨论（当然，赵红州先生早期的成果曾经引起过国际的广泛关注）。虽然如此，在当前的发展形势下，相信中国学者迟早会获得普赖斯奖，这一天应该不会太远。

1.2.3.2.3 国际科学计量学与信息计量学学会的创建

国际科学计量学与信息计量学学会（International Society for Scientometrics and Informetrics，ISSI）是科学计量学与信息计量学领域的国际最高学术组织，于1993年9月在德国柏林举行的第四届文献计量学、信息计量学和科学计量学国际会议上成立。1994年，ISSI在荷兰正式注册登记，并指定来自德国的克雷奇默（Hildrun Kretschmer）博士担任第一届主席。其主要由科学计量、信息计量、网络计量和科学学与科技政策等交叉学科领域的全球学者组成，积极推进科学学、科学传播和科学政策的跨学科研究，专注于科学研究的定量方法，旨在促进相关领域的理论和实践研究、教育教学、公共讨论以及科技政策决策等。

在早期的ISSI主席任命中，本着谁承办ISSI会议，谁就担任下一届主席的原则。因此，1995—2002年会议的主席都由ISSI会议的承办方负责人来担任。1995年，在芝加哥ISSI会议之后，Michael E. D. Koenig（美国）接任主席，任期两年。在接下来的若干年，依次由Bluma Peritz（以色列）、César Macías-Chapula（墨西哥）以及Mari Davis（澳大利亚）（2001—2003）接任。2002年，在我国成功举办ISSI会议之后，会议的主要负责人蒋国华教授提议ISSI会议的主席可以改为选举制。因此，2003年ISSI主席和理事会的产生，第一次由学会所有成员以电子投票的方式公开确定。最后，来自美国的科学计量学学者Henry Small当选为第六任主席，他也是第一位通过选举产生的ISSI主席。之后依次选举产生的主席分别为Ronald Rousseau（比利时）、Cassidy Sugimoto（美国）以及Giovanni Abramo（意大利）[1]。1993—2023年，历届ISSI主席参见图1.26。

图1.26　1993—2023年ISSI历届主席（李杰，2023 a）

1987 年起，ISSI主办的国际科学计量学和信息计量学大会成为国际文献计量学、信息计量学、科学计量学、网络计量学、知识计量学领域学术水平最高、影响最大的国际会议，每两年举办一次，吸引着全世界计量学及相关领域的众多专家学者参会。1987—2025年历届ISSI会议情况，如图1.27。自*Scientometrics*期刊1984年起设立普赖斯

[1] Editorial Inaugural Message by Giovanni Abramo，Laboratory for Studies in Research Evaluation at the Research Council of Italy（CNR). https：//www.issi-society.org/media/1454/newsletter74.pdf。

1 第一届，1987年8月25–28日
比利时，迪彭贝克，Limburgs Universilair Centrum
Ist International Conference on Bibliometrics and Theoretical Aspects of Information Retrieval

2 第二届，1989年7月5–7日
加拿大，安大略省，University of Western Ontario
2nd International Conference on Bibliometrics, Scientometrics and Informetrics

3 第三届，1991年8月9–12日
印度，班加罗尔，Indian Statistical Institute
3rd International Conference on Informetrics

4 第四届，1993年9月11–15日
德国，柏林，Association for the Promotion of the 4th International Conference of Science Measurement e.v.
4th International Conference on Bibliometrics, Informetrics and Scientometrics

5 第五届，1995年6月7–10日
美国，伊利诺伊州，Rosary College（now The Dominican University）
5th International Conference of the International Society for Scientometrics and In formetrics

6 第六届，1997年6月16–19日
以色列，耶路撒冷，The Hebrew University of Jerusalem
6th International Conference of the International Society for Scientometrics and Informetrics

7 第七届，1999年7月5–8日
墨西哥，科利马，Universidad de Colima
7th International Conference of the International Society for Scientometrics and Informetrics

8 第八届，2001年7月16–20日
澳大利亚，悉尼，The University of New South Wales
8th International Conference of the International Society for Scientometrics and Informetrics

9 第九届，2003年8月25–29日
中国，北京，中国科学学与科技政策研究会
9th International Conference of the International Society for Scientometrics and Informetrics

★ 2003年，经蒋国华提议，学会修改了章程。学会主席改为选举制。之前的章程规定，谁申请到了ISSI的主办权，谁就是轮流主席。

10 第十届，2005年7月24–28日
瑞典，斯德哥尔摩，Karolinska Institute
10th International Conference of the International Society for Scientometrics and Informetrics

11 第十一届，2007年6月25–27日
西班牙，马德里，Spanish Research Council（CSIC）
11th International Conference of the International Society for Scientometrics and Informetrics

12 第十二届，2009年7月14–17日
巴西，里约热内卢，Latin American and Caribbean Center on Health Sciences Information（BIREME）
12th International Conference on Scientometrics and Informetrics

13 第十三届，2011年7月4–7日
南非，德班，University of Zululand
13th International Conference of the International Society for Scientometrics and Informetrics

14 第十四届，2013年7月15–19日
奥地利，维也纳，University of Vienna
14th International Conference of the International Society for Scientometrics and Informetrics

15 第十五届，2015年6月29日–7月4日
土耳其，伊斯坦布尔，Boğazici University
15th International Conference of the International Society for Scientometrics and Informetrics

16 第十六届，2017年10月16–20日
中国，武汉，武汉大学
16th International Conference of the International Society for Scientometrics and Informetrics

17 第十七届，2019年9月2–5日
意大利，罗马，Sapienza University
17th International Conference of the International Society for Scientometrics and Informetrics

18 第十八届，2021年6月12–15日
比利时，鲁汶，KU Leuven
18th International Conference of the International Society for Scientometrics and Informetrics

19 第十九届，2023年7月2–5日
美国，布卢明顿，Indiana University
19th International Conference of the International Society for Scientometrics and Informetrics

20 Upcoming conferences
第二十届，2025年夏季
亚美尼亚，埃里温，Yerevan State University

图 1.27　1987—2025年国际科学计量学与信息计量学会议（李杰，2023）

纪念奖章（Derek de Solla Price Memorial Medal）以来，在ISSI会议上颁发该奖项成为传统。2005 年起，ISSI开设了尤金·加菲尔德博士论文奖（Eugene Garfield Doctoral Dissertation Award），与两年一次的ISSI会议一起颁发，目的是鼓励和帮助该领域的博士生进行学术研究，促进信息计量学、文献计量学、科学计量学、网络计量学和替代计

量学（又称“补充计量学”）等领域的研究。2016 年起，ISSI董事会设立了ISSI年度论文奖（ISSI Paper of the Year Award），该奖项由ISSI成员提名，评比对象为当年或前两年发表的论文，旨在促进和表彰科学计量学和信息计量学领域的高质量研究。2019 年起，ISSI官方创办了开放获取期刊《量化科学元勘》（*Quantitative Science Studies*，*QSS*），主要发表关于科学和科学生产力的理论和实证研究成果，致力于对科学系统、科学工作的一般规律、学术交流、科学指标、科学政策等话题的研究。

综上，国际科学计量学与信息计量学学会的成立，以及围绕着学会所开展的一系列活动，极大地整合了全球科学计量学的研究力量，促进了科学计量学进一步的发展和普及。

1.2.4 潜在的危机

从科学史的视角来看，科学危机（crisis）是任何学科在长期的历史维度上不可逾越的阶段，也是必然会出现的阶段。科学计量学的危机一直存在，我们只是视而不见！对科学计量学危机视而不见，是科学计量学的最大危机。“盛时常作衰时想”（曾国藩），科学计量学的发展需要有危机意识。

科学领域只要存在，就会出现指数增长的规律，除非在某些阶段指数规律被打破。当然，打破通常意味着科学革命的发生。经过科学革命之后，科学将在新的范式之下开始新的指数增长。当我们依托指数增长和库恩的《科学革命的结构》来反思科学计量学的时候，同样的问题也会呈现在我们面前。就当前单从科学计量学论文的产出上来看，呈现了一片繁荣的景象。2023 年，在一次和鲁索教授的视频会议中，我认为目前科学计量学可能处于出现危机的前夜，当然鲁索教授对此是持否定态度的。

科学计量学危机的讨论并不是一个新的话题。早在 1994 年，Glänzel等在《小科学计量学、大科学计量学及其他》中就讨论了相关问题（Glänzel et al.，1994）。这里对科学计量学危机的讨论主要基于以下观察，在此提出，以和各位科学计量学学者和相关领域的读者商榷：其一，科学计量学已经很久没有原创性的理论出现了，且声称是“硬科学”的科学计量学在业界“尚无共识性”的科学问题（目前，更多的是无止境的实践应用）。硬科学与和软科学最鲜明的区别应该是，硬科学通常有较为明确的共识性科学问题。其二，科学计量学的蓬勃发展是建立在数据库和计算机科学与技术的基础之上的。从当前发表的论文来看，“数据游戏”、“博眼球”或是“探索性数据分析”式的论文偏多。在科学计量学领域之外的应用，更是问题（和错误）很多。利用

CiteSpace、VOSviewer以及SCI2 的错误论文已经屡见不鲜，甚至有一部分错误论文来自科学计量学内部。其三，多年以来，科学计量学内部在助推“科学评价”，淡化了科学计量学，反而让很多人认为科学评价是学问，科学计量学仅仅是一种方法而已，出现了本末倒置的集体认知迷失。其四，科学计量学对科学的实际贡献在削弱。普赖斯、洛特卡、加菲尔德、Egghe以及鲁索等科学计量学学者的学术贡献出现了“知识溢出”效应，即他们的学术贡献经常被其他领域的学者提及和使用。然而，当前科学计量学核心知识出现了内循环，核心知识的溢出不足将进一步加深学科的“自娱自乐”。另外，计算机和信息技术等胁迫着科学计量学发展，特别是国内的期刊试图使用情报或信息（Information）来代替科学计量学（Scientometrics），很多科学计量学的研究不得不发表在信息科学或情报学的期刊上。我始终认为，在时代洪流中，被裹挟着发展的学科是危险的，科学计量学也不例外。因此，我们不得不反思科学计量学作为一门独立学科的原创知识生产能力以及为全体科学服务的能力。

1.3 科学计量学的中国范式

1.3.1 积累发展期

20世纪中后期：中国科学计量学的萌芽与发展

相比国际科学计量学，我国科学计量学的起步要晚一些。从时间上来看，我国的科学计量学萌芽对应的是国际科学计量学的范式确立，即国际科学计量学进入常规科学阶段的初期。20 世纪 70 年代左右，在赵红州的号召下，一批青年学者投身到了科学计量学的研究探索中。我国初期的科学计量学可以说是赵红州及其合作者的时代。现在回头再看，虽然当时的研究范式和数据库基础设施相对落后，却仍然产出了系列的研究成果，这足以让科学计量学在我国形成，并在世界产生影响。

1974年：独立发现世界科学中心转移的规律

1974 年，我国科学计量学的先驱赵红州先生在河南罗山干校劳动期间，利用《复旦大学学报》刊载的自然科学大事记，独立发现了近代世界科学中心转移现象，即所谓“汤浅现象（Yuasa Phenomenon）”。这一发现无疑证明了科学计量学的价值，也提升了赵红州等人继续深入探索科学计量学的信心和热情。虽然赵红州独立发现了世界科学中心的转移规律，但这项工作却在 1962 年就被日本学者汤浅光朝发现，并已经以论文的形式发表（Yuasa，1962）。这也不得不让我们反思，如果一个国家内部的科学系统与国际科学共同体没有进行知识交流，那么就会在科学研究中出现“重复发现”同行工作的现象[1]，那么也必将落后于世界的科学前沿。然而，这一问题很快就出现了转机。

1978年：中国科学计量学要走向世界

1978 年，在“科学学全国联络组”成立不久后的一次碰头会上，赵文彦把国防科工委钱学森办公室寄来的《小科学，大科学》（Little Science，Big Science）复印件转交给了赵红州。该书是普赖斯本人亲自寄赠给钱学森的，由钱老将复印件转赠给了赵红州。此后，在征得钱老同意的情况下，赵红州和蒋国华给普赖斯写了第一封信，开启了我国科学计量学界与普赖斯差不多四年的交往和友谊，直到他不幸于1983 年 9 月 3 日辞世（蒋国华，2024）。我国科学计量学界在与普赖斯的交流中，得知匈牙利科学院于 1978 年已经创办了国际《科学计量学》（*Scientometrics*）杂志。这件事后来对中国科学计量学的发展产生了重要影响。通过建立的国际关系，不仅初步实现了中国科学计量学界与国际科学计量学的学术对话，也为未来中国科学计量的研究成果走向世界奠定了基础。

1979—2000年：中国科学计量学有自己的贡献和范式

无论在何种环境下，科学的发展都会自然而然地依托所在的环境产生独特的科学成果。虽然相比国际同时期的科学计量学理论和数据基础条件，国内是落后的，但是在这一时期，经典成果的产出几乎没有中断过。当然，这些发现似乎都是围绕赵红州（1941—1997）展开的，我更愿意称这个时代为“中国科学计量学的赵红州时代”。在 1974 年独立发现世界科学中心转移的规律之后，赵红州在 1979 年又创造性地提出了科学发现的最佳年龄公式和科学劳动的智力常数。这一理论认为：在科学劳动社会化条件下，人类重大的科学成果数量W与杰出科学家人数N成正比，而与科学家队伍的平均年龄A同当时科学发现最佳峰值年龄 a 之差成反比，即，$W=R^{-1}[N/(A-a)]$，其中R为智力常数（赵红州，1979）。1980 年，赵红州又建立了新的科学计量学隐喻，将

---

[1] 普赖斯（1963）在《小科学，大科学》的第三章“无形学院和源源而来的科学通勤者（Invisible Colleges and the Affluent Scientific Commuter）”中采用形象的比喻，论述了科学研究中的“多重发现（multiple discovery）”现象和科学发现中的优先权问题。并直言，科学中多重发现的情况时常出现。在科学计量学领域中，目前已知的多重发现有“科学中心转移”和“文献的共被引”等。在该方面的讨论中，默顿（1961）较早地关注并讨论了科学发现的优先权问题，并发表了论文《科学发现的优先权：科学的社会性》。

科学发现的过程比喻为采矿过程，即科学发现是沿着不同的物质层次和运动级别不断深化的。不同时期总会有一些学科成为“当采学科”。“当采学科”转移的条件是当采层次上主要换能效应的发现。依据此模型，赵红州先生成功预测了 20 世纪 80 年代末凝聚态物理的突破性进展。1984 年，赵红州与蒋国华一起又合作发表了《知识单元与指数规律》，提出了“知识单元假说”，认为“知识单元是以数学形式存在的科学概念”，并将科学创造的过程描述为：“先把结晶的知识单元游离出来，然后再在全新的思维势场上重新结晶的过程”。同时，他们利用知识单元的假说证明了“指数增长规律”（赵红州等，1984 b）。在普赖斯的鼓励和帮助下，赵红州将“智力常数”的论文投向了*Scientometrics*期刊，并在 1984 年正式刊出（Zhao，1984），这也是我国学者在*Scientometrics*上发表的第一篇论文。遗憾的是，普赖斯在论文出版前期离世，作为推荐人和审稿专家并没有看到论文的发表。同年，赵红州和蒋国华发表了《科学计量学的历史和现状》，系统性介绍了国际科学计量学的产生和发展历史，为我国学者认识科学计量学发挥了重要作用。此外，赵红州先生还先后发表了《科学知识的波谱结构》、《知识单元的动荷值确定方法》以及《物理定律的知识熵表示问题》等论文（赵红州等，1989，1990，1991）。1985 年，赵红州出版了其付出 10 年心血的历史性总结著作《科学能力学引论》，标志着具有中国特色和贡献的科学计量学理论著作正式诞生（赵红州，1985）。

另一位在中国科学计量学起到重要作用的学者是赵红州的亲密学术伙伴蒋国华（1944— ）。蒋国华是 1979 年中国第一个科学学研究组织——北京技术经济和管理现代化研究会“科学学研究组”创始成员之一。在赵红州的指导下，他在中国科学学与科技政策研究会早期的国际交流中发挥着独特的作用，在与普赖斯、马凯、布劳恩、纳利莫夫、厄尔英加和万英加特等国际著名科学学与科学计量学家的联络上做了大量工作。蒋国华是“中国科学计量学之父”赵红州的学生、同事和合作者，在长达 20 年的学术合作中，他们共同发表了大量科学研究成果，提出了知识单元的概念，为科学增长的指数规律提供了有意义的解释；提出了知识结晶学概念，对知识生产的量化研究做了有益探索；首倡国家建立科学基金制，为中国科学院基金制的设置和稍后的国家自然科学基金委建立起到了理论先导和咨询作用；组织和研制了我国第一个大学排行榜，推动了科教评价研究的发展。1997 年，蒋国华在《科学学与科学技术管理》上连载了系列论文“科学计量学和情报计量学：今天和明天”（蒋国华，1997 a，1997 b，1997 c），系统介绍了国外科学计量学的研究现状及其进展，为国内学者认识国外的科学计量学研究态势发挥了重要作用。

在当今的时代，国内一批青年学者也逐渐崛起。这些学者更多是从文献计量学的视角来研究或编译国外的研究成果。其中，有一批代表性的学者出版了我国早期围绕文献计量学的科学计量学教材，为科学计量学在国内的教育和传播发挥了重要的作用。这些学者及其成果包含了中山大学罗式胜的《文献计量学引论》(1986)、武汉大学邱均平教授的《文献计量学》(1988)、天津师范大学王崇德的《文献计量学教程》(1990，1997)、湖南师范大学谷兴荣的《科学技术发展的计量研究》(1990)、中南大学陈文化的《科学技术与发展计量研究》(1992)、北京大学丁学东的《文献计量学基础》(1993)、我国台湾学者何国光的《文献计量学导论》(1993)、河南师范大学梁立明的《科学计量学：指标、模型、应用》(1995)、中国科学技术信息研究所庞景安的《科学计量研究方法论》(1999)、中山大学罗式胜的《科学技术指标与评价方法——科技计量学应用》(1999)、华中师范大学娄策群的《社会科学评价的文献计量理论与方法》(1999)以及蒋国华的《科研评价与指标》(2000)等。

科学引文索引数据库是从事科学计量学的基础，构建具有自主知识产权的数据库意义重大。在国际SCI数据库的影响下，1989 年，由国家自然科学基金委资助中国科学院图书馆开始试验建立中国科学引文索引数据库（CSCD)。1990 年，中国科学引文索引数据库正式试验成功。目前，中国科学引文数据库收录了我国数学、物理、化学、天文学、地学、生物学、农林科学、医药卫生、工程技术和环境科学等领域出版的千余种中英文优秀科技期刊。截至 2023 年 4 月，CSCD已积累论文记录 600 万余条，引文记录 9 800 万余条，继续为我国本土的科学计量理论与应用研究发挥作用。此外，1997 年底，南京大学提出了研发中文社会科学引文索引（CSSCI）的设想，并在 1998 年作为重大项目正式立项研究。目前，CSCD和CSSCI已经成为我国自然科学评价和社会科学评价的重要数据源。

综上，虽然我国的科学计量学起步较晚，但整体发展迅速。无论是在科学研究、教育还是在实践应用中都取得了大量成果。其中，赵红州及其合作者蒋国华对中国科学计量学以及世界科学计量学的贡献是特殊的，在数据条件远远落后于国外的情况下，从理论思考入手，结合数理分析的优势，创作了一篇又一篇代表作，向世界展示了中国科学计量学的特色。一批教材的出现为我国科学计量学人才的培养奠定了基础。CSCD和CSSCI数据库的建立则为我国科学计量学的理论，特别是应用研究发挥了重要的作用。

1.3.2 快速发展期

进入 21 世纪之后，我国的科学计量学迎来了新发展。主要表现在，我国的科学计量学学术共同体已经初具规模，并在国际科学计量学舞台上有了一席之地。这个阶段的核心学者除了赵红州和蒋国华之外，还包括梁立明、武夷山、邱均平、刘则渊以及叶鹰等。他们的工作从不同方面扩展或发展了我国科学计量学的疆土，也使得科学计量学在我国逐渐成为一门显学。

1.3.2.1　2000—2010年：科学计量学基础建设

赵红州与蒋国华：构建了中国特色的科学计量学研究体系。

河北教育出版社于2001年出版的“交叉科学新视野丛书”中，赵红州和蒋国华分别出版了自己在科学学与科学计量学中的又一代表作《科学史数理分析》（赵红州，2001）和《科学学的起源》[1]（蒋国华，2001）。这两本书是两位学者对自己在20世纪中后期所发表论文的系统总结和提炼。为此，赵红州在书的序言中详细介绍了该书的背景，明确了自己的研究就是科学史家董光璧提出的“数理科技史学”。此外，赵红州在后记中以“我是怎样与科学学结缘的”为题对自己在科学计量学中的历程进行了详细的介绍。可以说，他的科学计量学历程记录了我国早期科学计量学发展的若干历史印迹。

梁立明：面向科学计量前沿的理论与实践探索者。

梁立明教授（1949—）早期跟随赵红州教授从事科学计量学的研究，与武夷山研究员建立了长期的学术合作关系，并于2007年跟随鲁索教授在安特卫普大学完成了科学计量学方向的博士论文。在科学计量学的研究中，梁立明教授坚守“立足实证研究，探讨定量方法”（梁立明等，2006），其核心贡献主要体现在1995年出版的《科学计量学：指标、模型、应用》和2006年出版的《科学计量学：理论探索与案例研究》中。两本著作的研究主题反映了国内对科学计量学关注的转移。在第一本专著中，梁立明教授系统地对科学计量学指标“排序–频次”的统计分布规律进行了深入的讨论和案例研究。第二本专著则是对科学计量学方法及其案例的总结与分析（例如：词频分析、马太效应、科研绩效评价等）。梁立明教授的两本科学计量学著作是我国科学计量学进入常规科学阶段的重要代表，其研究的数据和范式已经和赵红州与蒋国华教授的有了显著的区别。

邱均平：面向科教评价的科学计量学理论与实践。

邱均平教授（1947—）为国内科学计量学的发展做出了杰出的贡献，主要表现在对科学计量学的系统整合和对新兴计量学指标的开发和研究上。他自1988年出版《文献计量学》一书以来，又于2007年出版了《信息计量学》，后期在科学出版社组织出版了“计量学丛书”，包含《文献计量学》《信息计量学》《知识计量学》《专利信息计量

[1] 本书新版《科学学的历程》于2024年由首都经济贸易大学出版社出版。

学》《网络信息计量学》等。邱均平的另外一个贡献是积极推进了科学计量学在科教评价中的应用和普及，以“评价”为核心出版了《评价学：理论方法实践》、《中国大学及学科专业评价报告》以及《中国研究生教育及学科专业评价报告》等。2017 年，邱均平等（Qiu et al.，2017）在施普林格出版社出版了英文专著《信息计量学：理论、方法与应用》（*Informetrics：Theory，Methods and Applications*）等。这些工作系统性地壮大了中国科学计量学领域，也为科学计量学的科教发展发挥了重要作用。值得一提的是，邱均平教授在人才培养方面同样取得了卓越的成绩，已培养博士、硕士 220 余人，更是有数十名学生成为当前国内科学计量学研究的中流砥柱。

刘则渊：用科学知识图谱把科学计量学的研究推向高潮。

刘则渊教授（1940—2020）对我国科学计量学的贡献在于引入了国外科学知识图谱的概念、方法和技术，并有机地将其与科学学的理论进行了结合，使得科学知识图谱在科学学语境下的价值更加凸显。此外，他为科学知识图谱早期在国内的传播和科普发挥了重要的作用。2003 年，美国科学院一批数据科学家和计算机专家齐聚一堂召开了Mapping Knowledge Domains的学术会议，为科学计量学的发展带来了新的增长点。科学知识图谱的本质或者内核实际上是由知识单元组成的知识网络系统。受到《参考消息》对该会议报道的启发（美国每日科学网站，2004），刘则渊教授带领团队开启了国内科学知识图谱的研究工作；同时，引进了知名的信息可视化专家陈超美教授，并带领团队基于CiteSpace系统性地挖掘和分析了科学计量学、管理学以及科学学等领域的知识图谱，出版了“知识计量与知识图谱”系列丛书。2008 年出版的《科学知识图谱：方法与应用》（刘则渊等，2018），更是成为早期科学知识图谱学习和研究的基本参考书。刘则渊教授以科学知识图谱融合科学学的理论切入到科学计量学领域，并迅速在科学计量学领域刮起了一股学习“科学知识图谱”之风。随着后期的不断发展，科学知识图谱已经由新兴的、热点的、前沿的科学计量方法，转变成为最为常规的科学计量学方法之一。

金碧辉：用科学计量指标构建学术期刊评价系统。

金碧辉研究员（1953—）的科学计量学研究，主要聚焦在以引文分析为核心理论的科学计量学指标的研发和国内外科学领域研究态势的感知与评估上。在与国内的科研管理部门合作中，她带领团队研发出《世界科学中的中国》等系列报告，全面勾勒了我国在不同学科领域整个世界中的科技发展形势，为科学决策起到了辅助作用。她积极与国际知名的科学计量学学者进行合作，在h指数的基础上提出了R指数、AR指数等学术影响力测度指标（Jin et al.,2007），并在指标研究领域取得了高的关注度。此外，她早期还积极参与到了中国科学引文索引数据库的建设中，是该数据库建设的核心骨干之一（Jin et al.，1999）。她较早地在国内提出了期刊分区的思路（金碧辉等，1999），并采用金字塔的分布模式对期刊按照影响力进行了分区，在国内的学术评价中得到了广泛应用。

武夷山：面向科研决策一线的理论与实践探索者。

武夷山研究员（1958—）作为科学计量学的实践者和理论探索者，对科学计量学在情报学领域的研究和推广发挥了重要作用。他带领学生或团队系统性研究了科学研究中的延迟现象（或称“睡美人现象”）、科学研究中的“零被引”现象以及科研绩效评价等。特别是对科学计量学中重要但关注较少的现象进行了深入的剖析，为未来科技政策的制定和科学研究的规律探索奠定了基础。他在担任中国科学学与科技政策研究会科学计量学与信息计量学专业委员会主任委员和《情报学报》主编期间，积极推进国内科学计量学学者和国外知名学者的联系和合作，并频繁地对普赖斯奖获得者莱兹多夫、鲁索等国际知名学者的前沿成果进行编译和分享，有力地促进了国内青年学者对国外知名学者研究动态和前沿的认识。

叶鹰：用数理方法探索和系统发展科学计量测度指标。

叶鹰教授（1962—）的核心学术贡献在于指标的开发和科学计量定律的数学表达。首先，在指标的开发和研究中，叶鹰教授是目前对h指数及其变体研究最为系统的学者之一。他先后出版了《h指数与h型指数研究》（2011）和《h型指数和h型测度研究》（2018），研究和分析了h指数的数学理论及其实际的应用。此外，叶鹰教授和鲁索等教授合作对科学计量学中的基础原理进行了数学推导，在一定程度上推进了科学计量学的数学化过程。

谷兴荣：科学计量学理论与实践应用的积极探索者。

谷兴荣教授（1952—）的科学计量学研究环境与以上几位科学计量学学者不同。谷教授所在的单位湖南省委党校和湖南师范大学均不是专门从事科学计量学研究的机构，然而谷教授却系统性完成了科学计量学的多项重要工作。迄今为止他出版的科学计量学著作有《科技发展的计量研究》（谷兴荣，1990 a，1990 b）、《科学技术发展的数学原理》（谷兴荣，2005）、《科学技术发展的数理结构》（谷兴荣，2010）、《科学学与科技管理的数学原理》（谷兴荣，2014）等，这些著作在我国科学计量学研究的早期发挥了重要的作用，得到了同行的高度认可。其中，赵红州先生在为《科技发展的计量研究》撰写的序言中对谷教授给予了高度的评价，认为“作者无疑属于我国科学计量学的首批开拓者之一”。邓树增教授认为：“该书是我国第一部系统论述科学计量学的专门著作，……也是运用精确的定量方法系统论述科技发展的一次大胆而严肃的尝试，也是对同仁和作者本人科学计量学研究成果的一次创造性综合”（李一帆，1992）。

这一时期，除了代表性学者及其代表性成果的出现之外，我国的科学计量学在国际舞台上也逐渐崭露头角。在蒋国华等学者的努力争取下，2003 年的国际科学计量学与信息计量学会议在北京成功举办。2017 年，国际科学计量学与信息计量学会议又一次在中国武汉成功举办。截至目前，我国是唯一一个两次承办国际科学计量学与信息计量学会议的国家。此外，梁立明、武夷山、叶鹰以及刘则渊等教授与来自欧美的科学计量学杰出学者建立了广泛的科研合作关系和深厚的学术友谊，这为当前我国科学计量学的青年一代融入国际科学计量学学术共同体、开展跨国的科研合作奠定了基础。他们共同为国内科学计量学构筑的基础，成为新时期我国科学计量学快速稳定向前发展的保证。

1.3.2.2 2010年至今：科学计量学迎来新发展

2010 年左右，在上述科学计量学的发展基础上。科学计量学领域老一代博士生导师所培养的学生在科学计量学领域已经逐渐崛起，并在国际科学计量学领域占有了一席之地。例如：刘则渊教授培养了大批的科学知识图谱学者，并以科学知识图谱为切入点进一步发展了科学计量学的新领域和新方法。邱均平教授紧跟国际计量学的前沿，培养了一大批从事科学计量学和科技评价的学者，这些学者遍布国内学术界。目前，我国科学计量学在产出规模上已经毫无疑问位居世界第一（用汤浅光朝的理论来讲，已经成为科学计量学的世界科学中心），在应用上，也已经遍布科学研究的各个领域（横跨社会科学与自然科学）。科学计量学在蓬勃发展的同时，我们也不得不面对当前新一轮技术革命所引发的科学范式的转变。科学计量学如何在数智深入交融和赋能科学发现的背景下再上一个新台阶，是当前时代摆在科学计量学学者面前的核心问题。

这一时期就发生在现在，最后我想应把更多的细节留给读者去体会。期待未来能有学者系统地总结和评价现在所处的这个时代，我们也期待在当前的时代，能为科学计量学发展奉献一份力量。

1.3.3 共同体建设

1.3.3.1 科学计量学专业委员会

中国科学学与科技政策研究会科学计量学与信息计量学专业委员会（Scientometrics and Informetrics Professional Committee）成立于1992年，由蒋国华教授担任第一届主任委员，历届主任委员依次为武夷山研究员和邱均平教授。2021年6月18日，科学计量学与信息计量学专业委员会（简称“计量学专委会”）在杭州召开会员代表大会，完成了换届工作。第八届专委会名誉主任为邱均平教授，主任委员为杨思洛教授。截至2023年3月，计量学专委会共有委员85人，注册会员500多人，是中国科学学与科技政策研究会中会员注册数量最多的专委会。该专委会自成立以来，围绕科学计量学与科技评价，主办或协办了系列的学术会议或科学计量学的科普活动。其中，代表性的活动有“全国科学计量学与科教评价研讨会”（1998年至今）、“科学计量学与信息计量学青年学者论坛”、“中国科学学与科技政策研究会年会计量学分会场”、“科学计量与科技评价天府论坛（中国科学院成都文献情报中心）”以及“元科学学术年会（北京科学技术情报学会元科学专业委员会）”等。科学计量学专业委员会和我国科学计量学是同频发展的，专业委员会的不断壮大和学术活动的不断丰富和增加，预示着我国科学计量学已经走向成熟。

1.3.3.2 学术期刊和学术奖项

学术期刊建设是科学计量学发展的基础，建设具有本土化特征的国际科学计量学期刊对提升科学计量学的国际学术话语权有重要价值。学术奖项的设置则在鼓励和激发科学计量学学者研究热情方面有重要作用。在这两个方面，武汉大学/杭州电子大学的邱均平教授做出了卓越的贡献。其一，邱均平教授带领团队先后创办了《计量与评价》和*Data Science Informetrics*期刊。其二，邱均平教授依托科学计量学与信息计量学专业委员会、杭州电子科技大学“邱均平颜金莲教育发展基金”和*Data Science and Informetrics*（DSI）编辑部共同发起并设立了“邱均平计量学奖（Qiu Junping Metrology Award）”，用来奖励国内在科学计量学领域做出重要贡献的学者。然而，我国科学计量学期刊的质量和数量仍然是严重不足的。一方面，目前尚无以科学计量学命名的中文期刊，国内的中文科学计量论文几乎都发表在情报（或信息）学的期刊上。例如：在未来，国内学术共同体可以创办类似《科学计量学学报》、《计量科学学学报》或《元科学学报》等期刊，在英文期刊上也可以创办*Scientometrics Letters*、*Scientometrics Report*、*Quantitative Science of Science*或*Journal of Metasciences*等期刊。从国内外的整体发展形势来看，国内科学计量学仍然面临着巨大的生存和发展压力，需要国内科学计量学学术共同体的共同努力，进一步创建和打造国内知名的、在国际上有一定学术影响力的期刊和奖项。

1.3.3.3 我国科学计量学的发展反思

综上所述，在国内科学计量学学术共同体的建设中，先后组织成立了专业委员会、召开了系列的学术研讨会、创办了科学计量学相关的期刊，设置了科学计量学领域的奖项。不难看出，自我国科学计量学开创以来，发展态势持续良好。然而，从促进我国科学计量学学术组织的发展角度来看，可能未来需要向两个方面进一步发展：

第一，需要进一步凝聚国内的科学计量学学术队伍，协同合作，凝心聚力发展中国的科学计量学。这是基于以下的观察：目前国内科学计量学领域的学术会议多而分散，在内容上有很大的重复。特别是随着科学计量学群体的不断发展，似乎形成了若干小的“科学计量学学术共同体”，甚至有人将这种现象称为学术领域的“山头文化”。为了让中国的科学计量学健康和繁荣发展，这可能是需要首先注意的问题。

第二，建设具有国际影响的科学计量学专业委员会是未来的重要目标。很多国内学者会千里迢迢到美国参加美国信息科学与技术学会年会（ASIS&T）或者去欧洲参加“国际科学、技术和创新指标会议（STI）”，但是鲜有国外的学者参加国内主办的会议。据相关学者的统计，2019 年在意大利罗马召开的第 17 届国际科学计量学与信息计量学大会（ISSI）上，来自中国的参会代表多达 150 余人！我们惊喜这样规模的同时也需要反思，为何欧美成了很多中国青年学者“趋之若鹜”的交流圣地？我们自认为已经是该领域最大的阵营了，但是对于科学计量学学者而言，我们可能要比其他领域的学者更加清楚，这种“集体无意识”的行为正反映了我国科学计量学“大而不强”的现实（150 人的海外参会差旅费用，在国内举办一场国际会议绰绰有余）。我们不得不深刻地认识到，科学研究领域作为智力密集型的行业，并不是说谁规模大了谁就强了。因此，我们需要尽快打造有国际影响力的一流科学计量学学会，让学术话语权真正回到这个“最大的群体”。

最后，从国内外科学计量学发展的历史来看，我国已经成为科学计量学的“中心”。当然，这一“中心”还停留在研究体量和研究产出论文数上。在发展中，与欧美相比，我们在科学计量学领域的理论大师太少，另一方面，在面向一线的科学文献计量应用中，缺少兼具学术功底和商业思维的复合型人才（例如：美国有5位来自业界的普赖斯奖获得者）。因此，未来在国际科学计量学的研究中，需要突出中国特色和中国贡献，以贡献和认可获得学术话语权，而不是以“学术关系（例如：学缘关系、合作关系和柔性引进关系等）”来获得话语权。此外，学术界需要产生投身于科学计量学数据、工具和平台等基础设施建设的学术型商业领导人（例如：美国有SCI数据库、荷兰有Scopus以及英国有Dimension等），进一步凸显出科学计量学的商业价值和服务于发展国民经济的能力，反向从一线"需求"角度形成对学术研究和人才培养的支持。图1.28给出了科学计量学发展要素的金字塔，读者可以从理论或原理、数据资源、算法与算力、可视化设计、系统或软件以及应用六个方面来进一步思考我国科学计量学发展的优势和劣势。

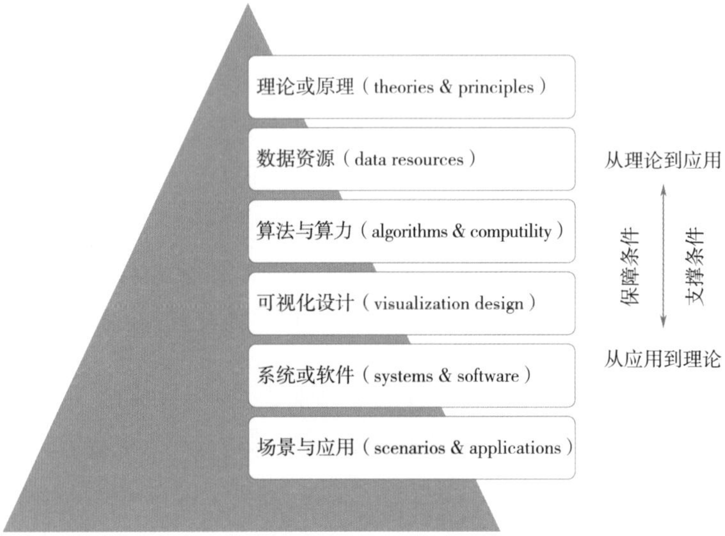

图1.28 **科学计量学发展要素金字塔**

1.3.4 国际交流合作

通过文献调研和访谈老一辈科学计量学学者，总是有那么几位科学计量学界的友人出现在文献或谈话中，他们深深地影响了我国科学计量学的研究与发展，同时，也对中国学者走向世界发挥了重要作用。这些国际学者（包括华人学者）有美国耶鲁大学的普赖斯、比利时安特卫普大学的鲁索、匈牙利科学院的布劳恩、美国德雷塞尔大学的陈超美以及德国学者希尔德伦·克雷奇默等。下面选择在我国科学计量学不同时期发挥重要作用的四位学者进行简要介绍（如图1.29）。

（1）普赖斯与布劳恩：让中国科学计量学走上世界舞台。

1979年，钱学森委托赵文彦转交给赵红州《小科学，大科学》一书，这一行为无疑是中国科学计量学走向世界的重要事件。通过这本书，我国的科学计量学开创者赵红州和蒋国华开启了和普赖斯近4年的通信。可想而知，和"科学计量学之父"普赖斯的通信和交流无疑在一定程度上打开了我国科学计量学研究的国际前沿视野。更是因为普赖斯的鼓励和推荐，赵红州在*Scientometrics*发表了第一篇论文《科学劳动的智力常数》，从此让世界科学共同体知道了中国学者的研究，也为后来我国青年学者与国

普赖斯
（1922—1983）

布劳恩
（1932—2022）

鲁索
（1949— ）

陈超美
（1960— ）

图 1.29　中国科学计量学发展中的国际友人（华人）

际科学计量学学术共同体建立学术合作和交流打开了渠道。不幸的是，仅仅短短 4 年的通信来往，普赖斯便于 1983 年突然去世。在与赵红州的学术交流中，普赖斯还把来自匈牙利科学院的知名科学计量学学者、*Scientometrics*的执行编辑布劳恩（Tibor Braun）教授介绍给了赵红州教授，延续了我国学者与国际科学计量学核心学者群的联系。在后来的交流中，曾经留学匈牙利的中国科学院图书馆符志良教授发挥了重要的作用（蒋国华，2008）。1986 年 3 月 11—23 日，布劳恩应邀访问了中国，并在北京友谊宾馆和上海做了一系列科学计量学和分析化学（复旦大学）的学术报告，在我国科学学与科学计量学界产生了强烈的积极反响。关于布劳恩的更多信息，请参考图 1.30。

（2）鲁索：让中国科学计量学融入了国际科学计量学体系。

自 1998 年 12 月首次访华以来（蒋国华，2008），鲁索教授始终在中国科学计量学学术共同体内部具有高的声望，这与他无私地帮助中国科学共同体直接相关。鲁索教授在自己的邮箱签名中使用“In scientific affairs one can never be too generous（在科学事务上，再怎么慷慨也不为过）”，更是被国内的学者津津乐道。据统计，鲁索被WoS收录的论文中，有超过 100 位的论文合著者来自中国。鲁索到底为中国科学计量学做了哪些贡献？2023 年 12 月，在我组织的“科学计量学前沿沙龙”的提问环节，有学者更是直接向鲁索教授提问：“您见证了中国科学计量学的发展，您对现在和未来的中国科学计量学发展有什么建议？”我想，这个问题在一定程度上直接反映了鲁索对中国的贡献。

首先，鲁索为中国培养了大量的科学计量学人才。国内科学计量学的知名学者梁立明教授（Liang，2007）、同济大学的刘玉仙博士（Liu，2011）都是鲁索的博士生。同时，鲁索在担任中国科学院文献情报中心、河南师范大学、浙江大学、大连

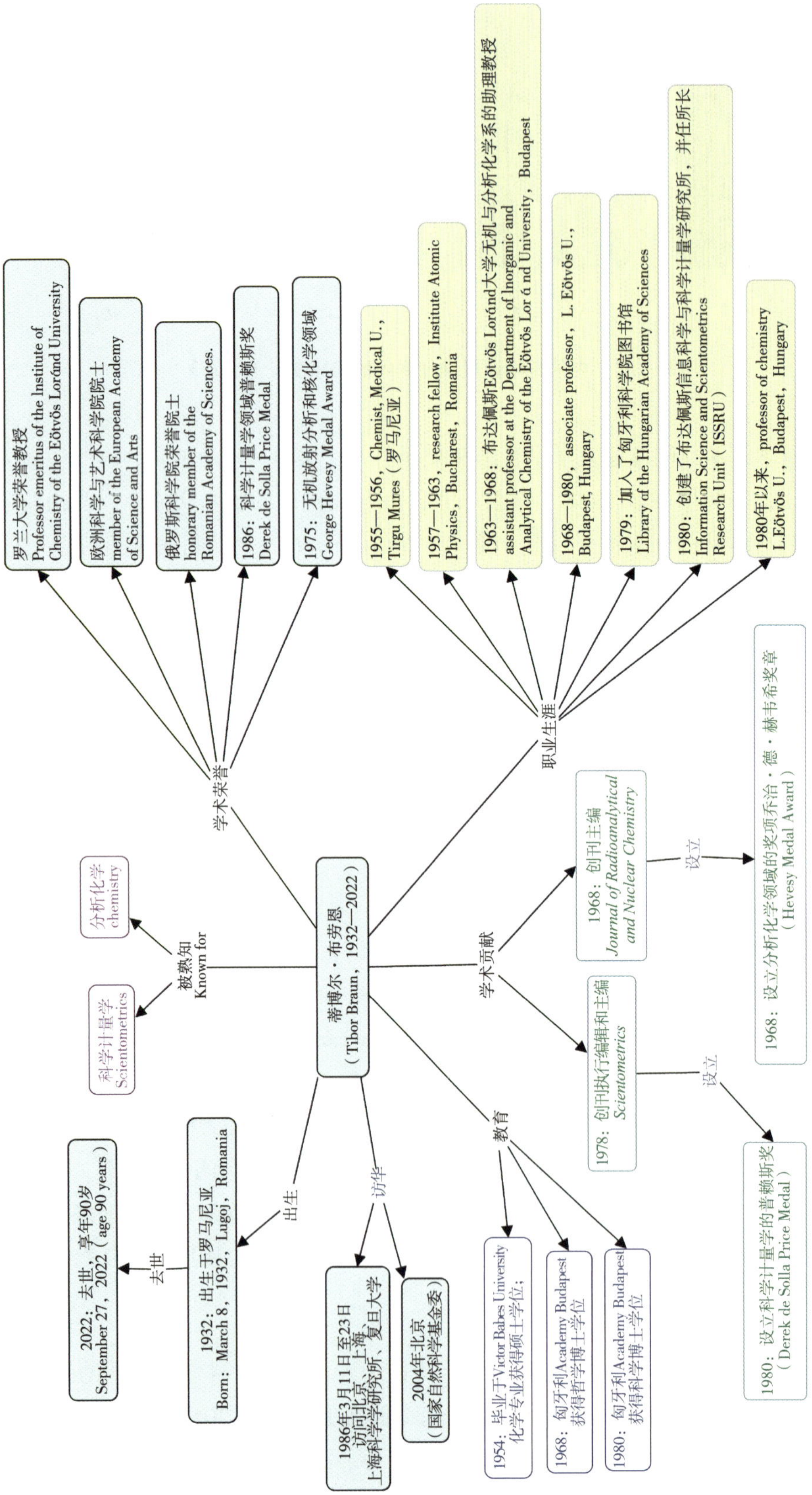

图 1.30 布劳恩教授的学术地图

理工大学等高校或研究机构的客座教授和访问学者期间，为这些机构指导或培养了大量的员工和学生。可以说，鲁索教授不仅在支持我国第二代科学计量学人才培养和发展上发挥了重要作用，而且现在还在积极培养我国的第三代和第四代科学计量学人才。

其次，鲁索带领中国的科学计量学融入国际的科学计量学中，并积极为中国科学计量学争取话语权。鲁索与中国学者发表了数十篇学术论文，并在相关国际大会中与中国学者一起同与会者交流。特别是他在最新出版的*Becoming metric-wise*（成为计量智慧者）中有意或无意地加入了很多“中国案例”（Rousseau et al.，2018）。作为领域内最权威的学者之一，在出版的专著中添加来自中国的成功案例，这是一种特殊的认可，对于提升我国科学计量学学术影响力和国际形象有重要意义。最后，鲁索还义务承担了国内创办的杂志*Journal of Data and Information Science*的主编工作，与中国学者一起打造具有领域影响力的中国科学计量学期刊。在一定程度上，这对提升我国的学术话语权同样有积极的意义。

鲁索对中国科学计量学的贡献是极大的，很多细节很难一一列举（具体参见图 1.31）。我想每一位与鲁索在学术上有过交流或合作的学者都能体会到他的助人精神。我国科学计量学学者武夷山先生在为鲁索著作的中文译著撰写的序言中，甚至将其称为科学计量学领域的“白求恩”。为了对鲁索的帮助表达敬意，“第八届科学计量学与大学评价国际研讨会”出版的论文集将名称定为《鲁索与中国科学计量学的发展》（金伟良等，2015）。

（3）陈超美：间接促使中国科学计量学成为世界第一大共同体。

陈超美（1960—）博士先后就读于南开大学数学专业（1979—1983）、牛津大学计算专业（1990—1991）和英国利物浦大学计算机专业（1991—1995），2001 年至今，在美国德雷塞尔大学计算与信息学院担任教授。2003 年，他在库恩《科学革命的结构》“范式”理论的启发下，结合科学计量学的理论与方法开发了当前最为广泛使用的CiteSpace软件。其出版的著作《转折点：创造性的本质》、《科学前沿图谱：知识可视化的探索》以及《科学知识的表示：不确定性的角色》等继承了他的学术思想和实践，在科学计量学领域产生了广泛而深远的影响。关于陈超美教授的详细学术研究经历，可参见图1.32。

2008 年左右，我国的学术界掀起了一阵学习和使用科学知识图谱浪潮，其主角就是陈超美教授开发的CiteSpace引文空间挖掘与分析软件。大连理工大学刘则渊教授将CiteSpace引入国内后，在科学学、管理科学以及工程科学领域进行了系统的应用。目

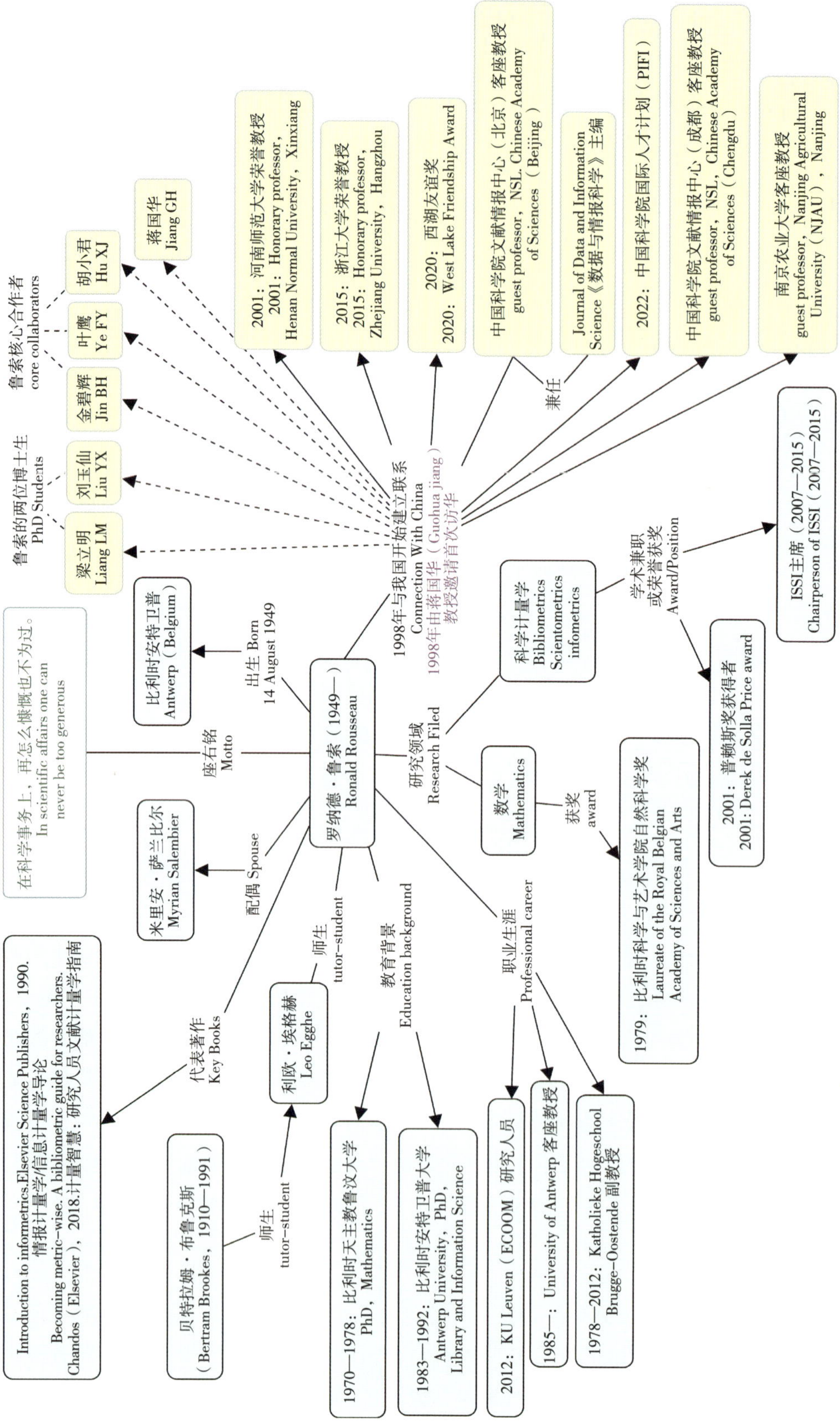

图 1.31　鲁索对我国科学计量学的发展影响深刻

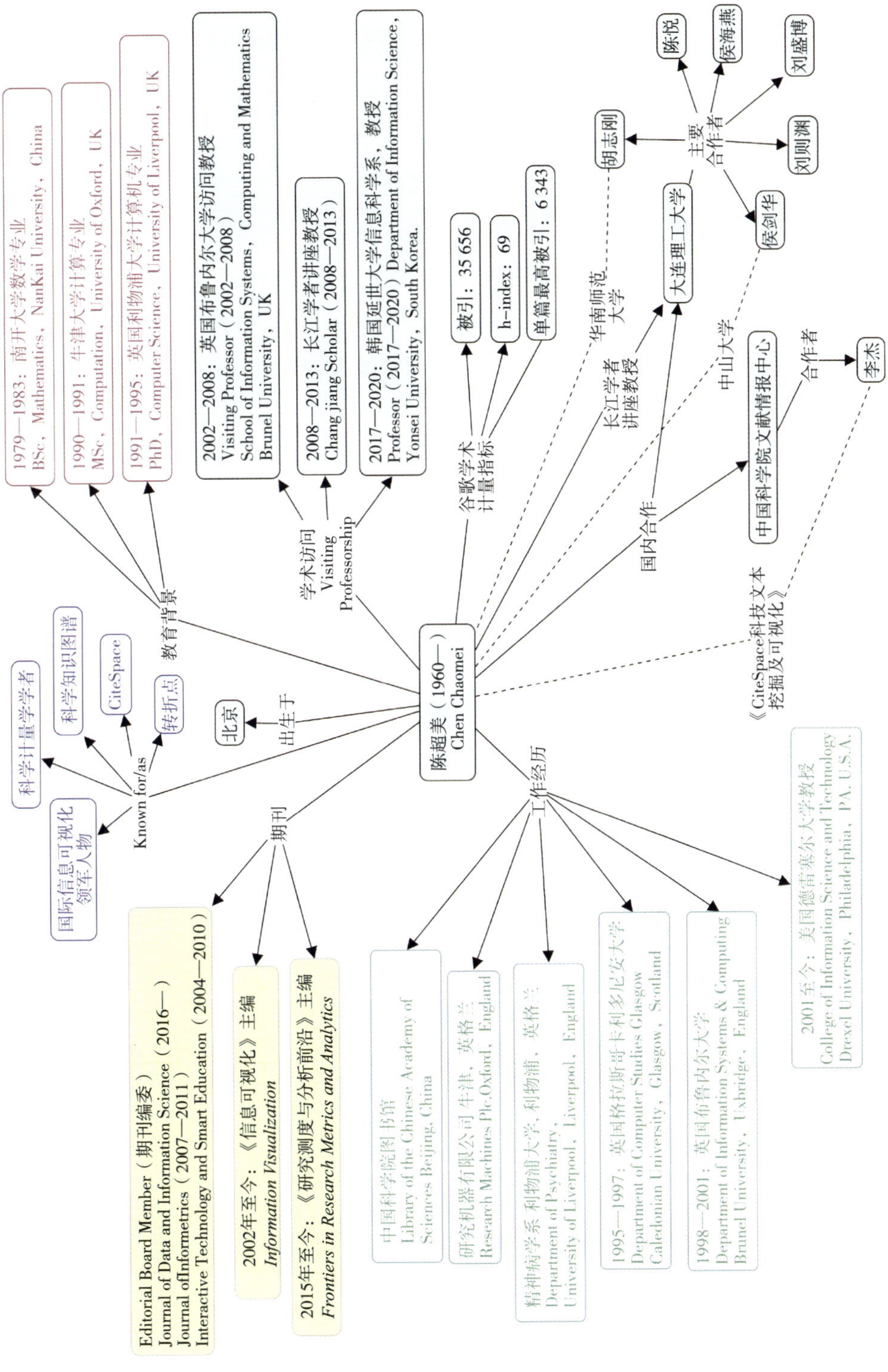

图1.32 陈超美教授的学术地图

前，来自我国的CiteSpace软件下载量已经远超其他国家或地区，且发表的中文和英文论文数量达到了上万篇（其中，应用CiteSpace的中文论文就已经超过了1.5万篇）。这与陈超美教授对国内学者的支持是密不可分的。

陈超美教授不仅无私地公开了软件，而且撰写或录制了大量软件操作指南或视频，以帮助初学者快速学习CiteSpace。陈超美教授作为大连理工大学长江学者讲座教授期间，和刘则渊教授共同合作，在人才培养、学术交流以及教育教学方面做了大量工作。特别是早期陈超美教授很多重要成果的作者队伍都加入了刘则渊教授培养的青年学者，这些论文在过去二十余年产生了很高的学术影响力，在一定程度上也加速了这些青年学者的成长。当然，事实也是如此，这些与陈超美教授有密切合作的学者已经成为刘则渊教授团队的中流砥柱。因此，回顾我国科学计量学过去十年的井喷式发展，不得不提到陈超美教授的学术贡献。

当然，国际上还有很多学者帮助了我国科学计量学的发展，特别是在国家经费的资助下，大批与科学计量学相关的学生和青年学者前往莱顿大学科学技术元勘中心（例如：Ludo Waltman和Nees Jan van Eck等）、比利时鲁汶大学ECOOM（Wolfgang Glänzel）、美国印第安纳大学（丁颖和Katy Börner等）、美国佐治亚理工大学（Alan Porter和Cassidy Sugimoto）以及加拿大蒙特利尔大学（Vincent Larivière）等机构学习或深造，受到了这些机构重要科学计量学者的支持和帮助。值得反思的是，一些核心的科学计量学国际友人已经年长（或者去世，如Loet Leydesdorff和Tibor Braun），当前成长起来的青年一代需要积极开拓国际科研合作的新局面，持续让我国科学计量学与国际科学计量学深度融合发展。

最后，结合对我国科学计量学的整体回顾，从学者及其关联关系视角，将其总结为图1.33，读者可以结合图谱进一步了解我国科学计量学的发展历程。

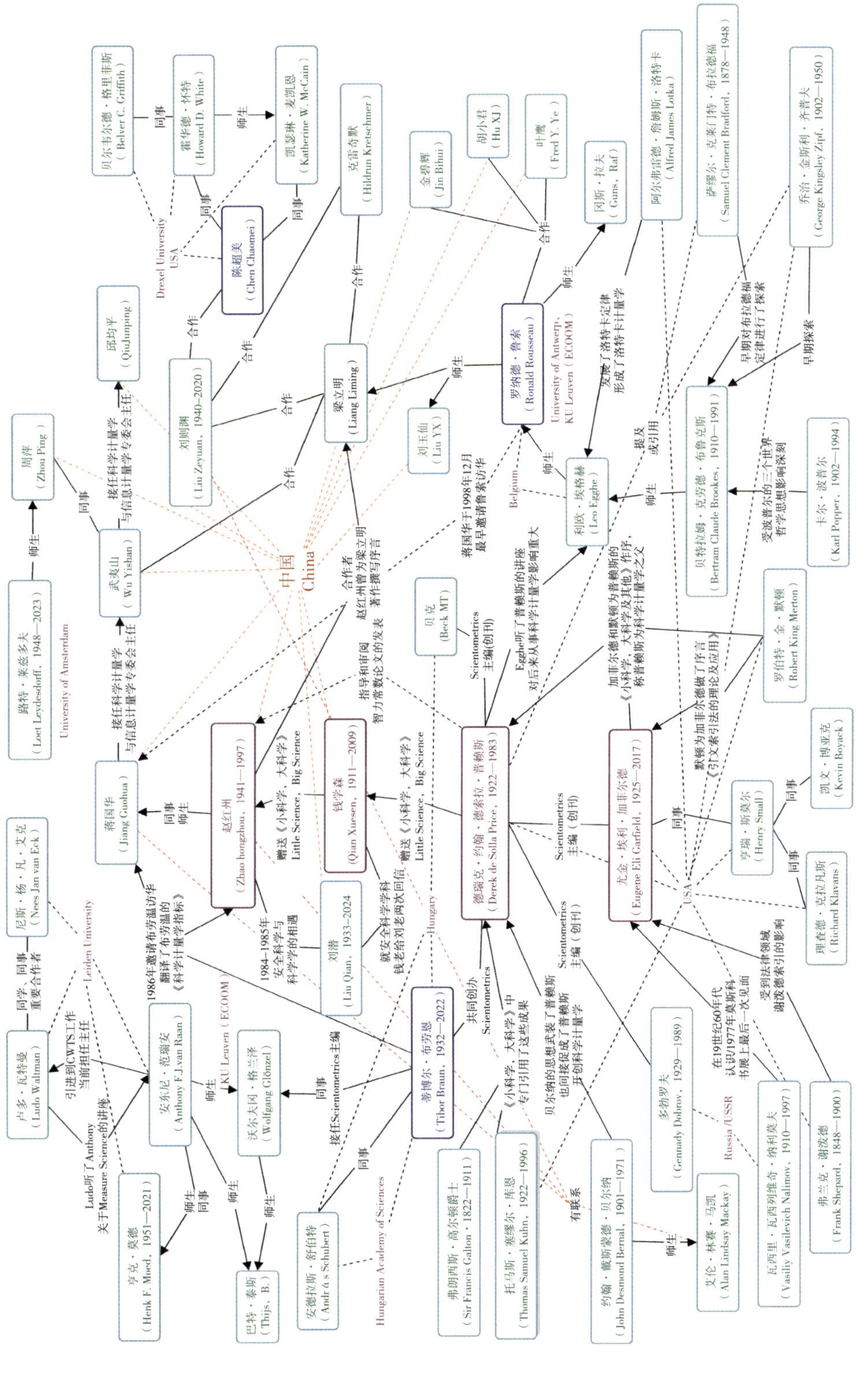

图 1.33 我国科学计量学发展历程中的主要学者和国际关系（部分）

1.4 科学计量学的内涵认识

1.4.1 科学计量学的概念

量化的科学学就是科学计量学（Quantitative Science of Science=Scientometrics）！

量化与非量化方法共同组成了科学方法体系，如图 1.34。“对于任何学科都是一样，数学成分的多寡决定了它在多大程度上够得上是一门科学（康德）”。因此，从科学学（Science of Science）发展的视角来看，量化的科学学，即科学计量学的出现让“科学学”作为一门“具有头等重要意义的二次学科（普赖斯）”更加完善。也就是说，“科学只有她成功地应用数学的时候，才算达到了完善的地步（马克思）”。科学学的定量分支学科，即科学计量学的产生，标志着科学学在其成长演化过程中基本上结束了自己的前科学（Pre-Science）阶段，进入了常规科学（Normal Science）的成熟阶段（赵红州，1984）。

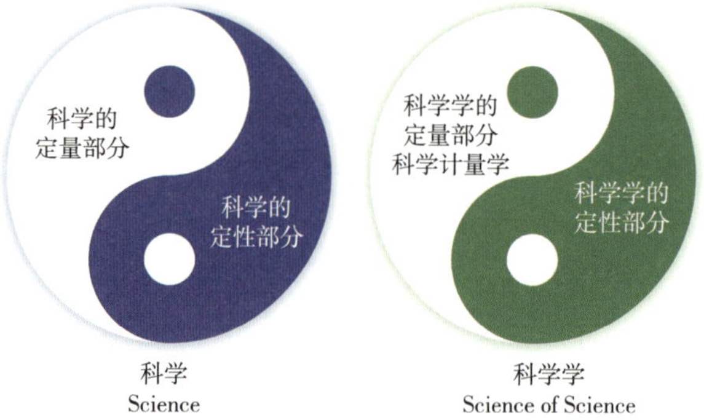

图 1.34 量化的科学学就是科学计量学

经过以上对科学计量学的历史回顾，读者不禁要问，科学计量学究竟是什么呢？就目前来看，虽然存在争论，但也形成了一些较为公认的看法。例如：科学学与科学计量学领域的知名学者贝尔纳、普赖斯以及默顿等学者都认为，科学计量学属于“科学学”这个学科，普赖斯等更是认为“科学学，就是科学计量学”[1]。这反而与科学计量

[1] 对于普赖斯认为“科学学，就是科学计量学”的描述常见于国内外的相关论文和著作中，然而这一提法并不全面。在普赖斯 1986 年出版的《小科学，大科学及其他》中，收录了《普赖斯的引文经典》（“Price’s Citation Classic”）一文，其中有下面一段文字：“Those two fields（指科学社会学和图书馆学）seemed to react almost alchemically with my ofbeat development of quantitative methods in what was to become science of science or scientometrics. my book was accepted as one of the prime sources for the techniques and results。” Péter Vinkler（2010）在其专著中将普赖斯的这种认识表述为“Scientometrics may belong to the discipline of ‘the science of science’（Bernal，1939; Price，1963; Merton，1973)”，即科学计量学属于科学学的分支学科。2024 年 3 月 26 日，Péter Vinkler在私人通信中确认了这一点，并提及在纳利莫夫（1969）的《科学计量学》专著的序言中，有“Scientometrics—a branch of science of science”。

学领域之外的一些学者认识是一致的（例如：美国印第安纳大学的Katy Börner，美国西北大学王大顺等[1]）。然而，来自科学计量学领域内的学者，却长期未对科学计量学是什么形成共识。科学计量学（Наукометрия）术语的提出者纳利莫夫（1969）等认为：科学计量学是研究分析作为情报过程的科学定量方法。后来，更是又有多位学者发表了对科学计量学的认识（如表 1.2）。整体来看，无论如何描述，科学计量学的使命之一就是帮助科学家更加认识科学“自身”。在前人对科学计量学认识和研究的基础上，笔者认为：“科学计量学（scientometrics）是量化的科学学（Quantitive aspect of ‘science of science’），是对科学家活动和信息交流过程轨迹数据（包括论文发表记录、学术交流过程以及社会活动等）的数理建模分析（包含统计与概率论、微积分、图与矩阵分析等），其本质是为了揭示科学系统运行、科学发现以及科学演化等内在的特征与规律，为的是创造一个可持续的科学发现与研究生态（Sustainability Science），科学计量学可以使科学系统更透明、更开放（Scientometrics can make the scientific system more transparent and open）”。从我们给出的科学计量学概念来看，也是认同科学计量学是科学学重要分支这一观点的。

表 1.2　科学计量学是什么？[2]

时间	第一作者	定义（或解释）
1969	Nalimov	科学计量学是对科学作为一门学科或经济活动的量化方面的研究。它包括研究评估和研究政策的各个方面（Nalimov et al.，1969）；另一种在国内经常用到的提法是：科学计量学（Наукометрия）乃是研究分析作为情报（信息）过程的科学的定量方法（Nalimov et al.，1969）；该书引言的标题为“Scientometrics—a branch of science of science”，认为科学计量学是科学学的一个分支（Nalimov et al.，1969）[3]
1978	Scientometrics	Scientometrics Journal：all Quantitative Aspects of the Science of Science，Communication in Science and Science Policy（科学学、科学交流和科学政策的量化分析）

[1] Katy Börner带领团队开发的科学计量学工具命名为SCI of SCI，全称为SCI2 Tool—A Tool for Science of Science Research & Practice。王大顺等来自复杂网络和统计物理学领域的学者将自己的研究方向命名为计算科学学（Computational Science of Science）。

[2] 在《科学计量学指标：32 国自然科学文献与引文影响的比较分析》的译后记中（1987 年 4 月 16 日），赵红州教授和蒋国华教授专门为该书撰写了长篇综述“什么是科学计量学？”等科学计量学基本问题。表 1.2 中的部分内容总结自该文。该书出版于 1989 年，但该译后记明确撰写于 1987 年，因此这里以 1987 年为准。

[3] 如前文所述：普赖斯奖获得者Vinkler.Peter在给作者的回信中明确提到了这一点。В В Е Д Е Н И Е（引言）：НАУКОМЕТРИЯ — ОДИН ИЗ РАЗДЕЛОВ НАУКОВЕДЕНИЯ Наука сделалась объектом исследования. Проблемы науковедения (науки о науке) стали обсуждаться в ши- рокой печати [1—3]（科学计量学 — 科学研究的一个分支：科学已经成为研究的对象。科学研究（科学的科学）的问题已经在广泛的出版物中讨论 [1–3]）. 摘自：Nalimov(1969).

续表

时间	第一作者	定义（或解释）
1978	Beck	科学活动、科学生产率以及科学进步的定量评估与相互比较（Beck，1978）
1978	Brusilovsky	科学计量学：科学与技术的进展测度研究（Brusilovsky，1978）
1978	多勃罗夫	科学计量学乃是关于系统分析和实际科学管理的研究，它应当围绕可以定量评估的一切科学问题。任何研究科学的定量方法，都是科学计量学（赵红州等，1987）[1]
1979	Malin	科学计量学的一部分包括将数据处理技术应用于对科学的科学研究，即科学政策研究（Garfield，1979；加菲尔德与马林的私人通信）
1980	格拉诺夫斯基	苏联化学家格拉诺夫斯基提出："我们可以把科学计量学看作一门'元科学（Metascience）'，它能够对各个科学研究方向的有效性做出判断"（赵红州等，1987）
1982	Price	科学学，就是科学计量学；科学计量学是科学学的定量分支学科；科学学是一门具有头等重要意义的"二次科学"（赵红州等，1987）
1983	Хайтун	科学计量学是科学学的一个分支学科，它的研究对象是科学活动的定量规律（Хайтун，1983；赵红州等，1987）
1986	Merton	科学与科学发展的量化分析，来自默顿和加菲尔德为普赖斯《小科学，大科学及其他》做的序言（Price，1986）
1987	Braun	科学计量学分析科学信息生成、传播和利用的量化方面，以便更好地理解科学研究活动的机制（Braun et al.，1987）
1989	赵红州	科学计量学，顾名思义，乃是一门对科学本身进行定量研究的新生学科。这里所指的"科学"，不仅指作为知识体系的科学，而且也包括作为社会活动的科学（赵红州等，1987）
1997	Hess	科学计量学是对科学、科学交流和科学政策的量化研究（Hess，1997），与*Scientometrics*期刊封面对科学计量学的描述一致
2000	梁立明	科学计量学是用定量方法处理科学活动的投入（如科研人员、研究经费）、产出（如论文数量、被引数量）和过程（如信息传播、交流网络的形成）的研究领域（梁立明等，2000）

[1] 多勃罗夫在 1969 年之前应该讨论过关于科学计量学的概念问题，在Vinkler.Peter的回信中提及G. M. Dobrov 在纳利莫夫之前就做了科学量化测度方面的工作dealt with measuring special aspects of science（Peter Vinkler 教授对科学学与科学计量学关系的回复. https：//blog.sciencenet.cn/blog-554179-1426869.html）。

续表

时间	第一作者	定义（或解释）
2010	Vinkler	科学计量学是处理科学中人或人群、事务和现象的定量方面及其关系的科学领域，但不局限于某个特定科学学科的范畴内。科学计量学不是科学的科学，科学计量学是一门面向科学、关于科学自身的学问（Vinkler，2010）。Scientometrics is not the science of sciences but a science on science for science❶
2018	Sugimoto	科学计量学涉及科学测度的构建。这里的科学不仅仅指自然科学，而是包含了所有知识生产领域。尽管科学计量学的产出经常以科研评估为目的，但它也可以作为一个强大的透镜，来观察科学系统本身（Sugimoto，2018）
2023	李杰	科学计量学是"量化的科学学"，是对科学家活动和信息交流轨迹数据（包括论文发表记录、学术交流过程以及社会活动等）的数理建模分析（包含统计与概率论、微积分、图与矩阵分析等），其本质是为了揭示科学系统运行、科学发现以及科学演化等内在的科学特征与规律，为的是创造一个可持续的科学发现与研究生态。科学计量学可以使科学系统更透明、更开放（李杰，2023）

1.4.2 术语的巴比伦混乱

术语的巴比伦混乱（Babylonian chaos in terminology）在科学计量学产生早期就受到了关注和讨论（Glänzel et al.，1994）。主要体现为，在科学计量学的发展过程中，诞生了若干"兄弟姊妹"，即使在科学计量学领域耕耘多年的学者，有时候被其他领域的学

❶ 关于Vinkler 的这句解释，作者与武夷山先生和Vinkler 进行了沟通，两位学者的认识是一致的。其中Vinkler给作者回复的详细解释如下：*The interpretation of "scientometrics is not the science of sciences but a science on science for science"*（From Peter Vinkler，05-07-2024; update version：05-10-2024）.

"Science of sciences" —it is a term that may be understood as an exclusive body of knowledge or organization within all sciences. Earlier in the history of science in Europe there were theories considering the central role one of the disciplines. "Central role" may mean that methods，general views，laws，ethics，etc. applied in this "superior" science branch should be followed by other disciplines. As a central discipline，theology or philosophy was accepted in the ancient times and middle ages. Some theorists would think that there may exist some hierarchy among the disciplines also in natural sciences. In the ancient times astronomy later iatrochemistry，then alchemy was accepted as such a field，and in the 19th and early 20th century chemistry and from the end of 19th century physics，and from the middle of 20th century：biology. According to the view of several scientists — following Kant — a discipline may be the more exact the more mathematics it applies. I wanted to state by the sentence that scientometrics should not be seen as a discipline superior to other disciplines.（That may be concluded from the English phrase："science of sciences"；otherwise，it may be understood also as "a science from sciences"）. Scientometrics has no central role in the development of science. Its methods do not serve as models for other disciplines. In contrast，scientometrics is a field of science dealing with the quantitative aspects of people or groups of people，matters and phenomena in science，and their relationships，but which do not primarily belong within the scope of a particular scientific discipline. Scientometrics deals primarily with the characteristics of information production，propagation and impact.

者问起这些“计量学”的含义和关系时，也很难完全说清楚。在一定程度上，不同的数据源造就了不同的计量学分支，但我们不能无限地将计量学扩大下去。建议重新回归到科学计量学，即无论你采用什么方法、使用什么数据，只要是为科学学（Science of Science）服务，就应该属于科学计量学（Scientometrics）[1]。我们应该把新兴的那些计量学作为服务于科学计量学的视角来研究，而不是不断无限制地扩展“疆土”，结果由于我们学科自身的“兵力不足”而出现发展中的质量问题。

科学计量学的发展历史表明，其发端于书目统计（Hulme，1923），且在随后的发展中诞生了一大批计量分支，参见图1.35。其中，与科学计量学相关的分支列举如下：

Bibliométrie（文献计量学；Otlet，1934）；
Bibliometrics（文献计量学；Pritchad，1969）；
Librametrics（图书馆计量学；Ranganathan，1969；1948年提出时未发表）；
Наукометрия（科学计量学；英文为Scientometrics，Nalimov et al.，1966）；
Informetrie（信息计量学；英文为Informetrics，Blackert，1979；Siegel，1979）；
Patent Bibliometrics（专利计量学；Narin，1994，后来演化成Patentometrics）；
Internetmetrics（互联网计量学；Almind，1996）；
Webometrics/cybermetrics（网络计量学；Almind et al.，1997）；
Knowledgmetrics（知识计量学；刘则渊等，2002）；
Altmetrics（替代计量学；Priem et al.，2010）；
Eurekometrics（科研成果计量学；Arbesman et al.，2011）；
Entitymetrics（实体计量学；Ding et al.，2013）；
Semantometrics（语义计量学，Knoth et al.，2014）；
Synthesimetrics（综合计量学；李杰，2018）；
Datametrics（数据计量学；邱均平等，2021，2022）；
Editormetrics（编委计量学；Nishikawa et al.，2023）。

除了以上已经较为流行的X+metrics之外，还有学者提出了诸如Scholar Metrics（学术计量学）、Textmetrics（文本计量学）、Metametrics[2]（元计量）、Usagemetrics（使用计量学）以及Article Level Metrics（论文层次的计量学）等（如图1.35），这些先后产生的科学计量学术语共同见证了科学计量学横向和纵向的发展历程。其中，常见的几类计量学的关系如图 1.36（Björneborn et al.，2004；Haustein，2016），九种常见或新兴的计量学含义，如表1.3。

---

[1] 2024年4月11日，与Ronald Rousseau的私人通信中，我们谈到了现在Metrics泛滥的问题。我们也一致认为：X+ Metrics只要服务于科学学问题就应该认为是科学计量学。

[2] Metametrics或Metametrix是我们团队正在计划开发的科学计量学软件的名称。

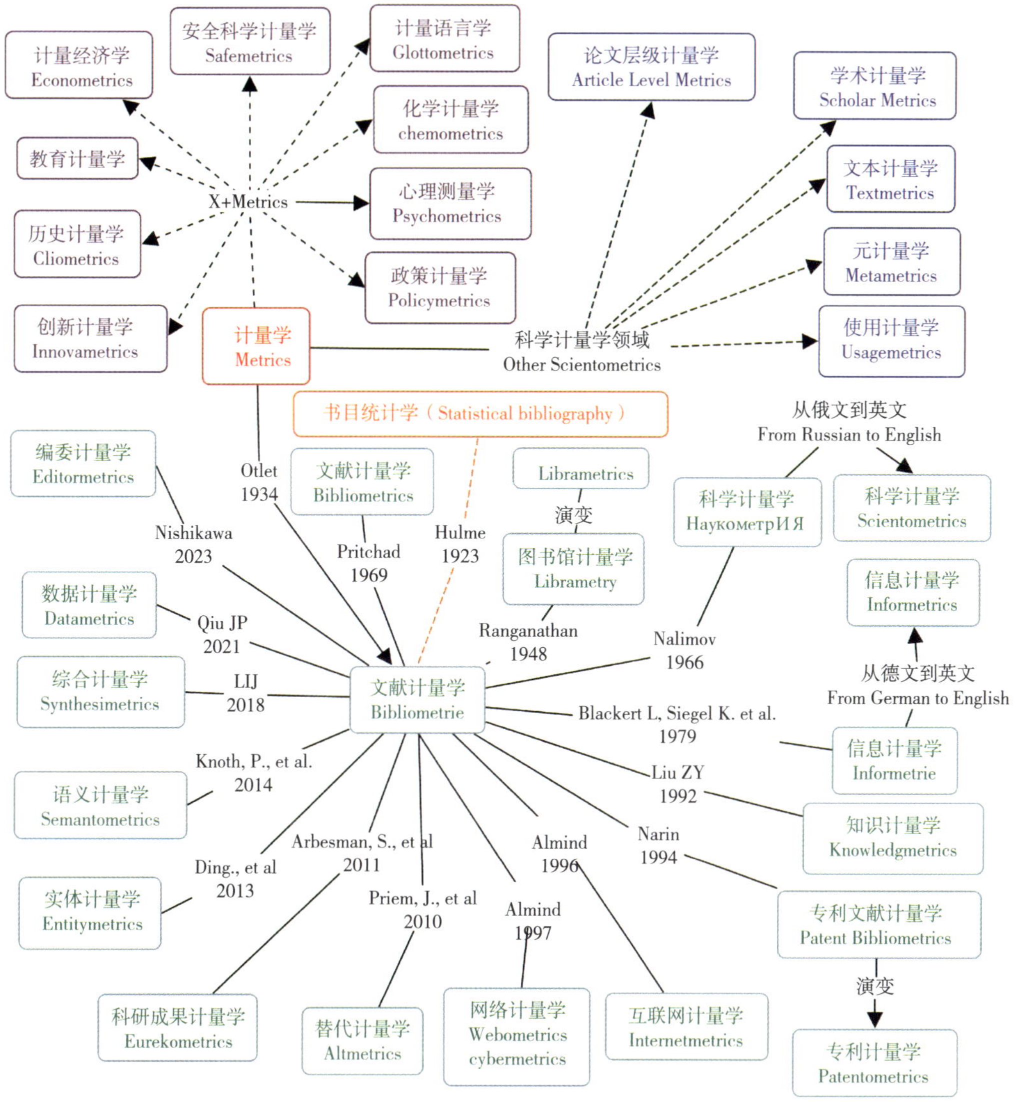

图 1.35　计量学的术语体系

当然，如果科学计量学（Scientometrics）引入国内的时候借鉴计量经济学（econometrics），将其翻译为“计量科学学”，可能也就没有这么多问题了。在当前数字化、数据化以及数智化的背景下，我国有学者还类比计算社会学（Computational social science），提出了“计算科学学（Computational Science of Science）”的说法。无论如何，科学学是科学计量学的内核。在动态发展中，需要不忘科学计量学的初心和使命，不断完善和提升。

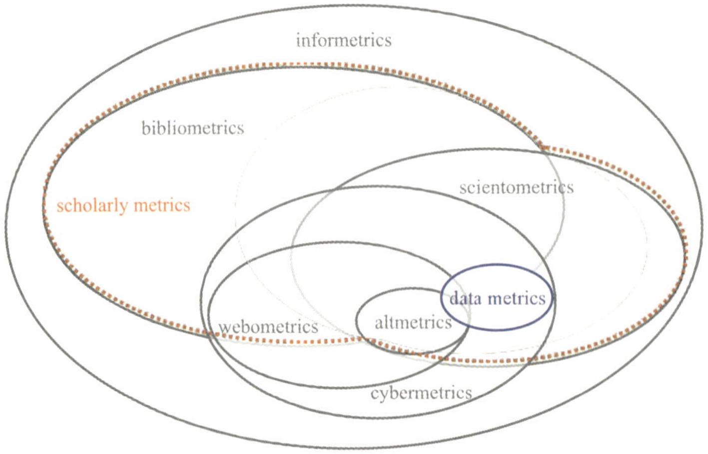

图 1.36　Metric计量学关系示意图（Haustein，2016）

表 1.3　科学计量学家族

时间	计量群（+Metric）	定义（或解释）
1969	Scientometrics 科学计量学	科学计量学是对科学作为一门学科或经济活动的量化方面的研究。它包括研究评估和研究政策的各个方面（Nalimov et al.，1969）。另一种常见的提法是：科学计量学（Наукометрия）乃是研究分析作为情报（信息）过程的科学的定量方法（Nalimov et al.，1969）
1969	Bibliometrics 文献计量学	文献计量学（又称“书目计量学”）是应用数学和统计方法于书籍和其他传播媒介的研究。它可以被理解为对信息传递过程的计量学，其主要目的是分析和控制这一过程。简而言之，文献计量学是对记录性话语的科学研究（Pritchard，1969）。David（2017）认为：文献计量学是从希腊文 biblios 和 metron 而来，意思是书籍或卷轴，还有测量，因此文献计量学是对各种出版的测量，不论是书籍或期刊。早期图书馆员用这来找出所谓的核心期刊，改善图书馆藏书，还有观察使用趋势，作为藏书决策的科学依据
1979	Informetrics 信息计量学	信息计量学聚焦于信息的量化方面，不局限于特定的媒介形式或社会群体，覆盖了更加广泛的应用与研究领域（Blackert et al.，1979；Nacke，1979）
1997	Webometrics 网络计量学	网络计量学研究互联网上信息资源、结构和技术的建设和使用的量化方面，它借鉴了文献计量学和信息计量学的方法，专注于网络内容、结构和技术的各个方面，如网站流量、链接结构、内容分析、用户行为和社交媒体互动等

续表

时间	计量群（+Metric）	定义（或解释）
2002	Knowledgmetrics 知识计量学	知识计量学是以整个人类知识体系为对象，运用对象分析和计算技术对社会的知识（生产、流通、消费、累积和增殖等）能力和知识的社会关系（组织形式、协作网络、社会建制等）进行综合研究的一门交叉学科，是正在形成的知识科学中的一门方法性的分支学科（刘则渊，2002）
2010	Altmetrics 替代计量学	替代计量学是指所有用于衡量新形式的科学表现、讨论或传播的度量技术，特别是通过社交媒体（Priem et al.，2010）。也有学者认为Altmetrics应该被称为社交影响计量学（Rousseau et al.，2013）或社交媒体计量学（Haustein et al.，2015）
2011	Eurekometrics 发现计量学	科学发现计量学旨在通过研究科学发现本身的特性（discovery-based approach to scientometrics as eurekometrics.），而不是研究科学出版物的特性，来补充传统的科学计量学方法（Arbesman et al.，2011）
2018	Synthesimetrics 综合计量学	综合计量学（可译为Integratimetrcis、Synthesimetrics或convergence Scientometrics）是指采用多源数据、多方法对分析对象进行整体（全局）计量测度，并对测度结果进行融合集成（李杰，2018）
2021	Datametrics 数据计量学	数据计量学是一门综合运用计量学、统计学及数据科学等多学科定量分析方法，以所有与科学研究、科学研究活动及科学研究管理等相关的数据、尤其是大数据为研究对象，研究其产生、运动、分布及特征等规律的交叉学科（邱均平等，2021，2022）

1.5 科学计量学的重要事件

我（科学计量学）是谁?我从哪来？我要到哪去？ 这些科学计量学的基本问题或许都可以在其发展的时间线中找到蛛丝马迹。

前文对科学计量学的历史回顾仅仅选择了最为重要的人物和事件，实际上任何一种学科的历史发展都是由大量事件串联而成的，为了呈现更详细的科学计量学发展脉络，在编译和整理相关资料的基础上（Rousseau et al.，2018；Danesh et al.，2020；李杰，2023 a），扩展了国际科学计量学发展的时间线（时间分布如图 1.37），以辅助读者对科学计量学发展历史进行系统认识。当然，下面所列出的100余件重要事件难免有认识上的一些分歧，我们也欢迎读者提出不同的意见，并进行补充和完善。

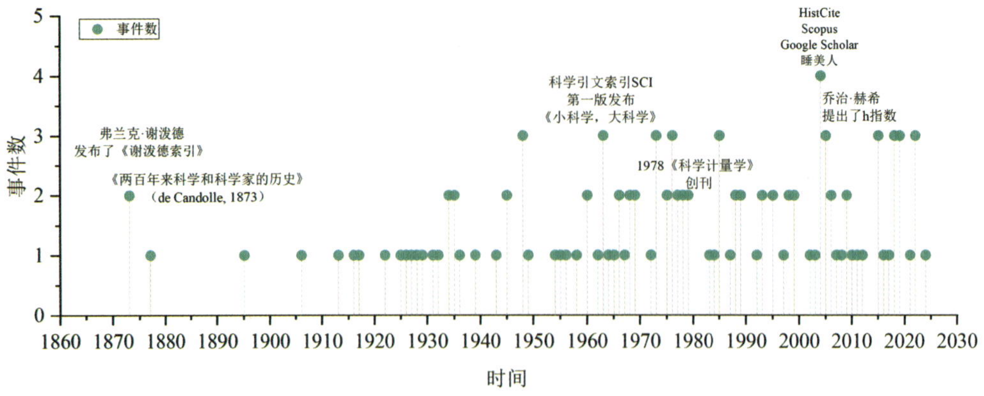

图 1.37　科学计量学重要事件的时间分布

1.5.1　19世纪重要事件：思想萌芽

1873 年，弗兰克·谢泼德（Frank Shepard，1848—1900）发布了《谢泼德索引》（Shepard's Citator）。科学计量学的先驱加菲尔德明确承认，《科学引文索引》（Science Citation Index）的想法源自谢泼德司法引证索引（Garfield，1955）。

1873年，法国、瑞士植物学家阿尔丰沙·皮拉穆斯·德堪多（Alphonse Pyramus de Candolle，1806—1893）出版了《两百年来科学和科学家的历史》（de Candolle，1873）。

1874 年，弗朗西斯·高尔顿爵士（Sir Francis Galton，1822—1911）发表了《英国科学家：他们的天性和培养》（Galton，1874）。

1895 年，维尔弗雷多·帕累托（Vilfredo Pareto，1848—1923）基于收入分配发现了首个幂律分布（Pareto，1895）。

1.5.2　20世纪重要事件：从前科学进入常规科学

1906 年，美国心理学家詹姆斯·麦卡恩·卡特尔（James McKeen Cattell，1860—1944）发表了《美国男性科学家名人录》（Cattell，1906 a，1906 b，1906 c）。

1913 年，德国物理学家费利克斯·奥尔巴赫（Felix Auerbach，1856—1933）发现了德国城市的等级和规模之间的双曲线关系（现在称之为齐普夫定律）（Auerbach，1913）。

1916 年，法国速记员和速记作家让-巴蒂斯特·艾思杜（Jean-Baptiste Estoup，1868—1950）发现词语的使用分布满足双曲函数性质，即齐普夫分布（Estoup，1916）。

1917年，科尔（F.J.Cole）和奈莉·伊尔斯（Nellie B.Eales）发表了名为《比较解剖学的历史》的典型科学计量学论文，其中包含了出版物数量等图形表示（Cole et al.，1917）。

1922年，温德姆·赫尔姆（Wyndham Hulme）引入了“书目统计（statistical bibliography）”这一术语。这些讲座内容在一年后正式出版（Hulme，1923）。

1925年，波兰科学史学家斯特凡·扎梅茨基（Stefan Zamecki）发表论文“Przedmiot i zadania nauki o wiedzy [The subject and tasks of the science of knowledge]”，首创一门叫作“科学学（波兰文naukoznawstwo）”的学科（Zamecki et al.，2006）。

1926年，阿尔弗雷德·詹姆斯·洛特卡（Alfred James Lotka，1880—1949）撰写了《科学生产力的频率分布》，在该文中他发现了著名的洛特卡定律（Lotka，1926）。

1927年，P.L.K.格罗斯和E.M.格罗斯（Gross et al.，1927）出版了首篇使用引文分析的文章《大学图书馆与化学教育》（College Libraries and Chemical Education）。

1928年，美国核物理学家、量子力学先驱、贝尔实验室的爱德华·贡东（Edward Uhler Condon，1902—1974）在*Science*发表了短文《词汇的统计》（Statistics of vocabulary），发现了词频和词序之间的双曲线性质（Condon，1928；Morse，1976）。

1929年，乔治·金斯利·齐普夫（George Kingsley Zipf，1902—1950）发表了其博士论文《相对频率作为语音变化的决定因素》（Zipf，1929）。

1931年，苏联代表团在英国伦敦南肯辛顿科学博物馆参加了1931年6月29日至7月3日的第二届国际科学技术史大会，并做了系列演讲。会后，形成了《十字路口的科学》论文集。其中，收录了盖森的《牛顿力学的社会经济根源》，对西方的科学学以及后来的科学计量学研究产生了深刻影响（Bukharin，2013）。

1932年，乔治·金斯利·齐普夫（George Kingsley Zipf，1902—1950）出版了《语言中相对频率的原则研究》，该书包括了对汉语词汇的规模-频率研究（Zipf，1932）.

1934年，萨缪尔·克莱门特·布拉德福（Samuel Clement Bradford，1878—1948）发表了《专门学科的情报源》（Sources of information on specific subjects），讨论了某一学科/主题下文献的分散性，后来这一理论被称为布拉德福定律（Bradford，1934）。

1934年，保罗·奥特莱（Paul Marie Ghislain Otlet，1868—1944）首次提出了“bibliométrie（文献计量学）”（Otlet，1934）.

1935 年，波兰社会学家（Maria Ossowska，1896—1974）和斯坦尼斯拉夫·奥索夫斯基（1897—1963）发表了《科学的科学》（“Nauka o nauce”）一文（Ossowska et al., 1935；Ossowska et al.，1964）。

1935 年，乔治·金斯利·齐普夫（George Kingsley Zipf，1902—1950）出版了《语言的心理生物学》，首次明确阐述了“齐普夫定律”（Zipf，1935）。

1936 年，赫尔塞·卡森和马塞拉·卢博茨基首次分析了心理学期刊间的交叉引用网络（Cason et al.，1936）

1939年，约翰·戴斯蒙德·贝尔纳（John Desmond Bernal，1901—1971）出版了《科学的社会功能》，被认为是首部科学社会学著作（Bernal，1939）。

1943 年，纽约州弗拉兴皇后学院的图书馆员戈斯内尔（Gosnell）1943 年 9 月提交于纽约大学的学位论文《大学图书馆馆藏图书的老化速度》，最早对文献老化现象进行了研究（GOSNELL，1943）。

1945 年，范内瓦·布什（Vannevar Bush，1890—1974）给美国总统提交的《科学：无尽的前沿》，开创了现代科技政策的研究（Bush，1945 a）。

1945 年，范内瓦·布什（Vannevar Bush，1890—1974）发表《诚如所思》（As We May Think），最早提出通过计算机来检索相关信息的想法（Bush，1945 b）。

1948 年，萨缪尔·克莱门特·布拉德福（Samuel Clement Bradford，1878—1948）出版了著作《文献学》（Bradford，1948），收录了 1934 年的论文，为唤醒布拉德福定律的价值和传播发挥了重要作用。

1948 年，香农（Claude Elwood Shannon，1916—2001）发表了《通信的数学理论》（“A Mathematical Theory of Communication”）（Shannon，1948 a，1948 b）。

1948年，拉冈纳坦（Shiyali Ramamrita Ranganathan，1892—1972，被称为印度图书馆之父）提出了“图书馆计量学（librametrics）”，但该文未公开发表。

1949 年，乔治·金斯利·齐普夫（George Kingsley Zipf，1902—1950）出版了他的书《人类行为与最小努力原则》，总结了他在词频分布理论研究中的主要观点（Zipf，1949）。

1954 年，本华·曼德博（Benoit Mandelbrot，1924—2010，创造了分形几何）出版

了《文本的形式结构与交流》(*Structure formelle des textes et communication*)，其中，包含了曼德尔布罗特定律（Mandelbrot，1954）。

1955 年，加菲尔德（Eugene Eli Garfield，1925—2017）提出了科学引文索引的想法（Garfield，1955）.

1956 年，罗伯特·法诺（Roberto Mario Fano，1917—2016，麻省理工学院教授）提出了引文耦合（Bibliographic coupling）的想法（Fano，1956）。

1958 年，约翰·戴斯蒙德·贝尔纳（John Desmond Bernal ，1901—1971）在《科学信息传播：用户分析》的会议论文中提出了文献的半衰期（Bernal，1958）。

1960 年，伯顿（R.E.Burton，图书管理员）和凯布勒（R.W.Kebler，物理学家）在信息科学文献中深入讨论了半衰期的概念（Burton et al.，1960）。

1960 年，加菲尔德（Eugene Eli Garfield，1925—2017）成立了美国科学信息研究所（Institute for Scientific Information）。

1962/1963 年，迈克尔·凯斯勒（Michael M.Kessler，麻省理工大学）提出并系统研究了文献耦合（Bibliographic coupling）的概念及其应用（Kessler，1962；Kessler，1963）。

1963 年，《科学引文索引》(*Science Citation Index*）第一版发布（Garfield，1963）.

1963 年，普赖斯（Derek John de Solla Price，1922—1983）发表了《小科学，大科学》(*Little science，big science*)（Price，1963）.

1963年，加菲尔德（Eugene Eli Garfield，1925—2017）和欧文·舍尔（Irving H. Sher，1924—1996）提出期刊的影响因子（Journal Impact Factor）(Garfield，2001，2005)。

1964年，威廉·戈夫曼（William Goffman）及其同事引入疾病流行病学概念，用以模拟知识的传播，包括科学发现的动态（Goffman et al.，1964）。

1965 年，普赖斯（Derek John de Solla Price，1922—1983）发表了《科学论文的网络》，是早期科学论文网络分析研究的经典之作（Price，1965）。

1966 年，瓦西里·瓦西列维奇·纳利莫夫（Vasiliy Vasilevich Nalimov，1910—1997）等提出了“科学计量学（naukometria）”（Nalimov et al.，1966）。

1966/1968 年，罗森格伦（K.E.Rosengren）在文学评论中引入了共提及（comentioning）的概念，这在概念上与共引用（co-citation）的想法类似（Rosengren，1966，1968）。

1967 年，莱姆库勒（Leimkuhler）提出了布拉德福德定律的连续描述（Leimkuhler，1967）。

1968 年，默顿（Robert King Merton，1910—2003）提出了科学中的马太效应（Merton，1968）.

1968 年，弗朗西斯·纳林（Francis Narin，1934—）创建了计算机地平线公司（Computer Horizons Inc）。

1969 年，艾伦·普里查德（Alan Pritchard，1941—2015）提出了“文献计量学（bibliometrics）”（Pritchard，1969）。

1969 年，罗伯特·费尔索恩（Robert Fairthorne）提出了文献计量学法则的等价性（Fairthorne，1969）。

1972年，科尔兄弟（Cole & Cole）反驳了奥尔特加假设，该假设认为每一位科学家都对科学的进步有所贡献。他们声称，主要是精英科学家对科学进步做出了贡献（Cole et al.，1972）。

1973年，美国国家科学委员会首次发布了《科学指标报告》（*Science Indicators*）。

1973年，社会科学引文索引（Social Science Citation Index）发布。

1973 年，美国学者亨瑞·斯莫尔（Henry Small，1941—）和苏联学者林娜·马沙科娃（Irina Marshakova，1941—2019）分别独立提出了共被引分析（Small，1973；Marshakova，1973）。

1975年，迈克尔·莫拉夫奇克（Michael J.Moravcsik，1928—1989）和普万纳林甘·穆鲁格桑（Poovanalingam Murugesan）提出了一种引文分类方案（Moravcsik et al.，1975）。

1975 年，第一届国际信息科学研究论坛（IRFIS）由特拉姆·克劳德·布鲁克斯（Bertram Claude Brookes，1910—1991）组织，在伦敦举办。

1976 年，普赖斯（Derek John de Solla Price，1922—1983）使用成功孕育成功或累

积优势原则（基于西蒙的工作）对信息计量学定律进行了建模（Price，1976）。

1976年，期刊引证报告（Journal Citation Reports，JCR）发布。

1976年，加布里埃尔·平斯基（Gabriel Pinski）和弗朗西斯·纳林（Francis Narin，1934—）提出了一种引文影响度量方法，这是谷歌PageRank的前身（Pinski et al.，1976）。

1977 年，奈杰尔·吉尔伯特（G.Nigel Gilbert，1950—；英国社会学家，agent-based models先驱）认为说服力（persuasiveness）是引用的主要原因（Gilbert，1977）。

1977 年，钱学森（Qian Xuesen）在《人民日报》发表“现代科学技术”一文，在我国最早倡导“科学的科学”研究（钱学森，1977）。

1978年，*Scientometrics*期刊创刊，首任主编由普赖斯（Derek de Solla Price）、多勃罗夫（Gennady Michailovich Dobrov）、加菲尔德（Eugene Garfield）和贝克（Beck MT）共同担任，并由匈牙利科学院布劳恩（Tibor Braun）担任执行编辑（Price，1978）。

1978年，人文艺术引文索引（Arts & Humanities Citation Index）上线。

1979年，奥托·纳克（O. Nacke）和布莱克特（L. Blackert）等分别独立提出了“信息计量学（informetrics）”（Nacke，1979；Blackert et al.，1979）。

1979 年，米歇尔·卡隆（Michel Callon，1945）等提出了共词分析方法（Callon et al.，1979）。

1982 年，邱均平教授在武汉大学铅印了《文献计量学》一书，该书一度成为科学计量学领域的重要学习资料。

1983 年，科学计量学领域的最高奖——德瑞克·约翰·德索拉·普赖斯纪念奖设立（The Derek de Solla Price Memorial Award），简称普赖斯奖。

1984年，加菲尔德（Eugene Eli Garfield，1925—2017）获得了第一届普赖斯奖。

1985年，赵红州（Zhao Hongzhou，1941—1997）出版了《科学能力学引论》，这是我国第一部科学计量学理论的集大成之作。

1985 年，特伦斯·布鲁克斯（Terrence Alan Brooks）首次对引用者动机（citer motivations）进行了研究（Brooks，1985）。

1985/1990 年，利欧·埃格赫（Leo Egghe，1952—）正式证明了文献计量学法则的数学等价性（Egghe，1985，1990，2005）。

1987 年，利欧·埃格赫（Leo Egghe，1952—）在比利时迪彭贝克组织了第一届国际文献计量学和信息计量学会议（1st International Conference on Bibliometrics and Theoretical Aspects of Information Retrieval）。

1988 年，第一届科学与技术指标会议（Science & Technology Indicators Conference，STI）在荷兰莱顿召开。

1988年，安东尼·范瑞安（Anthony F.J.van Raan，1945—）主编的《量化科学技术元勘手册》（*Handbook of quantitative studies of science and technology*）出版（van Raan，1988）。

1989 年，莱顿大学科学技术元勘中心（Centrum voor Wetenschaps-en Technologiestudies，CWTS）成立，安东尼·范瑞安（Anthony F.J.van Raan，1945—）担任首任主任。现任主任为卢多·瓦特曼（Ludo Waltman）。

1989 年，中国科学院图书馆中国科学引文索引数据库（Chinese Science Citation Database，CSCD）上线。

1992 年，中国科学学与科技政策研究会科学计量学与信息计量学专业委员会成立，蒋国华担任第一届主任委员。

1993 年，我国科学计量学先驱赵红州（Zhao HZ）获得国际普赖斯奖提名（首位被提名的中国人），当年获奖者为匈牙利科学院学者舒伯特。

1993 年，国际科学计量学与信息计量学学会（International Society for Scientometrics and Informetrics，ISSI）成立，克雷奇默（Hildrun Kretschmer，1947—）担任第一届主席。

1995 年，亨利·埃茨科威兹（Henry Etzkowitz，1940—）和 路特·莱兹多夫（Loet Leydesdorff，1948—2023）提出了“三螺旋（Triple Helix）”这一术语，用于研究大学-政府-产业之间的协同关系（Etzkowitz et al.，1995）。

1995 年，国际科学计量学与信息计量学学会创办会刊*JISSI*：*International Journal of Scientometrics and Informetrics*（Discontinued），首任主编由克雷奇默担任。

1997 年，托马斯·阿尔明德（Tomas Almind）和彼得·英格森（Peter Ingwersen，

1947—）提出了"web（o）metrics（网络计量学）"（Almind et al.，1997）。

1998年，谢尔盖·米哈伊洛维奇·布林（Sergey Mikhaylovich Brin，1973—）和拉里·佩奇（Lawrence Page，1973—）提出了PageRank算法（Brin et al.，1998）。同年，他们共同创立了谷歌公司（Google）

1998年，南京大学中文社会科学引文索引（Chinese Social Sciences Citation Index，CSSCI）上线。

1999年，阿尔伯特–拉斯洛·巴拉巴西（Albert–László Barabási，1967—）和瑞卡·阿尔伯特（Reka Albert，1972—）引入了"优先连接"（preferential attachment）这一术语，用来描述累积优势"、"成功孕育成功"或"尤尔过程（Yule process）"的现象。

1999年，米哈利斯·法洛索斯（Michalis Faloutsos）等发表论文《关于互联网拓扑的幂律关系》（"On Power–Law Relationships of the Internet Topology"）证明了互联网上的链接遵循幂律分布（Faloutsos et al.，1999）。

1.5.3 21世纪重要事件：常规科学阶段的快速发展期

2002年，史蒂文·莫里斯（Steven Morris，俄克拉荷马州立大学）开发了科技文献数据库信息可视化与分析系统，即Database Information Visualization and Analysis System，简称DIVA（Morris et al.，2002）。

2003年，陈超美教授（Chaomei Chen，1960—；美国德雷塞尔大学教授）开发了科学知识图谱工具CiteSpace。

2004年，加菲尔德博士（Eugene Eli Garfield，1925—2017）团队开发了HistCite科学计量分析工具。

2004年，安东尼·范瑞安（Anthony F.J.van Raan，1945—）提出了睡美人文献（van Raan，2004）。

2004年，爱思唯尔（Elsevier）上线了Scopus。

2004年，谷歌学术（Google Scholar）上线。

2005年，凯文·博亚克（Kevin Boyack，1962—）等首次在期刊层面制作了全球科学地图（Boyack et al.，2005）。

2005年，乔治·赫希（Jorge Hirsch，1953—；物理学家）提出了h指数（Hirsch，2005）。

2005年，汤森路透（Thomson Reuters，现为科睿唯安）上线了“世纪科学（Century of Science）”数据库，使其引文索引数据库可以回溯到1900年。

2006年，利欧·埃格赫（Leo Egghe，1952—）提出了g-index（Egghe，2006）。

2006年，COLLNET创办会刊 *Journal of Scientometrics and Information Management*，并由Hildrun Kretschmer担任主编。

2007年，爱思唯尔（Elsevier）创建了《信息计量学报》（*Journal of Informetrics*）并由 Leo Egghe担任主编。

2008年，文森特·丹尼尔·布隆代尔（Vincent Daniel Blondel，1965）提出了社区发现的鲁汶算法（Blondel et al.，2008）。

2009年，莱顿大学CWTS尼斯·杨·凡·艾克（Nees Jan van Eck，1982—）和卢多·瓦特曼（Ludo Waltman，1982—）开发了VOSviewer软件。

2009年，奥利·佩尔松（Olle Persson，1949—）开发了BibExcel科学计量工具。

2010年，杰森·普里姆（Jason Priem）等发布了《替代计量学宣言》（*Altmetrics manifesto*）（Priem et al.，2010）。

2011年，尤安·艾迪（Euan Adie）等研发的Altmetric数据库上线。

2012年，美国旧金山举办的美国细胞生物学学会年会上，一线科学家与一些学术期刊的编辑和出版商会商后，针对影响因子（JIF）滥用等学术评价问题发布了《旧金山宣言》（*San Francisco Declaration on Research Assessment*）（DORA，2012）。

2015年，美国佐治亚理工学院的公共政策教授Diana Hicks等在荷兰莱顿召开的国际会议上，提出了合理利用科学评价指标的七条原则，后来发展成为《莱顿宣言》（*Leiden Manifesto*）（Hicks et al.，2015）。

2015年，詹姆斯·威尔斯登（James Wilsdon）等发布了《计量潮》研究报告（*Metric Tide：Report of the Independent Review of the Role of Metrics in Research Assessment and Management*，Wilsdon et al.，2015）。

2015 年，鲁索・桑德拉（Rousseau Sandra）和罗纳德・鲁索（Ronald Rousseau，1949—）提出了“计量智慧”（metric-wiseness）这一术语（Rousseau et al.，2015）。

2016年，*Frontiers in Research Metrics and Analytics* 创刊，结合metrics 和 analytics，并呼吁在计量的同时，更加应该注重“分析”。首任主编为美国德雷塞尔大学陈超美教授。

2017年，I4OC上线。

2018 年，《科学学》（“Science of Science”）综述长文在*Science*杂志发表，标志着科学学的研究进入了新时期（Fortunato et al.，2018）。

2018年，Dimensions数据库上线。

2018年，*Journal of Altmetrics*创刊，主编由Judit Bar-Ilan担任。

2019 年，国际科学计量学与信息计量学会（International Society for Scientometrics and Informetrics）创建了会刊《量化科学元勘》（*Quantitative Science Studies*），由麻省理工大学出版社出版。首任主编为卢多・瓦特曼（Ludo Waltman）。

2019年，尤安・艾迪（Euan Adie）等研发的政策引文数据库Overton上线（Szomszor et al.，2022）。

2019 年，文森特・特拉格（Vincent Traag）、卢多・瓦特曼（Ludo Waltman）和尼斯・杨・凡・艾克（Nees Jan van Eck）提出了莱顿算法（Traag et al.，2019）。

2021 年，中国科学学与科技政策研究会科学计量学与信息计量学专业委员会会刊*Data Science and Informetrics*创办，首任主编由邱均平教授担任。

2022 年，杰森・普里姆（Jason Priem）等研发的大型开放科学文献数据库OpenAlex：The open catalog to the global research system上线（Priem et al.，2022）。

2022 年，杭州电子科技大学《邱均平颜金莲教育发展基金》和*Data Science and Informetrics*编辑部共同发起设立了“邱均平计量学奖”。该奖项是国内首个科学计量学领域的专门奖项。

2022—2023 年，科学研究迎来新范式——AI for Science，颠覆性AIGC产品ChatGPT问世，AI从此开始深刻影响科学学的研究。

2024年，大型中文科学计量学工具书《科学计量学手册》（*Handbook of Scientometrics*）出版（李杰等，2024 b），共有 250 余名国内外学者参加了撰稿，17 位普赖斯奖获得者为该手册撰写了给年轻一代的寄语。蒋国华教授和鲁索教授分别为该手册撰写了中英文序言。

思考题

1. 如何理解"历史是一面镜子"？结合该论断，谈谈你对科学计量学发展历史的认识。

2. 查阅资料撰写 500 字左右的"计量学（Metric）简史"，谈一谈计量学为什么会产生，以及对人类的价值如何（特别提醒，这里特指广义的计量学）。例如：秦始皇统一六国后，全国也统一"度量衡"。在本课程中，建议举一些科学中的例子。此外，建议有条件的同学可以去参观"中国计量大学逸夫计量博物馆"。

3. 选择一位科学计量学的知名学者，系统介绍其在科学计量学中的贡献（例如：加菲尔德、普赖斯、默顿、赵红州等）。

4. 请通过网络调研荷兰莱顿大学科学技术元勘中心，整理该机构的发展历史及其在科学计量学研究中的特色和贡献。

5. 在本书的语境下，你认为图 1.20 中的大象是指什么？在科学计量学领域如何认识"盲人摸象"的隐喻。

6. 如果你未来要从事科学计量学的相关工作，你心目中科学计量学的工作应该是怎样的？

7. 学习完本章后，请任课教师分享 2~3 类最新的科学计量学应用案例（比如：研究前沿的识别，杰出人才发现，诺贝尔奖的预测等），作为学生的课外学习资料。

参考文献

ALMIND T C, INGWERSEN P, 1996. Informetric analysis on the World Wide Web: A methodological approach to "internetometrics" (CIS Report 2). Copenhagen, Denmark: Centre for Informetric Studies[R], [S.L.:s.n.].

ALMIND T C, INGWERSEN P, 1997. Informetric analyses on the world wide web: methodological approaches to "webometrics" [J]. Journal of documentation, 53(4): 404–426.

ARBESMAN S, CHRISTAKIS N A, 2011. Eurekometrics: Analyzing the nature of discovery[J]. PLoS computational biology, 7(6) : e1002072.

AUERBACH F, 1913. Das Gesetz der Bevölkerungskonzentration[J]. Petermanns Geographische Mitteilungen, 59: 74–76.

BEAVER D, ROSEN R, 1978. Studies in scientific collaboration: Part I. The professional origins of scientific co–authorship[J]. Scientometrics, 1(1) : 65–84.

BEAVER D, ROSEN R, 1979. Studies in scientific collaboration: Part II. Scientific co–authorship, research productivity and visibility in the French scientific elite, 1799–1830[J]. Scientometrics, 1(2) : 133–149.

BEAVER D, ROSEN R, 1979. Studies in scientific collaboration Part III. Professionalization and the natural history of modern scientific co–authorship[J]. Scientometrics, 1(3) : 231–245.

BECK M T, 1978. Editorial statement[J]. Scientometrics, 1: 3–4.

BERNAL J D, 1939. The social function of science[M]. London: Routledge.

BERNAL J D, 1958. The transmission of scientific information: a user's analysis[C]. [S.L.:s.n.].

BJÖRNEBORN L, INGWERSEN P, 2004. Toward a basic framework for webometrics[J]. Journal of the American society for information science and technology, 55(14) : 1216–1227.

BLACKERT L, SIEGEL K, 1979. Ist in der wissenschaftlich–technischen Information Platz für die Informetrie[J]. Wissenschaftliche Zeitschrift der Technischen Hochschule Ilmenau. 25(6): 187–99.

BLONDEL V D, GUILLAUME J L, LAMBIOTTE R, LEFEBVRE E, 2008. Fast unfolding of communities in large networks[J]. Journal of Statistical Mechanics: Theory and Experiment, 10: P10008.

BOYACK K, KLAVANS R, BORNER K, 2005. Mapping the backbone of science[J]. Scientometrics, 64(3) : 351–374.

BRADFORD S C, 1934. Sources of information on specific subjects[J]. Engineering, 137: 85–86.

BRADFORD S C, 1948. Documentation[M]. London: Crosby Lockwood.

BRAUN T, BUJDOSÓ E, SCHUBERT A, 1987. Literature of analytical chemistry: a scientometric evaluation[M]. CRC Press.

BRAUN T, SCHUBERT A, 1985. Scientometric indicators: a 32 country comparative evaluation of publishing performance and citation impact[M]. World Scientific.

BRIN S, PAGE L, 1998. The anatomy of a large–scale hypertextual web search engine[J]. Computer Networks and ISDN Systems, 30(1–7) : 107–117.

BROOKES B, 1960. Philosophy of Science[J]. Nature, 188(4749) : 457–459.

BROOKES B, 1968. The derivation and application of the Bradford–Zipf distribution[J]. Journal of documentation, 24(4) : 247–265.

BROOKES B, 1969. Bradford's Law and the Bibliography of Science[J]. Nature, 224(5223) : 953–956.

BROOKES B, 1970. The growth, utility, and obsolescence of scientific periodical literature[J]. Journal of documentation, 26(4) : 283–294.

BROOKES B, 1972. The aging of scientific literature. Problems of Information Science: collection of papers/edited by A. I Cherny. Moscow: International Federation of Documentation, Study Committee Research on Theoretical Basis of Information, 66–90.

BROOKES B, 1975. The fundamental problem of information science. Informatics, 2: 42–49.

BROOKES B, 1977. Theory of the Bradford law[J]. Journal of documentation, 33(3): 180–209.

BROOKES B, 1980a. The foundations of information science. Part I. Philosophical aspects[J]. Journal of information science, 2(3–4) : 125–133.

BROOKES B, 1980b. The foundations of information science: Part II. Quantitative aspects:

classes of things and the challenge of human individuality[J]. Journal of Information Science, 2(5) : 209–221.

BROOKES B, 1980c. The foundations of information science: Part III. Quantitative aspects: Objective maps and subjective landscapes[J]. Journal of Information Science, 2(6) : 269–275.

BROOKES B, 1981. The foundations of information science: Part IV. Information science: the changing paradigm[J]. Journal of Information Science, 3(1) : 3–12.

BROOKS T A, 1985. Private acts and public objects: An investigation of citer motivations[J]. Journal of the American Society for Information Science, 36(4) : 223–229.

BRUSILOVSKY B Y, 1978. Partial and system forecasts in scientometrics[J]. Technological Forecasting and Social Change, 12(2–3) : 193–200.

BUKHARIN N I. Ed, 2013. Science at the Cross Roads (Routledge Revivals): Papers from The Second International Congress of the History of Science and Technology 1931[M]. Routledge.

BURTON R E, KEBLER R W, 1960. The “half–life” of some scientific and technical literatures[J]. American Documentation, 11(1): 1822.

BUSH V, 1945a. Science The Endless Frontier. A Report to the President[R].

BUSH V, 1945b. As we may think[J]. The atlantic monthly, 176(1) : 101–108.

CALLON M, COURTIAL J P, TURNER W A, 1979. L'Action Concertée Chimie Macromoléculaire: Sociologique d'une Agence de Traduction. Centre Sociologie de l' Innovation Paris/Strasbourg, Groupe d' E' tude sur la Recherche Scientifique Université Louis Pasteur.

CALLON M, COURTIAL J, PENAN H, 1993. La scientométrie[M]. Paris: Presses Universitaires de France.

CALLON M, COURTIAL J P, TURNER W A, et al., 1983. From translations to problematic networks: An introduction to co–word analysis[J]. Social science information, 22(2) : 191–235.

CASON H, LUBOTSKY M, 1936. The influence and dependence of psychological journals on each other[J]. Psychological Bulletin, 33(2) : 95–103.

CATTELL J M, 1906a. A statistical study of American men of science: The selection of a group of one thousand scientific men[J]. Science, 24(621) : 658–665.

CATTELL J M, 1906b. A statistical study of american men of science. II. The measurement of scientific merit[J]. Science, 24(622) : 699–707.

CATTELL J M, 1906c. A statistical study of American men of science. III. The distribution of American men of science[J]. Science, 24(623) : 732–742.

CHEN C M, 2006. CiteSpace II: Detecting and visualizing emerging trends and transient patterns in scientific literature[J]. Journal of the American Society for information Science and Technology, 57(3) : 359–377.

COLE F J, EALES N B, 1917. The history of comparative anatomy: Part I. : a statistical analysis of the literature[J]. Science Progress(1916–1919), 11(44) : 578–596.

COLE J R, COLE S, 1972. The Ortega hypothesis[J]. Science, 178(4059): 368375.

CONDON E U, 1928. Statistics of vocabulary[J]. Science, 67(1733) : 300–300.

CRAWFORD S, 1984. Derek John De Solla Price(1922–1983): the man and the contribution[J]. Bulletin of the Medical Library Association, 72(2) : 238.

DANESH F, MARDANI-NEJAD A.1.1 A Historical Overview of Bibliometrics. Handbook

Bibliometrics[M]. Rafael Ball, Berlin, Boston: De Gruyter Saur, 2021: 7–18.

DAVID A P, 2017. Misuse of bibliometric analysis shifts scientists' focus from their research to pursuing scores[EB/OL]. [2024–05–15]. https: //doi. org/10. 34193/EI–IV–5660.

de CANDOLLE A, 1873. Histoire des sciences et des savants depuis deux siècles: suivie d'autres études sur des sujets scientifiques en particulier sur la sélection dans l'espèce humaine.

DING Y, SONG M, HAN J, et al., 2013. Entitymetrics: Measuring the impact of entities[J]. Plos one, 8(8) : e71416.

DITMAS EMR, 1948. Dr. SC Bradford[J]. Journal of documentation, 4(3) : 169–174.

DORA, 2012. San Francisco declaration on research assessment[EB/OL]. [2024–05–15]. http: // www. ascb. org/dora/.

DOUSA T M, 2018. E. Wyndham Hulme's Classification of the Attributes of Books: On an Early Model of a Core Bibliographical Entity[J]. Ko knowledge organization, 44(8): 592–604.

EGGHE L, 1985. Consequences of Lotka's law for the law of Bradford[J]. Journal of Documentation, 41(3): 173–189.

EGGHE L, 1990. The duality of informetric systems with applications to the empirical laws[J]. Journal of Information Science, 16(1): 1727.

EGGHE L, 2005. Power laws in the information production process: Lotkaian informetrics[M]. Emerald Group Publishing Limited.

EGGHE L, 2006. Theory and practise of the g–index[J]. Scientometrics, 69(1) : 131–152.

EGGHE L, 2008. How de Solla Price influenced my work[J]. Research trends, 1(7) : 9.

EGGHE L, ROUSSEAU R, 1990. Introduction to informetrics. Quantitative methods in library, documentation and information science[M]. Elsevier Science Publishers.

ESTOUP J B, 1916. Gamma Stenographique(4th. ed.)[M]. Institut Stenographique de France, Paris.

ETZKOWITZ H, LEYDESDORFF L, 1995. The Triple Helix–University–industry–government relations: A laboratory for knowledge based economic development[J]. EASST review, 14(1) : 14–19.

FAIRTHORNE R A, 1969. Empirical hyperbolic distributions(Bradford–Zipf–Mandelbrot) for bibliometric description and prediction[J]. Journal of documentation, 25(4) : 319–343.

FALOUTSOS M, FALOUTSOS P, FALOUTSOS C, 1999. On power–law relationships of the internet topology[J]. ACM SIGCOMM computer communication review, 29(4) : 251–262.

FANO R M, 1956. Information theory and the retrieval of recorded information. In J. H. Shera, A. Kent, & J. W. Perry(Eds.), Documentation in action[M]. New York: Reinhold Publ. Co.: 238–244.

FORTUNATO S, BERGSTROM C T, BÖRNER K, et al., 2018. Science of science. Science, 359(6379) : eaao0185.

GALTON F, 1874. English Men of Science: Their Nature and Nurture[M]. London : Macmillan.

GALTON F, 1962. Hereditary Genius(London, 1869). The disappearance of the noble lineages studied by Galton was perhaps too rapid to be explained merely by the hazard of random extinction.

GARFIELD E, 1955. Citation indexes for science: A new dimension in documentation through association of ideas[J]. Science, 122(3159): 108–111.

GARFIELD E, 1963. Science citation index. An international interdisciplinary index to the literature of science[M]. Philadelphia: Institute for Scientific information.

GARFIELD E, 1979. Citation indexing: Its theory and application in science, technology, and humanities[M]. New York: Wiley.

GARFIELD E, 1979. Scientometrics Comes of Age[J]. Essays of an Information Scientist, 4: 313–318.

GARFIELD E, 1983. Mapping science in the Third World[J]. Science and public policy, 10(3): 112–127.

GARFIELD E, 1985. In tribute to Derek John de Solla Price: a citation analysis of little science, big sicence[J]. Scientometrics, 7(3–6): 487–503.

GARFIELD E, 2001. Recollections of Irving H. Sher 1924–1996: polymath/information scientist extraordinaire[J]. Journal of the American Society for Information Science and Technology, 52(14): 1197–1202.

GARFIELD E, 2005. The agony and the ecstasy—the history and meaning of the journal impact factor[J]. Journal of Biological Chemistry, 295(1): 22.

GARFIELD E, 2009. From the science of science to Scientometrics visualizing the history of science with HistCite software[J]. Journal of Informetrics, 3(3): 173–179.

GARFIELD E, 2014. Farewell Editorial[J]. Scientometrics, 98: 1–2 .

GILBERT G N, 1977. Referencing as persuasion[J]. Social Studies of Science, 7(1): 113–122.

GLÄNZEL W, SCHOEPFLIN U, 1994. Little scientometrics, big scientometrics. . . and beyond?. Scientometrics, 30(2–3): 375–384.

GLÄNZEL W, SCHUBERT A, 2022. Tibor Braun(1932–2022) Obituary[J]. Scientometrics, 127(11).

GODIN B, 2006. On the origins of bibliometrics[J]. Scientometrics, 68(1): 109–133.

GOFFMAN W, NEWILL V, 1964. Generalization of epidemic theory[J]. Nature, 204(4955): 225–228.

GOLDSMITH M, MACKAY A, 1964. The science of science: society in the technological age[M]. Souvenir Press. (M. 戈德史密斯, A. L. , 马凯 编, 赵红州, 蒋国华 译. 1985. 科学的科学: 技术时代的社会[M]. 北京: 科学出版社.)

GORHAM G, 2009. Philosophy of science: a beginner's guide[M]. Oneworld Publications.

GOSNELL C R, 1943. The rate of obsolescence in college library book collections[D]. New York University.

GRANOVSKY Y V, 2001. Is it possible to measure science? VV Nalimov's research in scientometrics[J]. Scientometrics, 52: 127–150.

GROSS PL K, GROSS E M, 1927. College libraries and chemical education[J]. Science, 66(1713): 385–389.

HAUSTEIN S, 2016. Grand challenges in altmetrics: heterogeneity, data quality and dependencies[J]. Scientometrics, 108: 413–423.

HESS D J, 1997. Science studies: An advanced introduction[M]. New York University Press.

HICKS D, WOUTERS P, WALTMAN L, et al., 2015. the Leiden Manifesto for research metrics[J]. Nature, 520(7548): 429–431.

HIRSCH J E, 2005. An index to quantify an individual's scientific research output[J]. Proceedings of the National academy of Sciences, 102(46): 16569–16572.

HULME E W, 1923. University of Bristol Library National Liberal Club Collection. Statistical bibliography in relation to the growth of modern civilization : two lectures delivered in the university of cambridge in may 1922. Printed for the author by Butler & Tanner.

JANA S, ROUSSEAU R, 2013. In memoriam: Subir K. Sen(1947—2013)[EB/OL]. [2024-04-15]. https: //www. issi-society. org/media/1137/newsletter 33. pdf.

JIN B H, LIANG L, ROUSSEAU R, et al., 2007. The R-and AR-indices: Complementing the h-index[J]. Chinese science bulletin, 52(6): 855-863.

JIN B H, WANG B, 1999. Chinese science citation database: Its construction and application[J]. Scientometrics, 45: 325-332.

KESSLER M M, 1962. An experimental study of bibliographic coupling between technical papers[J]. M. I. T. Report R-I, November.

KESSLER M M, 1963. Bibliographic coupling between scientific papers[J]. American Documentation, 14(1): 10-25.

KNOTH P, HERRMANNOVA D, 2014. Towards semantometrics: A new semantic similarity based measure for assessing a research publication's contribution[J]. D-Lib Magazine, 20(11): 8.

KRETSCHMER H, 1994. Coauthorship networks of invisible colleges and institutionalized communities[J]. Scientometrics, 30(1): 363-369.

KRETSCHMER H, BEAVER D D, OZEL B, et al., 2015. Who is collaborating with whom? Part I. Mathematical model and methods for empirical testing. Journal of Informetrics, 9(2): 359-372.

KRETSCHMER H, BEAVER D D, OZEL B, et al., 2015. Who is collaborating with whom? Part II. Application of the methods to male and to female networks[J]. Journal of Informetrics, 9(2): 373-384.

KRETSCHMER H, KRETSCHMER T, 2008. Studies in Co-authorship Pairs Distribution: Part-1: Varying Shapes of Co-author Pairs' Distributions[J]. COLLNET Journal of Scientometrics and Information Management, 2(1): 45-61.

KUHN T S, 1962. The Structure of Scientific Revolutions[M]. University of Chicago Press.

KUNDRA R, DE BEAVER D B, KRETSCHMER H, et al., 2008. Studies in Co-authorship Pairs Distribution: Part-2: Co-author pairs' frequencies distribution in journals of gender studies[J]. COLLNET Journal of Scientometrics and Information Management, 2(1): 63-71.

LEIMKUHLER F F, 1967. The Bradford distribution[J]. Journal of Documentation, 23(3): 197-207.

LERNER K L, 2023. American Men & Women of Science. Cengage Gale[M]. The 41st edition, edited by Kathy Nehmah, is set for release in.

LEYDESDORFF L, 1995. The challenge of scientometrics: The development, measurement, and self-organization of scientific communications[M]. Leiden: DSWO Press.

LEYDESDORFF L, 2021. The evolutionary dynamics of discursive knowledge: Communication-theoretical perspectives on an empirical philosophy of science[M]. Springer Nature.

LIANG L, 2007. Rhythm indicators for measuring the evolution of science: Constructions and applications[D]. Antwerp University.

LIU Y X, 2011. The diffusion of scientific ideas in time and indicators for the description of this process[D]. Antwerp University.

LOTKA A J, 1926. The frequency distribution of scientific productivity[J]. Journal of the Washington academy of sciences, 16(12): 317–323.

MACKAY A, 1984. Derek John de Solla Price: an appreciation[J]. Social Studies of Science, 14(2): 315–320.

MANDELBROT B, 1954. Structure formelle des textes et communication: Deux études par[J]. Word, 10(1): 1–27.

MARSHAKOVA I V, 1973. System of document connections based on references[J]. Nauchno-Tekhnicheskaya Informatsiya Seriya 2-Informatsionnye Protsessy I Sistemy(6): 3–8.

MCCAIN K W, 1991. Mapping economics through the journal literature: An experiment in journal cocitation analysis[J]. Journal of the American Society for Information Science, 42(4): 290–296.

MERTON R K, 1938. Science, technology and society in seventeenth century England[J]. Osiris, 4: 360–632.

MERTON R K, 1996. On social structure and science[M]. Chicago: University of Chicago Press.

MERTON R K, 1968. The Matthew effect in science: the reward and communication systems of science are considered[J]. Science, 159(3810): 56–63.

MERTON R K, 1973. The sociology of science: Theoretical and empirical investigations[M]. Chicago: University of Chicago press.

MERTON R K, 1979. The normative structure of science. the sociology of science[M]. Chicago: University of Chicago Press.

MOED H F, 1985. The use of bibliometric indicators for the assessment of research performance in the natural and life sciences: aspects of data collection, reliability validity and applicability[D]. Leiden.

MOED H F, 2006. Citation analysis in research evaluation[M]. Springer Science & Business Media.

MOED H F, 2017. Applied evaluative informetrics[M]. Berlin: Springer International Publishing.

MOED H F, GLÄNZEL W, SCHMOCH U, 2004. Handbook of quantitative science and technology research. The Use of Publications and Patent Statistics in Studies of S&T Systems[M]. Dordrecht: Kluwer Academic Publisher.

MORAVCSIK M J, MURUGESAN P, 1975. Some results on the function and quality of citations[J]. Social Studies of Science, 5(1): 86–92.

MORAVCSIK M, 1985. Address at the presentation of the first Derek de Solla Price Award to Eugene Garfield on december 20, 1984[J]. Scientometrics, 7(3–6): 143–144.

MORRIS S, DEYONG C, WU Z, et al., 2002. DIVA: a visualization system for exploring document databases for technology forecasting[J]. Computers & industrial engineering, 43(4): 841–862.

MORRIS S A, VAN DER VEER MARTENS B, 2008. Mapping research specialties[J]. Annual review of information science and technology, 42(1): 213–295.

MORSE PM. 1976. Edward Uhler Condon-National Academy of Sciences. Biographical Memoirs[M]. Washington DC: The National Academies Press.

NACKE O, 1979. Informetrie. Ein neuer Name für eine neue Disziplin[J]. Nachrichten für Dokumentation, 30(6): 219226.

NALIMOV V V, 1966. Kolichestvennye metody issledovaniya protsessa razvitiya nauki[J].

Voprosy filosofii, 12: 38–47.

NALIMOV V V, DROGALINA J, 1996. The transpersonal movement: a Russian perspective on its emergence and prospects for further development[J]. Journal of Transpersonal Psychology, 28: 49–62.

NALIMOV V V, MUL' CHENKO Z M, 1969. Наукометрия, Изучение развития Науки как информационного процесса [Naukometriya, the Study of the Development of Science as an Information Process](in Russian) [M]. Moscow: Nauka.

NARANAN S, 1970. Bradford's law of bibliography of science: an interpretation[J]. Nature, 227(5258): 631–632.

NARIN F, 1994. Patent bibliometrics[J]. Scientometrics, 30(1): 147–155.

NATURE, 1923. Statistical Bibliography in Relation to the Growth of Modern Civilization: Two Lectures delivered in the University of Cambridge in May[J]. Nature, 112: 585–586.

NISHIKAWA P A, HECK T, SCHOCH K, 2023. Open Editors: A dataset of scholarly journals' editorial board positions[J]. Research Evaluation, 32(2): 228–243.

OSSOWSKA M, OSSOWSKI S, 1935. Nauka o nauce[J]. Nauka Polska, 20(3): 1–12.

OSSOWSKA M, OSSOWSKI S, 1964. The science of science[J]. Minerva, 72–82.

OTLET P, 1934. Traité de Documentation. Le Livre sur le Livre. Théorie et Pratique[M]. Brussels: van Keerberghen.

PARETO V, 1895. La legge della domanda[J]. Giornale degli economisti, 59–68.

PARK M, LEAHEY E, FUNK R J, 2023. Papers and patents are becoming less disruptive over time[J]. Nature, 613(7942): 138–144.

PINSKI G, NARIN F, 1976. Citation influence for journal aggregates of scientific publications: Theory, with application to the literature of physics[J]. Information Processing and Management, 12(5): 297–312.

PLEDGE H T, 1948. Dr. SC Bradford[J]. Nature, 162(4128): 917–918.

PRICE D J D S, 1956. The exponential curve of science[J]. Discovery, 17(6), 240–243.

PRICE D J D S, 1961. Science since Babylon[M]. New Haven: Yale University Press.

PRICE D J D S, 1963. Little science, big science[M]. Columbia University Press.

PRICE D J D S, 1965. Networks of scientific papers[J]. Science, 149: 510–15.

PRICE D J D S, 1975. Science since Babylon(Enlarged Edition)[M]. New Haven: Yale University Press.

PRICE D J D S, 1976. A general theory of bibliometric and other cumulative advantage processes[J]. Journal of the American Society for Information Science, 27(5): 292–306.

PRICE D J D S, 1978. Editorial statements[J]. Scientometrics , 1: 7–8.

PRICE D J D S, 1986. Little science, big science. . . and beyond[M]. New York: Columbia University Press.

PRIEM J, PIWOWAR H, ORR R, 2022. OpenAlex: a fully-open index of scholarly works, authors, venues, institutions, and concepts[EB/OL]. [2024-04-10]. https: //arxiv. org/abs/2205. 01833.

PRIEM J, TARABORELLI D, GROTH P, et al., 2010. Altmetrics: A manifesto[EB/OL]. [2024-04-10]. https: //altmetrics. org/manifesto/.

PRITCHARD A, 1969. Statistical bibliography or bibliometrics? [J]. Journal of Documentation,

25(4): 348-349.

QIU J, ZHAO R, YANG S, et al., 2017. Informetrics: theory, methods and applications[M]. Springer.

RANGANATHAN S R, 1969. Librametry and its scope. DRTC Seminar(7) paper DA Bangalore: DRTC, ISI and Sarada Ranganathan Endowment of Library Science[J]. Reprinted in: JISSI: The International Journal of Scientometrics and Informetrics; 1(1): 15-21.

ROSENGREN K E, 1966. The literary system[D]. University of Lund. Lund, Sweden.

ROSENGREN K E, 1968. Sociological aspects of the literary system[M]. Stockholm: Natur och Kultur.

ROUSSEAU R, 2021. Naukometriya, Nalimov and Mul' chenko[J]. Collnet Journal of Scientometrics and Information Management, 15(1): 213-224.

ROUSSEAU R, EGGHE L, GUNS R, 2018. Becoming metric-wise: A bibliometric guide for researchers[M]. Chandos Publishing.

ROUSSEAU R, GARCÍA-ZORITA C, SANZ-CASADO E. 2013. The h-bubble[J]. Journal of Informetrics, 7(2): 294-300.

ROUSSEAU S, ROUSSEAU R, 2015. Metric-wiseness[J]. Journal of the Association for Information Science and Technology, 66(11): 2389-2389.

SCHUBERT A, 2002. The Web of Scientometrics[J]. Scientometrics, 53: 3-20.

SCIENTOMETRICS, 2008. Katherine W. McCain wins the 2007 Derek John de Solla Price Medal[J]. Scientometrics, 74(1): 5-6.

SHANNON C E, 1948a. A mathematical theory of communication[J]. Bell System Technical Journal, 27(3): 379-423.

SHANNON C E, 1948b. A mathematical theory of communication[J]. Bell System Technical Journal, 27(4): 623-656.

SHIFFRIN R M, BÖRNER K, 2004. Mapping knowledge domains[J]. Proceedings of the National Academy of Sciences, 101(suppl_1): 5183-5185.

SMALL H, 1973. Co-citation in the scientific literature: a new measure of the relationship between two documents[J]. Journal of the American Society for information Science, 24(4), 265-269.

SMALL H, 1999. Visualizing science by citation mapping[J]. Journal of the American society for Information Science, 50(9): 799-813.

SMALL H, 2003. Paradigms, citations, and maps of science: a personal history[J]. Journal of the American Society for information Science and Technology, 54(5): 394-399.

SMALL H, SWEENEY E, GREENLEE E, 1985. Clustering the science citation Index using co-citations. II. Mapping science[J]. Scientometrics, 8: 321-340.

SUGIMOTO C R, LARIVIÈRE V, 2018. Measuring research: what everyone needs to know[M]. Oxford University Press.

SZABÓ A, 1985. Alphonse de Candolle's early scientometrics(1883, 1885) with references to recent trends in the field(1978—1983) [J]. Scientometrics, 8(1-2): 13-33.

SZOMSZOR M, ADIE E, 2022. Overton: a bibliometric database of policy document citations[J]. Quantitative science studies, 3(3): 624-650.

TRAAG V A, WALTMAN L, VAN ECK N J. 2019. From Louvain to Leiden: guaranteeing well-connected communities[J]. Scientific reports, 9(1): 5233.

VAN ECK N, WALTMAN L, 2010. Software survey: VOSviewer, a computer program for bibliometric mapping[J]. Scientometrics, 84(2): 523–538.

VAN RAAN A F J, 1988. Handbook of quantitative studies of science and technology[M]. Elsevier.

VAN RAAN A F J, 2004. Sleeping beauties in science[J]. Scientometrics, 59(3): 467–472.

VINKLER P, 2010. The Evaluation of Research by Scientometric Indicators[M]. Oxford: Chandos Publishing.

WANG D, BARABÁSI A L, 2021. The science of science[M]. Cambridge University Press.

WHITE H D, GRIFFITH B C, 1981. Author cocitation: A literature measure of intellectual structure[J]. Journal of the American Society for information Science, 32(3): 163–171.

WILSDON J, ALLEN L, BELFIORE E, et al, 2015. The metric tide. Report of the independent review of the role of metrics in research assessment and management[EB/OL][2024-05-18]. https://kar.kent.ac.uk/81123/1/Metric_Tide_main_report.pdf

WU L, WANG D, EVANS J A, 2019. Large teams develop and small teams disrupt science and technology[J]. Nature, 566(7744): 378–382.

WUCHTY S, JONES B F, UZZI B, 2007. The increasing dominance of teams in production of knowledge[J]. Science, 316(5827): 1036–1039.

YAGI E, BADASH L, BEAVER DDB, 1996. Derek J. de S. Price(1922–83) Historian of science and herald of scientometrics[J]. Interdisciplinary science reviews, 21(1): 64–84.

YUASA M, 1962. The shifting center of scientific activity in the West[J]. Japanese Studies in the history of Science, 1: 57–75.

ZAMECKI S, ZNANIECKI F, 2006. Na marginesie rozprawy Znaniecki, Florian. Przedmiot i zadania nauki o wiedzy. Nauka Polska. Jej Potrzeby, Organizacja i Rozwój, 1925 tom V. Kwartalnik Historii Nauki i Techniki, 51(2): 211–240.

ZHAO H Z, 1984. An intelligence constant of scientific work[J]. Scientometrics, 6: 9–17.

ZIPF G K, 1935. The Psycho–biology of Language[M]. Oxford: Houghton–Mifflin.

ZIPF G K, 1929. Relative frequency as a determinant of phonetic change[J]. Harvard studies in classical philology, 40: 1–95.

ZIPF G K, 1932. Selected Studies of the Principle of Relative Frequency in Language[M]. Cambridge: Harvard University Press.

ZIPF G K, 1949. Human Behavior and the Principle of Least Effort. An Introduction to Human Ecology[M]. Cambridge, Massachusetts: Addison–Wesley Press Inc.

Добров Г М, 1966. Наука о науке: Введение в общее наукознание[M]. Наукова думка.

Хайтун С Д, 1983. Наукометрия: состояние и перспективы[M]. Изд–во Наука.

Хайтун С Д, 1989. Проблемы количественного анализа науки отв. ред. ГМ Идлис; АН СССР[M]. Ин–т истории естествознания и техники.

布劳温, 格伦采尔, 1989. 科学计量学指标: 32国自然科学文献与引文影响的比较分析[M]. 赵红州, 蒋国华, 译. 北京: 科学出版社.

陈文化, 1992. 科学技术与发展计量研究[M]. 长沙: 中南工业大学出版社.

丁鸿富, 蒋国华, 1986. 科学计量学在科学学研究中的地位与作用[J]. 世界科学(5): 35–37.

丁学东, 1993. 文献计量学基础[M]. 北京: 北京大学出版社.

多勃罗夫, 1984. 普通科学学导论[M]. 天津: 天津科学技术出版社.

方勇, 2006. 科学计量学的方法论研究[M]. 重庆: 西南师范大学出版社.

谷兴荣, 1990. 科学技术发展的计量研究[M]. 长沙: 湖南科学技术出版社.

谷兴荣, 2010 a. 科学技术发展的数理结构[M]. 长沙: 国防科技大学出版社.

谷兴荣, 2010 b. 科学技术研发的结构与规律[M]. 北京: 经济科学出版社.

谷兴荣, 2014. 科学学与科技管理的数学原理[M]. 北京: 中国人民大学出版社.

何国光, 1993. 文献计量学道论[M]. 台北: 三民书局.

蒋国华, 1997 a. 科学计量学和情报计量学: 今天和明天(续一) [J]. 科学学与科学技术管理(8): 32–36.

蒋国华, 1997 b. 科学计量学和情报计量学: 今天和明天(续二) [J]. 科学学与科学技术管理(9), 31–35.

蒋国华, 1997 c. 科学计量学和情报计量学: 今天和明天(续三) [J]. 科学学与科学技术管理(10): 36–39.

蒋国华, 1997 d. 科学计量学和情报计量学: 今天和明天(待续) [J]. 科学学与科学技术管理(7): 26–29.

蒋国华, 1997 e. 科学计量学和情报计量学: 今天和明天(续完) [J]. 科学学与科学技术管理(11): 33–37.

蒋国华, 2000. 科研评价与指标(论文集)[M]. 北京: 红旗出版社.

蒋国华, 2001. 科学学的起源[M]. 石家庄: 河北教育出版社.

蒋国华, 2008. 从普赖斯到鲁索: 影响中国科学计量学发展的若干国际交往纪事[J]. 评价与管理, 3: 1–5.

蒋国华, 2024. 科学学的历程[M]. 北京: 首都经济贸易大学出版社.

杰弗里 · 戈勒姆. 2019. 人人都该懂的科学哲学[M]. 石雨晴, 译. 杭州: 浙江人民出版社.

金碧辉, 汪寿阳, 1999. SCI期刊等级区域的划分及其中国论文的分布[J]. 科研管理(2): 2–8.

金伟良, 张晓林, 2015. 鲁索与中国科学计量学的发展: 第八届科学计量学与大学评价国际研讨会论文集[M]. 北京: 科学出版社.

李杰, 2018. R科学计量数据可视化[M]. 北京: 首都经济贸易大学出版社.

李杰, 2022. 普赖斯奖获得者卢多 · 瓦特曼的学术画像[J]. 科学观察, 17(5): 45–58.

李杰, 2023 a. 科学计量学发展简史[EB/OL]. [2024–03–02]. https: //doi. org/10. 6084/m9. figshare. 25134626. v1.

李杰, 2023 b. 科学计量学导论[EB/OL]. [2024–02–02]. https: //doi. org/10. 6084/m9. figshare. 25326088.

李杰, 刘芊芊, 张子恒, 等, 2024 a. 科研机构的全面学术画像: 以莱顿大学CWTS为例[J]. 科学观察.

李杰, 张琳, 黄颖, 等, 2024 b. 科学计量学手册[M]. 北京: 首都经济贸易大学出版社.

李杰, 谢靖, 2023 a. 普赖斯奖获得者汉克 · 莫德学术画像[J]. 科学观察, 18(5): 34–45.

李杰, 宋东桓, 吴登生, 2023 b. h指数开创性论文的引文扩散可视化[J]. 科学观察(3): 37–49.

李一帆, 1992. 中国科学计量学的重要拓荒者: 记湖南省委党校中年讲师谷兴荣[J]. 科学管理研究, 10(2): 2.

梁立明, 1995. 科学计量学: 指标 模型 应用[M]. 北京: 科学出版社.

梁立明, 2010. 中国科学计量学的发展: 论文引文分析及中印比较[J]. 中国科学基金(3): 141–149.

梁立明, 侯长红, 2010. 由论文和引文复合指标表征的科学家学术研究节律: 以 Tibor Braun 为例[J]. 情报学报(6): 1116–1124.

梁立明, 武夷山, 2000. 科学计量学是什么? [EB/OL]. (2008–3–25)[2024–03–30]. https: //blog. sciencenet. cn/blog–1557–19355. html.

梁立明, 武夷山, 2006. 科学计量学: 理论探索与案例研究[M]. 北京: 科学出版社.

刘则渊, 2012. 论钱学森的科学学思想[J]. 科学学研究(1): 5–13.

刘则渊, 陈悦, 侯海燕, 等, 2008. 科学知识图谱: 方法与应用[M]. 北京: 人民出版社.

刘则渊, 刘凤朝, 2002. 关于知识计量学研究的方法论思考[J]. 科学学与科学技术管理(8): 5–8.

娄策群, 1999. 社会科学评价的文献计量理论与方法[M]. 武汉: 华中师范大学出版社.

罗式胜, 1986. 文献计量学引论[M]. 书目文献出版社.

罗式胜, 1999. 科学技术指标与评价方法: 科技计量学应用[M]. 武汉工业大学出版社.

美国每日科学网站, 2004. 科学家拟绘制科学门类图[N]. 参考消息, 2004–04–10.

庞景安, 1999. 科学计量研究方法论[M]. 北京: 科学技术文献出版社.

钱学森, 1977. 现代科学技术[N]. 人民日报, 1977–12–09.

邱均平, 1988. 文献计量学[M]. 北京: 科学技术文献出版社.

邱均平, 徐中阳, 魏开洋, 等, 2022. 数据计量学研究: 概念内涵、理论方法及发展趋势[J]. 情报理论与实践(9): 27–36.

邱均平, 余波, 杨思洛, 2021. 大数据背景下一门交叉学科的兴起: 论数据计量学的构建[J]. 中国图书馆学报(5): 48–58.

王崇德, 1987. 加菲尔德为什么获奖?: 对科学计量学的再认识[J]. 科学学与科学技术管理(6): 18–20.

王崇德, 1990. 文献计量学教程[M]. 天津: 南开大学出版社.

王崇德, 1997. 文献计量学引论[M]. 桂林: 广西师范大学出版社.

叶鹰, 唐健辉, 赵星, 2011. h 指数与 h 型指数研究[M]. 北京: 科学出版社.

赵红州, 1979. 关于科学家社会年龄问题的研究[J]. 自然辩证法通讯(4): 29–44.

赵红州, 1985. 科学能力学引论[M]. 北京: 科学出版社.

赵红州, 2001. 科学史数理分析[M]. 石家庄: 河北教育出版社.

赵红州, 蒋国华, 1984 a. 科学计量学的历史和现状[J]. 科学学研究(4): 26–37.

赵红州, 蒋国华, 1984 b. 知识单元与指数规律[J]. 科学学与科学技术管理(9): 39–41.

赵红州, 蒋国华, 郑文艺, 1989. 科学知识的波谱结构[J]. 科学(4), 283–287, 320.

赵红州, 唐敬年, 蒋国华, 1990. 知识单元的动荷值确定方法[J]. 科学学与科学技术管理(9): 11–17, 43.

赵红州, 唐敬年, 蒋国华, 等, 1991. 物理定律的知识熵表示问题[J]. 自然辩证法研究(8): 14–22, 13.

2 原理

PRINCIPLES

> 任何一种科学创造过程，都是先把结晶的知识单元游离出来，然后再在全新的思维势场上重新结晶的过程。
>
> ——赵红州（1984）

2.1 概述

科学计量学的原理是科学计量学学术共同体在长期的实践探索中凝练的具有一定普适性的学术成果。从科学计量学对知识单元的分析层面，可以将其分为对知识单元频次统计分布的研究和对知识单元关系的研究两个方面。

可以认为知识单元是组成科学文献的最小单位，科学计量学的重要任务就是提炼科技文献中的知识单元，并对知识单元重新集成和重构，以发现科学创造中所涌现的规律和活动特征。赵红州先生是最早提出知识单元概念的学者，1984 年，他和蒋国华教授合作发表了《知识单元与指数规律》一文（赵红州等，1984 a），提出了“知识单元（element of knowledge）”的假说。他们将一个领域中以数学形式存在的科学概念（如：物理量、化学量等）定义为“知识单元”，认为“定量化的科学概念，就变成了知识单元，而定性化的知识单元，就退化成了科学概念。知识单元是粒子化了的科学概念，而科学概念又是场化了的知识单元”。在知识单元的基础上，将科学创造的过程描述为“都是先把结晶的知识单元游离出来，然后再在全新的思维势场上重新结晶产生新知识单元的过程”。知识单元的游离与重组理论为我们进行知识单元的共现分析提供了理论依据。此外，知识单元更新或结构的变化，对我们认识科学发展动力学有重要意义。例如，在常规科学阶段，“知识单元”是牢牢地置于旧系统的“思维势场”或“规范”的作用下的，这时无论用什么方法凝聚成的“知识纤维”，都是旧体系的理论框架，或者说都是使旧“规范”更加充实、完善的，因而不会出现重大的理论突破（赵红州，2001）。

当然，不同的学者对知识单元的认识也存在一定差异。在当前以科技文献数据为主的科学计量学研究中，将“知识单元”泛化为“文献实体”的这种认识可以认为是一种对知识单元的广义定义。在实际研究中，科学计量学的一个重要方面转变成了对科学文献中实体及其关系的研究。其中，在科学计量知识单元的研究中，Morris是当前对该方面研究最为系统和深入的学者（Morris，2005）。虽然后来Ding等学者提出了实体计量学的概念（Ding et al.，2013），但其本质仍然是“知识单元”的计量分析。本章主要从知识单元的频次分布和知识单元的关系分析入手，来系统阐述科学计量学的原理。

2.2 科学知识单元频次分析

科学家在全新的思维势场上对科学知识单元进行重构，进而形成科研成果。科学计量学学者则是对已经发表的科学成果进行解构，提炼蕴含在科技文本中的知识单元，并对知识单元的频次分布和内部关联进行重构分析。也就是说，科学计量学分析的过程是对科学知识的解构和重构。古典或者说早期的科学计量学发现大都是基于知识单元的统计分布研究。在统计分布的研究中，先后诞生了知名的洛特卡定律（Lotka's Law）、布拉德福定律（Bradford's Law）和齐普夫定律（Zipf's Law）等（如图2.1）。

在科学计量学中，对实体频次分布可以从三个方面进行分析：①“规模–频度”分布（Size–Frequency）；②“排序–频度”（Rank Frequency）分布；③“时间–频度”分布（Time–Frequency），这里的“时间–频度”分布也可以认为是一种特殊的规模–频度分布。其中，规模–频度主要考察的是以某种分类为基础的分布（例如：时间分类，作者产出规模分类等）；排序–频度则是指不同计量单元指标频度值随其排序位次而变化的规律（Tague，1990；梁立明，1995）。例如：洛特卡作者生产率的分布就是典型的“规模–频度”分析研究，齐普夫词频分布则属于典型的排序–频度分布。

2.2.1 时间分布律

2.2.1.1 增长曲线

科学不灭！指数规律不死！

普赖斯提出的科学文献的增长模式被认为是第一个科学计量模型，它为科学的发

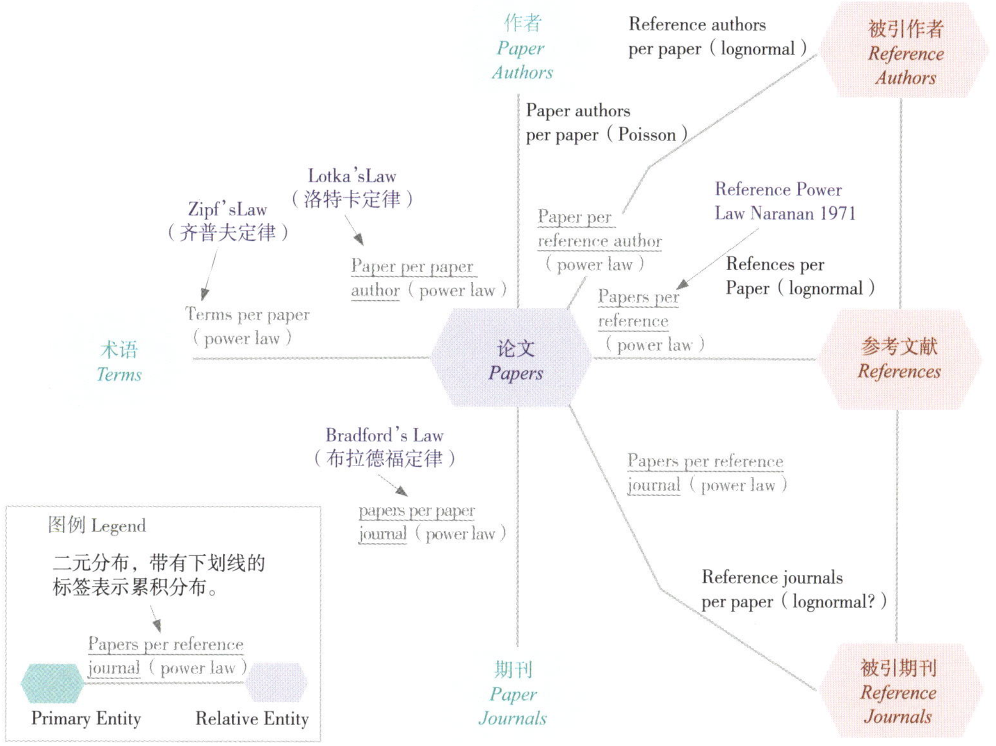

图2.1 期刊文献中实体的统计分布规律（Morris，2004，2005）

展做了比较好的描述（Vinkler，2010；Price，1963）。1963年，普赖斯在其著作《巴比伦以来的科学》和《小科学，大科学》中大篇幅地讨论了科学文献的增长规律（Price，1961；Price，1963）。按其定义，一个科学系统的全周期可能依次由较慢的增长、快速的指数增长以及增速较缓的增长三个阶段组成，而整个系统将在第三阶段接近其发展上限。随后又有大量学者对普赖斯的发现进行了研究。在当前科学计量学研究中，对科学文献增长规律的研究仍然具有重要的理论意义和实践意义，下面对几种常见的增长规律进行介绍。

（1）指数增长。

科学文献的指数增长（exponential growth model）作为一项科学发现，是极具故事性的。1947年，普赖斯从美国前往新加坡大学任教，并负责管理一套英国《皇家学会哲学汇刊》（*Philosophical Transactions of the Royal Society of London*）。通过这些资料，普赖斯不仅了解到科学技术发展的演变史，而且还意外发现了科学增长的指数规律（Price，1983；Fernández-Cano et al.，2004）[1]。当他把这些期刊按照每十年一叠放好之后，

[1] 在1986年出版的《小科学，大科学及其他》中，收录了普赖斯1983年5月18日撰写的“Prices Citation Classic”，记录了指数规律的发现。

他惊奇地发现，这些期刊在时间序列上形成了一条完美的指数曲线。他随即分析了各种出版物和期刊，发现他们总量按时间轴呈指数分布。就这样，科学文献增长的指数规律就被发现了。1950年，普赖斯将该发现的论文提交到在阿姆斯特丹举办的国际科学史大会（International Congress of History of Science：Amsterdam，Netherlands），并于1951年正式出版（Price，1951）。1961年，普赖斯发表了著名的科学史著作《巴比伦以来的科学》（Price，1961），对科学增长的模式进行了第一次全面的研究，更是在随后出版的《小科学，大科学》（Price，1963）中进行了系统和深入的分析。

指数增长可以使用下式表示：

$$P(t) = P(y_0) \cdot e^{a \cdot t}$$

式中，$P(y_0)$ 表示初始年份的论文量，$P(t)$ 表示在 t 时间段内（单位：年）累计出版的论文量，a 为常数，表示持续增长率。图2.2显示了利用上式对*Nature*和*Science*杂志上论文的累积增长曲线的拟合，发现论文累积曲线呈显著的指数增长趋势。

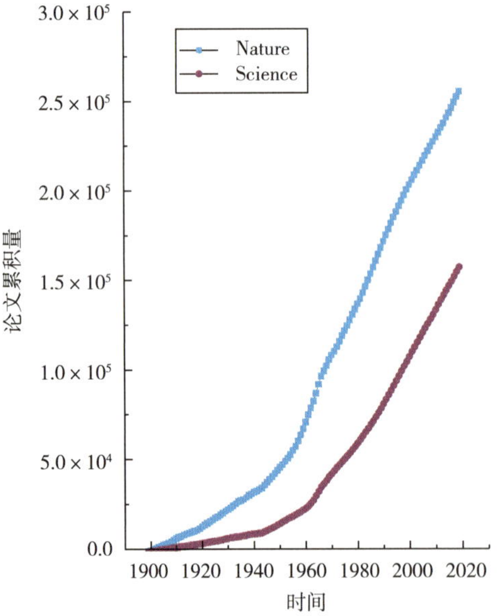

（a）《自然》和《科学》论文的累积趋势（原始数据）

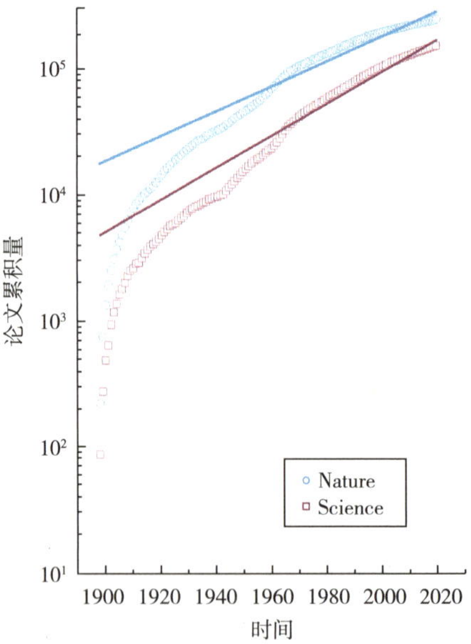

（b）《自然》和《科学》论文的累积趋势（累积量对数化）

图2.2　1900—2020年*Nature*和*Science*论文的指数增长

注：数据采集于2024年1月，拟合函数选择本部分的指数增长公式，拟合结果证明其显著呈指数增长趋势。

在普赖斯指数增长规律基础上，Rescher（1978）定义了出版物的 λ 质量级别（$0 < \lambda \leqslant 1$），如果在时间 t 时总共有$p(t)$个出版物，那么在 λ 级别上将会有$[p(t)]^{\lambda}$个出版物，如下式所示：

$$[p(t)]^{\lambda} = [P(y_0) \cdot e^{a \cdot t}]^{\lambda}$$

式中，他对特定λ值表述为，

$\lambda = 1$ 至少代表了常规文献；

$\lambda = 0.75$ 至少代表了有意义的文献；

$\lambda = 0.50$ 至少代表了重要的文献；

$\lambda = 0.25$ 至少代表了非常重要的文献。

指数增长自提出以来，成为科学计量学研究的起点和讨论的热点话题。在早期的科学计量学研究中，不同学者对指数规律都进行过深入的研究、修正或者实证，并在研究中达成了一定的共识："指数增长规律，无论用哪一种科学指标来测度，都是正确的，无论在哪一个知识层次来观察，也都是成立的"。在此论断的基础上，我国科学计量学的先驱赵红州先生曾经通过知识单元的假说和"三极管"的创造模型，证明了指数规律（赵红州，1984 a），进一步在 1991 年结合反映技术产出的数据，测度了技术增长的指数规律，进一步验证了指数规律的普适性（赵红州，1991）。当然，技术的指数规律最为知名的要数"摩尔定律（Moore's law）"，建议读者进一步参考摩尔的论文来学习（Moore，1965）。

既然科学文献增长的指数规律如此受到认同，那么其背后的内在动力学原因是什么呢？在讨论指数增长时，国内的学者常常引用恩格斯的一句话："科学的发展则同前一代人遗留下的知识量成正比"（赵红州，1989）。也就是说事物的增长速度与现存该事物的数量是成正比的，就好比人口的增长一样。从指数规律同样能看出科学的累积优势效应。

以上是对文献在时间序列上增长整体规律的探索性研究。在具体的研究中，不同学科和不同发展阶段都会对指数增长产生一定的影响。例如：如果一个学科在前科学阶段，那么其发文量是零散的，增长是极其缓慢的。而科学发展出现反常以后，科学的增长率也会发生下降，指数规律可能会被打破。

（2）逻辑增长。

从逻辑上来讲，任何系统都不可能无止境地野蛮增长下去，科学系统也不例外。在针对科学的指数增长研究中，普赖斯（1963）认为："所有显著的指数型增长，最终将演变成逻辑型增长（all the apparently exponential laws of growth must ultimately be logistic）"。这表明，当科学系统膨胀到一定程度，其系统内部的功能要素可能会出现"新问题"，甚至可能导致系统的"崩溃"。逻辑增长模型（logistic growth model）考虑的问题基准点就是"有开始就有结束"，这与生物种群规模的变化类似。在此背景下，

指数增长在描述科学增长时应该是有极限的，那么需要用更加符合常理的逻辑增长来解释。

普赖斯在《巴比伦以来的科学》“科学的病态（Diseases of Science）”一章（Price，1961）中，将逻辑曲线的一般形式描述为如图 2.3 的形式。从逻辑曲线来看，似乎科学文献的增长是存在一个“增长极限”的，或者也可以称为“饱和态”。逻辑增长曲线可以使用下式来进行表达（Nalimov et al.，1969；Rousseau et al.，2018）：

$$P(t)=\frac{K}{1+P(y_0)\mathrm{e}^{-a\cdot t}}$$

式中，$P(t)$ 为 t 时的文献累积量，K为$t\to\infty$时的文献累积量，a 为常数，$P(y_0)$ 表示初始的文献量。

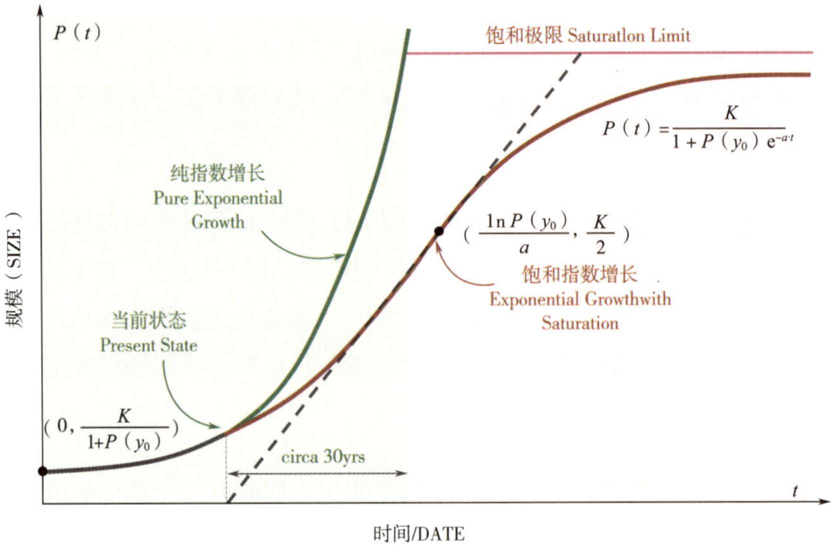

图2.3　逻辑增长曲线的一般形式（Price，1961；Rousseau et al.，2018）

注：横轴DATE为时间，纵轴SIZE为文献的累积量，绿线表示纯指数增长（Pure Exponential Growth），使用绿色和红色对曲线进行了分割，右侧为指数增长进入饱和态。

当科学增长达到“逻辑曲线”的“饱和极限”，此时科学的发展是怎样的呢？当前的逻辑曲线似乎认为，增长的终点就是科学的“死亡”。然而，“是生存还是灭亡，这是个问题”。普赖斯（1963）在《小科学，大科学》中认为：“饱和很少意味着死亡，而是意味着我们有了开始新的、令人兴奋的科学策略的起点，这些策略将根据全新的基础规则运作”[1]。面对科学危机，如果系统自组织和自适应，生存了下来，那么就会形

[1] 原文为*Saturation seldom implies death, but rather that we have the beginning of new and exciting tactics for science, operating with quite new ground rules.*

成新的系统。新科学系统的发展将在旧系统所建立的知识基础上，在新的规则下进行发展。那新的系统将在什么规律下发展呢？毫无疑问，仍然是指数规律。只要科学不灭，科学产出的增长就是必然！其中，指数增长是科学发展的常态，非指数增长或者衰减都是科学发展的非常态。

（3）阶梯型指数增长。

指数规律描述了科学增长的无极限，逻辑曲线又表述了科学增长的极限。无论哪一种理论，在一定的条件下都能很好地描述科学发展的过程，但是各自的局限性又十分明显。作为两种描述科学历史发展的曲线，不妨把它们放在较长的历史时间中去讨论，我们会发现科学的历史和人类的历史一样，是一个螺旋上升的过程，而不是增长的极限与无极限。在这种讨论声中，阶梯型的指数增长因需而生。在普赖斯的《小科学，大科学》中，对指数增长因为外部原因受到短暂破坏的现象专门给出了案例。图2.4呈现了1900年1月1日以来，物理文献累积总数的趋势。黑色实线代表总累积数，虚线代表指数拟合近似值。画出平行虚线是为了说明“战争效应”，也说明了战争前后文献的增长率几乎是一致的，反映了科学文献的增长是科学发展的固有规律，同时也直接反映了阶梯型指数增长的客观存在。

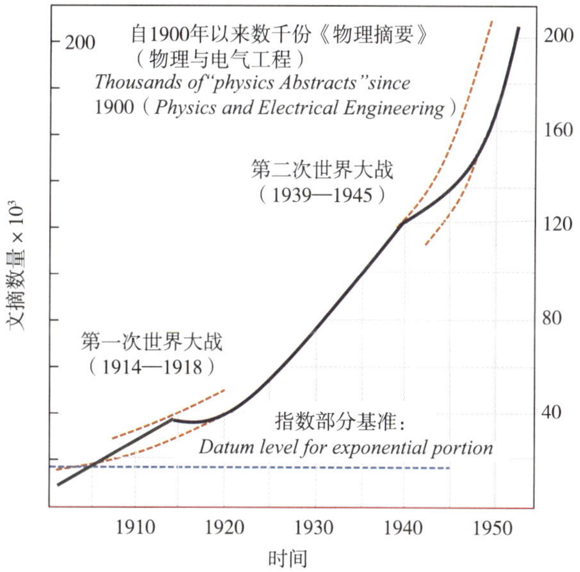

图2.4　1900年以来物理学文摘数量的增长曲线（Price，1961）

科学增长的指数规律除了受到外部因素的影响，还受到科学系统内部演化的影响。从科学演化的视角来看，指数规律之所以不断成立，又不断被破坏，是因为科学在时间轴上的变化要受到“范式积累”和“范式变革”的交互作用。前者表现为知识量的积累，即所谓指数发展规律，后者表现为质的飞跃，即所谓科学革命（赵红州，2001）。这种在科学研究中交替出现的现象，也是形成阶梯型指数增长的原因之一。

（4）新兴的增长描述方法。

在描述文献的增长模式中，普赖斯奖获得者彼得·温克勒认为最常用的指标是年均百分率（Mean Annual Percentage Rate，MAPR）、倍增时间（Doubling Time，DT）以及相对文献增长指数（Relative Publication Growth Index，RPG）。其中，MAPR和RPG是可以准确刻画科学发展的机制的（Vinkler，2010）。

年均百分率*MAPR*的计算公式如下：

$$MAPR=\frac{1}{t}\sum_{y=1}^{t}100\frac{P_y-P_{y-1}}{P_{y-1}}$$

式中，P_y是第y年的论文数量，t是时间段的长度。

*DT*倍增时间计算公式如下：

$$2T=\frac{0.301(t-1)}{\log P_t-\log P_1}$$

式中，P_1是初始年的论文数量，P_t是第t年的论文累积数量。

在此基础上，为了描述某一特定时间段科学文献相对增长的特点，彼得·温克勒提出了相对文献增长指数（RPG）。RPG的具体含义是指，在给定年限内发表论文的数量与之前选定时间段t中的论文量的比值。这里，之前的时间段t取决于研究时间和研究领域。同时假设，t时间的长度是近期相关论文的最大年数。近期的相关论文也可能包含了产生新论文的所需全部信息。假设在给定时间内发表的科学论文的参考文献包含了这些信息，那么可以认为，近期相关信息的数量近似等价于近期发表在期刊论文中参考文献的总量（考虑到论文会被重复引用，因此每一篇论文只计算一次）。因此，在零被引论文率（uncited rate）保持恒定的情况下，可以用最近出版的论文数量与之前发表的论文数量的比值来计算*PRG*（Vinkler，2000）：

$$RPG_y(t)=\frac{P_y}{\sum_{i=1}^{y-1}P_i}$$

式中，$RPG_y(t)$ 是在y年的相关t时间段内相对文献增长指数；P_i是第i年发表的论文数量；$t=y-1$，$t \geqslant 3$。在选定时间段 t 中发表的论文数量表示某领域近期相关信息的数量；t 时间段表征了领域信息老化的情况，因此领域不同，t 的选择也不同。通常可以将 t 设定为2年、5年、10年或20年（例如：影响因子以2年为单位计算，CiteScore以4年为单位计算；普赖斯指数以5年为单位计算；等等）。

最后，我们共同思考一个问题："科学增长的动力学机制是什么？"

2.2.1.2 老化曲线

自GOSNELL（1943）首次系统研究文献老化现象以来，该主题的研究逐渐成为科学计量学领域重要的研究问题之一。在研究中，Line（1974）等将老化（Obsolescence）定义为"信息在有效性或实用性方面随时间的衰退（decline over time in validity or utility of information）"。显然，信息理论学者对这一概念是感兴趣的，主要体现在他们对信息生命周期的关注（发展、发展和消亡等）。特别地，老化的研究对于在有限空间管理不断增长的图书文献的管理员也具有吸引力，可以帮助他们来决定馆藏的剔旧问题（Gapen et al.，1981）。当前，文献的老化在科学计量学领域有了新的认识和发展，这是因为老化是认识科学文献信息演化，特别是认识科学发展动力学的重要组成部分。最后，我们不难发现，在人类科学发展的历程中，那些重大的科学发现往往具有很强的生命力，老化一般是很慢的。

图 2.5 是使用模拟数据生成的负指数曲线和指数曲线。同时思考这样一个问题：是否以怎样的形式增长，未来也将以怎样的形式落幕？

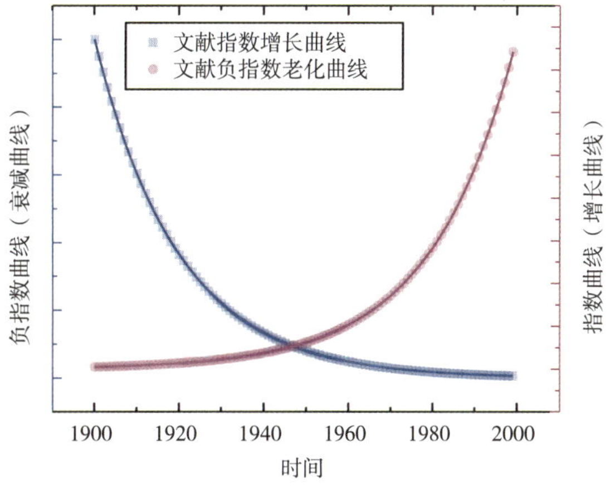

图2.5 负指数曲线与指数曲线比较

文献老化和文献增长是对应的一组研究问题，增长可以理解为"成长"和"发展"，老化则意味着价值的减弱或消亡。在正式讨论文献的老化曲线之前，我们不妨思考一下老化曲线应该的样子以及它和增长曲线的关系。按照通常的逻辑判断，随着时间的推移，增长描述的是一种生长的上升过程，老化则描述了一种随时间衰退的过程。他们都是与时间相关的函数 $f(t)$，只是所描述的趋势和状态有本质的区别（如图 2.5）。当然，我们也可以反其道而行之，假如把文献都看成老古董（有些事物越老价值越高，例如：部分古籍），老化曲线可能会发生变化，这些留给读者进一步思考和讨论。

（1）负指数衰减。

老化问题并不是一个新问题，描述某种事物诞生之后，其价值随时间的变化过程。那么如何用数学公式来表达老化的过程呢？在科学计量学中，文献的使用可以直观地通过引用来测度，那么老化问题就可以使用 $f = P(t, c)$ 来表达。1970年，英国著名的科学计量学家、普赖斯奖获得者布鲁克斯发现了科技期刊文献的被引用数量随时间推移的衰减过程服从简单的负指数规律，并进行了数学证明（Brookes, 1970）。在此之后，Oliver（1971）、Brookes（1972）以及Griffith（1979）等通过大量的实证分析进行了验证或完善。若文献老化满足负指数规律，那么第 t 年引文的数量可以用类似如下的公式描述（Brookes，1972）：

$$C(t) = C_0 e^{-b \cdot t}$$

式中，C_0 表示 $t = 0$ 时文献被引用的初始量，b为常数。$t = 1$ 时$C(t)$ 值最大，可以认为是从引文曲线的峰值开始，引文数量开始衰减，文献开始老化。

（2）半衰期模型。

文献老化的负指数规律，为我们直观地呈现了文献在达到引证高峰后的衰减过程，其本质是科学文献历时引用减少的特征和规律，这种衰减现象与物理学中放射性物质的衰变过程类似（如图 2.6）。1958 年，贝尔纳参加了由美国科学基金会和美国科学院等组织的国际科学信息大会（Proceedings of the International Conference on Scientific Information），并在提交的论文《科学信息传播：用户分析》中提出了这一设想。贝尔纳的初衷是想从科学信息使用者的角度来考察信息的存储和检索问题，或称之为科学信息的记忆功能问题（the memory function of scientific information）。在该论文中，贝尔纳借用物理学半衰期的概念将特定科学信息真正的半衰期（true half-life）定义为：自信息发布后，到达半数使用（引用）或咨询该信息的时间。然而，与物理学中的放射性物质不同，文献信息的这种真正半衰期在实践中是难以评估的。在此背景下，贝尔纳不得不提出一种替代方案，即“回溯型半衰期（back half-life）”。其定义为：从给定日期开始“回溯”计算，直到一半的信息请求或引用已经发生。对于物理学来说，“回溯半衰期”为 2 年，而生物学是 15 年。这意味着，在生物学领域，存储和检索设备的需求总是比在物理学领域要大得多。考虑到物理学领域信息的短暂性质，有可能在存储方面实现经济性，这可能平衡对更快检索速度的需求。因此，贝尔纳呼吁在重新设计存储和检索系统时，不应努力追求统一性。相反，应该充分利用各个领域的经验或特征，打造一套相互关联的系统（Bernal，1958）。

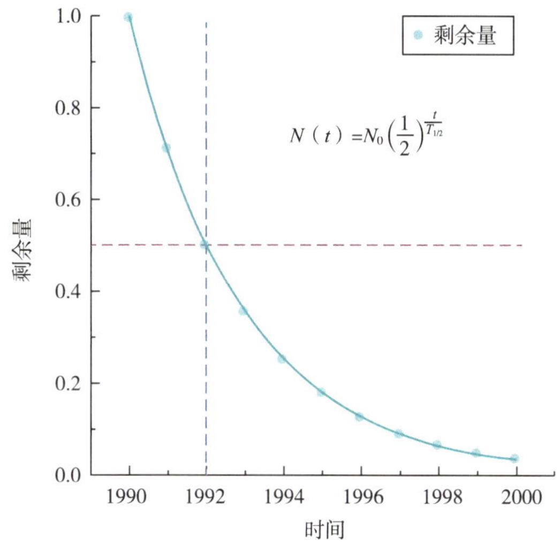

图2.6　文献的老化曲线（类比放射性物质的半衰期）

注：半衰期是指物质的量减少到初始量一半所需的时间，计算随时间经历指数衰减的物质剩余数量。图中使用的是模拟数据，$N(t)$ 是时间 t 时的数量，N_0 是初始数量，$T_{1/2}$ 是物质的半衰期，t 是衰变开始后经过的时间。

在贝尔纳理论的启发下，博顿和凯卜勒将科学信息的过时性描述类比于放射性衰变的方式（Burton et al.，1960）：

$$P(t)=1-\left(\frac{a}{e^{t}}+\frac{b}{e^{2t}}\right)$$

上式中，a和b是常数（$a+b=1$），而$P(t)$是在时期 t 结束时仍然被使用的文献数量的累积百分比。该曲线还满足了以下边界条件：$t=0$，$P(t)=0$（不引用尚未发表的文献）；$t=\infty$，$P(t)=1$（所有已发表的文献都包含在所有引用中）；$P(t)=0.5$ 对应的 t 值就是半衰期。这里的半衰期被定义为：“现时”尚在使用的一半文献的出版时间（The half-life is the period during which half of the most recent literature was published），这也是现在科学计量领域常常使用的半衰期概念。研究中，博顿等提供了不同领域的半衰期值（以年为单位），例如：数学，10.5；物理，4.6；化学，8.1；地质学，11.8；心理学，7.2；植物学，10.0（Burton et al.，1960）。

博顿和凯卜勒定义的半衰期又被称为“中值引文年龄（Median Citation age）”，这一定义与半衰期的定义有明显的不同。科睿唯安的《期刊引证报告》(JCR)中，将期刊的“中值引文年龄”进一步划分为被引半衰期(Cited Half-life)和施引半衰期(Citing Half-life)。其中，被引半衰期是指一种期刊从当前年度向前推算引用数占截至当前年度被引用期刊的总引用数 50% 的时间；施引半衰期是指参考文献数达到当前期刊发表的论文中的参考文献数的 50% 所需要的时间。例如，在JCR 2022 中，获取了信息科学与图书馆学领域(Information Science & Library Science) 84 本期刊的被引半衰期和引用半衰期。其中，半衰期排名前 10 的期刊如表 2.1，施引半衰期最高的期刊是《法律图书馆期刊》(*Law Libr J*)，被引半衰期最高的是《社会科学信息》(*Soc Sci Inform*)。这些期刊的施引半衰期和被引半衰期的关系如图 2.7。其中，科学计量学期刊 *Scientometrics*的被引半衰期和施引半衰期都为7.5，计算过程如图2.8。

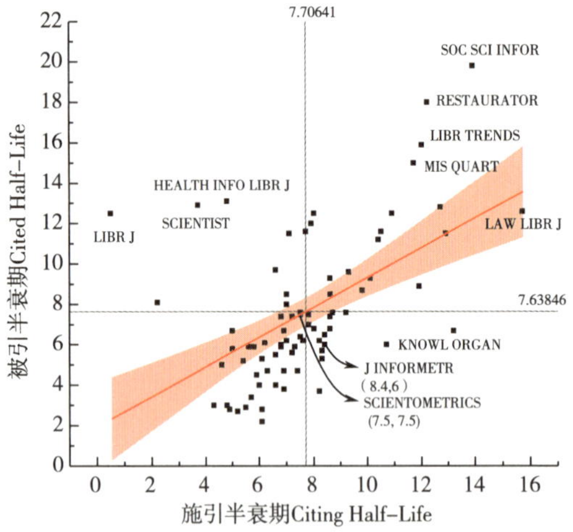

图2.7 信息科学与图书馆学领域期刊的半衰期分布

注：研究中，共得到84本期刊，删除了施引半衰期或被引半衰期数值缺失的期刊。最终有78本期刊参与了分析。

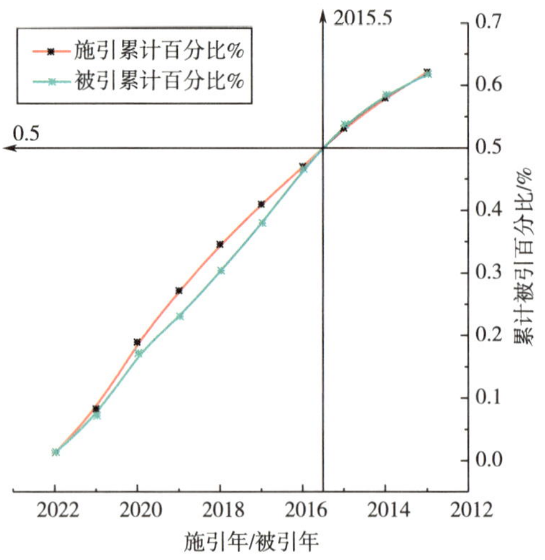

图2.8 *Scientometrics*(JCR 2022)期刊的半衰期

表2.1 信息科学与图书馆学领域(JCR 2022)半衰期排名前10的期刊

编号	期刊名称	施引半衰期	期刊名称	被引半衰期
1	Law Libr J	15.7	Soc Sci Inform	19.8
2	Soc Sci Inform	13.9	Restaurator	18
3	Knowl Organ	13.2	Libr Trends	15.9
4	Data Base Adv Inf Sy	12.9	Mis Quart	15
5	Can J Inform Lib Sci	12.7	Health Info Libr J	13.1
6	Restaurator	12.2	Scientist	12.9

续表

编号	期刊名称	施引半衰期	期刊名称	被引半衰期
7	Libr Trends	12	Can J Inform Lib Sci	12.8
8	J Assoc Inf Syst	11.9	Law Libr J	12.6
9	Mis Quart	11.7	Inform Syst Res	12.5
10	Inform Syst Res	10.9	J Doc	12.5
11	–	–	Libr J	12.5

同样的，在JCR中，专门针对SCIE和SSCI等数据库，提供了各个领域的施引和被引半衰期。这里以获取的SCIE数据库中所有领域半衰期为例进行分析，如图 2.9。分析结果显示，SCIE中所包含的178个领域的被引半衰期和施引半衰期分布具有一定的相关性。在所有领域中，被引半衰期排名第一的是统计学与概率论（Statistics & Probability），施引半衰期排名第一的是古生物学（Paleontology）。排名前 10 的学科半衰期，可参见表2.2和表2.3。

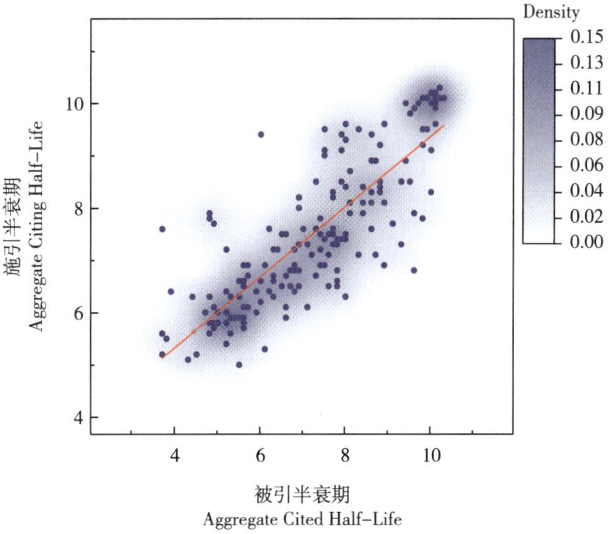

图2.9　JCR 2022（SCIE）中学科半衰期分布

表2.2　JCR 2022（SCIE）施引半衰期排名前10的领域

编号	领域名称	中文名称	施引半衰期
1	Paleontology	古生物学	10.3
2	Zoology	动物学	10.2
3	Logic	逻辑学	10.2

续表

编号	领域名称	中文名称	施引半衰期
4	History & Philosophy of Science	科学史与科学哲学	10.2
5	Statistics & Probability	统计学与概率论	10.1
6	Ornithology	鸟类学	10.1
7	Mathematics	数学	10.1
8	Geology	地质学	10.1
9	Audiology & Speech-Language Pathology	听力学与言语-语言病理学	10.1
10	Physics，Nuclear	核物理学	10.1
10	Mineralogy	矿物学	10.1
10	Mathematics，Applied	应用数学	10.1

表2.3 JCR 2022（SCIE）被引半衰期排名前10的领域

编号	领域名称	中文名称	被引半衰期
1	Statistics & Probability	统计学与概率论	10.3
2	Paleontology	古生物学	10.2
3	Ornithology	鸟类学	10.2
4	Zoology	动物学	10.1
5	Logic	逻辑学	10.1
6	Mathematics	数学	10.1
7	Geology	地质学	10.1
8	Audiology & Speech-Language Pathology	听力学与言语-语言病理学	10.1
9	Physics，Nuclear	核物理学	10.1
10	Geochemistry & Geophysics	地球化学与地球物理学	10.1
10	Limnology	湖沼学	10.1
10	Psychology	心理学	10.1

在后来的研究中，匈牙利科学计量学学者布劳恩（Tibor Braun）等还提出了如下公式来测度科学论文信息的老化程度（Braun et al.，1987，2019）：

$$R(t)=N\cdot \mathrm{e}^{-\frac{0.693}{T/2}\cdot t}$$

式中，$R(t)$ 是指参考文献发表时间早于t的数量；N是参考文献的总数；$T/2$表示文献的半衰期。

综上，不难发现，对科技文献老化现象的研究要远比物理学中放射性物质衰变的研究复杂得多。目前，科学研究的文献已经实现了数字化和网络化，建立在传统假设上的老化机理及其知识基础或需要进一步的推进和发展。也就是说，文献的老化是一个老问题，更是一个新问题。就像生命科学中研究人体衰老的内在机理一样，不同时代都会表现出不同的研究活力。

（3）普赖斯指数

1970年，普赖斯在《硬科学、软科学、技术和非科学的引文测度》一文中提出了衡量各个知识领域文献老化的测度指标——普赖斯指数（Price，1970），后来该论文被收录进了1986年出版的《小科学、大科学及其他》中（Price，1986）。普赖斯指数可以描述为：在某一个知识领域内，把年限不超过5年的引文数量与引文总数之比当作一个指标（Price's Index = Percentage references published in last five years），用以测度文献的老化速度与程度。基于以下的观察，普赖斯选择了5年作为时间区间进行分析。在对科学引文索引（Science Citation Index，SCI）所做的统计分析中，普赖斯发现：在被调查的一年内所发表文献的全部参考文献中，有一半文献是在近5年内发表的。受该结果的启示，普赖斯认为可以用5年作为划分文献情报利用程度的标准，并将出版年限小于5年的文献称为“现时有用”的文献，出版年限超过5年的可以称为“档案性”文献。

综上，普赖斯指数的计算公式为：

$$\text{Price index（普赖斯指数）}=\frac{\text{被引文献数量}（T\leqslant 5）}{\text{被引文献总量}}\times 100\%$$

例如，利用BibExcel对普赖斯奖获得者、比利时科学计量学学者Rousseau Ronald的论文进行了分析（李杰，2023），提取了每一篇施引论文参考文献的出版时间，并以施引年为基准计算了满足普赖斯指数要求的文献数量与被引文献总量的比例，得到了每一年Rousseau Ronald论文普赖斯指数的变化情况，结果如图2.10。类似地，可以计算Rousseau Ronald论文的整体普赖斯指数，也可以计算某一机构、地区、国家或期刊的普赖斯指数。

显然，普赖斯定律也可以改写成更一般的形式，回溯时间T可以根据时间需求减小或增加。例如：在图2.10中，我们将回溯时间改为10年，可以得到具有类似趋势的

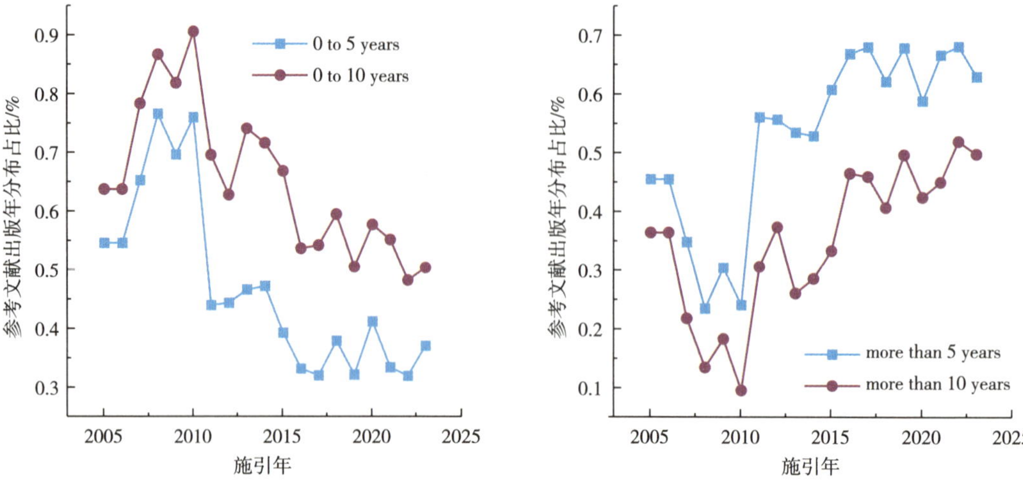

图2.10 Rousseau Ronald普赖斯指数的时序变化

注：左侧图为$T \leqslant 5$和$T \leqslant 10$时普赖斯指数的变化，不难发现随着时间变化普赖斯指数是减少的；右侧图为$T > 5$和$T > 10$的情况，普赖斯指数是随着时间变化增加的。

普赖斯曲线。通用公式可以记为：

$$\text{Price index（普赖斯指数）} = \frac{\text{被引文献数量（}T \leqslant n\text{）}}{\text{被引文献总量}} \times 100\%$$

此外，埃格赫（Egghe）是国际上对普赖斯指数研究最为深入的科学计量学领域的数学家之一。1997 年，在负指数模型的前提下，证明了普赖斯指数是平均引用年龄和中位数引用年龄的函数，且两个函数都是凹的减函数；同时，采用对数正态老化模型，证明了普赖斯指数不是平均或中位数引用年龄的纯函数，而是一个以典型点云形式明确定义的关系。2010 年，他又在指数增长模型的基础上证明了平均引用年龄和中位数引用年龄是随时间增加的，而普赖斯指数是随时间减少的（Egghe，1997，2010）。

2.2.2 作者生产律

对于特定科学领域，科学论文成果是少数人撰写的还是多数人撰写的？洛特卡定律或许能科学地解答该疑问。

2.2.2.1 洛特卡定律

在科学计量学领域中，对作者生产率的研究是认识作为科学创造主体的科学家生产规律的重要方面。1926 年，洛特卡（Lotka）在美国《华盛顿科学院学报》上发表了知名论文《科学产出的频率分布》（“The frequency distribution of scientific productivity”），开启了对作者生产率研究的先河。

洛特卡通过实证数据，归纳得到了存在于频率 y 和贡献 x 次的人数之间的一般关系公式（x 表示论文数，y 表示发表了 x 篇论文的作者频率或比例）:

$$x^n y = \mathrm{c}$$

对于特殊情况，当n=2 时（即，科学生产率的倒数平方定律），常数 c 可以通过下面的计算得到:

由 $y_1 = \frac{c}{1^2}$，$y_2 = \frac{c}{2^2}$，$\cdots$，$y_n = \frac{c}{n^2}$，那么

$$\begin{aligned}\sum_1^\infty y &= c\left(\frac{1}{1^2}+\frac{1}{2^2}+\frac{1}{3^2}+\cdots\right)\\ &= c\sum_1^\infty \frac{1}{x^2}\\ &= c\frac{\pi^2}{6}\end{aligned}$$

则

$$c = \frac{6}{\pi^2}\sum_1^\infty y$$

式中，y 为发表了 x 篇论文的作者数占作者总数的比例，因此，$\sum_1^\infty y = 1$，则有:

$$c = \frac{6}{\pi^2} = \frac{6}{9.87} = 0.607\,9 \text{ 或 } 60.79\%$$

因此，洛特卡定律又被称为“倒数平方定律”。使用文字可以描述为：写 2 篇论文的作者数量约为写 1 篇论文作者数量的 1/4，写 3 篇论文作者的数量约为写 1 篇论文作者数量的 1/8，写 n 篇论文作者的数量约为写 1 篇论文作者数量的 $1/n^2$。经过上述计算，写 1 篇论文作者的数量为整体作者数量的 60.79%。

通过进一步计算，可以得到如下结果:

当 $n=3$ 时，$c = \dfrac{1}{\sum_{n=1}^{\infty}\frac{1}{n^3}} = 0.831\,9$；

当 $n=4$ 时，$c = \dfrac{90}{\pi^4} = 0.923\,9$；

当 $n=5$ 时，$c = 0.964\,4$；

当 $n=6$ 时，$c=0.9830$；
当 $n=7$ 时，$c=0.9917$；
当 $n=8$ 时，$c=0.9959$；
当 $n=9$ 时，$c=0.9980$；
当 $n=10$ 时，$c=0.9990$。

那么，将该常数 c 代入原公式中，可得到9个方程，对应的曲线如图2.11。进一步绘制了 n 和 c 的关系曲线，如图2.12。通过曲线观察到这样一个现象，随着 n 的增加，发表1篇论文的作者接近1，这直接说明洛特卡定律存在潜在的问题。以上分析的结果与Egghe和Nicholls的研究结果也形成了互证（Egghe，2005；Nicholls，1988）。

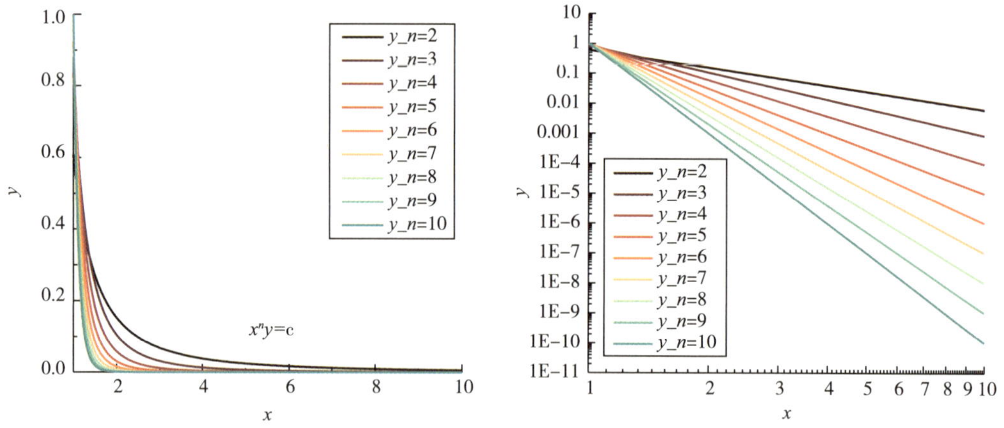

（a）洛特卡公式中代入常数后的分布曲线

（b）洛特卡公式中代入常数后的双坐标对数分布曲线

图2.11 洛特卡函数曲线的计算比较

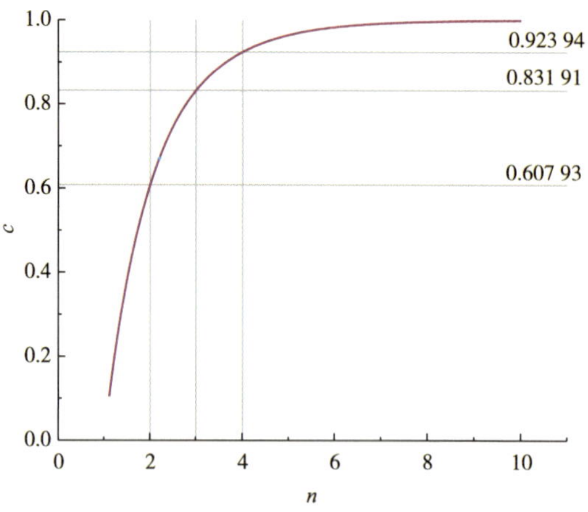

图2.12 n 与 c 的变化关系

注：在本次计算中，使用了ChatGPT进行辅助（李杰，2024）。计算结果与埃格赫（Egghe）的专著《信息生产过程中的幂律：洛特卡信息计量学》附录中的 n 和常数 c 的取值列表进行了比较，计算结果无误（Egghe，2005）。

2.2.2.2 普赖斯定律

在洛特卡的影响和启发下，有一批学者对作者生产率问题进行了研究（Price，1963；Glänzel et al.，1985；Egghe，1986，1987；Nicholls，1988）。其中，普赖斯在《小科学，大科学》中首次提出的普赖斯定律（Price's Law）最为知名。普赖斯认为，“科学论文的一半是由排名前科学家总数平方根部分的成员贡献的（half of the scientific papers are contributed by the top square root of the total number of scientific authors），即假设一个由N位科学家组成的全体，一共发了n篇论文，那么，其中50% n的论文是由排名前$\sqrt{N}$位科学家完成的。换句话说就是，可以认为一个领域中论文产出的一半是由排名前$\sqrt{N}$位科学家完成的。普赖斯定律提出以后，在数学证明上长期是缺少支撑的。1976年，普赖斯联合其他三位学者进一步对洛特卡定律存在的问题进行了深入的讨论，并对普赖斯定律进行了详细的数学推导（Allison et al.，1976）。研究中，他们得到了最高产学者论文产量与中位数生产力水平m的近似关系，公式和图形表达（图2.13）如下：

$$m \approx 0.749\left(n_{\max}^{1/2}\right) = 0.749\sqrt{n_{\max}}$$

式中，$n_{\max}$表示最高产作者的产量；m表示中位数生产力水平（这里特指发表至少m篇作者的论文总数占所有论文的50%），所有贡献超过m篇论文的作者所贡献的论文数量加起来占总论文数量的一半。m常常被用来确定高产作者的发文阈值。通过图2.13表示不难发现，随着$n_{\max}$的增加，m的增加将放缓。

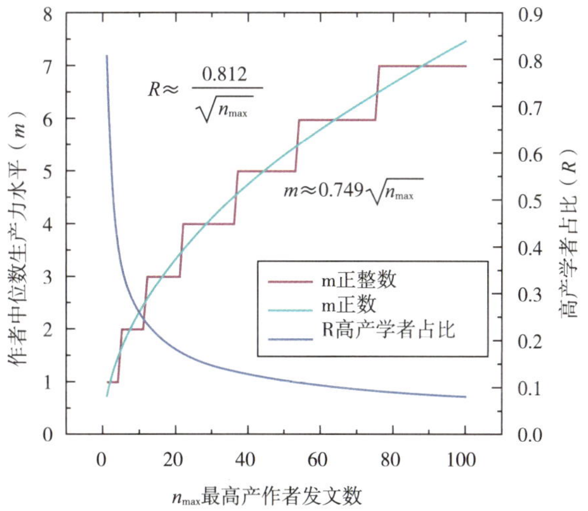

图2.13 最高产学者论文产量与中位数生产力水平*m*的近似关系

注：上图中显示了m取正整数时的阶梯型分段曲线和m为整数时的曲线，可以发现随着n的增加，m的增长将放缓。

同时，高产科学家数量与全体科学家数量的比值R与$n_{\max}$存在如下关系：

$$R \approx \frac{0.812}{\sqrt{n_{\max}}}$$

式中，R为比值，$n_{\max}$为最高产作者发文的数量。

R和$n_{\max}$的几何关系，如图 2.13。结果显示，随着最高产作者发文数的提升，杰出科学家的占比急剧下降，这或许也预示了“马太效应”的存在。例如，当最高产的作者发文为100篇时，高产学者的占比仅为8%。

2.2.2.3 Egghe分布律

在作者生产率的研究中，埃格赫（Egghe）的工作最为系统和有特色。他不仅出版了专门研究洛特卡定律的专著，确立了洛特卡信息计量学（Egghe，2005），且根据20/80 的思想和洛特卡定律，提出了研究作者生产率和作者数量占比的关系，即“百分之多少的作者产出了百分之多少的成果”。Egghe对其进行了严密的数学计算和验证，当洛特卡定律中n=2时，有下式（Egghe，1986，1987）：

$$x = \frac{6}{\pi^2} e^{-\frac{\pi^2}{6}\mu(1-\theta)+\gamma} = \frac{6}{\pi^2} \cdot \frac{1}{e^{\frac{\pi^2}{6}\mu(1-\theta)-\gamma}}$$

式中，$\theta(0 \leqslant \theta \leqslant 1)$ 表示发表了n_θ，$n_{\theta+1}$，$n_{\theta+2}$，…，n_{m-1}，n_m篇论文作者所发表论文总量占所有发表论文数量的百分比；x是与θ相对应的高产作者的百分比（即高产作者总数占作者总数的比例）；γ为欧拉常数，取值为 0.577 2；μ为作者人均论文数，即论文总数与作者总数的比值。

该式展示了人数占比 $x(\%)$ 的高产作者与所产出成果比例 $\theta(\%)$ 的计算公式，可以用来考察科研产出的 20/80 律。例如：可以令上式中$\theta = 0.8$，则 x 和 μ的关系如下：

$$x = \frac{6}{\pi^2} e^{\left[-\frac{\pi^2}{6}\mu(1-\theta)+\gamma\right]}$$

$$= \frac{6}{\pi^2} e^{\left[-\frac{\pi^2}{6}\mu(1-0.8)+0.577\,2\right]}$$

$$= \frac{6}{\pi^2} e^{(-\frac{\pi^2}{30}\mu+0.577\,2)}$$

通过上式，进一步绘制了 x 和 μ 的关系曲线，如图 2.14。根据曲线不难得出，当 μ 值为 5 时，在科学产出上是存在 20/80 分布律的。按照Egghe的总作者人数公式：

$$n_m = e^{(\frac{\pi^2}{6}\mu-\gamma)}$$

则有：

$$n_m = e^{(\frac{\pi^2}{6}\mu-0.577\,2)} = 2\,095$$

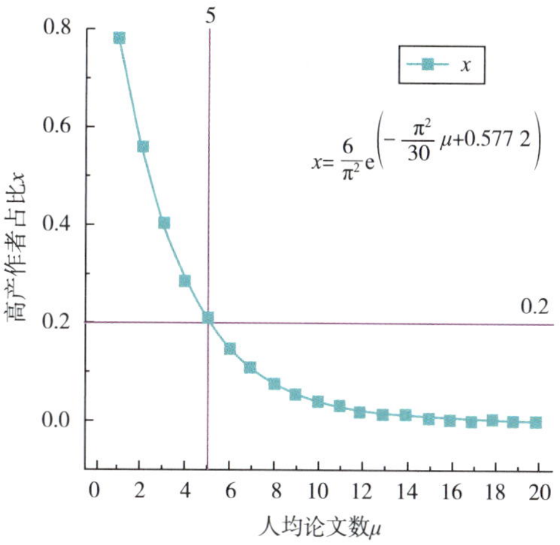

图2.14 x 和 μ 的关系曲线（当 θ=0.8）

这说明，满足 20/80 律需要的作者最高发文量估算值达到了 2 095。虽然该方法存在上述的问题，但在具体领域的应用实践中，理论与实践的吻合度仍比较高（丁学东，1993）。

2.2.3 期刊载文律

2.2.3.1 布拉德福定律

1934 年，布拉德福发表了论文《专门学科的情报源》（“Sources of information on specific subjects”），开创了从“信息源”视角研究信息分布特征的先河（Bradford，1934）。然而，他的这篇论文却是一篇典型的“睡美人文献”，在发表后长达 14 年里并没有引起关注，也有学者认为是其发表在*Engineering*期刊上的缘故。1948 年，随着其专著《文献学》（*Documentation*）一书的问世，收录在其中的这篇论文才被同行发现。布拉德福定律实际上是对文献信息分布和分散规律的统计学分析，因此又被称为“布拉德福离散分布”或“布拉德福分散定律（Bradford's law of Scattering）”。后来，布拉德福的理论成为图书馆期刊订阅、核心期刊分区以及专门领域情报采集的重要依据。

布拉德福定律的内容是：“如果将科技期刊按其刊载专业论文的数量多寡，以递减顺序排列，则可以分出一个核心区和相继的几个区域（依次可以称为核心区、相关区、边缘区），每个区域刊载的论文量相等，此时核心期刊和相继区域期刊数量成 $1:n:n^2$ 的关系”。如图 2.15，便是布拉德福定律的图形表示。研究中，可以结合图示的方法进一步对其进行证明：设P_1 为该曲线直线部分和曲线部分的分界点，且要求 $\overline{Y_3Y_2}=\overline{Y_2Y_1}=\overline{Y_1O}$，$\overline{OX_1}=r$。由于 P_1P_3 是一条直线，所以有 $\overline{X_2X_1}=\overline{X_3X_2}=s$。在布拉德福曲线中，横轴进行了对数处理，则有：

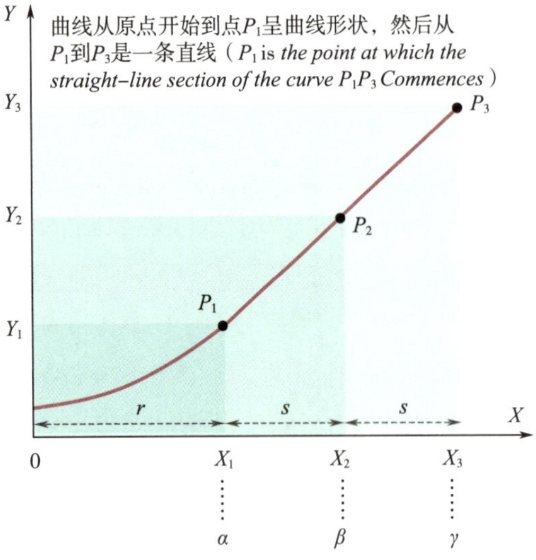

图2.15 布拉德福定律的图像表达

（Bradford，1934）

$\lg a=r$，则$a=10^r$（a为第一区的期刊数）；

$\lg\beta = r + s$，则$\beta=10^{(r+s)}$（β为第一区和第二区的累积期刊数）；

$\lg\gamma = r + 2s$，则$\gamma=10^{(r+2s)}$（γ为第一、第二、第三区的累积期刊数）。

令上式中$10^r=n$，则有$a:\beta:\gamma = 1:n:n^2$

如前文所述，布拉德福发现的规律实际上是一种文献信息的离散与集中的分布律，以科技文献为例：某个领域的大量科学论文都集中刊载在了核心区的期刊上，其余则分散在大量非核心区的期刊上。在其原理的解释上，布拉福德认为可以使用科学的整体性原则（the Principle of the unity of science）来认识。目前，我国学界认为，文字部分的表达是该定律的理论部分，图形表达仍是该定律的经验部分。这样看来，布拉德福定律在数学表达和证明上是欠缺的。因此，在后来的科学计量学研究中，不同的学者都试图用数学的形式定义、分析或完善该定律（Brookes et al.，1968，1969 a，1969 b；Maia et al.，1984；Chen et al.，1987；Neshitoi，2010）。

2.2.3.2 布鲁克斯曲线

在所有对布拉德福定律的数学化表达研究中，布鲁克斯是较早讨论和研究的学者之一（Brookes，1969 a），他将布拉德福定律用数学式表达如下：

$$R(n)=\begin{cases}\alpha n^{\beta}, & 1\leqslant n\leqslant c\\ k\log(n/s), & c\leqslant n\leqslant N\end{cases}$$

式中，n为期刊按载文量逐减顺序排列的序号，$R(n)$为前n种期刊载文量的累积和，c为核心区的期刊数，N为期刊总数，α，β，k，s为有关参数。k表示直线部分的斜率。s为参数，布鲁克斯认为其与论文所属学科、专业范围有关，学科较窄时$s\leqslant 1$。

这两个方程分别包含了布拉德福曲线的“上升曲线”和“线性关系”两部分，能精确地满足布拉德福定律的文字和图像表达。此外，这些常数并非全部是独立的。α的值代表最高产期刊上发表的论文数量，它显然随着文献的时间跨度而增加。式中，$\beta<1$

总是成立，只有当文献被限制在相对较短的时间跨度内，如 2~5 年时，其值才可能是常数。

布拉德福原始曲线包含初始的曲线和后半段的直线部分，随着研究的推进，有学者发现了尾部曲线的不同走向。1967 年，格鲁斯通过对Keenan–Atherton文献累积资料的分析发现，布拉德福曲线在进入直线部分后，并不是无休止地直线上升，直线的末端总是会弯曲下垂（Groos，1967），如图 2.16。因此，曲线的下垂区也被称为“格鲁斯下垂”。格鲁斯根据末端曲线下垂判断出布拉德福定律存在一定问题。Brookes（1973）却认为下垂不能否定布拉德福定律，下垂产生的原因主要是Keenan–Atherton收集的资料不完整。此外，也有学者发现该曲线也会存在尾部上升的情况（Eto，1988），并认为这些上翘的现象多发生在边缘学科领域。造成它的主要原因可能是有关主题的论文出现在许多杂志上，而这些杂志此前从未发表过该主题的论文，因而在等级排序中处于中等等级的相关杂志载文较少，只能排在较低的级别中，于是分布曲线向上翘起。

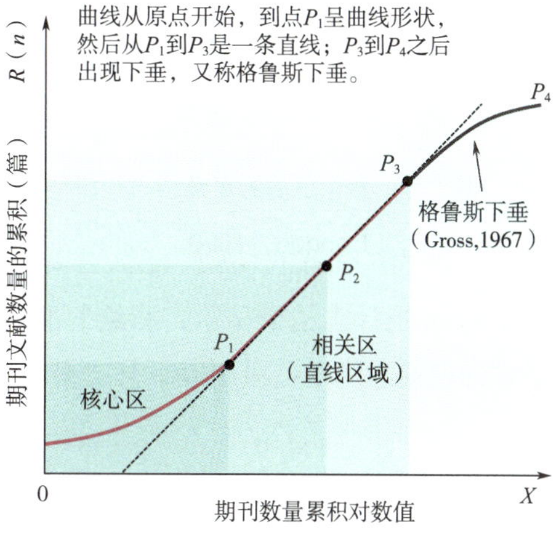

图2.16　布拉德福曲线及格鲁斯下垂

2.2.4　词频分布律

词语是组成文档的重要语义单元，对文档中词汇统计分布规律的研究是包含科学计量学在内的多个领域的研究基础。乔治·金斯利·齐普夫（George Kingsley Zipf）是词频分布研究中最为知名的学者，因此词频分布的规律又被称为齐普夫定律。然而，在齐普夫之前已经有相关学者对此进行了探索，并取得了一定的成果，这些前期的探索和分析为齐普夫后来的系统研究奠定了基础。

2.2.4.1　词分布前期探索

1916 年，法国的速记学者艾思杜（Jean–Baptiste Estoup）就发现了较长文章中词频分布的定量化形式，即“在包含 N 个词的文档中，把这些词按照在文献中出现的绝对频次n递减排列（编号依次为 1，2，3，…，r，其中 r 为自然数），词的绝对频次与对应的序号r的乘积大体稳定在一个常数k，记为：$k=nr \cdot r$”（Estoup，1916）。这被认为是齐普夫定律的最早雏形（王崇德，1997）。

1928 年，美国贝尔电话实验室公司（Bell Telephone Laboratories，Inc）的物理学

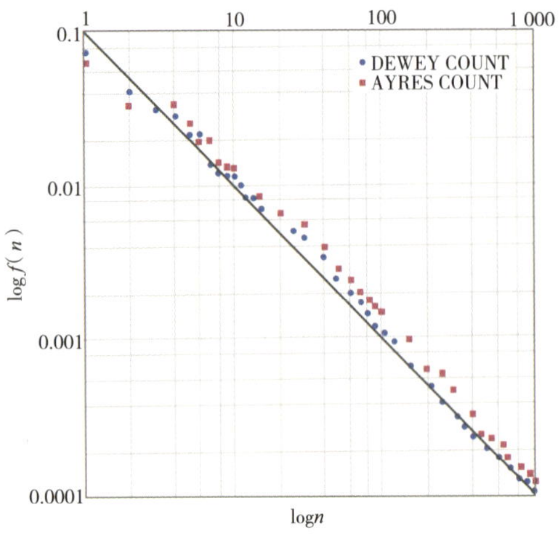

图2.17 贡东发现的词频分布规律（Condon，1928）

家贡东（Condon，1928），在研究英语语言中不同单词的使用相对频率的数据时，注意到了一种相当有趣的函数关系，并以特别文章（Special Articles）的形式发表在*Science*。研究中他根据阿叶斯（Ayres）和戴维（Dewey）关于词频的统计资料（Ayres，1915；Dewey，1923），以词频序号的对数 $\log n$ 作为横坐标，以词频的对数 $\log f(n)$ 作为纵坐标，绘制了 $\log n \sim \log f(n)$ 的关系图，如图2.17。

在图2.17中，圆形散点（蓝色）是基于Dewey的数据绘制，方形散点（红色）是基于Ayres统计。结果显示，所绘制的散点分布在一条负斜率的直线附近。这使得第 n 个单词出现的频率可以用以下公式来表示：

$$f(n)=\frac{k}{n}$$

式中，$f(n)$ 是第 n 个单词的出现频率，k 是一个常数，n 是单词的序号。这个公式表明，第 n 个单词的频率与其在单词列表中的位置 n 成反比。

研究中，贡东发现了一个有趣的问题，涉及常数 k 的取值。假设这个法则在整个语言范围内都是有效的，那么 k 必须具有这样一个值，以使在样本中所有不同单词的总和等于1。也就是说，k 的值可以由下方程确定：

$$k\sum_{n=1}^{m}\frac{1}{n}=1$$

式中，m 是样本中不同单词的总数。这个求和项可以用于估计 k 的值，它也可以近似为 $\lambda+\ln(m)=\frac{1}{k}$，$\lambda$ 为欧拉常数0.577 2。那么可得，k 与 m 的函数关系为：

$$k=\frac{1}{0.577\,2+\ln(m)}$$

通过上式，当 m=10 161时，可求得 k 约为0.102。在此基础上，不妨对贡东的公式进行进一步讨论。研究中，笔者依据 k–m 的关系绘制了函数曲线，如图2.18。从结果不难得出，随着 m 的无限增加，分母将趋于0。同时，通过图像也容易发现，当单词数量超过某一个阈值后，k 的值实际上变化已经不大（当$m = 10^{16}$，k=0.026 72）。当然，一个文本中不同单词的数量不可能是无限的，实际最重要的是确定一个较为通用的m取值范围，k 则应该是属于某个范围的常数。

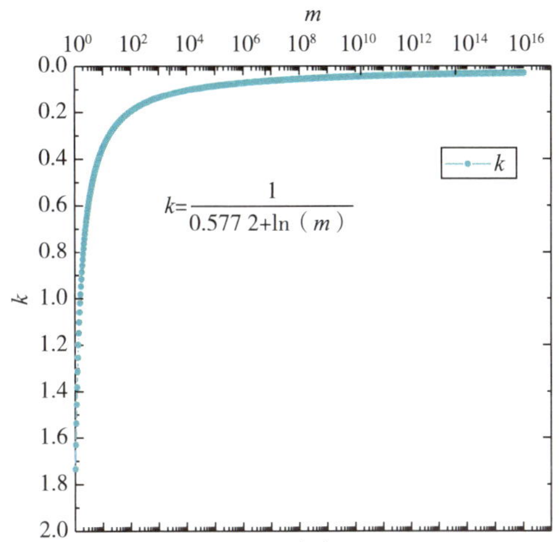

（a）

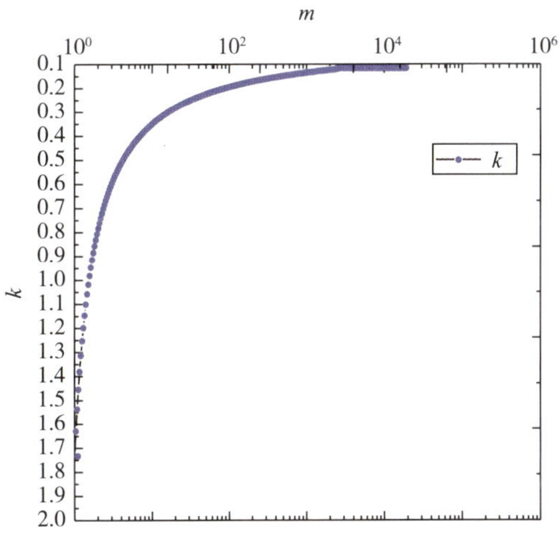

（b）

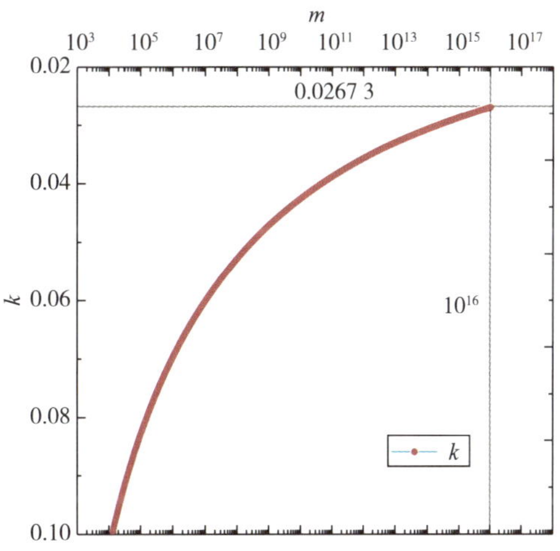

（c）

图2.18　*k*与*m*的关系曲线

注：笔者对k–m的方程进行了绘制和分析，其中：（a）k–m的完整曲线，m的取值范围为[10^0，10^{16}]；（b）k–m的部分曲线，m的取值范围为[10^0，10^4]，$k\leqslant0.1$；（c）k–m的部分曲线，m的取值范围为[10^4，10^{16}]，$k\geqslant0.1$

实际上，艾思杜和贡东已经基本上完成了对词频分布的数学表达，且后来证明都是正确的。特别是贡东对常数k已经进行了较为深入的思考，然而遗憾的是，目前很多学者将这一功劳都归于齐普夫。

2.2.4.2 齐普夫第一定律

在词频分布的研究中，虽然不同学者在齐普夫之前已经做了不同的贡献，然而其工作和齐普夫相比都缺乏科学上的系统性和完整性。例如：贡东发表在*Science*上的论文也仅仅一页，简单地讨论了这种词频分布的现象，所采用的数据也是从已有的工作中直接获取的。当然，更重要的是，他没有进一步从数学上完成证明，更是缺乏对产生这种机制背后的理论进行分析。但是，贡东的贡献是巨大的，只需要在数学和理论上再深入一些，这个定律的名称可能就会改写。齐普夫与前面的学者则不同，他系统地在数学上证明了词频分布的函数关系，而且齐普夫的相关研究回答了形成这种分布背后的机理（即“最省力法则”），使得词频分布成功进入了“常规科学”阶段。同时，他的研究成果也影响到了其他领域，使他名声大噪。因此，后来词频的这种分布规律被称为“齐普夫定律（Zipf’s law）”或“齐普夫分布（Zipf’s distribution）”。

如前文所述，齐普夫的学术贡献之一是进一步发展和完善了艾思杜和贡东的研究成果。例如，他采用了《尤利西斯》一书所编的频率词典来进行词频的验证，特别是该部频率词典的文句达到了 260 432 个词，在规模上完全超过了前人的研究。他还统计了美国著名作家莎士比亚等人作品中词频的分布特征，充分验证和发展了艾思杜和贡东的发现。

齐普夫定律的文字表达为：假设有一个包含N个词的文句（N应该充分大），将任何给定文本中的词按顺序排列，以使最常用的词汇排在第一位并具有排名为 1 的序号，第二个最常用的词汇排在第二位并具有排名为2的序号，依此类推，则有（Zipf，1949）：

$$r \times f = c$$

式中，r 表示排名，f 表示词汇在文本中的使用次数，c 是给定文本的常数。

这个定律以其简洁优雅而著称，但它仅适用于文本中高频词的情况（例如：在词频分布的低频段，该规律可能被打破）。需要说明的是，实际上齐普夫与早期两位探索者艾思杜和贡东的发现是一致的。

图 2.19 为齐普夫定律的图像表达，可以描述为：根据文献中出现的词频与等级序号的统计数据，在直角坐标系中，分别以 r 和 f 为 x 和 y 轴建立 r–f 关系，就可以得到 r–f 关系曲线（a），即齐普夫曲线。若对 r 和 f 取对数，就会得到一条直线。

如果仅仅使用词频分布的数学公式和图像表达来评价齐普夫的学术贡献，并以其名字命名“齐普夫定律”是很难让人信服的。学术界之所以如此认同齐普夫，是因为

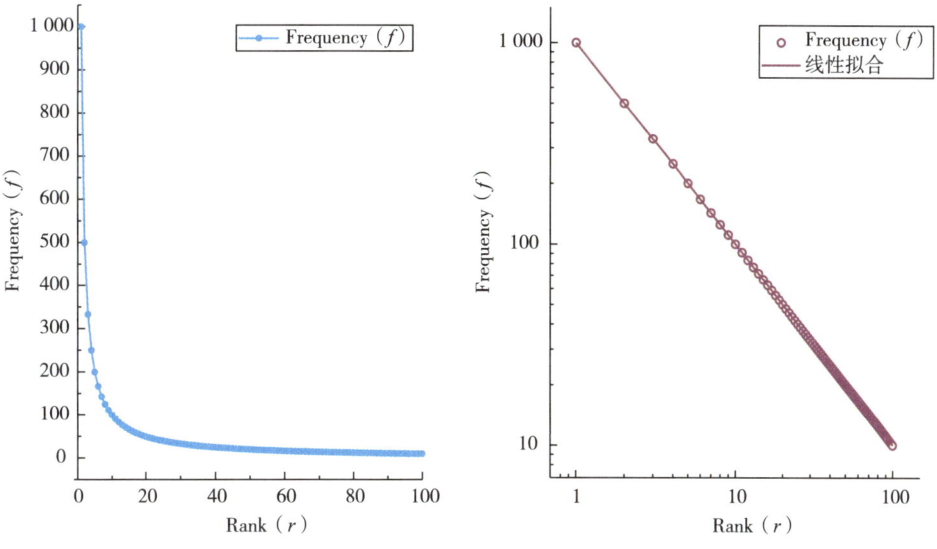

(a)线性坐标　　(b)对数坐标

图2.19　齐普夫定律的图像表达

他在词频分布研究上的另一重大贡献。1949 年齐普夫完成并出版了他的专著《人类行为与最省力法则——人类生态学引论》(Zipf，1949)。其中，他提出的"最省力法则(the principle of least effort)"在理论上解释了形成词频分布规律的本质原因，被认为是词频研究领域的重大理论突破。特别值得一提的是，也正如齐普夫书名提到的，他把类似的这种现象上升到了人类行为和人类生态学的高度，形成了人类行为与生态的一条定律，其意义远远超过了词频规律本身。因此，在提到"齐普夫定律"的时候，已经或者从来都不是简单的词频理论，而是描述和解释类似现象的"统一律"，这才是"齐普夫定律"被后人命名的关键。那么，"最省力法则"是什么呢?

最省力法则最早由意大利哲学家Guillaume Ferrero在 1894 年发表的《法国和外国哲学评论》一文中首次提出(Ferrero，1894)。在大约五十年之后，齐普夫将该思想应用到了语言学研究中，并出版了《人类行为与最省力法则——人类生态学引论》。其核心思想认为：词语使用的分布是由最省力沟通的倾向所致(Zipf，1949)。此外，该理论在图书馆学的信息检索研究中也得到了较好的应用。例如：Thomas(1987)在其著作《图书馆研究方法指南》中，将最省力法则列为指导信息搜索行为的原则之一。那么，读者们可以进一步思考：形成齐普夫分布的最省力法则是不是也可以用来解释"优先连接"和"马太效应"?

2.2.4.3　齐普夫第二定律

对齐普夫词频分布规律的研究吸引了大量学者，遍布了语言学领域(Altmann，2002)、数学领域(Mandelbrot，1953)以及科学计量学领域(Rousseau，2002)等

（Altmann et al.，2002）。在所有的讨论中，低频词的讨论和研究有效地补充了齐普夫第一定律。在低频词的研究中，齐普夫提出了“第二定律”，1976 年经过布斯修订和完善而更加知名。布斯在其论文中给出了详细的数学证明过程，最后得到修订后的第二定律，数学表达如下（Booth，1967）：

$$\frac{I_n}{I_1} = \frac{2}{n(n+1)}$$

式中，I_n表示出现频次为 n 的词语的个数；I_1 表示在文本中仅出现一次的不同词汇的总数量。其中，I_n/I_1 与文章的篇幅无关，仅与频次 n 有关。

在布斯修订的基础上，Goffman进一步提出了高低频词分界公式（Donohue，1973；Pao，1978）。Goffman 指出，齐普夫的第一定律适用的条件只考虑了高频词。这些高频词倾向于在词分布中占据唯一的排名位置。也就是说，在给定文本的高频词中，很少有两个词频次相同。换句话说，只有一个词出现“最频繁”，才能排名第一；只有一个词出现“次频繁”，才能排第二。以此类推。而修订的第二定律仅描述了排名较高的低频词。但实际情况却是许多不同的低频词具有相同的频次。这两种完全不同的规则预测和描述了任何给定文本的词分布的两个极端。因此，可以预期存在这样一个临界区域，在该区域中，词汇行为从高频到低频现象发生转变。他进一步假设，这个转变区域将产生文本中最具内容的词汇（也就是说，最能体现文档内容的核心词语在这个区域）。为了确定这一过渡点，低频词的方程式开始具有高频词的特征，即具有频次 n 的词汇数量开始接近一致，也就是$I_n \to 1$。将 I_n 替换为 1后，上述方程将变为：

$$\frac{I_1}{1} = \frac{n(n+1)}{2}$$

由于 I_1 是文本中仅出现一次的词汇数量，它的值可以经验性地确定，则有

$$n^2 + n - 2I_1 = 0$$

求解上面二次方程的根，则有

$$n = \frac{\left(-1 \pm \sqrt{1+8I_1}\right)}{2}$$

因为n是正整数，则有

$$n = \frac{\left(-1 + \sqrt{1+8I_1}\right)}{2}$$

式中，I_1 为仅出现一次的词数；n 为高低频词分界，把出现频次小于 n 的定义为低频词。上式的几何表达，如图2.20。

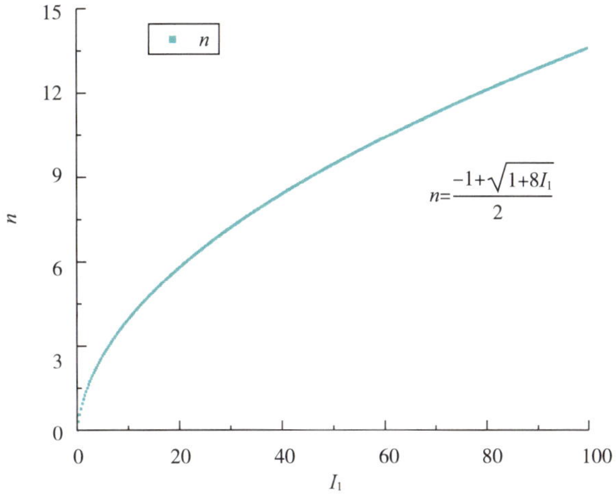

图2.20　Goffman高低频词分界公式的曲线

2.3 科学知识单元关系分析

世上不存在完完全全原创的理念，但存在独特的组合❶。

——威尔·贡培兹，《像艺术家一样思考》

世界是由元素的直接或间接的共现关系形成的有机整体（系统），科学世界则是知识单元与知识单元之间的关系形成的复杂系统。在对科技文献知识单元的关系研究中，产生了引文网络理论、文献耦合理论和文献的共被引理论等。以上理论实际上是对蕴含在科技文献内部知识单元关联的数理分析。因此，本部分将从共现理论入手，详细对基于知识单元的分析理论与方法进行介绍。

2.3.1　共现理论

共现（Co-Occurrence）现象是一种事物与另一种或多种事物之间外在表现的关联性，普遍存在于自然界和人类的日常生活中，如中药处方的共现、不同食品中添加剂

❶ 原文为There is no such thing as a wholly original idea，but a “unique combination” resulted from reinvention and hard work. From *Think like an Artist.*

的共现、微博中不同网友在同一评论区的共现等。食品成分共现关系能很好地反映食品成分的关联情况，为了解食品群组成提供依据。网络评论共现则有助于追踪相关事件在社交媒体中的传播情况以及预测将要产生的影响，如使用社交媒体对总统选举的分析（Adamic，2005）。与以上共现单元不同，本部分所探讨的共现现象发生在科学文献中的知识单元之间（李杰，2006），以下统称为"知识单元"共现。

Morris（2005）在其博士论文《复杂串联二分网络的统一数学处理》（"Unified mathematical treatment of complex cascaded bipartite networks"）中，首次系统地从数学的视角对科技文献中蕴含的实体和实体关系进行了深入的研究。该博士论文的核心内容依次包含了：期刊论文中实体关系的建模（Entity-Relationship Model of a Collection of Journal Papers）；关联权重的计算（Computation of Link Weights）；直接关联矩阵的分析（Occurrence Matrices）；共现矩阵分析（Co-Occurrence Matrices）；文献计量学分布（Bibliometrics Distributions）；递归矩阵增长（Recursive Matrix Growth）；图论矩阵（Graph Theoretic Matrices）；Similarity（相似性）；实体特征向量（Entity Feature Vectors）；排序、聚类和实体群体（Seriation，Clustering and Entity Groups）；直接关联矩阵的可视化（Visualization of Occurrence Matrices）；现有的文献分析技术（Existing Analysis Techniques）；软件工具包（Software Toolkit）以及炭疽的研究案例分析（Case Study：Anthrax Research）。Morris对科技期刊论文知识单元共现现象的系统数理化研究，是本部分认识和理解共现分析数学原理的基础。

在研究中，Morris将科技期刊论文中的实体主要分为：论文（Papers）、参考文献（References）、期刊（Paper Journals）、作者（Paper Authors）、被引期刊（Reference Journals）、被引作者（Reference Authors）、主题（Terms）以及作者机构（Paper author institution）等。对这些实体之间的关系进行梳理，主要可以划分为三种类型：①实体之间的直接关系。直接关系是指可以直接观察到的实体之间的关系，例如：论文与作者之间（撰写关系）、与参考文献之间（引用关系）、与术语以及载文期刊之间的关系，都属于直接关系。②实体之间的间接关系。间接关系是通过计算"直接关系网络"而得到的一对实体之间的关联。例如：从论文作者到参考文献作者的关系，从索引术语到参考文献的关系。这些实体所建立的关系是在"论文"实体的基础上建立的。③实体之间的共现关系。共现关系发生在相同的实体之间，出现在当两个相同实体共同与相同的其他实体相关联时的情况。例如：两位作者合著一篇论文所建立的关系；或者当两篇参考文献在同一篇论文中被引用所建立的关系。

在以上关系类型的分析基础上，Morris进一步对直接关系进行了梳理，认为从论文出发，目前存在7种直接的关系（如图2.21），分别为：①论文-论文作者（Paperspaper authors）：一位作者出现在多篇论文中或论文包含多位不同的作者。②论文-论文期刊（Papers–paper journals）：一本期刊包含多篇论文或论文出现在一个期刊中。③论文-参考文献（Papers–references）：一篇参考文献出现在多篇论文中或论文包含多个不同的参考文献。④论文-术语（Papers–terms）：a）标题和摘要术语在多篇论文中出现多次或论文包含多个多次出现的术语；b）索引术语在多篇论文中出现一次或论文包含多个不同的索引术语。⑤参考文献-参考文献作者（References–reference authors）：被引作者在多个参考文献中出现一次或参考文献包含一位被引作者。⑥参考文献-参考文献期刊（References–reference journals）：被引期刊在多个参考文献中出现一次或参考文献包含一个被引期刊。⑦论文作者-机构（Paper author–institution）：机构包含多位作者。

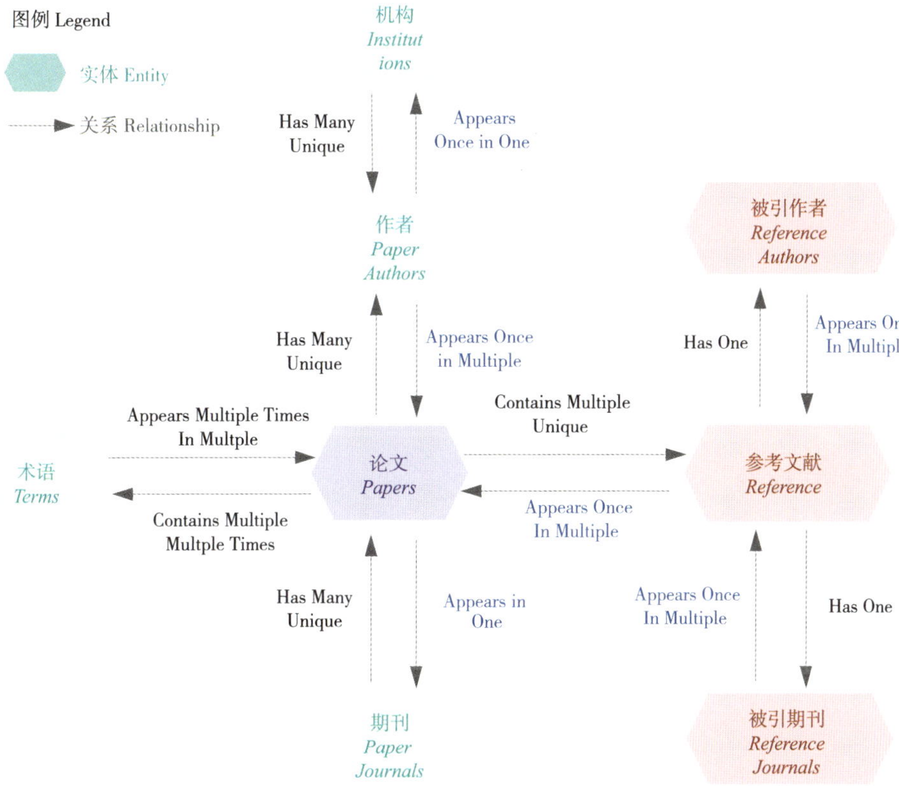

图2.21　期刊文献中重要实体及关系类型（Morris，2004，2005）

从期刊论文中重要实体及其关系类型出发，科学计量学领域的学者先后提出了具有创新性的共现分析技术与方法，例如，作者合著分析、术语共现分析（共词分析）、文献共被引分析、期刊共被引分析、作者共被引以及耦合分析等（如图2.22）。

最后，我们不妨进一步思考，自然界或期刊论文中知识实体为何会出现这种“共现”现象。在和Leydesdorff的讨论中，我们认为需要深入认识不同知识单元的相似特征，特别是它们之间的协同机理[1]。那么，系统科学理论将是解释科学文献中的知识单元形成的知识网络的基础理论之一。

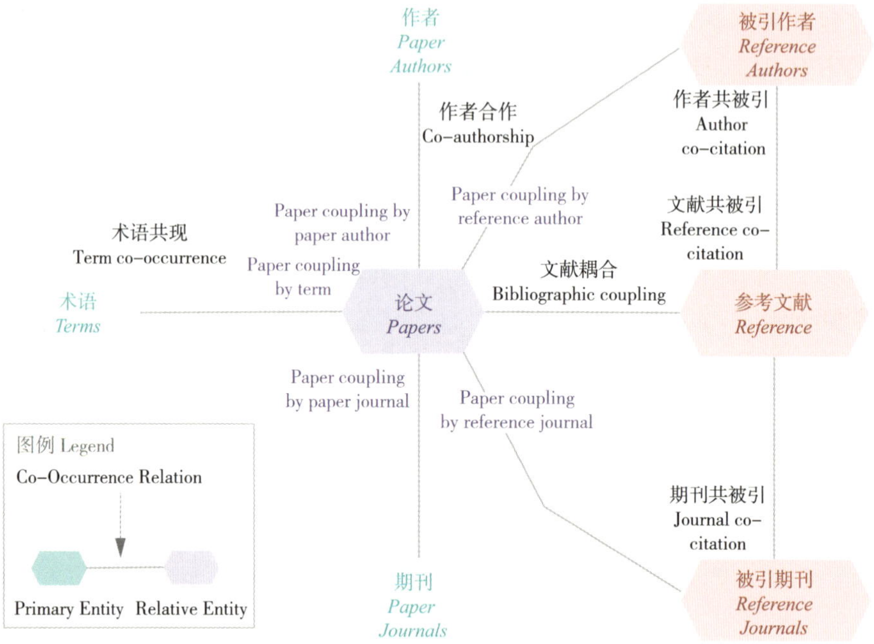

图2.22　期刊文献中重要实体的共现关系（Morris，2005）

2.3.2　引文理论

By now, it may seem redundant to say that a theory of citation is badly needed.

——Zuckerman（1987）

引文理论（Citation Theory）是由一个庞大的概念体系构成的，在当前的科学计量学领域中，几乎所有的分析都离不开引文。因此本部分将从引文的认知过程和发展历史等方面入手来介绍引文分析中的基本原理，涉及的这些内容共同组成了引文的分析基础。

艾萨克·牛顿（Isaac Newton）说：之所以我看的远，是因为我站在巨人的肩膀上（If I have seen farther，it is by standing on the shoulders of giants.）。参考前人已有的研究成

[1] 2020年1月21日，作者在荷兰阿姆斯特丹拜访了著名的科学计量学学者Loet Leydesdorff，并就该问题进行了讨论。

果，已经成为论文必不可少的一部分。正如Ziman所观察到的那样：“科学论文不是独立存在的，它是嵌入在主题的‘文献’中的”（Smith，1981；Ziman，1968）。科学发现建立在之前的研究基础之上，并激发和引导着未来的研究。

在此背景下，论文前赴后继的引用自然而然地会形成引文网络，整体表征着科学知识的发展过程。图 2.23 展示了*Nature* 杂志所发表的 6 篇重要文章[❶]以及它们的参考文献级联关系。每个色彩斑斓的“参考树（reference trees）”展示了启发特定文章以及受其影响的学科的多样性分布（Gates et al.，2019）。在每一个参考树中，白点表示“目标论文”，引用该篇论文的文献位于上方，它所引用的参考文献级联位于下方（引文级联的含义是参考文献的参考文献）。在垂直方向上，论文按照发表时间排列，并对论文按照所属的学科进行了着色。这一研究完美阐释了引文分析的价值及意义，是当前引文分析学习的经典案例。

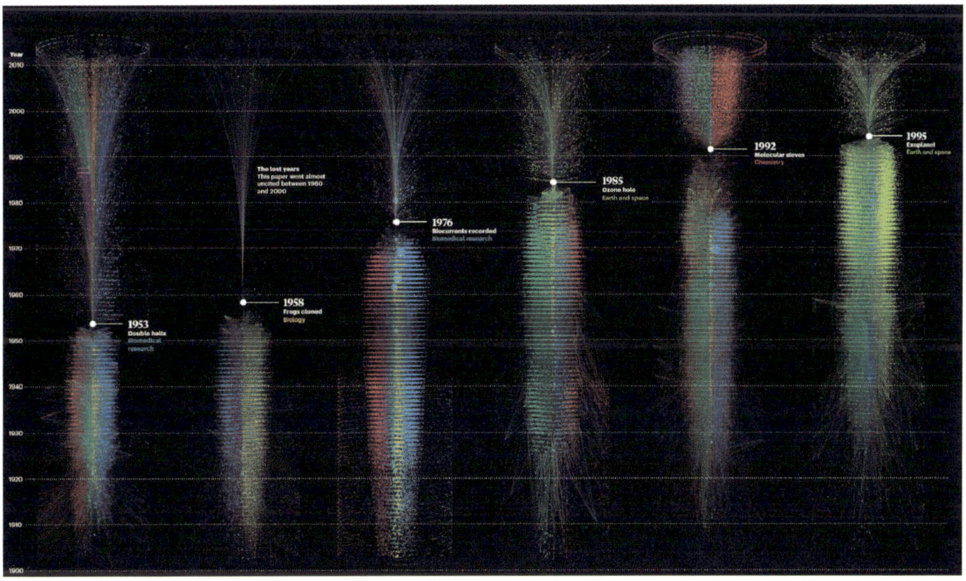

图2.23 *Nature*上重要论文的参考文献树（Gates et al.，2019）

注：*Nature*在创刊150年之际，组织了对过去150年的回顾。一方面，通过文献共被引的方法构建了*Nature*论文的网络，另一方面，将具有里程碑意义的论文定义为Featured paper，并构建了该论文前向和后向引文（被称为“reference trees”）。在线可视化结果：https：//www.nature.com/immersive/d41586-019-03165-4/reftree-home.html。

❶ 这六篇代表论文分别为：（1）Molecular structure of nucleic acids，Nature，171：737–738（1953）；（2）Sexually mature individuals of Xenopus laevis from the transplantation of single somatic nuclei，Nature，182：64–65（1958）；（3）Single-channel current recorded from membrane of denervated frog muscle fibres，Nature，260：799–802（1976）；（4）Large losses of total ozone in Antarctica reveal seasonal ClOx/NOx interaction，Nature，315：207–210（1985）；（5）Ordered mesoporous molecular sieves synthesized by a liquid-crystal template mechanism，Nature，359：710–712（1992）；A Jupiter-mass companion to a solar-type star，Nature，378：355–359（1995）.

那么为何科学家在论文中要引用前人的研究？难道仅仅就是为了站在“巨人的肩膀上”？ 当然，这一理由在科学计量学研究上来讲太过宽泛。科学计量学领域主要从引证动机或引文行为等视角来考察引文的形成（Brooks，2009）。Garfield（1965）从引用功能的视角对引用动机进行了说明，共包含15条内容[1]：

（1）向先驱者致敬；
（2）对相关工作给予承认（向同行致敬）；
（3）对科研采用的方法、设备的验证；
（4）提供背景性材料；
（5）纠正自己的工作；
（6）纠正他人的工作；
（7）批评以前的工作；
（8）为自己的论点寻求可靠的证据；
（9）提请注意即将发表的著作；
（10）对未被充分传播、标引或未被引用的文献给予引导；
（11）验证数据，如物理常数等；
（12）核查原始出版物中是否对某一观点或概念进行过讨论；
（13）核查原始出版物或其他著作是否曾讨论过某一人名、概念或术语；
（14）否定他人的著作或观点；
（15）对他人的优先权提出异议。

以上从不同视角反映了引用的动机和原因，属于符合学术道德和规范的正常引用行为。然而，当引用成为“学术回报”的一部分之后，也出现了大量的引用不端的行为。1977年，Thorne就关注到了这一点，并将这类引文行为总结为6个方面：①为阿谀某人的引用；②以自诩为目的的引用；③为相互吹捧而带有偏见的引用；④为支持某一观点牵强的引用；⑤为维护某一学术研究派别利益的不正常引用；⑥因迫于某种压力的引用（Thorne，1977）。这种不规范的引用并不能真实反映科学的传承或发展效应，在一定程度上还会影响引文分析的客观性和科学性。

对引文分析的发展历程可以总结为四个阶段（刘则渊，2016）：

阶段一：引文分析 1.0。该时期以普赖斯和加菲尔德等为代表，重点采用物理学和

[1] 在文献调研中，几乎所有的中文资料都认为这 15 条引证原因是问斯托克（Weinstock）提出的，但是通过文献的调研，我们认为该提法是由加菲尔德最早提出的。可以参考：Encyclopedia of Library and Information Sciences，4：953（Citer Motivations [ELIS Classic]. Terrence Brooks，iSchool，University of Washington，Seattle，Washington，U.S.A.）。

统计学的方法对引文分布的特征进行研究。例如：普赖斯的“科学论文的网络”、加菲尔德的“影响因子”是这一阶段的代表。

阶段二：引文分析 2.0。采用矩阵和图论的理论对引文所构建的关系进行分析，先后诞生了文献的耦合、文献的共被引、引文网络等理论与分析技术。

阶段三：引文分析 3.0。引文分析与信息可视化技术深度融合，走向引文快速发展和普及阶段，该阶段以美国德雷塞尔大学陈超美教授的引文空间可视化分析工具CiteSpace的开发与应用为代表。

阶段四：引文分析 4.0。伴随着数据库技术的快速发展，引文的标引向内容层面发展，新一代的全文本引文分析诞生。

我们认为引文分析4.0主要体现在以下两大方面：

一方面，基于全文本引文分析（Full text Citation analysis）的兴起，引文分析向论文内部的纵深发展。目前，引文分析可以深入语境层面，全文本引文分析已经成为一个重要的研究方向。相关引文数据库也融合了引证语境和位置等功能（例如：Web of Science Core Collection补充了引文位置的信息，Scite数据库则补充了引用语境和情感的信息）。

另一方面，引文分析向多源数据关联融合的横向发展，由原来以科学论文为主的引文分析，向专利引文以及政策引文等方向发展，进一步扩展了引文分析的维度（例如：Altmetrics数据库实现了科学论文与社交媒体的关联；Overton数据库实现了科学论文与政策的关联）。

当然，对于全文本引文分析的探索并不是最近几年的事情，20 世纪 80 年代末已经有学者对该方面进行了初步的探索，但由于数据和技术的限制未取得进一步的发展，也不为领域内外熟知。例如，1989 年，麦凯恩和特纳引入了一种引文上下文分类方案（citation context classification scheme），并给出了以下的理由：引用出现的位置主要表明作者对所引用论文以及其中包含信息的使用方式。在此基础上，综合“引文数量”、“引文位置”、“引文语境”以及“引文之间是否存在明确的链接以及关键论文与源论文的作者和机构之间的关系（个人和机构的自引）”提出了“效用指数（Utility Index）”，计算公式如下（McCain et al.，1989）：

$$UI = w_{sc}\left[w_i \ln\left(x_i+1\right) + w_m \ln\left(x_m+1\right) + w_d \ln\left(x_d+1\right) + w_r \ln\left(x_r+1\right)\right]$$

式中，x 表述不同位置的引文数，x_i 表示在引言（introduction）位置的引文数；x_m

表示在方法论（methodology）位置的引文数；x_d表示在讨论或结论（discussion and results）位置的引文数；x_r表示在文献综述（review）位置的引文数。w表示出现在不同位置引文的权重，其中，w_i表示在引言位置的引文权重；w_m表示在引言位置的引文权重；w_d表示在讨论或结论位置的引文权重；w_r表示在综述位置的引文权重。在权重的设置中，中心位置的引文权重通常为1，边缘位置的引文权重通常为0.5。在该研究中，各位置权重的取值分别为$w_i \in [0.5, 1.0]$，$w_m \in [1.0, 3.0]$，$w_d \in [1.0, 2.0]$，$w_i \in [0.5, 1]$。w_{sc}则是考虑引文独立性来确定的权重，主要考察他引（$w_{sc} = 1$）、作者自引（$w_{sc} = 0.1$）以及机构自引（$w_{sc} = 0.5$）。可以判断，如果当时具备了全文本引文分析的数据基础和技术积累，麦凯恩和特纳定会做出大量的实践研究和理论总结。

2.3.3 引文网络

The pattern of bibliographic references indicates the nature of the scientific research front.（参考文献的模式预示着研究前沿的本质。）

——Derek J.de Solla Price

引文网络（Citation Network）是建立在论文相互引证基础上的一种自然而然的论文关系形态。在这方面的研究中，科学计量学之父普赖斯较早地借助加菲尔德博士开发的SCI数据库进行了实践探究。1965年，时任美国耶鲁大学科学史专业阿瓦隆（Avalon）教授的普赖斯，根据1964年3月17日在华盛顿国家标准局参加“机械化文献统计方法研讨会”的论文，在*Science*发表了《科学论文的网络》（“Networks of Scientific Papers”），后来被收录到了1986年出版的《小科学，大科学及其他》中，开启了“科学论文网络”研究的先河，为“引文网络”的研究和发展奠定了基础（Price，1965）。普赖斯从四个方面对参考文献进行了深入的统计分析，分别为参考文献的出现率（Incidence of References）、引文的出现率（Incidence of Citations）、即时因子（Immediacy Factor）以及历史范例（Historical Examples）。就是在这篇论文中，普赖斯给出了包含100篇旧论文与7篇新论文之间的引证关系网（如图2.24）。进一步，普赖斯认为，在论文的相互引证网络上，会形成密集分布的研究小条或小块，如果把这些小条或小块研究清楚，就可以绘制出当代科学的“地形图（Topograph）”（Price，1965；赵红州等，1984 b）。这样的科学地形图，对于认识科学研究的关键信息有重要的价值。虽然，整体上普赖斯在论文中仅仅对引文网络的统计特征进行了分析，或与当前的引文网络分析范式存在一定的差异，但该篇论文在一定程度上奠定了后来进行引文网络分析的基础，在科学计量学领域拉开了引文网络分析的序幕。

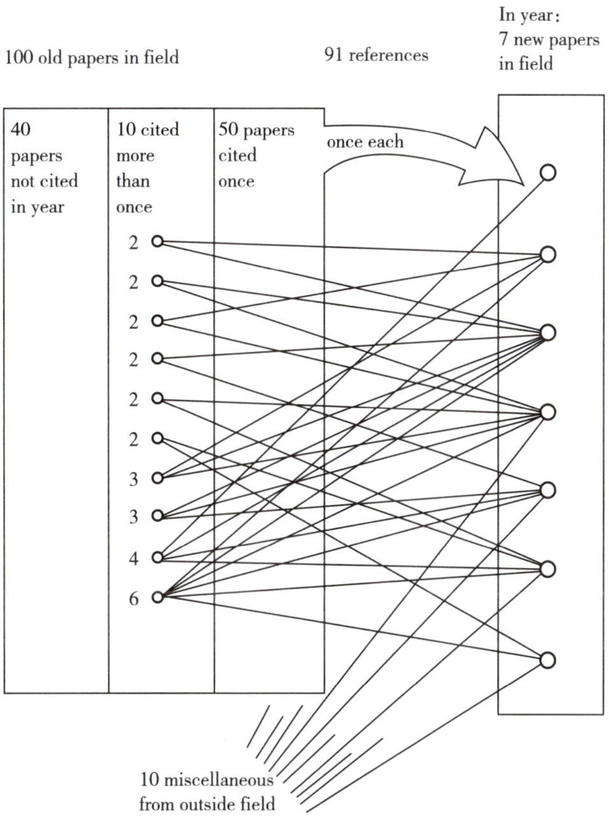

图2.24 普赖斯描述的施引文献与被引文献的关系示意图（Price，1965）

注：上图中，假设该领域早期发表的论文由100篇论文组成，其中一组包含7篇新论文，每篇论文包含了大约13篇参考文献（则共有91篇参考文献），且这91篇被引文献大约11%（或者说10篇）是领域外的。普赖斯发现，有50篇早期文献仅仅被这7篇论文各引用了1次（这些链接没有显示），有40篇文献没有被这7篇论文引用，有10篇旧文献至少被7篇新论文引用了2次。

2.3.3.1 引文网络的类型

从引证关系是否具有方向，引文网络（Citation Network）可以划分为有向引文网络（Directed Citation Network）和无向引文网络（Undirected Citation Network）。例如，图 2.25（a）为 7 篇论文形成的有向引证网络。无向网络顾名思义就是网络中文献或知识单元之间的关系是无方向的。在科学计量学中，通过实体和构建关系的模式不同构建了多种类型的无向网络，主要包括文献耦合网络、文献共被引网络、共词网络以及合作网络等。

鉴于无向网络是科学计量学中应用最为广泛的一种网络类型，将在后文中深入讨论，因此，这里首先对有向网络进行说明。

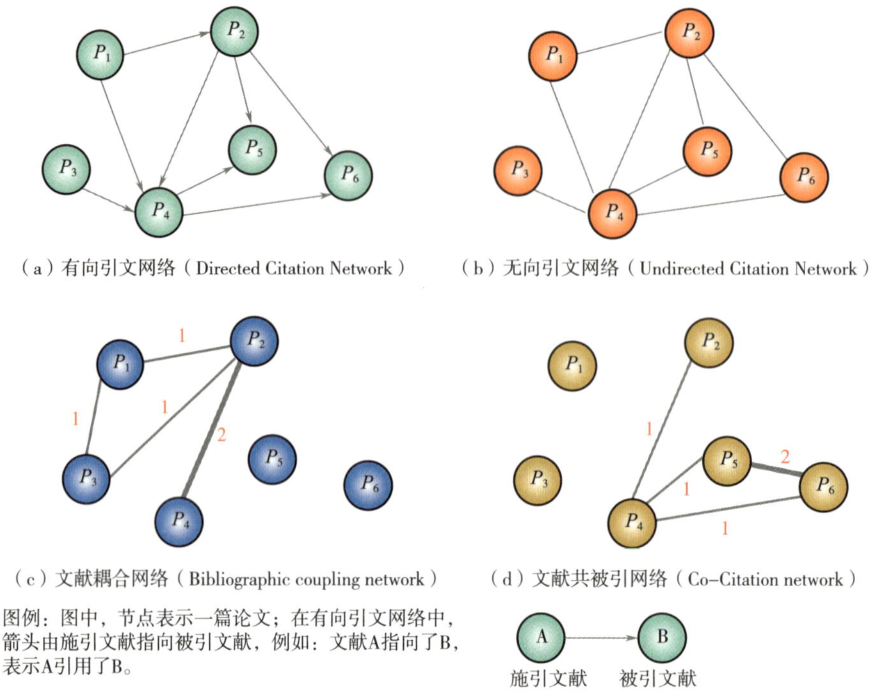

图2.25　引文网络的类型

注：在一个引文网络中，施引文献（Citing Articles）和被引文献（Cited Articles）是相对的一组概念。例如，在上图有向网络中，箭头指向的是被引文献，引用被引文献的论文为施引文献。

有向引文网络可以直观地表达文献与文献之间的引用关系，例如，在图 2.25（a）中，文献之间形成了由施引文献指向被引文献的引文网络图，这种网络可以使用0–1矩阵来表达。以论文为例，在一个有向引文网络的邻接矩阵$\boldsymbol{A}$中，定义其元素A_{ij}的含义如下（其中j为施引文献，i为被引文献）：

$$A_{ij}=\begin{cases}1, & \text{如果论文}j\text{引用论文}i\\ 0, & \text{如果论文}j\text{未引用论文}i\end{cases}$$

图 2.25（a）中有向引文网络使用矩阵就可以表达如下（矩阵单元格中的数字表示j论文引用了i论文，网络中i的被引次数为所在列的数据之和，在网络中表现为节点的入度之和）：

$$\boldsymbol{A}=\begin{pmatrix}0&1&0&1&0&0\\0&0&0&1&1&1\\0&0&0&1&0&0\\0&0&0&0&1&1\\0&0&0&0&0&0\\0&0&0&0&0&0\end{pmatrix}$$

在有向引文分析中，加菲尔德博士开发的HistCite工具最具代表性（Garfield，2003，2004，2009）。该工具能便捷处理来自Web of Science数据库的文献数据，并生成高被引文献之间的引证关系。同时，在有向引文网络中，还可以结合主路径分析技术（Leydesdorff et al.，2017），进一步提取网络中一组由重要成果组成的演化路径。

2.3.3.2 文献耦合原理

耦合的思维方式是人类判断事物相似性的一种最为古典的方式，已经被人类潜移默化地应用在了方方面面。文献耦合的思想最早来源于麻省理工学院电机工程与计算机科学教授法诺（Fano，1956），法诺将图书馆想象成一个三维空间，其中的点代表收藏中的每一份文档。所有的点以不同的方式相互关联，从而形成了许多重叠的群组。属于某一特定群组的点是指在一个特定主题内的文档。法诺确信，连接一个主题群组内文档的不是摘要、标题或文本正文中的共同词汇。相反，能够无歧义地标识它们相似性的是它们引用列表中的共同参考文献（Fano，1956；Fugl，2001）。后来其博士生Evan以此为博士论文方向，进行了系统的研究（Evan，1966）。在法诺思想的启发下，1961 年，受美国自然科学基金委（National Science Foundation）对麻省理工学院图书馆的资助，Kessler开始了对论文耦合（Bibliographic Coupling）现象的研究和分析，并形成了研究报告《技术性论文文献耦合的实验研究》（Kessler，1961）[1]，开创了文献耦合分析的先河。在此技术报告的基础上，他于 1962 年撰写了《科学论文之间的文献耦合》一文，并于 1963 年发表在了*American Documentation*期刊上（现为*JASIST*期刊）。Kessler提出文献耦合的背景是试图开发一种新的科技论文分组方法。在研究中，Kessler将文献耦合描述为："两篇论文共同引用的一个参考文献被定义为它们之间的耦合单元"（A single item of reference used by two papers was defined as a unit of coupling between them）。换句话说，文献耦合现象实际上就是"两篇论文引用了共同参考文献的现象"。在此基础上，Kessler 提出了文献耦合的两大准则：

准则A：如果某个论文组的每个成员与给定的测试论文P_0至少有一个耦合单元，则该组论文构成一个相关组G_A。论文P_0与G_A的任何成员之间的耦合强度由它们之间的耦合单元数量（n）来衡量。G_An是与P_0通过n个耦合单元相连的G_A的部分。

准则B：如果某个论文组的每个成员与该组的每个其他成员至少有一个耦合单元，则一组论文构成一个相关组G_B。

在准则A的基础上，Kessler 对 36 卷《物理学评论》上发表的 8 521 篇论文进行

[1] 关于文献耦合，1963 年普赖斯的《小科学，大科学》中也有提及，原文为"papers which make the same citations have an increased likelihood of doing the same work"，当时用来讨论科学发现的"优先权"问题。

了文献耦合的实验分析（Kessler，1963）。图 2.26 中展示了Kessler 计算的论文编号为0010971538的文献耦合结果。

```
ARTICLE  0010971538
0010971538 SHARES SOURCE 1030120314 WITH ARTICLE 0010970322
0010971538 SHARES SOURCE 1030120362 WITH ARTICLE 0010970322
0010971538 SHARES SOURCE 0010920958 WITH ARTICLE 0010970322
0010971538 SHARES SOURCE 1030120362 WITH ARTICLE 0010970587
0010971538 SHARES SOURCE 0010971538 WITH ARTICLE 0010971525
0010971538 SHARES SOURCE 1030120362 WITH ARTICLE 0010971525
0010971538 SHARES SOURCE 0010929857 WITH ARTICLE 0010971525
0010971538 SHARES SOURCE 0010971531 WITH ARTICLE 0010971525
0010971538 SHARES SOURCE 0120230015 WITH ARTICLE 0010971525
0010971538 SHARES SOURCE 0010971538 WITH ARTICLE 0010971531
0010971538 SHARES SOURCE 1030120314 WITH ARTICLE 0010971531
0010971538 SHARES SOURCE 1030120362 WITH ARTICLE 0010971531
0010971538 SHARES SOURCE 0010920857 WITH ARTICLE 0010971531
0010971538 SHARES SOURCE 0010971525 WITH ARTICLE 0010971531
0010971538 SHARES SOURCE 1030120362 WITH ARTICLE 0010971596
```

图2.26　论文0010971538的耦合计算结果（Kessler，1963）

随着数据库和数据处理技术的不断发展，当前可以直接处理的数据样式已经发生了重大的变化，但所依托的文献耦合思想仍然与Kessler 当初的设想一致。可以说，文献耦合已经成为科学计量学方法论体系的重要组成部分，并被广泛地应用于科学文献数据库和科学知识图谱的构建中。例如，在Web of Science 核心合集中检索论文Egghe（2002），并切换到该论文的页面。点击界面右侧的View Related Records，即可查看与该论文存在耦合关系的论文列表。案例中Egghe（2003）与所检索论文的文献耦合强度为8（如图2.27）。

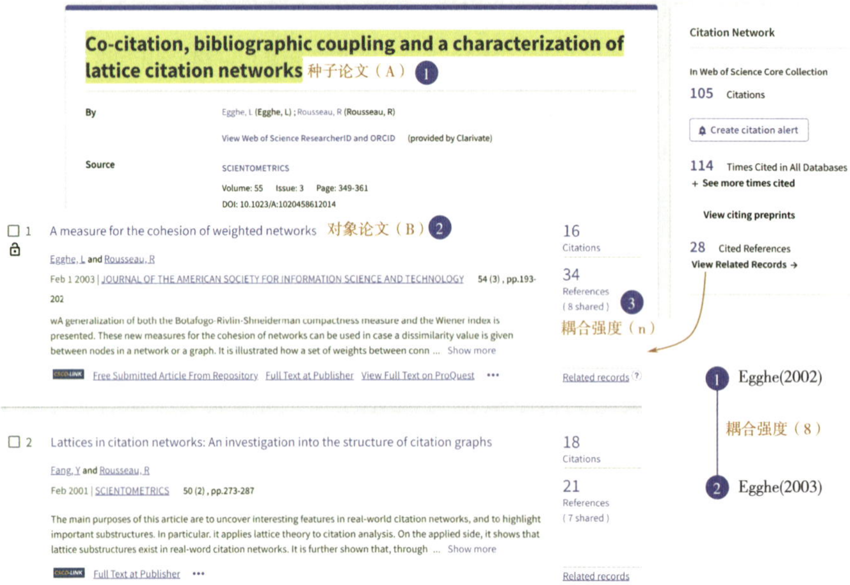

图2.27　文献耦合法在Web of Science平台中的应用

与Kessler 的时代相比，目前可以使用引文索引数据库和数据处理工具（例如：VOSviewer）快捷地计算对象之间的耦合强度。例如，从Web of Science核心合集中采集的文献已经包含了完整的参考文献记录，用户在进行文献耦合分析时，只要分别计算所采集数据中“施引文献对”的参考文献重合数，并形成耦合矩阵即可。在形成耦合矩阵后，用户可以进一步使用聚类分析或网络分析的方式对当前的文献集合划分类别。图 2.28 详细呈现了文献耦合的计算方法，读者可以将其程序化，以快捷构建和进行文献耦合分析。在图 2.28 中，P_1，P_2 和P_3 分别表示 3 篇施引论文，指向的红色节点为 3 篇论文所引用的 5 篇参考文献R_1，R_2，R_3，R_4 及R_5。文献耦合的强度就是计算论文P共同指向的参考文献的数量。例如，论文P_1 和P_2 共同指向了参考文献R_1，那么这两篇论文就形成了耦合关系。按照文献耦合计算的规则，可以得到如图 2.28 中的“论文-参考文献”隶属矩阵，记为A。那么，论文的耦合矩阵可以通过矩阵的乘法运算得到，记为B。通过矩阵的网络可视化，可以得到最终论文耦合网络结果。

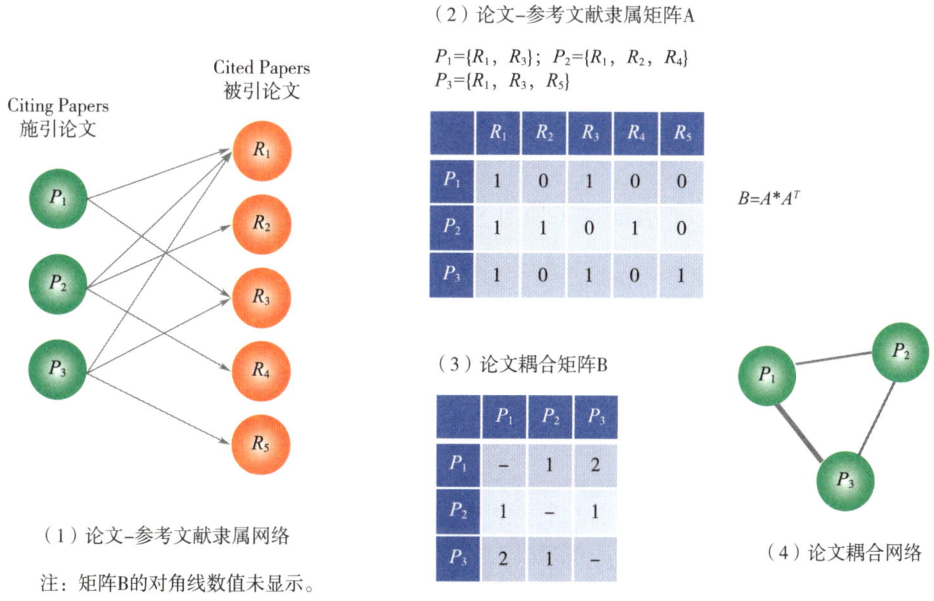

	R_1	R_2	R_3	R_4	R_5
P_1	1	0	1	0	0
P_2	1	1	0	1	0
P_3	1	0	1	0	1

	P_1	P_2	P_3
P_1	–	1	2
P_2	1	–	1
P_3	2	1	–

图2.28　文献耦合网络的提取与分析过程

按照图 2.28 的步骤，可以将以上过程总结为如下的数学表达。

上图中，邻接矩阵 $\boldsymbol{A}$ 用于表示论文引用网络，其行和列分别代表不同的论文或参考文献。那么，矩阵 $\boldsymbol{A}$ 中的元素A_{ij}可以表示为：

$$A_{ij}=\begin{cases}1，如果论文P_i引用了参考文献R_j\\0，如果论文P_i未引用参考文献R_j\end{cases}$$

那么，上图中，矩阵$\boldsymbol{A}$为：

$$\boldsymbol{A}=\begin{pmatrix}1&0&1&0&0\\1&1&0&1&0\\1&0&1&0&1\end{pmatrix}$$

第一行表示论文P_1引用了参考文献R_1和R_3。

第二行表示论文P_2引用了参考文献R_1、R_2和R_4。

第三行表示论文P_3引用了参考文献R_1、R_3和R_5。

计算矩阵$\boldsymbol{A}$的转置A^{T}：

$$\boldsymbol{A}^{\mathrm{T}}=\begin{pmatrix}1&1&1\\0&1&0\\1&0&1\\0&1&0\\0&0&1\end{pmatrix}$$

计算中，可以通过矩阵$\boldsymbol{A}$与其转置$\boldsymbol{A}^{\mathrm{T}}$相乘得到的耦合矩阵$\boldsymbol{B}$（$\boldsymbol{B}=\boldsymbol{A}\boldsymbol{A}^{\mathrm{T}}$）。其中，$B_{ij}$中的元素，可以按照下式进行计算：

$$B_{ij}=\sum_{k=1}^{n}A_{ik}A_{jk}$$

最后，得到的耦合矩阵$\boldsymbol{B}$如下（如图2.29）：

$$\boldsymbol{B}=\boldsymbol{A}\times\boldsymbol{A}^{\mathrm{T}}=\begin{pmatrix}1&0&1&0&0\\1&1&0&1&0\\1&0&1&0&1\end{pmatrix}\cdot\begin{pmatrix}1&1&1\\0&1&0\\1&0&1\\0&1&0\\0&0&1\end{pmatrix}=\begin{pmatrix}2&1&2\\1&3&1\\2&1&3\end{pmatrix}$$

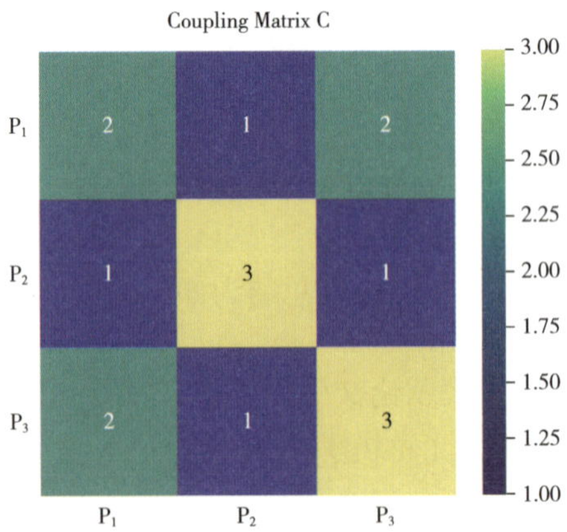

图2.29　文献耦合热力图

注：在示意图2.28中删除了对角线上的数值。

在文献耦合的思路启发下，后续来自科学计量学领域的学者又提出了期刊的耦合分析（Small et al.，1977）、作者的耦合分析（Zhao et al.，2008）、机构的耦合分析以及国家或地区的耦合分析（Glänzel et al.，1996）等，为从耦合视角认识科学的结构特征提供了新的分析视角。

2.3.3.3 文献共被引原理

在文献耦合分析的基础上，1973年，来自苏联的Marshakova（1973）和美国科学信息研究所（ISI）的Small（1973）分别独立提出了文献的共被引，并分别发表了论文。其中，Small发表的论文《科学文献中的共被引：两篇文档之间关系的新测度》（Small，1973），将文献的共被引定义为：在后发表的论文中，两个先前发表的论文一起被引用的频次（co-citation is the frequency with which two items of earlier literature are cited together by the later literature.）。同时，Small在论文的注释中也给出了文献共被引的集合表达，即A是引用参考文献a的论文集合，B是引用参考文献b的论文集合，那么，$A \cap B$就表示同时引用了a和b的论文集合C，C中论文的数量$n(A \cap B)$就表示a和b的共被引次数。进一步可以得到文献的相对共被引频次，记为$n\left(A \cap B\right)/\left(A \cup B\right)$，又称“共被引强度”。

在“文献共被引对”中，若两篇论文具有高的共被引次数，那么意味着有大量的作者在论文中同时引用了这两篇论文。也就是说，文献共被引关系是由施引学者（Citing Author）的引用而构建起来的。因此，共被引强度的测度与施引作者的数量密切相关。此外，从文献共被引形成的机制来看，文献的共被引强度是动态变化的。在基于被引频次确定的高影响力论文中，高被引论文表征了研究领域的核心概念、方法或实验，因此高被引文献的共被引模式可以用来表征研究领域中重要观点的关系。文献的共被引为客观的专业领域知识结构的建模提供了方法论，同时对动态的共被引模式的研究也为探索和理解专业领域的发展模式提供线索（Small，1973）。例如，在研究中，Small以粒子物理领域为例，构建了 10 篇高被引论文的共被引网络，如图 2.30。共被引网络中，Small省略了共被引强度小于 7 次的连线。结果显示，在粒子物理领域，“Lovelace C 68 & Veneziano G 68”以及“Gell-Mann M 68 & Glashow S 68”文献对之间形成了强的共被引关系。虽然“Lovelace C 68 & Veneziano G 68”的文献耦合强度仅为 1，但文献共被引从另外一种视角发现了它们之间在研究上的强关联性。

在文献共被引数据的实际分析中，与文献耦合的数理计算类似，可以通过对论文-参考文献矩阵进行变换，以得到参考文献-参考文献的共现矩阵（即共被引矩阵），并进一步可以对矩阵进行网络可视化和聚类分析（如图2.31）。

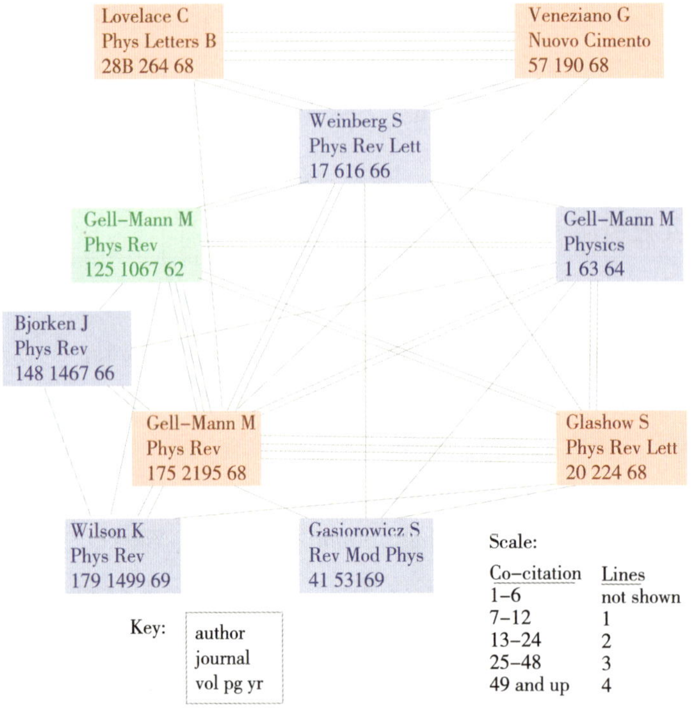

图2.30　粒子物理领域高被引论文的共被引网络（Small，1973）

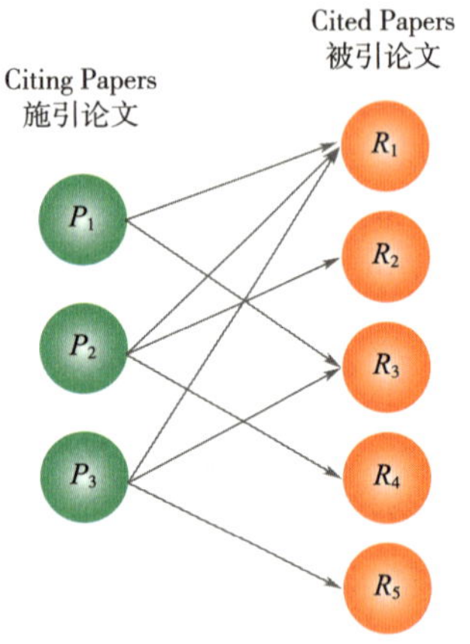

（1）论文-参考文献隶属网络

注：矩阵B的对角线数值未显示。

（2）论文-参考文献隶属矩阵$\boldsymbol{A}$

$P_1=\{R_1,\ R_3\}$；$P_2=\{R_1,\ R_2,\ R_4\}$
$P_3=\{R_1,\ R_3,\ R_5\}$

	R_1	R_2	R_3	R_4	R_5
P_1	1	0	1	0	0
P_2	1	1	0	1	0
P_3	1	0	1	0	1

$\boldsymbol{B}=\boldsymbol{A}^{\mathrm{T}}\times\boldsymbol{A}$

（3）文献共被引矩阵$\boldsymbol{B}$

	R_1	R_2	R_3	R_4	R_5
R_1	-	1	2	1	1
R_2	1	-	0	1	0
R_3	2	0	-	0	1
R_4	1	1	0	-	0
R_5	1	0	1	0	-

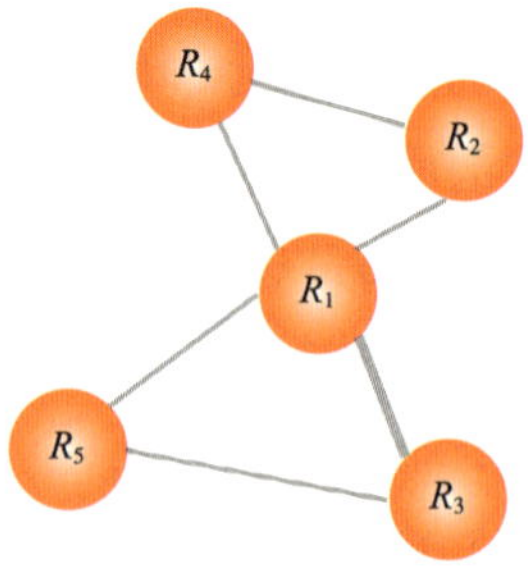

（4）文献共被引网络

图2.31　文献共被引网络的提取与分析过程

按照图2.31步骤，可以将以上示意图的计算过程总结如下：

图 2.31 中，邻接矩阵$\boldsymbol{A}$用于表示论文引用网络，其行和列分别代表不同的论文或参考文献。那么，矩阵$\boldsymbol{A}$中的元素A_{ij}可以表示为：

$$A_{ij}=\begin{cases}1, & \text{如果论文}P_i\text{引用了参考文献}R_j\\0, & \text{如果论文}P_i\text{未引用参考文献}R_j\end{cases}$$

那么，上图中，矩阵$\boldsymbol{A}$为：

$$\boldsymbol{A}=\begin{pmatrix}1&0&1&0&0\\1&1&0&1&0\\1&0&1&0&1\end{pmatrix}$$

第一行表示论文P_1引用了参考文献R_1和R_3。
第二行表示论文P_2引用了参考文献R_1、R_2和R_4。
第三行表示论文P_3引用了参考文献R_1、R_3和R_5。

可以通过计算$\boldsymbol{A}$的转置矩阵$\boldsymbol{A}^{\mathrm{T}}$与$\boldsymbol{A}$的乘积（$\boldsymbol{B}=\boldsymbol{A}^{\mathrm{T}}\boldsymbol{A}$），得到共被引矩阵$\boldsymbol{B}$。其中，元素$B_{ij}$表示参考文献$R_i$和$R_j$被共同引用的次数。

$$B_{ij}=\sum_{k=1}^{m}A_{ki}\cdot A_{kj}$$

具体计算结果如下（图2.32）：

$$\boldsymbol{B}=\begin{pmatrix}1&1&1\\0&1&0\\1&0&1\\0&1&0\\0&0&1\end{pmatrix}\bullet\begin{pmatrix}1&0&1&0&0\\1&1&0&1&0\\1&0&1&0&1\end{pmatrix}=\begin{pmatrix}3&1&2&1&1\\1&1&0&1&0\\2&0&2&0&1\\1&1&0&1&0\\1&0&1&0&1\end{pmatrix}$$

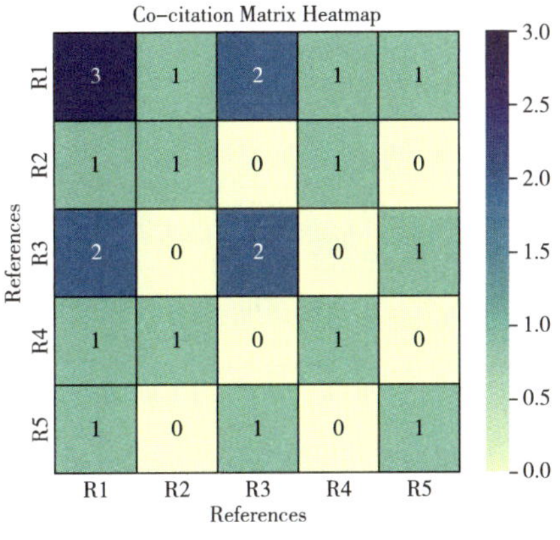

图2.32　文献共被引矩阵热力图

在分析过程的示意图中，我们删除了对角线的数值，仅仅展示了所计算的文献的共被引强度。此外，通过上面的过程不难得出，矩阵 $\boldsymbol{B}$ 是对称矩阵，则有：

$$\boldsymbol{B}^{\mathrm{T}}=\left(\boldsymbol{A}^{\mathrm{T}}\boldsymbol{A}\right)^{\mathrm{T}}=\boldsymbol{A}^{\mathrm{T}}\boldsymbol{A}=\boldsymbol{B}$$

从以上对文献共被引理论的分析不难得出，与文献耦合类似，文献共被引亦是一种对文献相似性的测度方法，具有高的共被引强度的两篇论文之间，在研究内容上具有高的潜在相似性。此外，文献共被引分析是共现分析（Co-Occurrence）的一个例子，因此可以用知识单元的共现分析来构建其计算过程。具体的做法是，从所分析的文本中，遍历参考文献对的两两出现次数即可，然后直接可以形成文献共被引矩阵。

相比其他的引文网络分析方法，文献的共被引方法在科研和具体的实践中应用最为广泛，遍布科技战略分析、科学知识结构的演化以及信息检索和推荐等方面。下面对相关的应用做如下介绍。

在科技战略智库的应用中，中国科学院和科睿唯安长期合作，利用基本科学指标数据库（Essential Science Indicators）中的高被引论文数据，通过对高被引论文二次聚类形成的热点“研究领域”等结果，最后形成科学研究前沿或科学结构图谱，详细的原理参见图 2.33。对于分析的细节和研究的结果，读者可以参见每一年度发表的《科学结构图谱》和《研究前沿》报告。

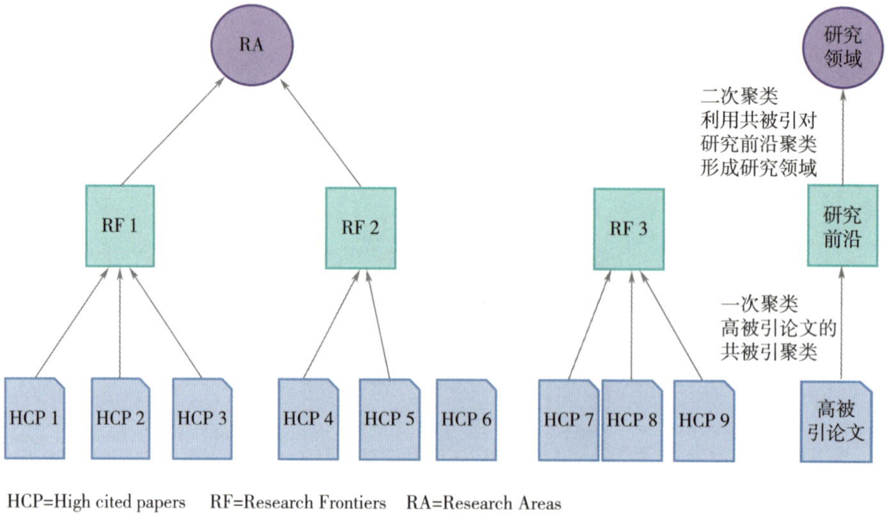

图 2.33 文献共被引方法在研究前沿分析中的应用

在文献共被引的实践应用中，近年来最为典型的案例要数*Nature*论文共被引网络的构建。在 2019 年*Nature*创刊 150 周年之际，来自复杂网络领域的科学家，利用Web of Science中收录的*Nature*论文数据，构建了自 1900 年以来*Nature*所发表的 88 637 篇论文的共被引网络（如图 2.34）。图中一个节点表示一篇论文，论文所属的领域使用不同的颜色表示，分别为艺术（Arts）、生物学（Biology）、生物医学研究（Biomedical Research）、化学（Chemistry）、临床医学（Clinical Medicine）、地球与空间（Earth and Space）、工程与技术（Engineering and Technology）、健康（Health）、人文学科（Humanities）、数学（Mathematics）、物理学（Physics）、工商管理（Business and Management）、心理学（Psychology）以及社会科学（Social Sciences）。论文与论文之间的连线表示共被引关系，节点的大小代表共被引关系的总和。最后，以动态时序的模式呈现了*Nature*在漫长的历史时期所形成的人类科学发现的历程。

图2.34 ***Nature*** 150年论文的共被引网络（Gates et al.，2019）

注：*Nature* 150年论文的共被引网络可参见：https：//www.nature.com/immersive/d41586-019-03165-4/index.html；*Nature* 150年系列图谱可参见：https：//www.nature.com/collections/hddgebfbee。

与文献耦合应用于相似论文的发现类似，共被引分析方法也是发现“相关记录”的有效途径。2020 年，来自美国埃默里大学罗林斯公共卫生学院的流行病学专家Janssens（1968—2022）基于文献共被引理论提出了一种新的文献搜索方法，即集成共被引和有向引文方法来进行相关文献的发现，如图 2.35（Janssens，2020 a，b）。在具体执行文献搜索任务时，假定图中绿色节点表示作者要检索的已知文献，这里称为“种子文献”。若这些“种子文献”（绿色）被其他施引文献（红色）引用了，那么，这些种子文献就会与施引文献的参考文献形成共被引关系（如黄色和蓝色节点）。如果一篇“种子文献”被引用了2次，这意味着，这篇“种子文献”出现在了2篇施引文献的参考文献列表中。图2.35（a）中，节点内部的数字为对应文献与其他文献的共被引次数。用户可以通过共被引强度来筛选与“种子文献”密切相关的文献（这里可以不考虑与种子文献只有1次共被引关系的文献，如黄色节点文献）。在基于引文的搜索策略中，绿色节点仍为种子文献，节点中的数字表示引用“种子文献”和被“种子文献”引用的次数。也就是说，既没有引用种子文献，也没有被种子文献引用的文献将视为未建立起关联的文献，即基于引文的搜索仅仅可以获得前向或后向引文信息。例如，图中节点数字为0的种子文献通过直接引文并不能与种子文献建立关系，如果引入共被引方法，那么该文献将与其他种子文献建立关联。这反映了基于文献共被引的文献搜索可以成为引文搜索的有效补充。

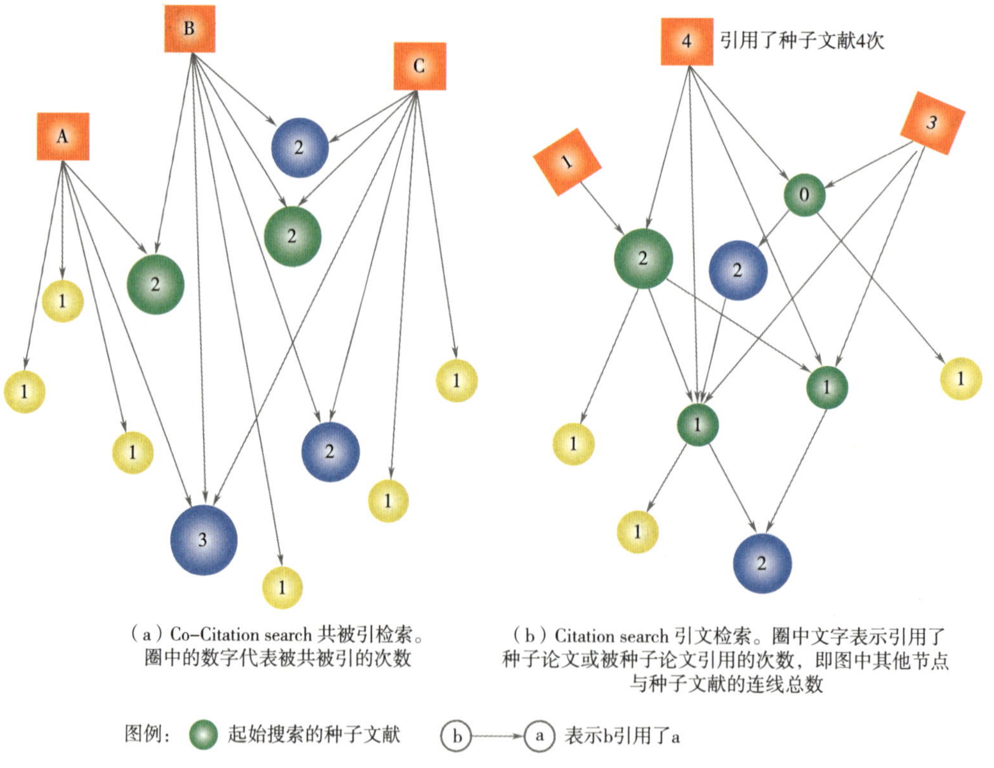

（a）Co-Citation search 共被引检索。圈中的数字代表被共被引的次数

（b）Citation search 引文检索。圈中文字表示引用了种子论文或被种子论文引用的次数，即图中其他节点与种子文献的连线总数

图2.35　基于文献共被引构建的文献关联发现模式（Janssens，2020 a）

在文献共被引理论框架的指导下，Janssens开发了CoCite来实现了文献的检索和发现。CoCite已经与PubMed和Google Scholar数据库连接。例如：用户在这两个数据库中

以某一篇论文为种子文献进行检索后，在该“种子文献”的记录下面将显示View Co-Citations。用户只要点击View Co-Citations就会链接到与该论文存在共被引关系的文献列表页面。在页面中显示了“种子文献”的被引次数、“共被引文献”的被引次数、共被引次数以及相似性（Similarity）。这里的相似性是指，两篇文献共被引次数占“种子文献”被引次数的百分比。

随着文献共被引思想和方法的传播和应用，1981年，普赖斯奖获得者White正式提出了作者的共被引分析（Author Co-Citation Analysis），用来从作者的视角测度科学的结构（White et al., 1981）。1991年，White的博士生，普赖斯奖获得者McCain提出了期刊共被引分析（McCain, 1991）。当前，文献共被引方法已经作为科学计量学的核心方法，在不断发展和完善。

2.3.3.4 文献耦合与共被引比较

文献耦合（Documents Bibliographic Coupling）和文献共被引（References Co-Citation）分析是两种从引文视角对文献进行相似性测度的方法，如图2.36。

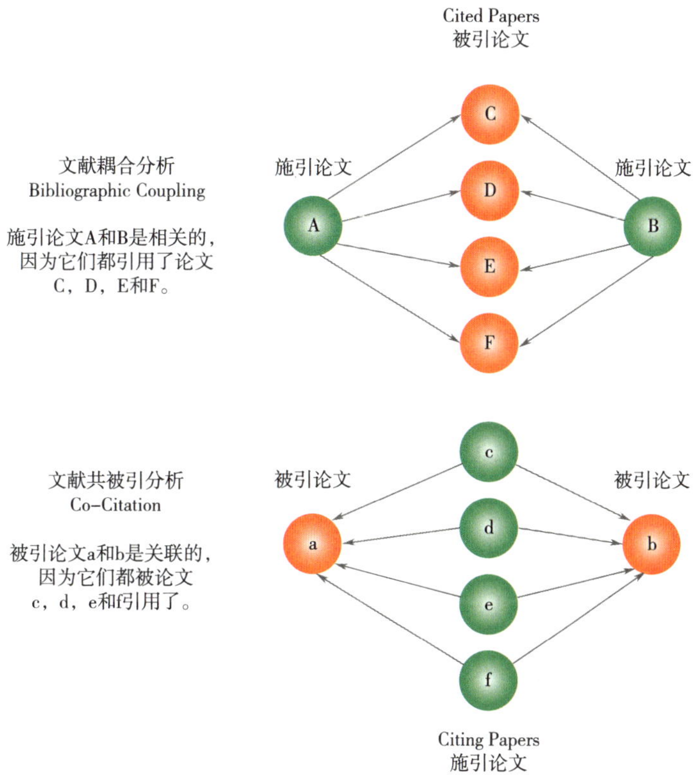

图2.36 文献耦合与文献共被引的比较（Garfield，2001）

与基于关键词或者索系词的文献相似性测度不同，两种方法减轻了由于主题词表达含义模糊而引起检索不准确的问题。我国知名科学计量学学者邱均平教授，从五个方面对文献耦合和文献共被引进行了总结比较（邱均平，1987）：

（1）文献耦合反映的是两篇施引文献（citing papers）之间的关系，共被引反映的是两篇被引证文献之间的关系。前者是由两篇文献的作者共同建立的，后者是由引用它们的作者各自建立的。例如，图 2.34 中，文献耦合主要是来测度施引文献A和施引文献B之间的关系，而文献共被引则是用来测度被引文献a和被引文献b之间的关系。

（2）文献耦合强度是固定不变的，共被引强度则随时间有可能发生变化。这是因为对于任意两篇已发表的论文来说，其文后的参考文献是固定不变的。因此，文献耦合后的关系就不会改变，也就长期地得到固定和承认。对于具有“共被引”关系的两篇文献来说，共被引的特性决定了它们始终处于“被动”地位，它们之间的关系总是等着其他文献来建立，其强度也是依赖其他文献的需要量来增加，所以共被引后的关系“仍处于变化之中”。例如，在图 2.34 中，A和B的耦合强度为 4，则他们的耦合强度是永远固定不变的，而被引文献a和b还可能在后来的研究中继续产生共被引，因此共被引关系是变化的（增加的）。

（3）文献耦合反映的是施引文献之间一种固定的长久的关系，而共被引反映的则是变化的关系。因此，文献耦合形成的模型是静态结构模型，而共被引关系形成的则是动态结构模型。

（4）引文耦合是回溯性的，属于“后向引用（Backward citation）”，而共被引是展望性的，属于“前向引用（Forward citation）”。

（5）对于研究和揭示科学文献的内在联系与规律，描绘科学发展的动态结构来说，“共被引”比“文献耦合”更具有优越性，更适合对科技情报观测的动态需求。因此，在科学知识结构的研究和研究前沿分析中，文献的共被引分析是最常用的方法（例如：《研究前沿》《工程前沿》中的方法论）。

2.3.3.5 引文网络的结构变异

引文网络的结构变异理论（Structural Variation Analysis，SVA）是由美国德雷塞尔大学陈超美教授提出的用于探测引文影响力和新兴发展趋势的引文分析方法（Chen，2012）。SVA的基本原理是来测度新引入的论文对当前文献网络系统所造成的干扰。其基本思路是在引文网络视角上，将科学知识发展理念映射到知识基础引文网络与新发表论文之间的引文关系上，识别新文献向知识基础网络空间（特指文献的共被引网络）

引入新的引文链接所产生的改变（如图 2.37）。陈超美将网络结构变异分析嵌入到了CiteSpace软件中，并通过模块化变化率（Modularity Change Rate，MCR）、聚类连接变化率（Cluster Linkage，CL）和中心性分散度（Centrality Divergence，C_{KL}）三个指标来测度文献具有结构变异的潜力，这三个指标分别测度施引文献导致知识基础网络连线增加的情况、施引文献导致基础网络节点连线在不同聚类之间的跨度情况以及施引文献导致的基础网络中节点的中介中心性分布的变化程度。

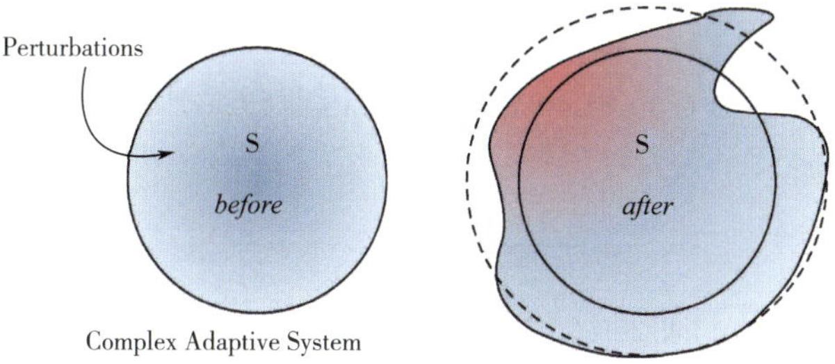

图2.37　科学知识系统的结构变异

（1）模块化变化率。模块化变化率（MCR）的含义是指，由于文献系统中新增了一篇或多篇论文a，使得原来的文献系统中增加了新的连接，从而引起文献网络模块化的变化比值。例如，在一个文献共被引的基准网络中，节点n_i和n_j没有连接。当a论文在参考文献中同时引用了n_i和n_j，那么将在n_i和n_j之间会产生一个新的连接，并添加到新的共被引网络中。在一个网络中新添加的连接，会引起网络模块化的变化。这种变化并不是单调的，而是根据连接添加的位置不同而使模块性增加或降低。因此，可以通过模块化变化率的数值大小，衡量施引文献对网络结构变异的影响程度，这一指标的数值越大，施引文献对网络结构变异的影响越大，施引文献引起学科发生变革的潜在影响力就越大。*MCR*的计算公式如下：

$$MCR(\mathrm{a})=\frac{Q(G_{\mathrm{baseline}},C)-Q(G_{\mathrm{baseline}}\oplus G_a,\ C)}{Q(G_{\mathrm{baseline}},C)}\cdot 100$$

式中，G_{baseline}为基准网络，$G_{\mathrm{baseline}}\oplus G_a$是由论文a信息更新后的基准网络。$Q$（$G$，$C$）按照下式计算：

$$Q(G,\ C)=\frac{1}{2m}\sum_{i,\ j=0}^{n}\delta(c_i,\ c_j)\cdot(A_{ij}-\frac{\deg(n_i)\cdot\deg(n_j)}{2m})$$

式中，m是网络G的总边数；n是G的总节点数；$\delta(c_i,\ c_j)$为克罗内克函数，若n_i和n_j属于相同的集群，则$\delta(c_i,\ c_j)=1$，否则$\delta(c_i,\ c_j)=0$，其中$Q(G,\ C)\in[-1,1]$。

（2）聚类连接变化率。聚类连接变化率与网络结构分割程度有关，在新的施引文献加入后，基准网络中的不同聚类之间产生新的连接，从而导致原来网络的结构发生变异。聚类连接变化率的数值越大，表示施引文献的引文连接在不同聚类之间的跨度越大，反映了施引文献吸收了多学科的知识基础，交叉属性更强，更有可能成为导致基准网络结构变化的潜在力量。聚类连接变化率的计算，可以基于新增施引文献a所产生的聚类间新连接与之前的进行比较所产生的区别获得。计算公式为：

$$CL(\alpha) = \Delta\text{Linkage}(\alpha) = \text{Linkage}(G_{\text{baseline}} \oplus G_a,\ C) - \text{Linkage}(G_{\text{baseline}},\ C)$$

式中，Linkage（$G+\Delta G$）≥Linkage（G），因此CL是非负的。Linkage（G, C）为连接计量指标，计算如下：

$$\text{Linkage}(G,\ C) = \frac{\sum_{i \neq j}^{n} \lambda_{ij} e_{ij}}{K},\quad \lambda_{ij} = \begin{cases} 0, & n_i \subset c_j \\ 1, & n_i \not\subset c_j \end{cases}$$

λ_{ij}为边函数，它与$\delta(c_i,\ c_j)$的定义相反。若一条边穿过不同的聚类，那么$\lambda_{ij}=1$；对于同一个聚类中的边来说$\lambda_{ij}=0$。与模块化相反，λ_{ij}主要是将注意力放在聚类之间的联系上，而不去考虑相同聚类内部的联系。聚类连接这一新的计量指标是所有聚类间连线e_{ij}被K等分之后的权重总和，K是网络的聚类总数。

（3）中心性分散度。中心性分散度与网络的分割程度无关，主要用来测度施引文献导致的基准网络中节点中介中心性分布的变化程度。中心性分散度的数值越大，施引文献对基准网络中原有节点的中心度分布的影响则越大，即对基础网络结构变异的影响力就越大。中心性分散度是根据基准网络节点v_i的中介中心性Cb（v_i）分散度来进行测度，即通过文献a所引起的Cb（v_i）分布的分散度来进行计算。计算公式如下：

$$C_{KL}(G_{\text{baseline}},\ a) = \sum_{i=0}^{n} p_i \cdot \log\left(\frac{p_i}{q_i}\right)$$

式中，$p_i = C_B(v_i,\ G_{\text{baseline}})$，$q_i = C_B(v_i,\ G_{\text{updated}})$；对于$p_i=0$或$q_i=0$的节点，为了避免出现log（0）的情况，将其设置为一个很小的数。

在进行网络结构变异分析时，需要注意以下几点：第一，由于网络结构变异的计算量较大，需要控制基准引文网络的规模并对图谱进行裁剪；第二，在对具有网络结构变异潜质的文献进行识别时，不同的图谱裁剪方法得到的结果将存在一定差异；第三，共被引文献图谱构建时，不同阈值的设置也会影响有网络结构变异潜质的文献的识别。

2.3.4 共词原理

1983 年，来自巴黎高等矿业学校创新社会学中心的Callon等在*Social science information*上发表了《从翻译到问题网络：共词分析导论》，首次提出了共词分析的方法（Callon，1983）。随后，Callon（1986）等学者又出版了共词分析的里程碑之作《映射科学技术动态》，标志着共词分析作为一种内容分析方法正式形成。在该书中，Callon提出了共词分析的理论基础——“行动者网络（Actor Network）”，完善了共词分析的理论体系。在此基础上，Callon团队还开发了名称为LEXIMAPPE（前身为Candide）的系统（Leydesdorff，1992；Courtial，1992），对共词分析的高效应用奠定了基础。在过去数年里，共词分析技术已经被广泛应用于领域的动态发展研究。

共词分析（Co-Words）作为一种内容分析技术，它利用文本语料库中成对项目（即术语或关键词）的共现模式，以识别这些文本中主题领域内的概念之间的关系（He，1999）。在共词分析中，词与词之间关联强度的计算有多种方法。其中，较为常用的方法有包容指数（inclusion index）、接近度指数（proximity index）以及后来提出的等价指数（equivalence index）。其中，包容指数用于突出领域中的核心主题，而接近度指数用于揭示隐藏在核心领域背后的次要区域之间的联系（An inclusion map is used to highlight the central themes in a domain，and a proximity map is used to reveal the connections between minor areas hidden behind the central ones）。下面对三种词对关联强度的计算说明如下（Callon，1991；He，1999）：

包容指数（inclusion index）的计算公式如下：

$$I_{ij} = \frac{C_{ij}}{\min（C_i \cdot C_j）}$$

式中，C_{ij}是词对（K_i，K_j）共同出现的文件数（即共现次数）；C_i是词K_i在文件集合中的出现频次；C_j是词K_j在文件集合中的出现频次。Min（$C_i \cdot C_j$）为C_i和C_j中词频较小的词语。I_{ij}的取值区间为 0~1，可以解释为条件概率。当$C_i > C_j$时，即K_i比K_j更一般，有时会包含K_j，I_{ij}用来衡量假设当K_j也出现在其中时，在文章中找到K_i的概率。一个极端情况是当$K_i = 1$时，表示K_j被K_i完全包含，即K_j总是与K_i在同一篇文章中共现。在这种情况下，当在同一篇文章中找到K_j时，找到K_i的概率为 1。

然而，有时虽然I_{ij}的值比较低，它仍然显著地大于在任何一篇文章集合（N）中找到 k_i 的无条件概率。这预示着存在一些中介关键词，虽然它们的出现频率相对较低，但仍然与一些外围关键词具有显著的关联。为了揭示这种模式，定义了接近度指数（proximity index），计算公式如下：

$$P_{ij}=\frac{C_{ij}}{C_i \cdot C_j}\cdot N$$

式中，C_{ij}是词对（K_i，K_j）共同出现的文件数；C_i是词K_i在文件集合中的出现频次；C_j是词K_j 在文件集合中的出现频次。N 是集合中文件的数量。由 P_{ij}提取出的中介关键词和外围关键词（mediator and peripheral keywords）代表着次要但潜在增长的领域。

等价指数（equivalence index）计算公式如下（Micheler，1988；Callon，1991；He，1999）：

$$E_{ij}=\frac{C_{ij}}{C_i}\cdot\frac{C_{ij}}{C_j}=\frac{(C_{ij})^2}{(C_i \cdot C_j)}$$

式中，C_{ij}是词对（K_i，K_j）共同出现的文件数；C_i是词K_i在文件集合中的出现频次；C_j是词K_j 在文件集合中的出现频次。E_{ij}为词对之间的关联强度，其数值在 0 到 1 之间。E_{ij}测度了词汇 i 在由词汇 j 索引的文档集中同时出现的概率，反之亦然，即在词汇 i 出现的情况下词汇 j 出现的概率，考虑到两个词的各自集合频率。因此，根据Turner及其同事的提法（Turner et al.，1988），E_{ij}又被称为“相互包容系数”（a coefficient of mutual inclusion）。

在词对关联强度的基础上，进一步借助计算结果，可以生成词语的映射图谱（例如：Inclusion Map或Proximity Map）。随着共词分析的发展，在以往的基础上，Law（1998）等提出了使用战略坐标图的方式来呈现研究主题的“本地（Local）”和“全局（Global）”影响力的方法。在具体的分析中，使用密度（Density）来衡量连接构成聚类的词之间关系的强度，以测度研究主题的“本地”特征。中心性（Centrality）用来衡量一个主题领域与其他主题领域的互动强度。主题领域与其他主题领域的连接数量和强度越大，该主题领域在研究网络中的中心性就越高，以测度研究主题的“全局”特征。密度和中心度的计算都有多种方法，例如：密度可以通过聚类内部链接强度的平均值、平方和或中值来表示。中心度可以通过计算所有外部链接值的总和、平方和的平方根或主要链接强度的均值来表示。例如：链接强度排名前 5 的链接的均值（Callon，1991；He，1999）。在Cobe开发的战略坐标图分析软件SCIMAT中，采用了卡隆密度（Callon Density）和卡隆中心性（Callon Centrality）来计算密度和中心度。其中，卡隆密度的计算方法为 $d=100(\sum e_{ij}/w)$，i 和 j 是属于该主题的关键词，w 是该主题中的关键词数量；卡隆中心性的计算方法为 $c=10\times\sum e_{kh}$。其中，k 是属于该主题的关键词，h是属于其他主题的关键词（Cobo et al.，2012）。

在实际的应用中，主题空间被密度和中心度划分为四个象限[1]。结合密度和中心度的含义，位于各个象限的主题表征着不同的特征。在第一象限中，研究主题簇具有高的中心性和密度，这说明位于该象限的主题群内部关联紧密，且与外部的其他主题簇互动密切，其属于领域内发展成熟的引擎类研究主题。第二象限位于高中心和低密度的区域，这说明这些主题内部发展并不完善，但与外部的关联是密切的。第三象限属于高密度、低中心性，这类主题内部发展成熟但与外部的互动比较少，从全领域的主题来看属于外围的研究聚类。第四象限属于低密度、低中心性的区域，这类主题内部发展不完善，与外部的关联也不密切，在研究中属于新兴的或者衰落的主题。在对各个象限主题的特征描述中，不同的学者可能根据实际有不同的解读，但其本质仍然是以密度和中心度为主要依据进行的主题簇的空间划分（如图2.38和图2.39）。

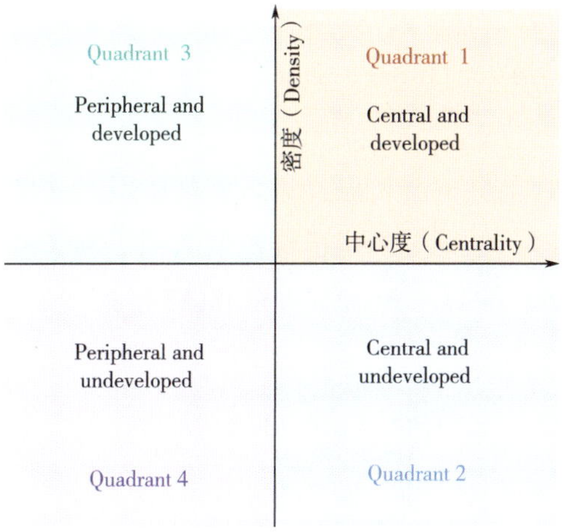

图2.38　战略坐标图和主题聚类的特征描述（Callon，1991）

注：Quadrant 1~4，即第一象限到第四象限（Callon论文中的顺序）。第一象限：中心且发展完善的聚类（Central and developed）；第二象限：中心但发展不完善的聚类（Central and undeveloped）；第三象限：外围且发展完善的聚类（Peripheral and developed）；第四象限：外围且发展不充分的聚类（Peripheral and undeveloped）。

以上介绍了早期共词分析原理及其方法，实际上要进行共词分析，首先是要从文本中提取待分析的对象词汇，然后，通过构建共词矩阵进一步进行分析。在具体的分析中，对象文本的研究主题既可以是来自作者或数据库提供的关键词（即Author Keywords或Keywords Plus），也可以是通过字典或自然语言处理技术从文献的标题、摘要或全文中提取的主题词。提取之后，计算词语的词频以及词对之间的共现频次即可。图2.40直观地呈现关键词共现矩阵构建和分析过程，以加深读者对共词分析的理解。此外，与

[1] 这里的象限命名顺序与数学不一样，在实际应用中，按照习惯的标注顺序即可。通常，第一象限都从（+，+）开始。本文为了保持一致，使用象限的编号可以参考Callon（1991）。

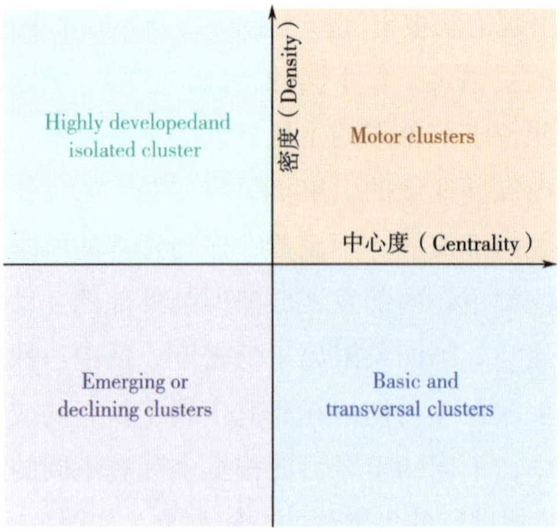

图2.39 战略坐标图和主题聚类的特征描述（Cobo，2012）

注：第一象限：引擎类（Motor clusters）；第二象限：基础与横向的聚类（Basic and transversal clusters）[1]；第三象限：高度发展但较为孤立的聚类（Highly developed and isolated cluster）；第四象限：新兴或衰退的聚类（Emerging or declining clusters）。

早期的共词分析相比，目前共词分析已经进入新的阶段，并已经成为科学计量学研究中的一种常规方法。同时，共词分析也已经被嵌入到了领域内多个主流科学计量软件中（例如：CiteSpace、VOSviewer、SCI2以及SCIMAT等）。

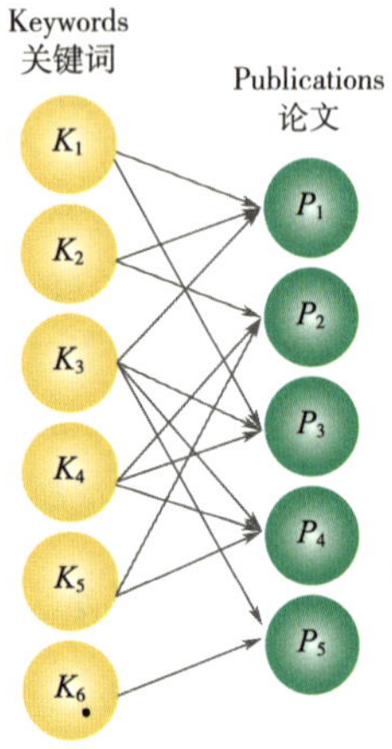

（1）关键词-论文隶属网络

（2）关键词-论文隶属矩阵$\boldsymbol{A}$

$K_1=\{P_1, P_3\}$；$K_2=\{P_1, P_2, P_4\}$

$K_3=\{P_1, P_3, P_5\}$；$K_4=\{P_3, P_4, P_5\}$

$K_5=\{P_2, P_4\}$；$K_6=\{P_5\}$

	P_1	P_2	P_3	P_4	P_5
K_1	1	0	1	0	0
K_2	1	1	0	1	0
K_3	1	0	1	0	1
K_4	0	0	1	1	1
K_5	0	1	0	1	0
K_6	0	0	0	0	1

$B=A\times A^{\mathrm{T}}$

（3）关键词共现矩阵$\boldsymbol{B}$

	K_1	K_2	K_3	K_4	K_5	K_6
K_1	–	1	2	1	0	0
K_2	1	–	1	1	2	0
K_3	2	1	–	2	0	1
K_4	1	1	2	–	1	1
K_5	0	2	0	1	–	0
K_6	0	0	1	1	0	–

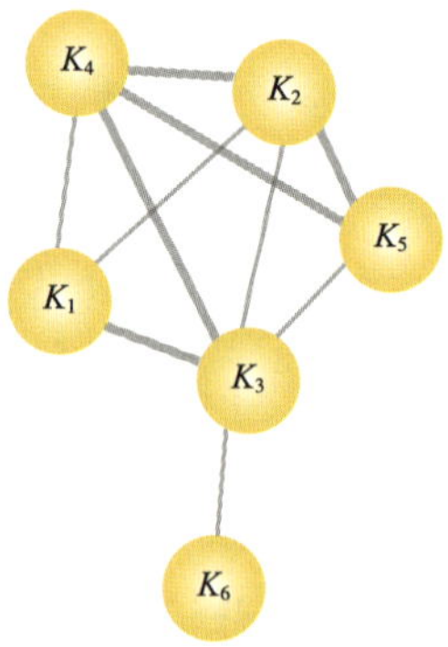

（4）关键词共现网络

注：矩阵$\boldsymbol{B}$的对角线数值未显示。

图2.40 共词网络的提取与分析过程

---

❶ Transversal通常指的是位于或沿横向方向的事物，或者是指垂直于给定轴线的。在各种语境中，它可能意味着具有横向或横切性质，表示跨越或交叉不同领域或学科的元素。

2.3.5 合作网络

在科学计量学领域，对科研合作问题的关注由来已久（Beaver et al.，1978，1979 a，1979 b），目前科研合作的研究也已经成为科学计量学研究的一个重要方向。在谈科学家的合作网络之前，我们不妨先思考一下科研合作中的两个基本问题：科研合作是什么？以及科研合作的角色如何划分？

在所有的关于科研合作定义中，Katz（1997）等的定义最为简明。他们依据“合作”的定义，认为科研合作是研究人员共同努力以实现生产新科学知识这一共同目标。为了实现生产新科学知识，不同的学者需要在合作中承担不同的角色和任务。目前，国际上流行的作者贡献角色分类法（CRediT author statement），将作者在合作中的贡献分为14个方面[1]，即：概念化（Conceptualization）、方法论（Methodology）、软件（Software）、验证（Validation）、形式化分析（Formal analysis）、调查（Investigation）、资源（Resources）、数据策展（Data Curation）、写作-初稿（Writing-Original Draft）、写作-评论与编辑（Writing-Review & Editing）、可视化（Visualization）、监管/指导（Supervision）、项目管理（Project Administration）以及基金获取（Funding Acquisition）。在合作网络中，正是因为学者们发挥着不同的作用，扮演着不同的角色，才保证了有效科研合作网络的形成。

在科研合著网络的研究中，纽曼（Newman）是较早进行系统研究的代表学者之一（图2.41），自2001—2004年起，纽曼先后发表了多篇关于科研合作的研究论文，从科研合作网络的构建、基础结果、最短路径、带权网络、中心性以及科研合作的模式等视角对合作网络进行了分析，为后来科学计量学领域科研合作网络的分析提供了研究基础（Newman，2001 a，2001 b，2004）。

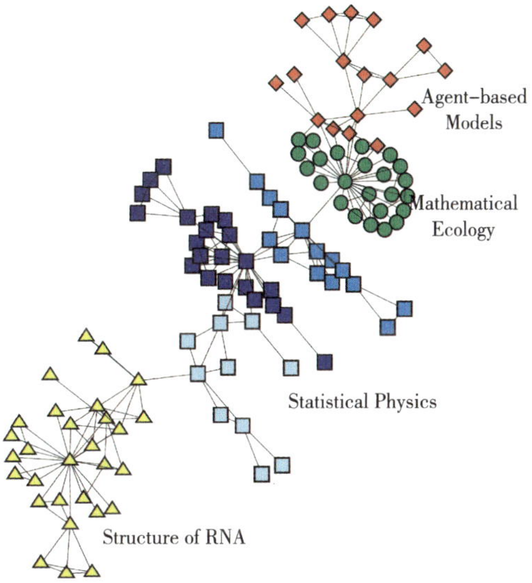

图2.41 某研究所内部的科学家合作网络（Newman，2004）

目前，可以通过多种方法从科技文献中获取作者的合著关系。例如，图2.42提供了一种从知识单元共现的视角提取作者

[1] CRediT（Contributor Roles Taxonomy). https：//www.elsevier.com/zh-cn/researcher/author/policies-and-guidelines/credit-author-statement.

合作矩阵的方法。图中给定的5篇论文使用P_n表示，这些论文的作者使用A_m表示。在初始条件下，作者和论文（Author–Publication）之间形成了最初的隶属网络。隶属网络对应的隶属矩阵记为$\boldsymbol{A}$，那么作者的合作矩阵可以通过矩阵$\boldsymbol{A}$与它的转置$\boldsymbol{A}^{\mathrm{T}}$的乘积得到。

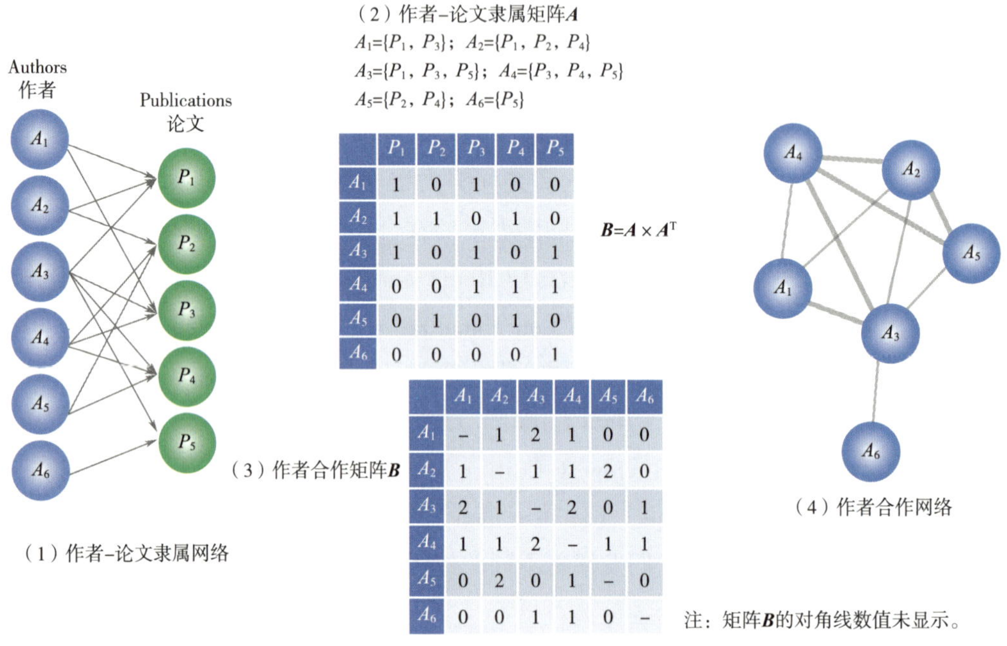

	P_1	P_2	P_3	P_4	P_5
A_1	1	0	1	0	0
A_2	1	1	0	1	0
A_3	1	0	1	0	1
A_4	0	0	1	1	1
A_5	0	1	0	1	0
A_6	0	0	0	0	1

	A_1	A_2	A_3	A_4	A_5	A_6
A_1	–	1	2	1	0	0
A_2	1	–	1	1	2	0
A_3	2	1	–	2	0	1
A_4	1	1	2	–	1	1
A_5	0	2	0	1	–	0
A_6	0	0	1	1	0	–

图2.42　作者合作网络的提取与分析过程

2.4 科学知识单元叠加分析

2.4.1　知识单元叠加原理

“先见森林，后见树木。”

知识单元叠加图（Overlay of knowledge units）又称科学叠加图或全域科学图谱（Global science map），它是为图谱中的元素映射特定信息而形成叠加层（Overlays）的可视化方法。科学叠加图的分析可以认为是通过对已有知识单元结构关系的构建，来映射待分析知识单元空间分布的方法。科学叠加图的数据分析思路可以划分为两类：一类为全局或全域的科学叠加图（Global science map），即采用大数据集（例如：WoS和Scopus等）构建的科学结构图底图；另一类是本地科学叠加图（Local science map），即通过当前数据集（例如：作者采集的某一主题的论文数据集）构建科学结构底图，来分析数据集合的叠加分布。

在科学叠加图的发展历史上，科学结构图的底图是以全局科学结构底图的研究发展起来的。2005—2006 年，美国科技战略公司的Boyack和Klavans以及印第安纳大学的Börner团队较早地构建了全科学领域地图并进行了应用研究（Klavans et al.，2005，2006；Börner et al.，2012），如图2.43。2010年，Ismael Rafols等首次系统地对叠加图的概念、数学原理和应用进行研究（Rafols et al.，2010）。2023年，Sjögårde的博士论文系统地采用叠加图的原理和方法，构建了科学的结构图（Sjögårde，2023）。目前，科学叠加图已经作为一种常用的数据分析方法，被应用于宏观尺度的科学计量知识单元分布研究中（例如：多样性的测度与可视化）。

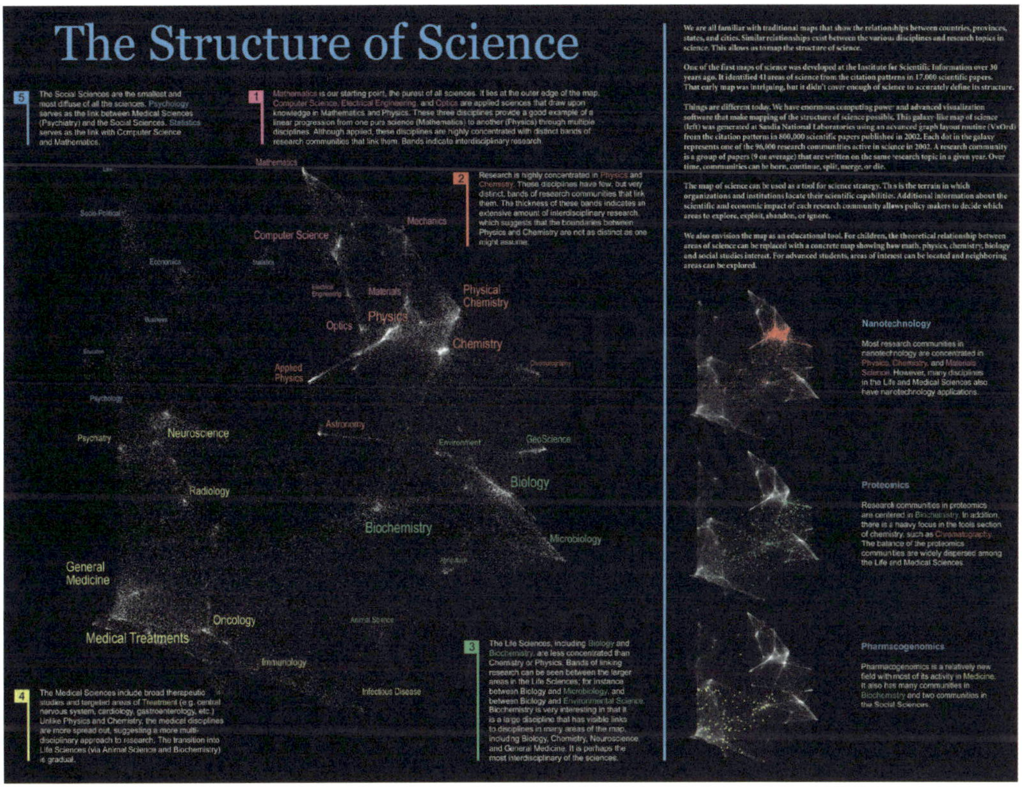

图2.43 科学结构图（Boyack et al.，2005）

注：Boyack和Klavans基于论文的引用模式和2002年发表的80万篇论文构建了包含96 000活跃成员的科学结构图谱。在时间序列上，可以对研究群体的诞生、成长、分裂、合并或消亡进行研究。构图中，基于论文的耦合关系、VxOrd布局算法（Klavans et al.，2006）以及单链接聚类算法（single-link clustering）形成了当前科学的结构图。Klavans等人的研究被鲁索认为是科学计量学领域首次绘制的最全面和准确的文献图谱。在线查看：https：//scimaps.org/map/1/10。

科学叠加图的生成主要有两大步骤：①基于知识单元的关系绘制全域科学图谱作为底图（Basemap）。构建底图所依赖的知识单元一般有两种：一是期刊关系，比如，通过JCR中所有期刊的引证关系绘制期刊底图。二是论文关系，通过某一时间段内，数据库中所有论文之间的引证关系构建的论文层面的全科学地图的底图。比如，由荷兰莱顿大学科学技术元勘中心（CWTS）研发的WoS全学科体系论文聚类图谱。②在生成的全科学领域底图的基础上映射和叠加特定信息，形成最终的科学叠加图。叠加图分析保留了全域科学图谱中知识单元原有的关系和位置，突出了所叠加对象在空间的分布特征。

科学叠加图的底图可视为一个包含 n 个知识单元的集合，这 n 个知识单元之间的连接通过一个 $n\times n$ 的邻接矩阵 $\boldsymbol{B}$ 来表示，向量 $\boldsymbol{x}$ 和 $\boldsymbol{y}$ 表示知识单元在二维空间中的坐标，而向量 $\boldsymbol{c}$ 表示知识单元所属的聚类。这里的知识单元可以是作者、机构、城市，期刊、学科、主题或论文等，而知识单元间的连接可以表征知识单元的特定关系（例如：合作关系、共被引关系以及引证关系等）。

$$\boldsymbol{B}=\begin{pmatrix} b_{11} & b_{12} & \cdots & b_{1n} \\ b_{21} & b_{22} & \cdots & b_{2n} \\ \vdots & \vdots & & \vdots \\ b_{n1} & b_{n2} & \cdots & b_{nn} \end{pmatrix};\ \boldsymbol{x}=\begin{pmatrix} x_1 \\ x_2 \\ \vdots \\ x_n \end{pmatrix};\ \boldsymbol{y}=\begin{pmatrix} y_1 \\ y_2 \\ \vdots \\ y_n \end{pmatrix};\ \boldsymbol{c}=\begin{pmatrix} c_1 \\ c_2 \\ \vdots \\ c_n \end{pmatrix}$$

科学叠加图的叠加层 O_T 是在特定观测时间点 T 上，表征底图中各知识单元特定信息值 O_{nT} 的集合。当存在多组不同时间点的节点值时，相应的科学叠加图集合反映了全域科学图谱中各知识单元在叠加的特定信息视角下的时间变化趋势。

$$\boldsymbol{o}_1=\begin{pmatrix} o_{11} \\ o_{21} \\ \vdots \\ o_{n1} \end{pmatrix},\ \boldsymbol{o}_2=\begin{pmatrix} o_{12} \\ o_{22} \\ \vdots \\ o_{n2} \end{pmatrix},\ \cdots,\ \boldsymbol{o}_t=\begin{pmatrix} o_{1t} \\ o_{2t} \\ \vdots \\ o_{nt} \end{pmatrix},\ \cdots,\ \boldsymbol{o}_T=\begin{pmatrix} o_{1T} \\ o_{2T} \\ \vdots \\ o_{nT} \end{pmatrix}$$

2.4.2 全局科学结构图叠加

目前，科学叠加图的分析已经趋于成熟，不同的学者和机构也已经在科学叠加图的方向上做了大量的工作。CWTS基于海量的Web of Science论文，构建了论文层级的全科学学术地图的底图（Waltman et al.，2012），可以较好地进行科学叠加图的分析。例如：图 2.44 给出了中国科学院与三个对标机构的比较分析，呈现了各个机构产出的论文在全科学领域中的分布特征（丁洁兰等，2023）；Digital Science的Simon Porter利用Dimension的数据，采用Batchlayout（Rahman et al.，2020）、Blender布局算法以及Leiden聚类算法（Traag et al.，2019），以What does a University Look like项目为依托，系统地为多所研究机构和大学进行了全面科学叠加画像。例如：图 2.45 中分别展示了医科类大学、技术类大学和综合类大学的科学叠加图结果。科睿唯安科学信息研究所（ISI）在其发布的《WoS中的研究前沿识别》报告中（Martin et al.，2020），深入讨论了科学研究前沿工作研究的重要意义和方法论，其中提出了一种新的基于全球科学地图的研究前沿分析方法，如图 2.46。同时，利用该全球科学地图，叠加分析了 biomedical CRISPR、2-D Materials 以及Global Energy System Transition等主题领域的研究前沿分布情况。这些机构或组织构建的图层，在执行相关科技咨询类的研究或项目中发挥了重要的作用。然而，目前全科学结构图的分析还存在若干问题。例如，全科学结构图底图的开放度还比较低，从而导致应用门槛仍然比较高。在研究中，科研人员不得不依附于特定的数据提供商。例如：西班牙Scimago与Scopus合作构建了全域的科学期刊结构图的底图，并以此为依托研发了期刊指标查询的在线平台The Shape of Science（Hassan-Montero et al.，2014），如图2.47。

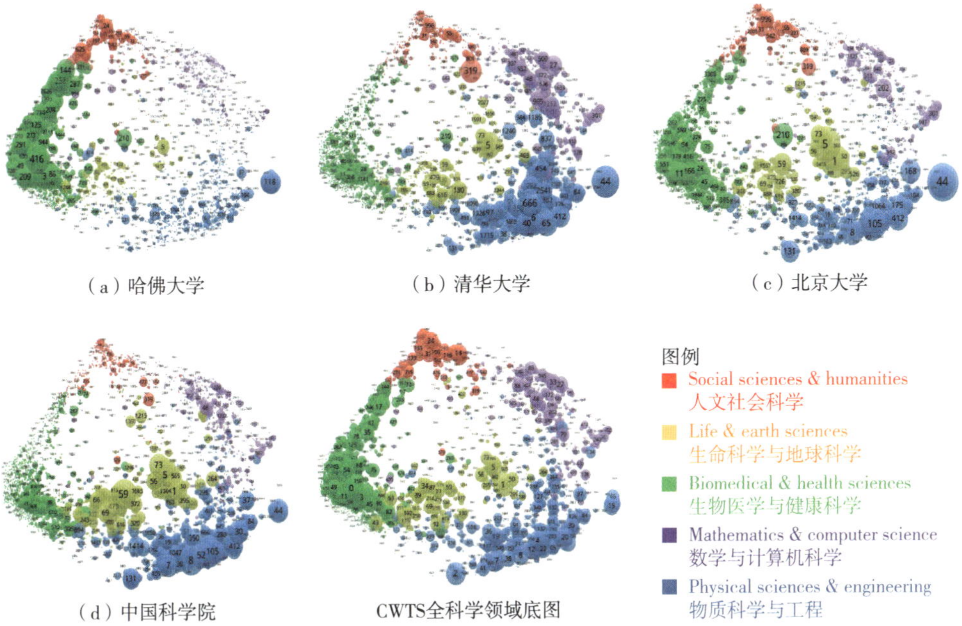

图2.44　CWTS科学结构图

注：图2.44为CWTS科学结构地图对中国科学院及其对标机构的分析。图中分析了“十三五”期间，中国科学院及其三个对标机构的产出结构特征。从论文在科学领域的分析结构特征来看，中国科学院与清华大学相似，且都在物质科学与工程领域产出突出，但在数学与计算机科学和人文社会科学领域的产出上，清华大学表现更加突出；北京大学相比其他几个机构，在学科分布上要更加广泛和均衡一些。中国科学院和哈佛大学论文产出相比要更加集中，且在领域布局上存在显著的差异[1]。

---

[1] 2024 年，Ludo和Nees利用开放数据库OpenAlex生成了新的全科学结构图，为该数据库的论文分类体系提供了依据，请参考https：//www.leidenmadtrics.nl/articles/an-open-approach-for-classifying-research-publications。此外，Haunschild等在 2024 年也通过该开放数据集实现了全科学结构图的分析功能。详见：HAUNSCHILD R，BORNMANN L，2024. Usage of OpenAlex for creating meaningful global overlay maps of science on the individual and institutional levels. arXiv preprint arXiv：2404.02732.

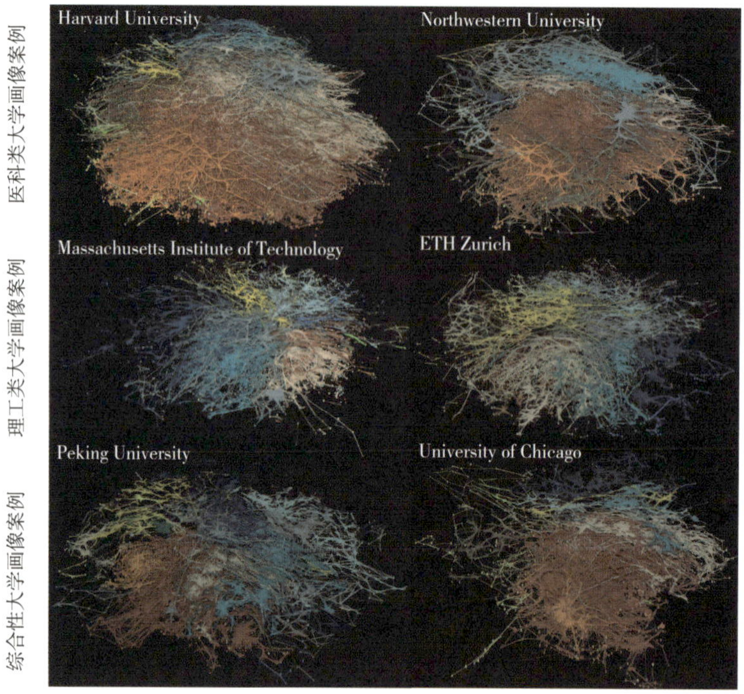

图2.45 Digital Science科学结构图❶

注：图2.45表示2017—2022年与以上机构有关联的作者合著的最大子网络，包含了这一时期所有关联学者数量的90%左右。每位研究者都按照其与2020年度研究领域（Field of Research）的两位数代码进行了颜色编码（Porter et al.，2023）。每位研究者都用一个球体表示，节点的大小反映其发表论文的数量。作者群聚类按其内部研究者主导学科进行了颜色编码，并根据它们在相应学科中的比例给予一定的“突显”。生物医学和临床科学群集位于网络底部，而语言、传媒和文化群集位于网络顶部。

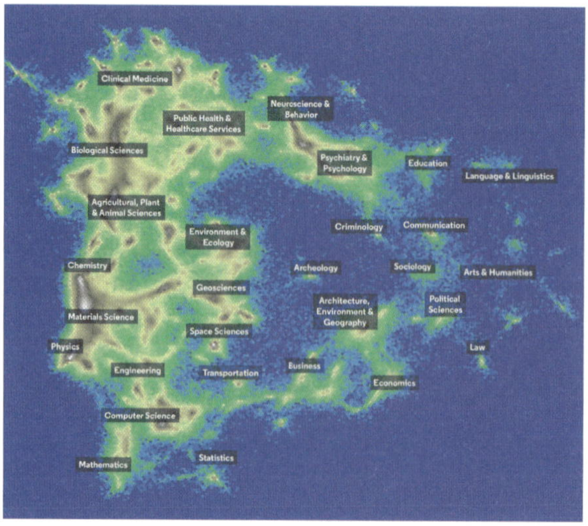

（a）基于WoS的全球科学地图

❶ What does a university look like? https：//figshare.com/projects/What_does_a_university_look_like_/159509。

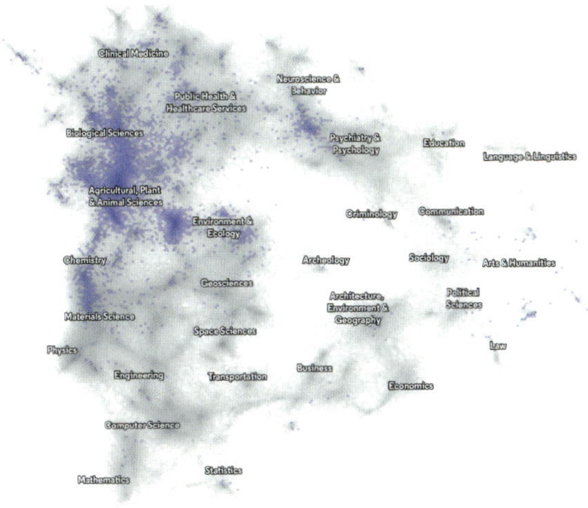

（b）生物医学CRISPR研究前沿论文在全球科学地图上的分布

图2.46　**科睿唯安科学结构图**

注：图2.46为使用ISI映射框架绘制的所有研究前沿文章的热度图（2014—2019）。较高海拔区域（呈黄色、棕色和白色）对应于出版物最高的集中区域。标签表示地图上的主要学科领域❶。

图2.47　**Scimago科学结构图**

注：Scimago所构建的最新科学结构地图（Shape of Science），共包含了Scopus中26 901个期刊。自2020年以来，科学结构图使用VOSviewer中的布局算法来对可视化结果进行布局❷。

---

❶ 科睿唯安科学结构图更多信息请参考：https：//clarivate.com/lp/identifying-research-fronts-in-the-web-of-science-from-metrics-to-meaning/。

❷ 在线版的Shape of Science 请访问https：//www.scimagojr.com/shapeofscience/。

目前，对于科学叠加图的分析已经形成了相关的平台或工具。其中，Leydesdorff带领研发的科学领域/期刊叠加图工具包（Leydesdorff et al.，2013，2015，2016，2021；Carley et al.，2017）[1]最具知名度。例如：Leydesdorff基于WoS的科学领域、JCR 12 和 Scopus 12 期刊关系构建了系列的学术地图，如图 2.48、图 2.49 以及图 2.50（Leydesdorff et al.，2016）。同时，这些图也被Leydesdorff应用于多学科测度的实践中；此外，美国印第安纳大学Katy Börner团队的SCI2（如图 2.51），美国德雷塞尔大学陈超美教授开发的CiteSpace（如图 2.52），日本文部科学省科学技术学术政策研究所（NISTEP）开发的SciLand Viewer（如图2.53），中国科学院文献情报中心李杰主持研发的MSSS科学结构图叠加分析系统（如图 2.54）以及爱思唯尔Scopus开发的Scival等平台也都嵌入了叠加图分析功能。

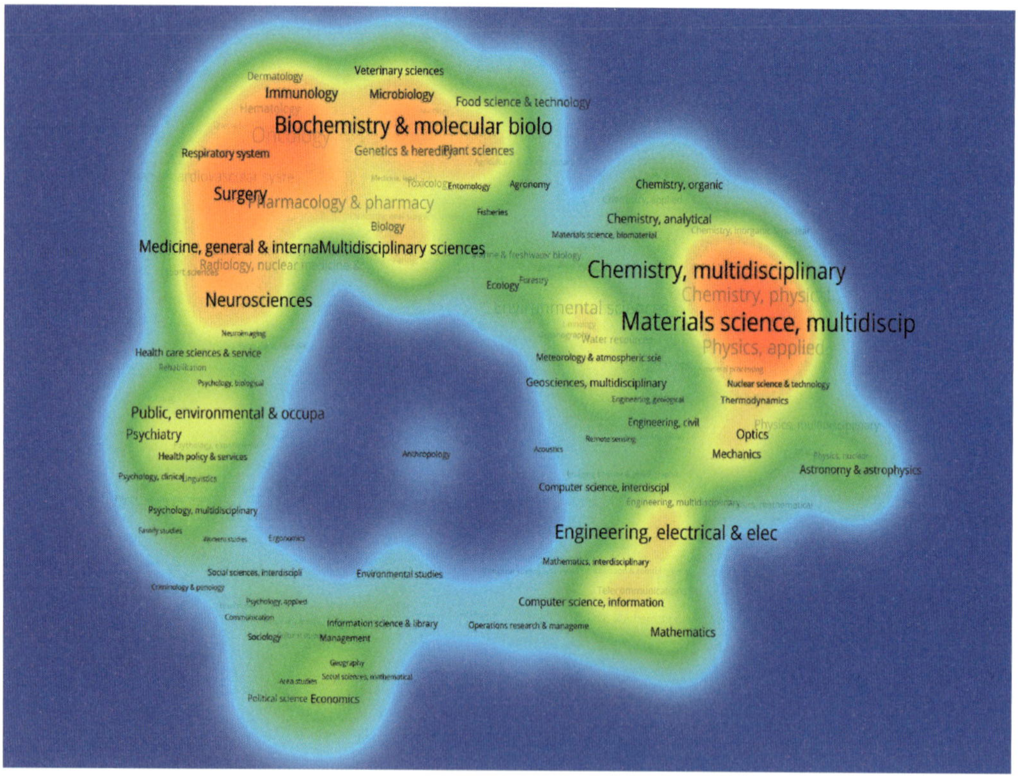

图2.48 Leydesdorff 科学结构图（学科图）

注：图2.48为Leydesdorff L构建的JCR学科领域结构图，所呈现的结果为2000—2023年被SCI-E/SSCI收录的44 385 093篇论文的领域分布。图谱利用Leydesdorff 开发的WC 15工具进行数据分析，并通过VOSviewer进行可视化（Garner et al.，2018）.

---

[1] Riopelle K，Leydesdorff L，Jie L. How to create an overlay map of science using the Web of Science[R. 2014. https：//www.leydesdorff.net/overlaytoolkit/manual.riopelle.pdf

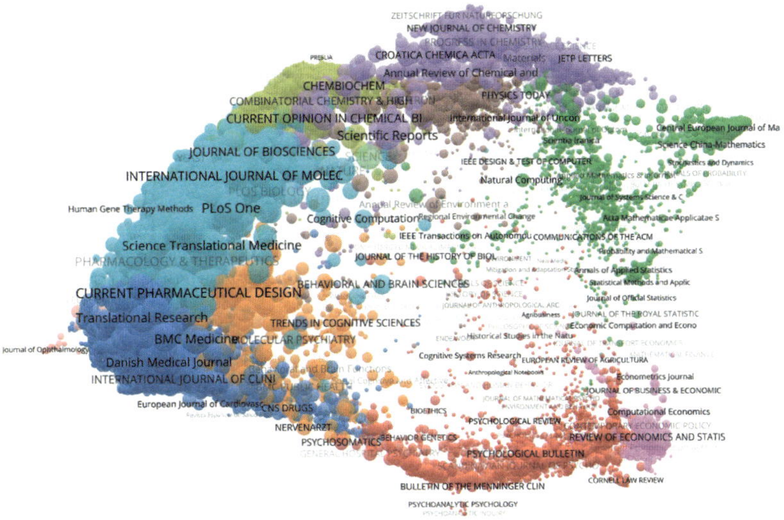

图2.49　Leydesdorff 科学结构图（JCR，2012）

注：图2.49为Leydesdorff 利用JCR 2012中10 542种期刊的引用关系所构建的科学结构底图（Leydesdorff et al.，2016）。

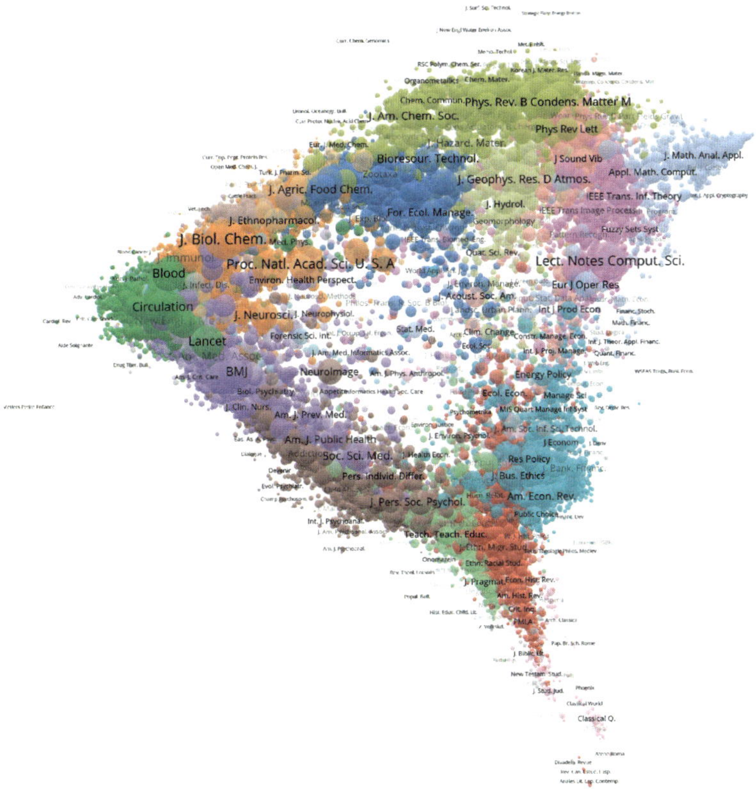

图2.50　Leydesdorff 科学结构图（Scopus，2012）

注：图2.50为Leydesdorff基于2012年Scopus中18 154种期刊的引用关系构建的科学结构底图（Leydesdorff et al.，2016）。

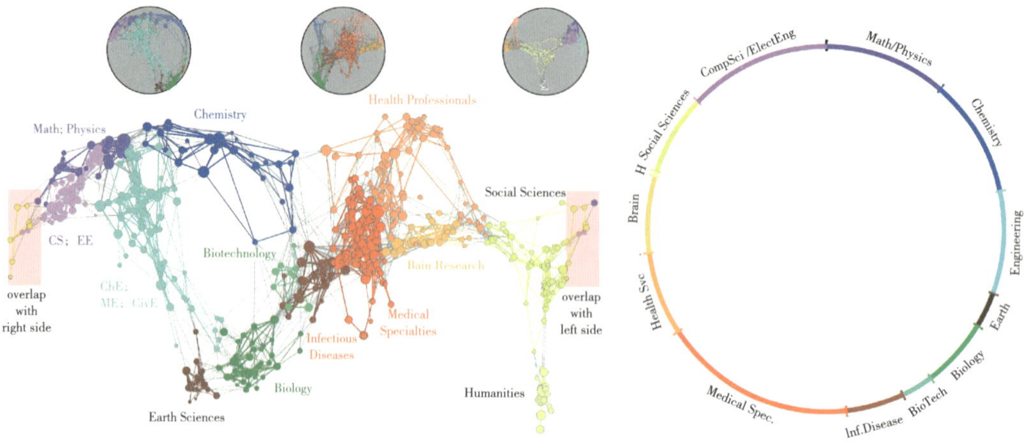

图2.51　SCI2科学结构图（Börner et al.，2021）

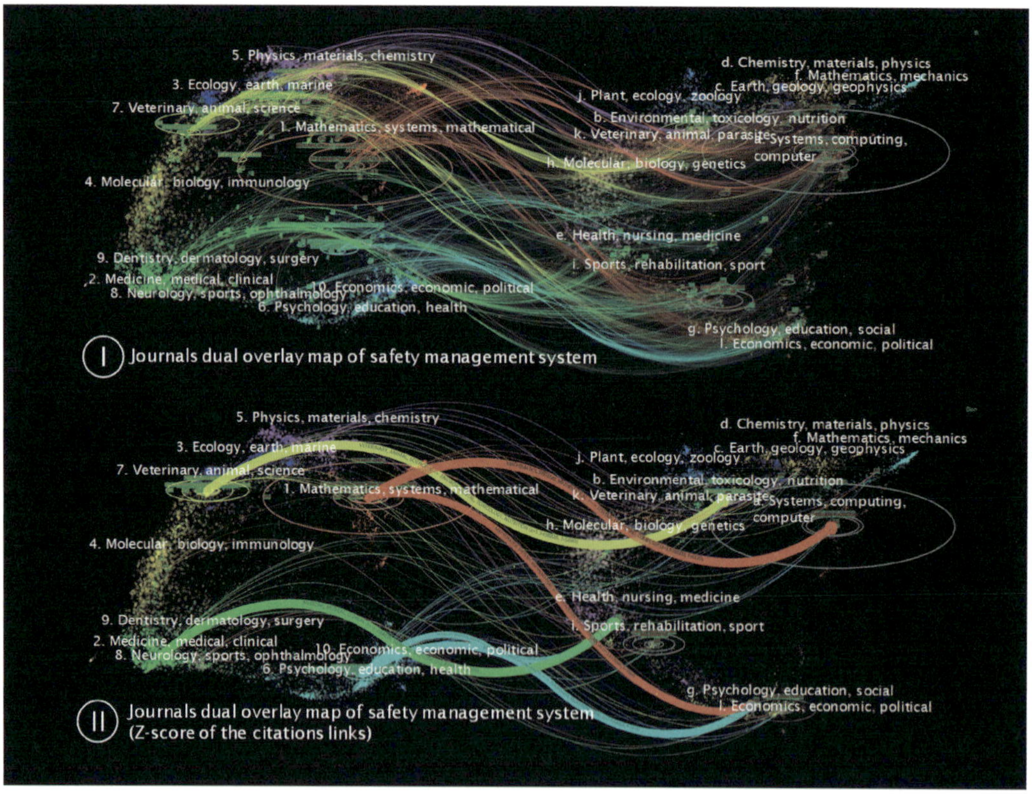

图2.52　CiteSpace科学结构图双图叠加（Goerlandt et al.，2022）

注：在前期全科学叠加图分析基础上，陈超美教授与Leydesdorff共同合作，设计和开发了期刊的双图叠加分析工具（dual map overlays）。该工具实现了将施引期刊和被引期刊同时进行叠加分析的功能，不仅可以更加丰富地显示知识的分布，而且还可以分析知识的流动关系（Chen，2014）。

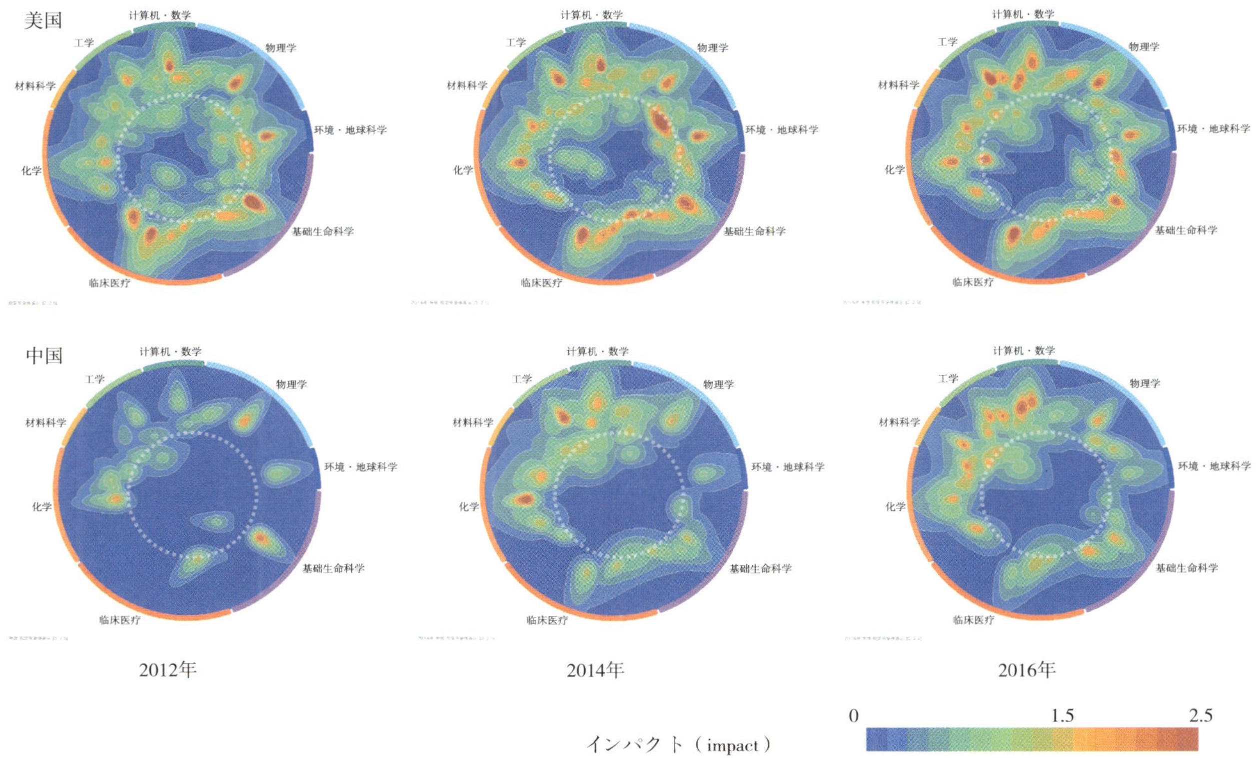

图2.53　SciLadView科学结构图（Okamura，2019）

注❶：图2.53为SciLadView对美国和中国科研产出的布局比较。结果表明，①美国的研究前沿广泛地分布在科学研究的各个领域。同时，2012年主要集中在药物输送领域，2014年涉及基因组测序，2016年则聚焦DNA结构。特别是在2014年，基础生命科学与计算机、数学相结合的基因组测序研究表现出了极高的影响力。②中国的研究前沿数量在2012—2016年急剧增加，对研究前沿的贡献也越来越突出。其中，2012年主要分布在离子液体领域，2014—2016年则关注锂离子电池和燃料电池研究。

❶ SciREX センター佐々木達郎. SciLand Viewer活用事例：研究対象・国・組織別の分野融合度合いの可視化. [2020-6-19]. https：//devgru.nistep.go.jp/scilandview/img/useage20200619.pdf。

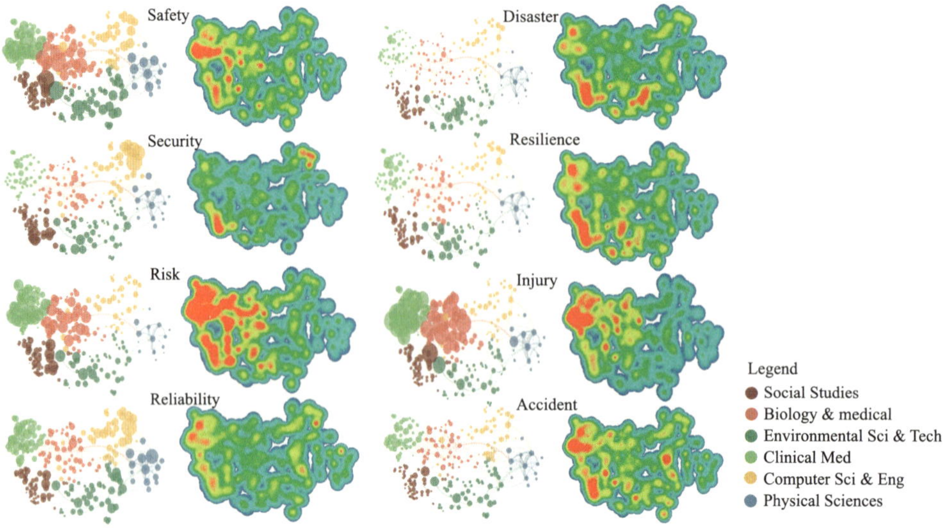

图2.54　MSSS科学结构图（李杰，2024 b）

注：图2.54为安全科学相关主题论文领域分布的叠加图。2024年5月21日，在Web of Science的Science Citation Index Expanded（SCI-EXPANDED）和Social Sciences Citation Index（SSCI）数据库，采用主题检索综合性的安全科学术语，结果依次为：Safety（Topic），1 080 683篇论文；Security（Topic），323 322篇论文；Disaster*（Topic），91 877篇论文；Risk（Topic），4 011 585篇论文；Resilience（Topic），135 639篇论文；injur*（Topic），1 185 678篇论文；Reliabilit*（Topic），593 980篇论文以及Accident*（Topic），181 706篇论文。通过自主研发的MSSS系统对数据进行了叠加分析，呈现出了不同安全综合主题论文的领域分布结构。

2.4.3　本地科学结构图叠加

本地科学结构叠加图（Local Map of Science）的原理和全局科学结构叠加图一致，即在用户创建的科学知识图谱的结果上叠加用户定义的信息。本地和全局科学结构图最大的区别是：全局科学结构图的底图是通过某一数据库的全局数据或较大数据生成，这种数据源通常需要依靠数据库厂商提供。本地的科学结构图则是由户通过下载的领域局部数据创建。在结果的呈现上，全局的科学结构图能了解当前所加载数据在全科学领域的分布情况，而本地的科学结构图只能观察叠加信息在用户数据上的分布情况。目前，在科学知识图谱软件CiteSpace和VOSviewer中都提供了各具特色的本地科学结构图叠加分析功能。其中，VOSviewer可以叠加节点的不同指标，包括平均出版年、篇均被引次数等信息，实现同一图层上不同指标的比较（van Eck，2013；Li，2020），如图2.55。CiteSpace则主要是以共被引网络的结构变异为基础（Chen，2012），来测度施引文献对当前共被引网络的结构影响。

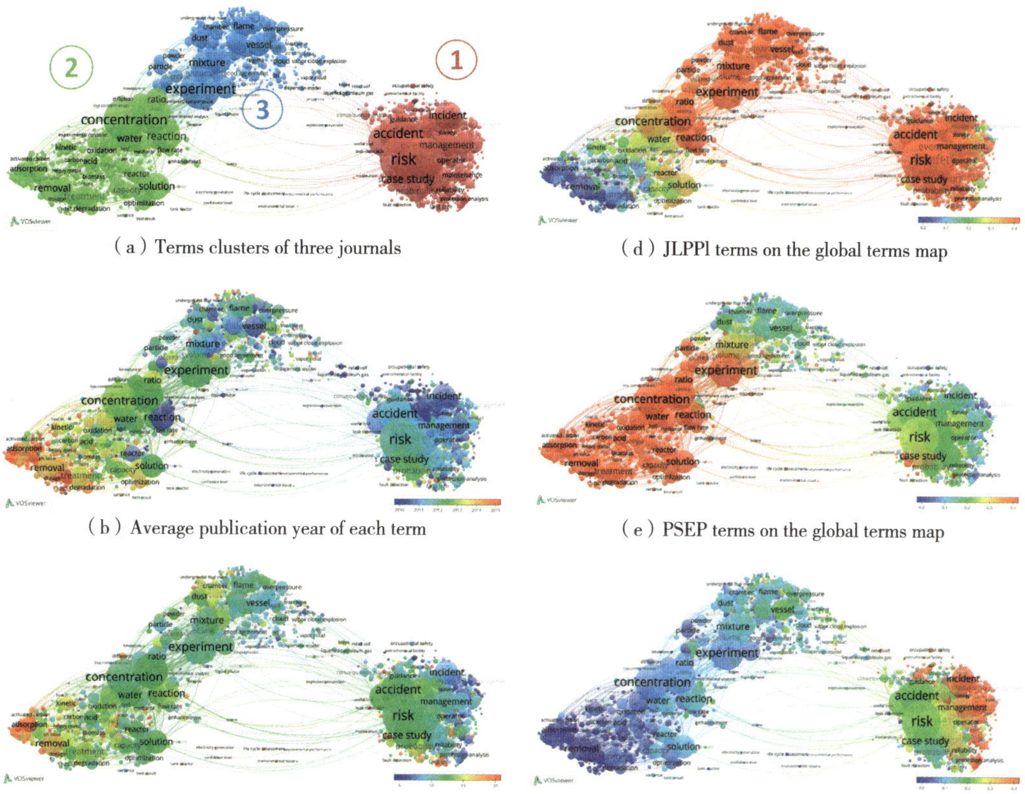

（a）Terms clusters of three journals

（b）Average publication year of each term

（c）Average citations of cach term

（d）JLPPl terms on the global terms map

（e）PSEP terms on the global terms map

（f）PSP terms on the global terms map

图2.55　本地科学结构图叠加分析（Li，2020）

2.5 科学发展的模式与隐喻

2.5.1　库恩的范式理论

历史上关于科学发展模式的理论成果众多，在所有理论中最为广大科技工作者津津乐道的要数美国科学哲学家托马斯·塞缪尔·库恩（Thomas Samuel Kuhn，1922—1996）所出版的《科学革命的结构》(*The structure of scientific revolutions*)。全书共分为十三章，其核心内容依次围绕“常规科学（Normal Science）”、“范式（Paradigm）”、“反常（Anomaly）”、“危机（Crisis）”及“科学革命（Revolution）”展开（Kuhn，2012）。该书自1962年第一版出版以来，先后在1970年（第二版）、1996年（第三版）和2012年（第四版）又再版了三次。据统计，在1987年年中，该书的销量就已经达到了65万册（Kuhn，2012）。美国数据库项目“开放课程（The open Syllabus Project）”收集了各大学过去15年以来超过100万项课程和图书阅读信息，公布了美国大学生的阅读书目数据，从综合排名来看，库恩的《科学革命的结构》排在第七位。从引文影响力上来看，Elliott Green在2016年利用Google对社会科学的高被引图书进行统计，《科学革命的结构》一书位列第一，被引达到81 311次[1]。中文版的《科学革命的结构》也分别由李宝恒、金吾伦以及张卜天在1980年、2012年以及2022年翻译出版。学术界对该书的评价很高，在最新中译版的封面上，写着“科学改变了世界，而这本书改变了科学”。库恩本人也因为《科学革命的结构》获得了1983年的贝尔纳奖。

在《科学革命的结构》中，库恩将科学发展阶段先后划分为前科学阶段（Pre-Science）、常规科学阶段（Normal Science）、模式漂移（科学反常）、模式危机（科学危机）、模式革命（科学革命），然后实现范式转移，再回到常规科学阶段。因此，库恩对科学发展模式的描述，又被称为“库恩循环”，如图2.56。

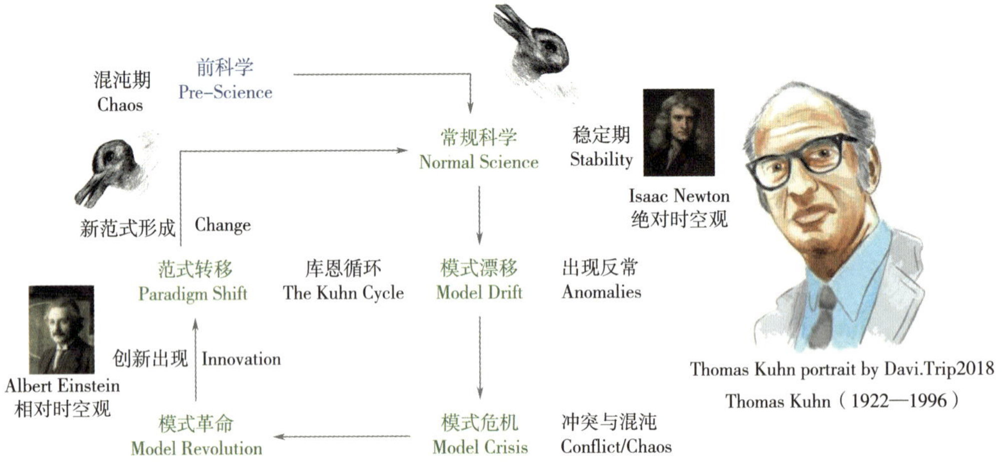

图2.56　库恩循环

库恩对科学的各个发展阶段的描述是通过“范式”的状态确立的。范式可以理解为科学共同体都有的一组信念和关于如何行事的模式，是科学共同体所认可的先前的科学成就。通常认为，这些科学成就具备两个特征便可认为是“范式”。其一，该科学成就足够空前，因此能吸引一批坚定的追随者改弦更张；其二，它们是开放性的，有许多问题留待“重新界定的研究者群体去解决”。在范式的基础上，库恩对各个科学阶段进行了说明。在前科学阶段，主要是科学研究的混沌期，范式在逐渐形成。在范式形成后，科学研究进入常规科学阶段。科学共同体在既定的范式下“解谜题”，科学发展状态处于相对稳定的阶段。随着范式的不断积累，在现有的框架和模式下，科学研

[1] What are the most-cited publications in the social sciences（according to Google Scholar)? https://blogs.lse.ac.uk/impactofsocialsciences/2016/05/12/what-are-the-most-cited-publications-in-the-social-sciences-according-to-google-scholar/ .

究中出现“反常”，现有范式与新的观察发生了冲突，并演化形成了科学危机，进而导致科学革命的产生。科学革命之后，随着新范式的形成，科学共同体又开始在新的范式下继续工作，直到新的反常与危机出现。最后需要说明的是，范式转移并不会带来客观世界的变化，而是新的范式使我们对客观世界的认知发生了变化。

《科学革命的结构》对科学计量学的研究影响深远，这是因为科学计量学的主要任务之一是认识科学发展的动力学机制，《科学革命的结构》提供了一种权威的理论典范。例如：科学计量学过去 20 余年最为流行的可视化软件CiteSpace的哲学基础就是库恩的科学发展的模式以及范式理论。在CiteSpace中，陈超美教授在库恩范式的启发下，将引文空间理论、结构洞理论以及中介中心性测度进行融合（Freeman，1979；Burt，2004；Chen，2006），来探测科学研究中的“转折点（Turning Points）”，以识别和发现科学研究中的“范式转移（Paradigm Shift）”。

2.5.2 科学计量学隐喻

隐喻（metaphor）是一种修辞手法，是将一件事说成另一件事，作为暗示比较的隐含方式（这是隐含的，因为听到/读到这个比喻的人应该意识到这个陈述不是字面意思，而是诗意的）。[1] 柏拉图和亚里士多德曾就“隐喻”发表过不同的看法，无论是否支持隐喻，他们在阐释自己的哲学观点中，都或多或少了使用了“隐喻”。我国学者刘大椿更是对“隐喻何以成为科学的工具”进行过系统的讨论（刘大椿，2009）。大量科学史的案例证明，恰当地使用隐喻对认识和促进科学发展有积极的作用。因此，从促进科学发展和传播的视角来讲，只要不带有“敌意”或错误价值观的隐喻都应该被提倡。因为隐喻实际上是用众所周知的简单道理来向研究人员和公众阐明科学的发现，同时科学研究也变得不那么枯燥。例如：“蝴蝶效应（Butterfly effect）”、“黑天鹅事件（Black swan incidents）”以及“羊群效应（The Effect of Sheep Flock）”等。然而，科学隐喻的使用也不是被所有人都认同的。2018 年，在科学计量学领域曾因隐喻的使用问题还掀起了不小的风波，即“睡美人”隐喻的使用问题。由于*JASIST*的出版规范对使用相关的隐喻持否定态度（Sugimoto et al.，2018），荷兰莱顿大学CWTS的van Raan决定撤销投稿论文。我们认为，对隐喻的使用，若不触犯或冒犯到任何群体，是应该被提倡的。

在前期调研的基础上，本部分选择“马太效应（Matthew effect）”、“睡美人现象（Sleeping beauties）”以及“科学发现的采掘模型（Excavating Models of Scientific Discovery）”三种科学计量学隐喻进行介绍。

---

[1] Science metaphors：https：//science-education-research.com/teaching-science/constructivist-pedagogy/making-the-unfamiliar-familiar/science-metaphors/.

2.5.2.1 马太效应

马太效应（Matthew effect）源于《圣经》“马太福音”中的一句名言：“凡有的，还要加给他，叫他有余。凡没有的，连他所有的，也要夺去[1]。”老子《道德经》中也有类似的描述，即“天之道，损有余而补不足。人之道则不然，损不足以奉有余”。马太效应反映了“富者愈富，贫者愈贫，赢家通吃的现象”，如图 2.57。Merton（1968）在回顾诺贝尔奖得主的访谈时发现，在对科学贡献的分配上，荣誉和认可总是倾向于那些功成名就的科学家。“相对于那些不知名的研究者，声名显赫的科学家通常会得到更多的声望，即使他们的成就是相似的”，默顿将这种现象描述为科学研究中的马太效应（Matthew effect）。密歇根大学社会学Xie（2014）曾发文表示：“很多人在探讨社会及经济的不均，让人诧异的是，科研领域的贫富不均等并没有得到过多的注意。事实上，比起教育、收入以及健康，科研成果与声誉更加不均地分配”。相关学者在基金资助方面也进行了实证研究，同样发现了马太效应的存在（Bol et al.，2018；梁立明，1995）。有学者通过引文的特征，甚至发现“科研界马太效应加剧”的结论（Nielsen，et al.，2021）。目前，科研领域的马太效应普遍存在已经成为共识，消除这种科学中的不平等性任重道远。

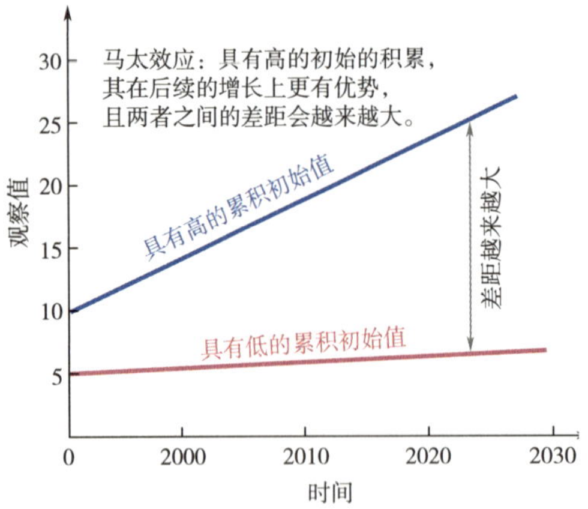

图2.57　马太效应的图示表达

此外，“波敦克效应（Podunk Effect）”反映了与马太效应相似的现象。Gaston对美国科学家的调查研究发现，科学家获得社会承认与其工作单位的声望直接相关，在声望高的单位工作，其成果更容易获得承认。反过来，能入职声望高的工作单位，也是对科学家及其科研成果的高度认可，这种现象被称为“波敦克效应”（Gaston，1970，1978）。“波敦克效应”同样在一定层面上反映了科学研究中的不平等现象的存在。

马太效应所反映的科学中的不平衡性与后来研究发现的“累积优势（Cumulative advantage）”、“成功孕育成功（Success-breeds-success）”以及“优先连接（Preferential attachment）”等现象类似。为了更好地发展科学，应该避免或减轻这种极端的不平等现象存在。科学计量学的任务之一就是通过量化分析的证据来发现不同层面的科学不平等性，并进一步研究其产生的内在机理，以制定科学的策略，削弱类似“马太效

[1] For to every one who has will more be given, and he will have abundance; but from him who has not, even what he has will be taken away.《马太福音》第25章第29节。

应”、“波敦克效应”以及“马提尔塔效应（Matilda effect，科学中性别的不平等）”的影响，让科学资源的分配相对公平和合理。

2.5.2.2 睡美人现象

科学研究领域的延迟认可现象普遍存在，其中最为知名的要数植物遗传学家格雷戈尔·孟德尔（Mendel，1865）。由于他在植物遗传学的发现如此超前和前所未有，以至于科学界花了三十四年的时间才赶上来。这些科学发现往往超前于自己的时代，与现有的科学范式有一定的冲突，在当时不被科学共同体重视或认可。这种现象后来被命名为“孟德尔效应（Mendel syndrome）”。对于此类现象的关注可以追溯到20世纪60年代左右，学者们曾使用“阻滞发现”“早熟发现[1]”“迟滞承认”等词语来描述此类现象（Barber，1961；Stent，1972；Garfield，1980）。2004年，莱顿大学科学技术元勘中心主任van Raan AF在*Scientometrics*发表了论文《科学中的睡美人》（“Sleeping beauties in science”），将该类现象用“睡美人”的隐喻来表达（van Raan，2004）。同时，van Raan提出了测度睡美人文献的三个指标：睡眠深度（depth of sleep）、睡眠长度（length of the sleep）和睡眠强度（awake intensity），并进行了实践检验。自该论文发表之后，“睡美人”已经成为研究延迟承认现象（或引用延迟）的代名词。

虽然延迟认可在van Raan这篇论文发表之前也有相关研究，但这篇论文无疑再一次引起了科学计量学领域学者对该现象的关注。在后期的研究中，Ke等人于2015年在*PNAS*上发表了“定义和识别科学中的睡美人”，又一次将科学计量学领域睡美人的研究推向了高潮。论文中提出的睡美人识别和测度方法成为研究和分析睡美人文献的重要方法之一，其具体原理如图2.56（Ke et al.，2015）。

Ke（2015）在研究中使用“美人指数（Beauty Coefficient）”和“唤醒时间（Awakening Time）”来对睡美人文献进行测度。其中，美人指数是基于一篇论文的引用历史与其发表年份、一年内接收到的最大引用次数（在多年观察期内）以及达到此最大值的年份确定的参考线之间的比较来确定。如图2.58所示，设论文在发表后第t年收到的引用次数为c_t，其中t表示论文年龄。假设指标B也是在时间 $t=T$ 时测量的，并且论文在时间$t_m \in [0, T]$收到年度引用的最大数为c_{tm}。连接点和（0，c_0）和（t_m，c_{tm}）的直线l_t可以表示为：

$$l_t = \frac{c_{t_m} - c_0}{t_m} \cdot t + c_0$$

---

[1] 我们认为称为“早产发现”更合适。

式中，（c_{tm}–c_0）/t_m 是直线的斜率，c_0 是论文在其发表年份接收到的引用数。对于每个 $t \leqslant t_m$，计算（l_t–c_t）与max（1，c_t）的比率。然后，将从t=0 到t=t_m 的比率求和，可得睡美人指数（Beauty Coefficient）：

$$B=\sum_{t=0}^{t_m}\frac{\frac{c_{t_m}-c_0}{t_m}\cdot t+c_0-c_t}{\max\{1,\ c_t\}}$$

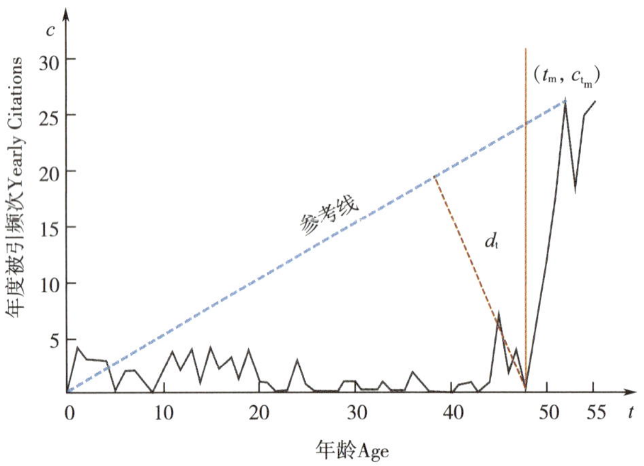

图2.58　睡美人文献曲线表达（Ke et al.，2015）

注：图2.58描述了睡美人指数B和论文唤醒时间t_a的示意图。黑色曲线代表论文在年龄t时接收到的引用数c_t（即t表示自发表以来的年数）。蓝色虚线连接点（0，c_0）和（t_m，c_{t_m}），是参考线l_t，用来与论文的引用历史进行比较。定义的唤醒时间（$t_a \leqslant t_m$）为最大化点（t，c_t）到直线l_t距离的年龄，红色虚线d_t表示这个距离。红色垂直线标记了所计算的唤醒时间t_a。

结合上式，可以得到B的一些基本性质。如果论文在发表的第一年（t_m=0）就获得了最大引用数，这意味着它立即得到了认可，因此 B 值为0；如果论文的引用数随时间线性增长（l_t–c_t），这意味着它的影响力稳定，B 值也为 0；如果论文的引用轨迹随时间减少（即时间的凹函数），则B 值为非正数，这可能意味着论文在初始阶段得到了较多关注，但随后其影响力下降。B的这些特征增强了睡美人测度的客观性和普适性。

唤醒时间的确认有助于识别“睡美人”背后的触发机制。为此，Ke等人设计了测度唤醒时间的指标t_a，其含义是指睡美人文献的引用累计发生突变的年份。即，t_a 被定义为距离 d_t 在点（t，c_t）和参考线 l_t之间达到最大值时的时间 t，即

$$t_a=\arg\left\{\max_{t\leqslant t_m} d_t\right\}$$

式中，d_t 由下式给出：

$$d_t = \frac{\left|\left(c_{t_m} - c_0\right)t - t_m c_t + t_m c_0\right|}{\sqrt{\left(c_{t_m} - c_0\right)^2 + t_m^2}}$$

研究分析发现，唤醒时间 t_a 比 B 要更稳定，即 B 可能会有更多的波动，特别是当一篇文章是一个明显的“睡美人”时。在此之前，睡美人文献被认为是一种稀有的存在（van Raan，2004），该指数的提出使得睡美人在一般意义上并不像以前认为的那么稀有（Ke et al.，2015）。这也警示我们，使用基于短期引用指标进行研究评估时应该谨慎。

最后，科学计量学领域已经有大量学者针对睡美人文献开展了研究，可以说已经成为科学计量学研究的一个重要方向。其产生的机制和原因的研究，对认识科学的发展规律有重要价值。然而，在该方面仍有大量的问题尚未达成一致，其研究还主要停留在科学探索层面上，与一线科技政策应用的结合还有较大的差距。

2.5.2.3 采掘模型

科学发现的采掘模型（Excavating Models of Scientific Discovery）是我国科学计量学创始人赵红州教授于 1980 年提出的科学计量学隐喻模型，用以揭示科学发展的规律和特征。该模型的思想源自苏联科学史家、哲学家和科学学家凯德洛夫（Кедров BM，1903—1985）的“带头学科（лидерской дисциплине）”理论，并受到其“科学的突破点往往发生在社会需要和科学内在逻辑的交叉点上”的思想启发。赵红州教授认为，人们认识自然界的过程很像开采矿藏一样，由表及里、由浅入深，是一个逐层开采的过程。首先，人们“开采”宏观层次的机械运动规律，其次是“开采”分子层次的热运动规律，然后“开采”原子分子层次的化学运动规律，接下来是“开采”原子层次的电磁运动规律，再后是“开采”核层次或亚核层次的强、弱相互作用的规律，因此，在不同的历史年代，总有一个物质层次中某种运动级别是人们重点要认识的对象，也总有一门或几门学科是科学发现的“当采学科”。通过不同历史时期“当采学科”的成果产出，证明了“当采学科”应该是成果累累的学科。赵红州教授进一步对比了“当采学科”与凯特洛夫的“带头学科”，认为“当采学科”对应的是“常态科学”，“带头学科”则是革命性学科。“当采学科”是科学发展中量的积累所造成的特殊现象，“带头学科”则是科学发展过程中质的飞跃造成的特殊学科（赵红州，1981 a；b）。

基于采掘模型的理论研究，赵红州（1985）等对《自然科学大事件年表》中的 1 376 项微观方面的成果，根据它们所属的空间层次和能量级别进行模糊的分类，共分为 5 类：Ⅰ-宏观层次机械能；Ⅱ-分子层次热能；Ⅲ-原子层次化学能；Ⅳ-原子层次

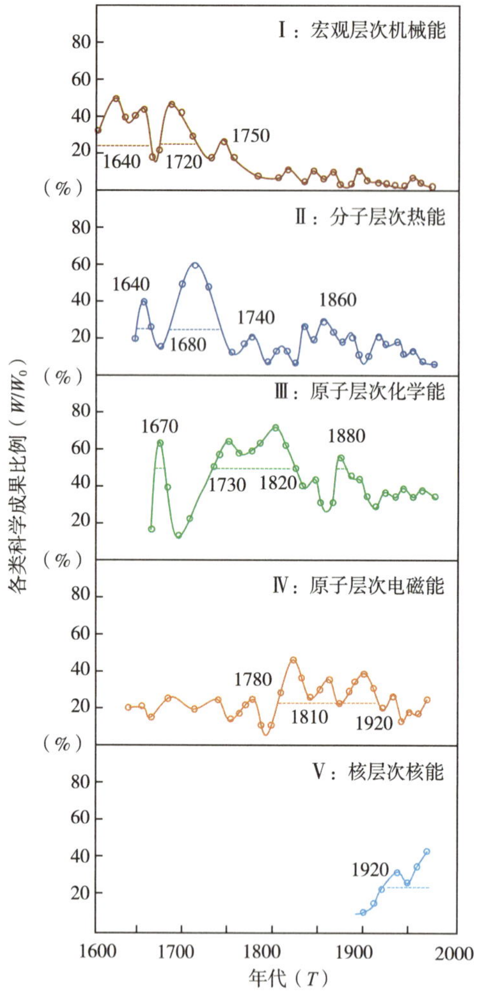

图2.59　微观科学成果的编年曲线

注：1975年上海人民出版社出版的《自然科学大事年表》提供了2 080项近现代科学成果，这些重大成果都是1500—1960年科学史上公认的成就。其中，有1 955项是非生命物质的科学成就；1 376项成就来自微观方面；579项来自宇观方面。赵红州和蒋国华对1 376项微观方面的成果，按照所属的空间层次和能量级别进行模糊的分类，共分为Ⅰ–Ⅴ类。

电磁能；Ⅴ–核层次核能。通过将上述各类成果按照时间序列进行排序，并计算出每个年代各类成果占同期总成果的比例，得到了微观方面科学成果的编年曲线（如图 2.59 所示）。研究结果显示，每一项科学成果都有其自身的高峰区，即在特定历史时期，会出现一个科学成果的“富矿区”。此外，不同层次的高峰区按照经典力学→热→化学→电磁学→核物理与粒子物理……的顺序出现。这种现象表明科学发展的过程类似于采掘过程（赵红州等，1985）。进而从实证的角度对科学发现的采掘模型进行进一步的说明。

在采掘模型中，“当采学科”的转移方向并不总是由浅而深地向前发展的，有时，“当采学科”亦会向完全相反的方向转移。或者说，有时研究者不去采掘更深层次，相反地回到早期已经开采过的层次，进行大规模的“回采”。例如，如图 2.59 中，在曲线的“主峰”之后会出现一个较小的峰值，这是“回采”的直接表现。科学发现中的“回采”现象有多重复杂的原因。首先，深入开采更深层次的研究可能会揭示上一层次更深刻的本质，从而使得人们有可能重新审视搁置许久的难题，并沿新的思路重新进行研究。其次，当“当采”方向遇到困难时，长期无法向更深层次掘进，也就是说，在大部分换能效应没有发现以前，这时科学家不得不进行大规模的转移，或者将现有的科学方法移植到其他学科，或者返回原来层次进行大规模的回采。在研究中，赵红州等人根据科学发现当采活动的规律，基于当采速度取决于各个物质层次及结合能的数量级分析，认为人类对一个物质层的探索存在着从“试采”到“当采”，再到“回采”的采掘周期，平均周期大约为230年（赵红州等，1985）。1990年，赵红州应钱学森的建议，利用采掘模型对“冷核聚变”现象的学术热点做了科学学的解释（刘则渊，1999）。此外，利用该模型，我国科学学研究人员成功预测了一段时期凝聚态物理和核物理作为“回采学科”和“当采学科”的突破性进展，对我国重点学科的战略选择无疑产生了积极的影响。

思考题

1. 结合指数增长规律，阅读丹尼斯·米都斯等人的《增长的极限：罗马俱乐部关于人类困境的研究报告》，撰写800~1 000字书评或读后感。

2. 科学论文的增长曲线在未来某一时刻将出现下降趋势。与之前的数值相比，你认为一般会下降到什么程度才会反弹？

3. 经济学中的索洛增长模型（Solow Growth Model）认为“经济体中的总产出（O）由方程 $O=A\sqrt{L}\sqrt{K}$ 来确定，其中L表示劳动量，K表示实物资本量，A表示技术水平”。请思考，该模型是否可以类比估计科研的产出？［提示：对于科研的产出估计，可以多与其他领域的增长模型类比，或许会带来新的发现。推荐阅读《模型思维》（斯科特·佩奇，2019）。］

4. 本章中的统计分析发现，在科学领域中，被引半衰期排名第一的是“统计学与概率论（Statistics & Probability）”，施引半衰期排名第一的是“古生物学（Paleontology）”，试结合领域的特征解释其背后的原因。

5. 你认为一个领域的半衰期和该领域论文的增长速度存在怎样的关系，试用实际的数据进行说明。

6. 请阅读课外资料，学习布拉德福定律、齐普夫定律和洛特卡定律的统一律。可参考Chen et al.（1986）。

7. 科学中的偏态分布（Skewness distribution）是普遍存在的。请举例说明你所知道的科学中的偏态分布，并谈谈你对偏态分布的认识。可参考van Noorden（2014）。

8. 结合知识单元的游离与重组理论，谈一谈知识创造的本质。

9. 试用最省力法则解释齐普夫定律或洛特卡定律，并谈一谈“最省力法则”对人生的启发。

10. 试用最省力法则解释：为什么在引用中更多的是“正面”或“中立”的引用，而“负面”的引用比较少？可参考White（2001）。

11. 在当前的人工智能生成内容时代，机器可以快速地根据人的提示自动生成文本。请思考，机器生成文本是否也遵守“最省力法则”？提示：可以结合ChatGPT生成内容的机理来认识。

12. 请简述什么是行动者网络理论，并说明为什么“行动者网络理论（Actor network Theory）”是共词分析的理论基础。可参考He（1999）和洛埃特·雷迭斯多夫（2003）。

13. 库恩在《科学革命的结构》中提出了“范式”一词，请用自己的理解解释范式的含义。

14. 马克思说：“事物的辩证发展就是经过两次否定，出现三个阶段即肯定—否定—否定之否定，形成一个周期。事物的这种否定之否定的过程，从内容上看，是自己发展自己、自己完善自己的过程。从形式上看，是螺旋式上升或波浪式前进，方向是前进上升的，道路是迂回曲折的，是前进性与曲折性的统一”（来源：《资本论》，1867）。尝试用马克思的论断来理解和认识科学的发展过程。

15. 通过“世有伯乐，然后有千里马”视角，来思考睡美人文献。从引文分析的视角谈谈这种认识有什么不足？

16. 什么是科学中的“马太效应”？谈一谈马太效应如何影响科学系统的形成。

17. 马太效应似乎预示着“初始值”的重要性，在科学领域中，蝴蝶效应也阐释了初始值的重要性。试从“初始值”或“起点”的视角谈谈你对马太效应的认识。

18. 阅读《小王子》第四章，思考为什么土耳其的天文学家穿着土耳其服装向国际天文学联合会展示他发现B612小行星时却没人相信，10年后穿着欧式服装展示了同样的结果，大家却接受了（请使用本章学习的内容进行解释）。

19. 你认为科学计量学是硬科学还是软科学，通过数据分析来证明。可参考Wouters（1994）。

20. 观看150 years of *Nature* papers视频，谈谈你对应用文献进行科学知识演化与发现研究的感受（随堂作业）。

21. 按照盲人摸象的隐喻，不同的学术网络（如，文献耦合、有向引证网络、共被引网络以及主题网络等）实际上是对同一现象从不同维度的观测。思考不同的学术网络在测度学术对象上的相关性。提示：可参考Yan（2012）等发表的论文《学术网络的相似性：文献耦合网络、引文网络、共被引网络、主题网络、合著网络以及共词网络的关联》。

22. 乔布斯曾说过：“创新就是把各种事物整合到一起（Creativity is connecting things.——Steve Jobs）”；在《像艺术家一样思考》一书中也提到：“世上不存在完完全全原创的理念，但存在独特的组合。”在提倡学科交叉融合的背景下，这种以“关联”视角来认识创新本质的论断还有很多。试结合本章内容，谈一谈科学文献中实体的共现和分析是如何体现新知识的生产的。

23. 根据任课老师推荐的最新科学计量学原理或应用论文，分组学习和讨论。

参考文献

ADAMIC L A,GLANCE N,2005. The political blogosphere and the 2004 US election: divided they blog[C]. In Proceedings of the 3rd international workshop on Link discovery. 36–43.

ALLISON P D, PRICE D J D S, GRIFFITH B C, et al., 1976. Lotka's law: A problem in its interpretation and application[J]. Social studies of science, 6(2) : 269–276.

ALTMANN G, 2002. Zipfian linguistics[J]. Glottometrics, 3: 19–26.

ALTMANN G, BEST K H, HŘEBÍČEK L, 2002. Glottometrics, To Honor G. K. Zipf 3: 1–150.

AYRES L P, 1915. A measuring scale for ability in spelling. Division of education, Russell Sage foundation.

BARBER B, 1961. Resistance by Scientists to Scientific Discovery: This source of resistance has yet to be given the scrutiny accorded religious and ideological sources[J]. Science, 134(3479): 596–602.

BEAVER D, ROSEN R, 1978. Studies in scientific collaboration: Part I. The professional origins of scientific co–authorship[J]. Scientometrics, 1(1): 65–84.

BEAVER D, ROSEN R, 1979 a. Studies in scientific collaboration: Part II. Scientific co–authorship, research productivity and visibility in the French scientific elite, 1799–1830[J]. Scientometrics, 1(2): 133–149.

BEAVER D, ROSEN R, 1979 b. Studies in scientific collaboration Part III. Professionalization and the natural history of modern scientific co–authorship[J]. Scientometrics, 1(3): 231–245.

BERNAL J D, 1958. The transmission of scientific information: a user's analysis[C]. In Proceedings of the International Conference on Scientific Information, 1(960): 77–95.

BOL T, DE VAAN M, VAN DE RIJT A, 2018. The Matthew effect in science funding[J]. Proceedings of the National Academy of Sciences, 115(19): 4887–4890.

BOOTH A D, 1967. A Law of occurrences for words of low frequency[J]. Information and control, 10(4): 386–393.

BÖRNER K, KLAVANS R, PATEK M, et al., 2012. Design and update of a classification system: The UCSD map of science[J]. PloS one, 7(7): e39464.

BÖRNER K, SILVA F N, MILOJEVIĆ S, 2021. Visualizing big science projects[J]. Nature Reviews Physics, 3(11): 753–761.

BOYACK KW, RICHARD K, 2005. The Structure of Science. Courtesy of Kevin W. Boyack, Sandia National Laboratories and Richard Klavans, SciTech Strategies[EB/OL]. [2024-06-02]. http://scimaps. org.

BRADFORD S C, 1934. Sources of information on specific subjects[J]. Engineering. 137: 85–86.

BRAUN T, BUJDOSÓ E, SCHUBERT A, 2019. Literature of analytical chemistry: A scientometric evaluation[M]. CRC Press.

BRAUN T, BUJDOSÓ E, SCHUBERT A, 1987. Literature of Analytical Chemistry: A Scientometric Evaluation[M]. Boca Raton, FL: CRC Press.

BROOKES B C, 1968. The derivation and application of the Bradford-Zipf distribution[J]. Journal of documentation, 24(4) : 247–265.

BROOKES B C, 1969 a. Bradford's law and the bibliography of science[J]. Nature, 224(5223).

BROOKES B C, 1969 b. The complete Bradford–Zipf bibliograph[J]. Journal of Documentation, 25(1): 58–60.

BROOKES B C, 1970. Obsolescence of special library periodicals: sampling errors and utility contours[J]. Journal of the American Society for Information Science, 21(5) : 320–329.

BROOKES B C, 1972. The aging of scientific literature. Problems of Information Science: collection of papers/edited by A. I Cherny. Moscow: International Federation of Documentation, Study Committee "Research on Theoretical Basis of Information, 66–90.

BROOKES B C, 1973. Numerical methods of bibliographic analysis[J]. Library Trends, 22(1): 22–23.

BROOKS T, 2009. Citer motivations [ELIS classic]. In Encyclopedia of Library and Information Sciences[M]. CRC Press. 1038–1044.

BURT R S, 2004. Structural holes and good ideas[J]. American journal of sociology, 110(2): 349–399.

BURTON R E, KEBLER R W, 1960. The "half–life" of some scientific and technical literatures[J]. American Documentation. 11: 18–22.

CALLON M, COURTIAL J P, LAVILLE F, 1991. Co–word analysis as a tool for describing the network of interactions between basic and technological research: The case of polymer chemsitry[J]. Scientometrics, 22: 155–205.

CALLON M, COURTIAL J P, TURNER W A, et al., 1983. From translations to problematic networks: An introduction to co–word analysis[J]. Social science information, 22(2): 191–235.

CALLON M, RIP A, LAW J, 1986. Mapping the dynamics of science and technology: Sociology of science in the real world[M]. Macmillan. London.

CARLEY S, PORTER A L, RAFOLS I, et al., 2017. Visualization of disciplinary profiles: Enhanced science overlay maps[J]. Journal of Data and Information Science, 2(3): 68–111.

CHEN C M, 2006. CiteSpace II: Detecting and visualizing emerging trends and transient patterns in scientific literature[J]. Journal of the American Society for information Science and Technology, 57(3): 359–377.

CHEN C M, 2012. Predictive effects of structural variation on citation counts[J]. Journal of the American Society for Information Science and Technology, 63(3): 431–449.

CHEN C M, LEYDESDORFF L, 2014. Patterns of connections and movements in dual-map overlays: A new method of publication portfolio analysis[J]. Journal of the association for information science and technology, 65(2): 334–351.

CHEN Y S, LEIMKUHLER F F, 1986. A relationship between Lotka's law, Bradford's law, and Zipf's law[J]. Journal of the American Society for Information Science, 37(5): 307–314.

CHEN Y S, LEIMKUHLER F F, 1987. Bradford's law: An index approach[J]. Scientometrics, 11: 183–198.

COBO M J, LÓPEZ–HERRERA A G, HERRERA–VIEDMA E, et al., 2012. SciMAT: A new science mapping analysis software tool[J]. Journal of the American Society for information Science and Technology, 63(8): 1609–1630.

CONDON E U, 1928. Statistics of vocabulary[J]. Science, 67(1733): 300.

COURTIAL J P, 1992. Comments on Leydesdorff's' a validation study of Leximappe' [J].

Scientometrics, 25(2): 313–316.

DEWEY G, 1923. Relativ frequency of English speech sounds[M]. Harvard University Press.

DING Y, SONG M, HAN J, et al., 2013. Entitymetrics: Measuring the impact of entities[J]. PloS one, 8(8): e71416.

DONOHUE JC, 1973. Understanding Scientific Literatures: A Bibliometric Approach[M]. Cambridge, MA: The MIT Press.

EGGHE L, 1986. On the 80/20 rule[J]. Scientometrics, 10(1–2) : 55–68.

EGGHE L, 1986. The dual of Bradford's law[J]. Journal of the American Society for Information Science, 37(4): 246–255.

EGGHE L, 1987. An exact calculation of Price's law for the law of Lotka[J]. Scientometrics, 11(1–2): 81–97.

EGGHE L, 1997. Price index and its relation to the mean and median reference age[J]. Journal of the American Society for Information Science, 48(6): 564–573.

EGGHE L, 2005. Power laws in the information production process: Lotkaian informetrics[M]. Emerald Group Publishing Limited.

EGGHE L, 2010. A model showing the increase in time of the average and median reference age and the decrease in time of the Price Index[J]. Scientometrics, 82(2): 243–248.

EGGHE L, ROUSSEAU R, 2002. Co–citation, bibliographic coupling and a characterization of lattice citation networks[J]. Scientometrics, 55(3): 349–361.

EGGHE L, ROUSSEAU R, 2003. A measure for the cohesion of weighted networks[J]. Journal of the American Society for Information Science and Technology, 54(3): 193–202.

ESTOUP J B, 1916. Gamma Stenographique(4th. ed.) [M]. Institut Stenographique de France, Paris.

ETO H, 1988. Rising tail in Bradford distribution: Its interpretation and application[J]. Scientometrics, 13: 71–287.

EVAN L, 1966. Search Procedures Based on Measures of Relatedness between Documents[D]. Massachusetts Institute of Technology.

FANO R M, 1956. Information theory and the retrieval of recorded information[J]. Documentation in action, 238–244.

FERNÁNDEZ–CANO A, TORRALBO M, VALLEJO M. 2004. Reconsidering Price's model of scientific growth: an overview[J]. Scientometrics, 61(3): 301–321.

FERRERO G, 1894. 'inertie mentale et la loi du moindre effort[J]. Revue Philosophique de la France et de l'Étranger, 37: 169–182.

FREEMAN L C, 1979. Centrality in social networks: Conceptual clarification[J]. Social Networks, 1: 215–239.

FUGL L D, 2001. Fundamental methodologies and tools for the employment of webometric analyses: a discussion and proposal for improving the foundation of webometrics[D]. Master thesis, Royal School of Library and Information Science(Denmark).

GAPEN D K, MILNER S P, 1981. Obsolescence[J]. Library Trends, 30(1), 107–124.

GARFIELD E, 1965. Can citation indexing be automated[C]. In Statistical association methods for mechanized documentation, symposium proceedings, 269: 189–192.

GARFIELD E, 1980. Premature discovery or delayed recognition–why[J]. Current contents, (21): 5–10.

GARFIELD E, 2001. From Bibliographic Coupling to Co–Citation Analysis via Algorithmic Historio–Bibliography A Citationist's Tribute to Belver C. Griffith. presented at Drexel University, Philadelphia, PA on November 27, 2001.

GARFIELD E, 2009. From the science of science to Scientometrics visualizing the history of science with HistCite software[J]. Journal of Informetrics, 3(3): 173–179.

GARFIELD E, PUDOVKIN A I, 2004. The HistCite system for mapping and bibliometric analysis of the output of searches using the ISI Web of Knowledge. In Proceedings of the 67th annual meeting of the American society for information science and technology(Vol. 83). Medford, N J, USA: Information Today Inc.

GARFIELD E, PUDOVKIN A I, ISTOMIN V S, 2003. Why do we need algorithmic historiography? [J]. Journal of the American Society for Information Science and Technology, 54(5): 400–412.

GARNER J, PORTER A L, LEIDOLF A, et al., 2018. Measuring and visualizing research collaboration and productivity[J]. Journal of Data and Information Science, 3(1): 54–81.

GASTON J, 1970. The reward system in British science[J]. American sociological review, 718–732.

GASTON J, 1978. The Reward System in British and American Sclence[M]. NewYork: John Wiley & Sons.

GATES A J, KE Q, VAROL O, et al., 2019. Nature's reach: narrow work has broad impact[J]. Nature, 575(7781): 32–34.

GLÄNZEL W, CZERWON H, 1996. A new methodological approach to bibliographic coupling and its application to the national, regional and institutional level[J]. Scientometrics, 37(2): 195–221.

GLÄNZEL W, SCHUBERT A, 1985. Price distribution. An exact formulation of Price's "square root law" [J]. Scientometrics, 7(3–6): 211–219.

GOERLANDT F, LI J, RENIERS G, 2022. The landscape of safety management systems research: A scientometric analysis[J]. Journal of safety science and resilience, 3(3): 189–208.

GOSNELL C R, 1943. The rate of obsolescence in college library book collections[D]. New York University.

GRIFFITH B C, SERVI P N, ANKER A L, et al., 1979. The aging of scientific literature: a citation analysis[J]. Journal of documentation, 35(3): 179–196.

GROOS O V, 1967. Brief Communications Bradford's Law and the Keenan–Atherton Data[J]. American Documentation, 18(1): 46.

HASSAN–MONTERO Y, GUERRERO–BOTE V P, DE–MOYA–ANEGÓN F, 2014. Graphical interface of the Scimago Journal and Country Rank: an interactive approach to accessing bibliometric information[J]. El profesional de la información, 23(3): 272–278.

HE Q, 1999. Knowledge discovery through co–word analysis[J]. Library Trends, 48(1): 133–159 .

JANSSENS A, 2020b. Methods, systems and computer readable storage media for determining relevant documents based on citation information: U. S. Patent 10, 635, 705[P]. 2020–4–28.

JANSSENS A C J, GWINN M, BROCKMAN J E, et al., 2020a. Novel citation–based search method for scientific literature: a validation study[J]. BMC medical research methodology, 20: 1–11.

KATZ J S, MARTIN B R, 1997. What is research collaboration? [J]. Research policy, 26(1): 1–18.

KE Q, FERRARA E, RADICCHI F, et al., 2015. Defining and identifying sleeping beauties in science[J]. Proceedings of the National Academy of Sciences, 112(24): 7426–7431.

KESSLER M M, 1962. An experimental study of bibliographic coupling between technical papers[R]. MIT. Report R–I, November. (Revised June 1962. To be published in the IRE Transactions PGZT)

KESSLER M M, 1963. An experimental study of bibliographic coupling between technical papers(Corresp.) [J]. IEEE Transactions on Information Theory, 9(1): 49–51.

KESSLER M M, 1963. Bibliographic coupling between scientific papers[J]. American Documentation, 14(1): 10–25.

KLAVANS R, BOYACK K W, 2006. Quantitative evaluation of large maps of science[J]. Scientometrics, 68(3): 475–499.

KUHN T S, 1962. The structure of scientific revolutions[M]. Chicago: University of Chicago press.

KUHN T S, 1970. The structure of scientific revolutions[M]. Chicago: University of Chicago press.

KUHN T S, 1996. The structure of scientific revolutions[M]. Chicago: University of Chicago press.

KUHN T S, 2012. The structure of scientific revolutions[M]. Chicago: University of Chicago press.

LAW J, BAUIN S, COURTIAL J, WHITTAKER J, 1988. Policy and the mapping of scientific change: A co–word analysis of research into environmental acidification[J]. Scientometrics, 14(3–4): 251–264.

LEYDESDORFF L, 1992. A validation study of "Leximappe" [J]. Scientometrics, 25(2): 295–312.

LEYDESDORFF L, 2021. Automation in the overlaying of journal maps[EB/OL]. [2021–1–30]. http: //dx. doi. org/10. 2139/ssrn. 3776193.

LEYDESDORFF L, CARLEY S, RAFOLS I, 2013. Global maps of science based on the new Web–of–Science categories[J]. Scientometrics, 94: 589–593.

LEYDESDORFF L, DE MOYA–ANEGÓN F, DE NOOY W, 2016. Aggregated journal–journal citation relations in scopus and web of science matched and compared in terms of networks, maps, and interactive overlays[J]. Journal of the Association for Information Science and Technology, 67(9): 2194–2211.

LEYDESDORFF L, DE MOYA–ANEGÓN F, GUERRERO–BOTE V P, 2015. Journal maps, interactive overlays, and the measurement of interdisciplinarity on the basis of s copus data(1996—2012)[J]. Journal of the Association for Information Science and Technology, 66(5): 1001–1016.

LEYDESDORFF L, THOR A, BORNMANN L, 2017. Further steps in integrating the platforms of WoS and Scopus: Historiography with HistCite™ and main–path analysis[J]. Profesional de la información, 26(4): 662–671.

LI J, GOERLANDT F, RENIERS G, 2020. Mapping process safety: A retrospective scientometric analysis of three process safety related journals(1999–2018) [J]. Journal of Loss Prevention in the Process Industries, 65: 104141.

LINE M B, SANDISON A, 1974. Progress In Documentation: ‘obsolescence’ and changes in the use of literature with time[J]. Journal of documentation, 30(3): 283–350.

LOTKA A J, 1926. The frequency distribution of scientific productivity[J]. Journal of the Washington Academy of Sciences, 16(12): 317–324.

MAIA M J F, 1984. On the unity of Bradford’s law[J]. Journal of Documentation, 40(3): 206–216.

MANDELBROT B, 1953. An informational theory of the statistical structure of language[J]. Communication theory, 84: 486–502.

MANN T, 1987. A guide to library research methods. Mazal Holocaust Collection[M]. New York: Oxford University Press.

MARSHAKOVA I V, 1973. System of document connections based on references[J]. Nauchno–Tekhnicheskaya Informatsiya Seriya 2–Informatsionnye Protsessy I Sistemy(6): 3–8.

MCCAIN K W, 1991. Mapping economics through the journal literature: An experiment in journal cocitation analysis[J]. Journal of the American Society for Information science, 42(4): 290.

MCCAIN K, TURNER K, 1989. Citation context analysis and aging patterns of journal articles in molecular genetics[J]. scientometrics, 17(1–2): 127–163.

MENDEL G, 1865, Versuche über Pflanzen–Hybriden(Experiments with Plant Hybrids), Proceedings of the National History Society of Brunn(Bohemia, now Czech Republic).

MERTON RK. 1968. The Matthew effect in science: The reward and communication systems of science are considered[J]. Science, 159(3810): 56–63.

MICHELER B, 1988. L’ analyse des roots associds[D]. unpublished Dissertation.

MOORE G E, 1965. Cramming more components onto integrated circuits[J]. Electronics, 38(8): 114–117.

MORRIS S A, 2005. Unified mathematical treatment of complex cascaded bipartite networks: the case of collections of journal papers[D]. Oklahoma State University.

MORRIS S A, YEN G G, 2004. Crossmaps: Visualization of overlapping relationships in collections of journal papers[J]. Proceedings of the National Academy of Sciences, 101(suppl_1): 5291–5296.

NALIMOV V V, MUL’CHENKO Z M, 1969. Наукометрия: изучение развития науки как информационного ороцесса[M]. Москва: Наука. 21.

NESHITOI V V, 2010. Zipf’s and Bradford’s laws and universal models[J]. Automatic Documentation and Mathematical Linguistics, 44(1): 30–37.

NEWMAN M E, 2001. Scientific collaboration networks. I. Network construction and fundamental results[J]. Physical review E, 64(1): 016131.

NEWMAN M E, 2001. Scientific collaboration networks. II. Shortest paths, weighted networks, and centrality[J]. Physical review E, 64(1): 016132.

NEWMAN M E, 2004. Coauthorship networks and patterns of scientific collaboration[J]. Proceedings of the national academy of sciences, 101(suppl_1), 5200–5205.

NICHOLLS P T, 1988. Price’s square root law: Empirical validity and relation to Lotka’s law[J]. Information processing & management, 24(4): 469–477.

NIELSEN M W, ANDERSEN J P, 2021. Global citation inequality is on the rise[J]. Proceedings of the National Academy of Sciences, 118(7): e2012208118.

OKAMURA K, 2019. Interdisciplinarity revisited: evidence for research impact and dynamism[J]. Palgrave Communications, 5(1): 1–9.

OLIVER M R, 1971. The effect of growth on the obsolescence of semiconductor physics literature[J]. Journal of Documentation, 27(1): 11–17.

PAO M L, 1978. Automatic text analysis based on transition phenomena of word occurrences[J]. Journal of the American Society for Information Science, 29(3): 121–124.

PORTER S J, HAWIZY L, HOOK D W, 2023. Recategorising research: Mapping from FoR 2008 to FoR 2020 in Dimensions[J]. Quantitative Science Studies, 4(1): 127–143.

PRICE D J D S, 1951. Quantitative measures of the development of science[EB/OL]. [2024-05-30]. https: //garfield. library. upenn. edu/price/pricequantitativemeasures1951. pdf.

PRICE D J D S, 1961. Science Since Babylon[M]. Yale University Press, New Haven.

PRICE D J D S, 1963. Little science, big science[M]. New York: Columbia University Press.

PRICE D J D S, 1965. Networks of scientific papers[J]. Science, 149: 510–15.

PRICE D J D S, 1970. Citation measures of hard science, soft science, technology, and nonscience[J]. Communication among scientists and engineers, 4: 3–22.

PRICE D J D S, 1986. Little science, big science. . . and beyond[M]. New York: Columbia University Press.

RAFOLS I, PORTER A L, LEYDESDORFF L, 2010. Science overlay maps: A new tool for research policy and library management[J]. Journal of the American Society for information Science and Technology, 61(9): 1871–1887.

RAHMAN M K, SUJON M H, AZAD A, 2020. BatchLayout: A batch-parallel force-directed graph layout algorithm in shared memory[C]. In 2020 IEEE Pacific Visualization Symposium(PacificVis) . IEEE, 16–25.

RESCHER N, 1978. Scientific Progress[M]. University of Pittsburgh Press, Pittsburgh.

ROUSSEAU R, 2002. George Kingsley Zipf: life, ideas, his law and informetrics[J]. Glottometrics, 3(1): 11–18.

ROUSSEAU R, EGGHE L, GUNS R, 2018. Becoming metric-wise: A bibliometric guide for researchers[M]. Chandos Publishing.

SJÖGÅRDE P, 2023. Mapping the structure of science through clustering in citation networks : granularity, labeling and visualization[D]. Karolinska Institutet.

SMALL H, 1973. Co-citation in the scientific literature: A new measure of the relationship between two documents[J]. Journal of the American Society for information Science, 24(4): 265–269.

SMALL H G, KOENIG M E, 1977. Journal clustering using a bibliographic coupling method[J]. Information processing & management, 13(5): 277–288.

STENT G S, 1972. Prematurity and uniqueness in scientific discovery[J]. Scientific American, 227(6): 84–93.

SUGIMOTO C R, MOSTAFA, 2018. A note of concern and context: on careful use of terminologies[J]. Journal of the Association for Information Science and Technology 69, 3: 347–348.

THORNE F C, 1977. The citation index: Another case of spurious validity[J]. Journal of clinical psychology, 33(4): 1157–1161.

TRAAG V A, WALTMAN L, VAN ECK N J, 2019. From Louvain to Leiden: guaranteeing well–connected communities[J]. Scientific reports, 9(1): 5233.

TURNER W A, CHARTRON G, LAVILLE F, et al., 1988. Packaging information for peer review: New co–word analysis techniques. In A. F. J. van Raan(Ed.), Handbook of quantitative studies of science and technology[M]. Netherlands: Elsevier Science Publishers: 291–323.

VAN ECK N J, WALTMAN L, VAN RAAN A F, et al., 2013. Citation analysis may severely underestimate the impact of clinical research as compared to basic research[J]. PloS one, 8(4): e62395.

VAN NOORDEN R, MAHER B, NUZZO R, 2014. The top 100 papers[J]. Nature News, 514(7524): 550.

VAN RAAN A F, 2004. Sleeping beauties in science[J]. Scientometrics, 59(3): 467–472.

VINKLER P, 2000. Publication velocity, publication growth and impact factor: An empirical model. In B. Cronin & H. B. Atkins(eds) The Web of Knowledge: A Festschrift in Honor of Eugene Garfield. ASIS Monograph Series. 163–76. Medford, NJ: Information Today, Inc.

VINKLER P, 2010. The evaluation of research by scientometric indicators[M]. Chandos Publishing, Oxford.

WALTMAN L, VAN ECK N J, 2012. A new methodology for constructing a publication-level classification system of science[J]. Journal of the American Society for Information Science and Technology, 63(12): 2378–2392.

WHITE H D, 2001. Authors as citers over time[J]. Journal of the American Society for Information Science, 52(2): 87–108.

WHITE H D, GRIFFITH B C, 1981. Author cocitation: A literature measure of intellectual structure[J]. Journal of the American Society for information Science, 32(3): 163–171.

WOUTERS P, LEYDESDORFF L, 1994. Has Price's dream come true: Is scientometrics a hard science? [J]. Scientometrics, 31: 193–222.

XIE Y, 2014. "Undemocracy" : inequalities in science[J]. Science, 344(6186): 809–810.

YAN E, DING Y, 2012. Scholarly network similarities: How bibliographic coupling networks, citation networks, cocitation networks, topical networks, coauthorship networks, and coword networks relate to each other[J]. Journal of the American Society for Information Science and Technology, 63(7): 1313–1326.

ZHAO D, STROTMANN A, 2008. Author bibliographic coupling: Another approach to citation-based author knowledge network analysis[J]. Proceedings of the American Society for Information Science and Technology, 45(1): 1–10.

ZIPF G K, 1949. Human Behaviour and the Principle of Least Effort[M]. Boston, Addison–Wesley.

ZUCKERMAN H, 1987. Citation analysis and the complex problem of intellectual influence[J]. Scientometrics, 12: 329–338.

丁洁兰, 李杰, 吴登生, 等, 2023. 中国科学院"十二五"与"十三五"期间论文产出态势研究[J]. 科学观察, 18(6): 44–56.

丁学东, 1993. 文献计量学基础[M]. 北京: 北京大学出版社.

蒋国华, 2001. 科学学的起源[M]. 河北教育出版社.

李杰, 2023. BibExcel: 科学计量与知识网络分析[M]. 北京: 首都经济贸易大学出版社: 65-68.

李杰, 2024 a. 利用ChatGPT深入认识洛特卡定律 [EB/OL]. [2024-09-13].https://doi. org/10.5281/zenodo. 13756508.

李杰, 2024 b. 安全科学常见术语所在论文领域的叠加图比较[EB/OL]. [2024-05-21].https: //blog. sciencenet. cn/blog-554179-1434996. html.

李杰, 张琳, 黄颖, 等, 2024. 科学计量学手册[M]. 北京: 首都经济贸易大学出版社.

刘大椿, 2009. 隐喻何以成为科学的工具[J]. 西北师大学报(社会科学版), 46(4): 1-5.

刘则渊, 1999. 赵红州与中国科学计量学[J]. 科学学研究(4): 104-109.

刘则渊, 2016. 迈向引文分析4. 0时代[EB/OL]. [2024-05-01]. https: //blog. sciencenet. cn/blog-1557-1037402. html

洛埃特・雷迭斯多夫, 2003. 科学计量学的挑战[M]. 乌云其其格, 等译. 武夷山, 审校. 北京: 科学技术文献出版社.

邱均平, 1987. 论“引文耦合”与“同被引”[J]. 图书馆(3): 13-19.

斯科特・佩奇, 2019. 模型思维(The Model Thinker)[M]. 贾拥民, 译. 浙江人民出版社.

托马斯・库恩, 2003. 科学革命的结构[M]. 金吾伦, 胡新和, 译. 北京: 北京大学出版社.

托马斯・库恩, 1980. 科学革命的结构[M]. 李宝恒, 纪树立, 译. 上海: 上海科学技术出版社.

托马斯・库恩, 2022. 科学革命的结构[M]. 张卜天, 译. 北京: 北京大学出版社.

王崇德, 1997. 文献计量学引论[M]. 广西师范大学出版社.

张文彦, 支继军, 张继光, 1992. 自然科学大事典[M]. 北京: 科学技术文献出版社.

赵红州, 1981 a. 论科学发现的采掘模型: 上 [J]. 科学学与科学技术管理(2): 3-5.

赵红州, 1981 b. 论科学发现的采掘模型: 下 [J]. 科学学与科学技术管理(3): 34-38.

赵红州, 2001. 科学史数理分析[M]. 河北教育出版社.

赵红州, 蒋国华, 1985. 再论科学发现的采掘模型[J]. 科学学研究(1): 40-52.

赵红州, 蒋国华, 郑文艺, 1989. 科学知识的波谱结构[J]. 科学(4): 283-287, 320.

赵红州, 唐敬年, 1991. 技术增长的指数规律[J]. 科学学研究(2): 26-30.

赵红州, 蒋国华, 1984 a. 知识单元与指数规律[J]. 科学学与科学技术管理(9): 39-41.

赵红州, 蒋国华, 1984 b. 普赖斯与科学计量学[J]. 科学学与科学技术管理(9): 9-10.

《自然科学大事年表》编写组, 1975. 自然科学大事年表[M]. 上海: 上海人民出版社.

3 指标
INDICATORS

> If you can't measure it, you can't improve it.（如果你不能测量它，你就不能改进它。
>
> ——Lord Kelvin

3.1 概述

指标（indicators）是科学计量学中最为核心的研究内容之一，这与科学计量学在科技评估中的广泛应用密不可分。那么指标是什么？在科学计量学领域，莱顿大学CWTS的范瑞安认为：指标是对数据进行特定数学运算的结果（van Raan，2004）[1]。彼得·温克勒则将科学计量指标定义为："可以量化地描述科学或科学研究的单个或多个方面的带有或不带有单位的度量，可以归属于单个或多个科学计量学系统"（Vinkler，2010 a）。

目前，科学计量学指标已广泛地应用于科研评价中，并对科学共同体的科研行为和交流模式产生了深刻的影响（Kulczycki，2023；Baccini et al.，2023；Chawla et al.，2023）。开发科学合理的计量指标，对科学的发展有重要的促进作用。因此，指标是否合理就显得特别重要。那么，如何判断科学计量学指标的优劣呢？Gingras（2016）在著作中建议从三个方面去衡量：①适应性（Adequacy），即指标对于所测量的对象应是适当的。也就是说，指标产生的结果是否与我们已经了解的对象相符合？它们是否与我们对该概念的直觉相符？②敏感性（Sensitivity），即对于被测量对象"固有惯性"（即它对变化的抵抗力）的敏感性。一个好的指标是按照所测量对象的惯性以一种一致

❶ 原文为：An indicator is the result of a specific mathematical operation（often simple arithmetic) with data（van Raan，2004）

的方式变化的指标，因为不同的对象随着时间的推移以更多或更少的难度（和速度）发生变化。③一致性（Homogeneity），即指标维度的同质性（或称其组成要素的同质性）。例如：如果将论文数量与引用指标结合在一起，就像h指数那样，那么将得到一个异质性指标。这种异质性复合指标的问题在于，当它们变化时，很难清楚地了解变化的真正含义，因为它可能是由于与其各个异质部分相关的不同因素所致。

科学计量学指标知多少？科学计量学领域的任何学者都很难告诉你一个相对准确的数据，甚至给出一个数字区间都很难。2016 年，Todeschini等出版了长达 400 余页的《文献计量学指标手册》，以词典形式梳理了科学计量学领域的各类指标（Todeschini et al.，2016）。2018 年，ec3metrics基于 160 余种指标，绘制了“科学计量指标的‘元素周期表’（Periodic Table of Scientometric Indicators）”（ec3metrics，2018）。如此体量的指标体系，很少有其他领域能企及。Waltman曾经在担任*Journal of Informetrics*主编的一段时间中就倡导，在不必要的情况下，不建议继续创造新指标。

当然，科学计量学指标的研究与开发是一个无止境的活动，这种现象的产生有其背后的原因。正如古德哈特定律所提到的（Goodhart’s Law，1975）：“一项指标一旦变成了目标，它将不再是个好指标（when a measure becomes a target，it ceases to be a good measure”），如图 3.1。Richard Hamming也曾说过，“你所衡量的就是你所得到的（You get what you measure）”，如图 3.2。如此一来，一旦开始指标的开发工作，停下来是很难的，这也反映了科学计量指标测度科学的难点和问题。目前，科学计量学领域指标的开发始终没有停止，一直是科学计量学研究的一个重要方面。不得不感慨：“指标，无尽的前沿！（Scientometric Indicators：the endless frontier）”。当前，对于科学计量学工作者而言，开发开放、透明、负责任的指标是当前时代的基本要求。

图3.1　古德哈特定律：看数量还是看质量（Sketchplanations）

图 3.2　你所衡量的就是你所得到的（Sketchplanations）

3.2 如何数数

在科学指标测度中，如何数数是一个基础问题。

所谓计数方法就是为所分析知识单元或研究对象选择得分函数或策略（Gauffriau，2021），不同的计数方法将得到不同的得分结果。为了便于比较，下面案例取自鲁索的专著（Rousseau et al.，2018）。例如，学者A–F发表的论文信息如下，其中带星号（*）的作者为通讯作者，集合内作者按照署名顺序排列。

$$p_1 = \{A，B^*，C，F\}$$

$$p_2 = \{A^*，C，B，D\}$$

$$p_3 = \{C，E^*\}$$

$$p_4 = \{D^*\}$$

$$p_5 = \{C^*，D\}$$

首先，我们回答第一个问题，请分别统计每一位学者发表的论文数。那么，可以得到：A发表了 2 篇，B发表了 2 篇，C发表了 4 篇，D发表了 3 篇，E发表了 1 篇，F也发表了 1 篇。这种计数方法就是下面要提到的整体计数法（Full Counting）。如果要问他们作为第一作者发表了多少篇论文？那么结果就会变为A发表了 2 篇，C发表了 2 篇，D发表了 1 篇。通过这个简单的例子我们不难发现，对于作者的计数，选择不同的计数方法，结果是有显著差异的。

在科学计量学中，目前对作者计数常用的方法有五种（Rousseau et al.，2018）：①第一作者计数，即在计数中仅仅考虑作为第一作者计数的得分。这种情况在一些科研机构应用比较普遍，即在内部的年终考核和职称晋升中，仅仅将第一作者发表的论文纳入计数范围。②主要贡献者计数，即在统计作者得分时，将作为第一作者和通讯作者的论文纳入计数范围，这种情况在具体的应用中也比较常见。例如，上面的案例中，B的得分为$b_B=1$。③整体计数法（Full Counting），即在统计作者得分时，所有作者都获得 1。④归一化分数计数法（Fractional Counting），即在统计时，对包含有n位学者的论文，每位学者得分 $1/n$。那么按照分数计数，上面案例中A的发文为$p_A=1/4+1/4=0.5$。⑤其他类型的分数计数法。例如，在鲁索等学者推荐的调和计数法中，排在第i位作者的得分为：

$$\frac{\frac{1}{i}}{\left(1+\frac{1}{2}+\frac{1}{3}+\ldots+\frac{1}{n}\right)}$$

那么，使用调和计数法得到A和D的得分为：

$$p_A=\frac{\frac{1}{1}}{\left(1+\frac{1}{2}+\frac{1}{3}+\frac{1}{4}\right)}+\frac{\frac{1}{1}}{\left(1+\frac{1}{2}+\frac{1}{3}+\frac{1}{4}\right)}=\frac{24}{25}$$

$$p_D=\frac{\frac{1}{4}}{\left(1+\frac{1}{2}+\frac{1}{3}+\frac{1}{4}\right)}+\frac{\frac{1}{1}}{(1)}+\frac{\frac{1}{2}}{\left(1+\frac{1}{2}\right)}=\frac{109}{75}$$

在机构或者国家的计数中，问题又变得有些特殊。这是因为一篇论文的 5 位作者中，不可能存在重复的作者，但是机构和国家就不同了。例如，在一篇论文p_6中，包含3个作者，若a_2和a_3来自同一个机构，且机构按照署名顺序依次排列，则

$$p_6=\{a_1,\ a_2,\ a_3\}$$

$$p_6=\{I_1,\ I_2,\ I_2\}$$

若采用整体计数，I_1机构的得分为 1，I_2机构的得分为 2；若按照分数计数，I_1机构的得分为1/3，I_2机构的得分为2/3；按照第一作者计数 I_1为1，I_2为0。

最后，确定了计数方法，研究人员就可以进一步设计指标，对作者、期刊以及机

构进行测度（例如：自然指数就同时采用了整体计数和分数计数[1]）。这些科学计量指标中，多数计量指标是通用的指标，可以用在各种类型的知识单元评价中（例如：一些常见的指标包含发表论文数、论文的总被引频次、篇均被引频次等），一些计量指标最早则起源于对特定的知识单元评估需求，后来在其他的评估指标中得到了应用（例如：h指数最早起源于对学者的评价，现在也应用于其他实体的测度中）。

在本章将要介绍的指标体系中，对学者指标、期刊指标、机构指标以及网络指标等进行了系统的介绍，同时将指标应用于科研评价也做了简要的讨论与思考。最后，为了便于非专业领域的学者了解较为常见的一些指标，本书选取了 30 余种指标的解释列于附录 2，以帮助随时查询。下面我们首先从科学计量学中最被人熟知的学者指标开始介绍。

3.3 学者测度指标

2014 年，Wildgaard（2014）等对 108 种作者层面的科学计量学指标特征进行了回顾，足见作者指标开发与应用的火热。该篇论文发表距今已经 10 年，可以想象，过去 10 年间一定又有不少指标被开发了出来。然而，不得不说，虽然科学计量指标的开发不断，但经典的评价指标并不多。那么，对于学者的测度有哪些经典或者新兴的指标呢？下面我们开始学者影响力测度指标的学习。

3.3.1 *h* 指数

h 指数（*h*-index）由美国物理学领域学者 Hirsch 于 2005 年提出，是用于评价学者学术影响力的评价指标。一名学者的 *h* 指数具体是指其发表的 N_p 篇论文中，有 *h* 篇论文至少被引用了 *h* 次，其余的（$N_p - h$）篇论文的被引次数都小于或者等于 *h* 次（Hirsch，2005）。换句话说，一名学者的 *h* 指数可以定义为其发表的论文中，至多有 *h* 篇论文被至少引用了 *h* 次，这 *h* 篇论文也被称为h核（Hirsch-core）。图 3.3 为*h*指数的图示表达，展示了爱因斯坦和希格斯两位学者的论文被引频次按照从高到低排序所形成的论文被引频次的散点分布。*h* 指数在数学上可以定义为：当 R_1，R_2，R_3，…，R_n 为 A 学者所发表 *n* 篇论文；C_1，C_2，C_3，…，C_n 分别表示这 *n* 篇论文被引频次的序列（从大到小），那么 *h* 指数为 $h = \max\{R_n，R_n \leqslant C_n\}$。例如：某位学者发表论文的被引频次依次为 $C_n = \{8, 5, 5, 4, 4, 1, 0\}$，序号依次为 $R_n = \{1, 2, 3, 4, 5, 6, 7\}$。按照条件

---

[1] A brief guide to the Nature Index. https：//www.nature.com/nature-index/brief-guide.

$h = \max\{R_n, R_n \leqslant C_n\}$，该学者的 h 指数为4，即该学者论文按照被引频次降序排列，前4篇论文的被引频次不小于4。

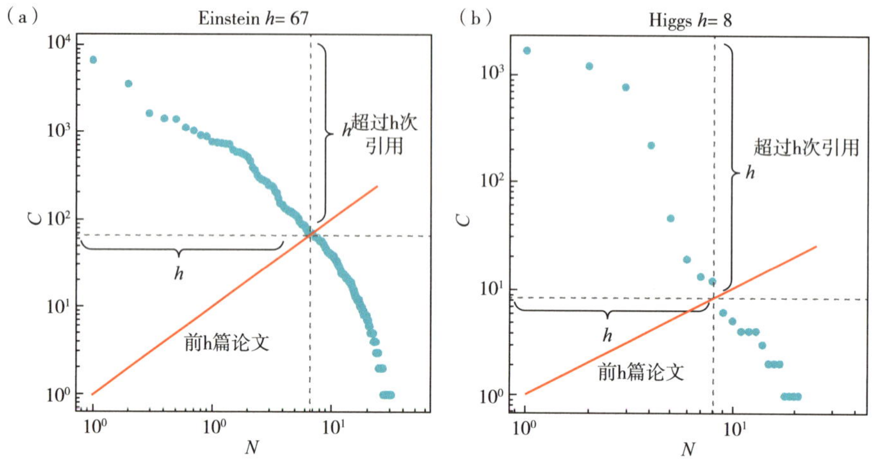

图3.3　h 指数的图示表达（Wang et al.，2021）

下面给出 h 指数的一个实际案例：通过Publish or Perish软件[1]中提供的Google Scholar Profile检索功能，自动采集了数位普赖斯奖获得者及其相关学者的论文列表，并对h指数等指标进行了计算，如表3.1。通过简要分析发现，Merton的 h 指数达到了133，位于首位，Leydesdorff和Thelwall的 h 指数也都超过了100，在科学计量学领域具有高的学术影响力。此外，表3.1中也计算了 h 指数的典型代表 g 指数，其具体含义将在本部分的后文介绍。

表3.1　普赖斯奖获得者及其相关学者的 h 指数与 g 指数

编号	获奖者	h指数	g指数	编号	获奖者	h指数	g指数
1	Robert Merton	133	462	9	Blaise Cronin	62	122
2	Loet Leydesdorff	120	264	10	Ronald Rousseau	62	127
3	Mike Thelwall	107	206	11	András Schubert	60	128
4	Wolfgang Glänzel	87	155	12	Ben R Martin	57	149
5	Lutz Bornmann	85	155	13	Judit Bar	56	107
6	Eugene Garfield	72	189	14	Tibor Braun	53	95
7	Jorge E Hirsch	70	197	15	Francis Narin	51	137
8	Moed，Henk F	67	138	16	Kevin Boyack	49	117

[1] Explains the use of Publish or Perish and its metrics. https：//harzing.com/resources/publish-or-perish。

续表

编号	获奖者	h指数	g指数	编号	获奖者	h指数	g指数
17	Peter Ingwersen	48	119	24	Olle Persson	32	86
18	Vasily V.Nalimov	47	135	25	Péter Vinkler	32	60
19	Henry Small	43	128	26	Belver C.Griffith	30	107
20	Howard D.White	36	101	27	John Irvine	30	66
21	Richard Klavans	36	94	28	Bertram C.Brookes	28	70
22	Katherine W.Mccain	35	92	29	Ludo Waltman	28	60
23	Michael J.Moravcsik	34	72	30	Jan Vlachý	15	24

注：数据检索于2024年1月4日。其中，Zitt Michel和 Egghe Leo尚未建立Scholar Profile，故未采集到数据。需要特别说明的是，这里的数据仅仅作为演示，不建议读者使用该结果作为评价学者的依据。此外，用户还可以通过Web of Science数据平台提供的Author Profile或Citation Report查询作者或检索对象的 h 指数。从结果也不难看出，g 指数是大于 h 指数的，详细证明参见Egghe（2016）。

h指数的论文发表之后，迅速受到科学计量学领域学者的关注。随着 h 指数的研究和讨论，其本身存在的一些缺陷也逐渐显露出来，主要体现在三个方面：① h 指数的计算主要是基于引文，在引文来源的组成中既包含自引也包含了他引。在某些评价场景下，过度的自引将引起基于 h 指数评价的失效。②一位学者的发文量是 h 指数的上限（$0 \leqslant h \leqslant N_p$），因此 h 指数对于论文产量低但引文影响力高的学者是不公平的。h 指数中的两个要素是有先后顺序的，即一位学者只有发表了论文才有可能获得引证，获得的引证才有可能帮助 h 指数增加。③与其他指标类似，h 指数需要考虑不同学科领域或研究方向的差异。对于研究人员庞大和研究活跃的领域，其领域内的学者人均发文可能要明显高于其他领域，且领域内只要有论文发表就会产生新的引证，这在一定程度上也可能提升 h 指数。

h 指数自提出以来，对它的关注和研究热度不减。据统计，h 指数的里程碑论文的累积总被引频次已经达到 5 506 次，且是被科学计量学三大期刊引用最多的论文（李杰等，2023）。目前，针对 h 指数的研究主要分为两个方面：其一，对 h 指数的扩展研究，即将 h 指数及其变体从测度作者向测度期刊（Braun et al.，2005，2006）、机构（Mitra，2006）等方面扩展；其二，针对 h 指数计算中的缺陷，不同学者开展了大量的修正和完善工作，并提出了多种衍生指标。下面对代表性的作者测度指标 h 指数变体和 h 型指数进一步进行介绍。

3.3.2 *h*指数变体

针对 *h* 指数存在的各种问题，不同学者提出了多种*h*指数变体。例如：*h*（2）、h_f、h_I、h_m 以及h_a 指数等（叶鹰等，2011；Fassin，2023）。下面对常见的h指数变体进行介绍：

h（2）指数：针对作者姓名拼写的误差，可能导致对作者产出和引文数量统计的不精确，进而导致计算的 *h* 指数可能存在较大误差问题。Kosmulski（2006）提出了*h*（2）指数，其含义是："一位科学家的*h*（2）指数是其发表论文中前*h*（2）篇高被引论文至少被引用了［*h*（2）］^{2}次的最大自然数"。那么，*h*（2）指数为10的学者就有10篇论文至少被引用了100次。相比 *h* 指数，*h*（2）更多地关注了所考察对象的高被引论文，这在一定程度上也减少了学者评价的工作量。

h_f指数：针对 *h* 指数不能进行跨学科学者比较的问题，h_f指数通过对h指数的标准化，实现了 *h* 指数的横向比较。在研究中，Sidiropoulos（2007）提出了h^n指数，并将其定义为"一位学者的平均h指数"，即$h^n = h / N$，其中*N*为评价对象的发文总数。后来，相关学者提出了更一般的规范化h指数——h_f指数。其含义是"使用作者的h指数除以领域篇均被引次数的基线"，记为 $h_f = h / f_m$，其中，f_m为所考察对象所在领域的篇均被引次数。

h_I 指数：针对在h指数计算中忽略作者合作的情况，Batista（2006）等提出了h_I 指数。该指数的计算公式为：$h_I=h^2/N_a^{(T)}$，其中$N_a^{(T)}$为 *h* 核论文中作者的出现频次（重复计数）。h_I 指数的优势在于从原有的 *h* 指数中，提炼出了作者在实际合作论文中的贡献。

3.3.3 *h*型指数

在*h*指数提出以来，相关学者在*h*指数的理论引导下又开发了多个类*h*指数，学界通常称其为"*h*型指数（*h*-type index）"。目前，*h*型指数超过了10余种，包含了*g*指数、*hg*指数、*A*指数、*AR*指数、*R*指数、*e*指数、*w*指数以及*m*指数等。下面对常用的*h*型指数进行介绍。

3.3.3.1 *g*指数

*g*指数由比利时科学计量学者、普赖斯奖获得者Egghe于2006年提出（Egghe，2006），是*h*指数提出之后的第一个*h*型指数。由于*h*指数忽略了高被引论文的权重，*g*指数在此背景下应运而生。*g*指数被定义为："论文按照被引频次排序后，相对排前的累积被引至少g^2次的最大论文序次*g*，即第（$g+1$）序次论文对应的累积引文数

都小于 $(g+1)^2$ ”，记为 $g^2 \leqslant \sum_{i \leqslant g} c_i$ 或 $g \leqslant \frac{\sum_{i \leqslant g} c_i}{g}$ 。g指数的几何表达，如图 3.4。例如：某位学者发表论文的被引频次依次为 $c_i = \{8, 5, 5, 4, 4, 1, 0\}$ ，累计被引频次依次为 $\sum_{i=1}^{7} c_i = \{8, 13, 18, 22, 26, 27, 27\}$ ，序号的平方依次是 $R_i^2 = \{1, 4, 9, 16, 25, 36, 49\}$ 。按照 $g^2 \leqslant \sum_{i \leqslant g} c_i$ 的条件，该学者的g指数为5，即：该学者论文按照被引频次降序排列，前5篇论文的累积被引频次不小于25，前6篇论文的累计被引频次小于36。

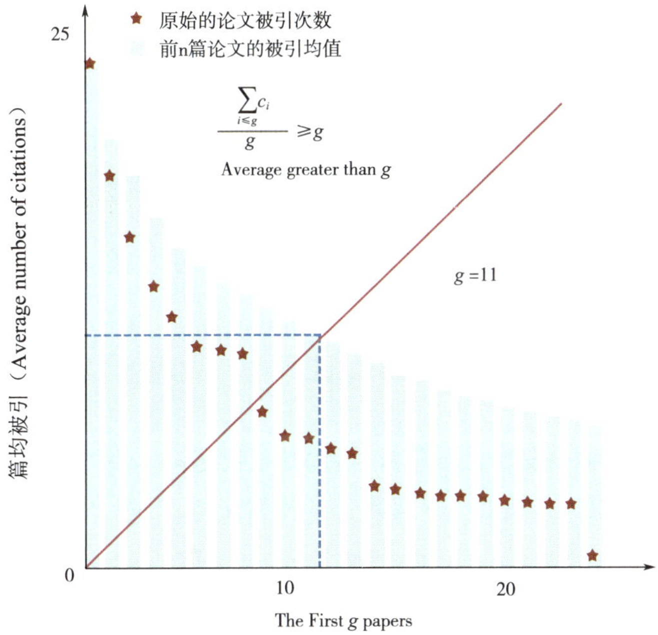

图3.4 g指数的几何表达

3.3.3.2 *hg*指数

鉴于h指数和g指数所测度的内容不同，将两者进行组合产生了新的计量指标hg指数。不同的学者对组合型的hg指数进行了探索，其中，叶鹰定义了学术势（g/h）和学术差（g−h）（Egghe，2006；叶鹰，2011）。Alonso则对h指数和g指数做乘积后开方（Alonso et al.，2010），即 $hg = \sqrt{h \times g}$ 。同时，hg指数可以采用如图3.5的几何表达，其含义可以描述为边长为h和g的矩形面积的平方根。图3.5中，学者A和学者C具有相同的hg指数，但A的h指数要大于B，而B的g指数要大于A。

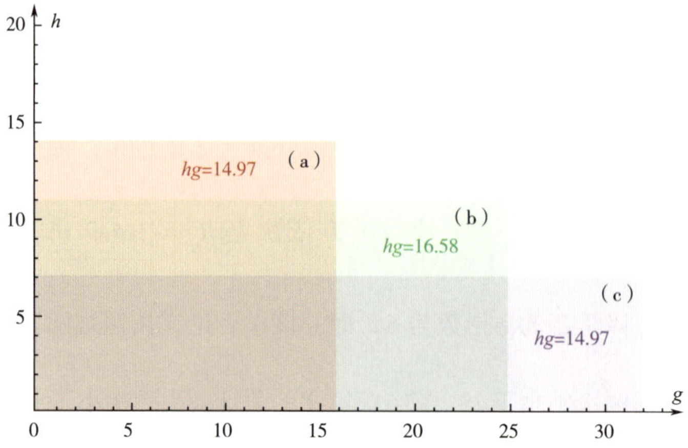

图3.5 **hg指数的几何表达**

3.3.3.3 *A*指数、*R*指数和*AR*指数

h指数计算的结果为某位学者的一组高被引论文，针对这组论文，我国学者金碧辉研究员与比利时学者鲁索等共同提出了*A*指数、*AR*指数和*R*指数（JIN et al.，2007）。

*A*指数被定义为“*h*核论文集合内所有论文的篇均被引次数”，即：

$$A = \frac{1}{h}\sum_{j=1}^{h} cit_j$$

从*A*指数的定义不难发现，所分析学者的*h*指数越高，则可能导致*A*指数的下降。在此基础上，他们进一步提出了*R*指数，具体含义是“对*h*核论文被引频次开方处理”，即：

$$R = \sqrt{\sum_{j=1}^{h} cit_j}$$

为了克服*h*指数只增不减的现象，在*R*指数的基础上又提出了*AR*指数，具体含义是“对*h*核中每一篇论文年均被引次数之和开方”，即

$$AR = \sqrt{\sum_{j=1}^{h} \frac{cit_j}{a_j}}$$

式中，a_j表示论文*j*的发文年龄（当前年份减去发表年份）。

综上，科学计量学领域基于*h*指数已经做了大量的工作（Alonso et al.，2009），*h*指数的相关研究也已经成为科学计量学最为热点的方向之一。同时，对基于*h*指数衍生

的各种指标的比较和相关性分析也层出不群（Zhang，2010）。例如：有学者通过比较h指数、g 指数和 hg 指数三者的关系，得出 $h \leqslant hg \leqslant g$ 和 $hg-h \leqslant g-hg$ 的关系（Alonso et al.，2010）.

3.3.4 π指数

π 指数（π -index）是由匈牙利科学院化学研究中心科学顾问、普赖斯奖获得者彼得·温克勒于2009年提出的（Vinkler，2009），用于评估学者学术影响力的指标。Vinkler认为在以往开发的指标中（例如：论文的总发表数量和引用次数、篇均引用次数以及 h 指数等），通常使用的是评价对象的所有论文数据，然而科学进展很大程度上要由引文来认可（Price，1963），换句话就是，科学进展要更多地归因于高被引论文。因此，为了突出高被引论文在评价中的价值，他提出了π指数。π指数被定义为“一位科学家‘精英论文（P_π）’总被引频次$C(P_\pi)$的百分之一”[1]。这里“精英论文（elite set of papers）”的概念及其阈值的选择借鉴了洛特卡定律（Lotka's Law）中平方根算法的思想：将目标学者的论文（共P篇）按被引频次降序排列，前 $P_\pi=\sqrt{P}$ 篇高被引论文即为“精英论文”。阈值的选择或多或少带有一定的主观性，因此对于“精英论文”阈值的确定，在不同的情境下，用户可以结合所分析数据的特征、规模以及评价目的进行调整。例如：在科睿唯安的ESI中，采用10%、1%、0.1%和0.01%作为高被引论文的阈值，这也可以被认为是“精英论文”集。

按照 π 指数的定义（“精英论文”被引频次总和的0.01倍），其计算公式为：

$$\pi-\text{index}=0.01\times C\left(P_\pi\right)=0.01C\left(\sqrt{P}\right)$$

根据上式，可以将 π 指数的计算过程描述如下：

（1）确定“精英论文”集 $P_\pi=\sqrt{P}$。

式中，P为目标学者发表论文的总数。例如：A学者共发表100篇论文，高被引“精英论文”的数量（P_π）则等于总论文数的平方根，即 $P_\pi=\sqrt{100}=10$。

（2）计算“精英论文”集的被引次数$C(P_\pi)$。

C（P_π）表示按照被引频次降序排列的前P_π篇论文的总被引频次。例如，将A学者的100篇论文按照被引频次递减排列，假设前10篇高被引“精英论文”的被引频次依

[1] 原文为“the π-index of a scientist is equal to the 100th of the number of citations，$C(P_\pi)$ to the top square root（P_π）of the total journal papers（P）ranked by a decreasing number of citations”

次为30、20、15、12、11、10、10、8、7、6，总和为129。

（3）计算对象学者的 π 指数。

$$\pi - index = 0.01 \times C\left(P_{\pi}\right) = 0.01 \times 129 = 1.29$$

在π指数的基础上，一方面，Vinkler进一步定义了与π指数相关的其他指标。例如，将C（P_{π}）定义为 $\pi - Core\ citations$，即上文提到的"精英论文"的总被引次数；将"精英论文"集中论文的篇均被引次数定义为 $\pi - \mathrm{Rate}$，记为 $\pi - \mathrm{Rate} = \frac{C\left(P_{\pi}\right)}{P_{\pi}}$。另一方面，Vinkler进一步发展了$\pi$指数的应用范围，提出了用于期刊评价的$\pi_{v}index$（Vinkler，2010 b）。

3.3.5 作者射束图

作者射束图（Author Impact Beamplot）是由Bornmann等人于2014年首次提出的，采用作者发文量和引文影响力等指标来综合揭示作者影响力的分析方法（Bornmann et al.，2014 a，2014 b）。2018年Bornmann等进一步对该方法进行进行了系统的完善和介绍（Bornmann et al.，2018），并在后来的研究中研发了基于R的Beamplot分析工具包（Haunschild et al.，2019）。图3.6中展示了某位学者的射束图。图中，x 轴表示该作者论文的引文百分位数，y 轴表示的是论文发表的具体年份；图中每一个紫色的圆点表示该作者的一篇论文，若某一年发表了多篇论文，且引文次数位于相同的百分位上，那么节点将在 y 轴方向上长一些；绿色的节点表示在同一年份所有论文百分位的中位数，垂直的虚线表示作者发表的所有论文百分位的中位数（Martin et al.，2021）。相比h指数等指标，应用射束图来评价学者的优势在于，能够更加深入地呈现学者在整个职业生涯中研究绩效变化的细节。

目前，科睿唯安已经将射束图作为h指数的补充嵌入到了Web of Science的作者主页（Author Profile）中，用户可以通过检索特定作者的论文查询射束图。例如，在Web of Science中，Nees Jan van Eck的作者主页显示，其 h 指数为38，论文总数为95篇，总被引频次为16 552次。该页面中展示的作者射束图，如图3.7。Nees Jan的射束图揭示了其出版的更多细节，我们可以快速了解到其整个职业生涯论文的产出情况、高影响力论文的分布情况等信息。从图中可以获知Nees Jan的论文整体上都具有高的引文百分位数，且在2019—2021年有明显的上升。此外，还可以观察到2010—2013年不仅是Nees Jan的高产年，而且也是Nees Jan高影响论文的主要发表年份。例如，2010年的高影响论文指向了与VOSviewer直接相关的3篇原理性和软件系统介绍性的论文（van Eck et al.，

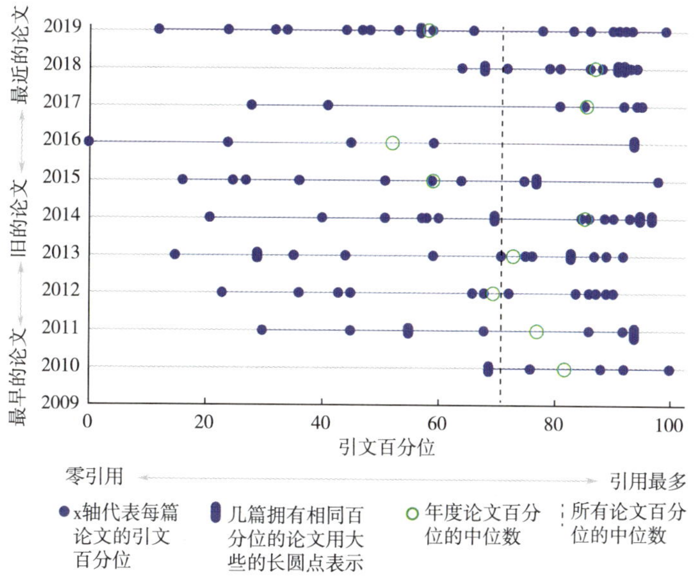

图 3.6　Beamplot的可视化设计❶

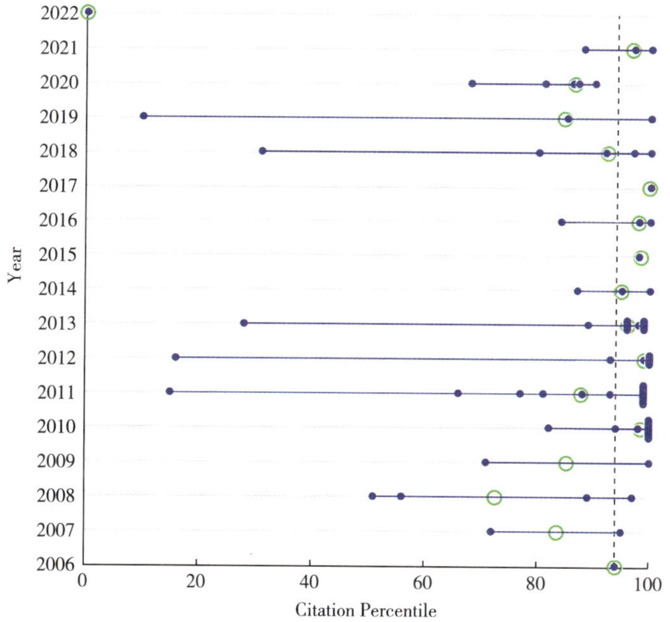

图 3.7　Nees Jan van Eck的作者射束图

❶ 引文百分位数（citation percentile）是将一篇论文置于一组论文基准集（基于同一年发表的论文、同一类型的论文和同一领域或学科的论文）中所确定的引文分区情况。一篇没有被引用的论文的百分位数为0，被引最高的论文百分位数得分为100。这种度量方式有助于将一篇文章的引用表现放置在特定领域和时间背景中，使其更容易与其他类似文章进行比较。引文次数的计算依据Web of Science核心合集（包括ESI）；论文的引用百分位数数据来自InCites。作者影响射束图数据基于研究者职业生涯内的研究性论文（articles）和综述性论文（review），时间跨度可追溯至1980年。需要注意的是，一篇论文可能属于多个学科，引文百分位显示的是所有学科中引文百分位表现最好的数值。

2010 a，2010 b；Waltman et al.，2010）；2011年的论文指向了以新王冠指数为代表的两篇论文和一篇VOSviewer的案例实践论文（Waltman et al.，2011 a，2011 b；Heersmink et al.，2011）。此外，作者射束图也可以用于对多个科学家影响力的横向比较。

3.4 期刊测度指标

3.4.1 期刊影响因子（JIF）

影响因子（Impact Factor，IF）最初的想法由美国科学信息研究所（Institute for Scientific Information，ISI）创始人尤金·加菲尔德于1955年提出（Garfield，1955）。为了尽可能地在SCI数据库中收录重要的期刊，改变ISI单纯按照期刊的论文数或者总被引数会漏掉一些重要期刊的问题（例如：一些小众领域出版规模很小的期刊）。20世纪60年代初，欧文·舍尔（Irving H.Sher）和加菲尔德由此提出了期刊影响因子（Journal Impact Factor，JIF）。期刊影响因子是一种简单且集成了论文出版数量和引证次数信息的新指标，被提出以后，引起了学术界的广泛关注，并成为学术界和科技评价领域多年的热点话题。目前，期刊影响因子已经成为评价学术期刊的重要指标（虽然，加菲尔德等人的本意并非如此）。自1975年以来，期刊影响因子由科睿唯安（原汤森路透）公司旗下的《期刊引证报告》（Journal Citation Reports，JCR）每年定期发布，其发展历史如表3.2。

表3.2　JCR与影响因子发展简史

编号	时间	事件
1	1955	科学引文索引（SCI）的创始人尤金·加菲尔德博士在*Science*上发文提出了引文索引这概念，在文中首次提出了“影响因子”的想法
2	1963	加菲尔德博士与欧文·舍尔（Irving H.Sher）共同提出了期刊影响因子，当时的主要目的是为科学引文索引进行选刊，他们希望SCI能够涵盖一组高影响力的核心期刊
3	1972	这种利用引文分析期刊影响力的方法得以更大规模的测试，并引起了期刊编辑的广泛关注
4	1975	科学信息研究所（ISI）在发布第11期科学引文索引（SCI）时增加了一卷“期刊引证报告”，也就是第一期JCR。这一年的JCR是ISI首次大规模发布期刊级别的详细数据，基于1974年SCI收录的2 400余种期刊的40多万篇论文，JCR不仅提供了详细的期刊间引用关系，同时也首次发布了完整的期刊影响因子（JIF）列表

续表

编号	时间	事件
5	2004	增加了去除自引的影响因子（Journal Impact Factor Without Self Cites）
6	2009	增加了五年影响因子（5 Year Journal impact Factor），特征影响因子（Eigenfactor Score）和论文影响力（Article Influence Score）
7	2015	增加了期刊影响因子百分位（The JIF Percentile）
8	2018	JCR 进行了重要升级，为用户全面了解期刊表现，提供了新的分析角度和更加丰富而详尽的信息，显著加强了对期刊影响因子和其他指标的揭示度，增加了论文层面的分析和解读
9	2020	4月，JCR期刊介绍页面引入开放获取（Open Access，OA）数据，以提高学术出版中开放获取模式的透明度。新引入的开放获取数据将显示每篇期刊论文的获取模式； 10 月，宣布将在 2021 年度JCR中正式引入在线发表内容，以便更准确地反映快速在线发表的动态引用环境
10	2021	2021 年度JCR全面囊括了来自 AHCI和ESCI的所有期刊内容，并发布了一项全新的学科规范化的期刊引用影响力测度指标——期刊引文指标
11	2023	JCR为Web of Science核心合集收录的所有期刊赋予期刊影响因子。自此，AHCI 和 ESCI 期刊获得了期刊影响因子
12	2024	229 个自然科学和社会科学领域的期刊根据期刊影响因子统一排名，从而确定期刊影响因子分区。ESCI和部分AHCI期刊首次获得排名与分区

注：资料整理自科睿唯安（Clarivate）。

期刊的影响因子可以定义为：期刊过去两年发表的所有论文在当前 JCR 年获得的总引用次数与该期刊前两年发表的学术论文数量的比值，计算公式如下（Rousseau，2009）：

$$\mathrm{JIF}_J(Y)=\frac{\mathrm{CIT}\ (Y,\ Y-1)+\mathrm{CIT}\ (Y,\ Y-2)}{\mathrm{PUB}_J(Y-1)+\mathrm{PUB}_J(Y-2)}$$

式中，CIT（Y，X）表示在 X 年发表的论文在 Y 年的被引频次，PUB_J（Z）表示同一期刊 J 在年份 Z 发表的论文数。需要特别注意的是，科睿唯安期刊影响因子计算公式中的分母为该刊物在前两年发表的所有出版物的被引次数，分子为过去两年所发表的论文和综述的数量（即Article和Review类型论文的数量）。例如：期刊 2022 年的影响因子是期刊在2020年和2021年发表的所有论文在2022年获得的总被引频次与该期刊在2020 年和 2021 年发表的学术论文总数的比值。2023 年之前，只有 SCIE和SSCI 收录的期刊才有影响因子。自 2023 年起，SCIE、SSCI、AHCI以及ESCI收录的期刊均可获得影响因子，且影响因子的数值也由保留三位小数调整为保留一位小数（如图3.8）。

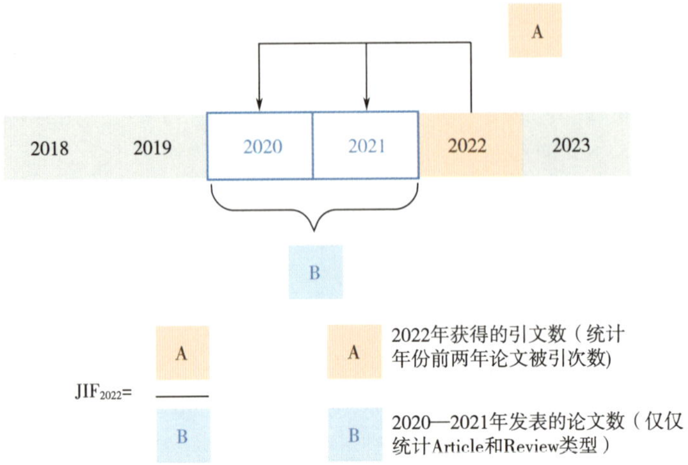

图3.8　期刊影响因子的计算过程

在实际的使用中，用户可以通过Web of Science的JCR平台查询最新的影响因子。例如：在JCR中，*Scientometrics*期刊的影响因子为3.9，其具体计算过程如下式：

$$\mathrm{JIF}(2022)=\frac{\mathrm{CIT}(2022,2021)+\mathrm{CIT}(2022,2020)}{\mathrm{PUB}(2021)+\mathrm{PUB}(2020)}=\frac{1\ 191+2\ 058}{375+456}=3.9$$

式中分子显示了2022年统计得到了2020年和2021年的期刊所发表论文的被引次数，合计为3 249次；2020年和2021年发表的学术论文（仅包含Article和Review类型论文）总数为831篇。

影响因子实际上考察的是过去两年，某期刊所发表可引论文（citable items）的篇均被引次数。在其基础上，根据是否包含自引以及时间窗口等因素的差异，先后又提出了不包含期刊自引的影响因子（Journal Impact Factor Without Self Citations）、期刊的五年影响因子（5 Year Impact Factor）和期刊的立即指数（Immediacy Index）等指标。综上，在前期研究的基础上，鲁索等（Rousseau，1998；Rousseau et al.，2018）提出了影响因子公式的通用表达，即

$$\mathrm{JIF}_n(Y)=\frac{\sum_{i=1}^{n}\mathrm{CIT}\ (Y,\ Y-i)}{\sum_{i=1}^{n}\mathrm{PUB}_J(Y-i)}$$

式中，当$n=2$时则是JCR的影响因子，当$n=5$时就是5年影响因子。

3.4.2 期刊影响分数（CiteScore）

2016年12月8日，Elsevier旗下的Scopus数据库在创办12年之后发布了自己的期刊评价指标CiteScore（期刊影响分数）。早期CiteScore的计算时间区间为3年，主要的依据是，经过同行评审和计量的文献，3年的窗口期已经足以抓取到大多数学科的引文波峰（Lancho-Barrantes et al.，2010）。2020年左右，Scopus改进了CiteScore，以确保采用更稳健、稳定、全面的度量标准，从而及早表明研究的影响。改进后的CiteScore将时间区间设定为4年。Scopus官方认为4年期的 CiteScore 时间段可对论文发表后的引用进行稳健的评估。虽然3年的窗口期已经足以抓取到大多数学科的引文波峰，但是选择4年窗口期的目的是：将最新一年的情况也纳入计算，能够使计算结果更有说服力、更稳定。最新的CiteScore 计算方法是，期刊在 4 年内施引文献（文章、综述、会议论文、书籍章节、数据论文）的被引次数，除以收入 Scopus的相同类型文献在这 4 年内的论文总数（如图3.9）。

（a）CiteScore早期的计算方法　　（b）CiteScore最新的计算方法

图3.9　期刊影响分数的计算过程

下面以计算 2022 年*Scientometrics*的CiteScore为例进行说明。2019—2022 年*Scientometrics*上发表各类论文（文章、评论、会议论文、书籍章节和数据论文）的总被引次数为 8 321 次，除以 2019—2022 年所发表的出版物总数 1 383 篇，那么得到*Scientometrics*的CiteScore结果为 6.0。特别需要说明的是，Scopus提供的Citescore是免费开放的，用户可以登录其主页（Scopus.com/sources）免费查询。

3.4.3 标准化期刊影响指标（SNIP）

2010 年，荷兰莱顿大学科学技术元勘中心Moed（2010）在加菲尔德博士引用潜力（Citation Potential）概念的影响下（Garfield，1979），提出了新的期刊评价指标，即标准化影响系数（Source Normalized Impact per Paper，SNIP）。加菲尔德博士研究证明，不同学科领域的引用潜力是存在显著差异的，这受到学科领域的学科规模、引用行为以及知识交流模式等因素影响。因此，在实际的期刊影响力评价中需要考虑引文潜力差异。SNIP的最大特色在于对不同领域期刊的被引数据进行了标准化（Normalized），将原始的期刊影响因子透过其所属领域的引用潜力（Citation Potential）进行了换算，以合理的方式将高引文领域期刊的$SNIP_j$值缩小、将低引文领域期刊的$SNIP_j$值放大，以便于期刊影响力跨领域的比较。

Moed将$SNIP_j$定义为：期刊篇均原始影响力（Raw Impact per Paper，RIP）与期刊的相对数据库引用潜力（Relative Database Citation Potential，RDCP）的比值，即：

$$SNIP_j = \frac{RIP_j}{RDCP_j}$$

式中，RIP_j表示特定期刊的篇均被引次数，记为$RIP_j = C_j/A_j$。其中，C_j表示在特定年份对过去三年内发表在期刊j上论文的总被引次数，A_j表示在这些年份内发表的论文数量。例如：如果一本期刊在2018—2020年期间发表了100篇论文，假设这些论文在2021年一共被引用了200次，则该期刊2021年的RIP_j值为200/100 =2。在计算RIP_j值时，引用和被引用的论文仅包括研究论文（Article）、会议论文（Conference Paper）和综述论文（Review）。RIP_j指标反映了期刊论文的平均引用影响，没有校正科学领域之间引用分布上的差异。由于没有对领域差异进行归一化处理，无法跨学科比较RIP_j值。

$RDCP_j$表示期刊的相对数据库引用潜力。Moed将一个学科的引用潜力定义为“该期刊学科领域中每篇论文所引用的平均参考文献数”。引用潜力的概念测度了某一期刊领域施引论文引用其他论文的频次，相比引文影响力则测度了某一期刊领域论文被其他论文的引用频次（如图3.10）。

在实际的引用潜力应用中，假设引用了特定期刊j的文章集合包含m篇文章，${}^1a_j$，${}^m a_j$和${}^i r_j$表示文章${}^i a_j$中包含的引用文献数量，则该期刊学科领域中的引用潜力R_j可以定义为：引用了特定期刊的论文中所包含的引用文献数量的算术平均值，记为：

$$R_j = \frac{\sum_{i=1}^{m} {}^i r_j}{m}$$

在以上计算的基础上，在特定数据库中期刊的引用潜力为：

$$DCP_j = R_j^{db} = \frac{\sum_{i=1}^{m} {}^i r_j^{db}}{m}$$

式中，R_j^{db} 为特定数据库来源期刊的引用潜力；${}^i r_j^{db}$ 表示在 j 期刊领域中论文 i 所包含的引用文献数量，这些引用文献发表在这些期刊所在的来源数据中（研究中，Moed 采用Scopus作为来源数据库）。

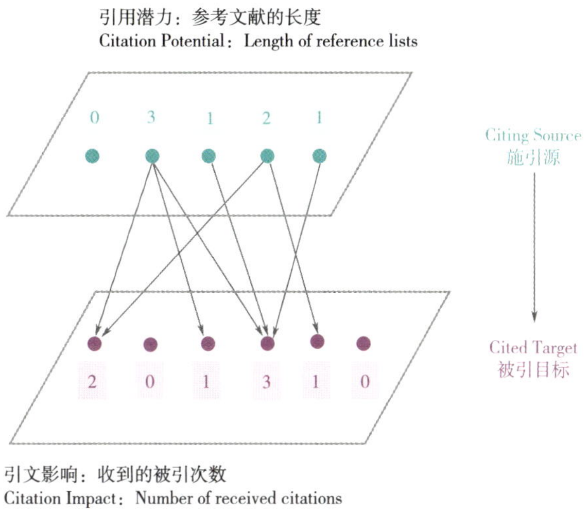

图3.10　引用潜力与引文影响力

注：该图共包含两层，上层有5篇施引文献，下层是其引用的6篇参考文献。上一层方格中的数字表示其引用的参考文献的数量。来自上层施引源的一组文献的引用潜力被定义为每篇源文章引用的平均参考文献数，本例中为0+3+1+2+1=7，7 ÷ 5=1.4。

在研究中，Moed进一步对所评价期刊的学科领域进行了界定，认为“在特定时间窗口引用该期刊的论文的集合”即为期刊的学科领域，如图 3.11（a）。该领域中的每篇论文至少引用了该特定期刊中的一篇文章。但必须认识到，这些论文还引用了其他文献，如图 3.11（b）。大多数被引用的文献并非发表在期刊自身，而是发表在其他期刊或出版物上（如，图书文献）。

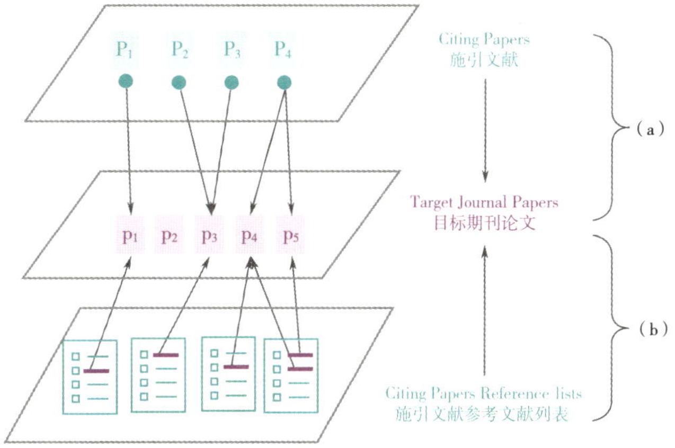

图3.11　期刊学科领域界定与引用目标期刊论文的参考文献列表

为了进行领域间期刊引用潜力的比较，进一步引入了相对数据库引用潜力$RDCP_j$。假设N为数据库中期刊的数量，M^{db}为数据库中所有期刊引用潜力（DCP_j）的中值，即$M^{db}=\text{median in}\left\{R_j^{db}\right\}$，$j=1\sim N$，则$RDCP_j$可以表达为：

$$RDCP_j=\frac{R_j^{db}}{M^{db}}=\frac{DCP_j}{\text{median}\,(DCP_j)}$$

式中，DCP_j表示期刊j在数据库中的引用潜力，median（DCP_j）表示数据库中所有期刊DCP_j的中位数。在数学上，期刊DCP_j可以使用下式进行计算（Waltman，et al.，2013）：

$$DCP_j=\frac{r_1+r_2+\cdots+r_i}{n}$$

式中，n表示该期刊学科领域内的论文数量，r_i表示论文i在数据库中前三年的总被引次数。

$SNIP_j$旨在从篇均引文数的角度削弱不同主题领域期刊引用行为的差异对引文评价指标的影响，从而突破传统影响因子无法对不同研究领域的引用情形进行直接比较的难题。例如，两个学科期刊影响因子相差较大，但是$SNIP_j$比较接近，说明这两个期刊在各自领域内的影响力接近。

在$SNIP_j$指标推出之后，莱顿大学CWTS的Waltman（2013）等学者发现，$SNIP_j$存在两个有悖常识的问题：①假设某期刊增加了一篇引用论文，如果该施引论文有较多的活跃参考文献，那么这篇论文的引用行为可能会降低期刊的$SNIP_j$值；②两期刊合并后产生的新期刊的$SNIP_j$值并不在原来两期刊的SNIP值之间。因此，Waltman等针对$SNIP_j$的不足进行了一些改进，使之更加科学合理。

与原始$SNIP_j$指标相比，修订后的指标$SNIP_j'$进行了三个重要的修订：①DCP的计算使用调和平均数（Harmonic averages），而不是算术平均数；②DCP值的计算不仅考虑了施引文献中有效参考文献的数量，还考虑了在施引期刊中至少有一篇有效参考文献的论文的比例；③使用DCP_j'代替$RDCP_j$。修正后的计算公式如下：

$$SNIP_j'=\frac{RIP_j'}{DCP_j'}$$

修订后，$SNIP_j'$中RIP_j'的计算方法与原始$SNIP_j$指标的计算方法相同，即对于给定的分析年份，期刊的RIP_j'值与Moed的计算方法一致，等于该期刊前三年的论文在该分析年度被引用的平均次数。为了表达上的简洁，Waltman使用$RIP_j'=n/m$来表示期刊篇均原始影响力，其中，n 表示期刊的被引次数❶，m 表示期刊的出版物数量。

在原始的$SNIP_j$指标中，期刊的DCP_j值等于“属于该期刊主题领域的论文中活跃参考文献的算术平均数”（活跃参考文献是目标期刊主题领域内论文的参考文献，并且它是目标期刊前3年收录的论文）。在修订的$SNIP_j'$ 指标中，DCP_j' 值为：

$$DCP_j' = \frac{1}{3} \times \frac{n}{\frac{1}{p_{1r_1}} + \frac{1}{p_{2r_2}} + \frac{1}{p_{3r_3}} \cdots + \frac{1}{p_{nr_n}}}$$

式中，n表示该期刊主题领域的论文数量，r_i表示该期刊主题领域第i篇论文的活跃参考文献数量。引用密度高的领域（如细胞生物学），p_i通常会接近1，因为在这些领域中大多数期刊的大部分论文都有活跃参考文献。另一方面，在低引用密度领域（如数学），很大一部分论文可能没有活跃参考文献，因此p_i值会小于1。

那么，新的$SNIP_j'$ 可以表达为：

$$SNIP_j' = \frac{3}{m} \sum_{i=1}^{n} \frac{1}{p_i r_i}$$

修订后的$SNIP_j'$ 是对原始$SNIP_j$的继承和发展，其优点主要有三个方面：①期刊主题领域的界定并非根据事先定义的期刊分类方法将其划分至各主题类别，而是基于论文与论文之间的引用关系，可以减少人为操纵的影响，提高期刊评价的公平性；②采用标准化的方法，校正了不同主题领域间引用行为的差异性和数据库覆盖问题；③规避了原始$SNIP_j$两个不合常理的特征，即引用次数提高而$SNIP_j$值下降问题和合并后期刊$SNIP_j$值的非一致性问题。

3.4.4 Eigenfactor期刊指标

Eigenfactor是由华盛顿大学信息学院的West实验室和生物系的Bergstrom实验室共同赞助的学术研究项目。2007 年，Bergstrom发表短文首次报告了他们基于《期刊引证报告》（JCR）研发的期刊影响力评价指标Eigenfactor（West，2007；Bergstrom，2007）。与传统指标（例如：影响因子）不同的是，特征因子方法通过施引期刊的影响力对期刊

❶ 这里n的定义字面上似乎和前文中的n的定义不同。就该问题 2024 年 5 月 4 日作者与Waltman进行了邮件沟通，Waltman认为这里的n和上文的n含义是等效的。解释为In appendix A n is defined as the number of citations received by a journal. In Sections 2 and 3 n is defined as the number of publications in the subject field of a journal，and the subject field of a journal is defined as the set of publications citing the journal. So the two definitions are equivalent，at least if we allow for duplicate publications in the subject field of a journal（see the second bullet point on p. 276).

引文进行了加权。Eigenfactor的设计思想直接受到了Pinski和Narin在文献计量学领域的工作的影响（Pinski et al.，1976），工作机理与PageRank类似，认为一个期刊如果被其他有影响力的期刊引用，那么它本身就是有影响力的（如图3.12）。

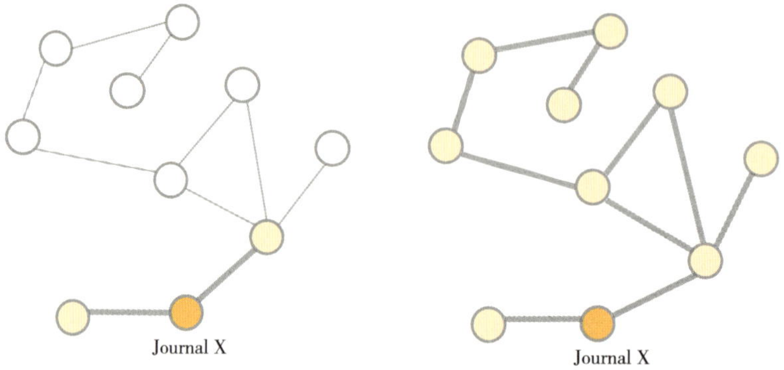

图3.12　Eigenfactor考虑了期刊引证的全局网络

相比传统的期刊影响力测度指标，Eigenfactor有明显的优势。Franceschet（2010）在其论文中将Eigenfactor的优势总结为十个方面：①Eigenfactor通过施引期刊的重要性对引文进行加权。来自影响力更高的期刊的引文要比影响力普通的期刊引文更重要。例如：被*Nature*或*Science*期刊引用，要比被普通的其他期刊引用的引文权重更高。②Eigenfactor考虑施引期刊的参考文献密度。期刊的参考文献密度是该期刊发表的论文的参考文献列表的长度。来自参考文献较短的期刊的引文被认为比来自具有较高参考文献密度的期刊（如综述期刊）的引文更为重要。③Eigenfactor使用 5 年作为测度的时间窗口。④Eigenfactor利用了整个引文网络。Eigenfactor测度背后的算法利用了科学期刊和社会科学期刊的整个引文网络，一个期刊的特征因子分数在递归地考虑引用该期刊的期刊的得分的基础上定义，其计算涉及在整个引文图上传播期刊得分。相比之下，影响因子的计算仅利用了局部网络（如图 3.12）。⑤Eigenfactor忽略了期刊自引。这可以避免期刊过度自引带来的测度失真。⑥Eigenfactor具有坚实的数学基础和直观的随机解释。⑦Eigenfactor有一个坚实的公理基础。⑧Eigenfactor与其他期刊测度排名具有高的相关性。⑨它是一种灵活的方法，可以应用于各种情境。⑩免费。用户可以登录eigenfactor.org免费查询。

2014 年，West等发布了《Eigenfactor™分数和Article Influence™分数：详细方法》，给出了Eigenfactor的计算过程，具体说明如下（West，2014）：

在该项目中，West等基于 2006 年的JCR期刊数据进行了实证。分析的数据共包含了 7 611 种社会科学和自然科学期刊的引文数据。在研究中，以 5 年为时间窗口，提取了期刊的交叉引用矩阵 $\boldsymbol{Z}$。其中，Z_{ij} 是2001—2005年发表在期刊 i 上的文章在2006年被期刊 j 引用的次数。在构建 $\boldsymbol{Z}$ 时，忽略了期刊的所有自引，将这个矩阵的所有对角线元素设为 0。通过列求和（即每个期刊的施引期刊引文总数）对 $\boldsymbol{Z}$ 进行规范化处理，从而创建了一个列随机矩阵（column-stochastic matrix）$\boldsymbol{H}$：

$$H_{ij} = \frac{Z_{ij}}{\sum_k Z_{kj}}$$

同时，还计算了一个文章向量 $\boldsymbol{a}$，其中 a_i 是期刊 i 发表的文章数量除以所有来源期刊在同一个 5 年发表的文章总数，以完成 $\boldsymbol{a}$ 的归一化，使其总和为 1，并且它的第 i 项在归一化后表示一个比例值，即所有发表的文章中来自期刊 i 的部分。此外，$\boldsymbol{H}$ 矩阵中的一些期刊是悬挂节点（dangling node），即没有引用任何其他期刊的期刊。$\boldsymbol{H}$ 矩阵中，所有元素均为 0 的任何列都是悬挂节点。用 $\boldsymbol{a}$ 向量替换 $\boldsymbol{H}$ 中所有这样的列，产生一个新的修正矩阵 $\boldsymbol{H}'$。

按照 Google 的 PageRank 方法，定义一个新的随机矩阵 $\boldsymbol{P}$。该矩阵对应于马尔可夫过程（Markov process），该过程以概率 α 在期刊引文网络上随机游走，并以概率（$1-\alpha$）按各期刊发表文章数量的比例“传送”（teleport）到一个随机期刊。该矩阵记为：

$$\boldsymbol{P} = \alpha \boldsymbol{H}' + (1-\alpha)\ a.\boldsymbol{e}^{\mathrm{T}}$$

式中，$\boldsymbol{e}^{\mathrm{T}}$ 是一个全为 1 的行向量，因此 $\boldsymbol{A} = \boldsymbol{a}.\boldsymbol{e}^{\mathrm{T}}$ 是一个具有相同列，每一列都等于文章向量 $\boldsymbol{a}$ 的矩阵。

将期刊影响向量 $\boldsymbol{\pi}^*$ 定义为矩阵 $\boldsymbol{P}$ 的主特征向量（leading eigenvector），同时给出我们在加权引文值中使用的权重。根据随机过程的解释，$\boldsymbol{\pi}^*$ 向量对应于 $\boldsymbol{P}$ 中表示的每个期刊的稳态时间分数。期刊 i 的特征因子分数 EF_i 被定义为期刊 i 从 7 611 本源刊中获得的总加权引文百分比，记为：

$$EF_i = 100 \frac{\boldsymbol{H\pi}^*}{\sum_i [\boldsymbol{H\pi}^*]_i}$$

注意，上述方程使用了矩阵 $\boldsymbol{H}$，而没有将悬挂节点列替换为文章向量 $\boldsymbol{a}$。

与此同时，在特征因子分数的基础上，他们还开发了论文影响分数（Article Influence score）。该指标基于特征因子分数计算所得，每本期刊 i 的论文影响分数 AI_i 是指该期刊中每篇文章的引文影响力，其计算方法如下：

$$AI_i = 0.01\frac{EF_i}{a_i}$$

式中，EF_i 是期刊 i 的特征因子分数，a_i 是规范化的文章向量的第 i 项。

在这两个指标中，论文影响分数（AI）的使用频率更高，因为它以期刊的发表规模（即每年出版的文章数量）为标准，衡量的是文章的平均影响力。

3.4.5 SJR期刊影响力指标

SJR期刊影响力指标是由西班牙Scimago研究小组于 2010 年依托Scopus数据库研发的（González-Pereira et al.，2010）。SJR是一个独立于规模的期刊声望指标，该指标的核心思想与PageRank和Eigenvector类似，在指标计算中，考虑了被引期刊的施引期刊的影响力或者声望。换句话说，就是被更多高质量期刊引用的期刊，其质量或者影响力也越高。SJR的计算基于网络的算法，考虑了期刊之间的引文关系，目的是通过综合考虑引文网络的结构信息，弥补一些简单引文指标的不足之处。具有较高SJR值的期刊被认为具有更大的影响力，考虑到引文数量的同时也考虑了引用期刊的重要性。2012 年，该团队对SJR指标进行了升级，新的指标被命名为SJR2（即第二代SJR指标）。SJR2 期刊影响力指标的计算分为两个阶段（Guerrero-Bote et al.，2012）：

第一阶段，初始状态，每个期刊被分配一个相同的声望值 $1/N$，其中 N 是数据库中期刊的数量。然后，迭代过程开始。每次迭代根据三个标准修改每个期刊的声望值：①仅仅因为被收录在数据库中而获得的最低声望值；②由数据库中包含的文献数量给出的期刊声望；③从其他期刊接收的引用数量、“重要性”和“紧密性”给出的引用声望。用于第一阶段计算的公式如下：

$$PSJR2_i = \overbrace{\frac{(1-d-\mathrm{e})}{N}}^{1} + \overbrace{\mathrm{e}\cdot\frac{Art_i}{\sum_{j=1}^{N} Art_j}}^{2} + \overbrace{\frac{d}{PSJR2D}\cdot\left[\sum_{j=1}^{N}\mathrm{Coef}_{ji}\cdot PSJR2_j\right]}^{3}$$

式中，$PSJR2_i$ 是期刊 i 的声望排名 $SJR2$；C_{ji} 是从期刊 j 到期刊 i 的引用；d 为常数 0.9；e 是常数 0.099 9；N 是数据库中期刊的数量；Art_j 是期刊 j 的可引用文献（主要为研究论文、综述、短评和会议论文）的数量；Cos_{ji} 是期刊 j 和 i 之间共被引强度的余弦值（不考虑 i 和 j 的自引）。其计算公式为

$$\mathrm{Coef}_{ji}=\frac{\left(\mathrm{Cos}_{ji}\cdot C_{ji}\right)}{\sum_{h=1}^{N}\left(\mathrm{Cos}_{jh}\cdot C_{jh}\right)}$$

式中，Coef_{ji}在迭代之前进行计算，其最大值被限制为 0.5 或者 $0.1\cdot C_{ji}$。与*SJR*不同的是，在系数中引入了期刊共被引的余弦值Cos_{ij}，即：

$$\mathrm{Cos}_{ij}=\frac{\sum_{h=1,\ h\neq i,\ h\neq j}^{N}\mathrm{Cocit}_{ih}\mathrm{Cocit}_{hj}}{\sqrt{\sum_{h=1,\ h\neq i,\ h\neq j}^{N}\left(\mathrm{Cocit}_{ih}\right)^{2}}\sqrt{\sum_{h=1,\ h\neq i,\ h\neq j}^{N}\left(\mathrm{Cocit}_{jh}\right)^{2}}}$$

式中，Cocit_{ij}表示期刊 i 和期刊 j 之间的共被引关系。

因子*PSJR2D*在每次迭代开始时计算，如下式：

$$PSJR2D=\sum_{i=1}^{N}\sum_{j=1}^{N}\frac{\left(\mathrm{Cos}_{ji}\cdot C_{ji}\right)}{\sum_{h=1}^{N}\left(\mathrm{Cos}_{jh}\cdot C_{jh}\right)}\cdot PSJR2_{j}$$

每次迭代开始计算时，在迭代中分配总的*PSJR*2（因此，悬挂节点的*PSJR*2 不包含在总和中）。作为除数，它提供了对悬挂节点*PSJR*2 的分配，使每个期刊接收的*PSJR*2 成比例增长，直到它们的总和为 1。如果没有这个因子，由于悬挂节点的存在，它们之间的总和将不会为 1。在*SJR*中有一个类似的校正因子*CF*，其主要目的是消除分子中使用的活跃引用与分母中使用的总引用之间的差异，并且它不分配悬挂节点的*PSJR*。

第二阶段：第一阶段计算的*PSJR*2 是一个依赖规模的度量（size-dependent metric），反映了整个期刊的声望。它不适用于期刊之间的比较，因为较大的期刊往往会获得更大的声望值。这些值具有总和始终为 1 的特性，它们反映了每个期刊积累的声望比例。为了进行比较，需要定义一个适用于评估过程的度量。因此，每个期刊获得的声望*SJR*2 被定义为，*PSJR*2 除以该期刊相对于“总可引用文献数（citable documents）”的比例，即

$$SJR2_{i}=\frac{PSJR2_{i}}{\left(Art_{i}/\sum_{j=1}^{N}Art_{j}\right)}=\frac{PSJR2_{i}}{Art_{i}}\cdot\sum_{j=1}^{N}Art_{j}$$

可引用文献的比例也具有总和为 1 的特性。因此，这个过程比较了期刊实现的声

望份额与其包含的可引用文献份额之间的关系。数值为1表示每篇文献的声望等于平均值。数值为0.8被解释为比平均值低20%的声望，而数值为1.3对应于比平均值高30%的声望。在逻辑上，*SJR*2值为20意味着声望是平均值的20倍。

*SJR*2与其他期刊评价指标相比，要更加复杂，特别是对于非科学计量学领域的学者而言，应用时不太容易理解。因此，该指标自提出以来，实际应用的效果并不理想。此外，Scimago还设计开发了Journal & Country Rank检索平台（https：//www.scimagojr.com/），用户可以通过该网站直接查询期刊的*SJR*。例如，在Scimago中，*Scientometrics*期刊的最新*SJR*值为1.019。

3.4.6 期刊超越指数

2023年，中国科学院文献情报中心期刊分区采用期刊超越指数（Journal Success Index，JSI），取代影响因子指标作为期刊分区依据，以解决影响因子在评价期刊中的缺陷。超越指数的思想最早可以追溯到2008年美国西北大学迈克尔·斯金格等学者的工作（Stringer et al.，2008），其具体的计算则采用了斯塔沙·米洛耶维奇等学者提出的“引文超越指数（Citation Success Index，CSI）”算法（Milojević et al.，2017）。期刊超越指数的优势在于进一步融合了论文主题层面的特征，基于引用关系和文本相似性生成论文主题体系，将每篇论文都划分到一个主题，最终得到主题归一化的CSI指数。CSI指数表征了一本期刊上随机抽取的论文比另一本期刊上随机抽取的论文有更多引用的概率。期刊超越指数的计算机理为：随机从期刊*A*中选择一篇论文，其引用数大于从其他期刊抽取一篇相同主题、相同文献类型论文的引用数的概率。期刊超越指数JSI的计算公式如下（计算过程如图3.13）：

$$S_A = P\left(c_a > c_o | a \in A,\ o \in O\right) = \sum_{t,\ d} P\left(A^{t,\ d}\right) P\left(c_a > c_o | a \in A^{t,\ d},\ o \in O^{t,\ d}\right)$$

期刊*A*在主题*t*上的超越指数为：

$$S_A^t = \frac{1}{N_{A^t}} \sum_d N_{A^{t,\ d}} \left[\frac{\sum_{a \in A^{t,\ d},\ o \in O^{t,\ d}} 1\left(c_a > c_o\right) + \sum_{a \in A^{t,\ d},\ o \in O^{t,\ d}} 0.5\left(c_a = c_o\right)}{N_{A^{t,\ d}} N_{O^{t,\ d}}} \right]$$

式中，C_a表示期刊*A*中一篇论文的被引次数，*O*表示其他期刊，$t \in \{topic_1，topic_2，topic_3，\cdots\}$，$d \in \{article，review\}$，$N_{A^t}$表示期刊*A*中主题为*t*的论文量，$A^{t,\ d}$表示期刊*A*中主题为*t*、类型为*d*的论文集合。

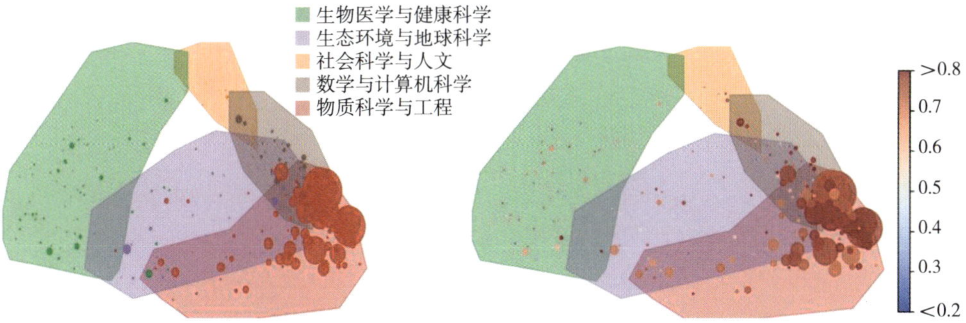

（1）期刊全部论文划分至不同的主题，节点大小代表发文量

（2）分别计算各主题的超越指数

[计算过程]

$$S_A=P(c_a>c_o|a\in A,\ o\in O)=\sum_{t,d}P(A^{t,d})P(c_a>c_o|a\in A^{t,d},\ o\in O^{t,d})$$

期刊A在主题t上的超越指数：

$$S_A^t=\frac{1}{N_{A^t}}\sum_d N_{A^{t,d}}\left[\frac{\sum_{a\in A^{t,d},\ o\in O^{t,d}}1(c_a>c_a)+\sum_{a\in A^{t,d},\ o\in O^{t,d}}0.5(c_a=c_a)}{N_{A^{t,d}}N_{O^{t,d}}}\right]$$

综合得到期刊A的期刊超越指数：

$$S_A=\frac{1}{N_A}\sum_t N_{A^t}S_A^t$$

式中，c_a表示期刊A中一篇论文的被引次数，O表示其他期刊，$t\in\{topic_1,\ topic_2,\ topic_3,\ \cdots\}$，$d\in\{article,\ review\}$，$N_{A^t}$表示期刊$A$中主题为$t$的论文量，$A^{t,d}$表示期刊$A$中主题为$t$、类型为$d$的论文集合。

期刊超越指数：0.76
本领域排名：3.3%
升级版中的分区结果：
（大类）物理与天体物理1区
（小类）物理：综合1区

（3）按发文量加权汇总得出期刊超越指数并分区

图3.13　期刊超越指数的计算过程

综合得到期刊A的超越指数为：

$$S_A=\frac{1}{N_A}\sum_t N_{A^t}S_A^t$$

3.4.7　期刊影响力的分区

期刊影响力的分区（Journal Impact Division）是指按照一定的统计规则，将期刊按照影响力得分划分在不同区间的一种期刊定级方法。这种排名类似于将考试成绩按照优、良、中、差进行分级，当然在实际分区过程中规则各有不同。目前，在各个机构为期刊进行的排名中（例如：科睿唯安和Scopus等），除了计算每一本期刊的影响力得分外，都会从期刊所属学科领域的视角出发，按照影响力对期刊进行分区计算和展示。

在期刊影响力的分区研究中，科睿唯安的JCR期刊分区和中国科学院文献情报中心的期刊分区在国内应用广泛，但在分区思路上存在显著不同（图3.14）。在科睿唯安JCR中，一本期刊的四分位分区是根据该期刊影响因子在所属学科中的排名（X）与该学科所有期刊数量（Y）的比值（$Z=X/Y$）确定的。将同一学科领域中期刊按照影响因子由高到低进行排序并划分为 4 等分，每等分为一个区间，即：Q1（$0.0 < Z \leqslant 0.25$）；Q2（$0.25 < Z \leqslant 0.5$）；Q3（$0.5 < Z \leqslant 0.75$）；Q4（$0.75 < Z$）。

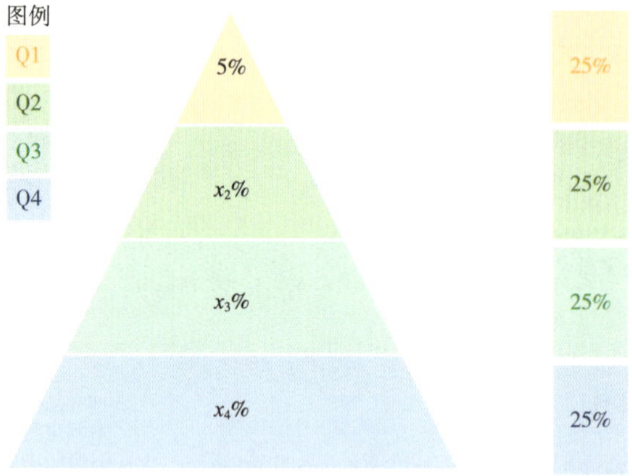

（a）中国科学院文献情报中心期刊分区　（b）科睿唯安JCR期刊分区

图3.14　中国科学院与科睿唯安期刊分区比较

注：中国科学院文献情报中心的分区是按照金字塔形状，并依据期刊超越指数的数值进行的分区。科睿唯安的《期刊引证报告》则是按照领域将期刊的影响力划分为四等份。

在中国科学院文献情报中心基础版的期刊分区中，以JCR中期刊 3 年的平均影响因子（简称为*IF*3）为基础，按照IF3 对所有期刊进行降序排列，并依次划分为 4 个区，同时保持每个分区中所有期刊总影响力相同。为了保证 1 区中期刊的数量，1 区期刊总数取整个期刊数量的 5%，即将IF3 最高的 5%认定为 1 区期刊。剩余 95%的期刊按照IF3 总和相同的方式进行分区，具体步骤为：①按照IF3 对每一个学科的期刊进行降序排列；②IF3 排名前 5%的期刊划分为一区期刊；③计算剩余 95%期刊的 3 年影响因子综合的平均值（这里划分为 3 个区），记为 $S = \sum_{i=1}^{95\%n}(IF3)_i / 3$，这里的*S*为剩下的 3 个区期刊影响力的基准；④计算落在各个区中的期刊。具体的做法是，对所有的期刊按照IF3 进行排序，计算累计影响力达到*S*时停止，则 2 区划分完成再按照类似的步骤完成 3 区和 4 区的划分。这种期刊分区的计算模式，类似于布拉德福对核心期刊的划分。不同的是，在2~4 区等分区域的时候，使用的是影响力的总和，布拉德福则要求各区的论文数量相同。在最新发布的中国科学院文献情报中心期刊分区表中，期刊的影响力分数由原来的“期刊 3 年影响因子均值”更新为“期刊超越指数”。新版与旧版的区别仅仅在于采用了不同方法计算了期刊的影响力得分，根据得分进行的期刊分区方法和流程是不变的[1]。

---

[1] 通过咨询分区表团队，2024 年中国科学院文献情报中心各分区期刊的比例分别为 1 区 8%、2 区 17%、3 区 25%以及 4 区 50%。

例如：在中国科学院文献情报中心的期刊分区中，*Scientometrics*在管理学大类中属于三区，且不属于领域TOP期刊。在领域小类“计算机：跨学科应用”（Computer Science，Interdisciplinary Applications）和“图书情报与档案管理”（Information Science & Library Science）中也属于三区期刊。为了与JCR的分区进行比较，在JCR 2023 中对*Scientometrics*的分区信息进行查询。结果显示，其在“计算机：跨学科应用”和“图书情报与档案管理”学科分区中都属于Q2 期刊。

3.5 机构测度指标

与作者和期刊测度指标类似，机构层面的测度也是重要的研究方向之一。在实际的研究中，一方面，科学计量学学界在积极开发关于机构评价的科学计量指标；另一方面，全球相关机构组织的大学或机构排名工作已经从多指标融合的视角进行了相关尝试。然而，专门针对机构影响力进行测度的指标仍不多见，更多的是对多种简单指标的综合应用。大多数面向各类大学或研究所的学术竞争力排名就是如此，如Leiden Ranking、Scimago Ranking、CS全球计算机排名以及Mapping Scientific Excellence等[1]。

在所有的指标中，本部分选择王冠指数和I3 指数作为机构测度指标的代表来进行说明。实际上，本章所涉及的指标都是可以交叉使用的，即在很多场合下，用来测度作者的指标可以用来测度期刊或机构，测度期刊的指标经过简单调整后则可以用来测度作者或机构，本部分提到的王冠指数和I3 指数也是如此。那么，为何将它们放在机构测度章节进行介绍呢？这是因为王冠指数在机构测度方面可以说是成功的，值得一提。另一方面，在王冠指数论文发表不久，2010 年国际科学计量学界就“rates of averages（平均率）”与“averages of rates（率的平均）”用于指标处理展开了公开的学术辩论。其中，最激烈的辩论就发生在王冠指数和I3之间，因此也值得一谈（Gingras et al.，2011）。

3.5.1 王冠指数

王冠指数（Crown Indicator）是由de Bruin和Moed等人提出的CPP/FCMs指标发展而来，且早期在国家或机构的层面进行了应用实践（de Bruin et al.，1993；Moed，1995）。2004 年在出版的《量化科学技术研究手册》一书中，CWTS前主任范瑞安发表的论文《测度科学：当前主要问题的重点选题》将CPP/FCMs指标应用于机构影响力的测度，使得该指标进一步被大家所熟知（van Raan，2004），后来因其良好的适用性而被称为“王冠指数（Crown Indicator）”（叶鹰等，2011）。王冠指数被提出以后，吸引了大量学

[1] Excellence Maps V2. https：//www.excellencemapping.net.

者的关注和研究，特别是对其存在问题的讨论。为了进一步提升王冠指数的科学性，CWTS的Waltman等进一步对原有指标存在的问题进行了修正，提出了MNCS指标[1]，又称“新王冠指数”（Waltman et al.，2011 a；2011 b）。

旧王冠指数（CPP/FCMs）和新王冠指数（MNCS）的具体含义如下：

（1）旧王冠指数CPP/FCMs。

旧王冠指数CPP/FCMs由CPP和FCSm两个指标组成。CPP的含义是指某机构在某领域内论文的平均被引频次；FCSm表示在该领域内每一文献类型的FCS指标数值的综合均值（领域平均引文次数）。这里FCS的含义是某领域内当年发表的同类型文献的平均被引频次。假设对象集合共有 n 篇论文，C_i 表示论文 i 的被引次数，e_i表示论文 i 所在领域内文献篇均被引次数（被引期望），换句话说就是，与论文 i 同领域、同年发表的其他所有论文的平均被引次数，则CPP/FCMs计算方法如下（Waltman et al.，2011 a）：

$$CPP / FCMs = \frac{CPP}{FCSm} = \frac{\sum_{i=1}^{n} C_i / n}{\sum_{i=1}^{n} e_i / n} = \frac{\sum_{i=1}^{n} C_i}{\sum_{i=1}^{n} e_i}$$

（2）新王冠指数（MNCS）。

MNCS指标与Lundberg等引入的以“项目”为导向的领域标准化指标（item-oriented field-normalized citation score）类似（Lundberg，2007），基本思想是计算所有论文的被引次数除以其期望被引次数比值之和的平均值。假设目标对象共有 n 篇论文，c_i表示论文 i 的被引次数，e_i表示论文 i 的期望被引次数，则MNCS的计算方法如下：

$$MNCS = \frac{1}{n}\sum_{i=1}^{n} \frac{c_i}{e_i}$$

Waltman等人研究发现，CPP/FCSm指标可以看作是MNCS指标的一种加权形式，即：

$$CPP / FCSm = \frac{1}{n}\sum_{i=1}^{n} w_i \frac{c_i}{e_i}$$

式中，$w_i = \dfrac{e_i}{\sum_{j=1}^{n} e_j / n}$。

[1] MNCS指标已经成为莱顿大学排名和期刊排名的重要指标。关于期刊的排名可以访问journalindicators.com；关于大学的排名可以访问leidenranking.com.

综上，在实际测度中，若使用CPP/FCSm指标，那么所分析对象的总体绩效测度结果为：

$$CPP/FCSm \times n = \frac{\sum_{i=1}^{n} c_i}{\sum_{i=1}^{n} e_i / n}$$

以上的总体绩效测度方法也被称为“蛮力指标”（brute force indicator），并已被应用于莱顿排名中。

同样的，在使用*MNCS*来测度总体绩效时，测度的结果为总体标准化引文得分，记为：

$$TNCS = MNCS \times n = \sum_{i=1}^{n} \frac{c_i}{e_i}$$

无论是旧王冠指数（*CPP/FCSm*）还是新王冠指数（*MNCS*），都旨在通过领域标准化等方式对引文指标进行归一化处理，以更全面、客观地评估一组对象（例如：机构、学者以及期刊等）的学术影响力。从而使得不同学科领域的引文指标评价结果具有相对可比性，以更好地服务于科研评价活动。在计算方法上，旧王冠指数采取的是RS方式（Ratio of Sums），即先求出研究对象的平均被引频次，然后再除以对应参照标准的期望被引频次，从而获得相对影响指标。新王冠指数采取的是MR方式（Mean of Ratios），即先通过论文的被引频次除以对应参照标准的期望被引频次获得每篇论文的相对被引频次，而后再求其平均相对被引频次，以获得相对影响指标。两者计算方式虽然不同，但其计算思想具有相似性，新王冠指数可以认为是旧王冠指数的数学推广形式，因而旧王冠指数和新王冠指数的测度结果呈相关关系。例如：Waltman等在实证研究中发现，当测度的对象体量比较大时（如，大型研究机构或国家/地区等），两个指标的差异比较小；当测度的是体量比较小的单元时（如，小型研究团队或期刊等），两个指标的差异较大（Waltman et al.，2010 b）。

在后期的研究中，这种“标准化”的思路与方法被广泛接受和认可。例如：2011年，科睿唯安发布了经过领域标准化后的期刊规范化影响指标——期刊引证指标（Journal Citation Indicator），其基本思路就是通过领域标准化引文影响力（Category Normalized Citation Impact，CNCI）的算数平均数得到的。即：JCI是在前三年内该期刊发表的所有“研究论文”和“综述论文”的平均CNCI值。这里CNCI的含义是指：“实际的被引次数除以同文献类型、同出版年、同学科领域文献的期望被引次数。当一篇文献被划归至多于一个学科领域时，则使用实际被引次数与期望被引次数比值的平均值”。如果*CNCI*的值等于1，说明该组论文的被引表现与全球平均水平相当；*CNCI*大于1，则表明该组论文的被引表现高于全球平均水平；小于1，则表明该组论文的被引表现低于全球平均水平。*CNCI*等于2，则表明该组论文的平均被引表现为全球平均水平的2倍。不同维度下*CNCI*的计算说明如下：

若一篇被划归至一个学科领域的论文，则其*CNCI*为：

$$CNCI = \frac{c}{e_{ftd}}$$

对于一篇被划归至多个学科领域的论文，其*CNCI*为每个学科领域实际被引次数与期望被引次数比值的平均值：

$$CNCI = \frac{\sum \frac{c}{e_{f(n)td}}}{n} = \frac{\frac{c}{e_{f(1)td}} + \frac{c}{e_{f(2)td}} + \cdots + \frac{c}{e_{f(n)td}}}{n}$$

式中，e表示期望引用率或基线值，c表示总被引次数，f表示学科领域，t表示出版年，d表示文献类型，n表示论文被划归的学科领域数。

对于一组论文，*CNCI*值为每篇论文*CNCI*的平均值：

$$CNCI = \frac{\sum_i CNCI_i}{p_i}$$

式中，p表示论文总数，i表示被评估的实体的编号（机构、国家、个人等）。

3.5.2 I3综合影响力指标

综合影响力指标（Integrated impact indicators）又称I3指标，是由普赖斯奖获得者、阿姆斯特丹大学Leydesdorff（2011）等基于百分位排名方法提出的影响力测度指标。该指标的提出背景是，在科学计量学领域，大量已经开发的指标是基于中心趋势统计分析来测度影响力的（如，均值和中位数）。然而，Leydesdorff认为，基于中心趋势统计的方法是不能正确捕捉影响力的：一方面，影响力是累积的，因此引文曲线应该被集成而不是被平均；另一方面，这些指标都是建立在参数假设（中心极限定律）的基础上的，即在具有足够大观测数的情况下，才允许将均值作为“摘要统计量”进行计算。2019年，Leydesdorff进一步对I3指标进行了修正，开发了计算程序并分享了10 942本期刊的测度结果，用于支撑学界对I3指标的进一步检验和应用（Leydesdorff et al.,

2019）[1]。

I3 使用百分位对文献根据其引文计数进行排名，并将排名和排名的频率进行集成，其计算公式如下（Zhou et al.，2012）：

$$I3 = \sum_i x_i f\left(x_i\right)$$

式中，x_i是每个百分位的论文数，$f(x_i)$是每篇论文的百分位排名。

鲁索在I3 指标的数学证明中，给出了更为一般的计算方法（Rousseau，2012），如下式：

$$I3(A) = \sum_{k=1}^{K} x_k n_A(k)$$

目前，I3 指标被证明至少具有以下两个优点：首先，它同时考虑了引文次数大小和引文分布状态（特别是利用非参数统计，考虑了引文的偏斜分布）。其次，它可以应用于任何分析单元（例如期刊、国家、大学、机构、个人）。此外，鲁索（Rousseau，2012）对I3 指数持积极态度，并使用数学证明了“百分位排名分数是相对于‘平均表现’的一种严格独立指标（The percentile rank score is a strict independent indicator for average performance）”和“I3是‘绝对表现’的严格一致指标”（I3 is a strictly congruous indicator of absolute performance）。

在实际的研究中，被引百分位的确定具有一定的主观性。例如，在其论文中，主张使用四个百分位等级进行加权：前 1%和前 10%作为卓越指标；前 50%和后 50%作为产出指标（Leydesdorff et al.，2019）。然而，在另一篇论文中，却使用了美国国家科学基金会（2010）《科学与工程指标》中提供的六个百分位排名，即top~1%、95%~99%、90%~95%、75%~90%、50%~75%和 50%以下[2]。鲁索在讨论I3 指标的论文中，给出了确定百分位数的数学表达。假定将待分析论文划分 K 个不相交的类别，若论文属于k类，则记为x_k。若 A 是待分析论文数据集的一个子集，共包含 N 篇论文，$n_A(k)$表示隶属于文档集合A，且属于第 k 类的论文数，则 A 的百分位等级$R(A)$为（Rousseau，2012）：

---

❶ Leydesdorff 开发的I3 指数计算程序参见网址：https：//www.leydesdorff.net/software/i3/和https：//www.leydesdorff.net/i3/，用户可以登录网站下载。此外，在具体的案例说明中，Leydesdorff选择大量的期刊数据进行了验证。本部分将其放在机构测度部分，主要是考虑到该指标和王冠指数的比较。

❷ Loet Leydesdorff，Lutz Bornmann. Percentile Ranks and the Integrated Impact Indicator（I3)[EB/OL].[2024-01-10]. https：//arxiv.org/ftp/arxiv/papers/1112/1112.6281.pdf.

$$R(A)=\sum_{k=1}^{K}x_k\frac{n_A(k)}{N}$$

此外，由于样本中的零被引论文会对测度结果产生一定的影响，因此，2011 年 12 月 23 日，Leydesdorff在与Rousseau交流后，将所有未被引用的项目都放在了零百分位排名中（Rousseau，2012；Leydesdorff et al.，2012）。

I3 指数被提出以后，其代表的影响力测度“范式”自然而然地就与以王冠指数等“平均主义”指标为代表的“范式”存在竞争。为此，科学计量学学界还开启了迄今为止最激烈的一次学术争鸣。现在回想起来，当年这场激烈的学术争论双方都“面红耳赤”，但现在看来却造就了科学计量学术界的一段佳话。因为，现在的科学系统内部太需要这种辩论了。如今斯人已逝（Leydesdorff，1949—2023），我想经历这场计量指标“学术辩论”的学者，都不会忘记它所传达的“科学精神”。

3.5.3 复合科学计量指标

复合科学计量指标（Composite scientometric indicators）是一类特殊的评价指标集合（Vinkler，2010），这些指标为了共同的评价目的，从不同方面来刻画评价对象。为何要开发复合指标？这是因为在现实的应用中，所分析的对象系统是复杂的，组成系统的要素是多方面的，且要素与要素之间存在多维度交互关系。因此，复合科学计量学指标的出现是必要的。如果把科学计量学的指标放在大的“评价科学”的背景下，复合科学计量指标的开发和应用是大势所趋，也是决策科学的基本要求。当然，复合型指标已经在管理学领域相当普遍，且被大量应用于决策评价中。既然复合型指标有这种特征，那么可用来评价机构、国家或区域是最为合适的。我想在谈到机构、国家等此类科学计量实体的评价问题时，很少有人认可使用单一的指标来测度和评价此类对象。例如，在所有的大学排名或机构排名中，都采用了建立多维度指标体系的方法，以形成复合型的指标来测度机构的学术影响（例如：上海软科排名共选择了6项评价指标，并分别赋予了权重[1]）。这也是为什么我们将复合型指标放在了机构评价章节中的原因。

由于复合指标是两个或两个以上局部指标的“加权和”或集成，那么可以使用数学公式将其描述为（Vinkler，2010）：

---

[1] ShanghaiRanking’s Academic Ranking of World Universities Methodology 2023. https：//www.shanghairanking.com/methodology/arwu/2023.

$$CI=\sum_{i=1}^{N}\frac{x_i}{\sum_{i=1}^{T}x_i}w_i$$

式中，CI 是某机构的复合指标得分，T 是评价机构的总量，x_i 是某个机构在局部指标 i 上的得分，w_i 是第 i 个局部指标的权重因子，N 为评价指标的数量。

1998 年，Vinkler基于复合指标的特征提出了综合绩效指数（General Performance Index，GPI），并用来测度机构的局部指数的总和，计算方法如下（Vinkler，1998；Vinkler，2010）：

$$GPI=\sum_{i=1}^{N}\frac{x_i}{X_{i,T}}w_i$$

式中，N是局部指标的数量，x_i 是第 i 个机构的局部指标，$X_{i,T}$ 是所评价机构的第 i 个局部指标的总和，而w_i 是第 i 个局部指标的加权因子。$\frac{x_i}{X_{i,T}}$ 表示特定机构的x_i 与所有被评价机构的$X_{i,T}$的比值，同时满足下列条件：

$$0\leqslant\frac{x_i}{X_{i,T}}=\frac{x_i}{\sum_{i=1}^{T}x_i}\leqslant 1$$

上述不等式表明，若某一机构在指标 i 上的 $\frac{x_i}{X_{i,T}}$ 为1，表示其他机构在该指标上的得分都为0。则有，

$$\sum_{i=1}^{T}GPI_{\text{i}}=\sum_{i=1}^{N}w_i$$

例如，在对匈牙利科学院下属研究单元（机构）的评价中，Vinkler选取了期刊论文生产率（Journal Paper Productivity）、相对发表策略（Relative Publication Strategy）和子领域相对被引率（Relative Subfield Citedness）作为三个局部指标，构建的复合指标 GPI_i 为，

$$CPI_i=\frac{1.0\,JPP_i}{\sum_{i=1}^{M}JPP_i}+\frac{1.3RPS_i}{\sum_{i=1}^{M}RPS_i}+\frac{2.0RW_i}{\sum_{i=1}^{M}RW_i}$$

式中，GPI_i表示第 i 个机构的复合出版指标，式中1.0、1.3以及2.0为权重因子。其中 M =13，代表被评估的科研机构有13个。

上式中，*JPP*、*RPS* 和 *RW* 三个指标，分别使用表3.3中的计算公式进行计算。

表3.3　匈牙利科学院研究机构测度的局部指标

编号	指标	英文全称	计算公式
1	期刊论文生产率	Journal Paper Productivity	$JPP=\frac{P_c}{K}$
2	相对发表策略	Relative Publication Strategy	$RPS=\frac{GF_{m,p}(50,\ P_c)}{GF_{m,p}(25,\ GF)}$
3	子领域相对被引率	Relative Subfield Citedness	$RW\frac{C}{P_c \cdot GF_{m,p}(25,\ GF)}$

表中，P_c指在科睿唯安JCR收录的期刊上发表的论文数（时间窗口1998—2002年）；K是指平均研究合作者数量；$GF_{m,\ p}$（50，P_c）是按照期刊发文量从大到小，占比50%论文数的这些期刊的平均加权影响因子；$GF_{m,\ p}$（25，GF）是指期刊按照影响因子降序排列，所有机构发文占比25%的期刊加权影响因子；C是指机构P_c篇论文的被引次数。

最后，计算所得的各下属单元的局部和复合科学计量指标，如表3.4。

表3.4　匈牙利科学院研究机构测度的指标结果（Vinkler，2010）

研究机构（单元）	*K*	*PS*	$GF_{m,p}$（25，*P*）	$GF_{m,p}$（25，*GF*）	*JPP*	*RPS*	*RW*	*CPI*
数学	59	0.404	0.41	0.566	1.55	0.714	1.36	0.523
核能	89	3.146	4.582	4.366	2.31	0.721	0.57	0.388
原子能	88	1.555	1.447	2.559	0.38	0.608	0.18	0.154
粒子物理学	121	4.589	4.213	5.24	1.23	0.876	0.63	0.355
固体物理学和光学	101	2.135	2.225	3.258	1.48	0.655	0.82	0.315
化学	154	1.831	1.748	2.571	1.29	0.712	0.42	0.285
同位素化学和催化	52.6	1.132	1.277	1.857	1.15	0.61	0.57	0.297
生物化学	32	4.271	4.841	6.301	1.03	0.678	0.63	0.314
生物物理学	27.4	3.694	4.383	5.177	1.3	0.714	0.48	0.301
酶学	31	5.588	5.698	7.603	1.03	0.735	0.63	0.322
遗传学	33	5.793	5.354	8.318	0.76	0.696	0.65	0.303
植物学	47	5.261	6.176	7.85	0.7	0.67	0.57	0.275
生物医学	51	3.147	2.691	4.283	1.13	0.735	0.98	0.411
平均值	68.2	3.273	3.465	4.611	1.18	0.702	0.65	0.326
标准差	39.5	1.773	1.908	2.434	0.46	0.067	0.28	0.085

3.6 网络测度指标

网络由节点和连线组成，在不同的领域网络中，对节点和连线的表达也存在一些差异。例如，在数学领域常常称为vertices（点）和edges，arcs（边、弧），在计算机领域常常称为nodes（点）和links（链接），在物理学中被称为sites和bonds，以及在社会学中被称为actors（行动者）、ties和relations（联系，关系）。在科学计量学领域中，节点往往代表从科技文献中抽取的知识实体（例如：作者、期刊、关键词等），连线则表征了这些知识实体的关系（例如：共现关系、耦合关系以及合作关系等）。那么，科学计量学领域的知识网络可以表示为由知识单元集合 V 和知识单元关系集合 E 形成的网络 G，G 则可以表示为$G=(V_G, E_G)$。

3.6.1 网络科学基础

为了对网络有一个全面的认识，本部分将从网络类型、网络直径、网络平均路径、网络密度以及网络聚类系数五个方面来介绍网络的测度指标。

（1）网络的类型，如图 3.15。按照网络是否有向，可以将网络分为有向网络（directed network）和无向网络（undirected network）；按照网络的连线是否有权重，又可以将网络分为有权网络（weighted network）和无权网络（unweighted network）。在科学计量学的网络中，除了引证网络（direct citation network）和一些混合网络（例如：作者–参考网络）为有向网络外，通常其他网络都为无向网络（例如：合作网络、耦合网络、共词网络以及共被引网络等）。

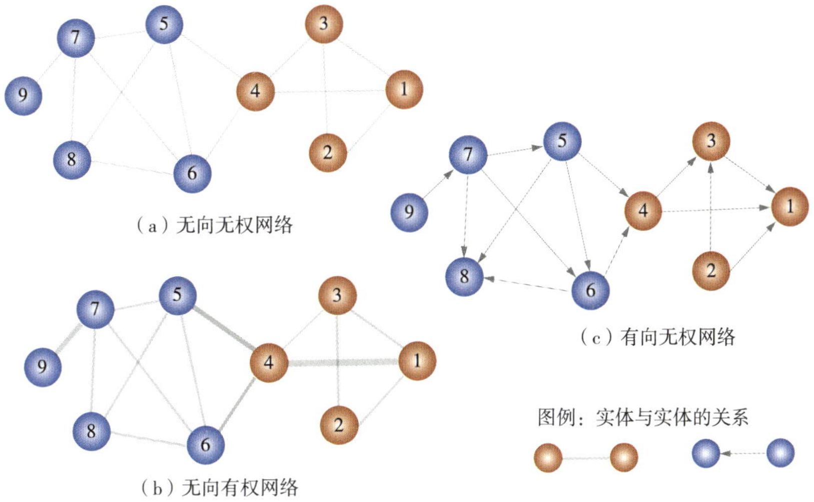

图3.15 网络的类型

（2）网络的直径。网络的直径是连通网络中所有“节点对”中的最大路径长度，记为 $d = \max(l_{ij})$ 。

（3）网络的平均路径。网络的平均路径是网络中任意两个节点之间距离的平均值，计算如下式：

$$L = \frac{\sum_{i \geqslant j} d_{ij}}{C_n^2} = \frac{1}{\frac{1}{2}n(n-1)} \sum_{i \geqslant j} d_{ij}$$

式中，n 为网络中节点的个数。

（4）网络的密度。网络的密度（Network Density）是衡量网络中节点之间联系紧密程度的指标。具体含义是指，网络中实际的关系数与理论上的最大关系数之比。在无向网络中，假设网络中包含 n 个节点，那么其理论上的最大关系数就等于 $C_n^2 = n(n-1)/2$ 。若网络中实际关系数为 m ，那么该网络的密度 ρ 为：

$$\rho = \frac{m}{\frac{1}{2}n(n-1)} = \frac{2m}{n(n-1)}$$

若为有向网络，最大关系数就等于 $n(n-1)$ ，则网络的密度为 $m/n(n-1)$ 。从计算的原理上来看，网络密度的取值范围为 0~1，对于空图而言，密度为 0，对于完备图而言，其密度为1。

（5）网络的聚类系数。在网络中，一个节点 i 有 k_i 个节点与其相连，那么这 k_i 个节点之间的实际边数 E_i 和最大可能的边数 $\frac{1}{2}k_i(k_i-1)$ 之比就称为节点 i 的聚类系数 C_i ，可以用下式表示（卢鹏丽，2013）：

$$C_i = \frac{2E_i}{k_i(k_i-1)}$$

整个网络的聚类系数是所有节点聚类系数的平均值，可以用于考察网络集团化程度。一个节点总数为 n 的网络的聚类系数，可以用下式表示：

$$C = \frac{1}{n} \sum_{i=1}^{n} C_i$$

3.6.2 中心性的测度

节点在网络中“中心性（Centrality）”的测度是网络分析的重要组成部分。常见的测度指标有节点的度中心性、接近中心性以及中介中心性。为了解三种节点重要度测度指标的计算过程，这里主要以Tang（2012）等提供的一个无向无权网络为案例进行说明，如图3.15（a）。

3.6.2.1 度中心性

度中心性（Degree centrality，DC）共包含两类：一种是不带权的，一种是带权的中心性（Weighted degree）。在不带权重的网络中，节点的度中心性为与节点直接相连的边的个数，带权的度中心性是与节点直接相连的所有边的权重和。在有向网络中，节点的度又可分为出度（out-degree）和入度（in-degree）。出度是由节点为起点，以直接相连节点为终点的连线的个数。入度是直接与分析点相连的，以其他节点为起点的连线个数。在有向有权网络中，计算入度和出度考虑连线的权重即可。以上的这种对一个网络中节点度的计算结果又被称为“绝对中心度”。例如，在图3.15（a）中，4号节点的度数为4，9号节点的度数为1；而在有向图3.15（c）中，4号节点的入度和出度都为2，9号节点的出度为1。

为了比较不同规模网络之间度的大小，需要对网络的度进行标准化处理。弗里曼提出了计算相对中心度的方法，即点的绝对中心度与网络中点的最大可能度数之比。在一个包含 n 个节点的网络中，一个考察点的最大可能度数为 $n-1$，若该节点的度数为 m，那么其相对中心度为$m/(n-1)$。对于一个包含 n 个节点的有向网络，那么考察点的最大可能度数为$2(n-1)$，考察点的度数为入度 x_{in}与出度 x_{out}之和。在有向网络中，相对中心度为（$x_{in}+x_{out}$）/（$2n-2$）。例如，在图3.15（a）中，节点1标准化后的度数为$3/(9-1)=3/8=0.375$。

3.6.2.2 接近中心性

接近中心度（Closeness centrality，CC）是测度整体网络中节点位置的指标，用于揭示节点在网络中是核心位置还是边缘位置。一个点越是与其他点接近，那么该点在传递信息方面就更加容易，在信息资源、权力、声望以及影响力上也越强。在实际的分析中，使用点与点之间的距离来测度接近中心度。若一个节点在网络中与其他节点的距离都很近，那么该节点就具有较高的接近中心度。接近中心度计算的思路为：该点与图中所有其他节点的捷径距离（最短路径）之和。

$$CC=\sum_{j=1}^{n}d_{ij}$$

式中，d_{ij}为节点 i 与 j 之间的捷径距离。

类似地，上面这种计算网络中节点接近中心度的方法被称为“绝对接近中心度”。为了比较来自不同网络中节点的接近中心度，需要对网络进行标准化处理。只有在星形网络中，“接近中心度”才可能达到最小值。对于包含 n 个节点的星形网络的接近中心度为（n–1），用接近中心度的数值除以最小接近中心度来进行接近中心度的标准化。与“绝对接近中心度”相比，这种经过标准化的接近中心度又称“相对接近中心度（CC^*）”，如下式：

$$CC^* = \frac{\mathrm{CC}}{n-1} = \frac{\sum_{j=1}^{n} d_{ij}}{n-1}$$

从上面两个计算接近中心度的公式不难得到，接近中心度计算数值越大，越说明对象点不是网络的核心点。为了直观地使计算的数值和人的认知一致，可以对上式的计算结果取倒数，那么得到的结果越大，接近中心度越大，上面两种接近中心度的计算公式可以修改为：

$$(CC)^{-1} = \left(\sum_{j=1}^{n} d_{ij}\right)^{-1} = \frac{1}{\sum_{j=1}^{n} d_{ij}}$$

$$\left(CC^*\right)^{-1} = \left(\frac{\sum_{j=1}^{n} d_{ij}}{n-1}\right)^{-1} = \frac{n-1}{\sum_{j=1}^{n} d_{ij}}$$

按照上式，图3.15（a）中节点3和节点4的接近中心度分别为：

$$\left(CC^*\right)^{-1}(3) = \frac{9-1}{1+1+1+2+2+3+3+4} = \frac{8}{17} = 0.47$$

$$\left(CC^*\right)^{-1}(4) = \frac{9-1}{1+2+1+1+1+2+2+3} = \frac{8}{13} = 0.62$$

3.6.2.3 中介中心性

节点的中介中心性（Betweenness centrality，BC），又称介数中心性，表示一个网络中经过该节点的最短路径的数量。在网络中，节点的中介中心性越大，它在其他节点之间通信中起到的作用越大。BC可以用下式计算（汪小帆等，2012；Freeman，1977）：

$$BC = \sum_{s \neq i \neq t} \frac{n_{st}^{i}}{g_{st}}$$

式中，g_{st}为从节点 s 到节点 t 的最短路径数目，n_{st}^{i}为从节点 s 到节点 t 的 g_{st}条最短路径中，经过节点 i 的最短路径数量。

例如，在图 3.15（a）中，节点 1 和节点 9 有两条最短路径（g_{19}=2）：1–4–5–7–9 和 1–4–6–7–9。因此，有 $n_{19}^{5}=1$，$n_{19}^{4}=2$。最后，经计算该网络中，节点 4 的中介中心性 BC_4= 15。BC_4具体的含义是，图中从节点集合$\{1,2,3\}$到节点集合$\{5,6,7,8,9\}$的所有最短路径都经过了节点4。

若要比较不同网络中节点的中介中心性，同样需要对绝对中介中心性进行标准化处理。在一个星形无向网络情况下，网络中介中心性才可能达到最大值$BC_{\max}$，即：

$$BC_{\max} = \binom{n-1}{2} = \frac{(n-1)(n-2)}{2} = \frac{(n^2-3n+2)}{2}$$

那么，标准化的节点中介中心性为：

$$BC^{*} = \frac{BC}{(n-1)(n-2)/2} = \frac{BC}{(n^2-3n+2)/2}$$

从上面的计算公式来看，标准化后的中介中心性的取值范围在 0 和 1 之间，若一个节点的中介中心性为 0，那么说明该节点处于网络的边缘位置，不能控制任何其他节点。若一个节点的中介中心性为 1，则代表该节点处于网络的核心，可以 100%控制其他节点。

中介中心性在科学文献网络分析中有重要价值。例如，来自美国德雷塞尔大学的陈超美教授（Chen，2004；2012），将结构洞理论（Burt，1992）和中介中心性（Freeman，1979；Brandes，2001）的测度方法巧妙地结合起来，用来发现科学研究中的“转折点（Turning Points）”和科学范式的转移。此外，荷兰阿姆斯特丹大学的科学计量学学者Leydesdorff（2007）还将中介中心性用在了跨学科测度研究中。

综上，采用网络分析与可视化软件Pajek和Gephi，对图 3.15（a）中节点的三种中心性指标进行了计算，如表 3.5。结果显示，不同软件计算的中心性结果存在一定的差异。其中，在Gephi中计算的为原始中心性，在Pajek中计算的则是标准化后的中心性。

表3.5 案例网络节点中心性的计算结果（李杰，2018 a）

节点编号	DC	DC*	CC	CC*	BC	BC*
1	3.00	0.375	0.059	0.47	3.00	0.107
2	2.00	0.250	0.043	0.35	0.00	0.000
3	3.00	0.375	0.059	0.47	3.00	0.107
4	4.00	0.500	0.077	0.62	15.00	0.536
5	4.00	0.500	0.077	0.62	6.00	0.214
6	4.00	0.500	0.077	0.62	6.00	0.214
7	4.00	0.500	0.062	0.50	7.00	0.250
8	3.00	0.375	0.059	0.47	0.00	0.000
9	1.00	0.125	0.043	0.35	0.00	0.000

注：带*为Pajek计算的中心性结果，不带*为Gephi计算的中心性结果。

最后，在一个网络中，各个中心性的测度结果是否一致呢？答案是否定的。不同的节点中心性测度方法往往只能反映一个节点特定的重要性。对于同一网络，使用不同的测度方法来研究节点的重要性时，要注意结合测度方法的特征和内涵，不能简单地用“比较重要”等模糊的词语来代替。此外，除了以上的中心性测度方法外还有特征向量中心性（Eigenvector centrality）、调和中心性（Harmonic centrality）、网页排名中心性（PageRank centrality）以及卡兹中心性（Katz centrality）等计算方法，读者可以通过网络科学的相关著作进一步扩展学习。

3.6.3 网络社团发现

自2004年纽曼提出模块度算法（Modularity algorithms）评价网络社团划分质量以来（Newman，2004），学术界已经研发了多种方法来识别网络的社团。在对网络进行社团计算中，先后诞生了Louvain算法（Blondel et al.,2008）、Infomap algorithms算法（Rosvall et al.，2008）、SLM算法（Waltman et al.，2013）以及Leiden算法（Traag et al.，2019）等。在这些算法中，莱顿算法（Leiden算法）自 2019 年被提出以来，被普遍应用于科学计量网络的分析中，因此本部分在介绍模块度的基础上，将专门对莱顿算法进行说明。

3.6.3.1 社团评价的模块度算法

模块度算法（Newman，2004）的目标是最大化网络模块度的评价函数（Q函数）。

Q值越大，社团划分的效果越好。该算法的具体含义是：用簇内实际连接数目与随机连接情况下簇内期望连接数目做差。具体的执行过程是：在 n 个节点的网络中，起始解将网络划分为n个类，即每个类中仅仅包含一个节点；在每次的迭代计算中，来执行使 ΔQ 最大化的合并操作，该过程一直持续到网络被合并为1类。

$$Q=\frac{1}{2m}\sum_{ij}\left(A_{ij}-P_{ij}\right)\delta\left(C_i,C_j\right)$$

式中，A_{ij}是网络G的邻接矩阵（adjacency matrix）；m 表示图中连线的总数量；P_{ij} 为零模型（null model）网络中节点 i 与节点 j 之间连线的期望值；δ 为克罗内克函数（kronecker function）。

模块度分析的结果越接近 1，网络的聚类结构化越强，得到的聚类结果越好。Q值分布在 0~1 之间，通常Q=0.3 作为判断网络是否有明显社团结构的下界。理想的Q值通常在0.3~0.7之间，Q值大于0.7则较少出现（李晓佳等，2008）。

3.6.3.2 寻找社团的莱顿算法

莱顿算法（Leiden Algorithm）是由来自莱顿大学CWTS的Traag等（2019）提出的针对大型复杂网络进行社区划分的算法。该算法针对社区划分领域著名的鲁汶算法（Louvain Algorithm）运行时可能出现随意不良连接社区的问题，通过优化节点之间的边界流动来提高社区划分的准确性和稳定性。莱顿算法相较于其他社区检测算法，在处理大型网络时表现更为优异，已被广泛应用于科学计量网络分析中。

在鲁汶算法（Louvain algorithm）中，每个节点都被赋予一个社区标签，并通过最大化模块度的方法将节点归入不同的社区。然而，鲁汶算法在处理大型网络时可能会产生所谓的“分辨率限制”（Resolution limit）问题，也就是将较小的社区合并为一个大的社区，同时在节点数量较少的社区中产生随意的错误连接。这些错误连接可能导致社区结构计算的不准确，从而影响社区划分的结果。图 3.16 展示了鲁汶算法可能产生不良连接社区的过程。具体来说，当鲁汶算法在优化过程将节点 0 划分到其他社区后，此时红色社区内部将会变得不连通。在此情况下，鲁汶算法认为节点 1 到 6 所处的社区仍然是局部最优解，因此这些节点将继续留在红色社区中，从而识别出了内部断开的社区。特别地，当迭代运行后，上述问题会更加严重。

为了弥补上述缺陷，莱顿算法对鲁汶算法进行了改进。即通过节点局部移动、快速局部移动和平均邻居移动算法等，优化了节点在边界之间的流动，提高了社区划分的准确性和稳定性。莱顿算法由三个阶段组成（如图3.17）：

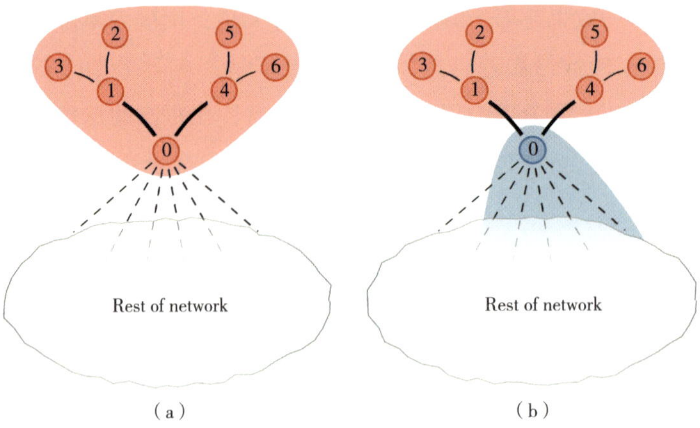

图3.16　鲁汶算法产生的不良连接社区过程（Traag et al.，2019）

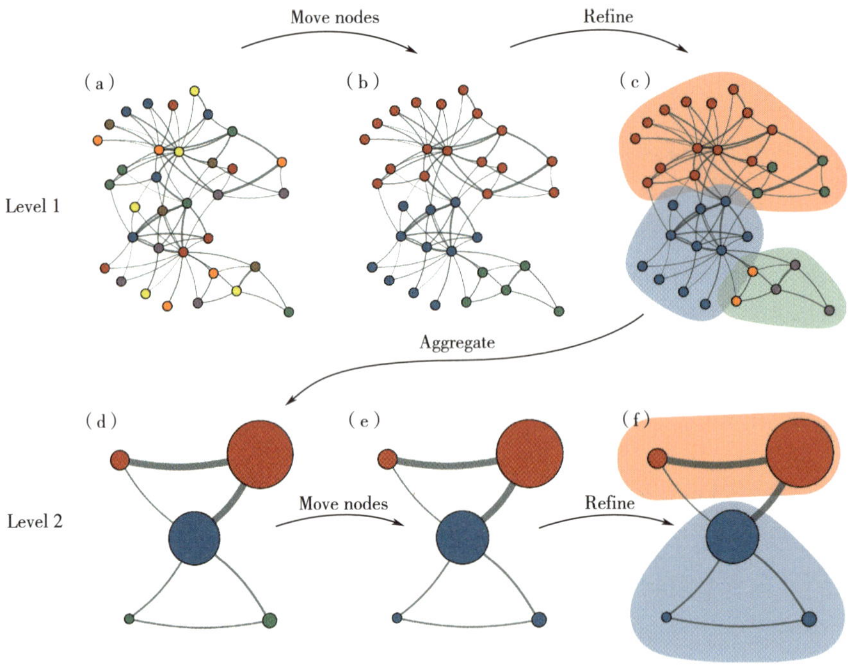

图3.17　莱顿算法过程示意（Traag et al.，2019）

（1）在节点局部移动阶段，莱顿算法的思想是识别一个比鲁汶算法中局部划分P更细化的划分$P_{refined}$。在$P_{refined}$中，P 中的社区可能被分成多个子社区。聚合网络基于划分的$P_{refined}$创建。聚合网络的初始划分与鲁汶算法一样基于P 。莱顿算法通过基于$P_{refined}$而不是P 创建聚合网络，从而更有可能来识别高质量的划分。

（2）在社区划分细化阶段，细分的社区划分$P_{refined}$被设置为一个单元分区，其中每个节点都在自己的社区中。然后，算法在$P_{refined}$中进行局部合并。在$P_{refined}$中，处于单独社区的节点可以与不同的社区合并，且合并仅在划分P的每个社区内执行。此外，仅当节点与P中的社区连接良好时，节点才会与$P_{refined}$中的社区合并。细化阶段结束后，P中的社区通常会被分成多个$P_{refined}$中的社区。同时在细化阶段，节点不一定会被贪婪地合并到使得产生质量函数增加最大的社区中，相反，节点可以与任何质量函数增加的社区合并，与节点合并的社区是随机选择的，质量函数增加的幅度越大，选择该社区的可能性就越大。

（3）在聚合阶段，基于在局部移动阶段获得的分区来创建聚合网络。此分区中的每个社区都成为聚合网络中的一个节点。算法不断地重复进行局部移动和聚合，直到质量函数不能进一步增加。莱顿算法和鲁汶算法的另一个重要区别是局部移动阶段的实现。与鲁汶算法不同，莱顿算法在这一阶段使用了快速的局部移动过程，此时算法只访问邻居发生变化（被移动到其他社区）的节点，而在鲁汶算法中则需要不断访问网络中的所有节点，直到没有更多的节点移动来增加质量函数。通过这种方式，莱顿算法比鲁汶算法更有效地实现了局部移动。

3.6.4 计数与文献网络

在前面内容中已经介绍过，计数方法的不同对特定知识单元的测度结果有显著的差异。例如：在整体计数中，一篇由 n 位作者共同发表的出版物被计为一个完整的计数单位，这意味着出版物的总权重等于出版物的作者数量 n 。分数计数意味着将一篇由 n 位作者共同发表的出版物分配给每位作者，出版物的总权重始终为1。在科学计量网络中，由于计数方法的选择不同，同样会导致知识单元之间在网络中关系权重的变化。类似地，在整体计数的合作网络中，一篇由 n 位作者共同发表的出版物，每一位合作者的合作关系权重得分都为1，一篇论文形成的合作关系的总权重就为 n ；在分数计数的合作网络中，一篇由 n 位学者合作的论文，每一位学者的合作权重得分为 $1/n$，一篇论文的合作总权重记为 1。针对该现象，来自莱顿大学的Perianes（2016）等人专门从网络计量的视角对整体计数和分数计数进行了比较和实证研究（如表 3.6）。下面以构建作者合作网络、作者耦合网络以及文献的共被引网络为例对两种计数方法进行比较（Perianes et al.，2016；李杰，2018 b）。

表 3.6 整体计数和分数计数的比较（Perianes et al.，2016）

维度	整体计数	分数计数
指标（Indicators）	每一位合作者得到的权重得分是 1；每一篇论文的总权重为 n（作者数 n）	每一位合作者得到的权重得分是 $1/n$；每一篇论文的总权重为 1（合作总得分 1）
网络（Networks）	每一次合作关系的权重得分是 1；所有合作关系的总权重为 n	每一次合作关系的权重得分是 $1/n$；所有合作关系的总权重为 1

3.6.4.1 计数与合作网络

假设，有3篇论文分别为P_1，P_2，P_3，这3篇论文共有4位不同的作者A_1，A_2，A_3和A_4。在形成的作者-论文矩阵 $\boldsymbol{A}$ 中，若 i 为论文 j 的作者，则$a_{ij}=1$，否则$a_{ij}=0$。作者-论文的隶属矩阵和网络，如图3.18。

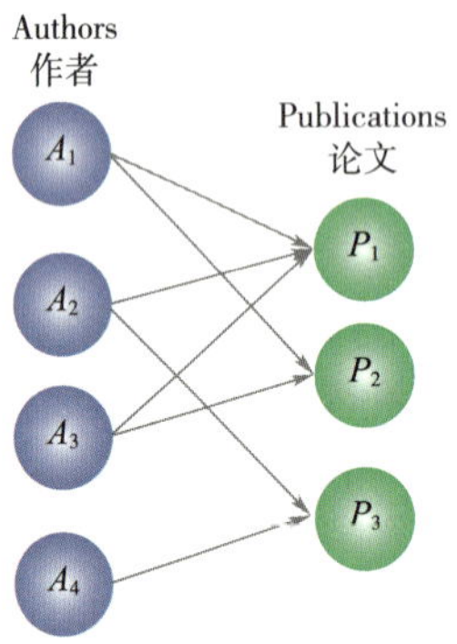

	P_1	P_2	P_3	Total
A_1	1	1	0	2
A_2	1	0	1	2
A_3	1	1	0	2
A_4	0	0	1	1
Total	3	2	2	

图3.18 作者-论文关联网络与隶属矩阵

在整体计数中，可以直接对作者-论文矩阵与其逆矩阵进行乘法运算，得到作者的合作矩阵，即$\boldsymbol{U}=\boldsymbol{AA}^{\mathrm{T}}$。$u_{ij}$代表整体计数方法得到的作者 i 和 j 的合作强度。对于每一个论文 j，由于独立作者的论文不会形成合作连接，因此要求$n_j>1$，n_j为论文 j 作者的总量。

$$u_{ij}=\sum_{k=1}^{N}a_{ik}a_{jk}$$

例如，采用整体计数法，对A_1和A_3，A_2和A_3的合作强度计算如下：

$$u_{13}=a_{11}a_{31}+a_{12}a_{32}+a_{13}a_{33}=1\times1+1\times1+0\times0=2$$

$$u_{23}=a_{21}a_{31}+a_{22}a_{32}+a_{23}a_{33}=1\times1+0\times1+1\times0=1$$

在分数计数中，使用u^*_{ij}表示 i 和 j 的合作论文的强度，则有：

$$u^*_{ij}=\sum_{k=1}^{N}\frac{a_{ik}a_{jk}}{n_k-1}$$

上式对连接强度在论文层面上进行了归一化，n_k表示k论文的合著者数量，N是出版物总数，为了纠正自连接，分母中使用（n–1）而不是n，即每位作者只有（n–1）位合作者。

例如：采用分数计数法，对A_1和A_3，A_2和A_3的合作强度计算如下：

$$u_{13}^{*}=\frac{a_{11}a_{31}}{n_1-1}+\frac{a_{12}a_{32}}{n_2-1}+\frac{a_{13}a_{33}}{n_3-1}=\frac{1\times1}{3-1}+\frac{1\times1}{2-1}+\frac{0\times0}{2-1}=1.5$$

$$u_{23}^{*}=\frac{a_{21}a_{31}}{n_1-1}+\frac{a_{22}a_{32}}{n_2-1}+\frac{a_{23}a_{33}}{n_3-1}=\frac{1\times1}{3-1}+\frac{0\times1}{2-1}+\frac{1\times0}{2-1}=0.5$$

如上所述，在分数计数中，每一个节点应有相同的整体效应。类似地，这里之所以在分母中使用了（–1），是因为在合著网络中不考虑自身连接。以A_2为例，因为它与A_1和A_3共同合作了1篇论文，因此应该与A_2与A_4合作了1篇论文的效应相同。下面分别使用n和（n–1）来计算A_2与A_4，A_1和A_3的合作强度，以比较二者的不同。

表3.7　分数计数中分母为n与（n–1）的结果对比

编号	n	（n–1）
1	$u_{24}^{**}=\frac{1\times0}{3}+\frac{0\times0}{2}+\frac{1\times1}{2}=0.5$	$u_{24}^{*}=\frac{1\times0}{3-1}+\frac{0\times0}{2-1}+\frac{1\times1}{2-1}=1$
2	$u_{21}^{**}=\frac{1\times1}{3}+\frac{1\times0}{2}+\frac{0\times1}{2}=0.33$	$u_{21}^{*}=\frac{1\times1}{3-1}+\frac{1\times0}{2-1}+\frac{0\times1}{2-1}=0.5$
3	$u_{23}^{**}=\frac{1\times1}{3}+\frac{0\times1}{2}+\frac{1\times0}{2}=0.33$	$u_{23}^{*}=\frac{1\times1}{3-1}+\frac{0\times1}{2-1}+\frac{1\times0}{2-1}=0.5$

容易得到，$u_{24}^{**}=0.5<u_{21}^{**}+u_{23}^{**}=0.66$。显然，当分母为$n$时就违背了分数计数的比例原则。

最后，按照上面的公式，分别计算整体计数和分数计数方法下作者的合作矩阵，并绘制作者的合作网络，如图3.19。

作者合作矩阵（整体计数）

	A_1	A_2	A_3	A_4	Total
A_1		1	2	0	3
A_2	1		1	1	3
A_3	2	1		0	3
A_4	0	1	0		1
Total	3	3	3	1	

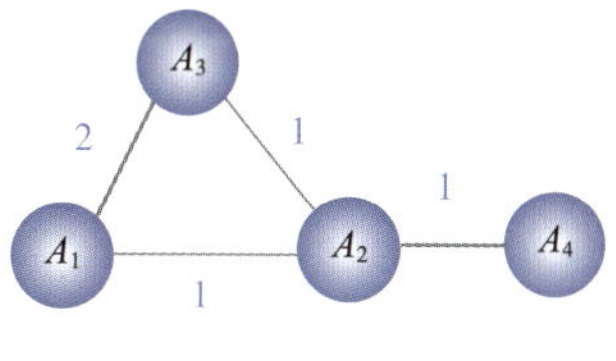

作者合作矩阵（分数计数）

	A_1	A_2	A_3	A_4	Total
A_1		0.5	1.5	0	2
A_2	0.5		0.5	1	2
A_3	1.5	1		0	1
A_4	0	1	0		1
Total	2	2	2	1	

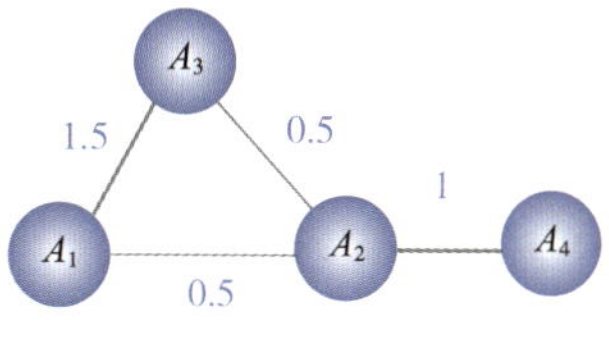

图3.19　整体计数和分数计数合作矩阵与网络

3.6.4.2 计数与耦合网络

本部分以 5 位作者引证 4 篇论文的作者–引证论文网络与矩阵为例进行说明，如图 3.20。

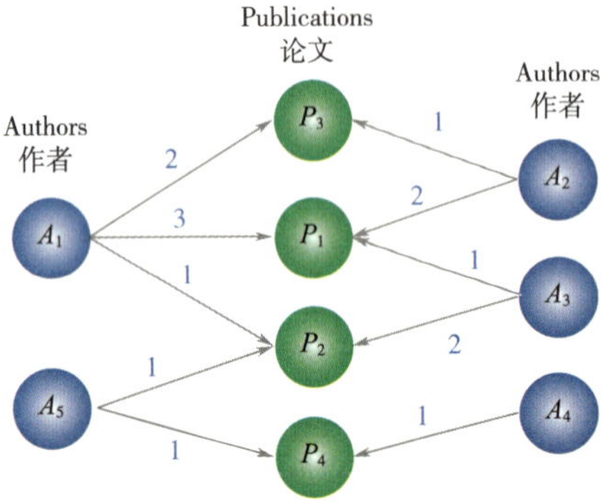

	P_1	P_2	P_3	P_4	Total
A_1	3	1	2	0	6
A_2	2	0	1	0	3
A_3	1	2	0	0	3
A_4	0	0	0	1	1
A_5	0	1	0	1	2
Total	6	4	3	2	

图 3.20　作者–参考文献关联网络与隶属矩阵

在文献耦合网络中，两个作者的耦合强度由其引用的相同参考文献的数量来决定。因此，在作者耦合分析中，两位作者所具有的相同参考文献的数量越多，两位作者的耦合强度就越大。在整体计数中，对于耦合矩阵V可以通过引证矩阵与其转置的乘法得到，即$V=CC^T$。在C矩阵中，若 i 引证了文献 j，$c_{ij} \geqslant 1$，否则$c_{ij}=0$。对于每一个引证的论文 j，要求$n_j>1$，这里n_j为论文 j 被引证的总次数。在整体计数下的作者耦合矩阵中，使用v_{ij}来表示 i 和 j 所共同引证的文献数量。计算公式如下：

$$v_{ij} = \sum_{k=1}^{N} c_{ik} c_{jk}$$

式中，N 为所分析的论文总数。

可得，

$$v_{45} = 0\times 0 + 0\times 1 + 0\times 0 + 1\times 1 = 1$$

$$v_{15} = 3\times 0 + 1\times 1 + 2\times 0 + 0\times 1 = 1$$

$$v_{35} = 1\times 0 + 2\times 1 + 0\times 0 + 0\times 1 = 2$$

在分数计数的作者耦合分析中，使用v_{ij}^*来表示 i 和 j 共同引证文献的耦合强度。计算公式如下：

$$v_{ij}^* = \sum_{k=1}^{N} \frac{c_{ik} c_{jk}}{n_k - 1}$$

可得，

$$v_{45}^{*}=\frac{0\times0}{6-1}+\frac{0\times1}{4-1}+\frac{0\times0}{3-1}+\frac{1\times1}{2-1}=1.00$$

$$v_{15}^{*}=\frac{3\times0}{6-1}+\frac{1\times1}{4-1}+\frac{2\times0}{3-1}+\frac{0\times1}{2-1}=0.33$$

$$v_{35}^{*}=\frac{1\times0}{6-1}+\frac{2\times1}{4-1}+\frac{0\times0}{3-1}+\frac{0\times1}{2-1}=0.67$$

按照上面的计算结果，得到整体计数和分数计数方法下作者的耦合矩阵和耦合网络（如图3.21）。

作者耦合矩阵（整体计数）

	A_1	A_2	A_3	A_4	A_5	Total
A_1		8	5	0	1	14
A_2	8		2	0	0	10
A_3	5	2		0	2	9
A_4	0	0	0		1	1
A_5	1	0	2	1		4
Total	14	10	9	1	4	

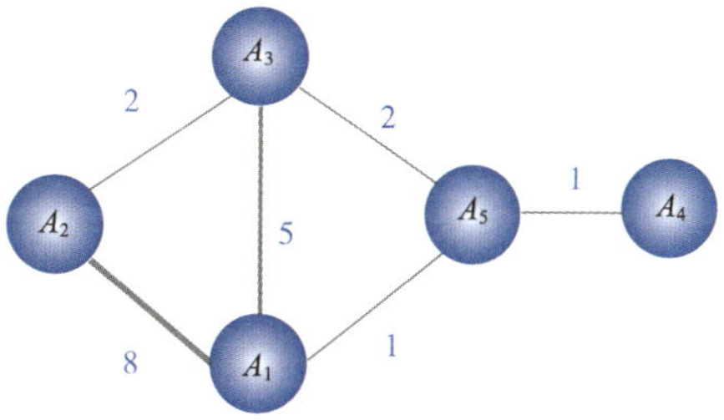

作者耦合矩阵（分数计数）

	A_1	A_2	A_3	A_4	A_5	Total
A_1		2.20	1.27	0.00	0.33	3.80
A_2	2.20		0.40	0.00	0.00	2.60
A_3	1.27	0.40		0.00	0.67	2.33
A_4	0.00	0.00	0.00		1.00	1.00
A_5	0.33	0.00	0.67	1.00		2.00
Total	3.80	2.60	2.33	1.00	2.00	

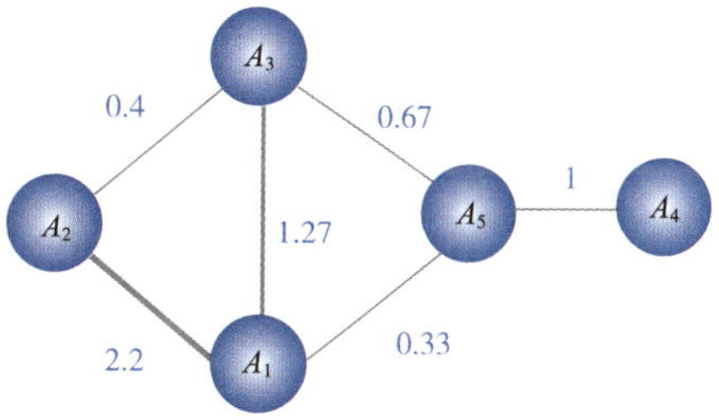

图3.21 作者耦合矩阵及耦合网络

3.6.4.3 计数与共被引网络

在使用整体计数分析共被引网络时，共被引矩阵$\boldsymbol{W}$可以通过引证矩阵的转置与其原始矩阵相乘得到，即$\boldsymbol{W}=\boldsymbol{C}^{\mathrm{T}}\boldsymbol{C}$。对于$\boldsymbol{C}$中每一个元素，若 i 引证 j，则$c_{ij}\geqslant 1$，否则$c_{ij}=0$。对于每一篇论文 i，要求论文 j 的总被引频次$n_j>1$。两篇文献在整体计数方法下的共被引强度w_{ij}为：

$$w_{ij}=\sum_{k=1}^{N}c_{ki}c_{kj}$$

式中，N 为所分析的论文总数。

分数计数方法下，共被引强度 w_{ij}^{*} 的计算公式为：

$$w_{ij}^{*}=\sum_{k=1}^{N}\frac{c_{ki}c_{kj}}{n_k-1}$$

最后，尽管从理论分析的情况来看，分数计数要优于整体计数的结果，但就整体分析结果上来看，整体计数和分数计数得到的结果并没有显著的差异。此外，Leydesdorff对该论文进行了评述，肯定了该方法的优势。同时也提供了备选方案，并对各类方案进行了比较（Leydesdorff et al.，2017）。

3.7 测度王国

科学计量学发展到今天，最不缺的就是指标，然而最缺少的也是指标。除了以上指标外，在科学计量学中还有一些常用的测度指标，例如：知识单元相似性测度指标、合作测度指标、社媒影响力测度指标、颠覆性测度指标、多样性测度指标以及不平衡性测度指标（例如：洛伦兹曲线）等。下面以这些常用的指标为例，进一步进行介绍。

3.7.1 相似性测度

在以“关系”或“关联”为重要数据分析形态的科学计量学领域，知识单元或实体相似度（关联强度或标准化）是表征“关联”特征的最基础测度指标。常见的测度方法有两类：一类是基于概率的相似性测度（probabilistic measures），如关联强度（Association Strength）；另一类是基于集合论的相似性测度（set-theoretic measures），如余弦相似度（cosine）、包容指数（inclusion index）以及杰卡德指数（Jaccard index）等。van Eck（2009）等在《如何标准化共现数据》一文中，对常见相似性测度方法总结如表3.8。

表3.8　常见的相似性测度方法

编号	名称	英文表达	公式
1	关联强度	Association Strength	$S_A\left(c_{ij},\ s_i,\ s_j\right)=\frac{c_{ij}}{s_i s_j}$
2	分数化相似度/联合条件概率	Fractionalization	$S_F\left(c_{ij},\ s_i,\ s_j\right)=\frac{1}{2}\left(\frac{c_{ij}}{c_i}+\frac{c_{ij}}{c_j}\right)$

续表

编号	名称	英文表达	公式
3	余弦相似度	Cosine/Ochiai	$S_C(c_{ij}, s_i, s_j)=\frac{c_{ij}}{\sqrt{s_i s_j}}$
4	杰卡德相似度	Jaccard	$S_J(c_{ij}, s_i, s_j)=\frac{c_{ij}}{s_i+s_j-c_{ij}}$
5	戴斯相似度	Dice	$S_D(c_{ij}, s_i, s_j)=\frac{2c_{ij}}{s_i+s_j}$
6	包容指数	inclusion index	$S_I(c_{ij}, s_i, s_j)=\frac{c_{ij}}{\min(s_i, s_j)}$

表3.8中，$S(c_{ij}, s_i, s_j)$ 为知识单元 i 与 j 的关联强度；c_{ij}表示知识单元 i 和 j 的共现次数，例如：c_{ij}可以是作者 i 与作者 j 的合著论文数或参考文献 i 与 j 的共被引次数；s_i和s_j表示知识单元 i 或 j 出现的频次，例如：s_i和s_j可以表示作者 i 和作者 j 各自发表的论文数。

van Eck等（2009）进一步给出了基于集合论方法（Set-theoretic similarity measures）的广义相似性指数（Generalized similarity index），如下式：

$$S_G(c_{ij}, s_i, s_j; p)=\frac{2^{1/p}c_{ij}}{\left(s_i^p+s_j^p\right)^{1/p}}$$

式中，p 为一个取值为 $\mathbb{R}\setminus\{0\}$ 的参数，对于所有p，有 $0\leqslant S(c_{ij}, s_i, s_j; p)\leqslant 1$。

通过上式不难得出，当$p\to 0$ 时，该式等价于Cosine测度公式；当$p=1$ 时，该式等价于Dice测度公式；当 $p\to-\infty$ 时，该式等价于包容指数；当$p=-1$ 时，该式等价于联合条件概率。通过进一步的分析，不难发现Jaccard测度方法 $S_J(c_{ij}, s_i, s_j)$ 与 $S_G(c_{ij}, s_i, s_j;1)$ 存在一定的关系，如表3.9。

表3.9　广义相似性指数与常见相似性指数的关系

编号	p	公式	标准化名称或关系
1	$p\to-\infty$	$\lim_{p\to-\infty} S_G(c_{ij}, s_i, s_j; p)=\frac{c_{ij}}{\min(s_i, s_j)}$	包容指数

续表

编号	p	公式	标准化名称或关系
2	$p=-1$	$S_G\left(c_{ij}, s_i, s_j;-1\right)=\frac{1}{2}\left(\frac{c_{ij}}{s_i}+\frac{c_{ij}}{s_j}\right)$	联合条件概率
3	$p\to 0$	$\lim\limits_{p\to 0} S_G\left(c_{ij}, s_i, s_j; p\right)=\frac{c_{ij}}{\sqrt{s_i s_j}}$	余弦相似度
4	$p=1$	$S_G\left(c_{ij}, s_i, s_j;1\right)=\frac{2c_{ij}}{s_i+s_j}$	戴斯相似度
5	$p=1$	$S_G\left(c_{ij}, s_i, s_j;1\right)=\frac{2S_J\left(c_{ij}, s_i, s_j\right)}{S_J\left(c_{ij}, s_i, s_j\right)+1}$	与杰卡德相似性的关系

3.7.2 合作的测度

1963 年，普赖斯在《小科学，大科学》一书中指出，自 20 世纪初以来，多作者论文的比例已经稳步增加，如果以相同的趋势继续下去，到 1980 年将不再存在单作者的论文（Price，1963）。虽然普赖斯的猜想并未完全实现，但科学合作的整体趋势的确如此（Wuchty，2007）。目前，科研合作的测度已经成为科学计量学乃至科学领域学者共同关注的话题之一。我们前面已经介绍了从科研合著网络的视角对科研合作进行分析，这里主要探讨关于合著计量的一些测度指标。常见的描述科研合作的指标有合作度、合作指数、合作系数以及归一化的合作系数等（Ajiferuke et al.，1988；Egghe，1991；Savanur et al.，2010）。

（1）合作度（Degree of Collaboration，DC）：该指标是由美国德雷塞尔大学图书馆与信息科学学院Subramanyam（1983）提出的测度合作程度的科学计量学指标，其具体含义是指：合作论文占所有发表论文的比例，用下式表示，

$$DC=\frac{N-f_1}{N}=1-\frac{f_1}{N}$$

式中，DC为合作度，N 表示集合中的论文总数，f_1 表示独著论文数。

（2）合作指数（Collaborative Index，CI）：该指标是由美国佛罗里达州立大学Lawani（1980）在其博士论文《质量、合作与引用在癌症研究中的应用：一项文献计量学研究》中提出的合作测度指标。合作指数本质表征的是一组论文的篇均作者数量，用下

式表示：

$$CI = \frac{\sum_{j=1}^{A} jf_j}{N}$$

式中，CI为合作指数，N为论文总数，f_j表示作者数量为 j 的论文数，A为数据集中作者的总数。

（3）合作系数（collaborative coefficient，CC）：CC是加拿大西安大略大学图书馆与信息科学学院Ajiferuke等（1988）提出的合作测度指标。CC提出的主要原因是，在使用 DC 和 CI 进行合作测度比较时（特别是不同学科和不同时间段比较时），会出现不一致的情况（如图 3.22 中，$CI_{1976}<CI_{1986}$，$DC_{1976}<DC_{1986}$；$CI_{1961}<CI_{1966}$；$DC_{1961}>DC_{1966}$）。合作系数的关键是对每一篇论文的作者贡献进行分数计数。例如：一篇论文中包含有 n

Number of authors（作者数）	Number of papers（论文数） 1961	1966	1971	1976	1981	1986
1	783	1 021	1 968	2 771	3 697	4 971
	94.11	94.28	86.35	87.06	83.47	82.88
2	43	48	232	312	559	786
	5.17	4.43	10.18	9.8	12.62	13.1
3	6	10	54	65	123	170
	0.72	0.92	2.37	2.04	2.78	2.83
4		3	15	23	33	36
		0.28	0.66	0.72	0.75	0.60
5		1	8	6	8	17
		0.09	0.35	0.19	0.18	0.28
6			1	5	5	10
			0.04	0.16	0.11	0.17
7			0	1	4	3
			0.00	0.03	0.09	0.05
8			1			0
			0.04			0.00
9						2
						0.03
10						3
						0.05
合计	**832**	**1 083**	**2 279**	**3 183**	**4 429**	**5 998**
CI	1.066 0	1.074 8	1.188 0	1.177 8	1.222 4	1.235 6
DC	0.059 0	0.057 0	0.136 5	0.129 4	0.165 3	0.171 2
CC	0.030 6	0. 031 1	0.075 2	0.071 1	0.090 4	0.093 8

图例
% in Parenthese
Number of papers

图3.22 ***Library and Information Science Abstracts***（1969年为***Library Science Abstracts***）的作者分布及三种合作指标***CI***、***DC***和***CC***结果（Ajiferuke et al.，1988）

个作者，那么每一位作者的贡献就为1/*n*。*CC*的数学表达如下：

$$CC = 1 - \frac{\sum_{j=1}^{A} \frac{f_j}{j}}{N}$$

式中，*CC*为合作系数，f_j 表示作者数量为 j 的论文数，N 为论文总数，A为数据集中作者的总数。

在以上关于合作测度的研究中，科学计量领域的相关学者进一步进行了完善或修订。其中，Egghe（1991）在*CC*合作系数的基础上提出了归一化合作系数CC^*，Savanur等（2010）则在*CC*的基础上提出了修订版的*MCC*，如表3.10。

表3.10　CC^*和*MCC*的计算

编号	计算公式	提出者
1	$CC^* = \frac{A}{A-1}\left(1 - \frac{\sum_{j=1}^{A} \frac{f_j}{j}}{N}\right)$	Egghe（1991）
2	$MCC = \frac{A}{A-1}\left[1 - \frac{\sum_{j=1}^{A} \left(\frac{1}{j}\right) f_j}{N}\right]$	Savanur（2010）

表 3.10 中，CC^*为归一化合作系数，*MCC*表示修订后的合作系数，f_j 表示作者数量为 j 的论文数，N 为论文总数，A 为数据集中作者的总数。

在*MCC*论文发表后，鲁索在*Scientometrics*上发表了评论文章，指出*MCC*存在的若干问题，甚至认为该论文就不应该被发表，并认为Egghe（1991）和English（1991）提出的合作测度方法是已知目前最精确的。当然，鲁索也没有回避目前合作测度的一些共性问题（Rousseau，2011）。

随着学术全球化和大科学（Big Science）的不断发展，科研产出中超级作者论文在不断增加，不仅影响着学术出版（Nogrady，2023），而且也对科学计量领域的作者合作测度带来了挑战。超级作者（被译为Hyperauthorship、Mega-authorship或Mass-authorship）由Cronin（2001）在*JASIST*上首次提出，用来描述拥有 100 位或更多作者的论文，是对当前大规模科研合作与论文署名现象的讨论与思考。超级作者论文较早出现在高能物理和天文学领域，并被学界关注和讨论。后来的文献中甚至出现了超过5 000位作者合著的论文（Castelvecchi，2015）。当前，单篇论文最高作者数吉尼斯世界纪录的保持者是COVIDSurg Collaborative（2021）发表的论文，该论文包含了来自116个国家或地区的15 025位作者，是当前作者人数最多的同行评议论文记录的保持者（图3.23）。当前，科学研究领域的超级作者论文增长显著。2019年科睿唯安利用Web of Science数据库专门就该现象进行了统计分析，发现近年来在科学领域出现了越来越多的超级作者论文（Chawla，2019）。面对超级作者论文的出现，学界呼吁科学计量学能对其规律进行系统挖掘，以促进大科学时代的研究与合作。

Who	What
UNIVERSITY OF BIRMINGHAM	15,025 TOTAL NUMBER
Where	When
UNITED KINGDOM (BIRMINGHAM)	12 FEBRUARY 2021

The most authors on a single peer-reviewed academic paper is 15,025 and was achieved by the COVIDSurg and GlobalSurg Collaboratives at the University of Birmingham and the University of Edinburgh in the UK, as verified on 24 March 2021.

Authors from across 116 countries collaborated on this academic paper. Data was urgently needed to inform decision making and improve safety for patients undergoing surgery during the pandemic.

图3.23　单篇作者数最多的同行评议论文（截至2021年）

注：Most authors on a single peer-reviewed academic paper. https：//www.guinnessworldrecords.com/world-records/653537-most-authors-on-a-single-peer-reviewed-academic-paper.

3.7.3　社媒影响力指标

进入Web 2.0时代以来，互联网用户从网络内容的被动接收者转变成了网络内容的生产者，博客、论坛、网络社区等等形态的内容创作平台蓬勃发展。人类已经在网络上产生了海量的信息（包含研究者群体对科研信息的分享、评价和传播等），对这些网络数据的挖掘和分析意义重大。大数据时代的到来使得收集、加工、储存、分析和利用这些数据成为可能。在此背景下，来自美国北卡罗来纳大学教堂山分校信息科学专业博士生Priem（2010 a）等发表了《科学计量学 2.0：社交网络上学术影响的新指标》，比较和讨论了Web 1.0 和Web 2.0 时期科学计量学的发展，这篇论文为Altmetrics的产生奠定了基础。同年10月份，Priem（2010 b）等共同发布了《替代计量学宣言》，第一次提出和全面论述了“altmetrics”概念及其在评估数字时代学术研究影响力方面的重要性，从此掀起了基于社交媒体数据进行计量学研究的热潮。

国内学者根据Altmetrics的全称Alternative metrics，将其翻译为“选择性计量学”“替代计量学”，后来又有学者翻译为“补充计量学”等，实际上这几种翻译都未能体现出Altmetrics的本质，但由于使用习惯已经形成，目前学术共同体以使用“替代计量学”一词为主。从Altmetrics目前的计量学研究特征来看，其实质上是对学术信息在以社交媒体为载体的平台上所产生的各种可计量指标的分析，称为“社媒影响力（social media metrics）”最为恰当。例如，某篇论文的社媒影响力指标可以包含被“推”的次数、点赞量、浏览量以及保存次数等。关于Altmetrics具体的研究内容，可以从国际期刊*Journal of Altmetrics*略知一二。在该刊的征文主题中，排在第一的是基于替代计量学数据的科研产出分析，主要包含了五个方面，分别为：①使用分析（Usage），即对论文的下载，HTML文件的浏览和点击的分析；②社交媒体的提及分析（Social Media mentions），包含了Twitter，LinkedIn以及Facebook等；③新闻提及（News mentions），纸质的或在线的；④学术网络上的分享，例如Academia.edu、ResearchGate、Mendeley、Doximity等；⑤灰色文献的提及（Grey literature mentions），如政策文件、白皮书、指南等。关于替代计量学的研究内容，有学者在其论文中直接使用了“关注度得分”（Altmetric Attention Score），即通过监测社交网络和新闻媒体中的观看、下载、点赞和提及来衡量对文章、人员、期刊、数据集、演示文稿和其他文献的兴趣度（Baykoucheva，2015；McLeish，2021）。综上，替代计量学实际上是对科学文献在社交媒体上关注度的集成测度，包含科学文献被使用、下载、评论、转载等方面。与传统的计量指标相比，该指标的响应速度更快，信息的集成度也更高。但是，从替代计量学的具体指标来看，社媒的关注度不能和学术影响力画等号，更是与学术价值的判断千差万别。

在以上的分析基础上，不难发现新网络环境（Web 2.0）的出现是替代计量学产生的基础。在Web 1.0 时代，科学计量学学者更多的是通过联机平台检索数据，缺乏和数据信息之间的互动。Web 2.0 时代，无论是科研工作者还是公众都进一步融入与网络信息的互动中，特别是科学家与科学信息之间的互动。可以说，替代计量学所探讨的Scientometrics 2.0 是对新类型的科学交流过程数据的计量。那么，就当前科学数据在网络上的存在环境来看，可以通过社媒性和学术性两个维度将数据在二维坐标系中进行分类 ，如图 3.24（Wouters et al.，2019）。位于坐标图右下方的数据源具有高学术关注度和低社媒关注度，它们是科学计量领域经典的学术数据源（包括了Web of Science和Scopus等数据库），这些数据库收录的数据都经过了严格的同行评议过程。相反的，位于坐标图左上角的数据源则具有高的社媒关注度、低的学术关注度（例如：Twitter、Facebook以及LinkedIn等），这些社媒平台的主要功能是面向大众的互动和交流。这些数据源与专业的学术数据库相比缺少对数据信息的判断和格式的规范化。位于右上方的数据源是学术性和社媒性都比较高的数据源，这些平台存储的数据大都是经过同行评议的信息，同时学术研究人员可以进行交流和互动（例如：ResearchGate和Academia.edu）。

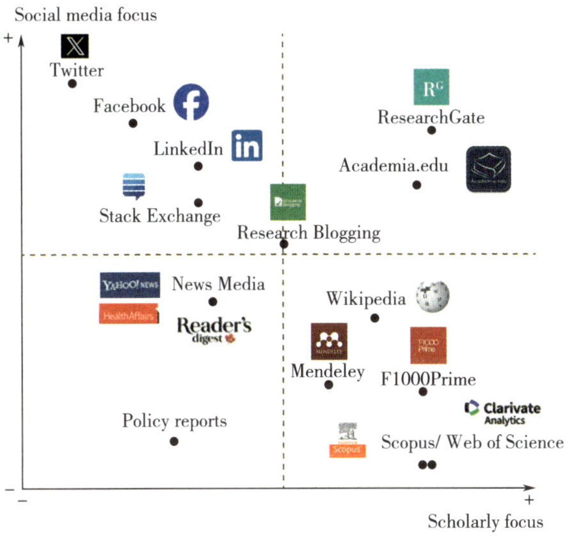

图3.24 数据库学术性与社媒性特征分布（Wouters et al.，2019）

目前，Altmetrics的研究已经初具规模，同时也为科学计量学的发展带来了新的活力。特别是Altmetrics.com等平台的开发更是促进了替代计量学的发展。在对“社媒影响力”进行计量时，Altmetrics.com更是提供了详细的“社媒”来源信息和Altmetrics得分计算的权重。同时，使用圆环的形式呈现了各类社媒来源信息的贡献度，能直观地呈现出关注所分析对象的重点媒体。在实际分析中，学者们往往将这些社媒指标综合起来考察学术论文的社媒影响力。然而，需要注意的是，社媒影响力和学术影响力有本质的区别，在应用时要十分慎重。Zhang等（2023）通过对约 250 万个推特用户、近 4 000 万条推文及其关联的 400 万篇论文的分析发现：推文的一半来自学术界之外，且这些来自非学术界的推文多数是对学术界原始推文的回应，最后得出了：“科学出版物的推文并不是‘研究的社会影响力’的有效指标（The tweeting of scientific publications is not a valid indicator of the societal impact of research）”。如前所述，这个结论符合我们对替代计量学的认知，即仅仅对关注度的测量并不能反映学术影响，甚至社会影响力（Zhang et al.，2023）。又如，2006 年，国际期刊论文替代计量评分系统根据Altmetric得分，评出了当年世界学术论文影响力排名TOP 100 的论文，其中，时任美国总统奥巴马发表的关于医疗系统改革进展及下一步措施的文章排名第一（Obama，2016）。我想这个例子很好地反映了基于社交媒体影响力测度学术影响力的局限性（如图 3.25）。此外，虽然Priem等（2011）曾经的分析表明，使用推特活跃学者的数量在增长，但在马斯克掌管推特之后（Twitter改名为X），有大量学者选择减少使用的时间或离开X而选择诸如Mastodon、LinkedIn等其他平台（Kisley，2024），特别是知名的替代计量学数据库PlumX也不再关联推特（PlumX，2023）。这种变化将严重影响现在主要基于推特的替代计量学研究。目前，社媒影响力的测度指标在实际的学术评价应用中并不多，当然也没有哪一所研究单位会认为在社交媒体上表现突出的论文就是“突破性”或“高价值”成果了，至多就是一个头条新闻或“流量明星”而已。

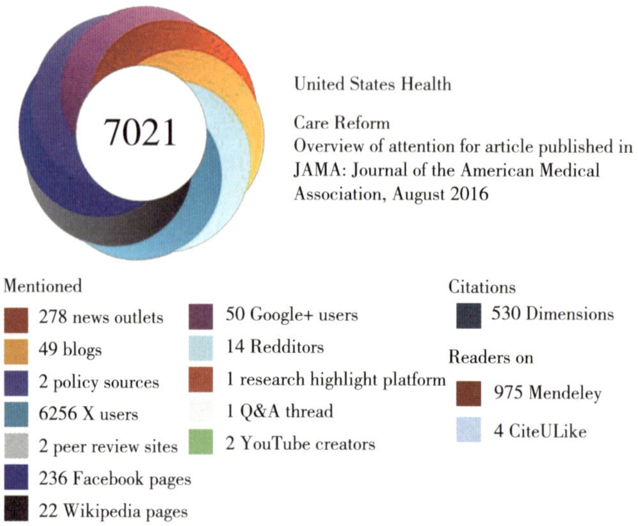

Source	Weight
News	8
Blog	5
Policy document (per source)	3
Patent	3
Wikipedia	3
Peer review (Publons, Pubpeer)	1
Weibo (not trackable since 2015, but historical data kept)	1
Google+ (not trackable since 2019, but historical data kept)	1
F1000	1
Syllabi (Open Syllabus)	1
LinkedIn (not trackable since 2014, but historical data kept)	0.5
X (formerly Twitter) (posts and re-posts)	0.25
Facebook (only a curated list of public Pages)	0.25
Reddit	0.25
Pinterest (not trackable since 2013, but historical data kept)	0.25
Q&A (Stack Exchan)	0.25
Youtube	0.25
Number of Mendeley readers	0
Number of Dimensions and Web of Science citations	0

图3.25　Altmetrics指标权重与可视化展示

最后，我们不妨结合当前新一代互联网Web 3.0和元宇宙对Scientometrics 3.0进行简要的讨论。与Web 1.0和Web 2.0相比，Web 3.0更加增进了人类与信息世界的互动，互联网变得更加真实（FaceBook称之为Meta，腾讯称之为全真互联网）。在此背景下，科学家的工作模式和信息交流方式必然发生翻天覆地的变化。例如：在元宇宙或平行世界中，科学家自己的分身（Avatar）在虚拟空间的科学活动数据、科学研究成果等如何计量？当然，这一变化过程是渐进式的，这一天很快会到来，届时Scientometrics 3.0 也会应运而生。

3.7.4 颠覆性指数

颠覆性指数（Disruption Index）作为衡量创新性的重要指标之一，自提出以来备受科学计量学界学者的关注。颠覆性指数有诸多不同测度方式，其中关注度较高的颠覆性指数（*D*）最初由Funk等（2017）提出并应用于专利分析。该指数提出之后，得到了广泛的应用，特别是发表了大量高影响力论文。例如：Wu等（2019）将该指数拓展于论文、计算机程序的计算，并发现“小团队的研究成果更具颠覆性、大团队的研究成果更具发展性”的科学活动规律；Park等（2023）基于WoS论文和专利的数据测度了科学和技术的颠覆性发展特征，发现随着时间发展，科学技术的颠覆性是下降的[1]；在疫情的结束之际，Lin等（2023）应用该指标又测度了远程合作对颠覆性想法的影响，并得出“远程协作导致科学创新减少”的结论。

颠覆性指数的计算方法与可视化图示说明如下（图3.26）：

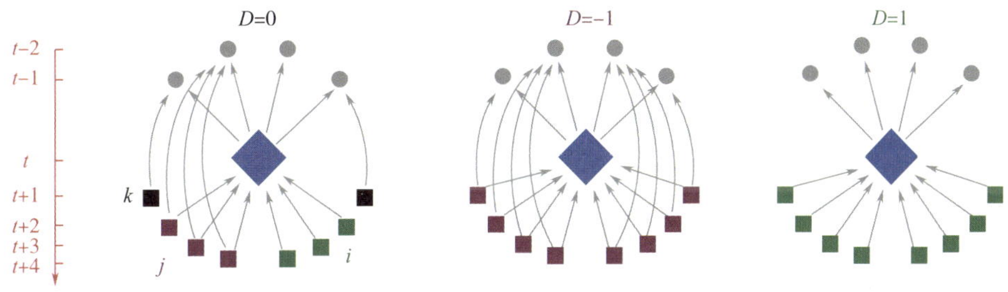

图3.26　颠覆性指数原理

在颠覆性指数的计算中，所有统计量的统计时间节点均是指焦点论文（即被评价的论文）发表之后。如图 3.26，吴令飞等把焦点论文发表之后的研究分为三类：第一类只引用焦点论文，而不引用焦点论文的参考文献，记为 *i* 类；第二类既引用焦点论文

[1] 说明：有学者对Park论文提出了质疑，认为结果具有欺骗性，详见Bentley, R. A., Valverde, S., Borycz, J., Vidiella, B., Horne, B. D., Duran-Nebreda, S., & O' Brien, M. J.（2023). Is disruption decreasing, or is it accelerating?. Advances in Complex Systems, 26（02）: 1-9。2024 年 2 月 7 日，Vincent Holst等在预印本arxiv.org发表了论文“Dataset Artefacts are the Hidden Drivers of the Declining Disruptiveness in Science”，认为Park论文中数据的处理是错误的，并给出了重新计算的结果，可参考：Holst, V., Algaba, A., Tori, F., Wenmackers, S., & Ginis, V., 2024. Dataset Artefacts are the Hidden Drivers of the Declining Disruptiveness in Science. https: //arxiv.org/abs/2402.14583. 当前，多篇发表在国际顶级期刊上的颠覆性指数研究论文和当年的h指数一样，似乎又在科学计量学领域吹起了一阵颠覆性指数的研究热潮。不得不感慨，科学计量学领域的颠覆性指数的“泡泡”正在形成。

又引用焦点论文的参考文献，记为 j 类；第三类只引用焦点论文的参考文献，而不引用焦点论文，记为 k 类。基于此，颠覆性指数被定义为 i 类研究和 j 类研究的占比之差，用下式表示：

$$\text{Disruption}: D = p_i - p_j = \frac{n_i - n_j}{n_i + n_j + n_k}$$

式中，P_i表示 i 类施引文献的概率，P_j 表示 j 类施引文献的概率，n_i、n_j、n_k 分别指 i 类、j 类和 k 类施引论文的数量。D 的取值范围为[−1，1]，当D>0，表示焦点论文偏颠覆性；D<0，表示焦点论文偏发展性。当n_j=n_k=0 时，D=1，表示焦点论文完全颠覆原有研究；当n_i=n_k=0 时，D = −1，表示焦点论文完全巩固了原有研究。当n_i=n_j时，D=0，表示焦点论文中立。

例如：依据文献（Leibel et al.，2023），图 3.27 中红色的j文献引用了焦点论文（focal paper，简称FP）及它的参考文献；黄色的 k 文献仅仅引用了FP的参考文献。文献j和 k 在都具有低的颠覆性。绿色文献 i 仅仅引用了FP，没有引用FP的参考文献。已知 n_i=15，n_j=10，n_k=2，其中，n_i表示 i 集合中的论文数，那么该案例中FP的颠覆性指数D为：

$$D = \frac{n_i - n_j}{n_i + n_j + n_k} = \frac{15-10}{15+10+2} = 0.185$$

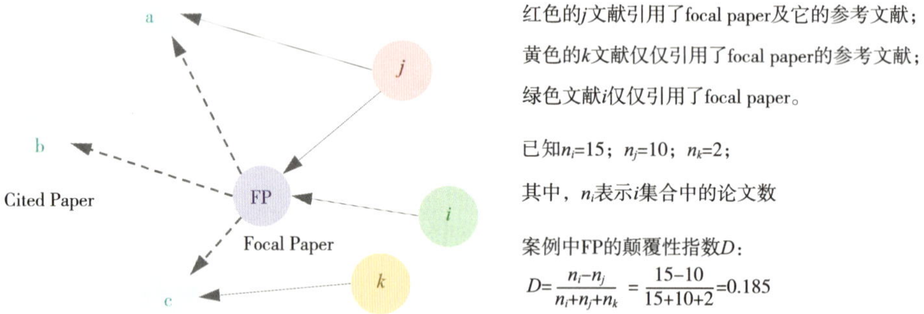

图 3.27　颠覆性指数计算过程

颠覆性指数提出以来，特别是在*Nature*和多个世界顶级期刊上的发文，极大地激发和加强了学术界应用该指数的热情和信心。目前，在原始颠覆性指数的基础上，不同学者对其进行了修改或完善，并出现了多个颠覆性指数的变体（Leibel et al.，2024）。同时，需要注意的是，作为一种计量指标，仍然存在若干问题[1]，在付诸一线应用时，

[1] "Weniger innovative Forschung in remote-Teams" . https：//www.sciencemediacenter.de/en/our-offers/research-in-context/details/news/weniger-innovative-forschung-in-remote-teams/.

需要尽可能地确保指标的有效性、可靠性和稳健性。

3.7.5 多样性测度

多样性（Diversity）是一个耳熟能详的词，很多人对多样性的认识最早可能来自生态学领域对“生物多样性”的认识。多样性作为“系统”的一种天然特性，近年来的讨论和研究已经遍布各个领域。例如：文化多样性、民族多样性以及科学多样性等。人们不禁要问，为何人类社会如此关注多样性？或者说，如果生物多样性被破坏，对生态系统会带来什么影响？如果全球盛行单边主义，人类社会将如何发展？又或者说世界只有一种色彩，那又是怎样的情形。以上这些问题或多或少都与“系统”的多样性息息相关，且大量事实已经证明，多样性对系统的演化发展有重要影响。因此，在学术研究上，来自不同学科领域的学者开始研究和讨论多样性的测度理论和指标构建问题。特别是在当前交叉科学快速发展的背景下，多学科研究已经成为科学研究和讨论的热点。当然，在科学计量学领域，更多的是关注如何测度科学的多样性以及多样性对科学系统所产生的直接或间接的影响。

多样性的测度问题由来已久，特别是在Rao（1982）和Stirling（2007）之后，学界对多学科的测度已经初步形成一定的共识，认为多样性需要从三个方面来测度，即种类（variety）、均衡性（balance）以及相异性/相似性（disparity/similarity（如图 3.28），计算公式如下：

$$RS = \sum_{i,\ j(i\neq j)} (p_i p_j)^{\alpha} d_{ij}{}^{\beta}$$

式中，d_{ij}表示类别 i 和类别 j 之间的距离（不相似性），p_i、p_j分别表示两种类别的比例。α和 β 是权重参数，调节丰富度和均匀度的相对重要性，通常情况下取值为1。

虽然科学计量学领域的不同学者构建或实践应用了大量多样性测度指标（Leydesdorff et al.，2019；Rousseau et al.，2019；张琳等，2019），如表 3.11，但多样性指标本身仍存在一些难以回避的问题。Wang（2020）等关于科学多样性测度方法的综合比较论文中，证实了

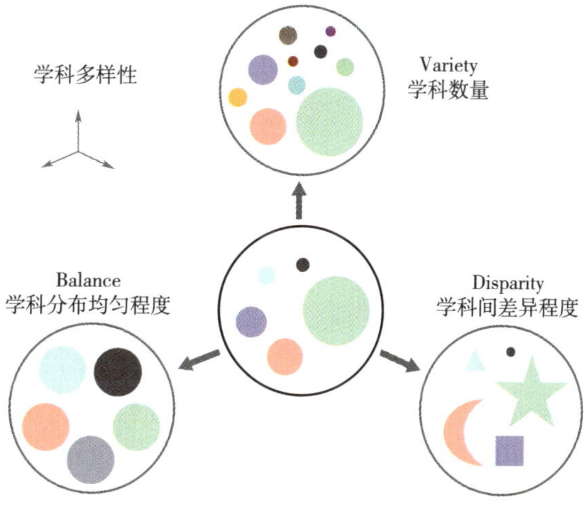

图3.28 多样性测度的三个重要指标（Stirling，1998）

当前科学计量领域测度多学科方法混乱且结果难以令人满意的说法。特别是对于同一个对象系统而言，采用不同的多样性测度方法，其多样性分析结果可能是相反的。实际上，不同的多样性指标所测度的结果是各有特色的。就目前来看，不必太过纠结于多种多样性测度之间的冲突，而是应该在明确测度对象和目的的前提下，尽可能地选择或开发解决实际问题的多样性指标。

表3.11　多样性测度方法列表

编号	指标名称	计算公式	测度维度
1	学科数	N	V
2	1–Gini系数	$1-\frac{\sum_i^N(2i-N-1)n_i}{N\sum_i n_i}$	B
3	学科平均距离	$D=\frac{\sum_{i,j(i\neq j)}d_{ij}}{n(n-1)}$	D
4	标准化香农熵	$SSH=\frac{-\sum_i p_i\cdot\ln p_i}{\ln N}$	B
5	Shannon熵	$SH=-\sum_i p_i\cdot\ln p_i$	VB
6	Simpson指数	$SI=1-\sum_i p_i^2$	VB
7	Brillouin指数	$BR=\frac{\lg N!-\sum_i \lg n_i!}{N}$	VB
8	Rao–Stirling指数	$RS=\sum_{i,j(i\neq j)}(p_i p_j)^\alpha d_{ij}^\beta$	VBD
9	True Diversity指数	$TD=\frac{1}{\sum_{i,j}^N(1-d_{ij})p_i p_j}=\frac{1}{\sum_{i,j=1}^N p_i p_j-RS}=\frac{1}{1-RS}$	VBD
10	DIV*指标	$DIV^*=n_c\cdot(1-\mathrm{Gini}_c)\cdot\sum_{i=1,j=1,i\neq j}^{i=n_c,j=n_c}\frac{d_{ij}}{n_c(n_c-1)}$	VBD

注：上表中，N表示学科数，n_i表示第i个学科包含的文献数量，V表示种类（Variety），B表示均衡度（Balance），D表示差异度（Distance）。此外，来自巴拉巴西团队的研究人员开发和维护了pyscisci工具包（Gates et al., 2023），用户可以快捷处理来自WoS、Scopus、OpenAlex的数据，对文献数据的各类指标进行计算。其中包含了多种多样性指数的计算。详细内容可访问：https://github.com/SciSciCollective/pyscisci。

最后，回到多样性测度的本身再一次反思：科学多样性测度的价值是什么？从科学多样性的基本含义来看，多样性要让科学走向自由开放，实现知识单元充分交流、互动和连接，以促进人类的科学发现活动。同时，科学多样性对增强科学创新能力、实现知识融合以及提升科学韧性也有积极的意义。

3.7.6 洛伦兹曲线

美国经济学家洛伦兹（Max Otto Lorenz，1876—1959）于1905年发表了《测定财富集中的方法》一文，提出了测度财富分布特征的方法（Lorenz，1905），标志着洛伦兹曲线（Lorenz curve）的诞生。在1905年的论文中，并没有提及洛伦兹曲线这一术语。直到1912年，美国经济与统计学家King（1880—1962）将这种简单测度财富分布的方法正式命名为洛伦兹曲线（King，1912；Kleiber，2018），如图3.29。自此，在经济学中，洛伦兹曲线成为分析财富分布特征的一种重要方法。在洛伦兹曲线的基础上，意大利经济学家Gini（1909）提出了用于测度一个国家或社会群体的收入不平等（inequality）、财富不平等或消费不平等的统计离散度测量指标——基尼系数（Gini coefficient）。

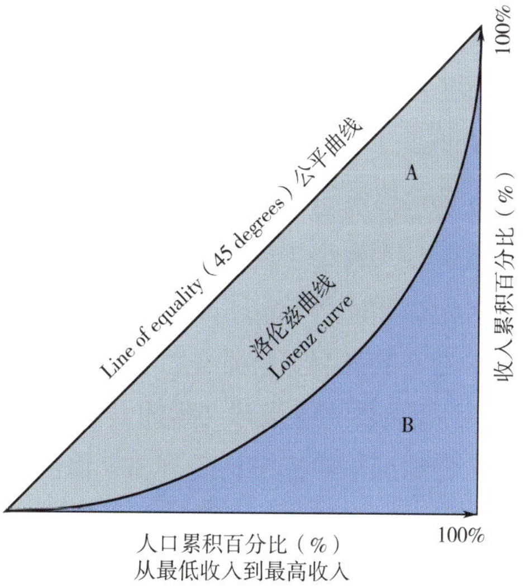

图3.29 洛伦兹曲线与基尼系数

洛伦兹曲线和基尼系数的示意，如图3.29。*X*轴表示把收入按照从低到高排序后的人口累计百分比（%），*Y*轴表示收入的百分比（%），洛伦兹曲线始终从相同的地方开始和结束，其中0%的人口获得0%的国家总收入，100%的人口获得100%的总收入。当曲线位于45度线以下时，意味着存在不平等：在左侧，表示人口百分比高于他们所获得的收入百分比（例如，10%的人口获得总收入的5%）；在右侧，表示获得的收入百分比超过它的人口百分比。洛伦兹曲线上方的区域，标记为*A*，下方的区域，标记为*B*。基尼系数等于A的面积除以A和B的总面积，即$Gini=A/(A+B)$。横轴的范围为0到1，所以A和B形成的是一个面积为1/2的三角形，即$A+B=1/2$，那么$Gini=2A=1-2B$。若将洛伦兹曲线记为$L(X)$，那么B的值可以通过积分得到，计算公式如下：

$$Gini=1-2\int_0^1 L(X)\ \mathrm{d}X$$

基尼系数也是用来衡量不公平性（Inequalities）的一种重要指标，已经被应用于基于文献数据的科学不平等研究中（Vanderstraeten et al.，2021；Nielsen et al.，2021）。

3.7.7 学术链指数

学术链（Science Chain）的概念最早由我国学者刘绍怀教授于2011年提出（刘绍怀，2011），并在理论上进行了较为深入的讨论。2013年7月17日，北京理工大学冯长根教授注意到，“虽然学术论文中的引用是科技界的主流。然而，更有分量的引用是在传世专著中被引用”，由此提出了“你有这样的专著来引用有价值的论文吗？如何反映这类引用？”在研究中，冯长根受到Leydesdorff等（2016）关于“长期引用”和“短期引用”的启发。带领团队进一步从学术传承、学术创新、学术话语权以及学术评价等维度对学术链进行了系统的研究讨论和实践（冯长根，2016，2017）。学术链具体是指：在科学研究活动中，科研工作者会自然而然地引用那些“里程碑”性质的成果，并对成果的科学意义进行评价和讨论，先后发表（或逐年发表）的学术论文也会自然而然形成学术传承的“链条”。在具体的学术链研究中，冯长根教授根据学术链的基础组成要素，分别提出了施评文献、被评文献、学术评论句的概念及其判断标准。例如，学术链中的学术评论句是指，在一篇学术论文中，对于另一篇（不是同一作者自己的）学术论文的具有显性评论性质的句子。即，学术评论句要求在句子中包括3个要素和1个必要条件：①被评文献的发表年份；②被评文献的作者姓名或姓氏；③评论研究成果的特殊词汇或标志词（例如：使用“首次”“提出了”“first proposed”等标志词对被引文献进行了评价）；④学术评论句提及的被评文献和被列入的参考文献须是同一篇论著。在整个评论体系中，将给出学术评论句的论文称为“施评文献”，将被评价的文献称为“被评文献”，如图3.30所示。

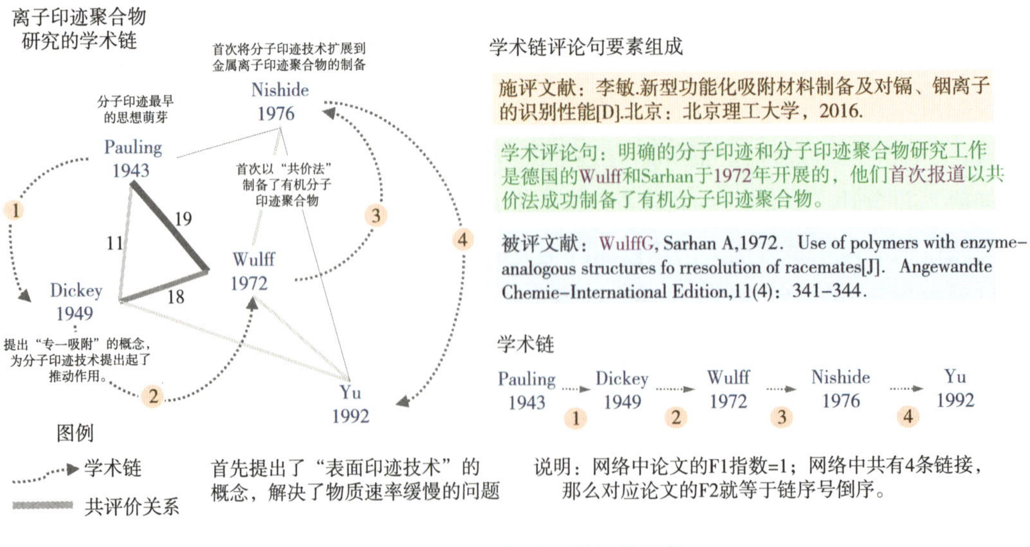

图3.30 学术链与论文共评价网络

在学术评论句、被评文献以及施评文献的基础上，冯长根教授团队进一步提出了学术链用于学术评价三个指数：①第一指数F1，即如果一篇学术论文在发表后，得到了后续学术论文的学术传承性评价，那么前一篇学术论文的第一指数F1 就是 1。一位专家、一个机构有几篇这样的论文，F1 就是几。F1 指数是对“被评文献”影响力的测度。科研主体的F1 是随着时间增加的，但增加的速度是最慢的。②第二指数F2，涉及一个具体研究主题在逐年发展和推进中形成的“学术链”的节点。具体是指某一论文在发表以后，出现后续“节点”的数量即该文献后续节点数之和就是该文献对应的F2 数值。F2 指数是对位于学术链上的F1 文献的进一步评价。某成果可能不是该领域的开山鼻祖，但可以位于推动该领域发展的学术链上。一篇论文发表后，F2 的值会随着时间的变化而增加，增加的速度越快则该领域的知识更新越快，创新能力越强。③第三指数F3，是对施评文献的影响力的测度，一篇论文中出现的学术评论句越多，表明该论文在学术传承中发挥的作用越大，F3 越大。学术链学术评价方法本质上是对近年来兴起的引用内容评价的发展，是研究成果被同行的实质性评价，而不是通过简单的引用次数进行的学术评价。

3.8 科研评价

如果深谙科学计量学指标的学者，利用指标以谋私利，这将是科学计量研究的悲哀和学术界的最大丑闻。科学计量指标应该让科学生活更美好！

3.8.1 指标与评价

所有科学计量指标都是错误的，但其中一些是有用的。
（All Scientometric Indicators are wrong, but some are useful.）

英国统计学家George Box 除了在时间序列分析、实验设计和贝叶斯推断方面的成就被人熟知之外，其在 1976 年首次提及的“All models are wrong，but some are useful”更是成为经典名言（Box，1976）。普赖斯奖获得者、德国科学计量学学者Lutz Bornmann在其社交平台上也曾提到类似的话：“Metrics have their advantages if wisely applied。”我们不妨也如此来认识科学计量学指标：“所有的科学计量学指标都是错误的，但一些是有用的。”将科学计量学指标应用于评价并不是一个新的问题，但在应用中却都是问题。针对各类指标在应用中的特征，普赖斯奖获得者Narin出版了著作《评价性文献计量学：使用出版物与引文分析来评价科研活动》，提出了“评价性文献计量学”的概念（Narin，1976）。后来，彼得·温克勒在其专著中建议使用“评价性科学计量学”

（Vinkler，2010）。无论是“评价性文献计量学”还是“评价性科学计量学”，核心都是采用量化的分析方法对科学活动的过程进行量化的评价，其目的是对学术质量和价值进行判断（We measure what we value，and value what we measure！）。虽然，科学计量学的引文指标存在各种问题，但研究结果表明学术质量和引文指标是呈相关关系的（van Raan，2004；Thelwall et al.，2023），且相比同行评议，科学计量指标要更加客观和高效。

Narin（1978）从“客观程度”与“科学进展的真实价值”两个维度，对科研评价中的各种指标和方法进行全面的阐述，如图 3.31。非结构化的同行评议被认为是最能衡量被评价对象真实价值的方法，但客观性较低。同行评议在具体的实践中，也暴露出一定的问题。例如：Dumlao（2023）的研究发现，评审者更倾向于支持与他们同一国家的作者。此外，国内的项目评审或论文评审中仍然存在“打招呼”或者具有很强学缘关系的学者之间的“学术互惠”评审问题。总之，同行评议在科研评价中也是存在显著局限的（Bornmann，2011）。相比同行评议，论文数量尽管最客观，但与被评价对象的“真实价值”相差较大，即论文数、被引频次以及h指数并不能等同于论文的真实学术价值。因此，在实际的评价工作中需要在这两个维度之间进行权衡。实际上，在具体的评价问题上，通常都是定性指标与定量指标的综合集成，以实现对评价对象的准确刻画。总之，指标是进行科研评价的武器，是决策评价结果的客观证据。在使用中，要尽可能恰当地发挥其实际的价值。

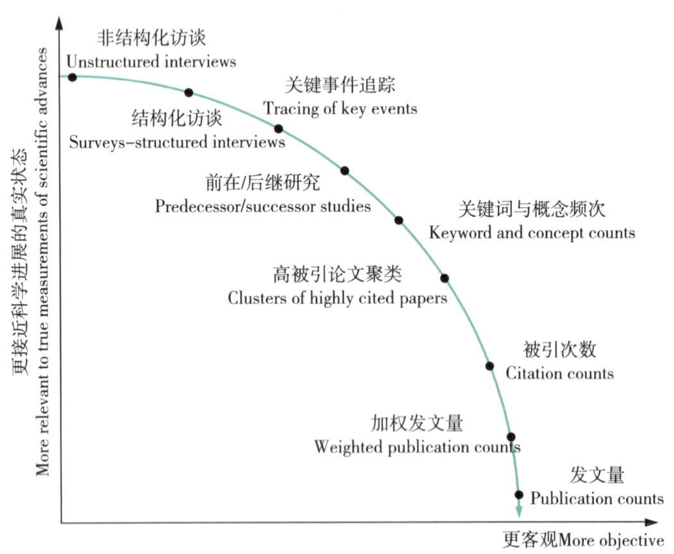

图 3.31　科学进展评价方法的二维分布（Narin，1978）

3.8.2 方法论思考

科研评价应该集成“同行评议”与“科学计量指标”。
（Scientific evaluation should integrate both ‘peer review’ and ‘scientometric indicators’.）

科研评价的本质是价值发现与价值认可！科研评价的结果却主要是为了资源的分配！所有的科研评价活动或多或少都是围绕上面的两个目的开展的。

科研评价问题本质上是管理科学领域中带有约束条件的决策问题。因此，在评价问题上必须坚持钱学森教授提出的“定性定量相结合，综合集成方法论”（钱学森，1990；戴汝为，2009），力求评价工作的科学性。既要客观地认识科学计量学指标所反映的结果（即Scientometric Indicators），也要融入科学共同体对实际价值的判断（即Peer Review）。对于一项科学计量学领域的评价问题，可以描述为：

$$F(R)=F(x, y)=ax+by$$

式中，$F(R)$ 为评估结果，是科学计量的定量指标 x 与专家定性评价指标 y 的函数。a和b分别为常数，且$a+b=1$，代表评价来自计量指标和同行评议的权重，通常由评价的委托方给出。当然，在上式中，方法 $f(x)=ax$和 $f(y)=bx$的组成也是复杂的。例如，$f(x)=ax$ 又可以改写为$f(x)=a_1x_1+a_2x_2+a_3x_3+\cdots+a_nx_n$。在$f(x)$中，$a_1+a_2+a_3+\cdots+a_n=1$表示对应的各个子计量指标$x_1$，$x_2$，$x_3$，…，$x_n$的权重。

当然，这仅仅是一个简单的数学描述。在实际的评价工作中，需要合理地选择两种方法或动态平衡两种方法的权重。例如：在微观评价中，往往以同行评议（Peer Review）为主，计量指标可以起到辅助专家决策的作用；在面向宏观的科研评价时，此时的同行评议很难直接发挥作用，最有效的方法是科学计量了；在面向中观层次的评价时，需要注意评价问题的特点，综合考虑同行评议和科学计量指标（梁立明等，2016；Hinze，2014），如图3.32。此外，在具体的评价工作中，同行评议和科学计量学指标的评价不是独立的，例如：对某两位学者A和B进行比较时，若A的论文所发表期刊的计量指标更好一些，那么这可能直接影响到同行

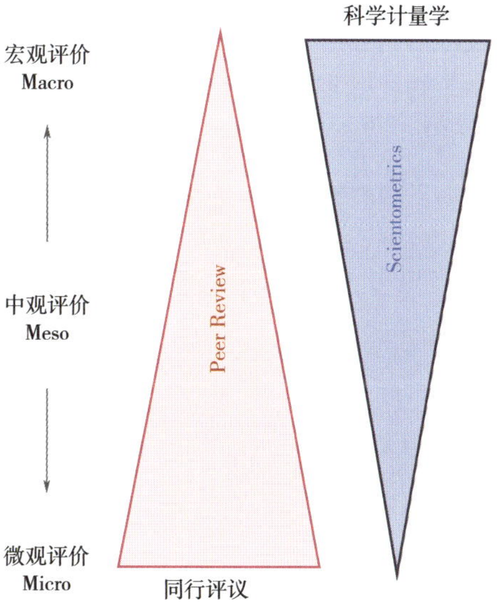

图 3.32 科学计量学与同行评议的比较（Hinze，2014）

评议的结果（van Raan，2004）。

综上，在科研评价中，对于指标要素体系的选择、权重的确定和综合影响力的计算等，可以结合的方法有德尔菲法、层次分析法以及模糊综合评价法等。此外，从科研的“投入–产出”视角，可以采用DEA（数据包络分析）等方法来进行分析。最后，在具体的评价工作中，要注意平衡评价指标的复杂度。正如爱因斯坦所说：“事物应该尽可能简化，但不能过于简化（Everything should be made as simple as possible，but no simpler）”。

3.8.3 利益相关者

在一项科研评价活动中，包含了多个利益相关者（Stakeholders），分别为科学计量学界（scientometricians）、科学家或同行（scientists）以及“科研管理者和科学政策制定者（Research managers and policymakers）”（Rip ，1997），他们在科研评价流程中的作用如图 3.33（杨立英，2022）。要开展好一项科研评价工作，每一位参与者都必须扮演好自己的角色，明确责任、合理分工，相互配合、互不干扰。在具体的科技评价工作中，科学计量学领域的学者要保持“中立”（是第三方），根据评价的目的，客观、科学合理地选择或开发计量指标来刻画评价对象的特征，切不可为了满足特定的结果而与“评价委托方”串通来“制造”指标，迎合部分人群，欺骗大众。对于科研管理者和政策制定者，需要明确具体的评价需求和评价目的，尽可能描述清楚评价对象的特征要求，切不可“萝卜评价”（特别是在人才选拔或者基金资助中，不能为某些人群量身定做），更不能干扰评价的过程。通常科学家群体会以同行评议专家的身份参与到评价活动中来。在此过程中，需要保持科学至上、价值至上的态度，对人才、期刊以及项目等给出客观公正的评价。科研评价过程是一个整体，评价工作本身也是一项系统工程，需要利益相关者协同合作，围绕评价目的展开。

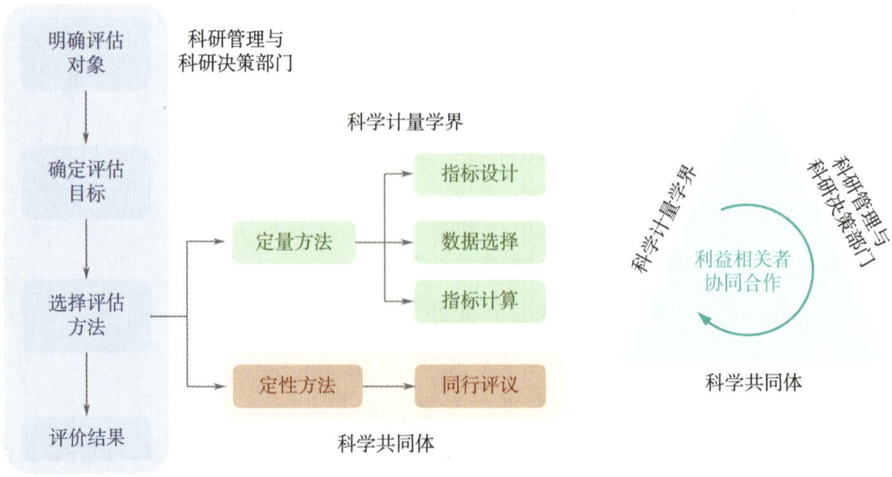

图 3.33　科研评价利益相关者与评价流程

3.8.4 指标的泛滥

Not everything that can be counted counts, and not everything that counts can be counted.（能被计算的，不一定重要；重要的，不一定能被计算。）

——William Bruce Cameron

科学计量学领域已经开发了成百上千的指标来评价研究人员、学术期刊以及研究机构等。在数据获取更加便利的今天，指标的开发和验证更是发展迅速，随之带来了指标开发和应用的泛滥。在设计和研发指标上，指标也变得越来越复杂（如表 3.12），很多时候对于指标的终端用户，甚至科学计量学学者都很难理解我们制造的指标。同时，指标在走向“复合”化，通过多元统计分析、复杂网络以及人工智能（神经网络、机器学习、大语言模型等）等方法来对科研人员进行评价，使得基于指标的评价工作变得“扑朔迷离”。很多时候，基于这种复杂方法计算的指标，甚至连指标的设计者都说不清楚。这就导致了一个很有趣的现象，即指标成百上千，经常使用的指标仅仅就是那么几个（似乎指标使用频率的分布也满足Power Law）。例如：科研人员最常用的指标恐怕就是论文数、被引次数和h指数了。因此，为了获得合理且可以应用于科学政策的结果，应该尽可能用最少的指标来刻画“评价对象”最重要方面的特征（Vinkler, 2010），用哲学家威廉·奥卡姆（1290—1349）的观点就是“如无必要，勿增实体[1]”。

表 3.12 科学计量指标的类型及其特征（Moed et al., 2011）

类型	命名	描述	典型案例
第I代	基础指标	相对容易地从已经存在数十年的资源中获得	论文数量；被引次数；期刊影响因子
第II代	相对/标准化指标	针对特定偏差进行校正（例如：不同主题领域间引用存在差异）	相对或按归一化的被引率
第III代	网络指标/复杂计算指标等	基于网络中心性等参数的高级网络分析	影响权重（Influence weights），SCImago期刊排名；“声誉排名”等

面对指标的泛滥以及使用中的诸多问题，Waltman（2016）在其关于指标的综述性论文中给出了四点建议：①不要引入新的引文影响力指标，除非和已有的指标相比具

[1] 原文为拉丁文 Pluralitas non est ponenda sine necessitate。

有明确的价值；②应该更多地关注引文影响力的理论基础；③更多地关注引文影响力指标的实际使用方式；④基于新的数据来源更精确地测度引文影响力。

3.8.4 评价的宣言

走向负责任的计量！（Toward responsible metrics！）

科研评价的宣言是科研评价纲领（或指导文件），也是整个科学共同体对科技评价中核心问题的提炼，可以说代表了某一时期科学共同体内部的“科学评价氛围（metrics climate）”。目前，国际学术共同体已经先后发布了多项对科研评价有指导意义的宣言或文件，代表性的有《旧金山宣言》（Butler-Adam，2013）、《莱顿宣言》（Hicks，2015）、《CoARA：改革科研评价协定》以及《科研评价的香港原则》（Moher et al.，2020）等，其本质都是为了规范科研评价活动，从“指标”回归到科研成果的学术“价值”判断上。开发负责任的指标（responsible metrics）是当前国际科研评价的共识，目前各方已经做了大量的工作（Waltman，2018；Rushforth，2023；DORA，2024），且围绕负责任的指标已经形成了指标怀疑框架（metrics skepticism framing）、行业专家框架（professional-expert framing）以及反思框架（reflexivity framing）。显然，以上的每一个宣言都是时代的产物，且科研评价中的各个宣言或者框架各有侧重。最后，无论宣言如何倡议，我们都必须认清一点，即完全采用同行评议或者完全采用科学计量指标都不是明智的选择，而是应该有效地将科学计量指标与同行评议结果结合起来，以构建负责任和多元化的评价体系。

最后，在科学计量学领域最不缺少的就是关于科研评价的研究成果，大量针对期刊、国家/区域、机构以及科学家等的评价研究报告、书籍、论文以及期刊等已经出版（例如：牛津大学出版社的*Research Evaluation*期刊），因此关于具体的应用这里就不专门赘述。

3.9 指标反思

科学是追逐指标的，还是来追求真理的？（*Is science spent chasing indicators，not in pursuit of truth？*）

自指标纳入科研体系以来，不得不说其在一定程度上极大地促进了科学管理的效率，也塑造了当前科学社会的格局。然而，其带来的负面效应也一直存在，科研活动苦“指标”已久。特别是在当前数字化发展的背景下，“指标”的研发也将进入新阶段。因此，建议科学计量学领域的学者，在开发指标时，能使指标促进“让学术回归学术”作用，而不是继续加强指标在“资源分配”中作用。我们期待：科学计量指标，让科学生活更美好！也在一定程度上改变“科学是来追逐指标的，而不是真理”的现状。

思考题

1. 在班级内部举办一场辩论赛，辩题为“引文指标能否反映研究质量”。正方辩题：“引文指标能反映研究质量”；反方辩题：“引文指标不能反映研究质量。”

2. 调研什么是眼镜蛇效应（cobra effect），谈谈这种效应（图 3.34）解释了指标在执行中的哪些问题。

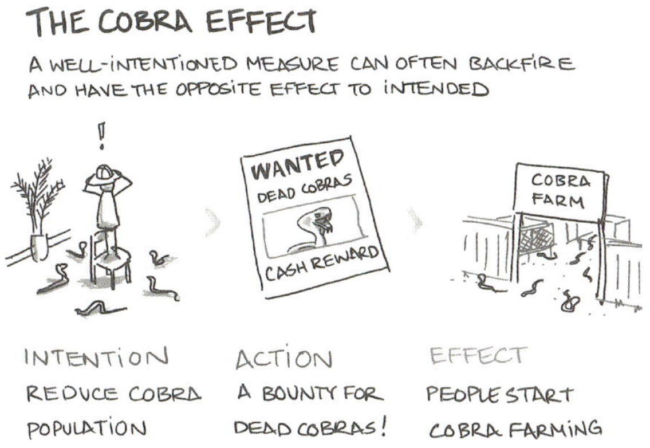

图 3.34 眼镜蛇效应（sketchplanations.com）

3. 影响因子（Impact Factor）用于进行科研评价存在哪些问题？既然存在很多问题，为何当前仍然是应用最活跃的指标之一？

4. 结合本章的指标，你认为一名学者具备哪些特征才有可能是一位杰出的科学家？（可以结合计量指标中论文数量、h指数、被引频次等展开讨论）

5. 谈一谈什么是负责任的科研？作为科学计量人员，我们如何开发负责任的指标？

6. 如何理解“指标无尽的前沿（Indicator，The Endless Frontier）”这句话。

7. 阅读《评价游戏：出版计量是如何塑造学术交流的》（*The Evaluation Game：How Publication Metrics Shape Scholarly Communication*）（Kulczycki，2023），撰写1 000字的读后感。

8. 在中国科学院、中国工程院与科睿唯安联合发布的《研究前沿》和《工程前沿》中都利用了科学计量学的指标。请通过最新发布的报告梳理所使用的指标体系，并阐述这些指标在研究报告中的作用。

9. 当前，国内外有多个大学或研究机构的排名，例如：自然指数（Nature Index）、莱顿排名（Leiden Ranking）、上海软科世界大学学术排名（Shanghai Ranking）、泰晤士高等教育世界大学排名（Times Higher Education Ranking）、QS世界大学排名（QS World University Rankings）、SCImago Institutions Rankings 以及CSRankings（全球计算机科学排名）等，请详细调研科学计量指标在这些排名中的应用情况，并分组报告（每一小组2~3人，课堂汇报每组10分钟）。

10. 结合当前科研评价的现状，谈一谈你对“Publish or Perish（不发表，就灭亡）”的理解。推荐参考读物《希望的敌人：不发表则灭亡如何导致了学术的衰落》（林赛·沃特斯 著，王小莹 译，2011）

11. 调研科睿唯安引文桂冠奖（Citation Laureate[1]）预测诺贝尔奖的原理，并谈一谈其成功预测获奖者背后的逻辑是什么。

12. 为了规范科技评估，国际科学共同体已经发布了若干宣言。请分组汇报《科研评价的旧金山宣言》（DORA）、《莱顿宣言》（Leiden Menifeso）、《科研人员评价的香港原则》（Hong Kong Principles for Assessing Researchers）等宣言（汇报内容建议包括文件的背景及目的、文件的核心内容，并结合文件谈谈对科研评价的反思）。

13. 没有完美的指标，请选择 1~2 个指标，举例说明该指标的缺陷（例如：h指数、论文数、总被引频次、影响因子等）。

14. Ioannidis（2014）曾在Nature上发表评论文章“Bibliometrics：Is your most cited work your best?”学习本评论，并就该问题在课堂进行讨论（提示：讨论内容必须涉及该评论的核心观点、数据支撑的依据、你个人对此现象的看法以及对指标应用于学者评价的反思）。

15. 科学论文发表之后，零被引论文和低被引论文占到了主要比例。谈一谈你对这类论文的看法。可以参考van Noorden（2017）在《自然》发表的新闻特写（News feature）文章《从未被引用的科学》或潘云涛（2017）等出版的著作《论文零被引面面观》。

16. 若你是情报学方向的研究生，请思考和简述科学计量学指标对情报发现的作用。

17. 按照老师课堂的演示，在科睿唯安的JCR和Scopus期刊来源数据库中分别检索和整理科学计量学领域期刊的最新指标数据。

18. 有研究对论文中图片、公式、标题长度、作者数量等与论文的被引频次关系进行了研究,发现了“公式越多，被引越少”等规律（如图 3.35），谈谈你对此类结论的认识。可参考文献Fawcett（2012）和Elgendi（2019）。

---

[1] 引文桂冠奖首页:https：//clarivate.com/citation-laureates/.

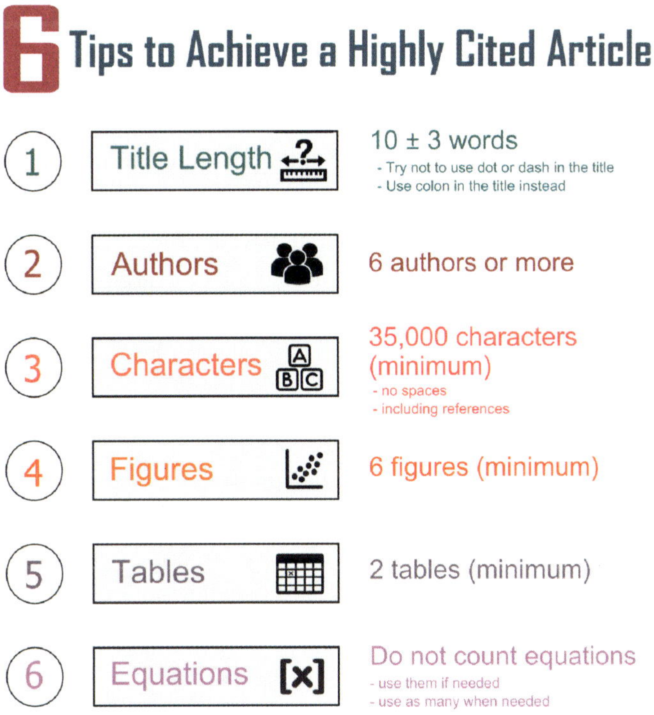

图3.35　提高论文被引频次的六个建议（Elgendi，2019）

19. 根据老师推荐的最新科学计量学指标或应用指标的论文，分组学习和讨论。

20. 比较同行评议（Peer Review）和科学计量指标（Evaluative Scientometric Indicators）应用于科研评价的优势和劣势，并谈一谈在实际的科研评价活动中如何平衡两者的关系。

21. 在企业管理中，指标可以划分为leading indicators（领先性指标）和lagging indicators（滞后性指标）。如果放在科研评价的语境下，你认为的领先性科学计量指标有哪些？滞后性指标有哪些？

参考文献

AJIFERUKE I, BURRELL Q, TAGUE J, 1988. Collaborative coefficient: A single measure of the degree of collaboration in research[J]. Scientometrics, 14(5–6): 421–433.

ALONSO S, CABRERIZO F, HERRERA–VIEDMA E, et al., 2010. hg–index: A new index to characterize the scientific output of researchers based on the h–and g–indices[J]. Scientometrics, 82(2): 391–400.

ALONSO S, CABRERIZO F J, HERRERA–VIEDMA E, et al., 2009. h–Index: A review focused in its variants, computation and standardization for different scientific fields[J]. Journal of informetrics, 3(4): 273–289.

BACCINI A, PETROVICH E, 2023. A global exploratory comparison of country self-citations 1996–2019[J]. Plos One, 18(12): e0294669.

BAYKOUCHEVA S, 2015. Managing scientific information and research data[M]. Chandos Publishing.

BERGSTROM C, 2007. Eigenfactor: Measuring the value and prestige of scholarly journals[J]. College & research libraries news, 68(5): 314–316.

BLONDEL V D, GUILLAUME J L, LAMBIOTTE R, et al., 2008. Fast unfolding of communities in large networks[J]. Journal of statistical mechanics: theory and experiment, 2008(10): P10008.

BORNMANN L, 2011. Scientific peer review[J]. Annual review of information science and technology, 45(1): 197–245.

BORNMANN L, HAUNSCHILD R, 2018. Plots for visualizing paper impact and journal impact of single researchers in a single graph[J]. Scientometrics, 115(1): 385–394.

BORNMANN L, MARX W, 2014a. Distributions instead of single numbers: Percentiles and beam plots for the assessment of single researchers[J]. Journal of the American Society of Information Science and Technology, 65(1): 206–208.

BORNMANN L, MARX W, 2014b. How to evaluate individual researchers working in the natural and life sciences meaningfully? A proposal of methods based on percentiles of citations[J]. Scientometrics, 98(1): 487–509.

BORNMANN L, MUTZ R, HAUNSCHILD R, et al., 2021. Mapping the impact of papers on various status groups in excellencemapping. net: a new release of the excellence mapping tool based on citation and reader scores[J]. Scientometrics, 126(11): 9305–9331.

BOX G E, 1976. Science and statistics[J]. Journal of the American Statistical Association, 71(356): 791–799.

BRANDES U A, 2001. faster algorithm for betweenness centrality[J]. Journal of Mathematical Sociology, 25, 2: 163–177.

BRAUN T, GLÄNZEL W, SCHUBERT A, 2005. A Hirsch-type index for journals[J]. The scientist, 19(22): 8.

BRAUN T, GLÄNZEL W, SCHUBERT A, 2006. A Hirsch-type index for journals[J]. Scientometrics, 69: 169–173.

BURT R S, 1992. Structural holes: the social structure of competition[M]. Harvard University Press.

BUTLER-ADAM J, 2013. DORA: the San Francisco Declaration on Research Assessment: leader[J]. South African Journal of Science, 109(7): 1.

CAMERON W B, 1963. Informal sociology: A casual introduction to sociological thinking[M]. New York : Random House.

CHAWLA D S, 2019. Hyperauthorship: global projects spark surge in thousand-author papers[J]. Nature. https: //www. nature. com/articles/d41586-019-03862-0.

CHAWLA D S, 2024. Self-citations in around a dozen countries are unusually high[J]. Nature. https: //www. nature. com/articles/d41586-024-00090-z.

CHEN C M, 2004. Searching for intellectual turning points: Progressive knowledge domain visualization[J]. Proceedings of the National Academy of Sciences, 101(suppl_1): 5303–5310.

CHEN C M, 2012. Turning points: the nature of creativity[M]. Springer Science & Business Media.

COVIDSurg Collaborative, et al., 2021. Timing of surgery following SARS-CoV-2 infection: an international prospective cohort study[J]. Anaesthesia 76. 6: 748–758.

CRONIN B, 2001. Hyperauthorship: A postmodern perversion or evidence of a structural shift in scholarly communication practices? [J]. Journal of the American Society for Information Science and Technology, 52(7), 558–569.

DE BRUIN R E, KINT A, LUWEL M, et al., 1993. A study of research evaluation and planning: the University of Ghent[J]. Research Evaluation, 3(1): 25–41.

DORA, 2024. Guidance on the responsible use of quantitative indicators in research assessment[EB/OL]. http: //doi. org/10. 5281/zenodo. 10979644.

DUMLAO J M Z, TEPLITSKIY M, 2023. Lack of peer reviewer diversity advantages authors from wealthier countriest[EB/OL]. https: //osf. io/preprints/socarxiv/754e3.

EC3METRICS, 2018. Periodic Table of Scientometric Indicatorst[EB/OL]. https: //ec3metrics. com/wp–content/uploads/2018/06/tablaper3. pdf.

ECK NJV, WALTMAN L, 2009. How to normalize cooccurrence data? An analysis of some well-known similarity measures[J]. Journal of the American society for information science and technology, 60(8): 1635–1651.

EGGHE L, 1991. Theory of collaboration and collaborative measures[J]. Information processing & management, 27(2–3): 177–202.

EGGHE L, 2006. Theory and practise of the g–index[J]. Scientometrics, 69(1): 131–152.

ELGENDI M, 2019. Characteristics of a highly cited article: A machine learning perspective[J]. IEEE Access, 7: 87977–87986.

ENGLISH H, 1991. Monotonous structure measures for social groups[J]. Scientometrics, 21: 159–169.

FASSIN Y, 2023. The ha–index: The average citation h–index[J]. Quantitative Science Studies, 4(3): 756–777.

FAWCETT T W, HIGGINSON A D, 2012. Heavy use of equations impedes communication among biologists[J]. Proceedings of the National Academy of Sciences, 109(29): 11735–11739.

FRANCESCHET M, 2010. Ten good reasons to use the Eigenfactor™ metrics[J]. Information Processing & Management, 46(5): 555–558.

FREEMAN L C, 1979. Centrality in social networks: Conceptual clarification[J]. Social Networks, 1: 215–239.

FUNK R J, OWEN–SMITH J, 2017. A dynamic network measure of technological change[J]. Management science, 63(3): 791–817.

GARFIELD E, 1955. Citation indexes for science: A new dimension in documentation through association of ideas[J]. Science, 122(3159): 108–111.

GARFIELD E, 1979. Citation indexing: Its theory and application in science, technology, and humanities[M]. New York: Wiley.

GARFIELD E, 1999. Journal impact factor: a brief review[J]. Cmaj, 161(8): 979–980.

GARFIELD E, 2006. The history and meaning of the journal impact factor[J]. jama, 295(1):

90–93.

GATES A J, BARABÁSI A L, 2023. Reproducible Science of Science at scale: pySciSci[J]. Quantitative Science Studies: 1–17.

GAUFFRIAU M, 2021. Counting methods introduced into the bibliometric research literature 1970–2018: A review[J]. Quantitative Science Studies, 2(3): 932–975.

GINGRAS Y, 2016. Bibliometrics and research evaluation: Uses and abuses[M]. Mit Press.

GINGRAS Y, LARIVIÈRE V, 2011. There are neither "king" nor "crown" in scientometrics: Comments on a supposed "alternative" method of normalization[J]. Journal of Informetrics, 5(1): 226–227.

GINI C, 1909. Il diverso accrescimento delle classi sociali e la concentrazione della ricchezza[J]. Giornale degli Economisti, 11: 37.

GONZÁLEZ–PEREIRA B, GUERRERO–BOTE V P, MOYA–ANEGÓN F, 2010. A new approach to the metric of journals' scientific prestige: The SJR indicator[J]. Journal of informetrics, 4(3): 379–391.

GOODHART C A E, 1975. Problems of monetary management: The U. K. Experience. Papers in Monetary Economics. Sydney: Reserve Bank of Australia.

GUERRERO–BOTE V P, MOYA–ANEGÓN F, 2012. A further step forward in measuring journals' scientific prestige: The SJR2 indicator[J]. Journal of informetrics, 6(4): 674–688.

HAUNSCHILD R, BORNMANN L, ADAMS J, 2019. R package for producing beamplots as a preferred alternative to the h index when assessing single researchers(based on downloads from Web of Science) [J]. Scientometrics, 120(2): 925–927.

HEERSMINK R, VAN DEN HOVEN J, VAN ECK N J, et al., 2011. Bibliometric mapping of computer and information ethics[J]. Ethics and information technology, 13: 241–249.

HICKS D, WOUTERS P, WALTMAN L, et al., 2015. the Leiden Manifesto for research metrics[J]. Nature, 520(7548): 429–431.

HINZE S, 2014. Nordic workshop on bibliometrics and research policy[C]. Reykjavik, Iceland.

HIRSCH J E, 2005. An index to quantify an individual's scientific research output[J]. Proceedings of the National academy of Sciences, 102(46): 16569–16572.

IOANNIDIS J P, BOYACK K W, SMALL H, et al., 2014. Bibliometrics: Is your most cited work your best? [J]. Nature, 514(7524): 561–562.

JIN B H, LIANG L, ROUSSEAU R, et al., 2007. The R–and AR–indices: Complementing the h–index[J]. Chinese science bulletin, 52(6): 855–863.

KING W I, 1912. The Elements of Statistical Method[M]. New York: Macmillan.

KISLEY M, 2024. Is Academic Twitter Dead? [EB/OL] https: //litmaps. substack. com/p/is–academic–twitter–dead.

KLEIBER C, 2008. The Lorenz curve in economics and econometrics. In Advances on Income Inequality and Concentration Measures[M]. Routledge: 247–264.

KOSMULSKI M, 2006. A new Hirsch–type index saves time and works equally well as the original h–index[J]. ISSI Newsletter, 2(3): 4–6.

KULCZYCKI E, 2023. The Evaluation Game: How Publication Metrics Shape Scholarly Communication[M]. Cambridge University Press.

LANCHO-BARRANTES B S, GUERRERO-BOTE V P, MOYA-ANEGÓN F, 2010. What lies behind the averages and significance of citation indicators in different disciplines? [J]. Journal of Information Science, 36(3): 371-382.

LAWANI S M, 1980. Quality, collaboration and citations in cancer research: A bibliometric study[D]. Ph. D. Thesis, Florida State University, USA.

LEIBEL C, BORNMANN L, 2024. What do we know about the disruption index in scientometrics? An overview of the literature[J]. Scientometrics: 601-639.

LEYDESDORFF L, 2007. Betweenness centrality as an indicator of the interdisciplinarity of scientific journals[J]. Journal of the American Society for Information Science and Technology, 58(9): 1303-1319.

LEYDESDORFF L, BORNMANN L, 2011. Integrated impact indicators compared with impact factors: An alternative research design with policy implications[J]. Journal of the American Society for Information Science and Technology, 62(11): 2133-2146.

LEYDESDORFF L, BORNMANN L, 2012. Percentile ranks and the integrated impact indicator(I3) [J]. Journal of the American Society for Information Science and Technology, 63(9): 1901-1902.

LEYDESDORFF L, BORNMANN L, ADAMS J, 2019. The integrated impact indicator revisited(I3*): A non-parametric alternative to the journal impact factor[J]. Scientometrics, 119: 1669-1694.

LEYDESDORFF L, BORNMANN L, COMINS J A, et al., 2016. Citations: Indicators of quality? The impact fallacy[J]. Frontiers in Research metrics and Analytics, 1: 1-15.

LEYDESDORFF L, PARK H W, 2017. Full and Fractional Counting in Bibliometric Networks[J]. Journal of Informetrics, 11.

LEYDESDORFF L, WAGNER C S, BORNMANN L, 2019. Interdisciplinarity as diversity in citation patterns among journals: Rao-Stirling diversity, relative variety, and the Gini coefficient[J]. Journal of informetrics, 13(1): 255-269.

LIN Y, FREY C B, WU L, 2023. Remote collaboration fuses fewer breakthrough ideas[J]. Nature, 623(7989): 987-991.

LORENZ M O, 1905. Methods of measuring the concentration of wealth[J]. Publications of the American Statistical Association, 9(70): 209-219.

LUNDBERG J, 2007. Lifting the crown—citation z-score[J]. Journal of informetrics, 1(2): 145-154.

MCLEISH B, 2021. 4. 4 Altmetric. com: A Brief History. In R. Ball(Ed.), Handbook Bibliometrics[M]. Berlin, Boston: De Gruyter Saur: 215-220.

MILOJEVIĆ S, RADICCHI F, BAR-ILAN J, 2017. Citation success index- An intuitive pair-wise journal comparison metric[J]. Journal of Informetrics, 11(1): 223-231.

MITRA P, 2006. Hirsch-type indices for ranking institutions scientific research output[J]. Current Science, 91(11): 1439.

MOED H, DE BRUIN R, VAN LEEUWEN T H, 1995. New bibliometric tools for the assessment of national research performance: Database description, overview of indicators and first applications[J]. Scientometrics, 33(3): 381-422.

MOED H F, 2010. Measuring contextual citation impact of scientific journals[J]. Journal of informetrics, 4(3): 265–277.

MOED H F, Plume A, 2011. The multi–dimensional research assessment matrix[J]. Research trends, 1(23): 3. https: //www. researchtrends. com/researchtrends/vol1/iss23/3/.

MOHER D, BOUTER L, KLEINERT S, et al., 2020 . The Hong Kong Principles for assessing researchers: Fostering research integrity[J]. Plos Biol, 18(7): e3000737.

NARIN F, 1976. Evaluative bibliometrics: The use of publication and citation analysis in the evaluation of scientific activity[M]. Cherry Hill, NJ: Computer Horizons.

NARIN F, 1978. Objectivity versus relevance in studies of scientific advance[J]. Scientometrics, 1(1): 35–41.

NEWMAN M E, 2006. Modularity and community structure in networks[J]. Proceedings of the national academy of sciences, 103(23): 8577–8582.

NIELSEN M W, ANDERSEN J P, 2021. Global citation inequality is on the rise[J]. Proceedings of the National Academy of Sciences, 118(7): e2012208118.

NOGRADY B, 2023. Hyperauthorship: the publishing challenges for big team's cience[J]. Nature, 615(7950): 175–177.

OBAMA B, 2016. United States health care reform: progress to date and next steps[J]. Jama, 316(5): 525–532.

PARK M, LEAHEY E, FUNK R J, 2023. Papers and patents are becoming less disruptive over time. Nature, 613(7942): 138–144.

PERIANES–RODRIGUEZ A, WALTMAN L, VAN ECK N J, 2016. Constructing bibliometric networks: A comparison between full and fractional counting[J]. Journal of Informetrics, 10(4): 1178–1195.

PINSKI G, NARIN F, 1976. Citation influence for journal aggregates of scientific publications: Theory, with application to the literature of physics[J]. Information processing & management, 12(5): 297–312.

PLUMX, 2023. Twitter metrics in PlumX to be discontinued[EB/OL]. https: //plumanalytics. com/twitter–metrics–in–plumx–to–be–discontinued/.

PRICE D J D S, 1963. Little science, big science[M]. New York: Columbia University Press.

PRIEM J, COSTELLO K, DZUBA K, 2011. Prevalence and use of Twitter among scholars. Figshare[EB/OL].[2024–05–30]. https://doi.org/10.6084/m9.figshare.104629.v1.

PRIEM J, HEMMINGER B H, 2010. Scientometrics 2.0: New metrics of scholarly impact on the social Web. First monday. https: //doi. org/10. 5210/fm. v15i7. 2874.

PRIEM J, TARABORELLI D, GROTH P, 2010 b. Altmetrics: A manifesto[EB/OL].[2010–10–26]. http: //altmetrics. org/manifesto.

RAO C R, 1982. Diversity: Its measurement, decomposition, apportionment and analysis[J]. Sankhy : The Indian Journal of Statistics, Series A, 44(1): 1–22.

RIP A, 1997. Qualitative conditions of scientometrics: The new challenges[J]. Scientometrics, 38(1): 7–26.

ROLDAN–VALADEZ E, SALAZAR–RUIZ S Y, IBARRA–CONTRERAS R, et al., 2019. Current concepts on bibliometrics: a brief review about impact factor, Eigenfactor score, CiteScore,

SCImago Journal Rank, Source-Normalised Impact per Paper, H-index, and alternative metrics[J]. Irish Journal of Medical Science, 188: 939-951.

ROSVALL M, BERGSTROM C T, 2008. Maps of random walks on complex networks reveal community structure[J]. Proceedings of the national academy of sciences, 105(4): 1118-1123.

ROUSSEAU R, 1988. Citation distribution of pure mathematics journals. In: Informetrics 87/88(L. Egghe and R. Rousseau, eds). Elsevier, Amsterdam 1988: 249-262.

ROUSSEAU R, 2009. On the relation between the WoS impact factor, the Eigenfactor, the SCImago journal rank, the article influence score and the journal h-index[EB/OL]. [2024-01-10]. http: // eprints. rclis. org/13304/.

ROUSSEAU R, 2011. Comments on the modified collaborative coefficient[J]. Scientometrics, 87(1): 171-174.

ROUSSEAU R, 2012. Basic properties of both percentile rank scores and the I3 indicator[J]. Journal of the American Society for Information Science and Technology, 63(2): 416-420.

ROUSSEAU R, EGGHE L, GUNS R, 2018. Becoming Metric-Wise: A bibliometric guide for researchers[M]. Chandos-Elsevier.

ROUSSEAU R, ZHANG L, HU X, 2019. Knowledge Integration: Its Meaning and Measurement. In: Glänzel, W, Moed, H. F, Schmoch, U, Thelwall, M. (eds) Springer Handbook of Science and Technology Indicators[M]. Springer Handbooks. Springer, Cham.

RUSHFORTH A, HAMMARFELT B, 2023. The rise of responsible metrics as a professional reform movement: A collective action frames account[J]. Quantitative Science Studies: 1-37.

SAVANUR K, SRIKANTH R, 2010. Modified collaborative coefficient: A new measure for quantifying the degree of research collaboration[J]. Scientometrics, 84(2): 365-371.

SHEN Z, YANG L, WU J, 2018. Lognormal distribution of citation counts is the reason for the relation between Impact Factors and Citation Success Index[J]. Journal of Informetrics, 12(1): 153-157.

SIDIROPOULOS A, KATSAROS D, MANOLOPOULOS Y, 2007. Generalized Hirsch h-index for disclosing latent facts in citation networks[J]. Scientometrics, 72: 253-280.

STIRLING A, 1998. On the economics and analysis of diversity. Science Policy Research Unit(SPRU), Electronic Working Papers Series, 28: 1-156.

STIRLING A, 2007. A general framework for analysing diversity in science, technology and society[J]. Journal of the Royal Society, Interface, 4(15): 707-719.

STRINGER M J, SALES-PARDO M, NUNES AMARAL L A, 2008. Effectiveness of journal ranking schemes as a tool for locating information[J]. Plos one, 3(2): e1683.

SUBRAMANYAM K, 1983. Bibliometric studies of research collaboration: A review[J]. Journal of information Science, 6(1): 33-38.

TANG L, LIU H, 2022. Community detection and mining in social media. Springer Nature.

THELWALL M, KOUSHA K, STUART E, et al., 2023. In which fields are citations indicators of research quality? [J]. Journal of the Association for Information Science and Technology, 74(8): 941-953.

TODESCHINI R, BACCINI A, 2016. Handbook of bibliometric indicators: Quantitative tools for studying and evaluating research[M]. John Wiley & Sons.

TRAAG V A, WALTMAN L, VAN ECK N J, 2019. From Louvain to Leiden: guaranteeing well-connected communities[J]. Scientific reports, 9(1): 5233.

VAN ECK N J, WALTMAN L, 2009. How to normalize cooccurrence data? An analysis of some well-known similarity measures[J]. Journal of the American society for information science and technology, 60(8):1635–1651.

VAN ECK N J, WALTMAN L, DEKKER R, et al., 2010a. A comparison of two techniques for bibliometric mapping: Multidimensional scaling and VOS[J]. Journal of the American Society for Information Science and Technology, 61(12): 2405–2416.

VAN ECK N J, WALTMAN L, 2010b. Software survey: VOSviewer, a computer program for bibliometric mapping[J]. scientometrics, 84(2): 523–538.

VAN NOORDEN R, 2017. The science that's never been cited[J]. Nature, 552(7684): 162–164.

VAN RAAN A F J, 2004. Measuring science. Capita Selecta of Current Main Issues. In 'Handbook of Quantitative Science and Technology Research' . (Eds . F. Moed, W. Glänzel, and U. Schmoch, e)[M]. Dordrecht: Kluwer Academic Publishers: 19–50.

VAN RAAN A F J, 2006. Comparison of the Hirsch–index with standard bibliometric indicators and with peer judgment for 147 chemistry research groups[J]. scientometrics, 67: 491–502.

VANDERSTRAETEN R, VANDERMOERE F, 2021. Inequalities in the growth of Web of Science[J]. Scientometrics, 126(10): 8635–8651.

VINKLER P, 1998. General performance indexes calculated for research institutes of the Hungarian Academy of Sciences based on scientometric indicators[J]. Scientometrics, 41: 185–200.

VINKLER P, 2009. The π–index: A new indicator for assessing scientific impact[J]. Journal of Information Science, 35(5): 602–612.

VINKLER P, 2010a. The evaluation of research by scientometric indicators[M]. Chandos Publishing, Oxford.

VINKLER P, 2010b. The πv–index: A new indicator to characterize the impact of journals[J]. Scientometrics, 82(3): 461–475.

VINKLER P, 2011. Application of the distribution of citations among publications in scientometric evaluations[J]. Journal of the American Society for Information Science and Technology, 62(10): 1963–1978.

VINKLER P, 2013. Would it be possible to increase the Hirsch–index, π–index or CDS–index by increasing the number of publications or citations only by unity? [J]. Journal of Informetrics, 7(1): 72–83.

WALTMAN L, 2016. A review of the literature on citation impact indicators[J]. Journal of informetrics, 10(2): 365–391.

WALTMAN L, 2018. Responsible metrics: One size doesn't fit all[C]. In Proceedings of the Science and Technology Indicators Conference: 526–531.

WALTMAN L, VAN ECK N J, 2013. A smart local moving algorithm for large–scale modularity–based community detection[J]. The European physical journal B, 86: 1–14.

WALTMAN L, VAN ECK N J, NOYONS E C, 2010. A unified approach to mapping and clustering of bibliometric networks[J]. Journal of informetrics, 4(4): 629–635.

WALTMAN L, VAN ECK N J, VAN LEEUWEN T N, et al., 2011a. Towards a new crown indicator: Some theoretical considerations[J]. Journal of informetrics, 5(1): 37–47.

WALTMAN L, VAN ECK N J, VAN LEEUWEN T N, et al., 2011b. Towards a new crown indicator: An empirical analysis[J]. Scientometrics, 87(3): 467–481.

WALTMAN L, VAN ECK N J, VAN LEEUWEN T N, et al., 2013. Some modifications to the SNIP journal impact indicator[J]. Journal of informetrics, 7(2): 272–285.

WANG Q, SCHNEIDER J W, 2020. Consistency and validity of interdisciplinarity measures[J]. Quantitative Science Studies, 1(1): 239–263.

WEST J, ALTHOUSE B, BERGSTROM C, et al., 2007. Eigenfactor. org–Ranking and mapping scientific knowledge[EB/OL]. http: //www. eigenfactor. org/papers. php.

WEST J, ALTHOUSE B, ROSVALL M, 2014. EigenfactorTM score and article influenceTM Score: detailed methods. 2008–11–01. http: //www. eigenfactor. org/methods. pdf.

WILDGAARD L, SCHNEIDER J W, LARSEN B, 2014. A review of the characteristics of 108 author–level bibliometric indicators[J]. Scientometrics, 101: 125–158.

WOUTERS P, ZAHEDI Z, COSTAS R, 2019. Social media metrics for new research evaluation. In Springer handbook of science and technology indicators[M]. Cham: Springer International Publishing: 687–713.

WU L, WANG D, EVANS J A, 2019. Large teams develop and small teams disrupt science and technology[J]. Nature, 566(7744): 378–382.

WUCHTY S, JONES B F, UZZI B, 2007. The Increasing Dominance of Teams in Production of Knowledge[J]. Science, 316(5827): 1036–1039.

ZHANG C T, 2010. Relationship of the h-index, g-index, and e-index[J]. Journal of the American Society for Information Science and Technology, 61(3): 625–628.

ZHANG L, GOU Z, FANG Z, et al., 2023. Who tweets scientific publications? A large-scale study of tweeting audiences in all areas of research[J]. Journal of the Association for Information Science and Technology, 74(13): 1485-1497.

ZHOU P, ZHONG Y, 2012. The citation–based indicator and combined impact indicator—New options for measuring impact[J]. Journal of Informetrics, 6(4): 631–638.

戴汝为, 2009. 从定性到定量的综合集成法的形成与现代发展[J]. 自然杂志, 31(6): 311–314.

冯长根, 2017. 一种自然而然的科技成果评价方法值得推广[N]. 人民日报, 03: 18.

李杰, 2018 a. 科学计量与知识网络分析[M]. 2 版. 北京: 首都经济贸易大学出版社.

李杰, 2018 b. 科学知识图谱原理及应用[M]. 北京: 高等教育出版社.

李晓佳, 张鹏, 狄增如, 等, 2008. 复杂网络中的社团结构[J]. 复杂系统与复杂性科学, 5(3): 19–42.

梁立明, 武夷山, 2006. 科学计量学: 理论探索与案例研究 [M]. 北京: 科学出版社.

林赛 · 沃斯特, 2011. 希望的敌人: 不发表则灭亡如何导致了学术的衰落[M]. 王小莹 译. 北京: 商务印书馆.

刘绍怀, 2011. 学术链: 客观存在的学术关系形态[J]. 思想战线, 37(01): 1–3.

卢鹏丽, 2013. 图谱理论与复杂网络相关算法[M]. 北京: 国防工业出版社.

潘云涛, 梁立明, 高继平, 等, 2017. 论文零被引面面观[M]. 北京: 科学技术文献出版社.

钱学森, 于景元, 戴汝为, 1990. 一个科学新领域: 开放的复杂巨系统及其方法论[J]. 自然杂志 (1): 3–10.

尚海茹, 冯长根, 孙良, 2016. 用学术影响力评价学术论文: 兼论关于学术传承效应和长期引用的两个新指标[J]. 科学通报, 61(26): 2853–2860.

唐磊, 等, 2012. 社会计算: 社区发现和社会媒体挖掘[M]. 文益民, 等译. 北京: 机械工业出版社.

汪小帆, 李翔, 陈关荣, 2012. 网络科学导论[M]. 北京: 高等教育出版社.

杨立英, 2022. 科学计量学指标与科研评价: 走出评价争议的若干思考[R]. 中国教育财政政策咨询报告(2019–2021): 95–101.

叶鹰, 唐健辉, 赵星, 2011. h 指数与 h 型指数研究[M]. 北京: 科学出版社.

张琳, 黄颖, 2019. 交叉科学: 测度、评价与应用[M]. 北京: 科学出版社.

4 数据

DATA

Data records the past, drives the present, and shapes the future（数据记录过去、驱动现在、塑造未来）❶

4.1 概述

4.1.1 数据

全球著名咨询公司Frost & Sullivan在2019年发布的《2025年世界顶级全球大趋势及其对商业、社会和文化的影响》❷报告中提到，数据支撑着未来，90%的变革性转变严重依赖数据的流通和使用（梅宏，2022）。特别是在当前时代，数据比以往任何时候都要重要。

那么，何谓数据？谈到数据，我想每一位读者心中可能都有自己的定义，以至于太过平常而不知从何谈起。数据一词最早出现在拉丁语中，后来随着数学和神学传入英语。据《牛津英语词典》记录，早在1646年数据就以复数形式出现在神学中。在整个18世纪，仍然对数据的单复数争执不下，直到后来才统一为data。丹尼尔·罗森博格通过对在《18世纪经典古籍全文资料》中数据的使用进行分析，发现该词的词频自17世纪以来呈现出了稳定的增长（Borgman，2017）。2024年2月4日，通过Web of Science分别以标题和主题检索了包含data的论文记录，发现“数据（data）”一词在学术研究中的使用亦呈现了显著的增长趋势（如图4.1）。

❶ 2023年4月14日，作者在部门内部做了题目为《激活数据要素 赋能数字经济》的报告，提出了对数据的简要认知。

❷ 该报告的英文名称为“World's Top Global Mega Trends To 2025 and Implications to Business，Society and Cultures”. https：//www.peterfisk.com/wp-content/uploads/2016/01/Megatrends-2025-Frost-and-Sullivan.pdf.

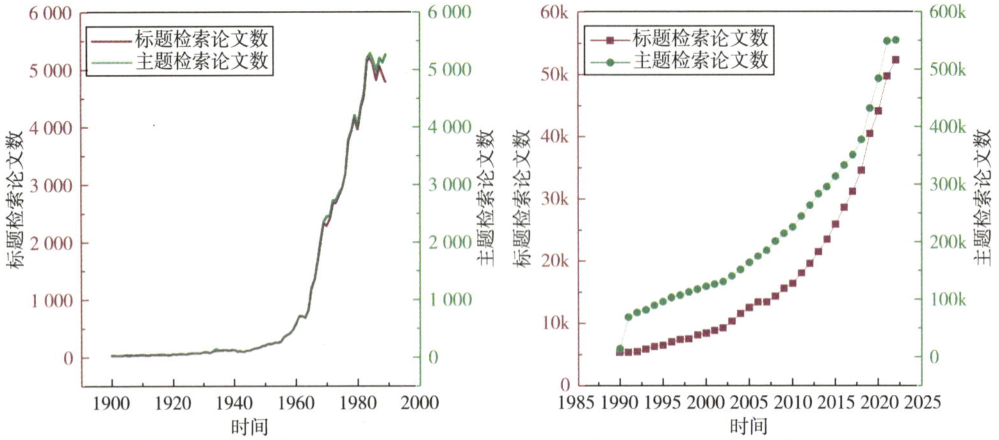

（a）1900—1989年data在SCI/SSCI/AHCI论文中出现频次

（b）1990—2022年data在SCI/SSCI/AHCI论文中出现频次

图 4.1　WoS中Data主题论文的数量趋势

早期的“数据”是没有本质内涵的修饰术语，到现在为止这种状况似乎并没有发生实质性的变化。虽然数据的概念仍然是模糊的，但似乎并没有影响到日常的交流和沟通。在维基百科中，数据被定义为：“透过观测得到的数字性的特征或信息。或者说数据是一组关于一个或多个人或对象的定性或定量变量。数据可以是一堆杂志、一叠报纸、开会记录或者病人的病历记录。”因此，可以认为数据就是从观测对象收集到的，未经过任何处理的数字性的特征，可称为“原数据（Raw Data）”。在得到原始数据以后，我们可以按照DIKW（数据—信息—知识—智慧）模型来进一步实现数据的赋能。既然数据主要作为修饰词，那么我们可以结合其实际的语境来对它进行理解和解释（Firth，1957；Bordignon et al.，2022）。

近年来，随着大数据和人工智能技术的快速发展，数据的重要性越来越凸显。“数据驱动的科学发现（数据密集型的科学发现）”不仅成了新的科研范式，而且已经成为社会经济发展的一种重要生产要素。在此背景下，我国在2023年10月25日成立了国家数据局，以激活和挖掘数据的潜在价值，赋能新时期的数字经济发展。2023年12月31日，数据管理局联合多部委发布了《“数据要素×”三年行动计划（2024—2026）》。其中，“数据要素×科技创新”作为一个重要的方面被提了出来。在学术研究领域，与数据相关的学科亦取得了蓬勃的发展，特别是数据科学已成为近年来兴起的重要基础热点学科之一。科学计量学作为严重依赖数据的研究领域，同样迎来了发展的契机。在我们回顾科学计量学的历史中也发现，近期两次科学计量学的快速发展都与数据科学的发展息息相关。

4.1.2 元数据

2013年5月，美国国家安全局前外聘员工斯诺登（Edward Snowden）飞往中国香港与英国《卫报》记者会面，引发了公众对“棱镜（PRISM）”事件的讨论。与此同时，元数据（Metadata）也作为一个热点关键词出现在了公众的视野当中。元数据最早出现于1968年（Bagley，1968），其为meta和data合成词。meta有超越的意思，那么metadata就是超脱于数据的数据，或者抽象描述为“关于数据的数据（Metadata means ‘data about data’）”，有时也被称为“描述的信息的信息”（Rebecca，2004）。例如，图4.2瓶子中装的液体可以认为是data，而用来描述瓶子中内容的标签就是元数据。在科学文献数据库中，组成论文要素的名称可以认为是文献的元数据，例如：来源期刊、文献类型以及参考文献等。

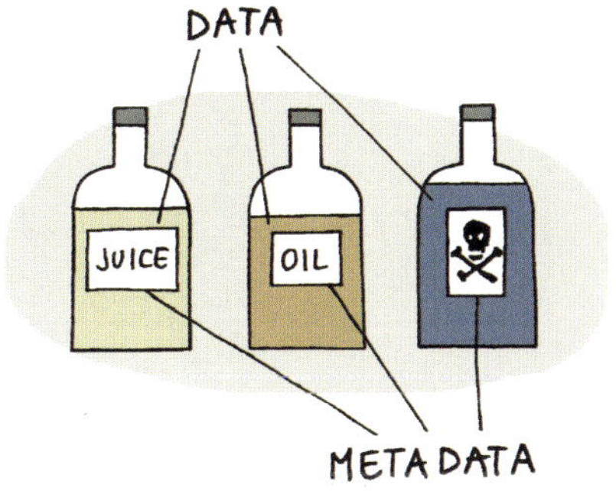

图4.2 元数据示例

注：图片来源 https：//dataedo.com/cartoon/share.

元数据对科学计量学的研究和发展意义重大。一方面，科学计量学中科学文献是进行计量分析的基础数据，元数据在描述这些数据组成或结构中有重要价值。另一方面，在科学文献数据日益丰富化的背景下，不同类型数据的元数据成为进行科学计量数据关联与融合的基础。

4.1.3 数据流

数据的合理和规范应用，是发挥数据价值的关键。图4.3展示了RELX的数据处理流程，主要包含了数据源、大数据平台、分析应用以及客户单点执行。其中，数据可以来源于公共记录（Public records）、参与者贡献的（Contributory）、许可的（Licensed）以及专有的（Proprietary）非结构化与结构化数据。大数据平台（Big data Platform）是数据的治理中心，主要完成对数据的清洗、数据的标准化以及数据的关联分析（即数据的加工和增值处理）。此外，大数据中心提供了数据治理的硬件和软件条件，以保证数据处理的快速响应和计算分析。分析应用（Analysis applications）是根据具体的场景需求，采用对应的算法（预测建模、机器学习和人工智能等）和模型对来自大数据平台的数据进行挖掘和分析。客户单点执行（Customer single point of execution）为客户（或用户）提供了一个集中化的、一体化的解决方案平台，主要包含两个部分：模块化产品套件（Modular product suites）和灵活的交付平台（Flexible delivery platforms）。

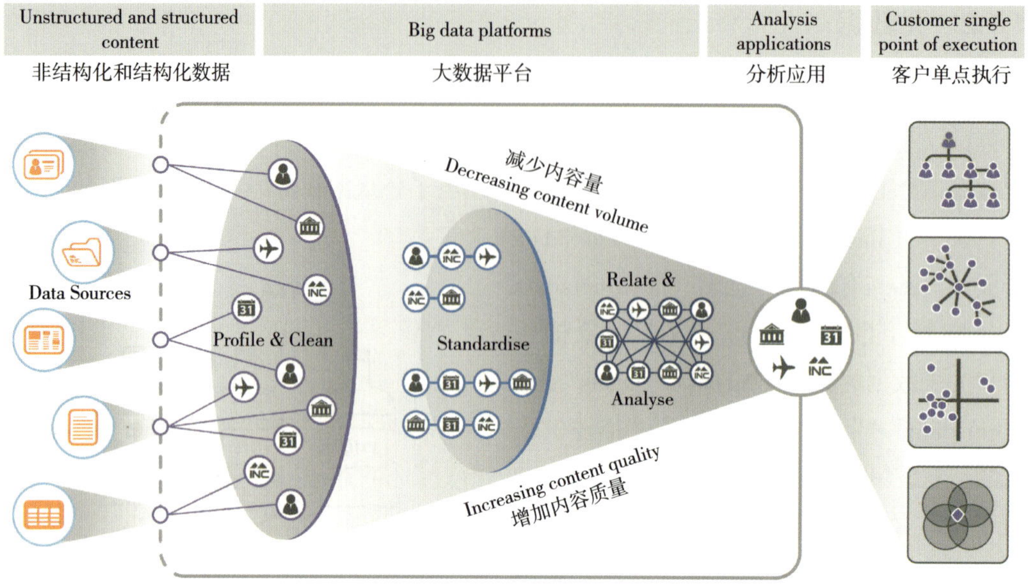

图4.3 数据的处理与应用流程（Relx，2022）

除了上面规范化的数据应用流程之外，实际在科学计量数据的处理过程中还包含了很多细节问题。例如：数据质量、数据分类、数据检索、资源与平台等问题。

4.2 文献数据质量

4.2.1 数据问题

在科学计量学研究中，所使用的科技文献数据难免存在一些问题。现对以下四种数据问题进一步进行讨论：

（1）数据生产者也就是论文作者主观或由于“不严谨”生产/产生的问题数据。在早期，这一类问题相对来讲并不是很严重，但近年来论文作为一项重要的绩效考察指标之后，大量的“问题论文”（对于科学计量来讲就是“问题数据”）出现。在科技文献数据中，“撤稿论文”、“幽灵论文或引用”（Harzing et al.，2017；武夷山，2018）、“幽灵作者”（Retraction Watch，2024）、“虚假引用”以及来自“论文工厂”等存在学术不端的论文都属于这种问题。

（2）数据加工中难以避免的差错或著录本身内容存在的完整性问题。对于加工差错问题，这是在所难免的，特别是在人工加工为主或数字化发展的早期，很容易出现文本的错误拼写。对于著录内容的完整性问题，其产生主要有两个方面原因：其一，随着数据加工技术的提升，数据的内容越来越丰富，这就导致前后的数据著录在内容完整性上存在不一致；其二，随着学术出版的发展，科学论文发表的规范发生了变化，早期发表的论文不需要撰写摘要、关键词、参考文献或者通讯作者等，现在这些数据内容已经成为论文的重要组成部分之一（如图4.4）。

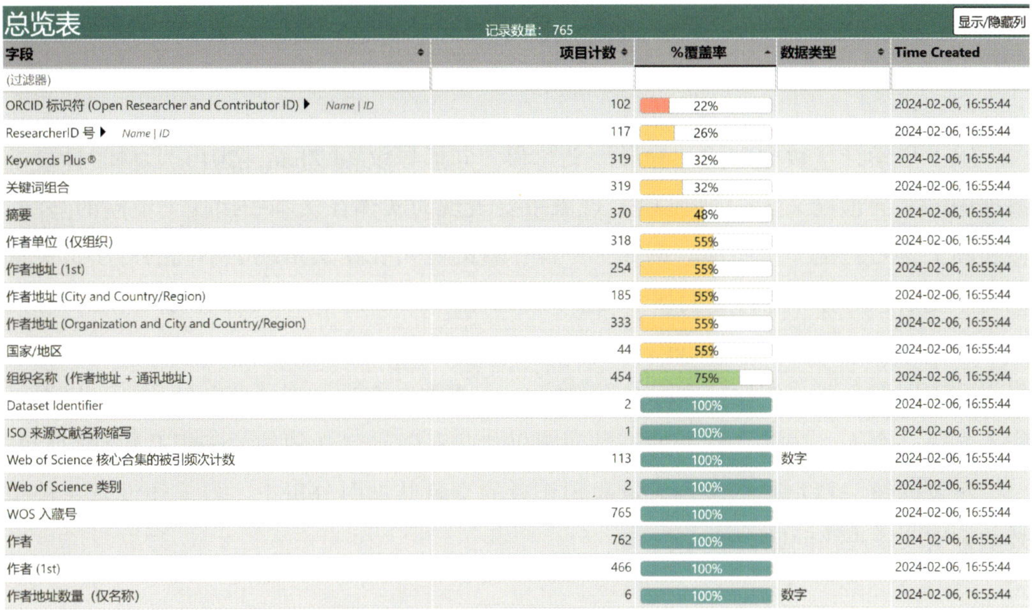

总览表　记录数量：765　显示/隐藏列

字段	项目计数	%覆盖率	数据类型	Time Created
(过滤器)				
ORCID 标识符 (Open Researcher and Contributor ID) ▸ *Name | ID*	102	22%		2024-02-06, 16:55:44
ResearcherID 号 ▸ *Name | ID*	117	26%		2024-02-06, 16:55:44
Keywords Plus®	319	32%		2024-02-06, 16:55:44
关键词组合	319	32%		2024-02-06, 16:55:44
摘要	370	48%		2024-02-06, 16:55:44
作者单位（仅组织）	318	55%		2024-02-06, 16:55:44
作者地址 (1st)	254	55%		2024-02-06, 16:55:44
作者地址 (City and Country/Region)	185	55%		2024-02-06, 16:55:44
作者地址 (Organization and City and Country/Region)	333	55%		2024-02-06, 16:55:44
国家/地区	44	55%		2024-02-06, 16:55:44
组织名称（作者地址 + 通讯地址）	454	75%		2024-02-06, 16:55:44
Dataset Identifier	2	100%		2024-02-06, 16:55:44
ISO 来源文献名称缩写	1	100%		2024-02-06, 16:55:44
Web of Science 核心合集的被引频次计数	113	100%	数字	2024-02-06, 16:55:44
Web of Science 类别	2	100%		2024-02-06, 16:55:44
WOS 入藏号	765	100%		2024-02-06, 16:55:44
作者	762	100%		2024-02-06, 16:55:44
作者 (1st)	466	100%		2024-02-06, 16:55:44
作者地址数量（仅名称）	6	100%	数字	2024-02-06, 16:55:44

图4.4　***Scientometrics***（1980—2000）的数据缺失情况统计（DDA）

注：1980—2000年*Scientometrics*论文数据中Editors，Keywords（author’s）以及Supplement的字段为空。这说明，在这一时间段中*Scientometrics*期刊是缺少这些信息的。

（3）科学论文数据实体随着时间发生了变化。这一类问题在科学计量学中同样是较难处理的数据问题之一。例如：所发表论文中，国家名称（如表4.1）、机构名称、作者名称、期刊名称等都可能会随着时间发生变化（这个问题可以归为“异形同义”），这势必造成科学计量学分析的误差。在科学文本中，随着时代发展一些词语（或术语）的含义或写法同样会发生变化，进而造成分析中的误差。这些都是典型的数据问题。

表4.1　国家或地区的变体举例

编号	Web of Science国家地区字段中可能的变体	名称
1	USSR（苏联）：ARSSR-Armenian SSR；AZSSR-Azerbaijan SSR；BESSR-Belorussian SSR；ESSSR-Estonian SSR；GESSR-Georgian SSR；KASSR-Kazakh SSR；KISSR-Kirgiz SSR；LASSR-Latvian SSR；LISSR-Lithuanian SSR；MOSSR-Moldavian SSR；TASSR-Tadzhik SSR；TUSSR-Turkmen SSR；UKSSR-Ukrainian SSR；USSR-Russian SFSR以及UZSSR-Uzbek SSR	Russian

续表

编号	Web of Science国家地区字段中可能的变体	名称
2	England；Northern Ireland；Scotland；Wales	United Kingdom
3	Federal Republic of Germany（联邦德国-西德）：BRD；Bundes Republik；Fed Rep Ger；W Ger；West Germany。 Former German Democratic Republic（德意志民主共和国-东德）：DDR；Deutsch Dem Rep；E Ger；East Germany；Ger Dem Rep	Germany

（4）科学计量数据中的"异形同义"和"同形异议"（Zhao，2015）。科学计量学数据中的"异形同义（allonyms）"现象主要表现为实体在文本中出现了不同的写法，但实际上都是特指一个实体。例如：一位作者的姓名在论文出现了不同的写法，关键词的单复数、简称和全称（例如：AHP和Analytic hierarchy process），英文单词的英式、美式写法等。"同形异议（homonyms）"在科学文本中表现为实体在名称上是一样的，但表达不同的含义。例如：同样名字为Li Jie（李杰，李洁，李捷等）的作者，极有可能不是同一个人。当前，作者的消歧问题仍然是科学计量学领域关于提升数据质量的一个重要问题，特别是在包含大量我国作者的文献共被引分析中，目前还没有一种高效的方法来解决该问题。

4.2.2 消歧处理

在科学计量分析过程中，需要对数据存在的问题进行消歧（Disambiguation）处理，以保证分析结果的准确性。科学论文数据的消歧主要是从科技文本中识别相同、相似或存在问题的实体，然后进行消歧处理。

（1）通过加工后的规范词表进行消歧。顾名思义，该方法是通过在分析过程中引入加工后的规范数据集来进行数据消歧。例如：在进行组织机构的计量评价中，机构名称在科学论文中可能有多个变体（如在WoS数据中，代尔夫特理工大学有多种写法：delft univ、delft univ technol tu、tech univ delft、tu delf、tu delft ret、tudelft以及delft univ technol），此时，通过引入规范化的机构名称来对存在错误或不规范的机构名称进行统一规范化，以保证计量评价结果的准确性。例如：2015 年，Digital Science首次发布了GRID Global Research Identifier Database（提供全球机构数据的标识数据库），目前由ROR维护，可以用来进行机构的清洗处理（Research Organization Registry，2024）。此外，ORCID等为作者提供了唯一的研究标识符（Westwood，2022），对于注册的学者能较准确地识别学者的论文列表，以避免重名造成成果统计的误差。此外，在Pubmed中，还提供了Mesh term来规范所研究的主题（National Library of Medicine，2024）等。

（2）通过算法识别相似实体并进行消歧。在相似实体的识别中，利用莱文斯坦相似性（Levenshtein Similarity）来对字段进行相似性计算是较为常用的方法（Левенштейн，1965）。莱文斯坦相似性$LD(s_1, s_2)$表示的是两个字符串s_1和s_2之间的莱文斯坦距离（Levenshtein distance），也就是将一个字符串转换成另一个字符串所需的最小编辑操作次数。这些编辑操作包括：插入一个新字符（Insertion）、删除一个字符（Deletion）以及替换一个字符（Substitution）。两个字符串s_1和s_2的相似度计算公式如下[1]：

$$\mathrm{sim}(s_1, s_2) = 1 - \frac{LD(s_1, s_2)}{\max(|s_1|, |s_2|)}$$

式中，$\mathrm{sim}(s_1, s_2)$表示字符串s_1和s_2的相似度；$|s|$为字符的长度，$LD(s_1, s_2)$为s_1和s_2的莱文斯坦距离，$LD(s_1, s_2) \in [s_1, s_2]$。当两个字符串$s_1$和$s_2$完全相同时，它们之间的莱文斯坦距离$LD(s_1, s_2)=0$，此时$\mathrm{sim}(s_1, s_2)=1$，因为不需要进行任何编辑操作就可以从一个字符串得到另一个字符串。当两个字符串s_1和s_2完全不同时，即没有任何相同的字符时，它们之间的莱文斯坦距离$LD(s_1, s_2)$将等于两个字符串中较长的那个字符的长度，也就是$\max(|s_1|, |s_2|)$。这是因为你需要执行与较长字符串长度相等数量的插入或删除操作来转换字符串。通过定义不难得到，$\mathrm{sim}(s_1, s_2)$的取值范围为[0，1]，其中$\mathrm{sim}(s_1, s_2)=0$代表两个字符完全不同，$\mathrm{sim}(s_1, s_2)=1$则代表两个字符完全相同。

目前，莱文斯坦算法被广泛地应用于DNA分析、拼写检查、语音辨识和抄袭侦测等方面。在科学计量学领域，该算法被嵌入了SCIMAT和CRExplorer软件中，用于相似字符或实体的识别。

（3）人工智能技术在数据消歧中的应用。在科学计量学的实践中，国家、地区或者机构的消歧相对容易识别。然而，作者的消歧仍然是目前的难点，也吸引了大量学者的研究关注（Smalheiser et al.，2009；Ferreira et al.，2012；Khabsa et al.，2014；Hussain et al.，2017）。近年来，人工智能技术被引入到了作者的消歧中，例如：Tran（2014）应用深度神经网络的方法对作者消歧进行了研究，Rehs（2021）则采用监督学习的方法对Web of Science作者消歧进行了系统研究等。可以预见，随着人工智能技术的不断发展，其将进一步促进科学计量数据的消歧工作。

---

[1] SimMetrics 是一个 Java 库，提供了一系列相似性和距离度量方法，例如 Levenshtein 距离和余弦相似度。用户可以通过https：//github.com/Simmetrics/simmetrics访问和使用。

4.3 文献数据分类

数据的种类是丰富多样的。在数据统计计量中，可以将数据分为：定类数据、定序数据、定距数据与定比数据。从数据的结构出发，可以将数据划分为结构化的数据和非结构化的数据等。按其规模来进行划分，可以分为“大数据（Big data）”和“小数据（Small data）”。从科学计量学的实际需求出发，科学文献数据还可以按照文献的类型、文献的科学领域以及文献的开放获取等特征进行划分。

4.3.1 文献数据类型分类

科学文献按照不同的需求可以划分为不同的类型，例如：可以按照文献的出版形式分为图书（专著、工具书、教科书、史书、古籍等）、连续出版物（期刊、报纸）以及特种文献（专利文献、会议文献、学位论文、标准文献、科技报告、政府出版物等）等，如图 4.5。还可以按照文献出版的文档类型进行划分，主要的类型有Article（研究论文）、Meeting Abstract（会议摘要）、Editorial Material（编辑材料）、Review Article（综述论文）、Book Review（图书综述）等。图 4.6 为通过Web of Science的SCI\SSCI\AHCI数据库检索的2001—2022年42 694 916篇文献的类型分布。

图 4.5　科学文献数据的主要类别（Liu et al.，2023）

4.3.2 文献数据领域分类

科学文献的领域分类主要来自四大主体，分别为：数据库厂商（例如：科睿唯安、

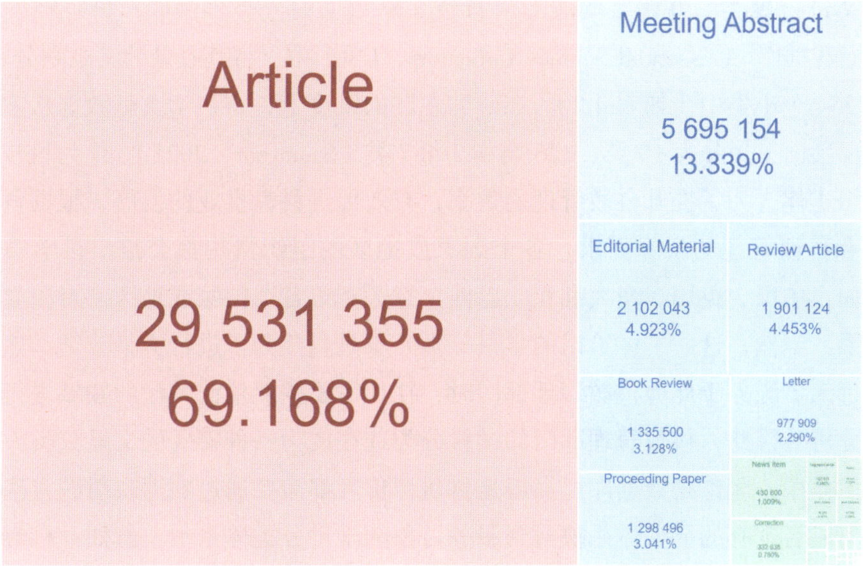

图4.6 Web of Science中科学文献的主要类型

爱思唯尔以及Digital Science等）、科技管理或相关组织（例如：国家学科分类体系、OECD、联合国、科学基金委等）、科研评价主体（例如：大学排名、期刊分区排名、人才排名等）以及科学计量学学术共同体（例如：CWTS等研究基础分类理论的机构）。不同主体对学科领域划分的根本目的是更好地服务或揭示科学或学科的分类的特征，以精准地服务于其他主体（如图4.7）。

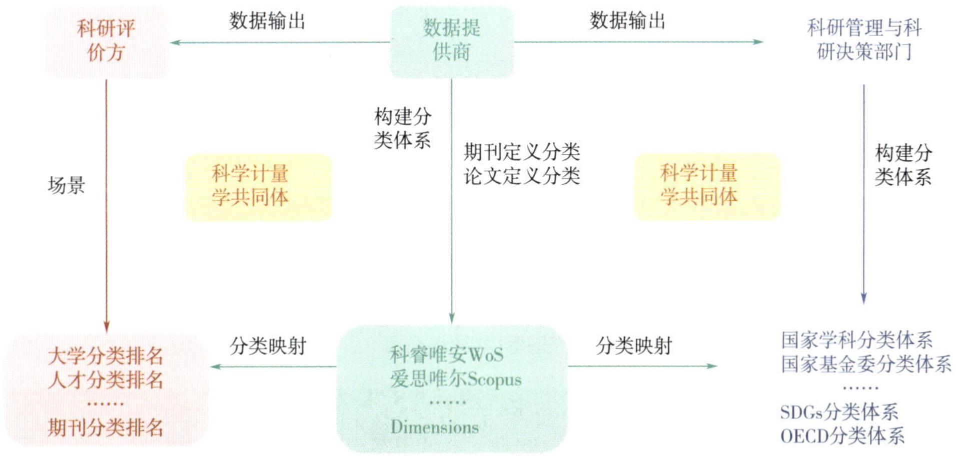

图4.7 科技文献数据学科或领域分类的相关者

科技文献数据库厂商的文献数据分类，目前有两种做法。一种是较为宏观的分类，即按照期刊所属的领域对科技文献进行分类；另一种是近期逐渐发展起来的对数据库单篇论文进行聚类，并逐级集成形成科技文献数据的分类。例如：科睿唯安“基本科学指标数据库”（Essential Science Indicators，ESI）中，将其收录的文献划分在 22 个大类和 254 个小类中（如表 4.2）。在研究主题的维度上，将科学文献数据从宏观、中观和微观层面上划分为 10 类、326 类和 2 487 类（Szomszor，2021）。作为科技管理或相关组织主体，为了提升科教管理的效率，有效促进科教事业的发展，根据科学内在的特征和科研管理的实际需求，各个国家或地区的组织机构都会给出科学领域的分类。例如：中国、英国、澳大利亚、巴西、意大利等各个国家或地区都有独立的学科分类体系。当然，这一主体给出的学科分类并不是直接为了进行文献分类。然而，在科技评价人员服务于此类科教管理部门时，往往需要按照他们关注的领域进行文献的统计和分析。因此，科教管理部门的学科分类往往成为一种特殊的文献分类方式。在具体的工作中，无论是数据库厂商还是科研评价者都需要通过数据映射的方法将当前的数据集或者现有的分类体系映射到服务对象的学科分类体系中。例如：科睿唯安按照联合国可持续发展目标将论文映射在了 16 个可持续发展目标（SDGs）中（其中 1 个目标未进行映射）；按照OECD的学科领域划分，将论文映射在了 48 个研究领域中。这些分类的映射关联，对于科教评价和科研管理有积极的作用，但同时也潜藏着是否精准的问题。最后，对于科教评价方而言，其文献数据的分类大多数情况是由被评价对象或被服务对象的需求决定的，例如：服务对象是教育部时，则必须按照教育部的学科分类体系来重新组织数据。对于科学计量学学术共同体而言，其进行的科学研究一方面促进基于论文和期刊的科学领域划分，另一方面通过算法设计来快速实现分类体系的快速映射。例如：莱顿大学CWTS的研究团队对WoS数据在论文层次上进行了聚类（Waltman et al.，2012），将科学领域划分为五大领域：人文社会科学（Social sciences and humanities），数学和计算机科学（Mathematics and computer science），物质科学和工程（Physical sciences and engineering），生命与地球科学（Life and earth sciences）以及生物医学和健康科学（Biomedical and health sciences）。在以上研究和分析的基础上，2024 年，van Eck等进一步借助开放科学计量学数据库OpenAlex，完成了该数据库论文层面的聚类分析，形成了OpenAlex独有的文献分类体系，如图4.8。

表4.2　ESI科学领域分类

编号	领域名称（英文）	领域名称（中文）	论文数	总被引次数
1	Clinical Medicine	临床医学	3 270 963	16 897 198
2	Engineering	工程学	1 327 663	12 083 414
3	Chemistry	化学	1 168 541	11 861 040

续表

编号	领域名称（英文）	领域名称（中文）	论文数	总被引次数
4	Materials Science	材料科学	795 070	10 064 520
5	Environment/Ecology	环境/生态学	567 914	5 673 889
6	Biology & Biochemistry	生物学与生物化学	550 799	5 121 460
7	Physics	物理学	574 361	4 388 388
8	Social Sciences，General	社会科学，普通	905 694	4 114 580
9	Molecular Biology & Genetics	分子生物学与遗传学	324 451	3 864 948
10	Computer Science	计算机科学	341 891	3 007 448
11	Neuroscience & Behavior	神经科学与行为学	460 854	2 998 306
12	Agricultural Sciences	农业科学	365 063	2 901 498
13	Plant & Animal Science	植物与动物科学	525 181	2 899 453
14	Geosciences	地球科学	357 424	2 864 135
15	Pharmacology & Toxicology	药理学与毒理学	360 542	2 589 976
16	Psychiatry/Psychology	精神病学/心理学	404 242	2 351 680
17	Immunology	免疫学	246 034	2 224 075
18	Economics & Business	经济学与商业	222 043	1 632 215
19	Microbiology	微生物学	158 488	1 580 292
20	Mathematics	数学	293 386	931 141
21	Space Science	空间科学	88 032	889 053
22	Multidisciplinary	跨学科	42 785	230 517

注：数据获取条件为Dataset：InCites Dataset；Schema： Essential Science Indicators； Domestic/International Collaboration： All； Time Period： [2019，2023]；Include Early Access documents： true以及Funding Data Source： All Sources。

此外，还有一些特定领域的组织，按照所在学科的需求，进一步对文献进行了特殊的分类。例如，在医学领域，有ICRP和Common Scientific Outline的癌症分类体系、世卫组织建立和维护的International Classification of Diseases 系统以及针对人体健康和相关研究活动的分类体系Health Research Classification System（HRCS）等。

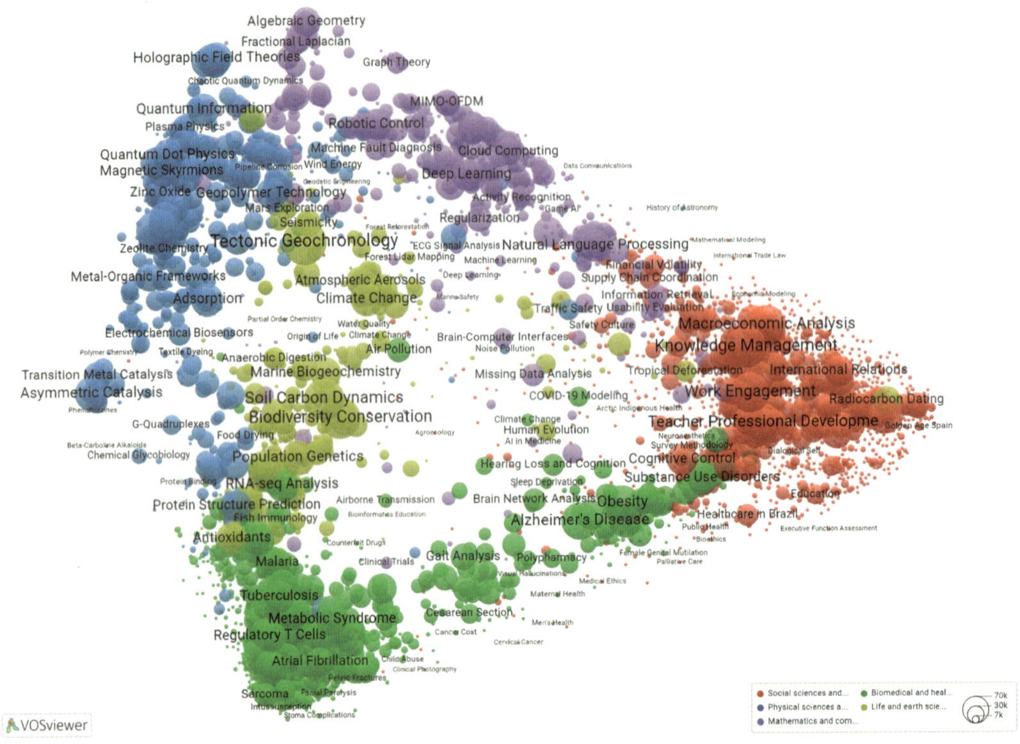

图4.8　OpenAlex论文聚类形成的分类体系（van Eck et al.，2024）

注：上图为OpenAlex科学领域的主题结构图，显示了分类中最低级别的4 521个主题领域。其中，节点的颜色表示主题群所属的主要领域。

4.4 文献数据检索

莫尔斯在《非数字信息的数字处理理论及其对机器经济学的启示》中最早使用“信息检索（Information Retrieval）”一词（Mooers，1950），具体含义是指从数据集合中找出所需信息的过程，本质是情报需求与所存储情报之间的选择和匹配。设D=｛d_j｝为信息资源集合，Q=｛q｝为情报需求集合，信息检索在理论上就是寻求Q与D之间的匹配，可用匹配函数$R(d_j, q)$表示（叶鹰，2018）。这个匹配函数的目的是量化和确定信息需求与数据集合中每一项的相关性。这是信息检索系统设计和评估中的一个核心概念。

一般的信息检索系统包含八个主要的组件，如图 4.9。分别为：①检索界面；②检索处理器；③索引文件；④索引引擎；⑤一个或多个文档集合；⑥结果列表；⑦结果显示；⑧系统的用户或检索者。多年来，信息检索的标准方法是布尔检索。在基于布尔逻辑方法检索中，查询命令是通过将搜索词与布尔运算符（AND、OR和NOT）组合构造的。检索系统将返回与搜索词和逻辑约束相匹配的文档。

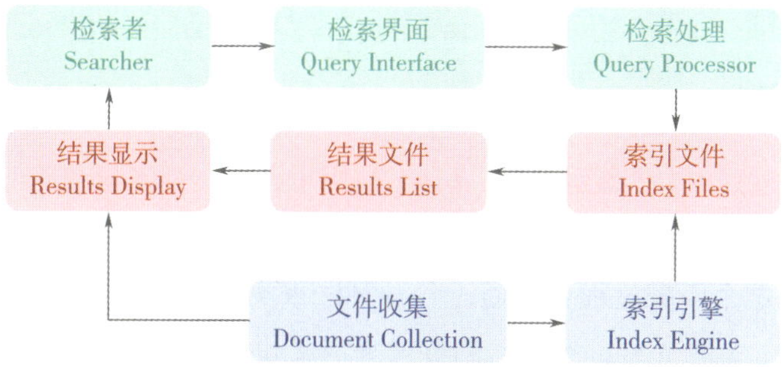

图4.9　**信息检索系统的组成**

科学计量学研究中，数据检索是最为关键的步骤之一，是决定信息分析结果可信度的关键。因此，本部分将从检索流程、检索策略、检索评价以及检索分歧四个部分来对数据检索进行说明。

4.4.1　检索流程

信息检索的过程是“存”和“取”的过程，即系统通过对文档的索引和处理，将数据保存在数据库中，用户通过信息需求，构建信息的查询条件以从信息检索系统中获取数据。用户发出信息需求指令后，系统会根据用户发出的指令从系统中进行匹配，并形成结果列表，用户可以通过对结果的评估和处理，得到最终的检索结果。信息检索的完整流程如图4.10。

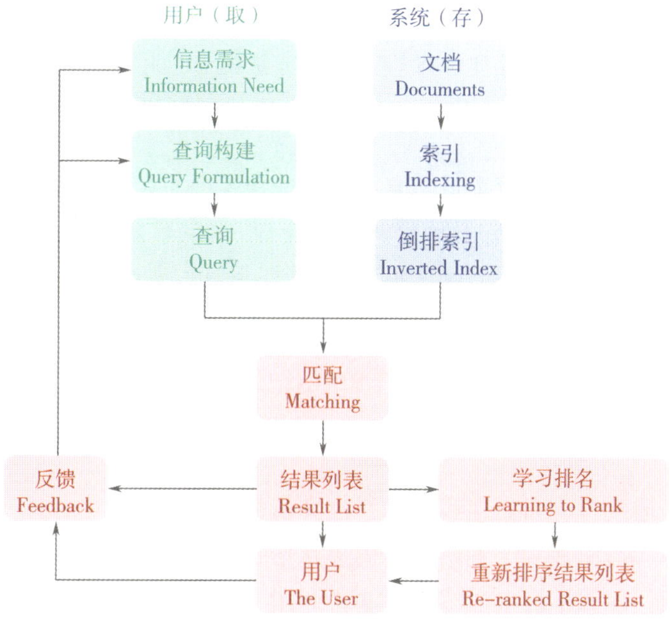

图4.10　**信息检索的流程**

4.4.2 检索策略

4.4.2.1 检索模型

在数据检索过程中，匹配函数 $R(d_j,q)$ 被用来评估文档 d_j 和查询 q 之间的相关性。如果 $R(d_j, q)$ 的值足够高，可以认为文档 d_j 对于查询 q 是相关的，并应该被检索系统返回给用户。这个匹配过程可以通过各种算法来实现，包括布尔匹配、向量空间模型、概率模型等，每种模型都有自己的方式来定义和计算匹配函数 $R(d_j, q)$。由于通过布尔逻辑算符来构建检索式是目前各个检索平台最常用的检索策略构建方法，因此本部分主要介绍通过布尔逻辑来构建检索式的相关问题。在布尔逻辑模型中，文档 d_j 和检索提问 q 之间的相似度 $\mathrm{sim}(d_j, q)$ 可以使用下式表示：

$$\mathrm{sim}(d_j, q)=\begin{cases}1, & \text{if } \exists q_c \mid (q_c \in q_d) \wedge [\forall k_j, \ g_i(d_j)=g_i(q_c)] \\ 0, & \text{others}\end{cases}$$

式中，匹配函数 $\mathrm{sim}(d_j, q)$ 在这里是一个指示函数，表示文档 d_j 与查询 q 是否完全匹配。如果对于查询中的每一个条件 q_c，文档 d_j 都有相应的匹配项 $g(d_j)$，那么 $\mathrm{sim}(d_j, q)$ 的值为1，表示完全匹配。否则，$\mathrm{sim}(d_j, q)$ 的值为0，表示不匹配。这个匹配函数体现了布尔检索模型的典型特点，即文档要么完全符合查询条件，要么完全不符合。

4.4.2.2 检索技术

在科技文献数据检索平台中，布尔逻辑检索常常与“截词与通配符检索”、“精确短语检索”、“字段检索”以及“位置检索”等方法配合使用，下面对各种检索方法做如下介绍：

（1）布尔逻辑检索。布尔逻辑的基础是代数理论的布尔逻辑算法，通过“逻辑或（OR）”、“逻辑与（AND）”和“逻辑非（NOT）”等运算符来连接用户的检索条件。例如，图 4.11 中，A AND B表示所检索的条件A和条件B必须同时满足时，才会返回检索结果；A OR B表示，满足条件A或条件B其中任意一个都会返回结果；A NOT B表示所检索的结果包含于A中，但不能包含于B中的记录。布尔逻辑的这种数据获取方式与人类的信息交流需求模式极其类似，已经成为数据获取中最容易理解的一种检索技术。

（2）截词与通配符检索。在实际的科技文献数据检索任务中，由于词性或者英美英语之间的差异，会出现一个词语有不同表达形式的情况。为了提升检索的效率，简化检索式的构建，在各个数据库平台上通常使用“*”、“？”以及“$”等通配符来辅助检索式的构建。这里的通配符表示未知字符。其中，星号（*）表示任何字符组，包括空字符；问号（?）表示任意一个字符；美元符号（$）表示零或一个字符。例如：Citation* 可查找到包含单词 Citation和 Citations的记录。

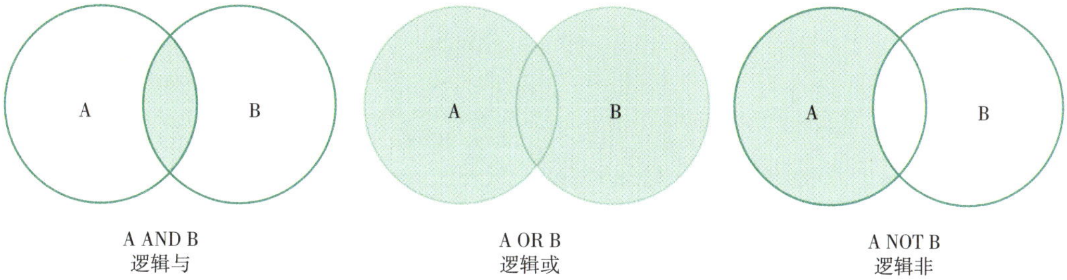

图4.11　布尔逻辑算符示意图

（3）精确短语检索与模糊检索。在常用的检索系统中，用户可以使用双引号（“ ”）查找精确匹配的短语。用户所使用的检索式中，引号内的内容是作为整体内容出现的检索的文本中。例如：检索“Citation culture”就不会检索到Culture of Citation。在不使用双引号时，检索式Citation Culture是可以检索到Culture of Citation的。

（4）字段检索。科技文献是由若干的元数据字段描述的，一篇论文包含了发表时间、发表期刊、作者以及关键词等。在执行检索任务时，用户可以限定待检索信息所在的字段，然后通过布尔逻辑算符进行连接，以实现高效精确检索。例如：执行发表在*Scientometrics*期刊上、1999—2010 年发表的论文的检索任务时，可以将检索的字段选择为Publication Title，并输入*Scientometrics*；在Publication Year字段位置输入 1999—2010，然后这两个检索条件之间用布尔逻辑算符AND连接即可。目前，字段检索是各个科学文献数据库最基本的检索方法。图 4.12 中给出了Web of Science科学文献的元数据字段，读者在执行相关检索任务时可以参考。

（5）位置检索。在检索中，除了使用布尔逻辑检索之外，通常还可以配合位置检索符来提升检索的灵活性和效率。常用的位置检索符有NEAR/x和SAME等。使用NEAR/x可以查找操作符连接的术语在指定数量单词内相互靠近的记录。将x替换为一个数字，以指定分隔术语的最大单词数量。如果使用NEAR而不加/x，系统将查找操作符NEAR连接的术语在 15 个单词内相互靠近的记录。例如：在Web of Science中，citation NEAR vosviewer和citation NEAR/15 vosviewer是等效的检索式。使用SAME检索符可以检索两个或多个检索词出现在同一段落或同一句子中的记录。它有助于确保搜索到的记录中，这些检索词在文本的逻辑上更加紧密相关。例如：在地址检索中，通过AD=（McGill Univ SAME Quebec SAME Canada）会找到那些在全记录的地址字段中同时出现McGill University、Quebec和Canada的记录。

字段标识	字段名称	字段标识	字段名称	字段标识	字段名称	字段标识	字段名称
FN	文件名	CL	会议地点	U2	使用次数（2013 年至今）	EP	结束页
VR	版本号	SP	会议赞助方	PU	出版商	AR	文献编号
PT	出版物类型	HO	会议主办方	PI	出版商所在城市	DI	数字对象标识符 (DOI)
AU	作者	DE	作者关键词	PA	出版商地址	D2	书籍的数字对象标识符 (DOI)
AF	作者全名	ID	Keywords Plus®	SN	国际标准期刊号 (ISSN)	EA	提前访问日期
BA	书籍作者	AB	摘要	EI	电子国际标准期刊号 (eISSN)	EY	提前访问年份
BF	书籍作者全名	C1	作者地址	BN	国际标准书号 (ISBN)	PG	页数
CA	团体作者	RP	通讯作者地址	J9	长度为 29 个字符的来源文献名称缩写	P2	章节数 (Book Citation Index)
GP	书籍团体作者	EM	电子邮件地址	JI	ISO 来源文献名称缩写	WC	Web of Science 类别
BE	编者	RI	Web of Science Researcher ID 号	PD	出版日期	SC	研究方向
TI	文献标题	OI	ORCID 标识符	PY	出版年	GA	文献传递号
SO	出版物名称	FU	基金资助机构和授权号	VL	卷	PM	PubMed ID
SE	丛书标题	FX	基金资助正文	IS	期	UT	入藏号
BS	丛书副标题	CR	引用的参考文献	SI	特刊	OA	公开访问指示符
LA	语种	NR	引用的参考文献数	PN	子辑	HP	ESI 热点论文
DT	文献类型	TC	Web of Science 核心合集的被引频次计数	SU	增刊	HC	ESI 高被引论文
CT	会议标题	Z9	被引频次合计	MA	会议摘要	DA	生成此报告的日期
CY	会议日期	U1	使用次数（最近 180 天）	BP	开始页	ER	记录结束
						EF	文件结束

图4.12　Web of Science数据的主要构成字段

（6）智能化检索推荐。目前，人工智能技术已经融入检索系统中，以辅助用户提升检索效率和效果。例如：在Web of Science中，用户使用某个或某组主题词来检索得到结果后，系统会在检索条件的下方显示一组与检索主题直接相关的若干主题词，用户此时可以通过点击将其添加到检索条件中，以辅助完善当前的检索策略。此外，在生成式人工智能的发展背景下，相关平台改变了以往的信息检索模式，允许用户直接输入问题，并通过语言模型驱动来生成用户所提交问题的答案。例如：2024 年 1 月 16 日，爱思唯尔在其引文索引数据库Scopus中引入了AI，用户可以直接通过提问来获取文献总结、重要文献、相关学者列表以及概念关系等信息。虽然，基于大语言模型的生成式人工智能也带了信息检索的变革，但对于学术研究而言还存在若干问题。对于ChatGPT的通用模型，其生成的结果严重受到所训练数据的时效性影响，且很难溯源。或即使在学术数据库系统中的人工智能生成文本可以溯源，但是生成文本所引用的参考文献有很大的随机性（例如：Scopus AI和Elicit等）。因此，在智能化时代，信息检索的质量仍然是需要解决的一个重要议题（Hersh，2024）。

最后，虽然以上的检索技术已经嵌入到了大多数的检索系统中，但需要注意的是，每一个系统都可能在功能设计上有一定的差异（例如：Dimensions平台就不支持使用截词符“*”来进行检索）。建议用户在使用各个检索平台之前，先通过平台帮助文档了解针对当前系统的信息检索规则。

4.4.3 检索评价

用户通过设定检索语句，向当前的数据库发出指令，并试图让数据库返回需要的记录，这是用户进行信息检索基本过程。在对所检索的信息进行评价中，可以通过以下指标进行评价，分别为：查全率、查准率、漏检率、误检率以及错检率。图 4.13 为文献检索结果的示意，其中，a 表示命中的相关文献数；b 表示误检的非相关文献数；c 表示遗漏的相关文献数；d 表示未检出的非相关文献数（即正确地拒绝了无关文献）。那么，相关文献数为$a + c$；无关文献数量为b + d；被检出的文献数量为$a + b$；未检出的文献数量为$c + d$；数据库中文献的总量为$a + b + c + d$（李杰，2014）。

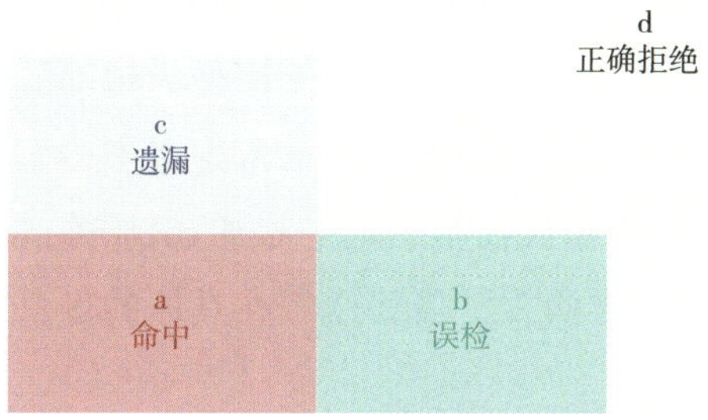

图4.13　文献检索结果示意

进一步，结合图示，查全率、查准率、漏检率、误检率以及错检率可以用下式依次来表达：

$$\text{查全率}\ (R) = \frac{\text{被检出的相关文献数}}{\text{集合中相关文献数}} = \frac{a}{a+c}$$

$$\text{查准率}\ (P) = \frac{\text{被检出的相关文献数}}{\text{被检出的文献数}} = \frac{a}{a+b}$$

$$\text{漏检率}\ (O) = \frac{\text{未检出的相关文献数}}{\text{文献中相关文献数}} = \frac{c}{a+c}$$

$$\text{误检率}\ (N) = \frac{\text{检出的无关文献数}}{\text{文献中被检出的文献数}} = \frac{b}{a+b}$$

$$\text{错检率}\ (F) = \frac{\text{检出的无关文献数}}{\text{文献中无关文献数}} = \frac{b}{b+d}$$

在信息检索中，查全率和查准率都不可能达到 100%，因为某一篇文献不可能完全隶属于某一检索条件。实验表明，查准率和查全率之间存在相反的相互依赖关系，即提高查全率，查准率会降低，反之亦然。因此，用户要根据检索的实际结果和信息需求，适当缩检或者扩检结果，以平衡查全率和查准率，这是必不可少的信息检索素养。

4.4.4 检索分歧

在数据检索中，数据检索式的构建是数据获取的关键。如何构建检索式，针对不同的场景有不同的认识。在服务于委托方（例如：相关智库机构）的案例分析中，我们常常看到的是繁长的检索式，有的甚至长达两页。在以学术研究为导向的科学计量数据采集中，检索式往往比较短。这反映了两种比较典型的数据检索情况：第一种侧重于查全，即尽可能用比较全面的检索词来囊括所要分析的领域；第二种则强调查准，用最为简单的检索式获取数据，来勾勒所关注领域的结构和特征。我将这两种形式的数据检索形容为“已知大象的模样来描绘大象（第一种）”和“未知大象的模样来描绘大象（第二种）”。通常情况下，对于领域发展成熟且具有明显界限的学科，可以通过第一种方式来检索数据（即能比较确定地列出专业领域的核心检索词）。对于发展不成熟的领域，特别是新兴研究主题，建议尽可能使用最为精确的关键词来获取数据。例如：在元宇宙成为热点话题的当年，如果要在学术论文中检索元宇宙的相关论文，建议直接使用Metaverse*即可，不建议在检索词中添加 3R相关的主题词（李杰，2022）。实际上，究竟采用哪一种模式来检索，需要读者在具体的场景下根据实际情况来进行选择。

（a）已知大象的模样来描绘大象
（信息需求相对完备的情况下进行信息检索）

（b）未知大象的模样来描绘大象
（信息需求相对不完备和模糊的情况下进行信息检索）

图 4.14　信息分析服务中信息检索式构建的两种情形

注：这两幅图由作者通过ChatGPT生成。

4.5 文献数据平台

科学文献数据平台是进行科学计量研究的基础设施，如果没有科学文献数据平台，科学计量学的发展会受到严重的影响。正如前面章节对加菲尔德SCI数据库的评价一样，它发挥了类似于“标准试剂”的作用，使得全球科学计量学的研究成果可以进行对比和交互检验。从科学文献数据库的发展历史来看，它在科学计量学的发展中发挥了举足轻重的作用（如图 4.15）。例如，从 1964 年SCI数据库发布以来，先后产生了一大批重要的科学计量学数据源，也促进了新兴计量方向的兴起，如专利计量学、替代计量学以及政策计量学等等。特别是随着发展，科学文献数据库的多源数据融合和开放特征在加强。例如：Lens平台将科学论文与专利数据进行了很好的关联，Dimensions数据平台则集成了专利、临床报告以及政策等数据。开放免费的学术性数据在这一过程中也取得了持续的发展。自 2004 年谷歌学术免费为科学共同体提供信息检索服务以来，2016 年 2 月 22 日微软也发布了微软学术，以支撑科学家的科学研究和发现。2021 年 12 月 31 日微软宣布停止微软学术项目后，2022 年，OpenAlex团队在微软学术的基础上进一步发展和完善了微软学术，以支撑科技信息服务和科学计量学的研究。值得一提的是，国际《量化科学元勘》(*QSS*) 期刊的第 1 卷第 1 期专门开设了bibliographic data sources专题征稿（Waltman，2020），系统介绍了Dimension（Herzog et al.，2020）、Web of Science（Birkle et al.，2020）、Scopus（Baas et al.，2020）、Microsoft academic graph（Wang et al.，2020）、Crossref（Hendricks et al.，2020）以及OpenCitations（Peroni et al.，2020；HEIBI et al.，2024）等数据源，建议读者将该专题的论文作为本章扩展资料进行学习。

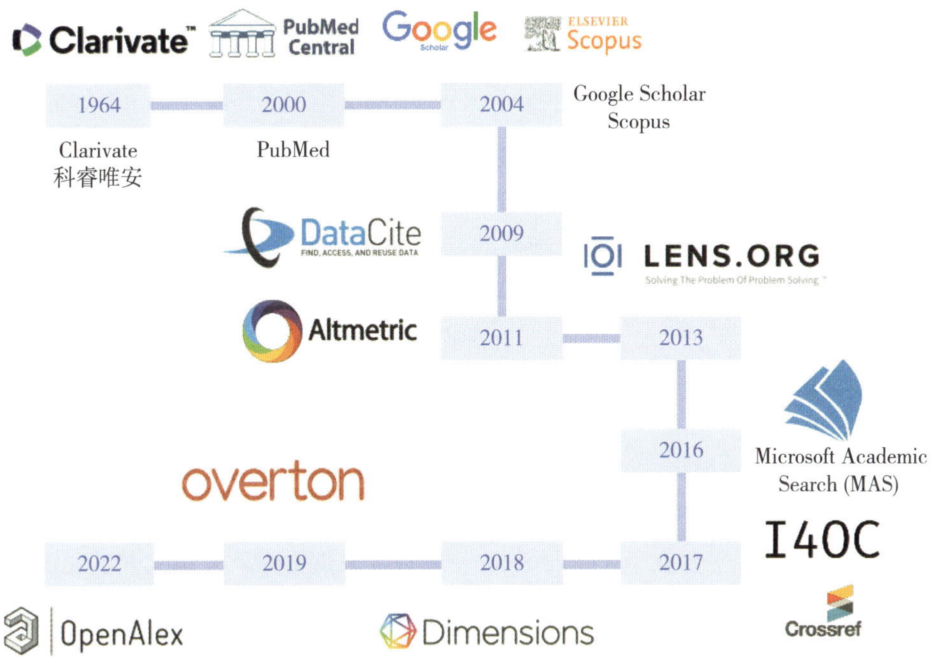

图 4.15　国际科技文献数据库创立的时间线

4.5.1 科技文献索引数据库

4.5.1.1 Web of Science

Web of Science数据平台最初由加菲尔德博士研发的科学引文索引（Science Citation Index）数据库发展而来。在其商业化的过程中，经历了科学信息研究所（ISI）、汤森路透（1992年ISI并入Thomson Reuters）和科睿唯安（Clarivate，2016年）等重要的阶段，其名称也先后经历了Science Citation Index、Web of Knowledge和当前的Web of Science。随着发展的需要，Web of Science的数据资源也得到了较大的丰富。目前，对其有两种认知：一种特指Web of Science核心合集数据库（Web of Science Core Collection），即包含了重要学术期刊的数据库（目前包含SCI、SSCI以及AHCI等）；另一种特指Web of Science平台（曾用名Web of Knowledge），包含了科睿唯安所集成的大多数科技文献数据库。

在Web of Science核心合集数据库（Web of Science Core Collection）中，提供了来自期刊、学术专著和会议文集的元数据和引文信息，涵盖了自然科学、社会科学、艺术和人文学科。Web of Science核心数据合集的数据体系，如图 4.16。该数据库主要包含了科学引文索引（Science Citation Index Expanded，1900 年至今）、社会科学引文索引（Social Sciences Citation Index，1900年至今）、艺术人文索引（Arts & Humanities Citation Index，2005 年至今）、科学学术会议引文索引（Conference Proceedings Citation Index–Science，1990年至今）、社会科学与人文会议索引（Conference Proceedings Citation Index–Social Science & Humanities，1991 年至今）、图书引文索引（Book Citation Index，2005 年至今）以及新兴来源引文索引（Emerging Sources Citation Index，2005 年）等。截至 2023 年 4 月，Web of Science核心合集共收录了 8 800 多万条记录（其中 1 800 多万条有开放获取的全文链接）、20 多亿条引用记录、2.2 万多种期刊、30 多万会议和 13 多万种学术著作，且最早可以回溯到1900年。Web of Science 核心合集的内容经过精挑细选从而具有数据质量上的保证。此外，收录时遵循完整收录原则（Cover to Cover），如收录某期期刊时会收录这期期刊里除广告外的全部文章。

1997 年，Web of Knowledge平台（后更名为Web of Science平台）正式发布，其主要内容包括科学引文索引、社会科学引文索引以及艺术与人文引文索引。截至 2024 年 2 月，Web of Science平台除了Web of Science核心合集数据库外，还包含了大量特色数据库。分别为：①德温特专利数据库（Derwent Innovations Index，DII）、数据引文索引（Data Citation Index，DCI）、预印本引文索引（Preprint Citation Index）、基金索引数据库（Grants Index）以及学位论文索引数据库（ProQuest™ Dissertations & Theses Citation Index）；②区域特色的引文索引数据库，主要有中国科学引文数据库（Chinese Science

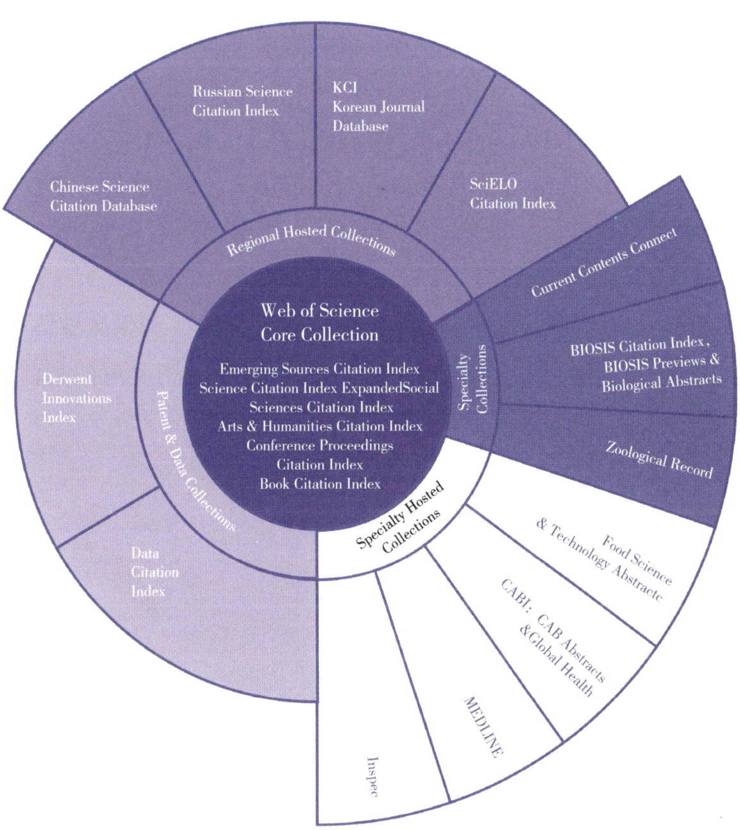

图4.16 Web of Science核心合集的数据体系[1]

Citation Database，CSCD）、韩国期刊数据库（Korean Journal Database，KCI）、SciELO引文索引（SciELO Citation Index）和阿拉伯引文索引（Arabic Citation Index）等；③特定学科的数据库，包含了Medline、BIOSIS引文索引（BIOSIS Citation Index）、动物学记录（Zoological Record）、INSPEC、CABI和FSTA等。在WoS平台中，这些数据库之间在引文层面上实现了关联，为全面认识论文的引文影响力提供了可能。

4.5.1.2 Scopus

Scopus是全球著名的学术出版公司爱思唯尔（Elsevier）于2004年推出的同行评议摘要与引文数据库。Scopus的名称来源于一种名叫Phylloscopus Collybita的鸟，这种鸟具备非常强大的导航功能。目前，Scopus是全球最大的同行评议摘要与引文数据库之一，

[1] Web of Science platform：Introduction. https：//clarivate.libguides.com/webofscienceplatform/introduction. 需要注意：在Web of Science核心合集中，1991年之前的论文是不包含摘要和关键词的，因此处理的数据中包含1991年之前的数据时要特别注意。例如：在通过摘要或者关键词检索某一主题下的论文时，不会检索到1991年的论文数据。即便采用Topic检索得到了1991年之前的数据，在进行关键词共词分析的时候也需要考虑到这一问题。

资源情况如图 4.17。Scopus数据库已经收录了来自全球超过 100 个国家和地区的 7 000 余家出版社的期刊（来源出版物列表：https：//www.scopus.com/sources）。其中包含了 24 亿余条参考文献数据，9 400 万余篇发表记录（其中，8 700 万余篇包含有参考文献，2 340 万余篇为开放获取项目，1 210 万余篇为会议论文，2 100 万余篇包含资助基金信息，5 040 万余篇与专利进行了关联），1 960 万余条作者档案和 99 600 余条组织/机构档案。所收录的文献覆盖物质科学（Physical Sciences，占比 33%）、健康科学（Health Sciences，占比 26%）、社会科学（Social Sciences，占比 44%）和生命科学（Life Sciences，占比 19%）等学科领域，最早的文献记录可回溯到1788年，引文可回溯到1970年。

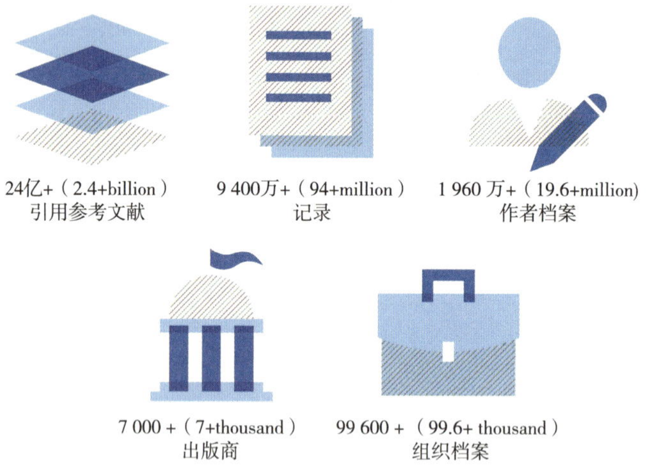

图4.17　Scopus收录的数据情况❶

Scopus数据库包含科研文献、作者、归属机构和来源出版物检索等功能，提供了论文的题录信息和参考文献、来源出版物指标、度量标准、化学物质和CAS注册号、SciVal主题等信息。计量指标方面，除了论文的引用次数外，还提供了自主研发的期刊引文分数指标（CiteScore）、特色的期刊声望指标（SJR）、领域权重引用影响力指数（FWCI）和Plum Metrics社会影响力指标，如媒体提及次数、专利家族引用次数、政策引用次数和临床指南引用次数等。

Scopus数据库被广泛应用于科研文献检索和发现、学科分析服务、科研评估评价。目前，全球主要的大学排名机构（如，泰晤士高等教育世界大学排名、QS世界大学排名、上海软科的中国大学排名等）已经将Scopus的数据作为排名依据之一；广受科研界关注的中国高被引学者（Highly Cited Chinese Researchers）、Stanford大学全球前2%顶尖

❶ Download our fact sheet(opens in new tab/window) with Scopus content figures and the latest product updates.https：//www.elsevier.com/products/scopus?dgcid=RN_AGCM_Sourced_300005030.

科学家（World's Top 2% Scientists）[1]等学者榜单，也将Scopus作为可信赖的数据源；美国国家科学委员会（National Science Board）每逢偶数年需要向美国政府提交的《科学与工程指数》报告（Science and Engineering Indicators），也以Scopus作为科研文献统计的数据依据。

目前，爱思唯尔与我国的科技出版业建立了深入的合作关系。特别是，2018 年与中国图书进出口（集团）总公司发起并组织了中国学术期刊“走出去”专家委员会暨Scopus中国学术委员会，旨在为中国期刊的遴选收录提供权威学术意见，遴选高质量的中国期刊被Scopus数据库索引，提升中国期刊的国际知名度和影响力。截至 2023 年 3 月，已有超过 1 080 本中国大陆期刊被Scopus收录。

4.5.1.3 Dimensions

Dimensions数据库由伦敦Digital Science及其合作伙伴于 2018 年 1 月创建，专门从事学术信息的搜集、加工、更新与分析。该数据库涵盖多语言、全学科资源，是基于大数据理念的新型综合科研信息数据平台。Dimensions数据库在构建丰富的数据环境基础上，提供了跨多种内容类型的单一搜索入口。截至 2024 年 2 月，Dimensions数据库中收录了出版物（Publications）143 082 222 篇、数据集（Datasets）30 221 609 份、基金（Grants）7 098 176 份、专利（Patents）160 045 605 份、临床试验（Clinical Trials）817 242份以及政策文件（Policy Documents）1 915 161份，并将学术文章、引文与资助项目、专利、试验研究、数据集和政策文件等进行了深度关联，已成为当前全球最大的关联学术信息数据库之一（Dimensions，2023）。此外，Dimensions数据库还包括来自Figshare、Dryad、Zenodo等存储库的数据集以及针对热点研究话题撰写的研究报告等数据。

通过对一系列科研大数据的关联挖掘，Dimensions数据库打破了不同类型学术成果之间的信息壁垒，帮助学术界从研究主题、合作网络等维度梳理科研发展脉络。例如：在表 4.3 中，全面呈现了论文Agustí（2012）在Dimensions中的关联情况，涉及了补充数据（Supplemental data）、相关数据集（Associated datasets）、出版物参考文献（Publication references）、基金资助（Supporting grants）、临床试验参考文献（Clinical trial references）、出版物引用（Publication citations）、专利引用（Patent citations）、政策文件引用（Policy document citations）以及替代计量学得分（Altmetric Attention Score）。在科研人员层面，Dimensions利用增强型元数据，实现文章层级的学科分类，支持国家、城市、机构以及个人维度的科研产出分析；在科研机构层面，可帮助科研人员追踪文

[1] October 2023 data-update for “Updated science-wide author databases of standardized citation indicators”. https：//elsevier.digitalcommonsdata.com/datasets/btchxktzyw/6.

献的开放获取状态、出版商信息等，支持机构进行出版管理；在科研管理层面，追踪科研过程的多种产出，为科研经费资助者提供决策依据，为科研影响力的评价工作提供独特价值。此外，Dimensions还专门提供了将数据直接输出为Citespace或VOSviewer可分析的格式，为基于Dimensions的科学知识图谱绘制提供了便利。

表4.3 Dimensions中的数据关联情况示例（Dimensions，2023）

编号	关联数据名称	中文	关联数
1	Supplemental data	补充数据	15
2	Associated datasets	相关数据集	4
3	Publication references	出版物参考文献	44
4	Supporting grants	基金资助	2
5	Clinical trial references	临床试验参考文献	1
6	Publication citations	出版物引用	620
7	Patent citations	专利引用	6
8	Policy document citations	政策文件引用	1
9	Altmetric Attention Score	替代计量得分	18

注：上表中的数据会随着时间更新，读者可以在Dimensions数据库平台查询最新的统计数据。

4.5.1.4 CSCD

中国科学引文数据库（Chinese Science Citation Database，CSCD）由中国科学院图书馆创建于1989年。CSCD是我国第一个引文数据库，主要收录了数学、物理、化学、天文学、地学、生物学、农林科学、医药卫生、工程技术和环境科学等我国自然科学和工程技术领域出版的千余种中英文科技优秀期刊[1]，被誉为“中国的SCI”。自1995年CSCD出版我国第一本印刷版《中国科学引文索引》以来，CSCD持续稳定地发展和更新。1998年，CSCD出版了第一张中国科学引文数据库检索光盘；1999年，基于CSCD和SCI数据，出版了利用文献计量学原理制作的《中国科学计量指标：论文与引文统计》《中国科学计量指标：期刊引证报告》；2003年，CSCD提供了网络服务，推出了

[1] 中国科学引文数据库（CSCD）来源期刊遴选报告（2023—2024年度）可以从http：//sciencechina.cn/cscd_source.jsp下载。

网络版，形成了中国科学引文数据库（CSCD）、中国科技期刊引证指标（CSCD-JCR）、中国科学文献计量指标（CSCD-ESI）三个数据库，从文献检索、期刊引证指标、中国科技论文产出及影响力等维度面向用户提供多层次的服务。2007 年，中国科学引文数据库与科睿唯安公司合作，实现CSCD与Web of Science的跨库检索，CSCD也成为Web of Science平台接入的第一个非英文语种的引文数据库。CSCD将中国 1 200 种期刊嵌入了国际知名的文献检索平台，通过两个数据库之间的文献引用关系为用户提供“中国看世界、世界看中国”的可能性。2019 年，CSCD与Scopus合作，实现双平台的文献计量指标的调用，成为我国唯一一个与两大知名检索平台合作的文献数据库。

截至 2024 年 3 月，CSCD收录论文记录 6 374 658 余条，引文记录 106 241 926 余条。CSCD支持论文与引文的检索，提供作者、关键词、机构、基金等基于论文特征的检索途径，也提供被引作者、被引第一作者、被引机构、被引文献等引文信息的检索。CSCD利用引文关系来揭示知识的关联，用户可以以一篇论文为起点，通过参考文献、施引文献，获得更多的相关论文。CSCD还与论文的全文地址进行了关联，以支持用户即时获取全文；同时CSCD构建了文献与科学数据的关联，为用户提供了论文对应科学数据集的快速获取链接；集成了图书馆原文传递和参考咨询系统，为用户提供了解决文献资料获取问题的途径。

4.5.1.5 CSSCI

中文社会科学引文索引（Chinese Social Sciences Citation Index，CSSCI）由南京大学始建于1998年，是我国人文社会科学领域第一个引文数据库。为了保证CSSCI研制工作的顺利实施，2000 年 4 月，南京大学成立了“南京大学中国社会科学研究评价中心”，其重要业务就是以CSSCI数据库研发为核心开展人文社会科学文献的数字化加工、推广服务、科学研究等工作。目前，CSSCI收录了包含马克思主义理论、哲学、宗教学、语言学、中国文学、外国文学、艺术学、历史学、经济学和管理学等 24 个学科和两个大类刊源（综合性社会科学和高校学报）出版的中文人文社会科学优秀期刊600余种。特别是，自 2021 年开始收录了《光明日报・理论版》和《人民日报・理论版》两种报纸的文献数据。截至2023年4月，CSSCI收录论文记录200万余条，引文记录1 500万余条。经过多年的发展，CSSCI已经在人文社会科学资源服务、评价以及科学计量学的研究中产生了深远的影响。

CSSCI中提供了“来源文献”与“被引文献”检索两大途径，来源文献检索提供了篇名、作者、关键词、期刊名称、作者机构、作者地区、基金等基于论文特征的检索途径。被引文献检索提供了被引作者、被引文献篇名、被引文献期刊、被引文献年代等引文特征的检索。与其他引文索引数据库类似，CSSCI利用文献的引用关系构建了文献之间的关联关系，并以此来发现更多相似的研究。随着发展和完善，在CSSCI数据库的基础上，该团队进一步构建了中文学术图书引文索引（CBKCI）、中文社会科学引文索引（扩展版）、学术集刊引文索引、港澳台及海外华文引文索引等数据库。

4.5.2 政策引文索引数据库

Overton数据库由Euan Adie于2019年正式创立。后来，项目团队在英国伦敦创建了开放政策公司（Open Policy Ltd）以促进数据库的运维和研发，同时也为商业性的运营活动提供便利（Szomszor et al.，2022）。创建该数据库的初衷是为研究者、图书馆员、科研管理者、基金机构、出版商、政策决策者等类型的用户提供政策全文及引文检索服务，帮助用户发现、理解和测度学术文献或政策文件本身的政策影响力。值得一提的是，Euan Adie也是Digital Science旗下替代计量学（Altmetrics）数据平台Altmetric.com的创始人（2011年创建）。2018年，他离开Altmetric.com后，于次年创立了Overton。Overton广义地将政策文件定义为“主要为了或是经由政策制定者撰写的文档（documents written primarily for or by policymakers）”，因而其收录的政策文件来源广泛，既包括各级政府机构，也包括政府间组织（IGOs）、非政府组织（NGOs）、智库（think tank）以及开放存取库（如PubMed Central和Analysis & Policy Observatory）。相应的，Overton所收录的文件类型也涵盖政策文件、法律文件、工作文件、新闻稿、博客博文、医学临床指南等。

Overton聚焦于索引全球范围内所追踪的政策源所发布的政策文件全文，以及挖掘政策文件全文中指向学术文献、政策文件或新闻媒体的引文信息。截至2023年，Overton共收录了来自全球180多个国家或地区的超过3万个政策来源发布的770余万篇政策文件，且通过文本挖掘技术提取并整理了所收录政策文件的题录数据与引文数据，支持用户通过政策文件标题与全文（“Search policy documents”）、政策文件引用或提及的人名（“Search people”）、政策文件引用的学术文献（“Search scholarly articles”）等条件字段进行检索，以发现相关政策文件。Overton提供的政策文件检索结果字段包括但不限于政策文件标题、发表日期、文献类型、提要、主题词、实体词、主题领域、作者、来源、来源国家与地区、全文链接、可持续发展目标（SDGs）、参考文献以及施引文献等。

尽管Overton追踪的政策来源较为广泛，但其收录的政策文件表现出一定的倾向性。例如，在来源地区上，绝大部分政策文件来自美国、英国、加拿大等欧美国家；在语种上，绝大部分政策文件是用英文书写；在来源类型上，政府机构类型的政策来源占主导地位；在发表日期上，2015年及之后发表的政策文件收录数量较多，发表于2009

年之前的政策文件则相对稀少。

由于绝大部分政策文件并不具备如学术文献般规范的参考文献列表，Overton首先在政策文件全文中识别与提取疑似参考文献字段，如包含作者名、期刊名、引文常用短语、数字上标或斜体表示的字段。然后，Overton根据疑似参考文献字段的特征计算疑似度得分，并在疑似度得分高于特定阈值的字段中识别提取出参考文献字段的不同部分，如来源、标题、发表年等。最后，Overton将提取出的参考文献字段与Crossref收录的学术文献以及Overton自身收录的政策文件进行匹配，保留相似度得分高于特定阈值的匹配结果，从而确定政策文件中引用的学术文献或其他政策文件，进而形成引文数据。目前，随着政策信息学和政策计量学（Yang et al.，2020）的不断发展，关于政策与研究之间的互动以及政策影响力的分析或将成为科学计量学领域讨论的重要方向之一（Boswell et al.，2017；Fang et al.，2020；Bornmann et al.，2022）。在此背景下，Overton提供的政策文件引文数据，势必成为研究政策间以及科学文献与政策间互动关系的重要数据源（Yin et al.，2021）。

4.5.3 替代计量学数据库

2010 年Altmetric产生以后，不同组织或个人先后建立了多个数据库试图用于进行替代计量学分析，例如：Altmetric、ImpactStory、PLOS ONE Altmetrics、Plum Analytics、ReaderMeter、ScienceCard以及Citedin等。然而数据库的长期建设和维护是一笔不小的费用，因此随着发展，这些数据库中公益性的数据库逐渐停止了更新或维护，只有部分商业性的数据库仍然活跃。在这些数据库中，最为稳定和可靠的当属Altmetric.com数据库，因此本部分选择了该数据库进行进一步的介绍。

2011 年，Altmetric数据库由Euan Adie在英国伦敦创建，其起源于蓬勃发展的替代计量运动（Altmetrics Movement）。2012 年 2 月，Altmetric Explorer发布了第一个独立版本。2012 年 7 月，Altmetric数据库接受了Digital Science公司的投资，成为隶属于Digital Science公司学术产品体系的一部分。2014 年，它被欧盟专员Máire Geoghegan-Quinn评价为挑战传统声誉体系的公司。2019 年，Altmetric获得了谷歌数字新闻创新基金的资助，旨在“建立一个衡量新闻影响力的新工具”。目前，Altmetric公司提供了五个方面的服务，分别为The Altmetric API、The Altmetric Bookmarklet、The Altmetric Explorer、The Altmetric Badges以及The Altmetric Consulting Services，主要面向期刊出版商、科研机构、研究人员和基金资助等主体，同时该公司也是Impactstory、Figshare等其他平台的数据提供商。

Altmetric数据库旨在跟踪、整理和分析Elsevier、Kluwer、Springer、Wiley等大型商

业数据库，PLoS、BioMed Central、F1000等开放获取期刊上已发表的学术研究成果的链接，DOI和参考文献等“在线活动”，提供学术成果被世界各地讨论和使用的情况。该数据库主要监测一系列非传统类型数据来源，包括政策文件、文献管理软件、同行评审平台、维基百科、博客、主流新闻媒体和社交媒体等，中国的新浪微博也是其跟踪的数据源之一（仅收录至2015年）。该数据库所提供的数据类型与经典引文指标相辅相成，包括但不限于在维基百科和公共政策文件中的引用、在Mendeley等文献管理软件上的提及、在博客上的讨论、在主流媒体上的报道以及在Twitter（现为X平台）等社交网络上的提及等。在每个研究成果的详细信息页面，Altmetric数据库记录了单个成果在各个平台、国家和地区的提及情况，综合计算了旨在反映研究成果的覆盖范围或受欢迎程度的替代计量关注度得分（Altmetric Attention Score），并以彩色甜甜圈图标（Donut Badge）的形式呈现，提供研究成果所收到的关注的来源摘要（红色表示新闻，浅蓝色表示 Twitter等）。如今，Altmetric数据库收录了超过3 500万项研究产出（包括期刊文章、数据集、图像、白皮书、报告等）的1.91亿次提及，并且还在不断增长。当前，Altmetric数据库在国际的科学计量学研究中应用非常广泛，许多出版商和期刊（例如Springer、Nature等）均订阅了Altmetric数据库的服务，将表示替代计量关注度得分的可视化结果嵌入期刊文章和书籍页面中，以显示出版商平台内单个成果获得在线关注的情况。

最后值得一提的是，Mongeon（2023）等将OpenAlex的作者信息与Crossref Event Data中识别的Twitter（现为X平台）用户进行了匹配，在学术研究中也可以使用该免费公开数据集[1]进行替代计量学的相关研究。

4.5.4 开放科技文献数据库

当前，开放科学（Open Science）已经成为科学计量学内外的热点话题。开放科学资源，实现全球的学术资源的共享，对于科学发展有积极的意义。科学计量学学术共同体也积极践行并推动着开放科学的发展，例如：2019年，*Journal of Informetrics*编委由于与爱思唯尔在开放引文（Open Citation）上未达成一致而集体辞职，并在2019年创办了开放获取期刊*Quantitative Science Studies*。这里所提到的开放引文实际上是开放获取内容的一部分。在科学计量学的研究中，常见的开放获取数据库有OpenAlex、Pubmed、Crossref、Semantic Scholar、OpenCitation（HEIBI，2024）、Europe PMC以及Wikidata等。

[1] 注：数据下载地址https：//zenodo.org/records/7013518。对于此类免费的数据集，用户在使用时需要注意更新情况。2024年4月24日，该团队对数据集进行了更新，并在莱顿大学CWTS的官方博客Leiden Madtrics上发表了An update on the Scholars on Twitter dataset. https：//www.leidenmadtrics.nl/articles/an-update-on-the-scholars-on-twitter-dataset。

4.5.4.1 OpenAlex

OpenAlex创建于 2022 年，是一个基于开源代码开发的、国际性的学术论文免费开源数据库。OpenAlex命名来自古代的亚历山大图书（Ancient Library of Alexandria），并由非营利组织OurResearch创建。其初衷是为了延续于 2021 年 5 月微软宣布停止维护的微软学术（Microsoft Academic Graph，MAG），为学术研究提供全面开源的科研成果数据（Priem et al.，2022）。OpenAlex在微软学术基础上扩展了包括来自ORCID、ROR、DOAJ、Unpaywall、PubMed、PubMed Central以及The ISSN International Centre的数据。

目前，OpenAlex数据集描述了学术实体及这些实体之间的连接方式。实体类型包括作品（works）、作者（authors）、来源（sources）、机构（institutions）、主题（topics）、出版商（publishers）和资助者（funders），这些实体共同构成了一个庞大的网络（一个异质性有向图），包括数亿个实体和数十亿个它们之间的连接。下面对OpenAlex中的实体情况介绍如下：

（1）研究作品数据库包括期刊论文（journal articles）、书籍（books）、数据库（datasets）和学位论文（theses），OpenAlex索引了超过2.4亿份作品。

（2）OpenAlex索引了大约 2.13 亿名作者。同时，OpenAlex通过内部开发的作者姓名消歧算法[1]对作者的数据进行了消歧处理。

（3）OpenAlex索引了大约 249 000 个来源，主要的类别有期刊（journals）、会议（conferences）、预印本仓库（preprint repositories）以及机构仓库（institutional repositories）等。

（4）研究机构数据库中包括了研究成果对应的作者的研究机构。在OpenAlex中，索引了大约10.9万条数据，这些机构的规范外部ID为ROR ID（所有机构都有ROR ID）。

（5）在OpenAlex中，论文通过一个自动化系统进行主题标记，考虑的主题信息包括标题、摘要、来源（期刊）名称以及引用。OpenAlex中大约有 4 500 个主题，这些主题被分组到子领域，子领域被分组到领域，领域又被分组到顶级域[2]。

（6）出版商是出版期刊文章、书籍和论文的公司和组织。目前，OpenAlex索引了大约1万个出版商。

---

[1] OpenAlex的作者消歧：https：//github.com/ourresearch/openalex-name-disambiguation/tree/main/V2.

[2] OpenAlex：End-to-End Process for Topic Classification. https：//help.openalex.org/how-it-works/topics.

（7）OpenAlex索引了大约 32 000 个资助者。资助者数据来自Crossref，并通过Wikidata和ROR的数据进行了增强。

相比于其他数据库，OpenAlex对于科学计量研究有三大优势。第一，数据量大。与其他平台相比，OpenAlex的数据量优势明显。第二，开源与免费属性，为科学计量学研究提供了全面、透明和易获得的数据支撑。第三，对科技文献中识别的相关实体进行了消歧处理或进一步加工。例如：对作者进行了姓名消歧处理，为个体层面研究（例如，科学家的科研评价）提供了便利。将研究领域细分为研究概念，为主题分析提供了基础。OpenAlex定期更新，研究人员可以通过OpenAlex提供的API访问数据，也可以通过Amazon Web Services一次性下载全部数据到研究者本地。OpenAlex可通过R或Python来批量采集数据，例如：openalexR（Aria et al.，2024）、PyAlex（Python）以及diophila（Python）等。此外，OpenAlex数据可以直接在VOSviewer中进行采集和数据分析。

最后，作为科学计量学的开放数据集，其最大的挑战是运行和维护的成本以及当前还存在的数据的完整性问题（Alperin et al.，2024）。当然，在开放科学的运动下，科学论文数据的获取将越来越便捷，这将在未来进一步促进OpenAlex数据的更新和迭代。

4.5.4.2 PubMed

PubMed医学数据库是美国国立医学图书馆（National Library of Medicine，NLM）下属的国家生物技术信息中心（National Center for Biotechnology Information，NCBI）开发和维护的免费生物医学文献检索系统。目前已经成为国际上最重要、最权威的医学文献检索系统之一。PubMed的前身可追溯到 1964 年美国国立医学图书馆开发的医学文献分析及检索系统（Medical Literature Analysis and Retrieval System，MEDLARS），该系统实现了文献加工、编制和检索的计算机化。1971 年，美国国立医学图书馆又推出MEDLINE联机检索服务，即MEDLARS Online，用户可以在大学图书馆等机构内部进行在线访问。在以上发展的基础上，1996 年，美国国立医学图书馆进一步推出了以MEDLINE为核心的Pubmed互联网检索系统，并向全球用户免费开放使用。

截至 2024 年 3 月，PubMed收录了超过 3 651 万篇文献的题录和摘要，内容主要涉及生物医学和健康领域及相关学科，如生命科学、行为科学、化学和生物医学工程。PubMed数据库不提供期刊论文的全文，但提供了指向PubMed Central和出版商网站的全文链接。用户可以在PubMed中对多个NLM文献资源进行跨库检索。MEDLINE是PubMed最主要的数据来源，主要涵盖由MEDLINE所选期刊的文献题录信息。MEDLINE收录的文献使用医学主题词（Medical Subject Headings，MeSH）进行索引，并提供基金、基因信息、化学物质信息和其他元数据信息。PubMed Central（PMC）是PubMed数据库的第二大数据来源。作为一种全文档案库，其中包括由NLM审查和选择的期刊所发表的文献以及根据资助政策收集的其他存档文献。PubMed的第三大数据来源是Bookshelf涵盖的书籍和一些单独章节的题录信息。Bookshelf是一个包含生物医学、健康和生命科学相关书籍、报告、数据库及其他文档的全文档案库（PubMed，2024）。

目前，MEDLINE PubMed在产出上连续保持了较高文献数据收录量和访问与使用量（表 4.4），更是以在医学领域的数据特色和优势，被广泛地应用于医学相关主题的科学计量学研究、特定主题的荟萃分析和综述性研究。

表 4.4 MEDLINE PubMed的数据统计

统计类别/财政年度	FY2022	FY2021	FY2020	FY2019	FY2018
MEDLINE引文索引量	1 369 611	1 291 807	952 919	956 390	904 636
MEDLINE引文累积总数	29 807 639	28 444 654	27 149 277	26 196 358	25 239 968
MEDLINE期刊数量	5 282	5 282	5 274	5 243	5 251
PubMed引文量	1 714 780	1 733 089	1 514 199	1 366 447	1 329 148
PubMed引文累积量	34 693 538	33 136 289	31 563 992	30 178 674	28 934 389
PubMed搜索次数	25.8亿	25.7亿	33亿	31亿	33亿
Web/Interactive次数	12.83亿	11.86亿	10.76亿	8.96亿	8.31亿
Script/E-Utilities次数	13.03亿	13.91亿	22亿	22亿	25亿

注：数据统计来源于MEDLINE PubMed Production Statistics。

4.5.4.3 预印本数据库

预印本（Preprint）是指科研工作者的研究成果尚未经过同行评议，还未在正式出版物上发表，而出于和同行交流目的，自愿先行在学术会议上或通过互联网发布的科研论文、科技报告等文章。当前，随着开放科学运动在全球的兴起，预印本也迎来了快速的发展，已经诞生了数十种预印本数据库，其中代表性的数据库如表 4.5。在所有预印本数据库中，arXiv是最为成熟和知名的，因此在本部分选择arXiv数据库进行详细介绍。

表4.5 全球代表性的预印本数据库[1]

编号	数据库名称	学科领域	创建时间	维护方
1	arXiv	多学科	1991	Cornell University
2	SSRN	多学科	1994	Elsevier
3	bioRxiv	生物	2013	Cold Spring Harbor Laboratory
4	ChinaXiv	多学科	2016	中国科学院文献情报中心
5	engrXiv	工程	2016	Open Engineering Inc
6	SocArXiv	社会科学	2016	Center for Open Science
7	agriRxiv	农业	2017	Open Access India等
8	ChemRxiv	化学	2017	American Chemical Society
9	EarthArXiv	地球科学	2017	California Digital Library
10	OSF Preprints	多学科	2017	Center for Open Science
11	PaleorXiv	古生物学	2017	Center for Open Science
12	SportRxiv	体育科学	2017	Center for Open Science
13	AfricArXiv	多学科	2018	Center for Open Science
14	Arabixiv	多学科	2018	Center for Open Science
15	EcoEvoRxiv	生态学	2018	Center for Open Science

arXiv预印本数据库是一个提供学术论文免费发布和开放共享的数字仓储服务系统，是数字开放获取（Open Access）的先驱。arXiv.org（前身为hep-th@xxx.lanl.gov）是世界上首个电子预印本交流服务系统，1991年8月，由物理学家Paul Ginsparg在美国洛斯阿拉莫斯国家实验室（Los Alamos National Laboratory）创建。该项目创建的初衷是为了帮助高能理论物理领域的200人小型研究团体及时获取最新的研究成果，以避免科研人员为跟踪最新研究进展而进行重复工作。现在来看，arXiv.org的创建大大提高了科学交流的效率和知识传播速度，并推动了预印本这一模式的快速发展。arXiv.org在高能物理学领域的成功运行促进了预印本在其他相关学科中的流行，凝聚态物理和天体物理学也相继跟进，后来又加入了数学和计算机科学。到了1994年，arXiv.org在短短三年内，从最初服务于高能物理领域200人的小型研究团体已经扩展为拥有2万多用户的预印本服务系统。这些用户来自60多个不同国家，平台日均需要处理的信息超过3万次。2014年，arXiv.org的论文总提交量已超过100万篇，2022年初更是超过了200万篇。

目前，arXiv.org收录了物理学、数学、计算机科学、定量生物学、量化金融学、统

[1] List of preprint repositories. https：//en.wikipedia.org/wiki/List_of_preprint_repositories.

计学、电气工程和系统科学以及经济学等领域的超过220万篇学术文献，是康奈尔大学（Cornell University）、西蒙斯基金会（Simons Foundation）以及会员机构和捐助者共同资助的社群支持资源，在arXiv科学顾问委员会和会员顾问委员会的共同指导下进行管理，由康奈尔大学的康奈尔科技学院（Cornell Tech）维护和运营。通过arXiv Usage Statistics的统计分析发现，在整个时间趋势上，arXiv论文和下载使用都呈现了显著的增长趋势（如图4.18）。

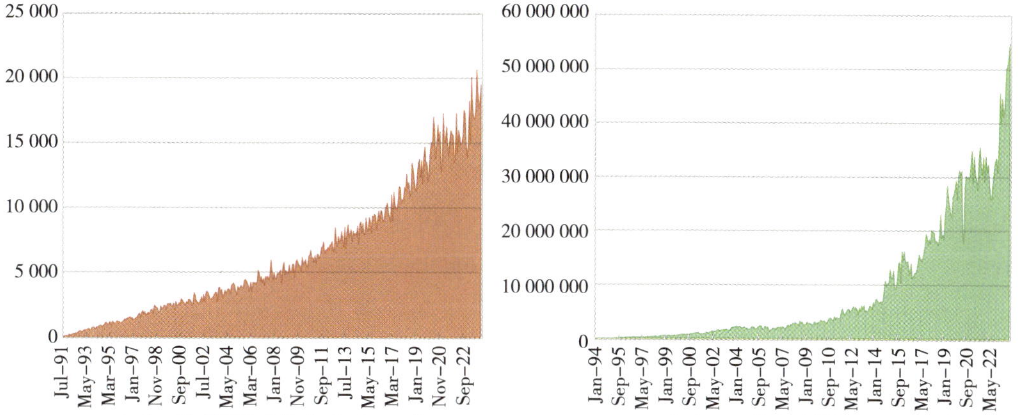

（a）arXiv提交论文数（submissions）　（b）arXiv论文下载量（downloads）

图4.18　arXiv上论文的提交量与下载量

注：数据统计截至2024年2月，数据来源于arXiv Usage Statistics.

arXiv.org在科学交流中发挥着登记、审核、发表、通告、传播、信息检索和提供元数据等作用。注册用户可以向arXiv.org提交论文，无须支付任何费用。论文内容要经过平台审核，这一过程包括将论文分类到与研究主题相关的学科领域以及对论文潜在学术价值的审查。提交到arXiv.org的论文，审核通常将在 48 小时内完成。需要注意的是：arXiv.org不提供论文的同行评审服务，意味着论文的内容完全由作者负责，平台不会对论文有任何修改和保证。arXiv为所有存档的论文分配唯一标识符arXiv Identifier（arXiv ID），论文原始提交版本与其所有的更新版共用同一个arXiv ID，这使得论文的传播交流轨迹（如引用、使用和讨论等）可以被追踪。arXiv.org不要求作者转让版权，但须获得论文提交者授权论文发布和传播的许可协议。目前平台提供的许可协议类型有 CC-BY，CC BY-SA，CC BY-NC-SA，CC BY-NC-ND。arXiv提供的论文元数据（Metadata）的许可协议为CC0 1.0 公共领域贡献，并提供公共应用程序编程接口（API）访问，包括OAI-PMH接口，RSS摘要，旧版 arXiv API，批量数据下载，SWORD 批量存储 API，以及通过arXiv API网关提供的服务。这些增值服务提高了arXiv平台的开放性和互操作性，增加了论文的可见性，并为科学家和读者提供有价值的服务，从而促进了 arXiv.

org的宗旨目标的实现，即免费向作者和读者提供科学成果的快速传播和开放共享。

arXiv接受的论文格式有（La）TeX、AMS（La）TeX、PDFLaTeX、PDF、包含JPEG/PNG/GIF图片格式的HTML。arXiv不接受TeX/LaTeX转换的PDF和扫描的文档，接受非英文论文，但提交者需要提供一个相应的英文摘要，以使论文能够被有效检索，并采取永久保存的策略以保证所有文献记录的永久访问。arXiv.org记录预印本首次提交和更新版本的时间，其首次提交版和所有更新版本均会被保留并可免费访问。对于撤回的论文全文也依然公开免费访问，但会被标记“已撤回”并发布相应的撤回原因说明。

4.5.5 新兴智能化数据平台

在基于引文分析的学术影响力评价中，对所有引文都是一视同仁的。然而，作者在论文中所引用文献的重要性和角色显然是不同的。引用有时是为了支持某些观点，但也有可能是反驳某些观点。在此背景下，Nicholson（2021）等在美国国家科学基金会（NSF）和美国国家药物滥用研究所（NIDA）的资助下（Brody，2021），设计和开发了Scite（https：//scite.ai/）数据平台。

Scite中考虑了诸如引用语境、引用声明、引用意图（支持、对比或提及）、引用位置（例如，引言、材料与方法、结果、讨论）以及来自Crossref和PubMed的相关编辑信息（例如：更正或撤回）等上下文细节。Scite将焦点转向文章如何被引用，这种变化有可能重塑期刊、机构和出版商的评估过程（Kaushik，2023）。例如，图4.19中，Scite将*Scientometrics*期刊的引文划分为三种类型（Nicholson et al.，2021），依次为支持型（Supporting）3 346次、提及型（Mentioning）114 004次以及对比型（Contrasting）377次。

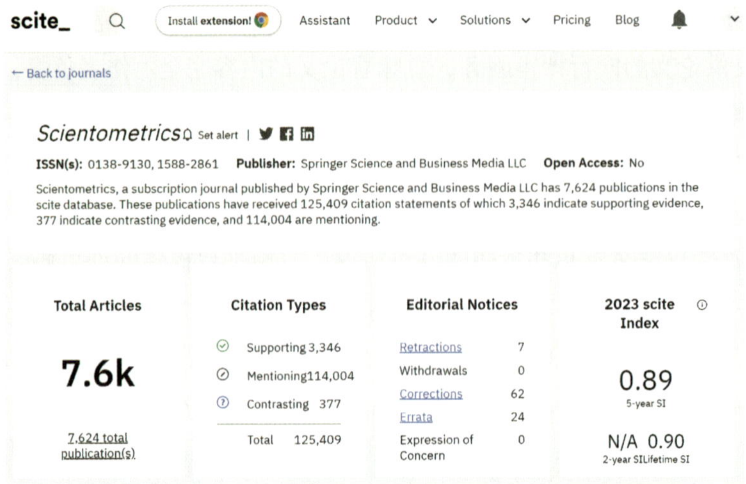

图4.19 Scite中*Scientometrics*期刊的引文类型

4.5.6 数据资源覆盖的比较

不同的数据库，在数据质量、数据覆盖范围以及数据的更新速度等方面都存在差异。在以往的研究中，不同学者对常见数据库的数据覆盖范围（包括地理覆盖范围）进行了深入的比较分析（Martín-Martín，2018 a，2018 b，2021；Singh，2021；Visser，2021；Guerrero-Bote，2021；Liang，2021；Culbert，2024；Asubiaro et al.，2024 ）。现对先前相关者已经分析的相关结果介绍如下。

在论文层面的比较中，Culbert（2024）将新兴的免费开放科学计量学数据库OpenAlex与商业性的数据库WoS和Scopus通过DOI进行了精确匹配和比较（如图 4.20），试图证明OpenAlex的数据信度。结果发现，OpenAlex显然在数据总量上有显著的优势。2015—2022 年，在所有三个数据库共享的 16 788 282 篇近期出版物的数据集限制下，OpenAlex 的平均引用数量与 Web of Science 和 Scopus 相当，且关联了更多的 ORCID 标识符。然而，与其他数据库相比，OpenAlex的机构和摘要信息有很大缺失，使用时要特别注意（Cao et al.，2023；Culbert et al.，2024 ）。

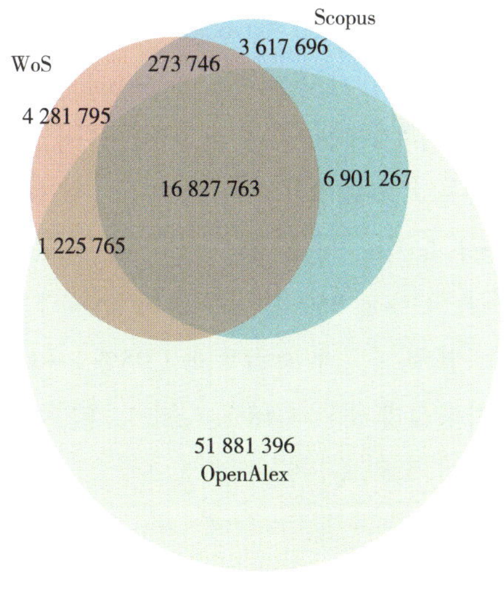

（a）2015—2022年数据的交集

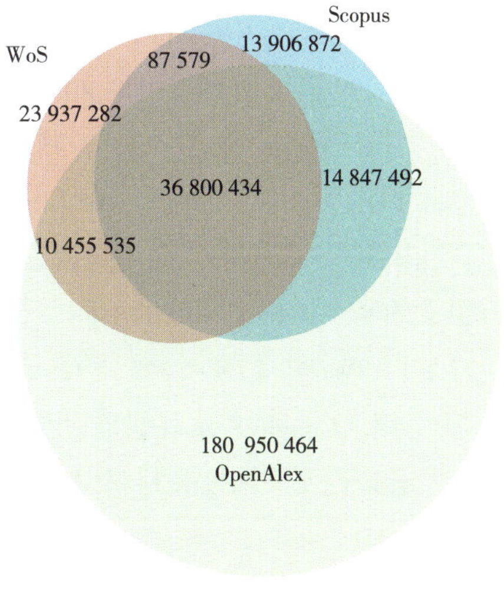

（b）整个数据库中记录的交集

图 4.20 OpenAlex、Scopus和Web of Science数据覆盖比较（Culbert，2024）

在期刊的覆盖度研究中，Singh（2021）对来自WoS、Scopus和Dimension的数据的来源期刊进行了分析，如图 4.21。这些数据库在期刊覆盖率方面有显著的不同，Web of Science期刊的选择最为严格，Dimensions则最为全面。约 99.11%和 96.61%被Web of Science索引的期刊也同时被Scopus和Dimensions索引。Scopus有 96.42%的索引期刊也同时包含在Dimensions中。在三个数据库中，Dimensions数据库的期刊覆盖率最全面，比Web of Science多出 82.22%，比Scopus多出 48.17%。

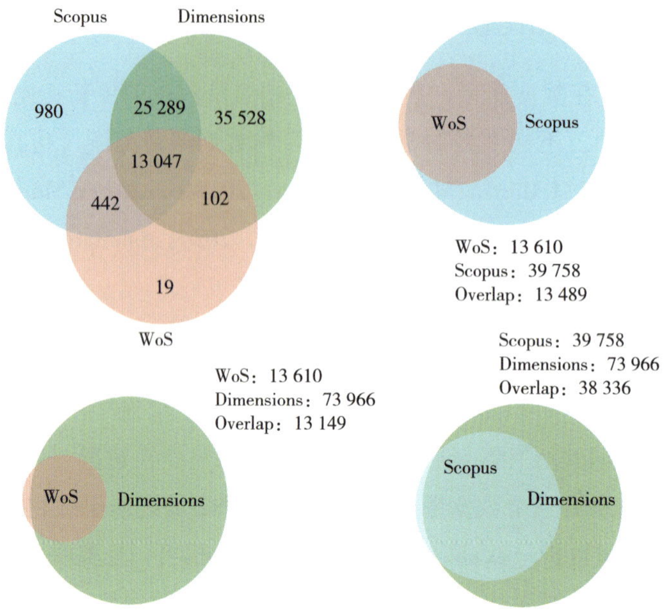

图 4.21　WoS、Scopus和Dimensions期刊覆盖比较

在引文的覆盖研究中，Martín-Martín（2018 b）通过 2006 年Google Scholar中 252 个学科类别的 2 299 篇英文高被引论文的 2 448 055 次引用，比较了Google Scholar、WoS和Scopus的引文覆盖情况（如图 4.22）。其中，三个数据库共同包含了 46.9%的引用，Google Scholar包含了最多引用，涵盖了WoS和Scopus发现的大多数引用。相比之下，仅有 6%的引文包含在WoS或Scopus中，而不包含在Google Scholar中。总体而言，Google Scholar发现了所有引文的 94%（根据领域的不同，这个比例在 93%至 96%之间变动），远高于Scopus（35%~77%）和WoS（27%~73%）。Google Scholar找到了几乎所有WoS（95%）和Scopus（92%）的引用。Google Scholar独有的大多数引用来自非期刊（48%~65%），包括学位论文、书籍、会议论文和未发表材料以及非英语语种的文献（19%~38%）。

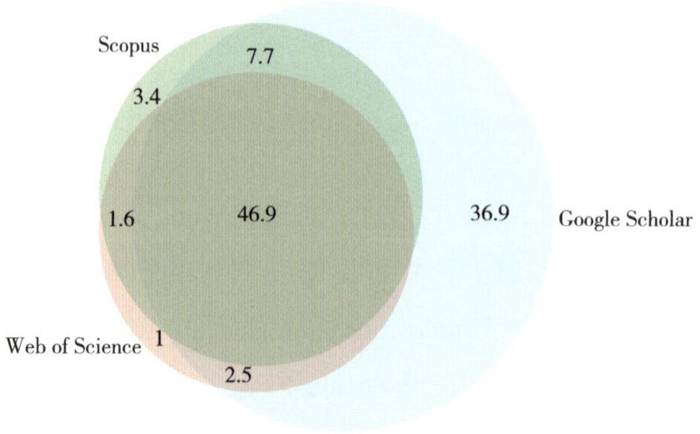

图 4.22　Google Scholar、Scopus和WoS三个数据库的引文覆盖比较

此外，各个数据库在不同领域的覆盖上也是存在差异的。因此，在具体的使用中，读者需要综合自己的数据分析需求和数据覆盖特征来进行数据库选择。

4.6 学术数据共享

在以上科技文献数据平台的基础上，当前不同组织还开发了用于进行数据分享和交流的平台。其中，代表性的数据平台有Harvard Dataverse、Figshare、zenodo以及github等。然而，这种形式的数据分享还存在若干的问题。例如：由于作者在上传数据时，自由填写的数据题录存在不规范或不完整的情况，特别是对数据的内容描述不清晰，这就导致了其他学者复用数据的难度加大。

目前，数据论文成为一种新的论文类型，并可以在正式出版的期刊上发表。特别是，还有部分出版社创建了专门的期刊，以发表数据类型的论文。其中，代表性期刊有*Scientific Data*（Nature）、*Data*（MDPI）、*Data in Brief*（Elsevier）以及《中国科学数据》（*China Scientific Data*）等（Kindling，M. et al.，2022）。目前，也已经有多篇代表性的数据论文发表，在科学领域产生了广泛的影响（Li et al.，2019；Lin et al.，2023；Liu et al.，2023）。其中，李际超等发表的关于诺贝尔奖获得者的数据集，被后来的大量学者应用于诺奖的相关研究中。近期Csomós（2024）等发表了《全球主编的地理分布》数据论文，收集整理了SCIE和SSCI数据库收录的 11 915 本期刊的 15 795 位主编的机构及国家信息，为从编委视角全面认识国家或地区层面上的学术话语权提供了有力的数据支撑。

4.7 数据未来的思考

4.7.1 智能时代的文献数据

AI 4 Science已经成为当前科学领域讨论的热点。AlphaFold2 对蛋白质结构的预测、机器人化学家以及ChatGPT生成式人工智能的产生为人工智能应用于科学研究带来了无限的可能。然而，科学技术是把双刃剑！面对人工智能袭来，我们不得不全面思考，以应对已经和将要面临的挑战与机遇。下面立足科学计量学，从挑战和机遇两个方面来讨论AI将带来的影响。

（1）面临挑战。科学计量学分析的对象一直是由人工生成的数据，然而，OpenAI

公司ChatGPT的横空出世，使得由人工智能生成的内容将越来越多。可以预期，在不远的未来，人工智能产生的数据将超过人类。例如，图 4.23 中，关于科学计量学的认识或描述，一部分是通过不同形式的平台由机器自动生成，一部分由领域学者自己撰写，这显示了科学计量学未来或要面向的复杂数据生成模式。在此背景下，科学计量学不得不提前为此做好准备。未来科学计量学面对的数据对象不得不包含机器生成的数据，届时所分析的科学文本也不得不划分为人类生成的文本、机器生成的文本以及人机协同生成的文本。

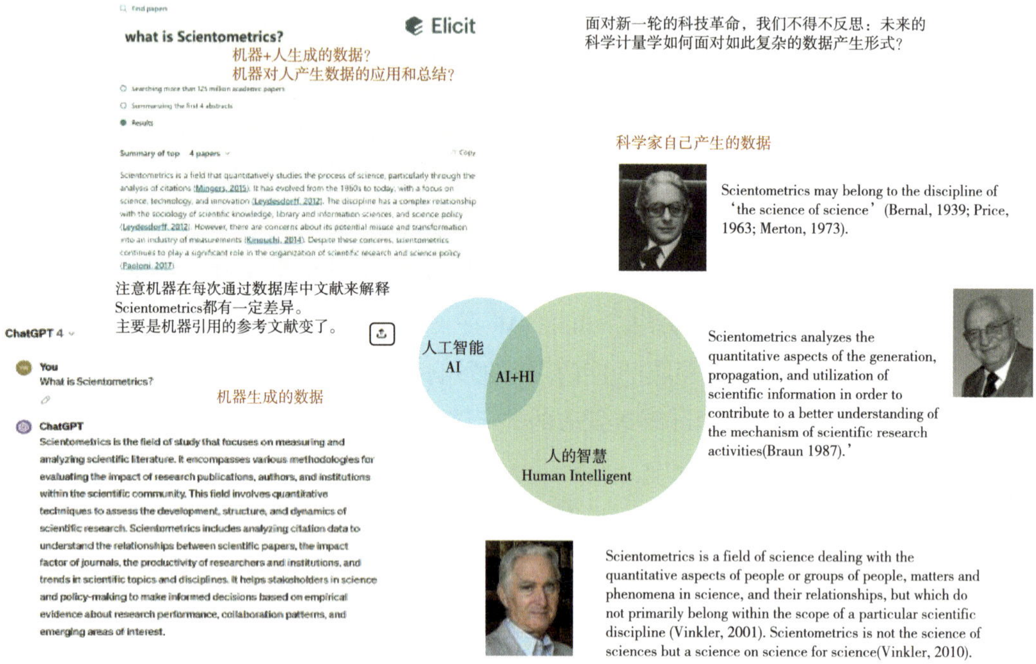

图4.23　面向复杂数据生产环境的科学计量学

（2）发展机遇。当前，随着人工智能的发展，AI将带来科学研究范式的变革（第五范式：AI 4 Science）。人工智能时代的到来，一方面将极大地提升数据质量和数据库的运行效率，进而实现由传统文献数据库向智慧科学文献数据中心的转变；另一方面，生成式人工智能技术的发展将极大地促进科学计量数据分析的任务，让研究真正回归到“问题”导向。因此，未来提出一个有价值的问题将比解决一个问题更加重要（未来要更加注重培养善于提出科学计量学问题的人才）。

4.7.2 大数据与小数据分工

小数据大定律，大数据小定律！

大数据（Big data）起源于20世纪90年代末和21世纪初，并在2010年之后取得了快速的发展。2013年，迈尔–舍恩伯格的科普书《大数据时代：生活、工作与思维的大变革》的出版更是引发了广大群体对大数据及其作用的关注（Mayer–Schönberger, 2013）。“大数据+X”成为人类活动的重要纲领。特别是在科学界，过去十余年，没有哪个领域不把大数据摆在前面，大数据给科学研究带来的促进作用也有目共睹。当然，对于大数据问题的讨论也不少，例如“大数据杀熟”、“大数据隐私”以及“大数据伦理”等。在这个发展过程中，科研人员对大数据应用的案例，如“尿布与啤酒”“流感预测”等津津乐道，同时也对大数据“相关性”与“因果性”发现有了更深层次的思考。随着大数据的发展，似乎在一定程度上加速了科学产出的进程，但突破性的科学发现似乎并没有带来太大的变化。在大数据迷雾之下，进一步反思“小数据”的价值，显得意义重大。

小数据（Small data）是与大数据相对的一个概念，通常有体量小、结构简单以及产生速度慢等特点。自进入大数据时代以来，小数据似乎是一个为了衬托大数据而存在的一个专门术语。然而，小数据的价值被严重低估了。过去几年来，有学者开始反思大数据和小数据的价值，并有学者提出了“大数据小定律，小数据大定律”的论断。也有学者认为，未来的任务主要不是获取越来越多的数据，而是数据的去冗分类、去粗取精，从数据中挖掘知识。要把大数据变成小数据（李国杰，2012）。此外，在大数据发展如火如荼的背景下，2021年9月，美国安全与新兴技术中心的Chahal（2021）等发布的研究报告《小数据的人工智能巨大潜力》（Small data’s Big AI Potential）指出：长期被忽略的小数据（Small data）人工智能潜力不可估量！当然，这一论断在后来Open AI所开发的ChatGPT中得到了证实（该人工智能耗费了大量的人工进行数据的标注，以形成“训练集”，来进行大模型的训练）。

对于科学计量学的发展而言，在过去数十年，伴随着大数据的浪潮，科学计量学所分析的数据也在“大数据”化（有多位科学计量学的学者将自己的研究方向命名为更加时髦的“科学学大数据”）。在此背景下，产生了一批吸引人眼球的科学计量学成果在诸如*Nature*、*Science*以及*PNSA*发表（图4.24）。当然，这些成果似乎都在试图解释通过数据观察到的一种现象（有些现象更是常识），然而，对数据所发现的结果的深层次原因的触及却很少（即常识验证、“相关性”的分析为主导，缺少科学上的“因果发现”)。曾经有学者认为的“科学学的春天”可能只是“科学学的夏天”。虽然基于大数据的科学计量学研究能引发新一轮的科学计量学研究或关注热度，但是对于其促进科学计量学理论的发展作用还需要拭目以待。因此，在大数据仍然作为重要的科学计量学发展要素的背景下，我们需要在利用好“大数据”的同时，重新审视和挖掘“小数据”的价值。

图 4.24　数据规模与科学发现

4.7.3　多源科学数据的融合

“兼听则明，偏信则暗”，基于单一数据源揭示研究对象特征和客观规律的缺陷长期存在。数据融合（Data Fusion/integration/aggregation）的关注由来已久（李杰，2023）。实际上，数据融合的过程就如人脑对视觉信息、触觉信息以及听觉等信息的融合处理一样，其核心目的是通过对多源数据的处理、加工和集成，以辅助决策。在数据融合的科学研究历程中，其最早起源于 20 世纪 70 年代的美国军事领域，核心目的就是通过处理多信源的数据，实现军事上对目标的定位、追踪以及精确打击。鉴于数据融合对于美军的重要性，1980 年，美国三军联合实验室成立了数据融合工作组（JDL Data Fusion Group），重点突破数据融合的关键技术问题。1986 年，JDL工作组将数据融合定义为：“把来自多传感器的信息源的数据和信息加以联合、相关和组合，以获得准确的位置估计和身份评估，以对战场情况和威胁及其重要程度进行适当的完整评价”。在科学计量学领域，可以根据数据的来源特征、模态特征和类别特征将其划分为多来源数据融合（例如：Web of Science和Scopus数据的融合）、多模态数据的融合（例如：论文中图片信息、公式信息以及文本信息的融合）以及多类别数据融合（例如：专利与论文、政策与论文等数据融合），以全方位观测所要分析的对象，进而实现对分析对象计量信息的立体刻画（图4.25）。

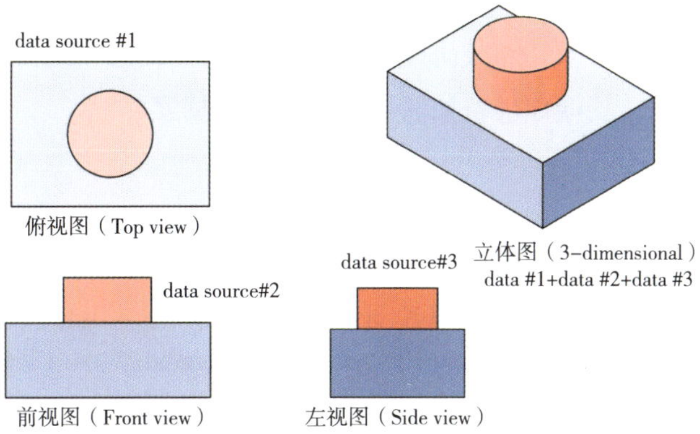

图4.25　数据融合形成对对象的立体感知❶

思考题

1. 谈一谈信息检索（Information retrieval）和科学计量学（Scientometrics）之间的关系。提示：可以参考文献（Mayr et al.，2015；Wolfram et al.，2015；Glänzel，2015）。

2. 谈一谈“数据（data）”与“智能（intelligence）”的关系。

3. 对当前班级进行分组，请学生分组调研和汇报Web of Science、Scopus、Overton等数据库的用法（需包含数据库概况、数据检索技巧、数据库在科学计量研究中的应用等方面的内容）。

4. 使用Scientometric*为检索词，分别使用主题检索、标题检索和关键词检索（其他条件都一样），对结果进行比较和讨论。

5. 在已经发表的科学计量学论文中出现了大量数据检索的问题，针对论文存在的问题，Yuh-Shan Ho等学者发表了多篇评论（Comments）进行纠正。请学习相关论文，并就所存在的问题进行讨论（李杰，2024）。

6. 若要对某个领域进行整体的科学计量分析（例如：科学计量学领域），采用什么样的数据检索策略比较好？谈谈你的想法。

7. 什么是预印本？当前代表性的预印本数据库有哪些，谈一谈他们各自的特征。

8. 在当前大数据时代，谈谈你对“大数据小定律，小数据大定律”的认识，并简要说明为什么会出现这种情况。

9. 思考“数据化”给科学计量学可能带来的正面影响和负面影响。

---

❶ 图片源自orthographic projection. https://www.britannica.com/technology/orthographic-projection-engineering. 作者结合此处想表达的意思，对图片的含义进行了加工和修改。

10. 未来我们不得不面对的数据形态有“机器生成的数据”、“人工生成的数据”以及“人机协同生成的数据”。对科学计量学的研究而言，这将产生怎样的影响？请就此问题展开讨论。

11. 你认为作为一名大学生（或研究生），在数智驱动的时代需要掌握哪些技能？

12. 数据如此重要，谈谈你准备如何提升个人的数据素养？

参考文献

ALPERIN J P, PORTENOY J, DEMES K, et al., 2024. An analysis of the suitability of OpenAlex for bibliometric analyses. arXiv preprint[EB/OL]. https: //arxiv. org/pdf/2404. 17663.

AGUSTÍ A, EDWARDS L D, Rennard S I, et al., 2012.Persistent systemic inflammation is associated with poor clinical outcomes in COPD: a novel phenotype[J]. PloS one, 7(5): e37483.

ARIA M, TRANG L, CUCCURULLO C, et al., 2024. openalexR: An R–Tool for Collecting Bibliometric Data from OpenAlex[J]. The R Journal, 15(4): 167–180.

ARNAB S, SHEN Z H, SONG Y, et al., 2015. An Overview of Microsoft Academic Service(MAS) and Applications[C]. In Proceedings of the 24th International Conference on World Wide Web(WWW ’15 Companion). ACM, New York, N Y, USA: 243–246.

ASUBIARO T, ONAOLAPO S, MILLS D, 2024. Regional disparities in Web of Science and Scopus journal coverage[J]. Scientometrics: 1–23.

BAAS J, SCHOTTEN M, PLUME A, et al., 2020. Scopus as a curated, high–quality bibliometric data source for academic research in quantitative science studies[J]. Quantitative science studies, 1(1): 377–386.

BAGLEY P R, 1968. Extension of programming language concepts. Philadelphia: University City Science Center.

BIRKLE C, PENDLEBURY D A, SCHNELL J, et al., 2020. Web of Science as a data source for research on scientific and scholarly activity[J]. Quantitative Science Studies, 1(1): 363–376.

BORDIGNON F, MAISONOBE M, 2022. Researchers and their data: A study based on the use of the word data in scholarly articles[J]. Quantitative Science Studies, 3(4): 1156–1178.

BORGMAN C L, 2017. Big data, little data, no data: Scholarship in the networked world[M]. MIT press.

BORNMANN L, HAUNSCHILD R, BOYACK K, et al., 2022. How relevant is climate change research for climate change policy? An empirical analysis based on Overton data[J]. PloS one, 17(9): e0274693.

BOSWELL C, SMITH K, 2017. Rethinking policy ‘impact’: four models of research–policy relations[J]. Palgrave Communications, 3(1): 1–10.

BRODY S, 2021. Scite[J]. Journal of the Medical Library Association: JMLA, 109(4): 707.

CAO Z, ZHANG L, SHANG Y, et al., 2023. Missing–institutions in OpenAlex: Possible reasons, impact and solutions of data deficiency[C]. In: ISSI 2023, 19th International Conference on Scientometrics and Informetrics, Bloomington, 2 July 2023.

CHAHAL H, TONER H, RAHKOVSKY I, 2021. Small data’s big AI potential. Center for

Security and Emerging Technology[EB/OL]. https: //cset. georgetown. edu/publication/small-datas-big-ai-potential.

CSOMÓS G, 2024. Mapping the geography of editors-in-chief[J]. Journal of Data and Information Science, 9(1): 124-137.

CULBERT J, HOBERT A, JAHN N, et al., 2024. Reference Coverage Analysis of OpenAlex compared to Web of Science and Scopus. arXiv preprint arXiv: 2401. 16359.

DIMENSIONS, 2023. A Guide to the Dimensions Data Approach. Dimensions. Online resource[EB/OL]. https: //doi. org/10. 6084/m9. figshare. 5783094. v10.

FANG Z, DUDEK J, NOYONS E, et al., 2020. Science cited in policy documents: Evidence from the Overton database[C]. In Altmetrics conference.

FERREIRA A A, GONÇALVES M A, LAENDER A H, 2012. A brief survey of automatic methods for author name disambiguation[J]. Acm Sigmod Record, 41(2): 15-26.

FIRTH J R, 1957. A synopsis of linguistic theory, 1930-1955[M]. Oxford: Basil Blackwell.

GLÄNZEL W, 2015. Bibliometrics-aided retrieval: where information retrieval meets scientometrics[J]. Scientometrics, 102(3): 2215-2222.

GUERRERO-BOTE V P, CHINCHILLA-RODRÍGUEZ Z, MENDOZA A, et al., 2021. Comparative analysis of the bibliographic data sources dimensions and scopus: an approach at the country and institutional levels[J]. Frontiers in Research Metrics and Analytics, 5: 593494.

HARZING A W, KROONENBERG PM. 2017. The mystery of the phantom reference. Accessed, 28, 2022. https: //harzing. com/publications/white-papers/the-mystery-of-the-phantom-reference.

HEIBI I, MORETTI A, PERONI S, et al., 2024, The OpenCitations Index: description of a database providing open citation data. Scientometrics. https://doi. org/10. 1007/s11192-024-05160-7

HENDRICKS G, TKACZYK D, LIN J, et al., 2020. Crossref: The sustainable source of community-owned scholarly metadata[J]. Quantitative Science Studies, 1(1): 414-427.

HERSH W, 2024. Search still matters: information retrieval in the era of generative AI[J]. Journal of the American Medical Informatics Association: JAMIA, ocae014-ocae014.

HERZOG C, HOOK D, KONKIEL S, 2020. Dimensions: Bringing down barriers between scientometricians and data[J]. Quantitative Science Studies, 1(1): 387-395.

HUSSAIN I, ASGHAR S, 2017. A survey of author name disambiguation techniques: 2010-2016[J]. The Knowledge Engineering Review, 32, e22.

KAUSHIK A, 2023. Citation context[J]. British Dental Journal, 235(2): 77-77.

KHABSA M, TREERATPITUK P, GILES C L, 2014. Large scale author name disambiguation in digital libraries[C]. In 2014 IEEE International Conference on Big Data(Big Data): 41-42.

KINDLING M, STRECKER D, 2022. List of data journals(1. 0) [Data set]. Zenodo. https: //doi. org/10. 5281/zenodo. 7082126.

LI J, YIN Y, FORTUNATO S, et al., 2019. A dataset of publication records for Nobel laureates[J]. Scientific data, 6(1): 33.

LIANG Z, MAO J, LU K, et al., 2021. Finding citations for PubMed: a large-scale comparison between five freely available bibliographic data sources[J]. Scientometrics, 126: 9519-9542.

LIN Z, YIN Y, LIU L, et al., 2023. SciSciNet: A large-scale open data lake for the science of science research[J]. Scientific Data, 10(1): 315.

LIU L, JONES B F, UZZI B, et al., 2023. Data, measurement and empirical methods in the science of science[J]. Nature human behaviour: 1–13.

MARTÍN–MARTÍN A, ORDUNA–MALEA E, DELGADO LÓPEZ–CÓZAR E, 2018a. Coverage of highly–cited documents in Google Scholar, Web of Science, and Scopus: a multidisciplinary comparison[J]. Scientometrics, 116(3): 2175–2188.

MARTÍN–MARTÍN A, ORDUNA–MALEA E, THELWALL M, et al., 2018 b. Google Scholar, Web of Science, and Scopus: A systematic comparison of citations in 252 subject categories[J]. Journal of informetrics, 12(4): 1160–1177.

MARTÍN–MARTÍN A, THELWALL M, ORDUNA–MALEA E, et al., 2021. Google Scholar, Microsoft Academic, Scopus, Dimensions, Web of Science, and OpenCitations' COCI: a multidisciplinary comparison of coverage via citations[J]. Scientometrics, 126(1): 871–906.

MAYER–SCHÖNBERGER V, 2013. Big Data: A Revolution That Will Transform How We Live, Work, and Think . Houghton Mifflin Harcourt google schola.

MAYR P, SCHARNHORST A, 2015. Scientometrics and information retrieval: weak–links revitalized[J]. Scientometrics, 102: 2193–2199.

MONGEON P, BOWMAN T D, COSTAS R, 2023. An open data set of scholars on Twitter[J]. Quantitative Science Studies, 4(2): 314–324.

MOOERS C, 1950. The theory of digital handing of non–numerical information and its implications to machine economics[C]. In Proceedings of the meeting of the Association for Computing Machinery at Rutgers University.

NATIONAL LIBRARY OF MEDICINE, 2022. Welcome to Medical Subject Headings[EB/OL]. https: //www. nlm. nih. gov/mesh/meshhome. html.

NICHOLSON J M, MORDAUNT M, LOPEZ P, et al., 2021. Scite: A smart citation index that displays the context of citations and classifies their intent using deep learning[J]. Quantitative Science Studies, 2(3): 882–898.

PAMPEL H, WEISWEILER N L, STRECKER D, et al., 2023. re3data–Indexing the Global Research Data Repository Landscape Since 2012[J]. Scientific data, 10(1): 571.

PERONI S, SHOTTON D, 2020. OpenCitations, an infrastructure organization for open scholarship[J]. Quantitative Science Studies, 1(1): 428–444.

PRIEM J, PIWOWAR H, ORR R, 2022. OpenAlex: A fully–open index of scholarly works, authors, venues, institutions, and concepts. arXiv preprint arXiv: 2205. 01833.

PUBMED, 2024. PubMed Overview. https: //pubmed. ncbi. nlm. nih. gov/about/.

REHS A, 2021. A supervised machine learning approach to author disambiguation in the Web of Science[J]. Journal of Informetrics, 15(3): 101166.

RELX, 2022. Annual Report and Financial Statements[EB/OL]. https: //www. relx. com/%7E/media/Files/R/RELX–Group/documents/reports/annual–reports/relx–2022–annual–report. pdf.

RESEARCH ORGANIZATION REGISTRY, 2024. ROR Data(v1. 42) [Data set]. Zenodo. https: //doi. org/10. 5281/zenodo. 10689812.

RETRACTION WATCH, 2024. Highly cited scientist published dozens of papers after his death[EB/OL]. https: //retractionwatch. com/2024/02/16/highly–cited–scientist–published–dozens–of–papers–after–his–death/.

RILEY J, 2004. Understanding Metadata. National Information Standards Organization. NISO Press. http: //www. niso. org.

SINGH V K, SINGH P, KARMAKAR M, et al., 2021. The journal coverage of Web of Science, Scopus and Dimensions: A comparative analysis[J]. Scientometrics, 126: 5113–5142.

SMALHEISER N R, TORVIK V I, 2009. Author name disambiguation[J]. Annual review of information science and technology, 43(1): 287–313.

SZOMSZOR M, ADAMS J, PENDLEBURY D, et al., 2021. 数据分类: 理解选择和结果(ISI全球研究报告)[EB/OL]. https: //discover. clarivate. com/ISI_Report11_CN.

SZOMSZOR M, ADIE E, 2022. Overton: A bibliometric database of policy document citations[J]. Quantitative science studies, 3(3): 624–650.

TRAN H N, HUYNH T, DO T, 2014. Author name disambiguation by using deep neural network[C]. In Intelligent Information and Database Systems: 6th Asian Conference, ACIIDS 2014, Bangkok, Thailand, April 7–9, 2014, Proceedings, Part I 6. Springer International Publishing: 123–132.

UMERLE T, COLAVIZZA G, HERDEN E, et al., 2022. An Analysis of the Current Bibliographical Data Landscape in the Humanities. A Case for the Joint Bibliodata Agendas of Public Stakeholders. Zenodo. https: //doi. org/10. 5281/ZENODO. 6559857

VAN ECK N J. , WALTMAN L, 2024. An open approach for classifying research publications[EB/OL]. https: //www. leidenmadtrics. nl/articles/an-open-approach-for-classifying-research-publications.

VISSER M, VAN ECK N J, WALTMAN L, 2021. Large-scale comparison of bibliographic data sources: Scopus, Web of Science, Dimensions, Crossref, and Microsoft Academic[J]. Quantitative science studies, 2(1): 20–41.

WALTMAN L, LARIVIÈRE V, 2020. Special issue on bibliographic data sources[J]. Quantitative Science Studies, 1(1): 360–362.

WALTMAN L, VAN ECK N J, 2012. A new methodology for constructing a publication-level classification system of science[J]. Journal of the American Society for Information Science and Technology, 63(12): 2378–2392.

WANG K, SHEN Z, HUANG C, et al., 2020. Microsoft academic graph: When experts are not enough[J]. Quantitative Science Studies, 1(1): 396–413.

WESTWOOD G, 2022. ORCID Public Data File 2022. ORCID. Dataset. https: //doi. org/10. 23640/07243. 21220892. v4.

WOLFRAM D, 2015. The symbiotic relationship between information retrieval and informetrics[J]. Scientometrics, 102: 2201–2214.

XIA F, WANG W, BEKELE T M, et al., 2017. Big scholarly data: A survey[J]. IEEE Transactions on Big Data, 3(1): 18–35.

YANG C, HUANG C, SU J, 2020. A bibliometrics-based research framework for exploring policy evolution: A case study of China's information technology policies[J]. Technological Forecasting and Social Change, 157: 120116.

YIN Y, GAO J, JONES B F, et al., 2021. Coevolution of policy and science during the pandemic[J]. Science, 371(6525): 128–130.

ZHAO D, STROTMANN A, 2015. Analysis and visualization of citation networks[M]. Morgan &

Claypool Publishers.

ЛЕВЕНШТЕЙН В И, 1965. Двоичные коды с исправлением выпадений, вставок и замещений символов [Binary codes capable of correcting deletions, insertions, and reversals]. Доклады Академии Наук СССР(in Russian) [J]. 163(4): 845-848.

李国杰, 2012. 大数据研究的科学价值[J]. 中国计算机学会通讯, 8(9): 8–15.

李杰, 2014. 安全科学技术信息检索基础[M]. 北京: 首都经济贸易大学出版社.

李杰, 2022. 元宇宙的科学计量分析[J]. 科学观察, 17(01): 17–29.

李杰, 2024. Ho, YS关于Scientometrics应用的Comments论文[EB/OL].[2024-05-30]. https: //blog. sciencenet. cn/blog–554179–1424278. html.

李杰, 于倩倩, 王玉菊, 2023. 数据融合研究的主题与方法趋势[J]. 文献与数据学报, 5(03): 26–41.

梅宏, 2022. 数据要素化仍是国际性难题[N]. 中国科学报, 2022–09–01.

武夷山, 2018. 一篇不存在的文献被引用了将近 400 次！ [EB/OL].[2024-05-30]. https: //blog. sciencenet. cn/blog–1557–1137667. html.

叶鹰, 2018. 情报学基础教程[M]. 北京: 科学出版社.

5 工具

TOOLS

大量科学计量学工具的出现，标志着科学计量学进入常规科学的成熟阶段。

5.1 概述

工具（Tools）在科学发展中扮演着重要的角色，不仅是科学研究离不开工具，人类生活的方方面面都与工具密不可分。工具是基于特定的业务流程，对理论、方法和技术的集成，以帮助用户实现对问题的快速求解。有学者认为：科学就是用工具对现象求技术阶导数。这也反映了工具在科学发现中的重要角色。美国学者Shneider甚至将工具列为科学发展的第二大阶段，认为学科发展到成熟需要经历概念化、工具化、应用化和整合化四个阶段（Shneider，2009；Chen，2017）。实际上，如果一个学科开始诞生大量工具，在一定程度上标志着该科学领域进入了常规科学（Normal Science）的成熟阶段。工具化可以认为是学科范式走向成熟的重要标志。在科学计量学领域，先后有大量学者基于科学计量学原理开发了用于对科学文献进行分析的工具，如图 5.1。在这些工具中，早期科学计量学研究主要使用的是通用工具。例如：通过Ucinet、Pajek、Netdraw以及SPSS等工具进行科学文献知识矩阵的映射分析。随着对工具需求的增加和工具的发展，专门针对科学计量学分析的工具被陆陆续续开发了出来。其中，代表性的工具有CiteSpace、HistCite、Publish or Perish、BibExcel、VOSviewer以及SCI2 等。工具的开发极大地促进了科学计量学的应用范围，与此同时也带来了以科学知识图谱为热点方向的科学计量学研究的兴起。当前，科学知识图谱已经发展成为科学计量学研究的重要方向之一，并在大量的学科领域中得到了应用。

图5.1 常用的科学计量学工具

5.2 工具类别

在科学计量学工具家族中，可以根据实际的应用特征，将其划分为三个类别：本地化工具、网络化工具和程序化工具（如表5.1）。本地化工具，顾名思义就是工具在本地电脑上安装、配置和应用，是最为传统的一种软件工具的使用模式。使用这些工具时，用户只需要将这些工具下载到本地电脑中，然后安装或直接打开使用即可。这类工具目前也是科学计量工具的主流，其中，代表性的工具有BibExcel、CiteSpace以及VOSviewer等。网络化工具，是指用户不需要在本地安装任何程序，而是需要将自己的数据集上传到特定网络平台上进行分析的一种工具。在互联网快速发展的背景下，这种工具以其使用的便捷性而逐渐兴起。该类工具中的代表有biblioshiny、Map Equation以及Netscity等。程序化工具，特指需要用户通过编写或运行特定功能代码以实现数据分析的一种工具。其中，基于R和Python语言所撰写的科学计量学分析模块最为普遍。代表性的有基于R语言的Bibliometrix程序包和基于Python的Metaknowledge、pySciSci程序包等。用户在使用这些程序模块时，只需要在R或者Python中直接调取相关函数即可。用户也可以根据实际情况对代码进行补充和完善。

表5.1 科学计量学工具的分类（Li et al.，2021）

编号	工具分类	工具名称（核心文献）
1	本地化工具（Local-based）	BAT（李杰等，2018） BibExcel（Persson et al.，2009） Bibliometrics Toolbox（Brooks，1987） CiteSpace（Chen，2006） CitNetexplorer（van Eck et al.，2014a） CRExplorer（Thor et al.，2016） DIVA（Morris et al.，2002） HistCite（Garfield，2004） Leximappe（Callon，20世纪80年代） Lupus-Visual Bibliometrics（Glänzel，2003；1995年研发） Publish or Perish（Harzing，2010） SCI2（Light et al.，2014） SCIMAT（Cobo et al.，2012） VOSviewer（van Eck et al.，2010） Webometric Analyst（Thelwall，2006）
2	网络化工具（Web-based）	Biblioshiny（Aria et al.，2017） CorTexT（Tari et al.，2010） Map Equation（Rosvall et al.，2009） Nails-HAMMER（Knutas et al.，2015） NETSCITY（Maisonobe，2019）. RPYS i/o（Comins et al.，2016） SciExplorer（李杰，2024 a） Tree of Science（Botero et al.，2018） VisualBib（Dattolo et al.，2019）
3	程序化工具（Computer language-based）	Bibliometrix（R）（Aria et al.，2017） BibliTools（Python）（Grauwin et al.，2011） Metaknowledge（Python）（McLevey et al.，2017） pySciSci（Gates et al.，2023） Scholar Metrics Scraper（Cao et al.，2024） ScientoPy（Python）（Ruiz-Rosero et al.，2019）

注：上述软件中的大部分已经出版或发布了中文版的教程、指南以及画册，详细请参考（李杰，2016，2017，2018 a，2018 b，2021，2022 a，2022 b，2022 c，2023 a，2024 a，2024 b）。更多的软件或平台，可参见附录4.2.

三类工具各有优劣。网络化工具虽然便捷，但是往往功能和所处理的数据量都有限，且数据安全风险很大。因此，通过这类工具分析的结果，对于简要了解所关注领域的计量特征是有益的，但在科学计量学学术研究中的问题突出。程序化工具在三类工具中最为灵活和透明。一方面，用户可以根据实际的场景需求，对代码进行修改和完善；另一方面，用户知晓数据分析的底层逻辑和算法，对于理解和认识方法的科学性有重要帮助。但是，由于程序化工具需要用户具有一定的编程能力，因此无形中提高了应用的门槛。相比网络化工具和程序化工具，本地化工具在数据安全性上有一定的保证，且数据分析结果的精确性能较好地满足学术研究的需要。此外，本地化的工具是计算机应用程序发展历史上长期存在的一种应用形态，因此用户对此有一种天然的接受度。但是，从发展的形势来看，网络化的工具在未来极有可能融合本地化工具和程序化工具的优势，形成新一代的网络化科学计量分析工具（Li et al.，2021）。

本书在前面分析的基础上，选择了在科学计量学研究中常用的 8 种工具，进一步阐释科学计量学分析工具中的原理和方法，如表 5.2。选定的主要为当前主流的本地化分析工具，研发时间范围的跨度为 2003—2016 年，工具的开发者主要来自欧美的国家或地区，且在科学计量学领域都有一定的学术影响力。下面进一步对这些工具做如下介绍。

CiteSpace[1]引文空间分析软件由国际信息可视化领军人物、美国德雷塞尔大学陈超美教授于 2003 年设计和开发。CiteSpace软件的核心目的和功能是对引文空间进行挖掘和分析，以呈现科学结构及其动态演化过程。随着不断地发展，CiteSpace已经不仅仅局限于引文空间的挖掘，核心功能已经包含了合作网络分析（作者、机构和国家/地区）、共现网络分析（关键词、主题和领域）以及共被引分析（文献共被引、作者共被引和期刊共被引）。同时，CiteSpace嵌入了复杂网络分析中的社团发现算法，以识别科学知识网络的结构；使用了中介中心性、度中心性以及突发性探测算法等指标来测度知识单元在网络中时间与结构特征的重要性；在CiteSpace中使用了Log-likelihood ratio（对数似然率，即LLR算法）、Mutual information（互信息，即MI算法）、Latent Semantic Indexing（潜在语义分析，即LSI算法）以及大语言模型（ChatGPT）等算法来为聚类进行命名等。目前，CiteSpace因其强大的科学计量与可视化功能已经在各个学科领域得到了广泛的应用（李杰等，2016，2017，2022 a）。然而，由于CiteSpace操作的复杂性和自身的“特殊性”，其入门成本相对比较高。

HistCite软件[2]是由美国科学计量学家尤金·加菲尔德（Eugene Garfield）及其同事于 2004 年设计和开发。HistCite的核心功能是对来自Web of Science的文献数据进行统计分析和引文网络的构建，是早期科学计量学领域最为经典的一款工具之一。通过HistCite，用户可以构建施引文献（也可以包含被引文献）之间的时序有向网络，分析和识别特定领域、学者或主题的演化过程。由于加菲尔德的去世和原汤森路透业务重心的转移（目前属于科睿唯安），HistCite在其官网上已经宣布停止了更新计划。

---

❶ Citation Space，简称CiteSpace。

❷ History of Cite，简称HistCite。

BibExcel（BibExcel-A toolbox for bibliometricians）文献计量学从业者工具箱由普赖斯奖获得者、瑞典于奥默大学社会学系教授奥利·佩尔松（Olle Persson，1949—）于2009年开发。软件名称BibExcel可以认为是Bibliometrics+Excel的组合，它可以帮助科学计量学学者快速实现对科技文献数据信息的抽取和整理。通过BibExcel软件，用户可以获得文献实体的频次分布文件、矩阵文件以及交叉信息文件等结果文件，且提供的中间结果文件都可以使用Excel打开处理，是科学计量学领域早期使用广泛的软件之一。在同时期，相关的辅助可视化软件（例如：Pajek和Netdraw）取得了较为快速的发展。鉴于此，BibExcel未进一步开发专有的计量数据可视化功能模块，因此，用户需要借助SPSS、Pajek、Netdraw、Ucinet以及Gephi等数据分析和可视化工具进一步对BibExcel提供的中间结果进行处理。例如：用户可以将BibExcel提取的共现矩阵或关键词-文档矩阵数据，导入SPSS或Ucinet中进行多维尺度分析或聚类分析，也可以通过网络可视化工具Pajek、Netdraw或Gephi进行知识矩阵的可视化分析。随着科学计量学工具的发展，BibExcel的使用热度也在逐渐降低。然而，与其他的工具相比，BibExcel仍然是一款很好的科学计量学教学工具。它不像其他工具，都在力图自动化计算或呈现出最终的结果。对于BibExcel而言，用户需要参与每一步的数据处理，这将有助于用户深刻认识科学计量学的原理和方法（李杰，2022 b）。

VOSviewer和CitNetExplorer由莱顿大学科学技术元勘中心（CWTS）的Nees Jan van Eck和Ludo Waltman分别于2009年和2014年合作设计和开发。VOSviewer软件全称为Visualization of Similarity Viewer，其核心的功能是实现对科学文献知识单元映射的可视化分析，以呈现科学领域的结构地图。VOSviewer的设计开发最早源于Nees Jan van Eck的硕士论文（van Eck，2005）。2011年，Nees又在其博士论文的项目中进一步系统完善了VOS的架构和功能（van Eck，2011）。目前，随着VOSviewer的不断更新，可以实现对科学文献的合作网络、耦合网络、共被引网络、共词网络以及引文网络的分析等功能。与此同时，在VOSviewer中提供了三种类型的经典视图，分别为网络可视化、密度可视化和叠加可视化图，丰富了知识网络的可视化表达。作为对VOSviewer软件功能的补充，2014年他们又共同设计和开发了CitNetExplorer软件。该软件的开发，实现了从时序视角对引文网络的分析，同时完善了HistCite在引文历史分析中的不足。与其他工具或软件相比，VOSviewer已经成为科学计量学内外热度最高的软件之一。然而，CitNetExplorer的普及和应用的程度仍然不是很高（李杰，2018 a）。

SCI2软件[1]是由美国印第安纳大学Katy Börner和SciTech Strategies公司的Kevin Boyack共同主持开发的科学学分析工具（Börner et al.，2014；Light et al.，2014；李杰，

---

[1] Science of Science Software，简称SCI2。

2018 b)。该软件在设计上融合了Bibexcel和CiteSpace等软件的优点，其加载数据资源丰富，过程透明性与兼容性高，可视化功能强大，便于整合各种数据资源、模型和工具。用户可以通过SCI2 来对数据进行时序分析（when）、地理分析（where）、主题分析（what）、网络分析（With whom）以及全科学叠加图分析等。SCI2 在开发初期得到了广泛的关注，然而遗憾的是，该团队的研究重点不在科学计量学领域，因此，SCI2 自开发以来虽然存在若干的问题，但这些问题由于缺乏沟通渠道而一直被搁置。由于使用频次的下降和该团队研究焦点的转移，SCI2已经在GitHub上公开了代码，并停止了维护和更新。

表 5.2　科学计量学的典型工具（Li et al.，2021）

编号	工具	开发者	来源机构	所属国家	开发时间
1	CiteSpace	Chaomei Chen	德雷塞尔大学	美国	2003
2	HistCite	Garfield E	美国科学信息研究所	美国	2004
3	BibExcel	Olle Persson	于默奥大学	瑞典	2009
4	VOSviewer	van Eck N J	莱顿大学	荷兰	2009
5	SCI2	Sci2 Team	印第安纳大学	美国	2009
6	SCIMAT	Cobo MJ	格拉纳达大学	西班牙	2012
7	CitNetExplorer	van Eck N J	莱顿大学	荷兰	2014
8	CRExplorer	Andreas Thor	莱比锡应用技术大学	德国	2016

注：软件按照开发时间排序，其中开发者仅仅列出了第一作者。

SCIMAT软件[1]是由来自西班牙格拉纳达大学SCI2S研究组的Cobo等人于 2012 年开发的科学知识图谱分析工具，其核心的功能是通过主题的挖掘来分析科学领域研究的动态演化过程。与表 5.2 中的其他工具相比，SCIMAT有两大特色功能：一方面，在该软件中设计了便捷的数据消歧功能。其中，相似实体识别是通过莱文斯坦相似算法实现的，节省了不少的数据清洗时间。另一方面，该工具能便捷地构建共词网络及其对应的战略坐标图。虽然在科学计量学领域，战略坐标图是进行共词分析和主题发展态势研判的重要方面，但列表的软件中仅仅只有它具备快速构建战略坐标图的功能。以上的两个特色也使得SCIMAT在所有科学计量学工具中具有一定的不可替代性（李杰，2018 b）。

CRExplorer[2]是由德国莱比锡应用技术大学的Andreas Thor等学者于 2016 年设计和开发的科学计量分析工具。与其他科学计量分析工具相比，CRExplorer同样具有显著的特色。通过CRExplorer，用户可以统计参考文献的出版年及其各年的累积引文频

[1] Science Mapping Analysis Tool，简称SCIMAT。

[2] Cited References Explorer，简称CRExplorer。

次，形成参考文献的出版年谱，进而进一步分析所关注研究领域的历史根源及其演化。CRExplorer的开发，是对科学计量研究中文献共被引分析、耦合分析以及引文分析等方法的进一步发展，是一种新兴的研究领域演化分析工具。

5.3 工具算法

Everything is related to everything else, but near things are more related than distant things.（任何事物都与其他事物相联系，但邻近的事物比较远事物的联系更为紧密。）

——Tobler

科学计量学工具的原理本质就是科学计量学原理，比如本书第二章中涉及的引文分析、共被引分析、合作以及主题分析等，因此，本部分不再赘述。科学计量学涉及的算法是工具的核心，工具可以认为是算法按照业务流程组合或集成的结果。本书对科学计量图谱（Scientometric mapping）工具涉及的算法进行了总结，如表5.3。这些算法主要包含三方面的内容：①相似性算法；②布局算法；③聚类算法。这些算法执行的整个过程在某种程度上遵循着“任何事物都与其他事物相联系，但邻近的事物比较远事物联系更为紧密律（地理学第一定律）”的原则。这或许也是我们将分析的结果称为“学术地图（Academic map）”的原因。

表5.3 科学计量典型工具的核心算法（Li et al.，2021）

编号	工具	相似性算法					布局算法	聚类算法
		AS	FTS	Cosine	Jaccard	Dice		
1	CiteSpace	×	×	√	√	√	网络布局	模块化&鲁汶算法
2	BibExcel	×	×	√	√	×	MDS，网络	Persson派系聚类
3	HistCite	×	×	×	×	×	时间线+网络	×
4	VOSviewer	√	√	×	×	×	VOS，网络	CPM &莱顿算法
5	SCI2	×	×	×	×	×	网络布局	模块化& SLM
6	SCIMAT	√	×	√	√	×	战略坐标+网络	简单中心算法等
7	CitNetExplorer	×	×	×	×	×	时间线+网络	模块化 & SLM
8	CRExplorer	×	×	×	×	×	RPYC 曲线	莱文斯坦相似性

注：AS=Association strength（关联强度）；FTS=Fractionalization（分数化）；RPYC= reference publication year spectroscopy（参考文献出版年谱）。

相似性算法（Similarity Algorithm）主要用来对科学计量知识单元的相似性进行测度，常见的方法有关联强度（Association Strength）、余弦相似度（Cosine Similarity）、包容指数（inclusion index）以及杰卡德指数（Jaccard index）等（van Eck et al.，2009），具体参见本书第三章中对相似性测度的计算说明。虽然目前已经有多种相似性方法可供选择，但对于使用哪一种算法来处理科学文献知识矩阵，目前仍然没有达成统一。但从当前应用的情况来看，使用最为广泛的方法为余弦（Cosine）相似性测度方法。相比余弦相似性测度方法而言，CWTS团队推荐使用关联强度相似度方法，并将该方法作为VOSviewer软件的默认算法。

布局算法（Layout Algorithm）的主要任务是将所提取的知识单元关系映射到二维空间上，又被称为映射算法（Mapping Algorithm）。常见的布局算法有相似可视化算法（Visualization of Similarity，即VOS算法）、多维尺度算法（Multidimensional Scaling，简称MDS）、战略坐标（Strategic Diagram）以及各种网络布局算法（Network Layout）等。例如：VOSviewer中采用的是VOS布局算法，其原理与MDS算法类似，是将科学计量单元根据其关联关系映射到二维空间中，并使用欧式距离来表达这些计量单元之间的相似性。在CiteSpace、HistCite以及CitNetExplorer等软件中，为了突出计量单元随着时间的演化特征，设计了时间线的布局方法。

聚类算法（Cluster Algorithm）的主要任务是根据计量单元的关系强度，将其划分为不同类别（或社团）的算法。目前，在科学计量单元的网络聚类分析中，多是基于Newman的模块度（Modularity）方程来进行社团的划分（Newman，2004）。在模块度的基础上，鲁汶算法（Blondel et al.，2008）和莱顿算法（Traag，2019）先后被提了出来，并应用于科学计量单元网络的聚类分析中。目前，VOSviewer中的计量单元网络主要采用的是莱顿算法，CiteSpace则主要采用鲁汶算法对文献网络进行社团划分。

5.4 计量图谱

If I can't picture it，I can't understand it.（如果我无法图像化它，我就无法理解它。）

——Albert Einstein

科学计量学工具的兴起实际上就是科学知识图谱的兴起。因此，本部分重点介绍科学知识图谱的起源及其所形成的经典可视化类型，以帮助读者系统认识科学计量学工具的功能及价值。

5.4.1 起源

目前，对基于科学计量学理论与方法的科学领域结构图的绘制的起源尚无定论。但从科学计量图谱的绘制条件来看，必须依靠较为成熟的数据库和数据分析技术。正所谓“近水楼台先得月”，来自美国科学信息研究所的Garfield和Small有天然的先天优势，可以通过SCI数据绘制科学知识图谱，实际上也是如此。在他们的早期实践中，曾经将绘制的此类图谱命名为scientography或Atlas of Science（Garfield，1981，1994），这个阶段也可以认为是科学计量图谱的前科学阶段。随着数据库和数据处理技术的发展，基于较大规模的科技文献数据刻画知识领域的发展和结构特征，吸引了一批从事数据或信息可视化分析领域的专家关注。2003 年 5 月，Richard Shiffrin 和Katy Börner在美国国家科学院组织了一场名为“科学知识图谱（Mapping Knowledge Domains）”的会议（如图 5.2），在一定程度上开启了科学文献知识图谱的研究热潮。当时会议的组织和参与者包含了最为知名的多位关于科学计量和数据可视化的专家学者，如史蒂夫・莫利斯（Steven Morris）、陈超美（Chaomei Chen）、尤金・加菲尔德（Eugene Garfield）以及凯蒂・博纳（Katy Börner）等。会议主要包含四个部分的议题，分别为：第一部分，数据库、数据格式和存取（Session 1：Data Bases，Data Format & Access）；第二部分，数据分析算法（Session 2：Data Analysis Algorithms）；第三部分，可视化与交互设计（Session 3：Visualization & Interaction Design）；第四部分，应用前景（Session 4：Promising Applications）。2004 年 4 月 10 日，刘则渊教授看到《参考消息》中一篇对 2003 年美国Mapping Knowledge Domains的会议报道，题为《科学家拟绘制科学门类图》，遂在国内率先带领团队开始了“科学知识图谱”的研究工作，开创了国内科学学领域科学知识图谱研究与应用的先河。自 2003 年以来，科学知识图谱的技术和方法在科学计量学领域取得了快速的发展，已经成为该领域的成熟方法之一。

虽然科学知识图谱取得了快速的发展，但对于这一术语如何表达仍然没有形成共识。按照刘则渊教授对科学知识图谱的定义（刘则渊等，2008）：“科学知识图谱是以知识域为对象，显示知识的发展进程与结构关系的一种图形。它具有‘图’和‘谱’的双重性质与特征，既是可视化的知识图形，又是序列化的知识谱系，显示了知识单元或知识群之间网络、结构、互动、交叉、演化或衍生等诸多复杂的关系。知识图谱通常都是以知识网络形态展现的知识图形与知识谱系。它有许多不言自明的概念”。正所谓“一图展春秋，一览无余；一图胜万言，一目了然”。因此，在中文语境中，科学知识图谱的常见表达有科学计量图谱、科学知识可视化、文献可视化、学术地图、学术谱系图以及领域信息的可视化等。在英文语境下，除了Mapping Knowledge Domains外，还有学者将该研究命名为 Bibliometric Mapping，Scientometric Mapping，Informetric mapping，Knowledge map以及map of science等。从目前的发展和认知形势来看，科学计量学领域的科学知识图谱的概念已经逐渐泛化。可以认为，凡是采用可视化的形式（特别是网络形式）来呈现科学计量学研究结果的分析，都可以认为是科学知识图谱的研究。

图5.2　Mapping Knowledge Domains会议的知识图谱

注：图5.2为2003年5月9—11日Richard Shiffrin 和Katy Börner在美国科学院组织的Mapping Knowledge Domains会议主题和学者组成。

5.4.2　类型

Design is not just what it looks like and feels like.Design is how it works.（设计不仅仅是外观和感觉，设计的是其工作方式。）

——Steve Jobs

按照可视化的表达形式，可以将科学知识图谱的可视化设计划分为四大类别（van

Eck，2014；李杰，2018 a）：基于距离的可视化（Distance based Visualization）、基于关系的可视化（Graph based Visualization）、基于时间线的可视化（Timeline based Visualization）和基于叠加的可视化（Overlay based Visualization）。不同的可视化表达方式从不同的视角呈现了知识单元的结构与关联。下面对科学计量学领域重要工具按照可视化的表达方式进行了梳理，如表5.4。

表5.4 科学计量学典型工具的可视化设计（Li et al.，2021）

编号	工具	距离可视化			网络图			时间线	叠加图	其他
		VOS	MDS	VxOrd	Kamada-Kawai	Force Directed	Pathfinder			
1	CiteSpace	×	×	×	√	√	√	√	√	√
2	HistCite	×	×	×	×	×	×	√	×	×
3	Bibexcel	×	×	×	×	×	×	×	×	×
4	VOSviewer	√	×	×	×	×	×	×	√	√
5	SCI2	×	×	√	×	√	√	√	√	√
6	SCIMAT	×	×	×	×	×	×	√	×	√
7	CitNetExplorer	×	×	×	×	×	×	√	×	×
8	CRExplorer	×	×	×	×	×	×	√	×	×

基于距离的可视化表达（Distance based visualization）主要有VOS、MDS和VxOrd方法，其中VOSviewer和SCI2工具分别嵌入了VOS和VxOrd算法。对于MDS而言，这种知识单元的映射方面多见于早期的科学知识图谱的构建（White，1998）。用户可以通过常见的统计学或网络分析工具（例如：SPSS、R以及UCINET）对知识单元矩阵进行类似的分析。例如，图5.3（a）中所呈现的安全科学主题聚类图就是基于距离的可视化表达。

基于关系的可视化（Graph Based Visualization）的表达实质是根据知识单元的关系强度对网络图的可视化布局或处理，主要布局或处理算法有Kamada-Kawai、Force Directed以及Pathfinder。由于科学文献图谱背后的机制就是通过知识的关系构建的，因此这种可视化表达是科学知识图谱最基本的一种可视化方法，用户可以通过CiteSpace、SCI2 以及VOSviewer等软件分析得到（如图 5.4 的合作网络和图 5.5 的文献共被引网络）。需要补充说明的是，对于基于关系的可视化表达，用户还可以借助网络科学领域的重要工具Pajek和Gephi等进行分析和可视化处理。

基于时间线表达（Timeline Based Visualization）的方法是通过在图谱中将节点的时间信息进行序化显示的一种方法，其本质是为了呈现科学研究领域的发展脉络和趋势。在当前的工具中，CiteSpace、SCI2、SCIMAT、HistCite、CitNetExplorer以及CRExplorer

都从不同视角引入了时间特征信息。例如：图5.6所示为通过Hale教授所发表的60篇论文绘制的这些论文之间基于时间线的有向引文网络。与其他工具不同的是，VOSviewer使用叠加图的形式融入了网络的时间特征。

基于叠加的可视化（Overlay Based Visualization），如图5.3（b）。这种可视化表达方法是在已经存在的可视化图谱的基础上叠加匹配信息的一种分析方法，通常要叠加的对象是全图的子集（$A \in B$）。在现有的工具中，CiteSpace、VOSviewer以及SCI2都提供了叠加图分析功能。此外，普赖斯奖获得者Loet Leydesdorff针对科学叠加图分析专门开发了一系列的分析工具，用户可以登录其主页获得[1]。

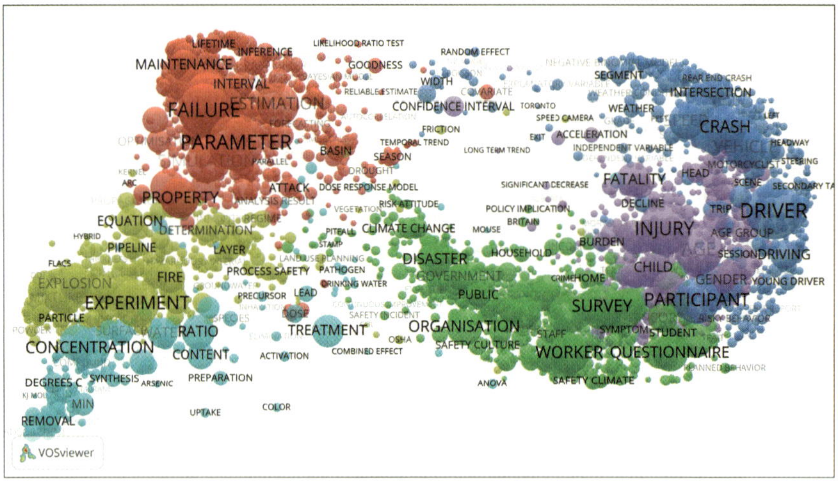

（a）安全科学主题聚类图

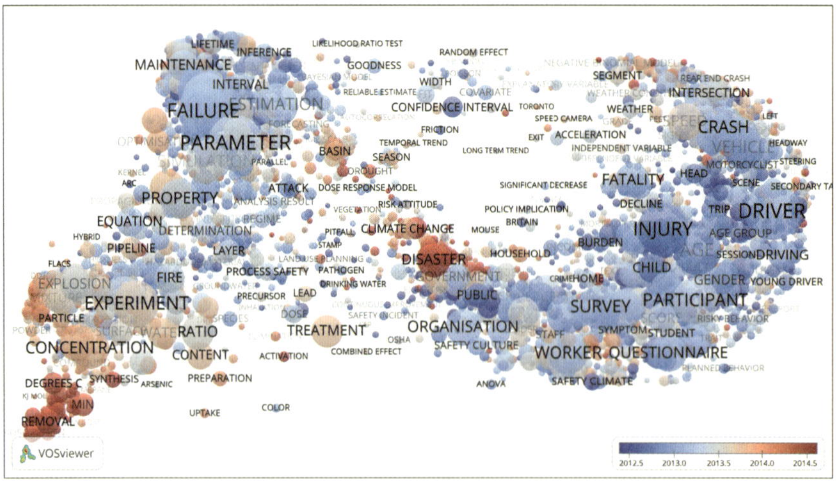

（b）安全科学主题叠加图

图5.3　安全科学研究主题的共词分析（VOSviewer）

[1] Loet Leydesdorff的科学计量学系列工具包获取网址：https：//www.leydesdorff.net/software/index.htm。

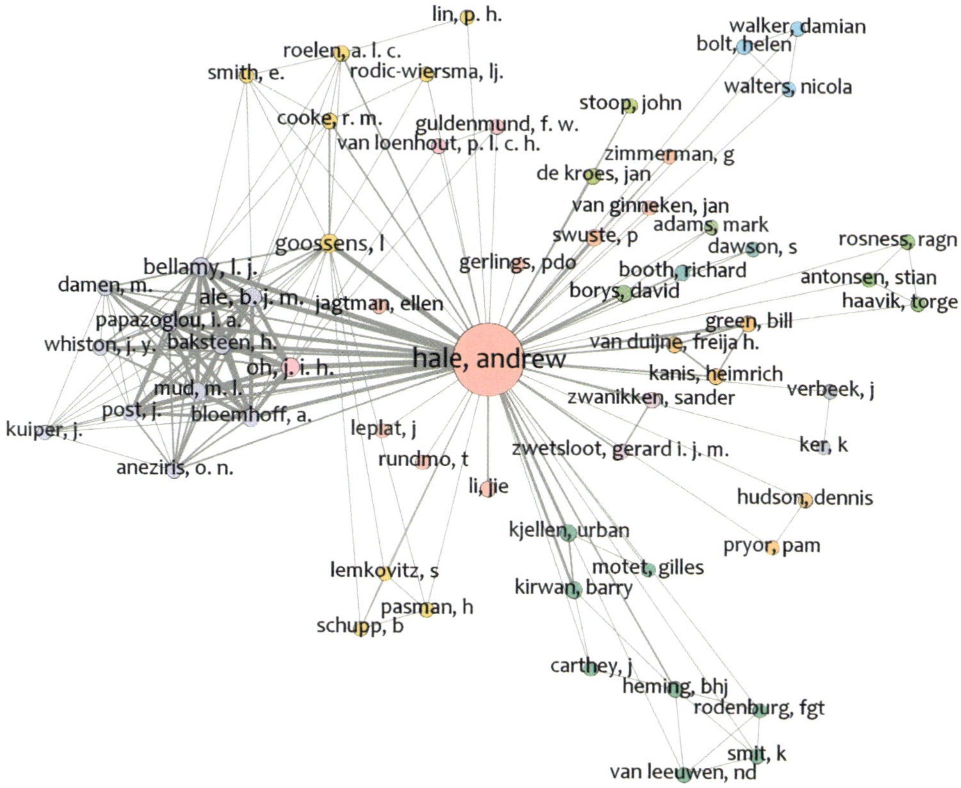

图5.4　Hale Andrew论文的合作网络（VOSviewer+Gephi）

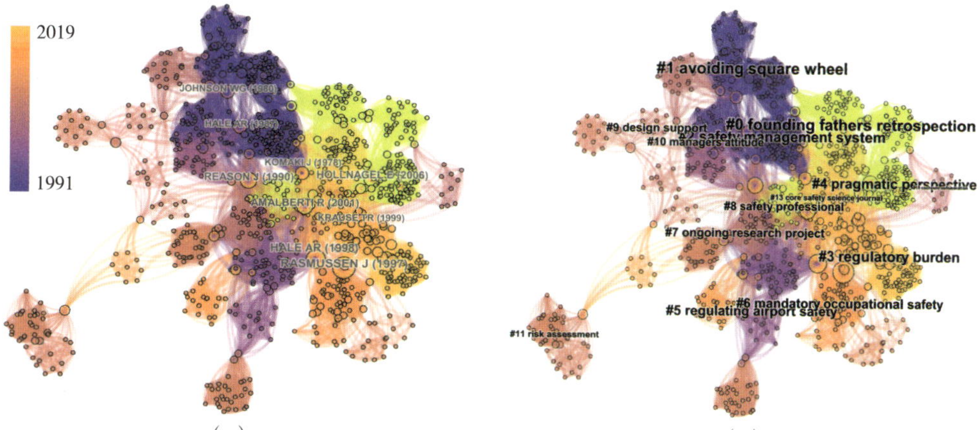

（a）　　（b）

图5.5　Hale Andrew论文参考文献的共被引网络（CiteSpace）

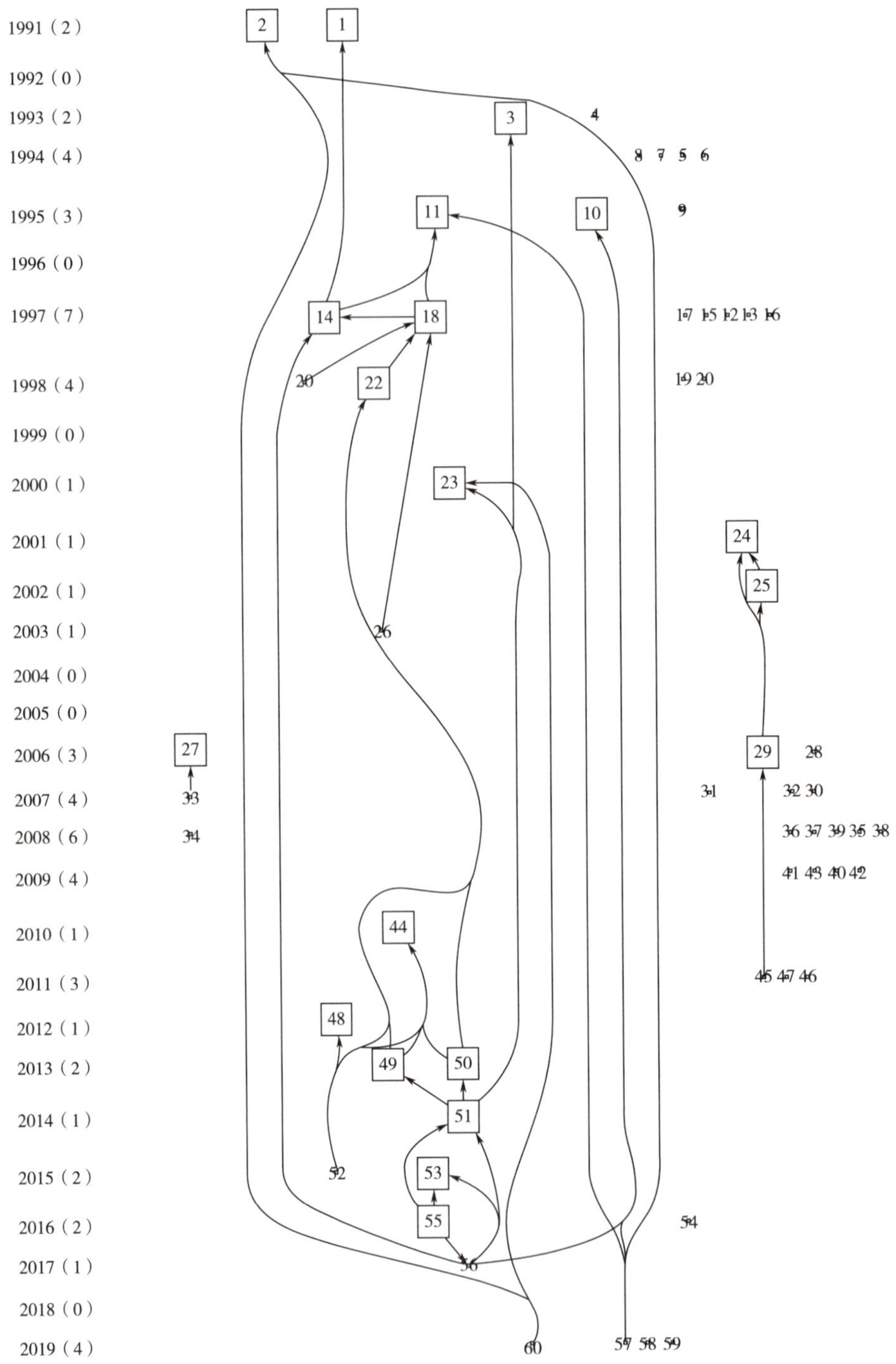

图 5.6　Hale Andrew引文网络的编年图（HistCite）

前述对科学计量学工具从类别、算法、可视化的类型等方面进行了介绍。在此基础上，为了进一步认识科学计量学工具的整体格局，我们绘制了图 5.7 所示的科学计量学工具整体图谱，供读者参考。

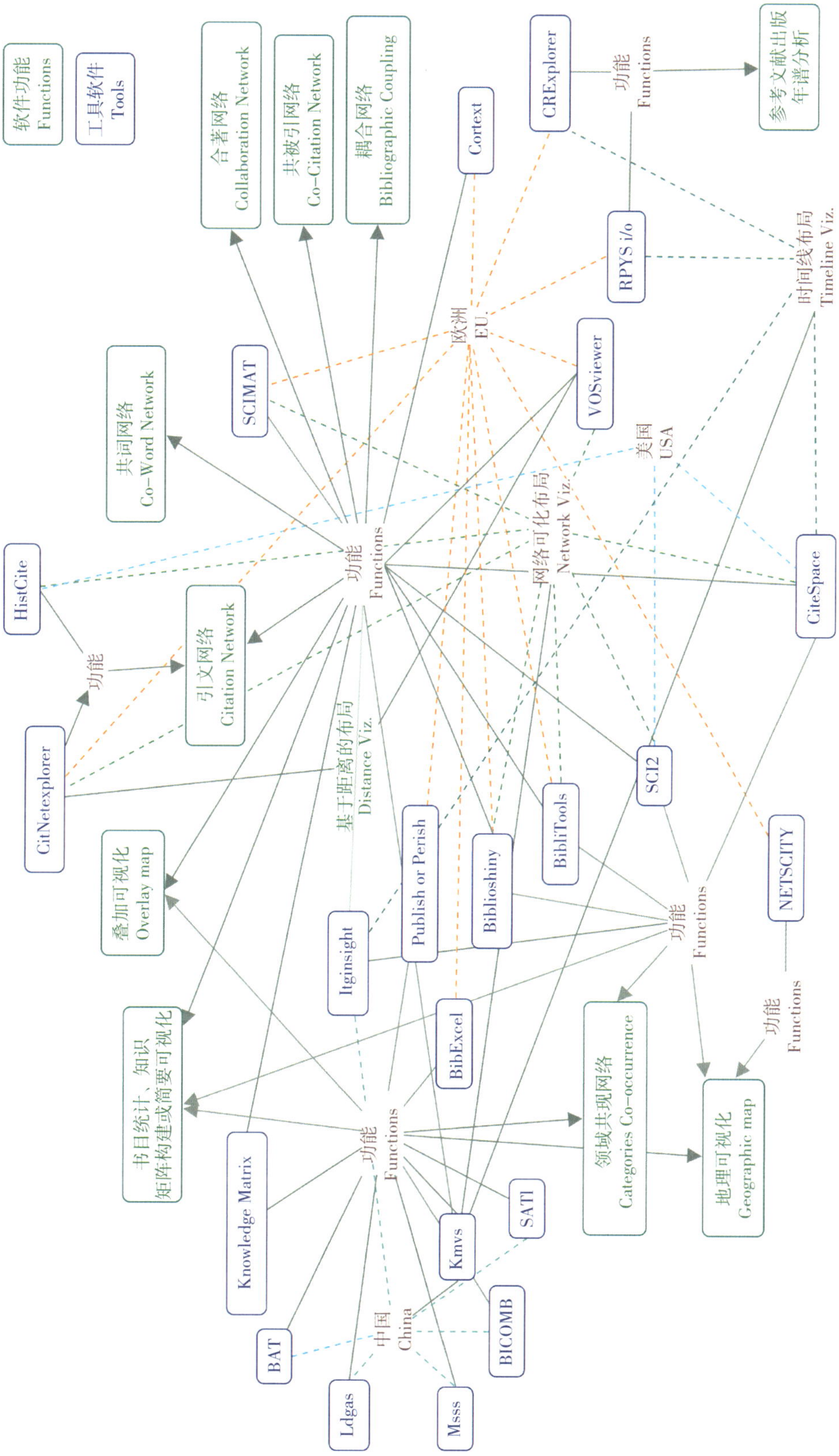

图 5.7 科学计量学工具、功能以及可视化类型的概念图谱

5.5 分析框架

1938 年，爱因斯坦在《物理学的进化》中曾说："提出一个问题往往比解决一个问题更为重要，因为解决一个问题也许是一个数学上或实验上的技巧问题。而提出新的问题、新的可能性，从新的角度看旧问题，却需要创造性的想像力，而且标志着科学的真正进步。"这反映了在科学研究中坚持"问题导向"的重要性。

在科学研究上，液晶显示（LCD）的发明者、美国工程师乔治·海尔迈耶（George Heilmeier，1936—2014）曾提出了一组从事任何研究项目都需要回答的问题，这组问题后来被学界称为"海尔迈耶问题（Heilmeier's Catechism）"。"海尔迈耶问题"提出之后也经过多次迭代，同时不同学者也结合实际的应用场景进行了修改或完善。在科学知识图谱分析实践中，陈超美教授建议应用 1992 年海尔迈耶演讲中提到的一组问题来进行科学知识图谱研究问题的反思，即：

你的研究到底想要解决什么问题？
为什么解决这个问题很重要？
对谁来说最重要？
针对这个问题前辈们和同行们都做了哪些尝试？
为什么这个问题至今仍然无法令人满意？
为什么你认为你现在有机会做到前人或他人想做却没有做到的？

如果已经确定了研究问题，那么就可以从问题出发，按照如图 5.8 的流程进行数据分析。

（1）科学计量数据集的构建与预处理。

在提出要分析和解决的问题后，用户首先要根据问题的特征来选择合适的数据库，并构建恰当的数据检索策略来获取数据。在数据库方面，常用的有Web of Science、Scopus、CSCD、CSSCI以及CNKI等。其中，Web of Science和Scopus包含了质量较高的全球科技文献数据，对于国际性的科学计量学问题的分析，往往需要借助此类数据库。例如：某学者需要对国际的科学计量学领域的竞争态势进行分析，那么这类数据库往往就是首选。当然，若用户的选题为了更多地反映本土化的研究特征，那么本土化的数据库是重要的选项，英文数据库则可以起到辅助的作用。在选定数据库后，用户需要认真了解数据库对数据检索和采集的基本规范和要求。此外，为了提升数据的检索质量，一方面，用户需要接受较为系统的《信息检索与利用》课程的学习，另一方面，用户需要在实际的检索任务中体会信息检索的内在逻辑，提升信息检索的技巧和培养良好的信息素养。最后，为了提升数据分析结果的质量，还需要对数据进行消歧处理。例如：对数据中存在“异形同义”以及“同形异议”等问题进行处理。

（2）科学计量数据分析与校正。

在数据进行预处理后，即可以启动对数据的分析工作。需要特别注意的是，虽然在数据采集和预处理阶段，对数据已经进行了一定的处理，但数据存在各种问题仍然是在所难免的。因此，在当前的数据分析阶段，仍需要尽可能地通过各种科学手段来处理和降低数据的质量问题，以提升分析结果的信度和效度。在该流程中，建议对数据进行循环迭代处理，即以原始数据为起点，进行多轮的数据分析，并在多轮分析的结果基础上进一步对数据进行消歧处理，直到数据分析的结果没有明显的问题为止。例如：在对作者合作网络分析时，作者的姓名写法难免会出现不同的形式，需要通过多轮的作者分析迭代合并，以得到最终的作者合作网络。

（3）科学计量结果的研判。

科学计量结果的研判是数据分析的关键环节。首先，用户需要结合自己的知识背景对结果进行预判，如果仍然存在明显的问题，需要进一步优化工具的参数或更新和完善数据集合。若分析的结果已经符合了用户的期望，此时可以启动结果的外部协同研判，即将结果分发给同行或者相关者，请他们对结果进行判断。若仍然存在问题，分析主体则需要进一步对结果进行分析优化，直到结果通过同行评议。

以上科学知识图谱的分析流程可总结为图5.8。

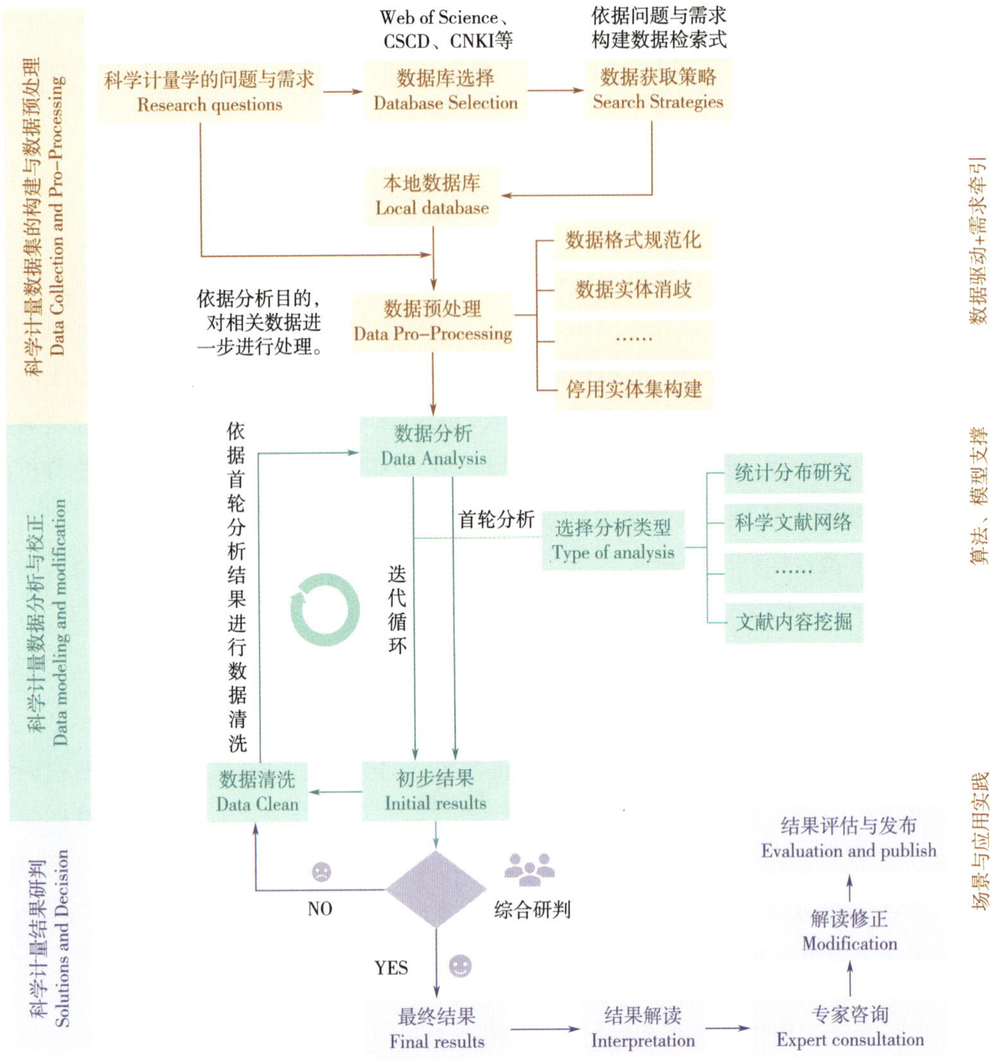

图5.8　科学知识图谱的分析流程（Li et al.，2021）

5.6 工具实践

科学计量学工具帮助科研工作者从海量的文献数据信息中提取、组织、分析和发现重要的科学研究，以辅助科学计量学内外的学者认识科学内在的发展逻辑。这些工具的设计和开发，正是对贝尔纳在《科学的社会功能》中所提到的问题的最好回答（Bernal，1939）：

“科学出版物的产量早已变得如此庞大，以至于人们认识到，科学工作者只能阅读其中一小部分论文，而这本身就是科学的一个非常小的部分。但他如何确保他所阅读的论文对他的工作是最有价值的，或者他如何确信他实际上没有重复已经完成的工作？”（摘自：《科学的社会功能》，1939年，第117页[1]。）

下面，本部分主要对当前科学研究领域使用较为频繁的三种工具（CiteSpace、VOSviewer和CitNetExplorer）的原理和实践进行详细的介绍。

5.6.1 CiteSpace

5.6.1.1 CiteSpace概述

CiteSpace信息可视化软件的开发始于2003年，自2004年起长期免费公开分享（当前收费）[2]，并持续更新升级。软件开发者为美国德雷塞尔大学陈超美（Chaomei Chen）教授。他是国际知名的信息可视化学者，并先后创办了信息可视化和科学计量学期刊*Information Visualization*和*Frontiers in Research Metrics and Analytics*。CiteSpace最初的灵感来自库恩的《科学革命的结构》（Kukn，1962），其主要观点认为“科学研究的重点随着时间变化，有些时候速度缓慢（incrementally），有些时候会比较剧烈（drastically）”，科学发展是可以通过其足迹从已经发表的文献中提取的。CiteSpace开发的理念就是采用可视化的手段，对领域文献进行挖掘，以发现科学研究中的这种现象。

CiteSpace是Citation Space的简称，可译为“引文空间”。CiteSpace是一款着眼于分析科学文献中蕴含的潜在知识，并在科学计量学（Scientometric）、数据和信息可视化背景下逐渐发展起来的一款多元、分时、动态的引文可视化分析软件。CiteSpace通过数据可视化的途径来呈现科学知识的结构、规律和分布情况，因此其得到的可视化结果通常称为“科学知识图谱”或“科学地图”。CiteSpace最初专门为文献的共引分析而设计，用以挖掘引文空间的知识基础与研究前沿。随着CiteSpace的不断更新，它不仅可以进行引文空间的挖掘，还提供了作者、机构、国家/地区的合作等知识网络的分析功能。

CiteSpace的设计和开发融合了一系列的理论和相关概念，主要包含了科学哲学基础、结构洞理论、克莱因伯格频次突增算法、结构变异理论以及引文空间模型等（Chen，2012 a；陈超美等，2018）。

（1）科学哲学基础。托马斯·库恩的《科学革命的结构》（Kuhn，1962）为CiteSpace

---

[1] 原文为：The production of scientific publications has long ago become so large that it is recognized that a scientific worker can only read a small fraction of the papers in what is itself a very small part of science. But how can he ensure that the papers he does read are those that are to be of the most value in his work or how can he be certain that he is not in fact reduplicating work already done?（Bernal，1939）

[2] CiteSpace软件的唯一官网为https：//citespace.podia.com/。

提供了哲学基础。库恩认为，科学的推进是建立在科学革命上的一个往复无穷的过程，科学共同体通过科学革命而接纳新的观点。对新观点的重要性进行判断，在于我们所观察的对象能否做出更令人信服的解释（即对新现象能否给出满意的解释）。库恩对科学革命的结构使用新旧科学范式的交替和兴衰来描述（或称“范式转移”）。库恩的理论给CiteSpace提供了一个具有指导意义的哲学框架。如果科学进程真像库恩所洞察的那样，那么就应该能从科学文献中找出范式兴衰的足迹。

（2）结构洞理论。结构洞理论由芝加哥大学博特在《结构洞：竞争的社会结构》中提出（Burt，1992）。在一个完全连通的社交网络中，所有人之间都有直接联系，这样的网络不存在结构洞（structural hole）。在另一网络中，不是每个人和所有其他人都有直接联系，这样的网络便有了结构洞。博特发现，位于结构洞周围的人往往具有更大的优势，能够接触到更加广泛和多样化的信息（意见或观点）。位于这种位置的节点，也预示着可能有重大的突破（一些重大的科学发现是诞生于学科交叉处的[1]）（van Alstyne，2005）。在CiteSpace引文网络分析中，结构洞理论被用来解释“科学范式”的转移，Freeman的中介中心性算法则用来实现对这种结构的发现。在引文网络中，具有高中介中心性的文献往往连接了不同聚类，并在时间特征上呈现了一定的承上启下作用，被称为“转折点（Turning Points）”。结构洞的思想使得在重要文献识别中，不再是拘泥于论文的局部贡献，而是将其置于学术领域整体结构的发展中。

（3）克莱因伯格频次突增算法。克莱因伯格频次突增算法（Burst Detection Algorithm）可以对时间序列中显著异于基准状态（baseline）的突发状态（burst）进行建模和识别（Kleinberg，2002）。如果一篇论文的引文频次突然呈现急速的增长特征，那么一定程度上表明这篇论文切中了学术领域这个复杂系统中的某个要害部位。在引文网络中，这样的节点通常可以揭示一项很有潜力或很让人感兴趣的工作，且不同时期的这种节点组成了所关注研究领域研究前沿的演进路径，我们可以称其为研究前沿的“脚印”。

（4）结构变异理论。如果将一篇新论文看作科学知识自适应复杂系统所收到的信号，那么可以通过测度由于该论文的引入所引起的科学知识网络结构的变化，来判断这篇新论文的创新潜力（Chen，2012 b）。这些新发现和新想法可能会改变我们的信念和行为。在CiteSpace中，通过模块化变化率（Modularity Change Rate）等指标来测度引文网络结构的变异性（详见2.3.3.5 引文网络结构的变异）。

---

[1] 原文为：Some of the greatest achievements in science come from work at the boundaries of disciplines（van Alstyne，2005）. Khosla venture 的创始人 Vinod Khosla也曾经说过类似的话：创新从来不发生在一个系统的核心部分，它总是发生在系统的边缘（Innovation never happens at the core of a system, it always happens at the edge）（摘自：伯克利罗剑岚：机器人的范式革命，藏在真实世界中）。

（5）引文空间模型。“参考文献的模式标志着研究前沿本质”（Price，1965）。在此理论的影响下。2006 年，陈超美教授在系统调研和梳理研究前沿识别理论与方法的基础上，通过构建文献共被引网络与施引文献之间的映射关系，巧妙地提出了“研究前沿（Research Fronts）”和“知识基础（Intellectual Bases）”的概念模型，如图 5.9。在此基础上，又进一步设计和开发了CiteSpace II，并通过对全球“恐怖主义”和“生物灭绝”的案例研究，证明了理论与技术的有效性（Chen，2006）。自此，CiteSpace工具便开启了在科学共同体内部的迅速传播和应用。

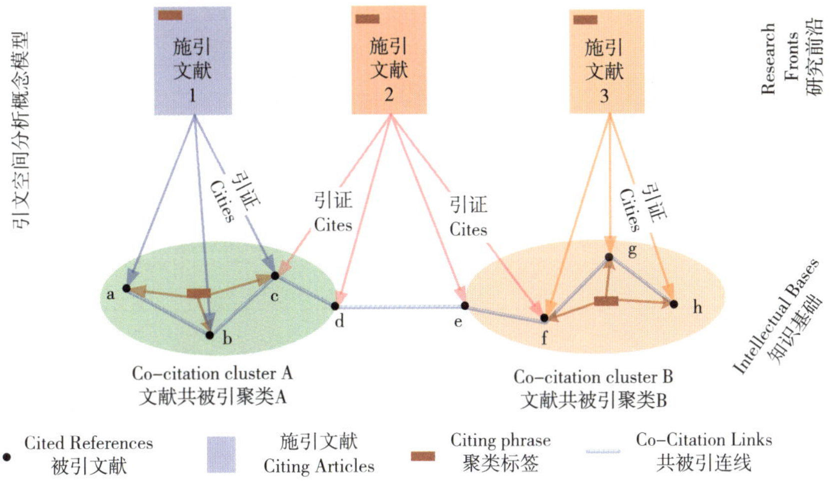

图5.9　引文空间的概念模型（Chen，2006；Li，2020）

5.6.1.2　CiteSpace实操

按照CiteSpace软件的操作步骤，下面对CiteSpace科技文本挖掘及可视化软件的使用流程进行了总结，如图 5.10（李杰等，2022 a）。在使用CiteSpace的过程中，用户需要按照CiteSpace要求的数据格式，从Web of Science、Scopus以及中国知网等数据库中采集数据。需要特别注意的是，除了来自Web of Science的数据之外，其他数据库来源的数据都需要经过CiteSpace转换才能进一步进行分析。

下面通过具体的案例，来演示CiteSpace软件的应用流程。

案例1：*Scientometrics*期刊论文的文献共被引分析。

（1）获取数据。CiteSpace可以处理来自多个数据源的科技文献数据，本节以Web of Science的数据为例进行分析。从Web of Science平台中，以检索式“*Scientometrics* （Publication Titles）AND 1978—2021（Year Published）”采集了在*Scientometrics*上发表的 6 771 篇论文（李杰等，2023 b）。具体的数据导出步骤为：Export→Plain text file→Full Record and Cited References（全记录与引用的参考文献）”。

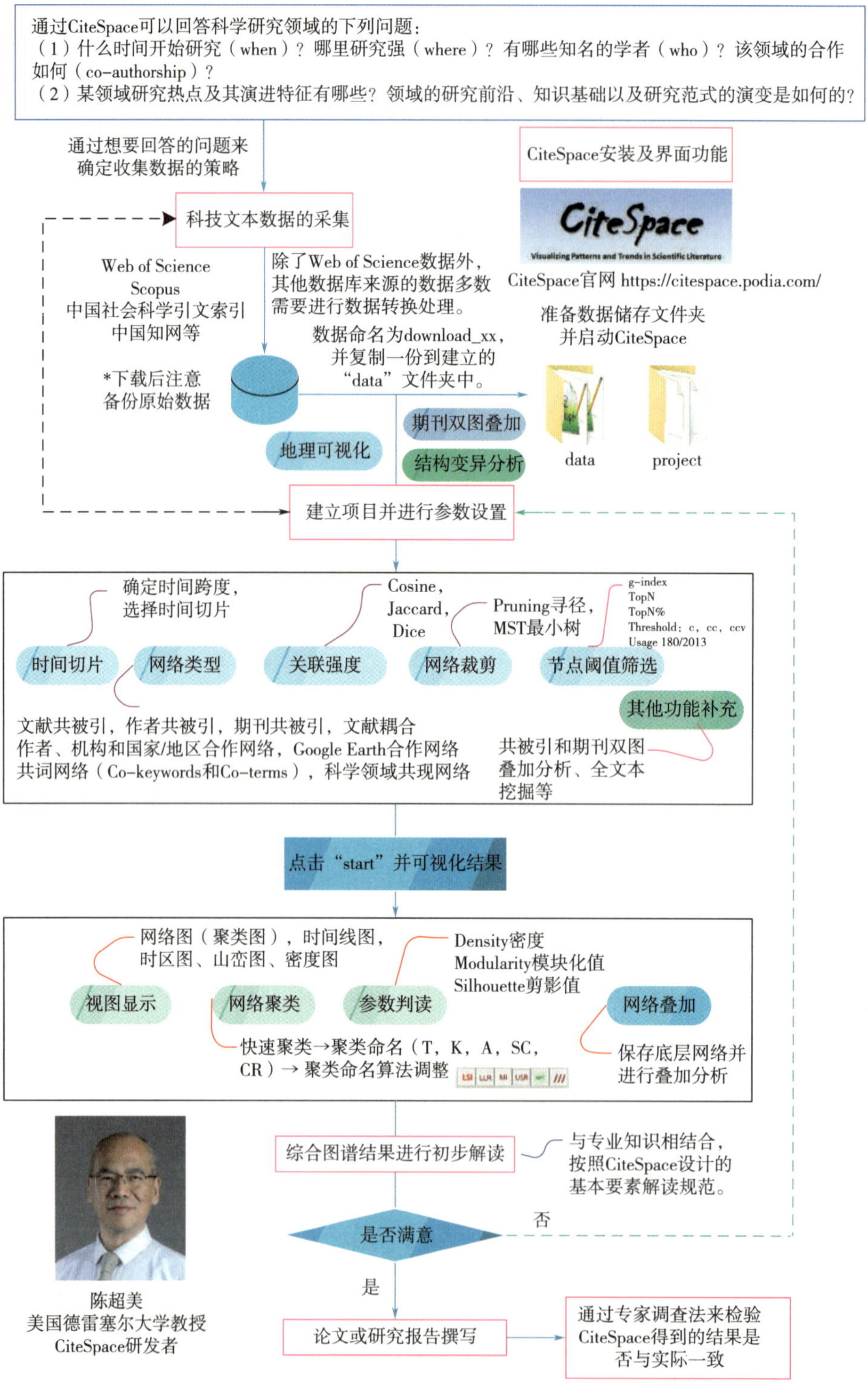

图5.10　CiteSpace引文空间分析流程（李杰等，2022 a）

（2）项目文件的建立。建立data和project文件，将所下载的纯文本数据命名为download_xxxx的格式，并保存到data文件夹中。

（3）打开CiteSpace，在功能参数区中点击New进入新建项目窗口。在新建项目窗口中为项目命名，并加载data和project文件夹路径。最后，点击Save，保存项目设置。

（4）在功能参数区中，根据所采集的数据和分析的目的来设置“时间切片（这里设置为 2000—2021）”，选择分析类型等参数（这里默认的分析类型为Reference，即文献的共被引分析）。最后，点击start启动数据的分析。

（5）数据分析执行结束后，会提示Visualize、Save As GraphML或Cancel。此时，选择Visualize即可进入可视化界面。在可视化界面中，可以对节点、标签、连线、聚类等信息进行调整，以提高可视化的效果。

图 5.11 显示了通过CiteSpace构建的 2000—2021 年*Scientometrics*参考文献的共被引网络。图中，一个节点表示一篇*Scientometrics*所引用的参考文献，节点的大小与文献的被引频次成正比。节点与节点之间的连线表示文献的共被引关系（为了突出聚类，图谱中隐藏了聚类之间的共被引关系），并根据参考文献的中位数年龄对文献聚类的区域进行了着色。

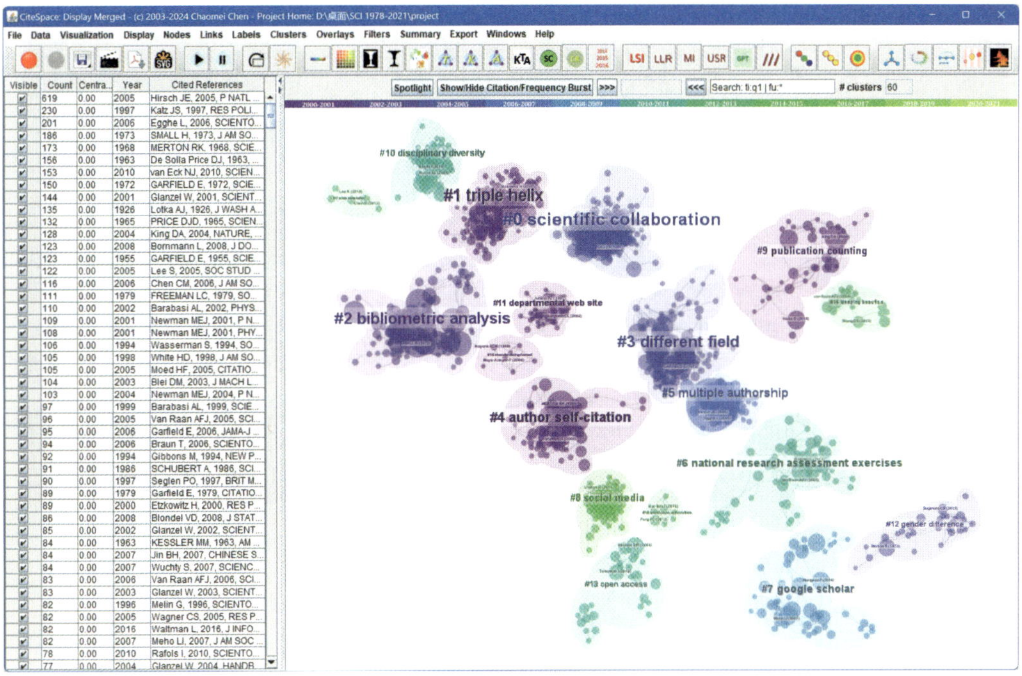

图5.11　CiteSpace构建的文献共被引网络

案例2：CiteSpace应用论文的期刊双图叠加分析。

（1）数据采集。在Web of Science核心合集中，采集被SCI、SSCI和AHCI收录的主题与CiteSpace相关的论文。检索策略为“CiteSpace（Topic）and 1900—2023（Year Published）”。将得到的3 148篇论文保存在本地新建的data文件夹中。注意所下载的文件同样需要是纯文本文件，并包含“全记录与引用的参考文献”，文件命名以download开头。

（2）打开CiteSpace，在功能参数区的菜单栏中，依次点击Overlay Maps→JCR Journal maps，进入期刊的双图叠加可视化分析界面。

（3）在期刊的双图叠加界面中，依次点击Overlay→Add Overlay→OK。然后，选中数据所在的文件，依次点击Open和OK，完成对待分析数据的加载。

（4）期刊的双图叠加分析结果如图5.12。在期刊的双图叠加可视化中，叠加的期刊信息分别位于科学结构地图的左侧和右侧两部分。其中，两侧分别是通过JCR 2011所有期刊的施引关系和被引关系构建的全科学结构图。CiteSpace期刊双图叠加的原理和应用细节可参见文献（Chen et al.，2014）。

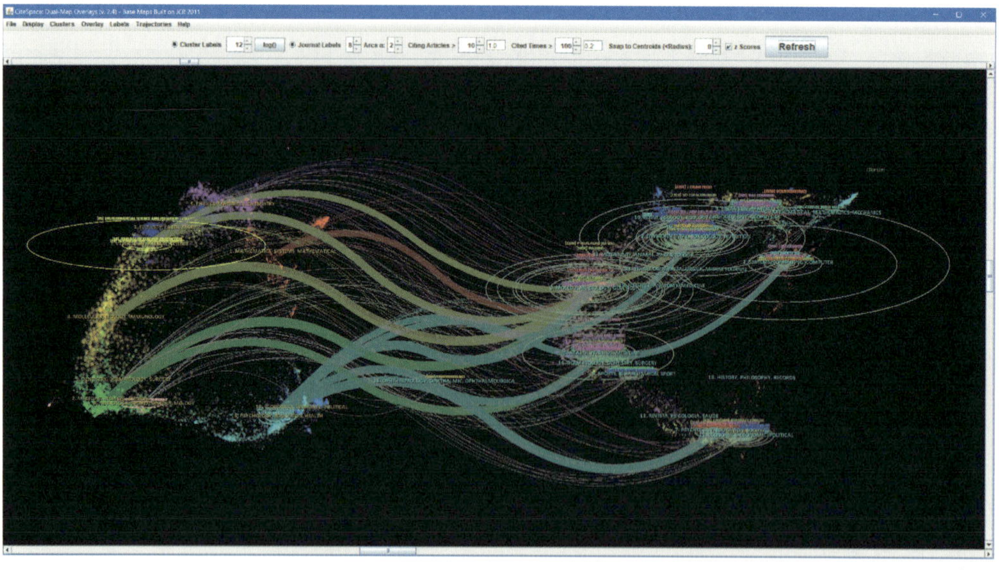

图5.12　CiteSpace期刊的双图叠加分析

注：需要说明的是，当前科睿唯安的JCR版本为JCR 2023，因此JCR 2011的期刊结构图已经过时。这是因为经过10余年，JCR期刊数量及期刊之间的引证关系必然发生了变化，直接导致背景地图也必然发生了变化。这里之所以仍然给出该功能，是因为该分析视角仍然没有过时。建议有编程或者软件开发能力的学者，在合适的时候开发新的双图叠加分析包。

最后，读者可以进一步参考《CiteSpace中文指南》（第7版）、《CiteSpace画册》和“CiteSpace理论与实践”慕课以了解更多关于CiteSpace的可视化应用和分析结果（李杰，2023 c，2024 b；陈超美等，2017）。

5.6.2 VOSviewer

5.6.2.1 VOSviewer概述

VOSviewer是Visualization of Similarities Viewer的简称，是由荷兰莱顿大学科学元勘中心（CWTS）的Nees Jan van Eck和Ludo Waltman于2009年开发的一款用于科学计量网络构建和可视化分析的工具[1]。它将引文分析、文献耦合、文献共被引、共词分析、聚类分析等文献计量学方法集成到软件中，并可以分析Web of Science、Scopus、Dimensions和PubMed等文献数据库中获取的数据。通过VOSviewer能实现对科学文献中作者、机构、国家、期刊、关键词、术语等不同单元的分析，可以构建合作网络、共词网络、文献引证网络、文献共被引网络以及术语共现网络等文献知识网络。此外，VOSviewer还支持对免费获取数据资源的分析，包括OpenAlex、Crossref、Europe PMC、Microsoft Academic、Semantic Scholar、OpenCitations以及WikiData等。与其他软件相比，VOSviewer以其功能丰富、操作简单、使用免费等优点而备受科学共同体的青睐（李杰等，2022 c）。

5.6.2.1.1 标准化、布局与聚类

VOSviewer可以快速从科技文献中提取知识矩阵（如，作者合作矩阵、共词矩阵或共被引矩阵等），并通过内置的算法（如，关联强度法）对矩阵进行标准化。在此基础上，采用自主研发的VOS知识单元映射算法和Leiden聚类算法，实现对科学知识可视化网络的构建，如图5.13。

（1）矩阵的标准化。

知识矩阵的标准化是进行知识网络布局和聚类的基础。在VOSviewer中，其核心的矩阵标准化方法为关联强度法（van Eck et al.，2009，2014 b），计算如下式：

$$s_{ij} = \frac{2ma_{ij}}{k_i k_j}$$

式中，s_{ij}表示网络中节点i和j的相似度，a_{ij}是节点i与节点j的边的权重。如果两个节点之间没有直接联系，则这个权重为0。k_i是节点i连接的所有边的权重之和，

[1] VOSviewer的唯一官网为https：//www.vosviewer.com/。

记为 $k_i = \sum_j a_{ij}$。k_j 是节点 j 连接的所有边的权重之和。m 是网络中所有边权重的一半，这是因为每条边被计算了两次（网络是无向的），记为 $m = \frac{1}{2}\sum_i k_i$。

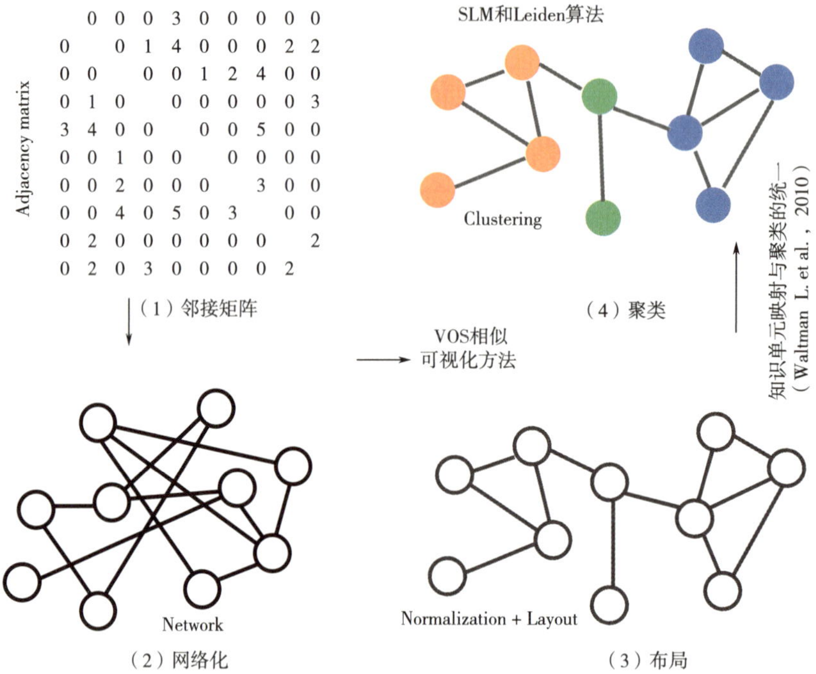

图5.13　VOSviewer科学结构图生成机理

（2）布局算法。

VOS布局算法（VOS mapping）与多维尺度方法（MDS）类似，都是一种基于距离的可视化方法（Distance-based maps），其目的都是把知识单元通过关系数据映射到二维空间上。VOS布局算法的基本思想是最小化所有"元素对"的欧几里得距离平方的加权和，并使用SMACOF算法变体来最小化下式：

$$V(\mathbf{x}_1,\cdots,\mathbf{x}_n) = \sum_{i<j} S_{ij}\left\|\mathbf{x}_i - \mathbf{x}_j\right\|^2$$

其中，两个元素之间距离 d_{ij} 的计算公式为：

$$d_{ij} = \left\|\mathbf{x}_i - \mathbf{x}_j\right\| = \sqrt{\sum_{k=1}^{p}\left(\mathbf{x}_{ik} - \mathbf{x}_{jk}\right)^2}$$

为了避免得到平凡解，即二维图上元素的位置重合，这里将目标函数的约束条件定义为：所有元素距离之和的平均值为1，如下式：

$$\frac{2}{n(n-1)}\sum_{i<j}\left\|\mathbf{x}_i-\mathbf{x}_j\right\|=1$$

为了优化知识单元在二维空间的布局，在VOS中增加了布局优化参数α（吸引参数）和β（排斥参数）。最后，通过求解下式的最小化，来实现布局的优化：

$$L\left(\mathbf{x}_1,\cdots,\mathbf{x}_n\right)=\frac{1}{\alpha}\sum_{i<j}a_{ij}\left\|\mathbf{x}_i-\mathbf{x}_j\right\|^{\alpha}-\frac{1}{\beta}\sum_{i<j}\left\|\mathbf{x}_i-\mathbf{x}_j\right\|^{\beta}$$

式中，$\mathbf{x}_i$为节点在二维空间的位置；a_{ij}为节点i与j之间的连线权重；α和β为吸引和排斥的参数（要求$\alpha>\beta$）；α为取值范围为[−9，+10]的整数，β为聚值范围为[−10，+9]的整数。VOS默认的布局参数为α=2，β=−1；LinLog与Modularity配合使用的推荐参数为α=1，β=0。实际上，用户在具体的分析过程中，需要对α和β进行调整，以寻求较优的参数搭配。

（3）聚类算法。

VOSviewer对网络聚类所采用的目标方程与Newman的模块度方程类似（Waltman et al.，2010）。在具体的分析中，VOS采用了Leiden算法来实现方程的计算和分析。VOSviewer中聚类的目标函数如下：

$$V\left(c_1,\cdots,c_n\right)=\frac{1}{2m}\sum_{i<j}\delta\left(c_i,c_j\right)w_{ij}\left(c_{ij}-\gamma\frac{c_ic_j}{2m}\right)$$

式中，$w_{ij}=2m/c_ic_j$；c_i为元素i所属的聚类；δ（c_i，c_j）的值为1（若$c_i=c_j$）或为0；γ为聚类的分辨率（clustering resolution），用户可以通过调整分辨率的大小来调整聚类的多少。γ越大得到的聚类就越多，即对知识网络的划分就越细。

$$\gamma=\begin{cases}0, & 若 x_i=x_j\\ 1/d_{ij}, & 若 x_i\neq x_j\end{cases}$$

当上式中的w_{ij}和γ设置为1时，该方法与模块度算法（Modularity）一致。

最后，VOSviewer在布局和聚类算法中还提供了LinLog/Modulariy作为辅助，感兴趣的用户可以通过文献Newman（2004）和Noack A（2007，2009）进一步了解。

5.6.2.1.2 VOS密度可视化

（1）典型密度图原理。

在VOSviewer中，对某个元素x=(x_1，x_2）的密度D（$\mathbf{x}$）定义如下（van Eck et al.，2010）：

$$D(\boldsymbol{x}) = \sum_{i=1}^{n} w_i K\left(\|\mathbf{x} - \mathbf{x}_i\| / (\bar{d}h)\right)$$

这里，$K:[0,\infty) \to [0,\infty)$ 代表核函数（Kernel function）；K为非增函数，在VOSviewer中给出的核函数表达式为$K(t) = \exp\left(-t^2\right)$，该函数为高斯核函数（Gaussian kernel function）。$\bar{d} = \frac{2}{n(n-1)} \sum_{i<j} \|\mathbf{x}_i - \mathbf{x}_j\|$，表示图中元素距离的平均值。$h>0$ 是代表核宽度的参数（默认条件下h=0.125），用来平滑处理密度图（smoothing parameter）。

在分析中，选择合适的 h 是可视化的关键，过小的 h 会使得密度图过于粗糙，而过大的 h 会使得密度图过于平滑；w_i代表元素 i 的权重，具体是指某个元素出现的总次数或者元素 i 与其他元素共现的总次数。从密度图的表达式来看，一个元素的密度大小取决于周围元素的数量和这些元素权重的大小。某个元素周围的其他元素越多、这些元素的权重越大、与其他元素的距离越近，那么该元素的密度就越大。在VOSviewer密度图中，可以使用用红色和蓝色来表示元素密度的大小，蓝色表示密度低的区域，红色代表密度高的区域（图5.14）。

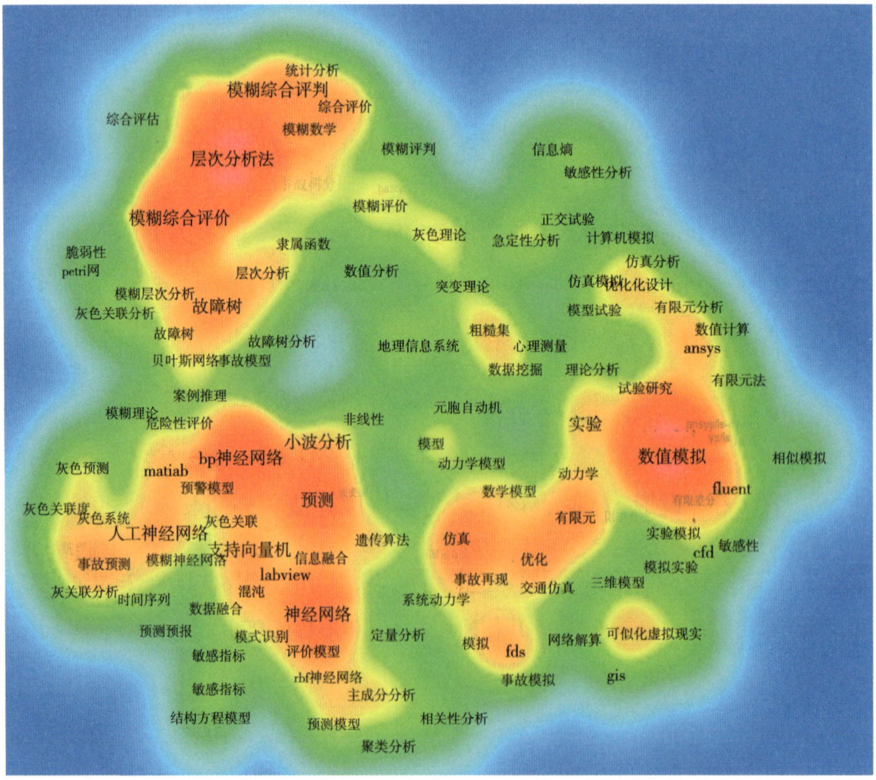

图5.14　安全科学与工程博士论文方法的密度图（李杰，2022 d）

（2）聚类密度图原理。

在典型密度图基础上，VOSviewer还提供了基于聚类的密度图。在聚类密度图中，元素的密度会在各类中分别计算。在某个聚类 p 中，元素X的密度 $D_p(\mathbf{x})$ 被定义为：

$$D_p(\mathbf{x}) = \sum_{i=1}^{n} I_p(i) w_i K\left(\|\mathbf{x} - \mathbf{x}_i\| / (\bar{d}h)\right)$$

这里I_p（i）为指示函数（indicator function），当元素 i 属于聚类 p 时，I_p（i）=1，否则为0。

5.6.2.1.3 VOS主题挖掘原理

在van Eck（2010）等发表的论文《文献图谱中的术语自动识别》一文中，将VOSviewer主题的挖掘过程分为三个步骤，如图5.15。

图5.15 VOSviewer的主题处理过程（van Eck et al.，2010）

下面通过该论文，对VOSviewer的主题挖掘过程做如下介绍：

步骤1：语言过滤器。

在VOSviewer中使用语言过滤器（Linguistic Filter）来筛选名词短语。具体的方法是，通过Schmid开发的词性标注器来标注语料中的每一个单词的词性，例如：名词、动词或形容词。此外，标注器还为每一个单词分配一个词元，即该单词的根形式（或词干），例如：Function和Functions都以Function作为词元。在分析中，忽略了词语字母大小写、单数名词和复数名词之间的差异。在语料库被标注和词元化之后，van Eck等对其应用的语言过滤器还设定了以下三个标准：①序列仅由名词和形容词组成，比如不包含介词的名词短语；②序列以名词结束；③序列在语料库中至少出现一定次数。

步骤2：单元完整性测度。

这一步用来测量由多个单词组成的名词短语的单元性（Unithood），从而决定它们是否被视为语义单位。主要目标是排除以无意义的形容词（如first、many、new和some）

开头的名词短语。测量单元性最常见的方法是确定一个短语出现的频率是否高于短语中各个单词出现频率的预期。为了测量一个名词短语的单元性，首先计算短语的出现次数、去掉第一个单词的短语的出现次数以及短语第一个单词的出现次数。类似于Dunning的方式，然后使用似然比来比较第一个数字和后两个数字，这个似然比就是短语单元性的度量。最后，使用一个截断值来确定哪些名词短语被视为“语义单位”。

步骤3：术语完整性测度。

术语完整性测度主要用来衡量术语单元出现偏向一个或多个主题的程度。假设，有一种一对一关系将语料库分段与主题相对应，即每个语料库的段落只覆盖一个主题，每个主题由一个独立的语料库段落覆盖。在这个假设下，语料库段落的数量等于主题的数量，所以$I=J$。为了测量一个语义单元u_k出现的程度偏向一个或更多主题，使用两个概率分布，即语义单元u_k在所有主题上的分布和所有语义单元在所有主题上的集合分布。这些分布分别由$P\left(t_j | u_k\right)$和$P\left(t_j\right)$表示，其中$j \in \{1, \cdots, J\}$。假设主题t_j被语料库段落S_j覆盖，这些分布由下式给出：

$$P\left(t_j | u_k\right) = \frac{n_{jk}}{\sum_{j'=1}^{J} n_{j'k}}$$

$$P\left(t_j\right) = \frac{\sum_{k=1}^{K} n_{jk}}{\sum_{j'=1}^{J} \sum_{k=1}^{K} n_{j'k}}$$

这两个分布之间的不同程度表示了语义单元u_k偏向一个或多个主题的程度。如果这两个分布非常接近，那么u_k的术语性不高，最有可能不能代表一个领域特定的概念。另一方面，如果这两个分布非常不同，则u_k的出现有强烈偏向，并且u_k很可能代表一个领域特定的概念。两个概率分布的差异性可以通过多种不同的方式进行测量。常用的方法有Kullback-Leibler散度、JensenShannon散度或卡方值。van Eck等则采用了一种不同的测度方法，基于这个测度方法，u_k的术语完整性（termhood）计算如下：

$$\text{termhood}\left(u_k\right) = \sum_{j=1}^{J} p_j \log p_j$$

式中，$0\log 0$ 定义为 0，且满足

$$p_j = \frac{P\left(t_j | u_k\right) / P\left(t_j\right)}{\sum_{j'=1}^{J} P\left(t_{j'} | u_k\right) / P\left(t_{j'}\right)}$$

由上式可知，$p_1, \cdots, p_J$定义了一个在所有主题上的概率分布。在式termhood（u_k）中，termhood（u_k）被计算为这个分布的负熵。如果一个术语的使用完全集中在一个主题上，它的“术语完整性”是最大的；如果它的使用在所有主题中都平均分布，它的“术语完整性”是最小的。

在以上分析的基础上，VOSviewer使用概率潜语义分析（PLSA）来识别特定科学领域中的术语。PLSA分析语料库中的语义单元（如名词短语）的出现频率，并将其与特定话题关联，从而揭示不同语料段与话题之间的多对多关系。实施PLSA的步骤包括确定话题数量（通常小于语料段和术语的数量）、从概率分布中提取话题、为给定的语料段和语义单元选择概率分布，并计算在特定语料段中生成特定语义单元的概率。参数的估计是基于最大似然法则进行的，常使用EM算法来最大化对数似然函数。参数估计完成后，应用贝叶斯定理得到特定语义单元条件下的话题分布。最后，利用这个分布来测量名词性术语的“术语完整性”，即判断一个语义单元的出现是否偏向于一个或多个特定话题，以此来识别出特定领域的术语。

5.6.2.2 VOSviewer实操

VOSviewer的应用流程可以总结为 8 个部分，分别为：①数据与软件准备；②选择数据源和数据格式；③选择分析类型与技术方法；④数据分析的参数设置；⑤数据分析；⑥数据可视化；⑦数据结果的解释；⑧结果发布与出版。具体参见图5.16。

下面通过具体的案例，来演示VOSviewer软件的应用流程。

案例1：*Scientometrics*期刊论文的主题分析。

（1）获取数据。VOSviewer可以处理来自多个数据源的科技文献数据（例如：WoS、Scopus、Dimensions和OpenAlex等），本节仍然以Web of Science中 1978—2021 年*Scientometrics*发表的6 771篇论文为例进行分析（李杰等，2023 b）。

（2）获取软件。通过登录VOSviewer的主页（vosviewer.com/），下载并解压VOSviewer软件。然后，点击VOSviewer图标启动软件。

（3）在VOSviewer软件界面中，点击Create，打开Create Map窗口。选择Create a map based on a text corpus，点击Next。然后选择 Read data from bibliographic database files。

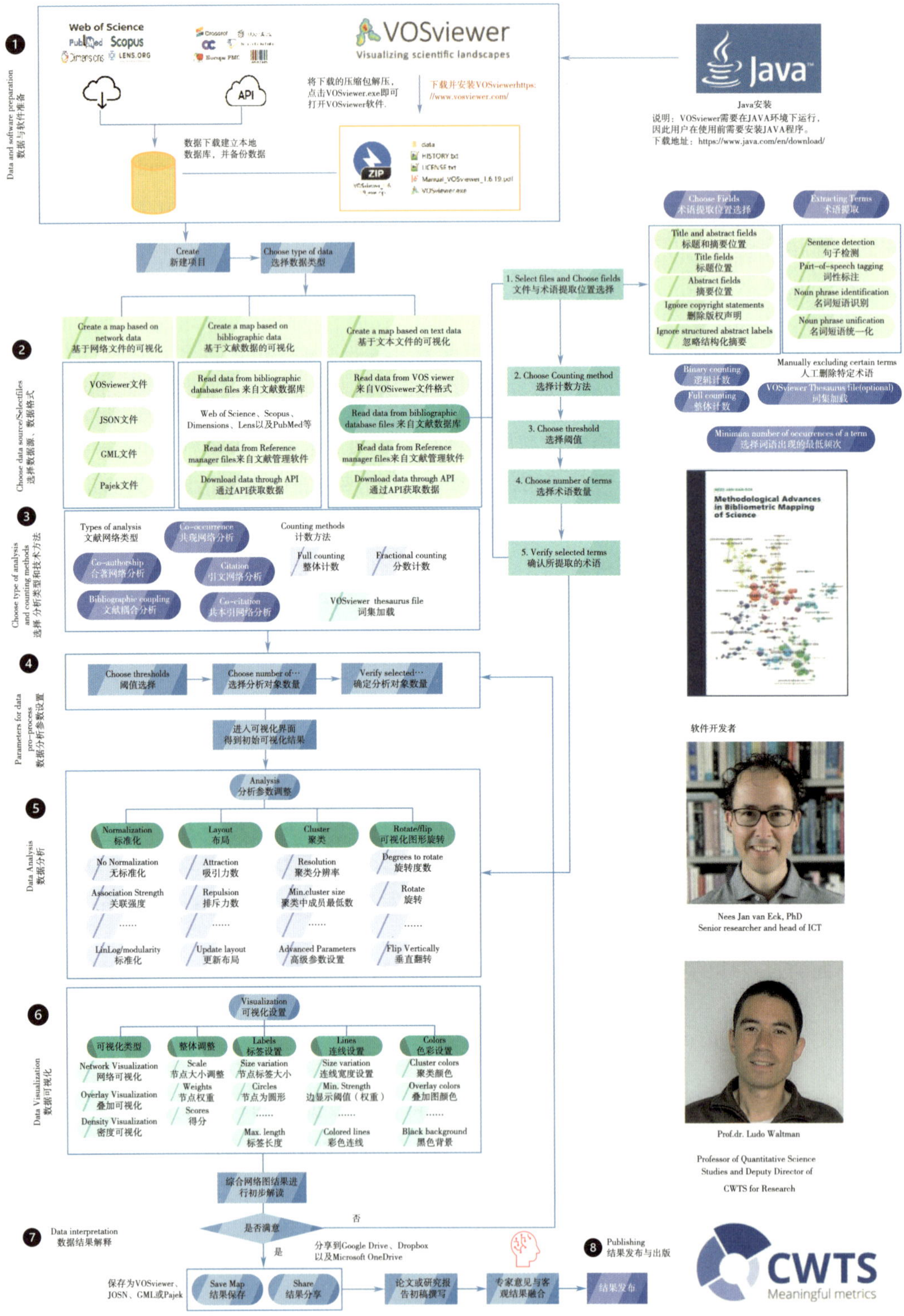

图5.16　VOSviewer科学结构图分析流程（李杰等，2024 a）

（4）选择Web of Science，加载要分析的*Scientometrics*数据集，点击Next。

（5）选择Title and abstract fields，点击Next提取术语。

（6）在Choose counting method界面中，选择Binary counting，点击Next。

（7）在Choose threshold界面中，设置要提取主题的词频阈值。这里共提取了70 064个术语，选择了词频不小于10的2 241个主题。然后，点击Next。

（8）VOSviewer会要求用户选择要在共现网络中包含的名词短语的数量。默认情况下，VOSviewer将选择所提取术语中最为相关的60%进行进一步的分析。例如：本案例中，软件将默认从2 241个主题中选择1 345个。然后，点击Next进行术语相关分数的计算（noun phrase a relevance score）。

（9）在Verify selected terms界面中，点击Finish。最后，可得到主题的可视化结果，如图5.17（聚类图）和图5.18（叠加图）。

VOSviewer默认的可视化结果为聚类视图，其中节点的不同颜色代表了主题所属的聚类，节点的大小与主题词频成正比，主题与主题之间的连线代表主题与主题之间的共词关系。

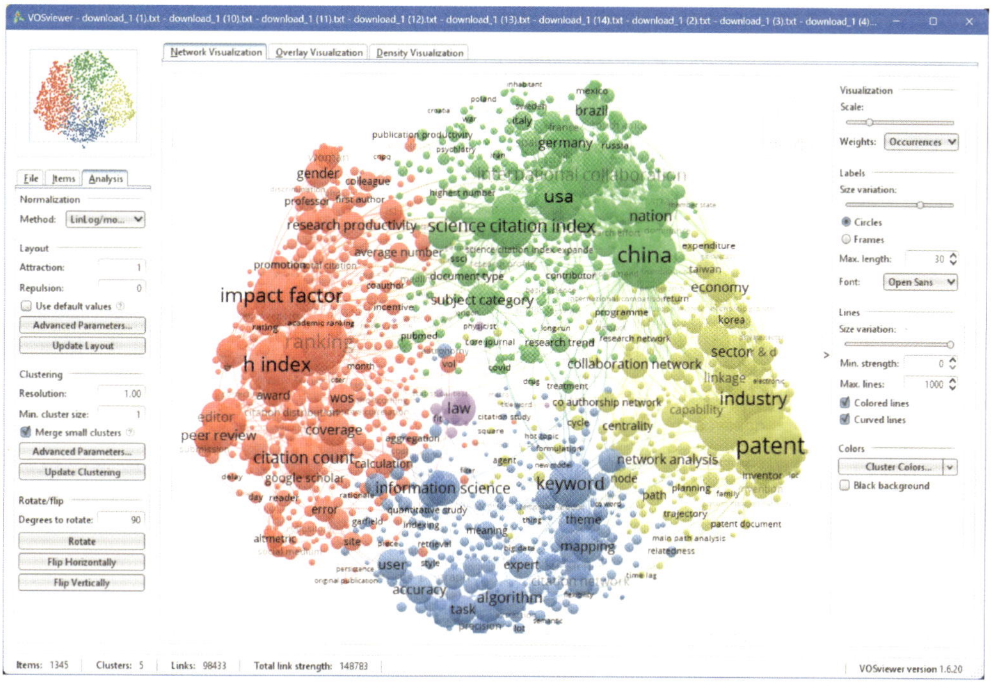

图5.17 VOSviewer的主题聚类图

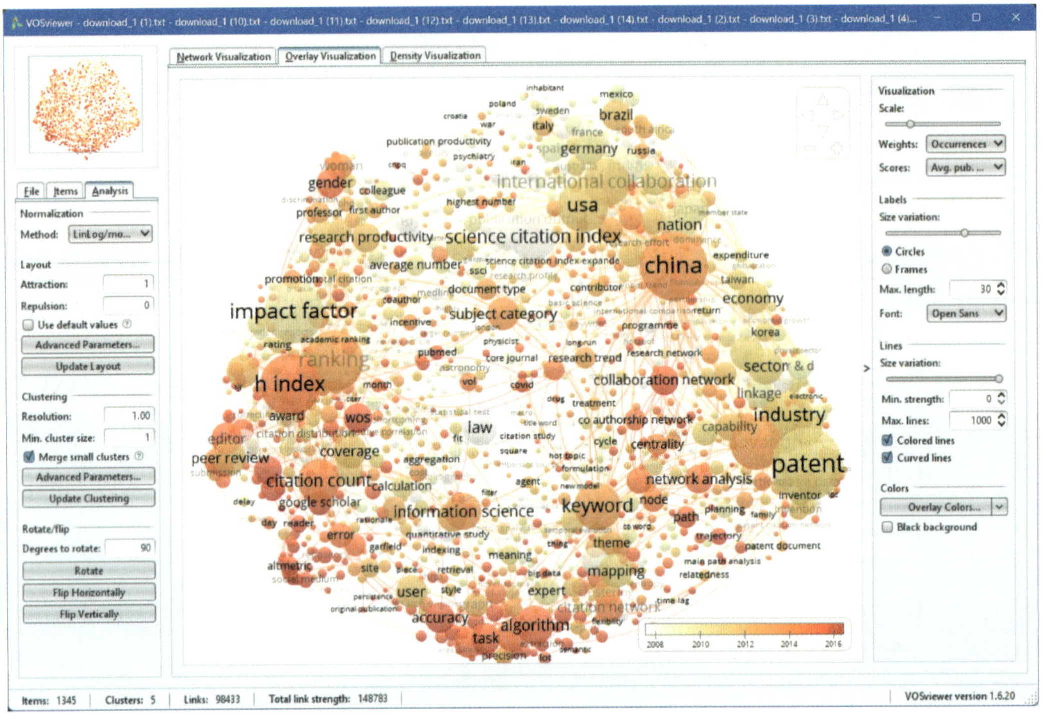

图5.18　VOSviewer的主题叠加图

（10）依次选择File→Screenshot→Save保存结果。用户也可以点击File功能区的Share来实现动态网络在线分享。

案例2：*Scientometrics*期刊论文的作者共被引分析。

（1）启动VOSviewer，点击 Create，选择 Create a map based on bibliographic data，点击Next。选择Read data from bibliographic database files，点击Next.。

（2）选择Web of Science ，加载*Scientometrics*数据，点击Next.。

（3）在Type of analysis中选择Co-citation，在Unit of analysis中选择Cited Authors，计数方法选择Full counting 。

（4）在Choose threshold中，设置作者的最小被引次数为 10，从 59 932 位作者中提取满足阈值的866位作者，这里连续点击Next直到生成作者的共被引知识网络，如图5.19。

（5）依次选择File→Screenshot→Save保存结果。

最后，读者可以进一步参考《VOSviewer画册》，以了解更多关于VOSviewer的可视化结果（李杰，2024 c）。

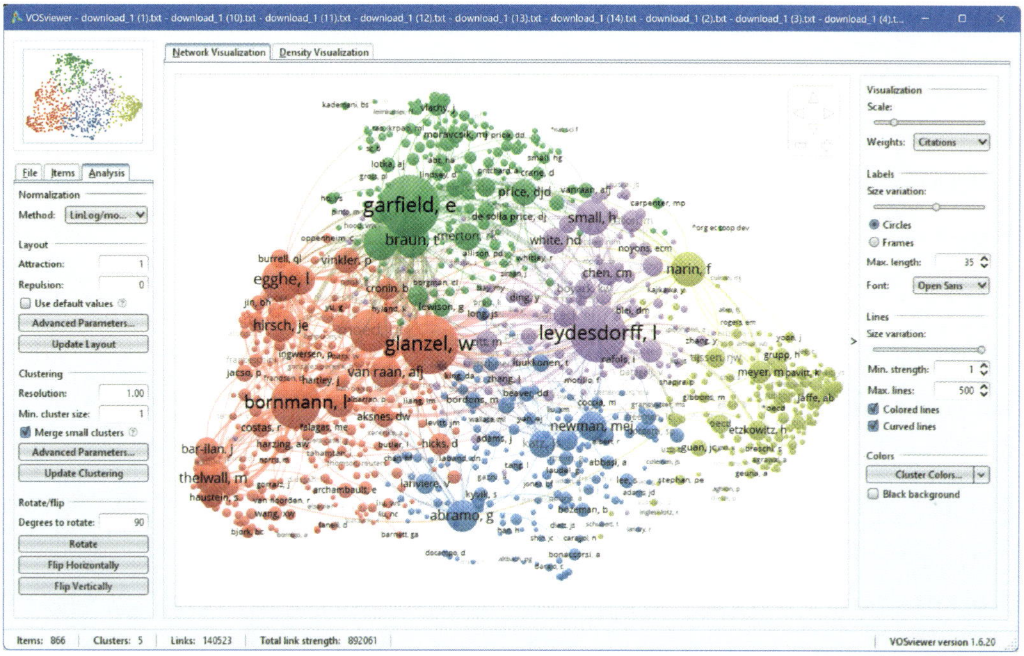

图5.19　VOSviewer构建的作者共被引网络

5.6.3　CitNetExplorer

5.6.3.1　CitNetExplorer概述

CitNetExplorer是Citation Network Explorer的简称[1]，是由莱顿大学科学技术元勘中心Nees Jan van Eck与Ludo Waltman于 2014 年合作开发的用于分析和可视化科学文献引文网络的软件（van Eck et al.，2014）。使用CitNetExplorer可以对某一研究领域时序的发展状况进行分析，这一功能与加菲尔德教授开发的HistCite类似。主要的可视化思路是将高被引论文之间的相互引证关系按照时间顺序进行组织，以在时间序列上显示高影响论文所形成的研究脉络。CitNetExplorer与HistCite相比，其可视化功能、可分析的网络规模以及互动性要更优。CitNetExplorer在构建网络时，可以通过设置文献的最小引证次数来限定文献引证网络的规模。CitNetExplorer也可以专门对某一位学者发表的所有论文之间的引证关系进行研究，以探究特定学者的学术生涯特征。最后，CitNetExplorer也是用来进行科学文献综述的高效工具。

CitNetExplorer中，文献映射（Mapping）和聚类（Clustering）的核心原理如下：

[1] CitNetExplorer的唯一官网为https：//www.citnetexplorer.nl/。

5.6.3.1.1　文献网络的映射

（1）垂直维度上文献的定位。文献按照发表的时间，从上到下排列，上面的文献发表时间更早，下面的文献则发表较晚。若同一年份中有多篇文献，没有相互引证关系的文献位于同一水平时间层中；若同一时间层中存在引用关系，则被引的文献位于施引文献的上方。默认情况下，每层的最大文献数量是10。

（2）水平维度上文献的定位。在水平维度上，文献的位置基于它们在引文网络中的亲近程度定位。在引用网络中彼此接近的文献倾向于在水平维度中也被放置得比较接近。文献在水平维度上的位置通过最小化下式来确定：

$$Q_{\text{visulization}}\left(x_1,\cdots,x_n\right)=\sum_{i=1}^{n}\sum_{j=1}^{n}\left(s_{ij}d_{ij}^2-\alpha d_{ij}^{\beta}\right)$$

式中，n 表示引文网络可视化中包含的文献数量，S_{ij} 表示文献 i 和 j 在引文网络中的亲近程度，α表示排斥力的权重，β表示排斥力的指数，x_i 表示文献 i 在水平维度上的位置，d_{ij} 表示文献 i 和 j 在水平维度上的距离，即：$d_{ij}=\left|x_i-x_j\right|$。

最小化 $Q_{\text{visualization}}\left(x_1,\cdots,x_n\right)$ 是由一个简单的启发式算法完成的。这个算法将文献在水平维度上的位置视为一个离散变量。对于每篇文献 i，有：

$$x_i\in\left\{\frac{0}{m-1},\frac{1}{m-1},\cdots,\frac{m-1}{m-1}\right\}$$

式中，m 表示网格点（grid points）的数量。参数 m 的默认值是100。默认情况下，同一层中文献之间的距离必须至少是5个网格点。

5.6.3.1.2　文献网络的聚类

在CitNetExplorer中，引文网络聚类通过使用SLM智能本地移动算法（Waltman et al.，2013）最大化下式来实现：

$$Q_{\text{clustering}}\left(u_1,\cdots,u_n\right)=\sum_{i=1}^{n}\sum_{j=1}^{n}\delta\left(u_i,u_j\right)\left(a_{ij}-\frac{\gamma}{2n}\right)$$

式中，n 表示引文网络中的文献数量，u_i表示文献 i 被分配到的聚类。如果 $u_i=u_j$，则δ（u_i，u_j）等于1，否则为0。γ 表示聚类的分辨率，可由用户设置，γ 值越高，则得到的聚类数就越多，默认值是1。

a_{ij}表示文献 i 和 j 的相关性，由下式确定：

$$a_{ij} = \frac{c_{ij}}{\sum_{k=1}^{n} c_{ik}}$$

式中，如果文献 i 引用了文献 j，则c_{ij}=1，否则为 0。因此，如果文献 i 引用文献 j，那么 i 和 j 之间的相关性与 i 引用的出版物总数成反比。如果文献 i 没有引用文献 j，文献的相关性为 0。

5.6.3.2 CitNetExplorer实操

下面通过具体的案例：CitNetExplorer对van Eck Nees Jan论文数据的分析，来演示CitNetExplorer软件的应用流程。

（1）数据与软件获取。从Web of Science中的SCI/SSCI/AHCI/ESCI子数据库中获取van Eck Nees Jan发表的71篇论文。同时，通过CWTS提供的CitNetExplorer软件官网，获取CitNetExplorer软件。

（2）启动CitNetExplorer，在菜单栏点击Open 进入Open Citation Network功能界面，然后加载Web of Science数据，来构建文献之间的有向引文网络。其中，Include non-matching cited references表示所构建的引文网络包含参考文献中的高被引文献，这里我们不选择该选项。

（3）点击OK，进入引文网络可视化界面，如图 5.20。CitNetExplorer默认显示了van Eck Nees Jan被引次数排名前 40 篇论文之间的引文网络。节点表示van Eck Nees Jan发表的论文，节点与节点之间的连线表示论文的引证关系。将鼠标放在某个节点时，与该节点对应的文献的作者（Authors）、标题（Title）、来源出版物（Source）、出版年（Year）以及被引次数（Cit.Score）将显示在左侧信息栏中。

（4）在菜单栏依次点击Analysis和Clustering进入引文网络聚类功能模块。在该模块中，保持其他参数不变，点击OK。最后，van Eck Nees Jan发表的论文被划分为三个核心的聚类，如图5.21。

（5）CitNetExplorer中的Drill down功能可以用来对特定的子引文网络进行分析。例如：这里我们选择了Group 1 的 20 篇论文，然后点击Drill down，就可以提取出这 20 篇论文的引文网络，如图5.22。

当前案例中分析的论文较少，因此聚类1的子网络中的文献全部显示在图5.22的网络中。当该聚类中文献数量超过 40 时，超过的部分可以使用该软件提供的Expand功能来扩展显示。

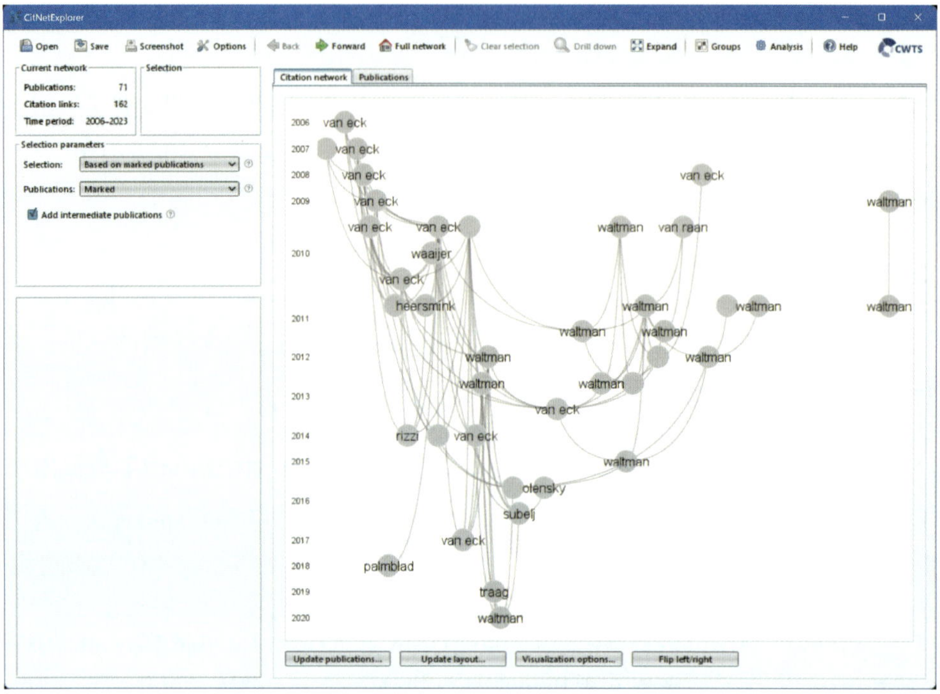

图5.20　CitNetExplorer构建的初始引文网络

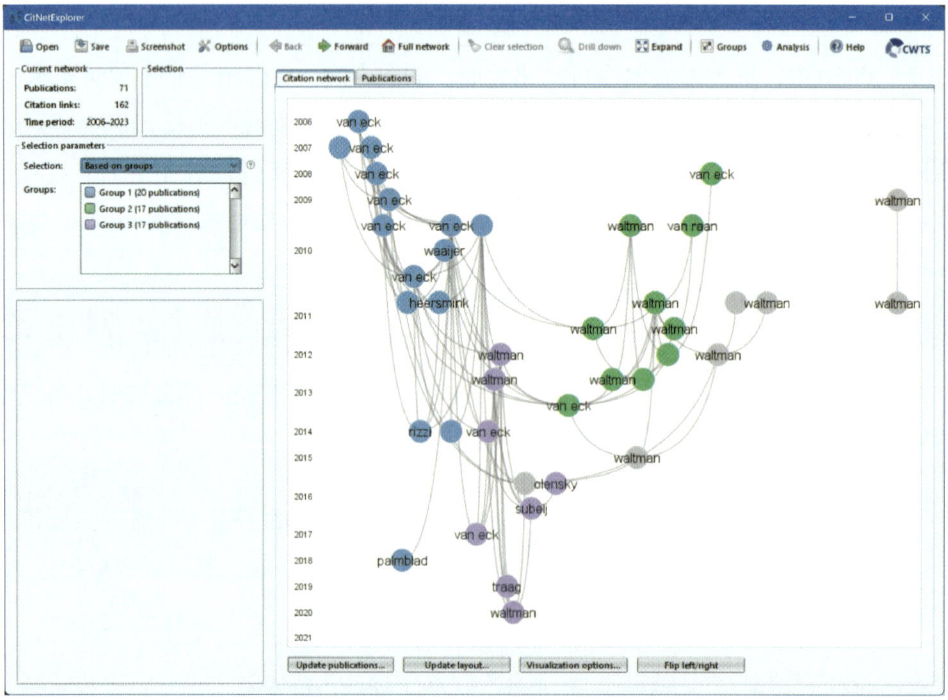

图5.21　CitNetExplorer对引文网络的聚类

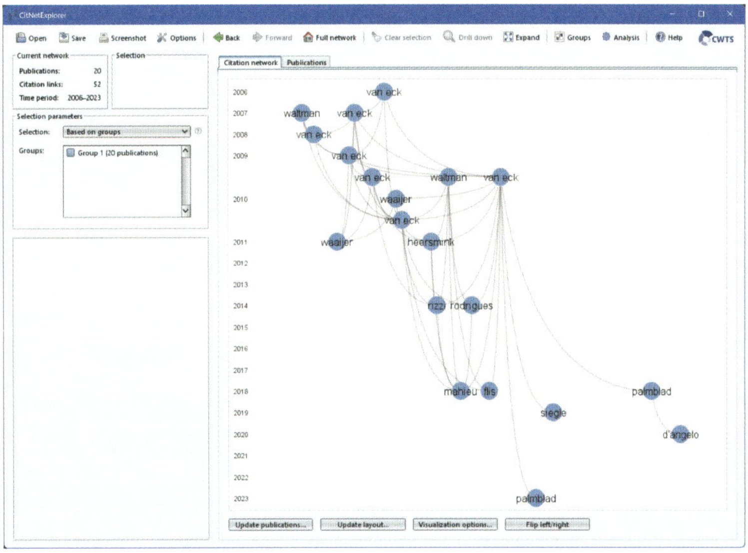

图5.22　CitNetExplorer的 Drill down子网络

（6）在得到分析结果后，可以通过菜单栏中的Save和Screenshot来保存网络数据文件或图形文件。如图 5.23，提取了van Eck Nees Jan所发表论文的 54 篇论文组成的三个主要聚类。紫色聚类为“科学文献网络的聚类的研究（Cluster of Bibliometrics Network）”，蓝色聚类为“科学知识图谱研究（Map of Science）”，绿色聚类为“计量指标与研究评价研究（Bibliometrics Indicators and research evaluation）”。

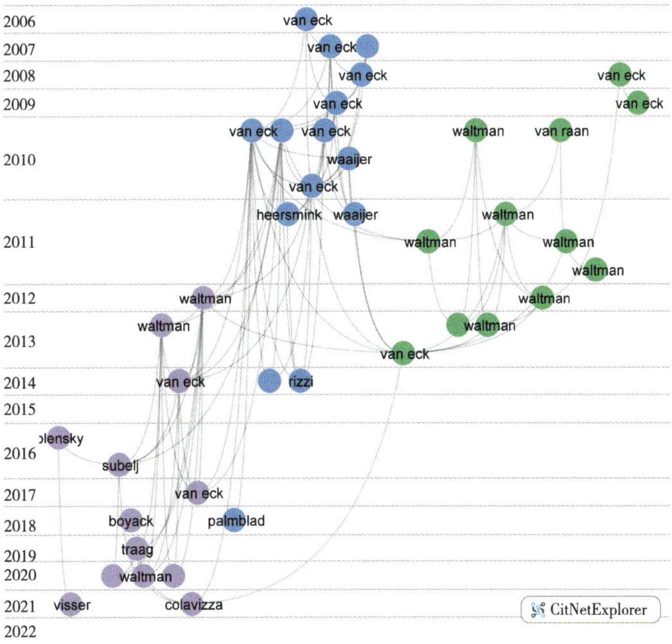

图5.23　van Eck Nees Jan所发表论文的引文网络聚类

5.7 工具思考

科学计量学工具要为解放和发展科研生产力服务。

5.7.1 人有人的用处

人在工具面前不能过度自卑，也不能过于自大。工具发展再强大，也不能代替专家判断。要时刻坚信“人有人的用处（The Human Use of Human Beings）”。“人有人的用处”源自1950年美国著名控制论学者维纳的著作《人有人的用处：控制论与社会》（Wiener，1950），这里用来说明协同人与科学计量学工具之间的关系再恰当不过了。通过科学计量工具的发展来看，人所参与的工作越来越少。例如：在这些软件中，Bibexcel软件还需要分析人员全程参与，并理解每一操作步骤的含义。然而，当前已经有很多工具只需要简单的设置即可得到最终的分析结果。因此，在科学计量学研究中，建议尽可能地激发人的能动性，发挥人的作用，不能在科学计量数据分析中过度地自动化或智能化，应该有效地实现人机的协同。

5.7.2 工具的危机

对于工具的危机，我想从四个方面来进行讨论和思考。当然，这些思考都是基于个人的长期观察和在文献中的所见所得。分别为：科学计量学工具的可持续性问题；科学计量学工具的滥用问题；科学计量学工具分析结果的不确定性在增加问题；我国科学计量工具研发与应用危机问题。

（1）科学计量学工具的可持续性问题。目前，大多数的科学计量学工具都是免费的，这在一定程度上决定了工具可持续危机的存在。虽然，全球的开源生态已经得到了空前的发展，也出现了大批程序系统开发的成功案例，但对于科学计量学领域而言，整体发展态势堪忧。在代表性的工具中，CiteSpace、HistCite已经有20余年的历史，前者的开发者陈超美教授也将面临退休。HistCite的缔造者加菲尔德博士去世后，科睿唯安也宣布停止了对该软件的更新和后续服务。此外，在2010年左右兴起的工具也面临类似的问题，印第安纳大学Katy等开发的SCI2风靡一时，也难逃脱停止更新的命运。BibExcel的开发者随着退休，退出了学术界，也停止了对BibExcel的更新。VOSviewer的两位开发者虽然年龄相对较小，但随着工作和生活重心的变化，该软件已经多年没有进行较大的更新和完善了。好在VOSviewer依托CWTS的支持，后续的维护和更新是有一定保障的。此外，包含了大量科学计量学小程序的Leydesdorff工具箱，随着Leydesdorff的去世也将永久停止更新。这样的案例在科学计量学工具的发展中屡见不鲜。遗憾的是，这些工具几乎都不是被快速发展的信息技术所替代，更多的原因是可持续的维护。我们不得不反思，科学计量学工具如何能保持其可持续性？我个人认为，还是需要商业化，就像SCI数据库一样，把它交给市场，让市场进行选择。当然，这样的路程是比较困难的，因为长期习惯了“免费午餐”群体们，有几人愿意接受“付费模式”，我想应该不多。

（2）科学计量学工具的滥用问题。随着科学计量学工具的开发、分享和免费传播，其已经成为科学领域内进行文献分析和挖掘的一种常规方法。大量科研人员利用科学计量学工具进行了领域的前沿态势跟踪或文献综述研究。然而，一个突出的问题摆在我们面前：大量被生产出来的错误论文还在科学共同体中扩散，一些问题论文甚至出现在了科学计量学领域内。这种现象也引起了相关学者的关注，甚至有学者直言这就是低水平的重复工作。当然，批评虽然严厉，但也反映了工具应用带来的危机。但即使科学计量学工具被滥用，我们也不能全盘否定工具的价值。科学计量学工具的价值是显而易见的，我们要做的是进一步规范化工具的使用。在具体的实践中，需要大力推进科学计量学的教育和科普工作，提升科研人员的整体科学计量学知识基础与素养。另一方面，一部分科学计量学者需要积极参与到其他学科“应用科学计量学”研究论文的审稿或项目的评审工作中来，承担好学术守门员的角色。

（3）科学计量学工具分析结果的不确定性在增加。当前，人工智能技术已经逐渐嵌入到了科学计量学的工具中，同时以“人工智能”为主要亮点的很多工具还在研发过程中。然而，通过对大量工具的调研和比较发现，人工智能算法的嵌入使得研究结果充满了“不确定性”。在实际的分析中，扬言使用了人工智能算法的工具，其技术细节的披露也越来越模糊。或许很多时候仅仅只是对人工智能算法的封装，对算法可靠性和结果的准确性并没有进行系统的检验。在此背景下，科学计量学工具的使用潜藏着科学的可重复危机。同时，对于工具的使用者而言，工具模型和算法层面的理解越来越难，使得对结果的解释有脱离算法机理的风险。例如：在以往利用VOSviewer和CiteSpace等工具的论文中，就发现存在不少问题（我们随机进行了抽样）。可想而知，如果再进一步加大工具生成结果的“不确定性”，这种错误还不知道要出现多少。

（4）我国科学计量工具的研发与应用危机。据笔者调研，欧美的学者已经研发了BibExcel、VOSviewer、SCIMAT、SCI2 等工具，韩国科学技术信息研究所（KISTI）开发了KnowledgeMatrix Plus，日本开发了多款对我国禁售和使用的平台或软件（例如：True-Teller和KIBIT Amanogawa等）。相比之下，国内成为CiteSpace、VOSviewer以及Bibliometrix等工具应用的主力军，发表的论文规模之大以至于一些期刊明令不再接受该类型的论文。在国外，我国学者利用此类工具所发表的论文数量已经位列全球第一，然而高水平和高影响力的论文仍然偏少。虽然大规模的产出使得我们在国际科学计量学研究中凸显了出来，这种凸显带来的负面影响却要更多一些。具体表现在：在数量遥遥领先的背景下，出现了大量的低水平和错误论文，其中有很大一部分论文是对国外CiteSpace、VOSviewer以及HistCite等工具的简单或错误应用所致。我们不禁要思考，作为科学计量学学术共同体的一员，给国内带来了怎样的科学计量学？摆脱科学计量学在国际上“大而不强”的形象，是摆在我国当代科学计量学学者面前的使命与任务。

实际上任何一种工具都可以认为是一种产品。因此，检验一个产品的优劣，以及一个产品是否能长期稳定地存在，应该交给“市场”。只有一个工具真正解放和发展了科学计量学的生产力，给工具的终端用户带来了实际的收益，工具才能进入良性循环。此外，由于工具的长期免费化，导致“错误工具”使用所造成的问题缺少“负责人”（即使用存在严重bug的软件，生产了不少问题论文）[1]，也导致了软件开发者对软件错误使用的“视而不见”（即软件开发者缺乏持续的动力和耐心去解答和维护软件错误使用的问题）。对于我国的科学计量工具发展而言，建立良好的激励机制和软件效果的评价机制才是关键。这是因为，实际上我们国家已经在类似的工具研发上资助和投入了大量的经费。然而，工具开发之后不是被项目负责人“雪藏”，就是在项目验收之后被封存在项目档案里面。

5.7.3 工具研发的思考

在当前数智交融发展的背景下，本部分从数据（data）、算法模型（Algorithms and Models）和场景（Scenarios）三个层面对科学计量学的工具研发做如下思考（如图5.24）：

（1）数据层。数据是科学计量工具研发的基础，因此高质量数据库的建设，特别是面向新时代科学文献智慧数据中心的建设至关重要。通常，用户是通过Web of Science、CSCD以及Scopus等数据库构建检索策略来获取待分析数据的。若用户对数据分析有特殊要求，建议将采集的大数据集保存到类似MySQL或Elasticsearch等平台中，以方便对大数据做进一步的各种处理。此外，在当前数智科技发展形势下，科学文献数据加工与存储工作需要引入更多智能化的技术与方法，以推动科学文献智慧数据中心的建设，促进高质量数据集的构建。这也是当前基于科学文献大数据进行科学计量学研究的关键。

[1] 有大量免费工具有类似这样的提示：作为本工具的用户，软件使用者需要自己承担使用工具可能带来的风险。然而，我想商业化的工具至少不会这样直白地把风险都转移到用户身上。当然，如果让软件的免费分享者还要承担用户使用软件风险的规定更是显得滑稽。

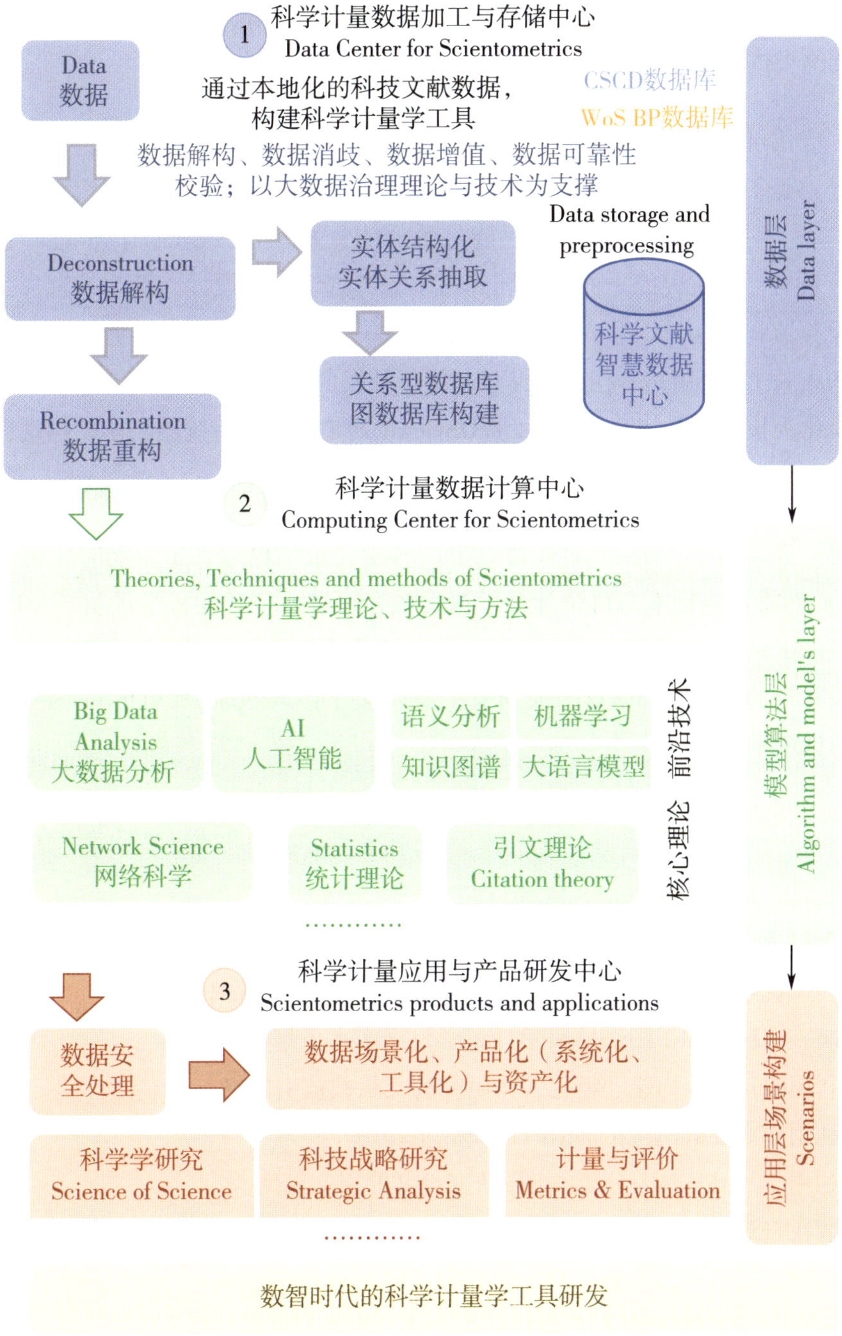

图 5.24　智慧数据中心驱动的科学计量学工具的研发

（2）算法模型层。模型和算法是工具的内核，没有模型和算法就不能实现数据的赋能。在科学计量学的工具研发中，必须坚持以目前已经成熟的科学计量学理论为核心（例如：引文理论、共被引、耦合、共现等），并有效地将统计模型（Statistics Model）、网络模型（Network Model）以及人工智能模型（AI Model）等融入其中。例如：在CiteSpace和VOSviewer等工具应用实践中，已经调用了ChatGPT API对构建的知识网络聚类结果进行命名或总结。

（3）应用层——场景构建。场景是牵引科学计量数据层和算法模型层建设的重要组成部分，是工具研发的关键。在工具的研发中，需要充分地调研用户对科学计量学工具的需求，例如：所研发的工具可能是面向科学学研究（或元科学研究）、科技战略研究或计量与评价研究的。面对不同的需求，数据结构的设计、算法的选择、模型的集成、业务流程的构建以及界面设计也会存在一定差异。例如，目前已经开发的软件中，Publish or Perish就是专门针对计量与评价开发的工具，CiteSpace是针对科学领域的结构和演化为核心场景构建的工具，VOSviewer则是为解决传统的科学结构地图的绘制而设计的。

总之，在AI 4 Science的时代背景下，科学计量学也迎来了智能时代的“前科学阶段”。如何将智能技术与科学计量学深度融合，进入“智能科学计量学（Intelligent Scientometrics）”的“常规科学”阶段，进而研发真正“智能型”的科学计量学工具是当前一段时期的挑战。如果这一天到来，势必像当年CiteSpace和VOSviewer一样极大地促进科学计量学发展。

思考题

1. 在科学发展的什么阶段才会产生大量的工具？工具在促进科学发展中有哪些重要的意义？（提示：可以参考文献Shneider（2009）和库恩循环）

2. 谈一谈科学知识图谱给科学计量学发展带来了哪些变化。

3. 利用CiteSpace构建“睡美人”研究的文献共被引网络。

4. 利用VOSviewer绘制ChatGPT的研究主题图。

5. 利用CitNetExplorer分析 h指数研究论文的引文网络。

6. 请在TED网站上观看The beauty of data visualization，并撰写100字左右的总结。

7. 请通过网络查阅资料，对人的智能（Human Intelligence）和人工智能（Artificial Intelligence）进行比较，理解“人有人的用处、机器有机器的用处”这句话。

8. 阅读《人有人的用处》（维纳），撰写500字左右的读后感或书评。

9. 未来的科学计量学工具应该是怎样的？以“未来的科学计量学工具”为题撰写500字左右的文字。

参考文献

ARIA M, CUCCURULLO C, 2017. Bibliometrix: an r–tool for comprehensive science mapping analysis[J]. Journal of Informetrics, 11(4): 959–975.

BLONDEL V D, GUILLAUME J L, LAMBIOTTE R, et al., 2008. Fast unfolding of communities in large networks[J]. Journal of statistical mechanics: theory and experiment, 2008(10): P10008.

BÖRNER K, POLLEY DE, 2014. Replicable Science of Science Studies. In: Ding, Y., Rousseau, R., Wolfram, D. (eds) Measuring Scholarly Impact[M]. Springer, Cham. , 321–341.

BOTERO C M, CERVANTES O, FINKL C W, 2018. State–of–the–Art Innovative Beach Management Tools from the Tree of Science Platform. In C.M.Botero, O.Cervantes, & C.W. Finkl(Eds.), Beach Management Tools–Concepts, Methodologies and Case Studies. Springer International Publishing: 527–544.

BROOKS TA, 1987. The Bibliometrics Toolbox (Computer File), North City Bibliometrics, Seattle.

BURT R S, 1992. Structural holes: The social structure of competition[M]. Harvard University Press.

CAO Y, CHEUNG N A, GIUSTINI D, et al., Scholar Metrics Scraper(SMS): automated retrieval of citation and author data[J]. Frontiers in Research Metrics and Analytics, 9: 1335454.

CHEN C M, 2006. CiteSpace II: Detecting and visualizing emerging trends and transient patterns in scientific literature[J]. Journal of the American Society for Information Science and Technology, 57(3): 359–377.

CHEN C M, 2012a. Turning points: the nature of creativity[M]. Springer Science & Business Media.

CHEN C M, 2012b. Predictive effects of structural variation on citation counts[J]. Journal of the American Society for Information Science and Technology, 63(3): 431–449.

CHEN C M, 2017. Science mapping: a systematic review of the literature[J]. Journal of data and information science, 2(2): 1–40.

CHEN C M, LEYDESDORFF L, 2014. Patterns of connections and movements in dual–map overlays: a new method of publication portfolio analysis[J]. Journal of the association for information science and technology, 65(2): 334–351.

COBO M J, LÓPEZ–HERRERA A G, HERRERA–VIEDMAE, et al., 2012. SciMAT: a new science mapping analysis software tool[J]. Journal of the American Society for Information Science and Technology, 63(8): 1609–1630.

COMINS J A, LEYDESDORFF L, 2016. RPYS i/o: software demonstration of a web–based tool for the historiography and visualization of citation classics, sleeping beauties and research fronts[J]. Scientometrics, 107(3): 1509–1517.

DATTOLO A, CORBATTO M, 2019. Visualbib: a novel web app for supporting researchers in the creation, visualization and sharing of bibliographies[J]. Knowledge–Based Systems, 182: 104860.

GARFIELD E, 1981. Introducing the ISI atlas of science–biochemistry and molecular–biology [J]. Current contents(42): 5–13.

GARFIELD E, 1994. Scientography: mapping the tracks of science[J]. Current contents: social & behavioural sciences, 7(45): 5–10.

GARFIELD E, 2004. Historiographic Mapping of Knowledge Domains Literature[J]. Journal of Information Science, 30(2), 119–145.

GATES A J, BARABÁSI A L, 2023. Reproducible Science of Science at scale: pySciSci[J]. Quantitative Science Studies: 1–17.

GLÄNZEL W, 2003. Bibliometrics as a research field a course on theory and application of bibliometric indicators.

GRAUWIN S, JENSEN P, 2011. Mapping scientific institutions[J]. Scientometrics, 89(3): 943–954.

HARZING A W, 2010. The Publish or Perish Book: Your Guide to Effective and Responsible Citation Analysis Tarma Software Research.

KLEINBERG J, 2002. Bursty and hierarchical structure in streams[C]. In Proceedings of the eighth ACM SIGKDD international conference on Knowledge discovery and data mining: 91–101.

KNUTAS A, HAJIKHANI A, SALMINEN J, et al., 2015. Cloud-based bibliometric analysis service for systematic mapping studies[C]. Proceedings of the 16th International Conference on Computer Systems and Technologies.

KUHN T S, 1962. The structure of scientific revolutions[M]. Chicago: University of Chicago press.

LI J, GOERLANDT F, RENIERS G, 2020. Trevor Kletz's scholarly legacy: A co-citation analysis[J]. Journal of Loss Prevention in the Process Industries, 66: 104166.

LI J, GOERLANDT F, RENIERS G, 2021. An overview of scientometric mapping for the safety science community: Methods, tools, and framework[J]. Safety Science, 134: 105093.

LIGHT R P, POLLEY D E, BÖRNER K, 2014. Open data and open code for big science of science studies[J]. Scientometrics, 101(2): 1535–1551.

MAISONOBE MJL, YAKIMOVICH N, CABANAC G, 2019. NETSCITY: a geospatial application to analyse and map world scale production and collaboration data between cities[C]. ISSI' 19: 17th International Conference on Scientometrics and Informetrics,

MARTÍN-MARTÍN A, THELWALL M, ORDUNA-MALEA E, et al., 2021. Google Scholar, Microsoft Academic, Scopus, Dimensions, Web of Science, and OpenCitations' COCI: a multidisciplinary comparison of coverage via citations[J]. Scientometrics, 126(1): 871–906.

MCLEVEY J, MCILROY-YOUNG R, 2017. Introducing metaknowledge: Software for computational research in information science, network analysis, and science of science[J]. Journal of Informetrics, 11(1): 176–197.

MORAL-MUNOZ J A, LÓPEZ-HERRERA A G, HERRERA-VIEDMA E, et al., 2019. Science Mapping Analysis Software Tools: A Review. In: GLÄNZEL W, MOED H F, SCHMOCH U, THELWALL M. (eds) Springer Handbook of Science and Technology Indicators[M]. Springer Handbooks. Springer, Cham.

MORRIS S, DEYONG C, WU Z, et al., 2002. DIVA: a visualization system for exploring document databases for technology forecasting[J]. Computers & industrial engineering, 43(4): 841–862.

NEWMAN M E, 2004. Fast algorithm for detecting community structure in networks[J]. Physical review E, 69(6): 066133.

NOACK A, 2007. Energy models for graph clustering[J]. Journal of Graph Algorithms and Applications, 11(2): 453–480.

NOACK A, 2009. Modularity clustering is force-directed layout[J]. Physical Review E, 79:

026102.

PERSSON O, DANELL R, SCHNEIDER J W, 2009. How to use Bibexcel for various types of bibliometric analysis. Celebrating scholarly communication studies: A Festschrift for Olle Persson at his 60th Birthday, 5: 9–24.

PRICE D S D J, 1965. Networks of scientific papers[J]. Science, 149: 510–15.

ROSVALL M, AXELSSON D, BERGSTROM C T, 2009. The map equation[J]. The European Physical Journal Special Topics, 178(1): 13–23.

RUIZ-ROSERO J, RAMÍREZ-GONZÁLEZ G, VIVEROS-DELGADO J, 2019. Software survey: ScientoPy, a scientometric tool for topics trend analysis in scientific publications[J]. Scientometrics, 121(2): 1165–1188.

SHNEIDER A M, 2009. Four stages of a scientific discipline; four types of scientist[J]. Trends in biochemical sciences, 34(5): 217–223.

TARI T, BARBIER M M, BREUCKER P, 2010. Characterising dynamics of new sciences through project collaborations: a project-based scientometrica insight into French bioenergies research[C]. In 3. European Network of Indicators Designers Conference: STI Indicators for Policymaking and Strategic Decisions: 18.

Thelwall M, 2006. Webometric Analyst Professional 4. 3. 8801. 24214Copyright 2006-2024+ Mike Thelwall, University of sheffield andUniversity of Wolverhampton. https://github. com/MikeThelwall/Webometric_Analyst.

THOR A, MARX W, LEYDESDORFF L, et al., 2016. Introducing CitedReferencesExplorer(CRExplorer): A program for reference publication year spectroscopy with cited references standardization[J]. Journal of Informetrics, 10(2): 503–515.

TOBLER W R, 1970. A computer movie simulating urban growth in the Detroit region[J]. Economic geography, 46(sup1): 234–240.

TRAAG V A, WALTMAN L, VAN ECK N J, 2019. From Louvain to Leiden: guaranteeing well-connected communities[J]. Scientific reports, 9(1): 5233.

VAN ALSTYNE M, BRYNJOLFSSON E, 2005. Global village or cyber-balkans? Modeling and measuring the integration of electronic communities[J]. Management science, 51(6): 851–868.

VAN ECK N J, WALTMAN L, 2009. How to normalize cooccurrence data? An analysis of some well-known similarity measures[J]. Journal of the American society for information science and technology, 60(8): 1635–1651.

VAN ECK N J, 2005. Towards Automatic Knowledge Discovery from Scientific Literature, Computer Based Tools for Supporting Scientific Research[D]. Master Thesis, Erasmus University Rotterdam, The Netherlands.

VAN ECK N J, 2011. Methodological advances in bibliometric mapping of science[D]. Doctoral dissertation, Erasmus University Rotterdam, The Netherlands.

VAN ECK N J, WALTMAN L, 2010. Software survey: VOSviewer, a computer program for bibliometric mapping[J]. Scientometrics, 84(2): 523–538.

VAN ECK N J, WALTMAN L, 2014a. CitNetExplorer: A new software tool for analyzing and visualizing citation networks[J]. Journal of Informetrics, 8(4): 802–823.

VAN ECK N J, WALTMAN L, 2014b. Visualizing Bibliometric Networks. In: Ding, Y, Rousseau,

R, Wolfram, D. (eds) Measuring Scholarly Impact[M]. Springer, Cham.

VAN ECK N J, WALTMAN L, NOYONS E, et al., 2010. Automatic term identification for bibliometric mapping[J]. Scientometrics, 82(3): 581–596.

WALTMAN L, VAN ECK N J, 2013. A smart local moving algorithm for large-scale modularity-based community detection[J]. European Physical Journal B, 86(11): 471.

WALTMAN L, VAN ECK N J, NOYONS E C, 2010. A unified approach to mapping and clustering of bibliometric networks[J]. Journal of informetrics, 4(4): 629–635.

WHITE H D, MCCAIN K W, 1998. Visualizing a discipline: An author co-citation analysis of information science, 1972–1995[J]. Journal of the American society for information science, 49(4): 327–355.

WIENER N, 1950. The human use of human beings: Cybernetics and society[M]. Eyre & Spottiswoode.

ZHU J, LIU W, 2020. A tale of two databases: The use of Web of Science and Scopus in academic papers[J]. Scientometrics, 123(1): 321–335.

陈超美, 李杰, 2017. CiteSpace理论与实践慕课[EB/OL].[2024-05-24]. https: //mooc1-1. chaoxing. com/course/212680405. html.

陈超美, 李杰, 2018. 科学知识前沿图谱理论与实践/陈超美. CiteSpace 的分析原理[M]. 北京: 高等教育出版社.

李杰, 2018 a. 科学知识图谱原理及应用: VOSviewer和CitNetExplorer初学者指南[M]. 北京: 高等教育出版社.

李杰, 2018 b. 科学计量与知识网络分析[M]. 2 版. 北京: 首都经济贸易大学出版社.

李杰, 2022 b. BibExcel科学计量与知识网络分析[M]. 2 版. 北京: 首都经济贸易大学出版社.

李杰, 2023 c. CiteSpace中文指南[EB/OL]. 7 版. [2024-05-20]. https: //blog. sciencenet. cn/blog-554179-1374984. html.

李杰. 2024 a. SciExplorer开放科学计量数据可视化分析平台[EB/OL]. [2024-05-20]. https://smartdata.las.ac.cn/SciExplorer.

李杰, 2024 b. CiteSpace画册[EB/OL]. [2024-05-24].https: //blog. sciencenet. cn/blog-554179-1367533. html.

李杰, 2024 c. VOSviewer画册[EB/OL]. [2024-05-24].https: //blog. sciencenet. cn/blog-554179-1367532. html.

李杰, 陈超美, 2016. CiteSpace科技文本挖掘及可视化[M]. 北京: 首都经济贸易大学出版社.

李杰, 陈超美, 2017. CiteSpace科技文本挖掘及可视化[M]. 2 版. 北京: 首都经济贸易大学出版社.

李杰, 陈超美. 2022 a. CiteSpace科技文本挖掘及可视化[M]. 3 版. 北京: 首都经济贸易大学出版社.

李杰, 冯长根, 甘强, 等, 2022 d. 安全科学学术地图(问题–方法卷)[M]. 北京: 北京理工大学出版社.

李杰, 李慧杰, 唐毓光. 2018, BAT科技文献数据分析工具[EB/OL]. [2024-05-24]. https://www.metametrix.cn/safemetrics.

李杰, 胡志刚, 侯剑华, 2023 a. CiteSpace全球应用特征与核心功能演化[J]. 知识管理论坛(4): 291–302.

李杰, 刘桂锋, 魏瑞斌, 2023 b.《科学计量学》中国论文计量分析[J]. 科学观察(4): 14–27.

李杰, 魏瑞斌, 2022 c. VOSviewer应用现状及其知识基础研究[J]. 农业图书情报学报(6): 61–71.

李杰, 余云龙, 李彬彬, 2021. R科学计量数据可视化[M]. 2 版. 北京: 首都经济贸易大学出版社.

李杰, 张琳, 黄颖, 等, 2024 a. 科学计量学手册[M]. 北京: 首都经济贸易大学出版社.

刘则渊, 陈悦, 侯海燕, 等, 2008. 科学知识图谱: 方法与应用[M]. 北京: 人民出版社.

6 未来
FUTURE

> 我站在今天设想过去又幻想未来，过去和未来在今天随意交叉，因而过去和未来都刮着现在的风。
>
> ——史铁生

人类始终对未来充满希望，“未来”一词也常常以积极形式出现的各种语境中，未来似乎预示着美好。我想之所以对未来充满希望，一部分原因可能是对现状的不满，希望能在不久的将来做得更好。因此，在本书要结束的时候，我想首先从反映科学计量学现状的问题入手，然后再谈谈未来。当然，谈问题并不是意味着现在一无是处，更多的是为了科学计量学的“可持续发展”。如果问题与科学计量学的发展无关，讨论这些问题也毫无意义。

6.1 问题

6.1.1 科学计量学使命问题

不忘科学计量学的初心和使命，才能保证科学计量学的健康发展。

在本书的第一章中，详细讨论了国内外学者对科学计量学的定义或者描述。虽然在对科学计量学的描述中存在一定的差异，但在科学计量学的学科或者领域归属上高度一致。例如：国内外的学者以纳利莫夫的科学计量学著作为证据，认为纳利莫夫的科学计量学是研究分析作为信息过程的科学的定量方法（Nalimov et al.，1969）。实际上，在该书的序言中，纳利莫夫同样表达了科学计量学是科学学分支的观点。这种关于科学计量学是科学学分支的观点与普赖斯一致（Price，1986）。然而，面对当前科学计量学研究的分化，我们不得不进一步重新思考学科的使命问题，以在守正的基础上不忘科学计量学的初心，继续推动科学计量学创新和发展。

在讨论科学计量学的使命之前，结合当前学界对科学计量学的认识和关注，首先提出两点对科学计量学发展的认识，以引发读者进一步的思考或讨论。

（1）科学计量学不是评价，评价也不是科学计量学（*Scientometrics*≠*Evaluation* and *Evaluation*≠*Scientometrics*）。

以科研评价（Research Evaluation）为核心的科学计量学发展前景茫然，我们不能成为科研评价中"数字游戏"的缔造者，更不能被时代一些"扭曲"的需求带偏。无论是国内还是国外，科学计量学与评价（Scientometric & Evaluation）像一对孪生兄弟，甚至很多人已经认为科学计量学的目的就是进行科研评价（或者说，科学评价才是一门学问，科学计量仅仅是一种方法而已）。国内很多大大小小的会议以及组织机构，都将科学计量与评价并列在一起，这给领域外的学者带来了不少误解。希望更多的会议和研究组织能重新回归到科学计量学，弱化评价的口号（科学计量学是正统，评价只是其应用的一部分）。从以科学学（Science of Science）为内核向以科研评价（Research Evaluation）为内核的科学计量学的发展与转变，是科学计量学误入歧途的主要原因。科学评价也催生了无止境的科学计量指标（indicator）开发。目前，基于科学计量指标的科技评价仍然存在以下问题，即评价数据缺乏公开透明性、评价主体缺少独立性、指标使用者缺乏对指标的深刻理解等。若打着科学计量学的名义去做评价，但又不能保持绝对的客观公正，这将进一步让科学计量学被领域内外轻看。最后，我想说科学计量学不是评价，评价不能代表科学计量学。

（2）科学计量学是计量学的一个分支，计量学不能代替科学计量学（*Scientometrics*∈*Metrics* and *Metrics*≠*Scientometrics*）。

科学计量学成为metrics的一个分支后，我们需要明确，metrics是大多数自然科学的共性，我们不能以metrics为核心来讨论科学计量学的发展，否则将本末倒置。因此，Scientometrics的中心在Science，即Science of Science。然而，在科学计量学发展过程中，掀起了"造词运动"。例如，我们已知的图书馆计量学、文献计量学、网络计量学、专利计量学、信息计量学、替代计量学以及科学计量学等等，连我自己也按捺不住造了一个Safemetrics（安全计量学）。当然，除了科学计量学领域之内的+Metrics之外，其他领域也有类似的术语。例如，化学计量学、教育计量学、计量语言学（Glottometrics）、历史计量学（Cliometrics；孙圣民，2009）、光学计量学等。因此，科学计量学领域+metrics的发展并不能突出其特性。科学计量学要做的是从当前的“多计学”回归到科学计量学。现在回头再看，若当时将Scientometrics翻译为“计量科学学”要更好，与量化科学元勘（Quantitive Science Studies）或者量化科学学（Quantitive Science of Science）等更加接近。

因此，我们仍然需要明确的是科学计量学的科学学内核，+metrics的形式实际上并没有理论创新，大多数的metrics仅仅是科学计量学所使用的数据源或数据所处的环境扩展了而已。例如：目前科学计量学学术共同体对诸如文献计量学、信息计量学以及替代计量学等关系的认识（Björneborn et al.，2004；Haustein，2016），如图6.1（a）。因此，建议使用Scientometrics一统“多计学”的江湖，重新让科学计量学回归到Metrics for“Science of Science”，而不是具有更加宽泛含义的Science for Metrics和Metrics for Science，如图 6.1（b）所示。即我们所在领域的计量是以研究科学内部的规律，促进科学的发展、政策的落实和良好科学文化的塑造等为目的的。凡是如此目的，我们可以认为都属于科学计量学的范畴。反之，如果通过科学的理论与方法来计量外部世界，那属于广义的计量学的概念（例如：长度、速度、重量以及GDP的度量等）。这种广义计量学对应的机构有中国计量科学研究院和中国计量大学等。当然，我们不反对为了更好地呈现新兴的科学计量思维来创造新的计量词汇，但要始终坚持科学计量学的内核。

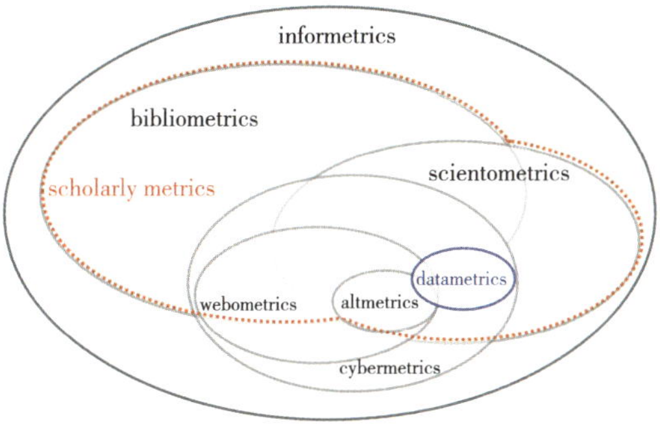

（a）科学计量学学术共同体对计量学体系的认识

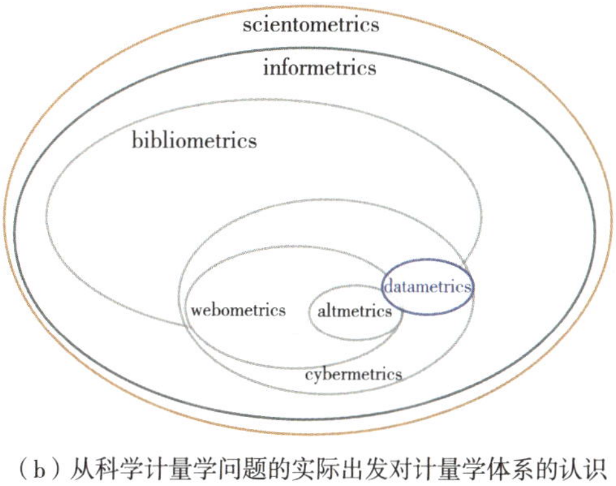

（b）从科学计量学问题的实际出发对计量学体系的认识

图6.1　科学计量学的新认知❶

上面两个问题是我认为目前最为突出的问题，这两个问题会给我们带来一种错觉，即表面上是在发展科学计量学，实际上是在去“科学计量学”。虽然科学计量学在这两个方面的发展都是一片蓬勃，但实际上蕴含着发展的危机。下面谈一谈科学计量学的

---

❶ 全书初稿撰写完成后，在与Vinkler Peter的信件沟通中（2024年3月26日），他也直言“The whole concept and also details of the books authored by Bernal，Merton and Price reflect that both scientometrics as well as bibliometrics（and later：“patentometrics，webometrics，etc.”，with a general term：informetrics are parts of the discipline：Science of Science”）.

使命，希望能带给大家一些思考。

（1）科学计量学的核心是探究科学内在的发展动力学。

科学计量学是科学学的有机组成部分，它的产生标志着科学学完成了它的前科学阶段。那么，科学计量学同样是从科学自身出发，对科学内在结构、动态特征和发展演变的研究。在科学计量学未产生之前，科学学的研究主要是以定性的理论研究为主，特别是从科学史和科学哲学角度的自我反思。早期的很多科学学学者大多如此。例如，我们所熟知的科学学和科学哲学学者波普尔、贝尔纳、库恩以及默顿等。以哲学定性思辨为主要范式的科学学发展是很难有量化分支产生的，但是，科学史的研究则不同，科学研究过程会天然地留下来大量的史料，科学史家通过对长期积累的文献史料的分析，便逐渐产生了科学计量学。比如，被称为科学计量学之父的普赖斯就是通过积累的科技文献数据，全面地研究了文献的增长趋势、引文特征以及产出分布等规律，以系统认识科学的发展动力学问题。无独有偶，我国的科学计量学先驱赵红州先生的大量科学计量学成果亦是如此，他将自己的研究称为“数理科技史学”（赵红州，2001）。然而，在科学学产生了量化的分支——科学计量学的背景下，我们仍然需要坚持初心，即科学计量学就是量化的科学学，仍然需要以探究科学内在的发展动力学为核心（无论是非量化还是量化的）。

（2）科学计量学的根本价值在于塑造积极的科学文化。

在 2023 年出版的《科学计量学手册》封面上，我们写下了“科学计量学：让科学系统更开放、更透明”（李杰等，2024）。这实际上表达了我对科学计量使命的局部认识。科学计量学通过量化的方式将科学研究结构内部的规律刻画出来，其根本的目的就是改善、提升和塑造积极的科学文化（Science Culture）。这就好比去医院通过各种仪器对身体的状况进行检查，最后根据测量结果开出一个治病的处方。判断科学计量的成果好坏，主要看是不是给科学的良性发展提供了好的“处方”，提高了科学系统的韧性和免疫力。简而言之，科学计量学应该为塑造积极的科学文化和科学系统的可持续发展提供服务。

（3）科学计量学要让科学系统更加开放和多元化。

科学计量学领域开发的指标，在一定程度上塑造了科学共同体内部的价值观，形成了特有的科学评价文化。但是，指标带来的负面影响也很明显。指标发展的过程几乎都是从有效到失效的，这就好比病毒对药物的耐药性反馈一样。类似关于指标的讨论我们可以参考古德哈特定律（Goodhart’s Law，1975）和坎贝尔定律（Campbell，1979）。例如：坎贝尔定律认为，社会决策越是频繁使用量化的指标，就越容易屈从于腐败的压力，越容易扭曲和败坏它原本想要监督的社会进程（The more any quantitative social indicator is used for social decision-making，the more subject it will be to corruption pressures and the more apt it will be to distort and corrupt the social processes it is intended to monitor）。当科研领域用几个指标来测度科学家、测度机构或期刊，且以此来分配利益的时候，科研的多样性就会受到严重的破坏（评价指标助长了马太效应），科研创新更是无从谈起。也就是说，科学计量指标引发的“科学单一性（单边主义）”与科学计量学促进“科学多样性（多边主义）”形成了矛盾，这或许将成为科学计量指标对科学发展的潜在负面影响。因此，在科研评价指标的研发上，建议指标能在促进科学多样性和学术平等性上发挥作用。

6.1.2 教育与科普仍然不足

教育和科普是科学计量学可持续发展的保证!

“人才是第一资源”，我们必须重视科学计量学的教育，以促进人才的培养。同时，科学计量学科普是塑造科研人员良好科学文化的重要方面，也对从业者计量素养（Dorsch et al.，2020；Maggio et al.，2022）的培养和提升有重要意义。与此同时，科学计量学的科普也会让科研人员更加理解和包容科学计量学的工作。最后，科学计量学教育与科普也是实现普赖斯奖获得者Rousseau（2015）等提出的智慧计量Metric-wise（to be or become knowledgeable about metrics）的重要途径。然而，无论是国内外，科学计量学的教育和科普是存在严重不足的。

在参与同行评审过程中，不止一次发现作者所计算的h指数是错误的。为什么呢？因为h指数出现了小数或者h指数的结果比作者发文量还要大。想一想，如果这样的论文发表了，我们应该做何感想？我想除了论文作者不认真之外，与科学计量学的教育与科普力度不够也有一定的关系。同样的问题还出现在科学知识图谱工具的应用上。在已经发表的论文中，存在大量的科学知识图谱工具的误用（集中在CiteSpace和VOSviewer两个软件上）。很多使用者根本不知道软件中参数设置的含义，甚至出现了“照猫画虎”式的系统性错误（此类错误甚至出现在科学计量学领域内）。这种情况下，谁应该为工具的误用负责？除了在具体的科学计量学应用实践中的种种错误之外，在实际科研评价中的误用就更加严重了。目前，各个高校和研究机构盛行以影响因子、期刊分区、被引次数等为主要指标的科研评价活动，虽然一些科研领域的学者对影响因子和期刊分区提出了质疑，也得到了这些指标设计者或者机构的回复，但这种回应仅仅是局部的。在此背景下，来自科学计量学领域之外的学术共同体不得不“自组织”地发起了类似《旧金山宣言》等纠正科研评价的运动。然而，科学计量学内部的呼吁则较少，或落实的并不是很好。这些问题的解决，都需要进一步对来自科学计量学领域之外的学术共同体进行科学计量学，特别是计量指标的科普。

在科学计量学的教育与科普中，来自科学计量学领域内或者相关领域的学者已经进行了初步实践。在教育中，目前在相关高校的信息资源管理学科课程或招生目录中，都或多或少地加入了科学计量学的内容。例如：在武汉大学、中国科学院文献情报中心以及南京大学等高校或研究机构，硕博研究生的招生中也设置了与科学计量学相关的方向。此外，国内外相关机构已经举办了大量的科学计量短期课程，以促进科学计量学的研究与实践应用。典型的活动有欧洲科学计量学暑期学校（ESSS Scientometrics Summer School）、CWTS科学计量学暑期学校（CWTS Scientometrics Summer School）、Massimo Aria等组织的科学知识图谱暑期学校（Summer School in Science Mapping）、刘则渊教授曾举办的“科学知识图谱与科学计量学方法与应用高级研习班”以及李杰等组织的“科学知识图谱研习班或工作坊”等。与此同时，国内外的相关学者通过网络平台分享了大量科学计量学与知识图谱的相关视频，在一定程度上也促进了科学计量学的教育与科普工作。为了进一步促进我国科学计量学的教育和科普的建制化和规模化，呼吁相关学术团体能尽快策划组织“中国科学计量学暑期学校（CSSS–China Scientometrics Summer School）”，并在相关学科中设置科学计量学专业必修课或公共选修课。

6.1.3 职业道德规范待完善

“不做假账！”

每一个行业都应该有自己的从业道德，这是做好一项工作最基本的保证和要求。科学计量学共同体也应该建立自己的职业道德与伦理规范（或者学术共同体认可的科学行为规则），来维护和捍卫科学计量学的标准（Glänzel et al.，1994）。谈到这里，很多读者可能会想，科学计量学研究人员的职业道德不就是作为一名科研工作者的职业道德吗？我想说，当然不完全是。科研人员的职业道德要求是针对整个科研群体的，对从业人员的约束相对比较宽泛。另外，科学计量从业者中有相当一批人并不是科研人员，使用宽泛的科研人员从业道德也存在一定的问题。因此，科学计量学行业需结合自身特征，制定符合本行业人员特点的职业道德。例如，法律从业者、会计从业者以及医学从业者等都有专业的职业道德规范。

科学计量学的研究人员，需要在基本学术规范和道德的约束下从事科学研究。此外，对以科学计量学指标为主要手段，从事科研评价工作的从业人员而言，也必须遵守领域内特有的从业道德。作为科学计量学的学者，我们试图给“科学共同体”并一副良药来治愈“科学顽疾”，但是我们自己作为科学共同体的一部分，应该何去何从呢？我们自己制造的那些指标，甚至自己都不用，难道让一线的科研工作者使用吗？科学计量学的应用现状很多时候屈服于行政管理甚至资本，那么，作为科学计量评价人员，试图以评价指标来抢占话语权的想法是幼稚的，除非指标结果对决策者“有利”。

科学计量学内在的发展是低迷的，且学科发展尚未实现自立自强（例如：尚未专门设置“科学计量学”二级学科，设立一级学科就更难了），然而，应用科学计量学进行的科研评价和信息分析工作却是如火如荼。那么，以一线应用为主的科学计量学更应该具有自己的行业道德规范。在实践过程中，我们需要反思，是不是所有的评价和分析都是“中立”和“客观”的？我想如果没有独立的评价机制，评价主体所从事的评价工作或多或少就是一种“学术不端”，欺骗了科研管理者（或者这也是部分人愿意看到的结果），同时也祸害了“科学共同体”。如果科学学和科学计量学的学术共同体本身出了问题，那么科学的净化只能靠科学自身的韧性了，只能在受到“污染”后，通过内在价值观的调整，慢慢走向科学求真的本质。然而，在科学研究“功利化”的驱使下，让科研行为回归科研的初心是很难的。

那么，科学计量学的从业者应该包含哪些人呢？我们认为应该是日常工作过程中，以科学计量学核心原理和方法为主要依托的各个行业从业者。例如：高等学校和研究所等（使用指标来进行科学研究），智库咨询以及科技评价的从业者，数据库厂商以及市场上的第三方科研评价机构的从业人员，等等。我们呼吁在不久的将来，国际或我国的科学计量学与信息计量学学会能出台一份面向科学计量学从业者的职业道德或伦理规范手册，来帮助、提醒和规范从业者的行为。最后，朱镕基总理曾经为会计从业者题词“不做假账”，这也反映了各个行业的一个最基本要求，就是“实事求是”，对于科学计量学从业者而言更是如此。

6.1.4 学科开放度存在风险

科学计量学应该促进科学的开放度，同时也要注意提升自身的开放度。

回望科学计量学的发展历史，我们不难得出这样的结论，科学计量学是由来自物理学、社会学、化学等领域的学者从多视角构建的科学领域。同时，我们也不得不承认一个事实，即重大的科学计量学成果几乎都是由来自科学计量学领域之外的学者发现或提出的（例如：三大定律，h指数，颠覆性指数等）。不得不说，我们所从事的科学计量学领域深受其他学科或领域思维方式的影响，也在一定程度上影响着一批青年学者对科学计量学的整体感知。因此，我们所要学习、研究和发展的这个领域似乎比其他学科更加需要开放度！然而，每一个学科都很难跳出发展的“怪圈”，即发展到一定程度，复杂的学缘关系将领域编织得密密麻麻，关系错综复杂，让很多想投身科学计量学领域内的学者望而却步。当然，这对于很多青年学者来讲也是无奈之举（大多数的学科领域可能都是如此）。随着科学计量学学术共同体内部运行机制和模式的固化，内部学术利益的分配将出现严重的“不平衡性”（也是一种马太效应）。即，内部竞争已经白热化，外部就不要介入了。这或许就是当前的热词内卷，其严重影响了当前的学术氛围，以至于形成了不良的学术风气。这种模式背离了科学计量学先天倡导的“开放性”和“多样性”，或许也将导致科学计量学的危机，进而引发科学计量学的革命（实现从内卷到革命）。如果从系统演化的角度来看，科学计量学的知识系统在未形成稳定结构之前，外部信息、能量和物质的输入还是比较容易的，当稳定的结构形成之后，难免让这个知识系统走向封闭，最终走向危机。可怕的是，这种稳定的结构不仅仅是知识结构，而且还包含由人组成的学术共同体的结构（我们认为由人组成的学术组织结构的固化，对创新的影响是巨大的，这类似于现在一些高校或研究机构由于“近亲繁殖”所形成的“学术家天下”现象）[1]。

在上述的假设或发展模式前提下，我们不禁要问，是否还会出现具有远见卓识的物理学家、化学家、数学家愿意投身到科学计量学事业的发展中来；领域内还会不会诞生具有学科情怀的学者型商业精英（例如：加菲尔德），为科学计量学的基础设施建设发挥重要作用。当然，未来是光明的，除非科学计量学继续享受着“作茧自缚式”的“安全感”和快乐。

6.2 未来

“Smart alone，brilliant together”，共创科学计量学光明的未来。

6.2.1 走进数智交融、人机协同与虚实融合的时代

（1）迎接充满无限遐想的数智交融时代。

2023 年，ChatGPT横空出世，再一次引爆了人类对人工智能的关注。在第四范式

---

[1] 对于科学计量学的学者而言，通过构建某个特定机构论文的学术合著网络，并结合网络中重要学者的履历，很容易发现这种现象。推荐读者学习博士论文《中县干部》，从社会学的视角认识这种现象。

“数据密集型的科学发现”（Tony et al., 2009）的基础上，出现了所谓“AI 4 Science”的第五范式（王飞跃，2023；李国杰，2024），即“人工智能驱动的科学发现”。在我看来，科学研究的范式应该还是在“数据密集型”的范式之内，只不过在数据密集型的基础上，智能化的算法所发挥的作用更加突出。这里我们不妨将第四范式修订为“数智驱动的科学发现”。那么，在新的时代背景下，如何有效地利用数智赋能科学计量学的发展，是值得思考和讨论的问题。

人工智能（AI）正越来越多地融入科学发现，以增强和加速研究，帮助科学家产生假设、设计实验、收集和解释大型数据集，并获得仅使用传统科学方法可能无法获得的见解（Wang et al., 2023）。例如：AI已经用于蛋白质结构（AlphaFold）以及新材料的发现等方面（Jumper et al., 2021；Merchant et al., 2023）。从AI对科学的促进趋势来看，目前整体上还是积极的。2023 年，*Nature*杂志对 1 600 位科研人员就AI和科学的关系进行了调查。结果显示，有 2/3 的受访者认为 AI 提供了更快的数据处理方式，58% 的人认为 AI 加速了以前不可行的计算，55% 的人则提到 AI 节省了时间和金钱（van Noorden et al., 2023）。2024年，一项由近 3 000 名机器学习专家参与的关于人工智能将如何改变我们生活的调查发现，有 70% 的专家表示，随着人工智能变得越来越聪明和强大，好的结果比坏的结果更有可能出现（Grace et al., 2024）。2023 年 12 月，在我们组织的科学计量学前沿学术沙龙——“未来的科学计量学”的研讨环节，多数专家对人工智能赋能科学计量学持积极态度，但是对于如何发挥作用的细节还处在模糊的探索阶段。

那么，人工智能会带来什么呢？我们不妨以一个简单的例子入手。在撰写本书的过程中，ChatGPT-4 已经发布，并在当时已经表现出了惊人的科研辅助能力。抱着试一试的态度，我就洛特卡定律的推导和ChatGPT进行了对话。利用ChatGPT-4 的具体步骤是，直接将洛特卡论文中带有公式的一整页内容截图上传到ChatGPT中，并提示ChatGPT对该内容先进行翻译，然后进行解释。输出结果表明，ChatGPT对洛特卡定律的文字翻译结果和解释都是正确的。进一步，提示ChatGPT，为洛特卡公式中的n分别取值为 2，3，4，…，9，计算c值。结果发现，其c值的计算结果与Egghe的结果完全一致。最后，提示ChatGPT绘制n取值不同时$x^n y=c$的函数图像，如图 6.2。当然，这一分析过程是令人相当意外的。ChatGPT不仅能正确地解读洛特卡定律，而且能根据简单的提示做进一步的分析甚至推理。

（2）迈向科学计量学的人机协同时代。

使用ChatGPT对洛特卡定律解读和深入分析的成功，使我相信了人工智能在现在和

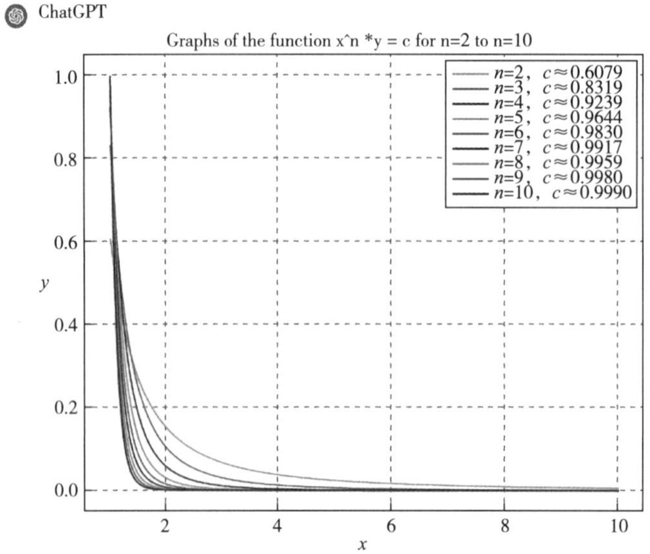

根据给定的公式$x^n y=c$，并使用计算得到的c值，绘制了n=2~10的9条曲线。每条曲线对应不同的n值，c值是根据黎曼 ζ 函数的倒数计算得到的。图中展示了这些曲线的形状，可以看出随着n值的增加，曲线在同一x值处的y值会减小。

图6.2 ChatGPT生成的洛特卡曲线

将来都会给科学计量学带来潜在的变革，这也使得在本书相关章节中信任并使用了ChatGPT来辅助研究。然而，不得不提醒的是，人工智能再强大也不能离开个体自我知识的储备以及对人工智能生成结果的判断。“人有人的用处”，在到来的数智时代，必须进一步挖掘专家与人工智能技术的融合模式，有效地实现人机协同。2022 年 12 月初，在“信息工具在信息资源管理中的应用高级研修班”中，给出了如图 6.3 的概念模型来描述工具和专家在问题解决中的角色。在此，我们呼吁在未来的科学计量学问题解决中需要“数据+人工智能+专家智慧”的高度融合（Solutions Integration），不能过度依靠人工智能的结果。

（3）拥抱虚实融合的元宇宙时代。

2021 年，随着Facebook改名为meta，元宇宙迅速成为当年的热点话题。在元宇宙的背景下，各行各业都开始憧憬未来人类虚实融合的世界。从互联网发展的视角来看，先后经历了Web 1.0、Web 2.0以及Web 3.0，且Web 3.0所憧憬的景象与元宇宙高度一致，甚至有学者认为元宇宙是下一代的互联网（李杰，2022，2023）。图6.4展示了本书从互联网发展的视角，对科学计量学整体发展的认识。在Web 1.0 时代，用户主要通过网络检索和浏览数据。此时，处在Scientometrics 1.0 时代，主要采用传统的统计学方法，对文献数据进行分析和研究。这一阶段，科学计量学典型的提法有“书目

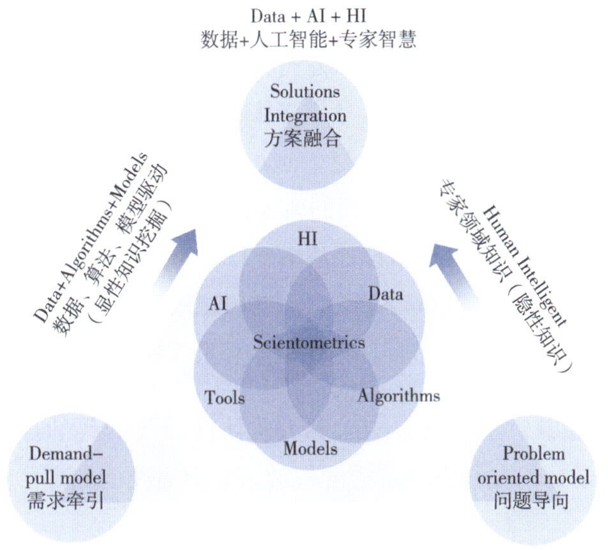

图6.3　数智驱动的科学计量学人机协同模式

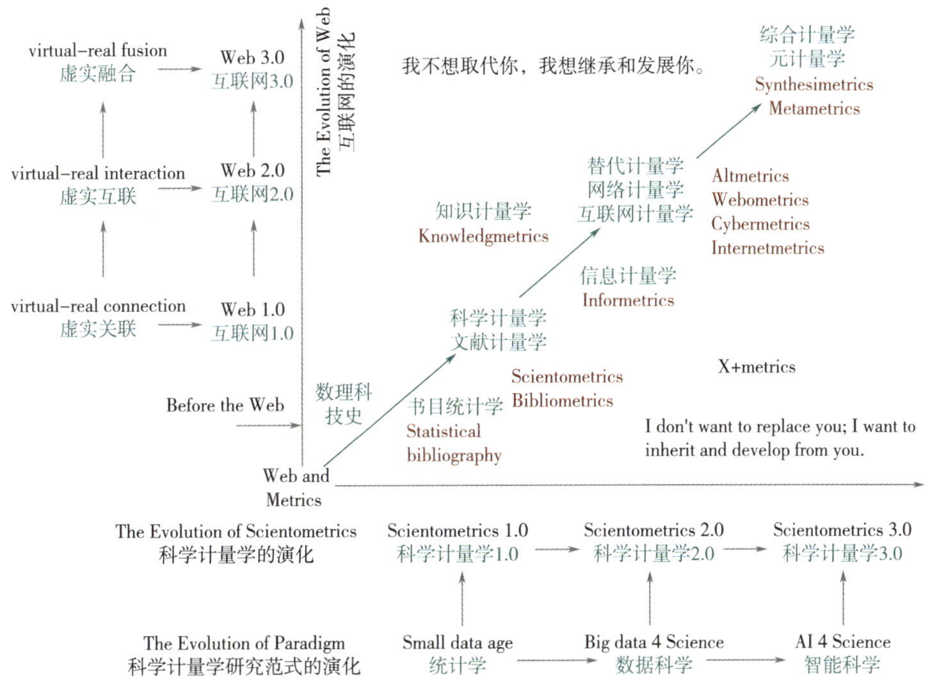

图6.4　互联网演化视角的科学计量学发展

统计学”和“文献计量学”。在进入Web 2.0时代以后，用户不仅可以通过网络检索和获取数据，而且还可以在互联网上生产数据，且在网上与数据和数据背后的人形成了一定的互动（这一过程当然是包括科研人员在内的），学术信息所存在的形态也发生了一定的变化，同时，传统的科学计量学方法也有了新的应用场景。在此背景下，科学计量学进入了Scientometrics 2.0时代。与此同时，和这一时代对应的科学计量学相关新兴计量学词汇也随之出现，如网络计量学和替代计量学等。那么，进入虚实相融的Web 3.0时代或者说元宇宙时代后，会给科学计量学带来哪些变化呢？在这个时代，和大多数人一样，科学家可能会长时间通过虚拟化身（Avatar），在虚拟空间中进行科学研究或者学术交流活动，科学知识的生产也会迎来新的模式，所要计量的数据也发生了重要的变化。在此背景下，我们不妨类似地提出虚拟计量学（Virtualmetrics）、元计量学（Metametrics）以及综合计量学等可能的科学计量学新分支。未来已来，在生成式人工智能的加持下，元宇宙的发展必将走上快车道，科学计量学也必将迎来Scientometrics 3.0时代。

最后，还需要重申，走进数智交融和人机协同时代的科学计量学，尽管会衍生出各类的分支计量学，但在科学计量学的框架下，更需要回归到“科学学（Science of Science）”的内核。

6.2.2 从引文现象到引文文化研究

SCI引文索引数据库的普及极大地促进了科学计量学的发展。然而，不好的现象是，数据游戏（Number Game）充斥着科学计量的研究。史蒂夫·伍尔加将引文分析定义为“测量技术”，并建议对该技术在科研评价中的应用动力展开社会学调查。人们迫切地需要知道：①影响人们选择这种指标或者那种测量技术的动力是什么？②不同的社会机构为了追求自己的目的而不惜侵占使用这种技术的意义是什么（Woolgar，1991；Moed，2006）？他对以引文为核心的科学计量学测度的反思表明，我们对引文本质的研究和讨论太少了。当前，大量科学计量学结果多是关于现象的描述，这使得科学计量学陷入了无止境的“案例研究”、“指标研发”以及浅显的“数据解释”的泥潭之中。

结合在安全科学领域的研究思路（例如：安全动作、安全行为、安全文化等），可以将引文分析划分为不同的方面，依次为引文现象（Citation Phenomenon）、引文动机（Citation Motivation）、引文行为（Citation Behavior）、引证氛围（Citation Climate）和引文文化（Citation Culture）。因此建议科学计量学应该重视深层次的机理研究，特别是引文氛围和引文文化的研究（图6.5）。当然，关于引文文化的研究实际上并不是一个新的话题，Wouters（1999）在其博士论文《引文文化》（“The Citation Culture”）中就系统地对引文文化进行过探索，加菲尔德更是对此给予了极高的评价，但长期以来并未受到学术界的关注（Bar-Ilan，2008）。此外，如果引文行为是可以预测的（Burrell，2003），那么其背后的重要原因之一就是由引证文化驱使的。对文化层面的关注能使我们进一步将科学计量学与科学社会学进行结合，以挖掘科学计量学的社会学原理。

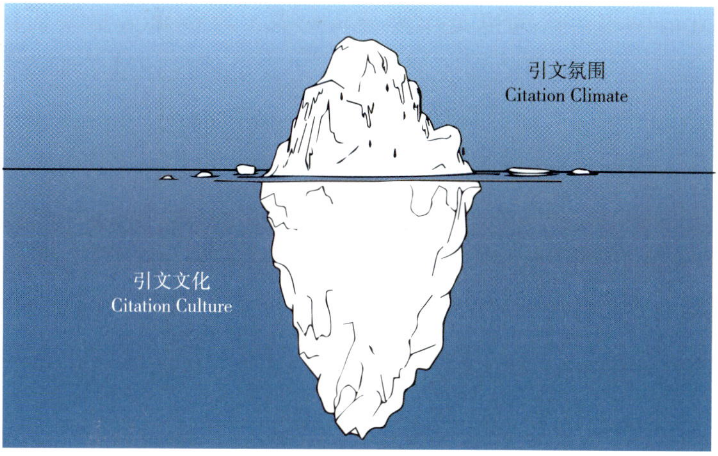

图6.5 从引文氛围到引文文化研究

注：冰山背景图来自网络。

6.2.3 建立综合科学计量学的思维

The whole is greater than the sum of the parts.（整体大于部分之和。）

——Kurt Koffka

当前，可用于科学计量学分析的数据、方法、技术已经得到了空前的发展，基于综合集成方法论的“综合科学计量学”也呼之欲出（如图 6.6），这或许是科学发展的必然趋势。正如Sugimoto（2022）在其报告《元科学：立足过去，畅想未来》中提到的那样：“...we need to move towards integration and triangulation…（with care towards epistemic inequity）”。即，我们需要朝着整合和三角测量的方向发展……并且要小心认识论上的不平等。因此，在科学计量学的研究中，要有意识地将不同的理论、数据源、方法或研究领域融合在一起，以更全面、更深入地理解科学本身（即整合思想）。同时，要通过多种方法或数据源来研究同一问题，以增强研究的可靠性和有效性（即三角测量）。此外，我们还需要注意认识论上的不平等（Epistemic Inequity），即在采用多元化方法进行数据分析时，要保持批判思维，确保不同的知识体系和视角能公平地考虑和整合，避免加剧认识论上的不平等性（例如：某些观点、理论或数据源可能被赋予更高的地位或可信度，而其他的则可能被边缘化或低估）。

2018 年，在出版的《R科学计量数据可视化》一书的案例分析中（李杰，2018），我们选取了Altmetrics的研究论文作为分析对象。在浏览大量替代计量学的成果后，我受到启发，在该案例的脚注部分提出了我对替代计量学应该向整合科学计量学（Integratimetrcis）、综合科学计量学（Synthesimetrics）或融合科学计量学（convergence Scientometrics）发展的看法（如图6.6），我们可以将其称为Scientometric 3.0。在可视化的表达上，可以采用具有隐喻色彩的Flowermetrics来呈现这种计量视角（这与替代计量学的可视化类似，每一个花瓣代表一种视角的计量结果）。即采用合适的方法对多来源、多指标的评价结果进行集成分析，以勾勒出每项评价对象的“学术之花（Academic Flower）”。最后需要说明的是，综合科学计量学仍然是科学计量学的一部分。

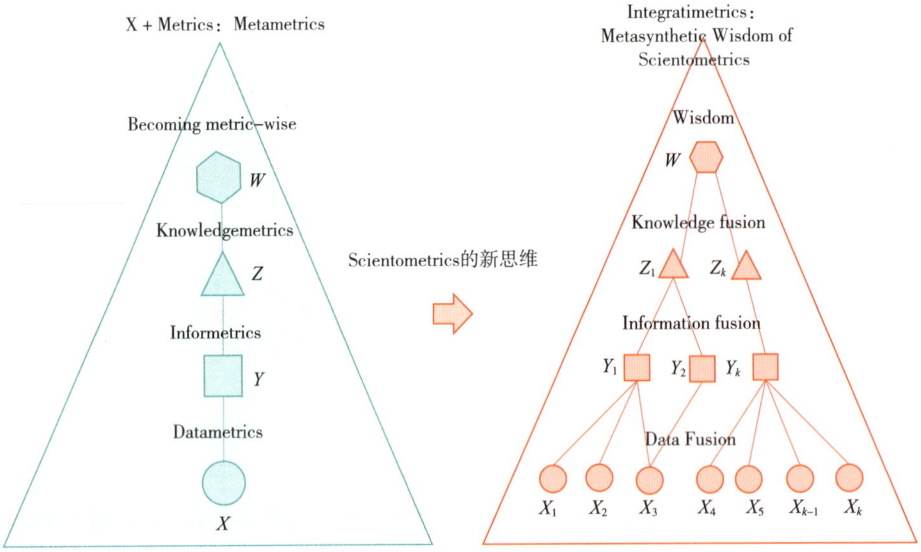

图6.6　建立综合科学计量学的思维

6.2.4　走向开放科学计量学的时代

The goal of Open Science is to accelerate discovery.（开放科学的目标是加速发现。）

——Guy Rouleau

开放科学（Open Science）不是喊喊口号，现在专职从事开放科学的研究人员更需要冲在开放科学的一线，积极分享研究中的论文、代码、学术报告、讲义等学术资料，用实际行动来影响开放科学！目前，开放科学发展的最大问题是行动太少。当然，同样的问题也发生在科学计量学领域。行胜于言，开放科学最重要的就是行动！这也让我想起了冯小刚的电影《私人订制》里面葛优与记者的对话：

记者："如果你有一百万，你愿意捐给需要帮助的人吗？"

葛优："当然愿意。"

记者："那一个亿呢？"

葛优："别说一个亿，就是10个亿我都愿意。"

记者："如果你还有辆汽车，你也愿意捐吗？"

葛优："那不行！"

记者："10个亿都愿意，为什么车就不行了？"

葛优："因为我刚好有一辆汽车。"

在科学计量学的开放科学中，不得不提Leydesdorff。他不仅把自己的所有研究论文分享在自己的主页上，甚至每一篇论文的代码、针对论文所开发的工具以及工具操作指南都分享了出来，这对学习和研究科学计量学的学者的帮助是极大的。在学习科学计量学早期，Leydesdorff的主页是我访问次数最多的网站之一。现在看来，科学上这种开放和分享思维的本质是促进学术的交流，特别是学术的传承。因此，个体在分享科研数据的时候，要充分考虑到开放科学的需要，避免让科学产出成为单纯的"商品"。

正如我在《科学计量学手册》封面上提到的那样：科学计量学让科学系统更开放、更透明（Scientometrics：Making the scientific system more open and transparent！）。即，科学计量学天生具有促进开放科学的功能（The Open Science function of Scientometrics）。让我们科学计量学领域的学者从自身做起，一起来发展开放科学计量学（Open Scientometrics），促进科学的开放与公平！

最后，还想强调一句："开放科学在于行动！"

6.3 总结

综上，当我们开始思考科学计量学使命问题和未来的时候，这就好比1939年贝尔纳在反思"科学"一样。贝尔纳在《科学的社会功能》中用"科学现在起的作用"（Part I：What Science Does）和"科学所能起的作用"（Part II：What Science Could Do）对科学进行了反思（Bernal，1939）。其实在对未来科学计量学的进一步思考中，我们不妨沿着贝尔纳的方式去思考"科学计量学现在能起的作用"以及"科学计量学所能起的作用"。当然，上面的讨论已经或多或少地涉及了这方面的一些问题。

最后，我想用元科学（Metascience）学者约翰·伊万尼迪斯（John Ioannidis）的名言结束本书：*Science is the best thing that has happened to human beings，...but we can do it better*。科学计量学是科学学给科学共同体的礼物，我们一定能一起把它做得更好（Scientometrics：Together for a Shared Future）。同时，科学计量学也能帮助我们把科学做得更好。

思考题

1. 目前已经有学者将ChatGPT应用于科研评估或文献计量学研究，谈谈你的看法。可以参考Thelwall（2024）、Torres-Salinas（2024）或Bornmann（2024）来进行讨论。

2. 课堂分享使用ChatGPT或其他大模型解决具体的科学计量学问题或辅助科学计量学课程学习的案例或经验。

3. 你认为当前科学计量学发展中的前沿科学问题是什么？谈谈你判断的依据。

4. 从互联网演化的视角，谈一谈你对科学计量学发展的认识。

5. 谈谈开放科学与科学计量学的相互促进关系。

6. 你认为未来科学计量学需要突破哪些方面的问题？

7. 本书的作者认为“科学计量学的危机一直存在，我们只是视而不见。对科学计量学危机的视而不见是影响科学计量学进一步发展的根本原因”。谈谈你对科学计量学危机的认识。

参考文献

BAR-ILAN J, 2008. Informetrics at the beginning of the 21st century: A review[J]. Journal of informetrics, 2(1): 1–52.

BERNAL J D, 1939. The social function of science[M]. London: Routledge.

BJÖRNEBORN L, INGWERSEN P, 2004. Toward a basic framework for webometrics[J]. Journal of the American society for information science and technology, 55(14): 1216–1227.

BORNMANN L, LEPORI B, 2024. The use of ChatGPT to find similar institutions for institutional benchmarking[J]. Scientometrics, 1–6.

BURRELL Q L, 2003. Predicting future citation behavior[J]. Journal of the American Society for Information Science and Technology, 54(5): 372–378.

CAMPBELL D T, 1979. Assessing the impact of planned social change[J]. Evaluation and Program Planning, 2(1): 67–90.

DORSCH I, EBRAHIMZADEH S, JEFFREY A, et al., 2020. Metrics Literacies: Introduction of researcher personas for the understanding and use of scholarly metrics[EB/OL]. http: //doi. org/10. 5281/zenodo. 4046019.

GLÄNZEL W, SCHOEPFLIN U, 1994. Little scientometrics, big scientometrics. . . and beyond?[J]. Scientometrics, 30(2–3): 375–384.

GOODHART C A E, 1975. Problems of monetary management: The U. K. Experience. Papers in

Monetary Economics. Sydney: Reserve Bank of Australia.

GRACE K, STEWART H, SANDKÜHLER J F, et al., 2024. Thousands of AI authors on the future of AI[EB/OL]. https: //arxiv. org/abs/2401. 02843.

HAUSTEIN S, 2016. Grand challenges in altmetrics: heterogeneity, data quality and dependencies[J]. Scientometrics, 108: 413–423.

JUMPER, J, EVANS, R, PRITZEL, A, et al., 2021. Highly accurate protein structure prediction with AlphaFold[J]. Nature, 596(7873): 583–589.

KAPLAN N, 1965. The norms of citation behavior: Prolegomena to the footnote[J]. American documentation, 16(3): 179–184.

MAGGIO L A, JEFFREY A, HAUSTEIN S, et al., 2022. Becoming metrics literate: An analysis of brief videos that teach about the h–index[EB/OL]. https: //doi. org/10. 1101/2022. 01. 21. 477291.

MERCHANT A, BATZNER S, SCHOENHOLZ S S, et al., 2023. Scaling deep learning for materials discovery[J]. Nature, 624(7990): 80–85.

MOED H F, 2006. Citation analysis in research evaluation[M]. Springer Science & Business Media.

NALIMOV V V, MUL’CHENKO Z M, 1969. Наукометрия, Изучение развития Науки как информационного процесса [Naukometriya, the Study of the Development of Science as an Information Process](in Russian) [M]. Moscow: Nauka.

PRICE D J D S, 1986. Little science, big science. . . and beyond[M]. New York: Columbia University Press.

ROUSSEAU S, ROUSSEAU R, 2015. Metric–wiseness[J]. Journal of the Association for Information Science and Technology, 66(11): 2389–2389.

SNOW C P, 1959. The two cultures and the scientific revolution[M] . Cambridge: Cambridge University Press.

SUGIMOTO C, 2022. Metasciences: situating the past, imagining the future[C]. Nordic Workshop on Bibliometrics and Research Policy.

THELWALL M, 2024. Can ChatGPT evaluate research quality? ArXiv, abs/2402. 05519. https: // arxiv. org/abs/2402. 05519.

TONY H, STEWART T, KRISTIN T, et al., 2009. The Fourth Paradigm: Data–Intensive Scientific Discovery. Microsoft Research. https: //www. microsoft. com/en–us/research/publication/fourth–paradigm–data–intensive–scientific–discovery.

TORRES–SALINAS D, THEWALL M, ARROYO–MACHADO W, 2024. ChatGPT for Bibliometrics: A comprehensive corpus of applications. https: //doi. org/10. 5281/zenodo. 11103551.

VAN NOORDEN R, PERKEL J M, 2023. AI and science: what 1, 600 researchers think[J]. Nature, 621(7980): 672–675.

WANG H, FU T, DU Y, et al., 2023. Scientific discovery in the age of artificial intelligence[J]. Nature, 620(7972): 47–60.

WOOLGAR S, 1991. Beyond the citation debate: towards a sociology of measurement technologies and their use in science policy[J]. Science and public policy, 18(5): 319–326.

WOUTERS P F, 1999. The citation culture[D]. Doctoral dissertation, Universiteit van Amsterdam.

李国杰, 2024. 智能化科研(AI4R): 第五科研范式[J]. 中国科学院院刊, 39(1): 1–9.

李杰, 2018. R科学计量数据可视化[M]. 北京: 首都经济贸易大学出版社.

李杰, 2022. 元宇宙的科学计量分析[J]. 科学观察, 17(1): 17–29.

李杰, 2023. Web 3. 0、社会 5. 0 与元宇宙的热点与知识基础[J]. 科学观察, 18(2): 13–23.

李杰, 张琳, 黄颖, 等, 2024. 科学计量学手册[M]. 北京: 首都经济贸易大学出版社.

钱学敏, 2002. 论钱学森的大成智慧学[J]. 中国工程科学(3): 6–15.

孙圣民, 2009. 历史计量学五十年: 经济学和史学范式的冲突、融合与发展[J]. 中国社会科学(4): 142–161, 207.

王飞跃, 缪青海, 2023. 人工智能驱动的科学研究新范式: 从 AI4S 到智能科学[J]. 中国科学院院刊, 38(4): 536–540.

赵红州, 2001. 科学史数理分析[M]. 石家庄: 河北教育出版社.

附录
APPENDIX

Usable knowledge =Uncertain knowledge + Knowledge of the amount of uncertainty in it.（可用的知识=不确定的知识+对该知识不确定性的量的了解。）

——C.R.Rao（1997）

附录1 杰出科学计量学者

一个人愈是强大，就愈是浸透在自己时代的环境条件中。只有这样，他才能相当广泛地把握那个时代，从而根本上变革人类知识和行动的模式。

——贝尔纳

1806：阿尔丰沙·德堪多（Alphonse Pyramus de Candolle，1806—1893）
1822：弗朗西斯·高尔顿爵士（Sir Francis Galton，1822—1911）
1868：保罗·奥特莱（Paul Marie Ghislain Otlet，1868—1944）
1878：萨缪尔·克莱门特·布拉德福（Samuel Clement Bradford，1878—1948）
1880：阿尔弗雷德·詹姆斯·洛特卡（Alfred James Lotka，1880—1949）
1893：鲍里斯·盖森（Бори́с Миха́йлович Ге́ссен，1893—1936）
1901：约翰·戴斯蒙德·贝尔纳（John Desmond Bernal，1901—1971）
1902：乔治·金斯利·齐普夫（George Kingsley Zipf，1902—1950）
1903：米哈依洛维奇·凯德洛夫（Бонифа́тий Миха́йлович Ке́дров，1903—1985）
1910：瓦西里·瓦西列维奇·纳利莫夫（Vasiliy Vasilievich Nalimov，1910—1997）
1922：德瑞克·约翰·德索拉·普赖斯（Derek de Solla Price，1922—1983）
1922：托马斯·塞缪尔·库恩（Thomas Samuel Kuhn，1922—1996）
1926：艾伦·林赛·马凯（Alan Lindsay Mackay，1926—）
1929：格·姆·多勃罗夫（Геннадій Михайлович Добров，1929—1989）
1941：艾伦·普里查德（Alan Pritchard，1941—2015）
1941：谢尔盖·达维多维奇·海通（Сергей Давыдович Хайтун，1941—）
1941：赵红州（Zhao Hongzhou，1941—1997）

附录1.1 知名学者画像

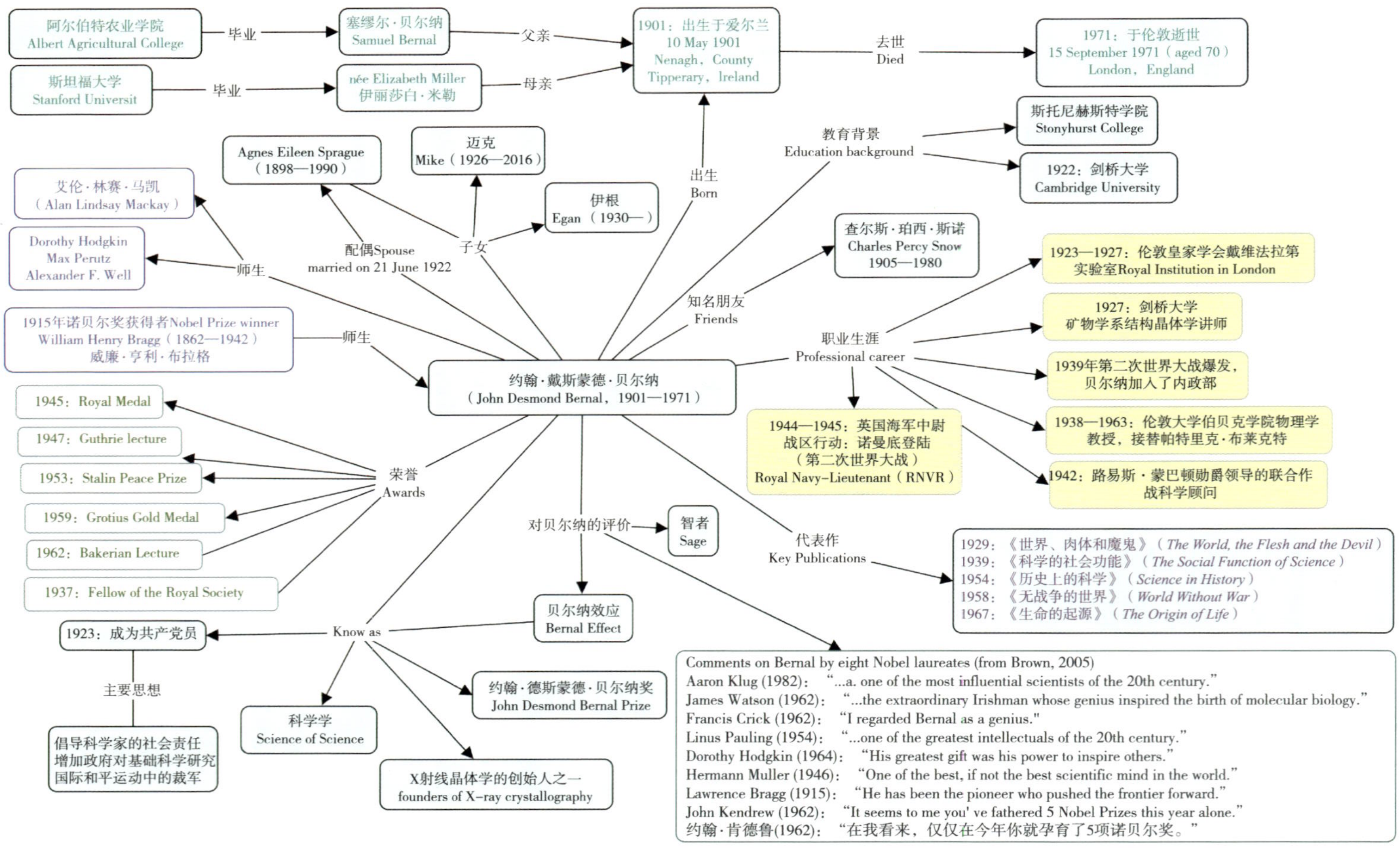

附图1 约翰·戴斯蒙德·贝尔纳

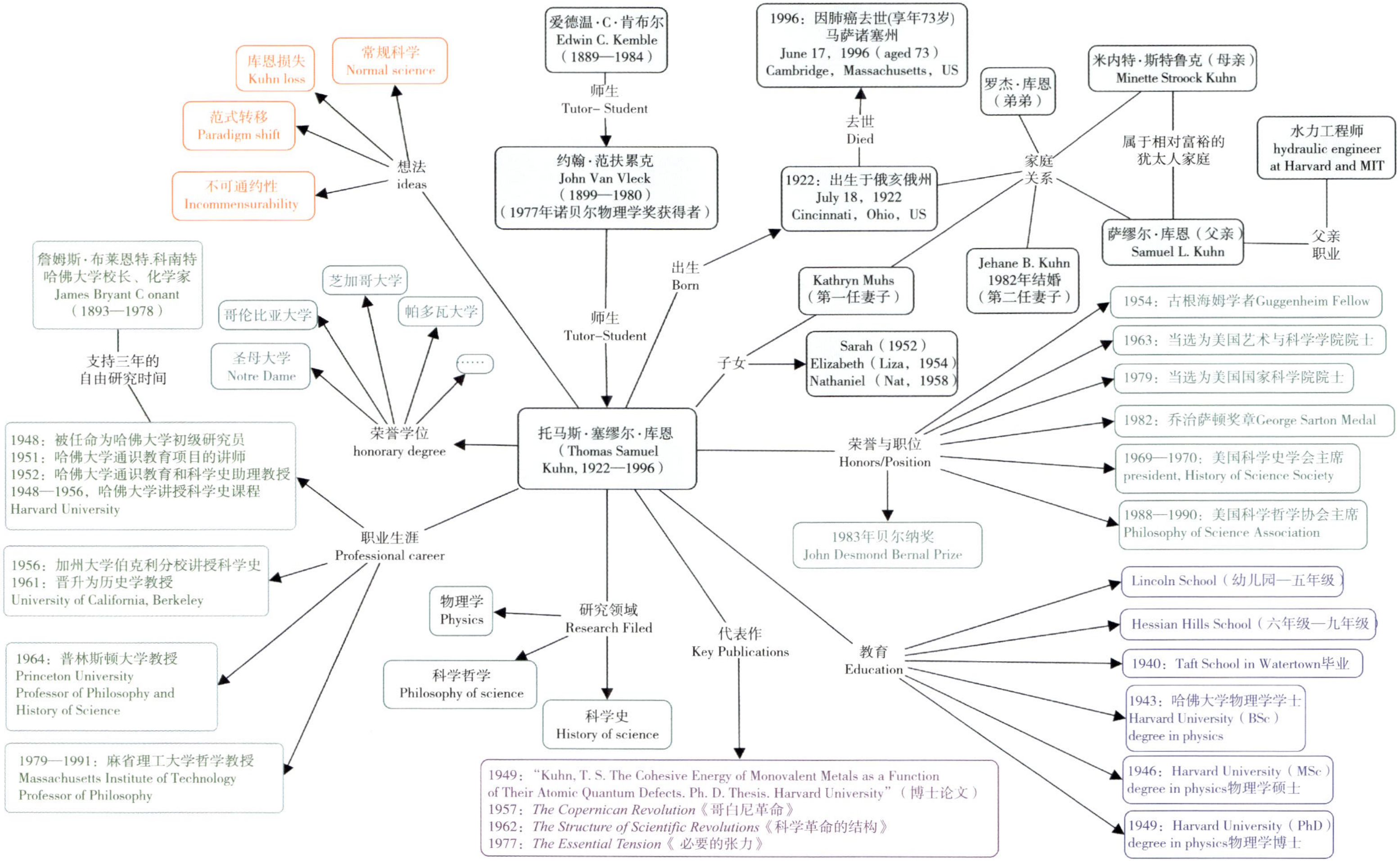

附图2 托马斯·塞缪尔·库恩

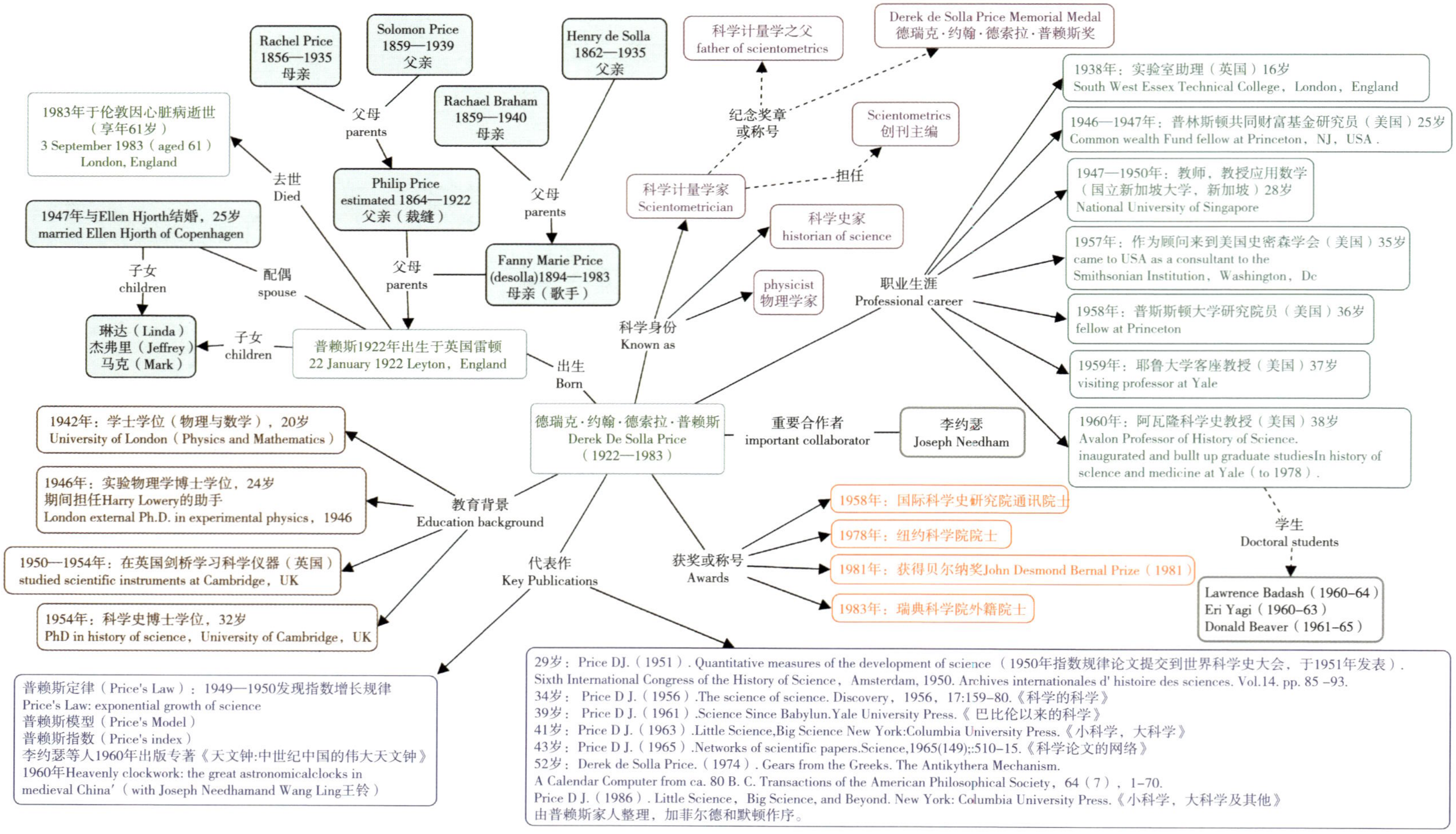

附图3　德瑞克·约翰·德索拉·普赖斯

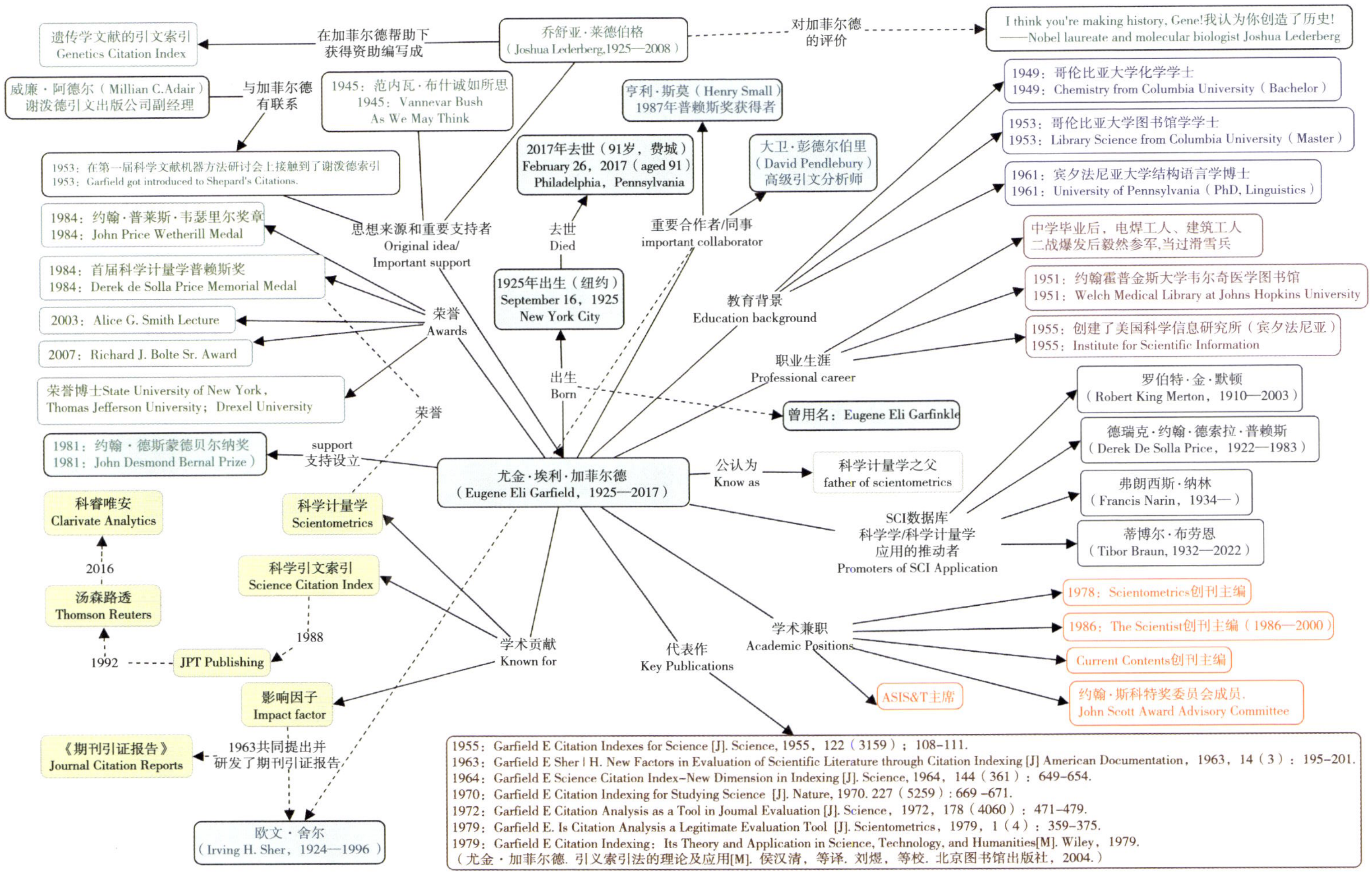

附图 4　尤金·埃利·加菲尔德

附录1.2 普赖斯奖获得者[1]

获奖时间	获奖人	国籍	性别	出生年份	获奖年龄
1984	Eugene Garfield	USA	男	1925	59
1985	Michael J.Moravcsik	USA	男	1928	57
1986	Tibor Braun	Hungary	男	1932	54
1987	Henry Small	USA	男	1941	46
1987	Vasily V.Nalimov	Soviet Union	男	1910	77
1988	Francis Narin	USA	男	1934	54
1989	Bertram C.Brookes	United Kingdom	男	1910	79
1989	Jan Vlachy	Czechoslovakia	男	1937	52
1993	András Schubert	Hungary	男	1946	47
1995	Anthony F.J.van Raan	The Netherlands	男	1945	50
1995	Robert K.Merton	USA	男	1910	85
1997	Ben Martin	United Kingdom	男	1952	45
1997	John Irvine	United Kingdom	男	1951	46
1997	Belver C.Griffith	USA	男	1931	66
1999	Wolfgang Glänzel	Germany/Hungary	男	1955	44
1999	Henk F.Moed	The Netherlands	男	1951	48
2001	Ronald Rousseau	Belgium	男	1949	52
2001	Leo Egghe	Belgium	男	1952	49
2003	Loet Leydesdorff	The Netherlands	男	1948	55
2005	Howard D.White	USA	男	1936	69
2005	Peter Ingwersen	Denmark	男	1947	58
2007	Katherine W.McCain	USA	女	1944	63
2009	Péter Vinkler	Hungary	男	1941	68
2009	Michel Zitt	France	男	1947	62
2011	Olle Persson	Sweden	男	1949	62
2013	Blaise Cronin	USA	男	1949	64
2015	Mike Thelwall	United Kingdom	男	1965	50
2017	Judit Bar-Ilan	Israel	女	1958	59
2019	Lutz Bornmann	Germany	男	1967	52
2021	Ludo Waltman	The Netherlands	男	1982	39
2023	Kevin Boyack	USA	男	1962	61
2023	Richard Klavans	USA	男	1948	75

[1] 普赖斯奖（the Derek de Solla Price Memorial Medal）是为纪念“科学计量学之父”普赖斯（Derek John de Solla Price）而设立，由Tibor Braun等发起，是科学计量学领域中的最高奖项。目前，普赖斯奖在国际科学计量学和信息计量学学会两年一度的大会中颁发。来源：https：//www.issi-society.org/awards/derek-de-solla-price-memorial-medal/.

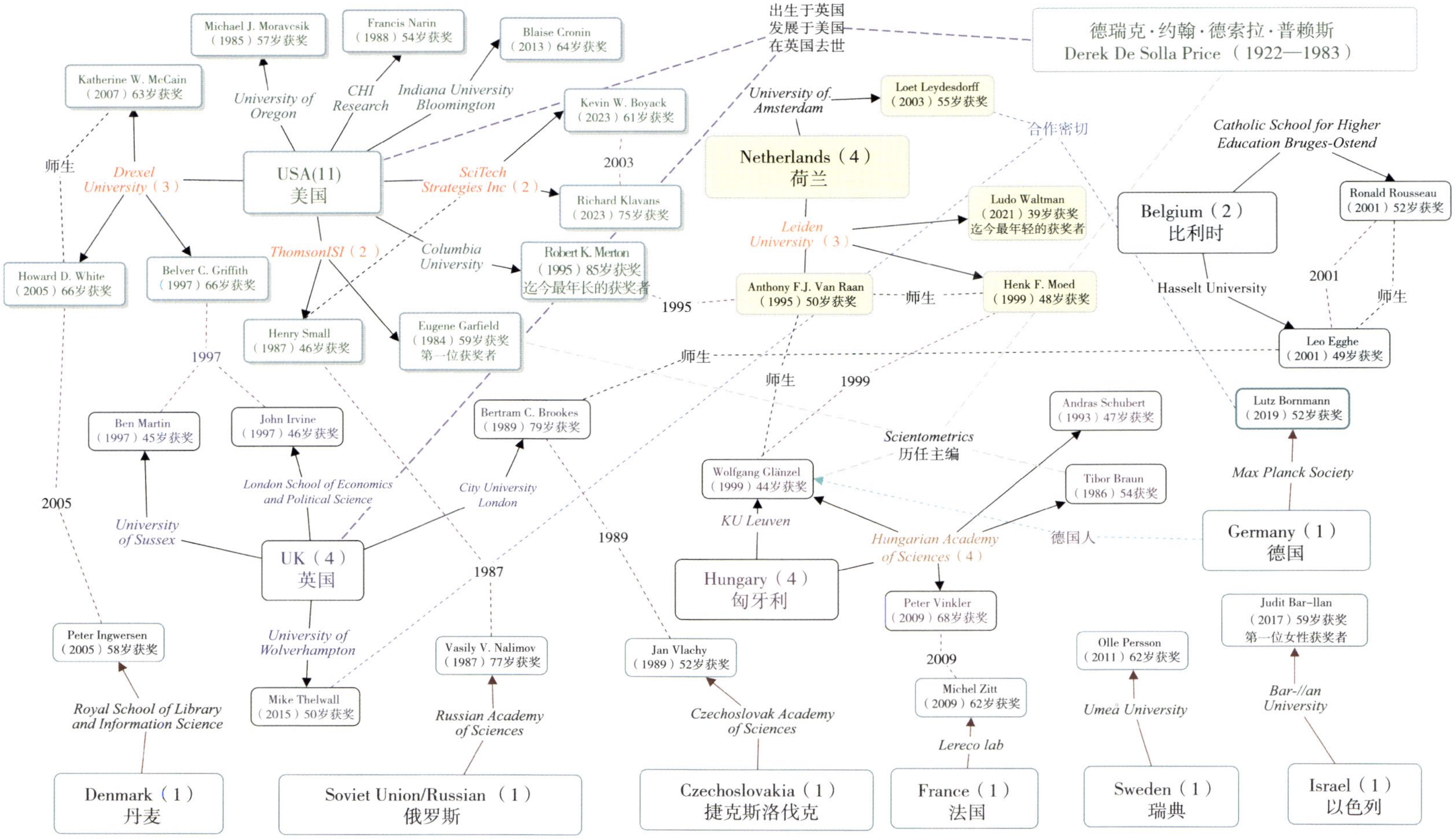

附图5 普赖斯奖获得者（1984—2023）及其关联分布

附录1.3　贝尔纳奖获得者[1]

获奖时间	获奖人	代表作	备注
1981	Derek de Solla Price	Little Science，Big Science	科学计量学之父
1982	Robert K.Merton	The Sociology of Science	科学社会学之父
1983	Thomas S.Kuhn	The Structure of Scientific Revolutions	
1984	Joseph Needham	Science and Civilisation in China	李约瑟
1985	Joseph Ben-David	The Scientist's Role in Society：A Comparative Study	
1986	Michael Mulkay	The Word and the World：Explorations in the Form of Sociological Analysis	
1987	Christopher Freeman	The Economics of Industrial Innovation	
1988	Dorothy Nelkin	Selling Science：How the Press Covers Science and Technology	
1989	Gerald Holton	The Scientific Imagination	思想史家霍顿
1990	Thomas Hughes	Networks of Power：Electrification in Western Society，1880-1930	
1991	Melvin Kranzberg	By the Sweat of Thy Brow：Work in the Western World（with Joseph Gies）	
1992	Bruno Latour	Laboratory Life（with Steve Woolgar）	知识社会学家
1993	David Edge	Astronomy Transformed（with Michael Mulkay）	
1994	Mary Douglas	Natural Symbols	
1995	Bernard Barber	Science and the Social Order	
1996	David Bloor	Knowledge and Social Imagery	
1997	Harry Collins	The Golem：What Everyone Should Know about Science（with Trevor Pinch）	
1998	Barry Barnes	Scientific Knowledge and Sociological Theory	
1999	Martin J.S.Rudwick	The Great Devonian Controversy：The Shaping of Scientific Knowledge among Gentlemanly Specialists	
2000	Donna Haraway	A Cyborg Manifesto：Science，Technology，and Socialist-Feminism in the Late Twentieth Century	
2001	Steven Shapin	Leviathan and the Air-Pump：Hobbes，Boyle，and the Experimental Life（with Simon Schaffer）	
2002	Michel Callon	The Laws of the Markets	提出了共词分析
2003	Helga Nowotny	Re-Thinking Science（with Michael Gibbon and Peter Scott）	
2004	Sheila Jasanoff	Controlling Chemicals	
2005	Donald Mac Kenzie	Mechanizing proof：computing，risk，and trust	
2006	Wiebe Bijker	Of bicycles，bakelites and bulbs：Toward a Theory of Sociotechnical Change	
2007	Ruth Schwartz Cowan	A Social History of American Technology	

[1] 贝尔纳奖（John Desmond Bernal Prize）由4S学会颁布（ Society for Social Studies of Science），用于奖励在科学技术元勘研究中做出杰出贡献的学者。该奖励由加菲尔德（Eugene Garfield）于1981年支持设立。来源：维基百科和4S主页https：//4sonline.org/1981_earlier_bernal_prize_winners.php。

续表

获奖时间	获奖人	代表作	备注
2008	Steve Woolgar	Laboratory Life（with Bruno Latour）	
2009	Karin Knorr Cetina	Epistemic Cultures：How the Sciences Make Knowledge	
2010	Brian Wynne	Rationality and Ritual：The Windscale Inquiry and Nuclear Decisions in Britain	
2011	Evelyn Fox Keller	Reflections on Gender and Science	
2012	Adele Clarke	Disciplining Reproduction：American Life Scientists and the 'Problem of Sex'	
2013	Sandra Harding	The Science Question in Feminism	
2014	Lucy Suchman	Plans and Situated Actions：The Problem of Human-machine Communication	
2015	John Law	Power，action，and belief：a new sociology of knowledge	
2016	Michael Lynch	Representation in Scientific Practice	
2017	Hebe Vessuri	Ciencia，Tecnología y Sociedad en América Latina（"Science，Technology and Society in Latin America"）	
2018	Trevor Pinch	The Social Construction of Technological Systems：New Directions in the Sociology and History of Technology（with Wiebe Bijker and Thomas P.Hughes）	
2019	Emily Martin	The Woman in the Body：A Cultural Analysis of Reproduction（1987)，" The Egg and the Sperm：How Science Has Constructed a Romance Based on Stereotypical Male-Female Roles"（1991）	
2020	Sharon Traweek	Beamtimes and Lifetimes：The World of High Energy Physicists（1988）	
2020	Langdon Winner	Autonomous Technology（1977)，" Do Artifacts Have Politics?"（1980)，The Whale and the Reactor（1986）	
2021	Judy Wajcman	The Social Shaping of Technology（with Donald Mackenzie；1985)，Pressed for Time：The Acceleration of Life in Digital Capitalism（2015）	
2021	Nelly Oudshoorn	Beyond the Natural Body（1994), The Male Pill（2003)，Telecare and the Transformations of Healthcare（2011）	
2022	Arie Rip	Futures of Science and Technology in Society'，Nanotechnology and its governance	
2022	Troy Duster	Backdoor to Eugenics（2004）	
2023	Joan Fujimura	Crafting science：Standardized packages，boundary objects，and "translation"	
2023	Warwick Anderson	Colonial pathologies：American tropical medicine，race，and hygiene in the Philippines	

注：Joan Fujimura和Warwick Anderson的代表作是作者通过两位学者的Google Scholar筛选得到的。

资料来源：https：//en.wikipedia.org/wiki/John_Desmond_Bernal_Prize。

约翰·德斯蒙德·贝尔纳奖简史

A Brief History of John Desmond Bernal Prize

贝尔纳
（John Desmond Bernal，1901-1971）

约翰·戴斯蒙德·贝尔纳（英语：John Desmond Bernal，1901年5月10日—1971年9月15日），英国科学家，出生于爱尔兰，毕业于剑桥大学，主要研究方向为X射线晶体学，但是在科学史方面也有很多著作。贝尔纳在第二次世界大战时曾加入英国皇家海军。

约翰·德斯蒙德·贝尔纳奖（John Desmond Bernal Prize）是由社会科学研究学会（Society for Social Studies of Science，4S）每年颁发的奖项，授予在科学与技术研究（Science and Technology Studies，STS）跨学科领域中做出杰出贡献的学者。该奖项于1981年在尤金·加菲尔德（Eugene Garfield）的支持下设立。该奖项以科学家约翰·德斯蒙德·贝尔纳（John Desmond Bernal）的名字命名。

加菲尔德博士于1981年设立贝尔纳奖

The Society for Social Studies of Science (4S)

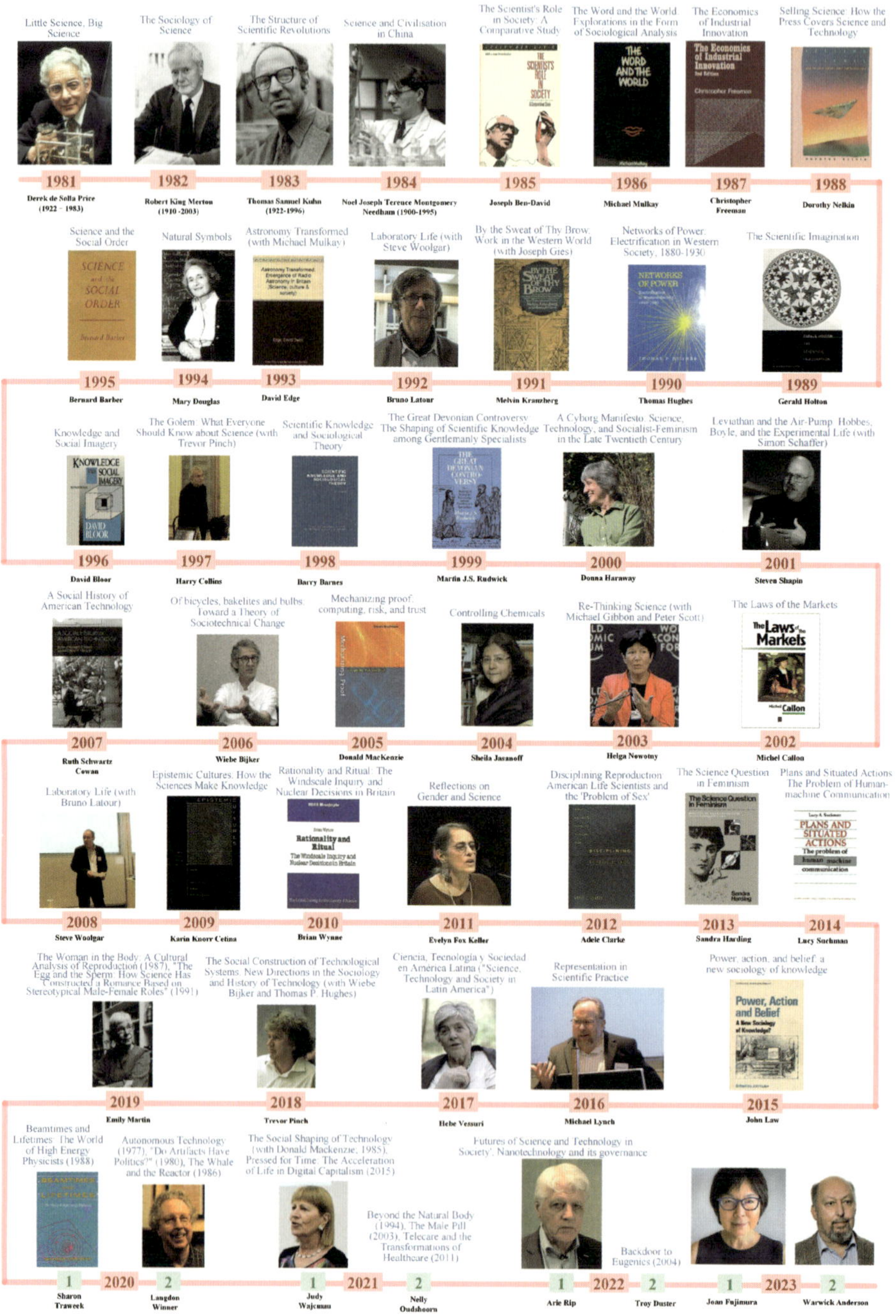

附图6　1981—2023年贝尔纳奖获得者

附录2 科学计量学指标

附录 2.1 常用科学计量指标

1. ESI 学科阈值（ESI Thresholds）：近 10 年，某一ESI 学科被引频次排在前 1% 的作者或机构，或排在前50%的国家或期刊的最低被引频次。

2. ESI高被引论文（ESI Highly Cited paper）：过去 10 年发表的论文中，其被引频次排在同一年同一ESI 学科发表的论文的全球前 1%。ESI高被引论文阈值（ESI Highly Cited Thresholds）则为，过去 10 年，某一ESI学科被引频次排在前 1% 的论文的最低被引频次。

3. ESI高影响力论文（ESI Top Paper）：ESI高被引论文和热点论文取并集后的论文集合。

4. ESI热点论文（ESI hot paper）：过去 2 年所发表的论文中，最近两个月被引频次排在某一ESI 学科发表的论文的全球前 0.1%。ESI热点论文阈值（ESI Hot Paper Thresholds）为ESI热点论文的最低被引频次。

5. g指数（g-index）：通过对作者发表的论文按引用次数进行排序，找到一个最大的数字g，使得前g篇文章的总引用次数至少达到g^2。

6. h指数（h-index）：一个学者的h指数是指他的论文中有h篇论文至少被引用了h次。

7. i-10 指数（i-10 index）：该指标是由谷歌学术 2011 年推出的测度作者影响力的指标，其具体含义是：作者发表的论文中，被引频次不小于10次的论文数。

8. JCR影响因子分区（JIF Quartile）：JCR中影响因子分区采用四分法，也即：将同一学科领域中期刊按照影响因子由高到低进行排序并划分为4等分，每等分为一个区间，即Q1：$0.1<Z\leq 0.25$；Q2：$0.25<Z\leq 0.5$；Q3：$0.5<Z\leq 0.75$；Q4：$0.75<Z$。

9. m指数（m-index）：由于引文分布是非正态的，因此Bornmann等在 2008 年提出了m指数，并将其定义为Hirsch-core中论文被引频次的中位数。

10. w指数（w-index）：研究人员发表论文中有w篇的论文至少被引用了10w次，而其余每篇论文的被引次数均小于10（w+1）。

11. 被引频次（Number of Citations）：所考察对象（例如：作者、期刊以及国家或地区等）在分析时间区间内论文被引用的次数。

12. 参考文献数（Number of References）：目标对象所引用的参考文献的数量。

13. 基金论文量（Number of Papers Funded）：期刊在统计年所刊载论文中受基金资助的论文数量（类似的可以计算期刊的基金论文占比）。

14. 基线（Baseline）：基线反映了全球范围内某一组具有相同学科领域、相同文献类型、相同出版年的出版物的平均表现。基线是对标分析中的重要指标，其计算方法为：$\boldsymbol{e}_{f,\ t,\ d}=\dfrac{\sum_{f}\sum_{t}\sum_{d}\boldsymbol{c}}{\sum_{f}\sum_{t}\sum_{d}\boldsymbol{p}}$。其中，$e$为基线值或期望被引率，$c$为被引频次，$p$为论文数量，$f$为学科领域，$t$为出版年，$d$为文献类型。

15. 即年指标（Journal Immediacy Index）：又称立即指数，是指期刊当年发表论文的总被引次数除以所发表论文的总数，该指标表征了期刊及时反应速率。

16. 可引用文献（Citable Documents）：在基于引文的指标计算中，可引用文献指的是纳入计算的论文数。例如：影响因子分母中使用的就是可引用文献，即参与到影响因子计算的文献（Articles和Review论文）。

17. 领域加权引用影响力（Field-Weighted Citation Impact，FWCI）：是指论文的被引频次与相同文献类型、相同学科以及相同出版年的文献被引频次均值的比值。比值等于1代表论文被引频次与全球平均水平相等，大于1代表高于全球平均水平，小于1代表低于全球平均水平。计算公式为：FWCI=c/e。式中，c表示统计时间窗口（通常包含发表当年和后3年，共四年）论文收到的总被引频次，e表示数据库中相同学科、相同出版年和相同文献类型的论文平均被引次数。对于一组包含有N篇论文的数据集而言，$\mathrm{FWCI}=\dfrac{1}{N}\sum_{i=1}^{N}\dfrac{c_i}{e_i}$。对于跨学科的出版物（例如：同属于学科A和学科B），e_i通过每个学科的预期引用率的调和平均数来计算，即$e_i=\dfrac{2}{\left(\dfrac{1}{e_{\mathrm{A}}}+\dfrac{1}{e_{\mathrm{B}}}\right)}$（Scopus指标）。

18. 论文量（Number of Publications）：考察对象在特定时间窗口所发表论文的数量。

19. 年均被引频次（Average Citations per year，APCY）：论文总被引次数除以论文从发表年到统计年的年数（例如：2001—2010 年，总被引次数为 90 次的论文的ACPY为 9 次。《研究前沿》报告中采用了类似的指标）。

20. 篇均被引频次（Average Citations per Paper）：所分析对象的论文总被引频次除以所发表论文的数量。

21. 期刊被引半衰期（Cited Half-life）：期刊在统计年的所有被引用文献中，较新的一半的发表年限（CSCD、科睿唯安JCR等包含该指标）。

22. 期刊引用半衰期（Citing Half-life）：期刊在统计年引用类型为期刊的参考文献中较新一半的发表年限（CSCD、科睿唯安JCR等包含该指标）。

23. 期刊影响分数（CiteScore）：又称期刊引用分数，是指期刊在当年及过去 3 年共 4 年期间内发表的论文被引用的次数除以同样 4 年期间已发表论文总数，论文类型包含括研究论文、期刊评论、会议论文、书籍章节和数据论文。

24. 全局被引次数和本地被引次数（Global Citation Score & Local Citation Score）：全局被引次数是指所分析的对象在Web of Science、Scopus或Dimensions数据库中获得的总被引次数；本地被引次数是指某一统计单元在所下载的数据集中被引的次数（例如：在CiteSpace文献共被引网络中，文献的被引次数即为本地被引次数）。

25. 研究前沿（Research Fronts）：对一组高被引论文，通过论文的共被引聚类分析确定的核心论文及其主题的集合。论文之间的共被引关系表明这些论文具有一定的相关性，通过聚类分析方法测度高被引论文之间的共被引关系而形成高被引论文的聚类，再通过对聚类中论文内容（例如：题目、关键词、摘要等）的分析形成相应的研究前沿（当前研究前沿的概念尚未统一，读者在阅读相关文献时需要注意具体的语境）。

26. 引文标准化（Normalized Number of Citations）：对原始的被引次数进行的统计学处理，降低诸如发表时间、学科等对被引频次造成的影响，以对文献、期刊或者作者等评价单元进行基于引文的比较。例如，在VOSviewer中，标准化引用次数（Norm. citations）等于该论文的被引次数除以同一年份发表的所有论文的平均引用次数。

27. 影响因子（Journal Impact Factor）：期刊过去两年发表的所有论文在当前JCR

年获得的总引用次数与该期刊前两年发表的学术论文数量的比值（仅包含Article和Review）。

28. 预警期刊清单（Early warning list of journals）：由科技评估第三方机构发布的，存在潜在学术“问题”的期刊清单。依据各刊存在潜在问题的程度，通常可以将预警级别分为高、中、低三档，风险指数依次减弱。

29. 镇压期刊清单（Title Suppressions）：为了保证所有期刊的公平性和准确性，对由于过度集中引用而导致的期刊影响因子失真的情况，科睿唯安编委会对相关期刊进行镇压。所谓期刊镇压就是在JCR中暂时停止发布期刊的影响因子。被镇压期刊的文章暂时还会被收录在Web of Science数据库中。JCR的工作人员将监测这些期刊的进展情况并在来年对其进行评估，当引用异常情况得到解决时，这些期刊的标题还会包含在JCR的未来版本中。

30. 中国科学院文献情报中心期刊分区：按照期刊的超越指数和布拉德福定律将期刊划分为四个区域，分别为 1 区、2 区、3 区和 4 区。与JCR期刊分区不同的是，中国科学院文献情报中心各分区中的期刊数量不是相等的，而是呈金字塔分布。

31. 自引（Self Citation）：科研主体引用自己先前发表成果的一种行为。根据考虑的主体不同，自引分为国家层面的自引、机构层面的自引、期刊层面的自引以及学者层面的自引等。

32. 自引率（Self-Citing rate）：科研主体在其发表的论文中引用自己之前工作的频率指标。它通常表达为一个百分比，计算方法是自引的次数除以其论文被引用的总次数。这个指标可以用来评估科研主体在学术交流中自我推广的程度，同时也可以作为学术圈内部某种程度的自我参照的指标。

附录 2.2 科学计量指标地图

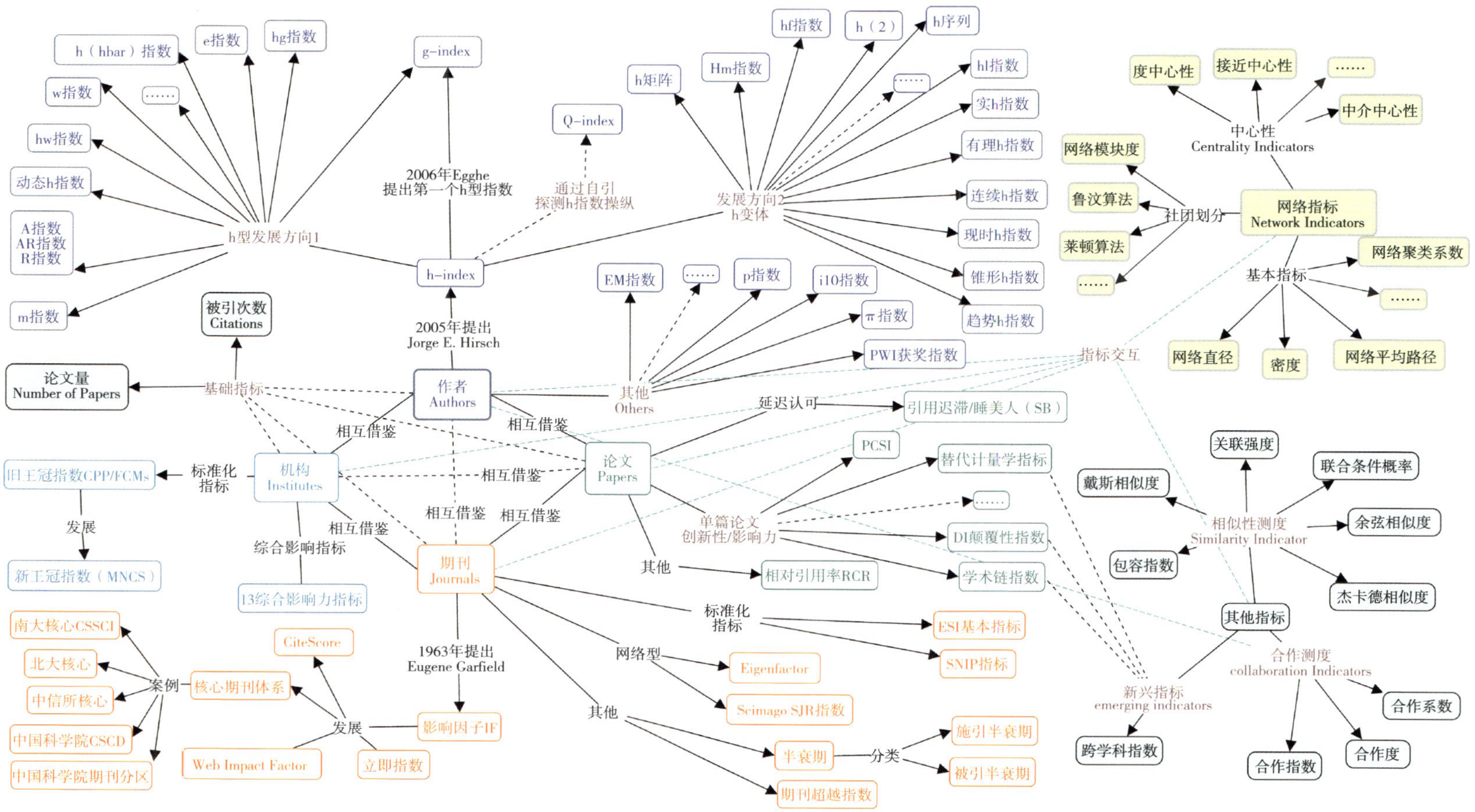

附图 7 科学计量学中的指标（部分）

附录3 莱顿宣言

关于科研指标的莱顿宣言❶
Leiden Manifesto for Research Metrics

Diana Hicks、Paul Wouters 及其同事督促用十项原则来规范科研评估。

科学治理日益依赖于数据。建立在量化指标基础上的科研评估已经取代曾经的同行评议成为主流[1]。随之而来的问题是，今日的评估已由数据而非判断主导。量化指标日益流行：通常是精心设计的，但并非总是被透彻理解，而且经常被错误地使用。主持科研评估的机构往往缺乏对于这些量化指标的透彻理解，因此这些指标虽然意在促进科学研究却经常适得其反。

2000年之前，美国科学信息研究所（ISI）的科学引文索引（SCI）已为专家们所使用。2002年，汤森路透公司（Thomson Reuters）整合其网络平台，使其 Web of Science 数据库更加普及。竞争者也随之而来，包括爱思唯尔（Elsevier）的 Scopus（2004年发布）和 Google 学术搜索（Google Scholar，beta 版 2004 年发布）。相关分析工具也如雨后春笋，使比较学术机构以及个人的研究产出和影响更为容易，例如：基于Web of Science的InCites、基于Scopus的SciVal，以及基于 Google Scholar的Publish or Perish 软件（2007年发布）。

2005年，美国加州大学圣地亚哥分校的物理学家 Jorge Hirsch 提出了 h 指数，使得被引次数更为广泛地被用于考量学者的科研。自1995年起，期刊影响因子也日益盛行。

最近，关于社会使用和在线评论的量化指标日渐成势，比如F1000 Prime（2000）、Mendeley（2008）和 Altmetric.com（2011，由麦克米伦集团支持，而《自然》所属的自然出版集团亦为麦克米伦旗下公司）。

作为文献计量学者、社会科学家以及科研管理者，我们目睹了在科研评估中量化

---

❶ 莱顿宣言网址：http://www.leidenmanifesto.org/。发表在《自然》的短文Hicks, D., Wouters, P., Waltman, L., De Rijcke，S.，& Rafols，I.（2015). Bibliometrics：the Leiden Manifesto for research metrics. *Nature*, *520*(7548)，429-431.

指标被愈发广泛和严重地滥用，以下仅举数例。

各国的大学日益执迷于其在各大高校排名中的位置（如上海交通大学的世界大学学术排名和泰晤士高等教育世界大学排名），尽管很多排名在我们看来是建立在并不精确的数据和非常武断的指标基础上的。一些招聘者使用h指数来考察候选人；一些大学依靠h指数以及发表在高影响因子期刊上的论文的数量来决定科研人员的晋升与否。学者们，尤其在生物医药领域，在简历中夸耀他们的h指数或者影响因子。教授们要求博士生在高影响因子的期刊上发表论文和申请科研经费，尽管他们还没有准备好。

在北欧和中国，一些大学根据学者个人的影响指数来分配科研经费，或者为发表在高于15的影响因子的期刊上的论文提供资金奖励[2]。

虽然在很多情况下研究和评估人员还是会做出相对平衡的评议，但科研指标的滥用已经到了不容忽视的地步。

因此，我们提出莱顿宣言，源于在荷兰莱顿举行的一次国际会议（参见 http：//sti2014.cwts.nl）。我们所提出的十大原则对于文献计量学者而言并非前所未闻，尽管我们当中没有人可以完整地罗列出这些原则，因为我们至今没有一个系统的成文阐述。我们这一领域的启蒙者，比如 ISI 的创立者Eugene Garfield，曾提到过这十大原则中的某些[3，4]，但他们并未为科研评估和管理人员所知晓。同时，被评估的科学家们试图寻找相关的文献来驳斥某些评估结果，而这对于他们而言犹如大海捞针。

我们在此提出十大原则，凝练了基于指标的科研评估的规范。借此被评估者可以问责评估者，而评估者可以规范使用量化指标。

十大原则

（1）量化的评估应当支持而非取代质化的专家评审。

量化指标可以降低同行评议中的偏见并促进更为深入的审议。量化指标可以提高同行评议的质量，因为在没有充足信息的情况下评价别人是非常困难的。但是评估者的判断不应让位于数字。量化指标不应取代建立在充分信息基础之上的判断。评估者仍应对其评估负责。

（2）科研绩效的考量应基于机构、团队以及个人的科研使命。

应当首先明确评估的目标，而所采用的指标也应切合这些目标。同时，指标的选择和应用的方式应该考虑更为广泛的社会、经济、文化环境。科学家有着各色各样的科研使命，着眼于探索未知的尖端基础研究和立足于解决社会问题的应用研究有着截然不同的任务。在某些情况下，评估者应该考虑研究其社会和经济价值而非科学价值。世上没有一个评估方法适用于所有的情况。

（3）保护卓越的本地化研究。

在很多地方，研究的卓越等同于在国际期刊上发表英文论文。比如，西班牙法律明文鼓励发表于高影响力的英文期刊的论文。期刊影响因子所依赖的 Web of Science 数据库主要是以美国和英文期刊为主，这一数据库覆盖期刊的偏差对于社会和人文学科造成了尤为严重的后果，而在这些领域很多研究是关于本国或者当地的课题。在很多其他的领域也有偏重于本地化的题目，比如撒哈拉以南非洲的HIV流行病学。

这些本地化的课题往往并不为高影响因子的英文期刊所青睐。那些在Web of Science 数据库中取得较高引用率的西班牙社会学家往往从事于抽象模型或者分析美国数据。西班牙语期刊的论文则通常关注更为相关的本地课题：本地劳动法，老年人家庭医疗，以及外来劳工等[5]。只有基于高质量本地语言期刊的指标才能正确评价和推动卓越的本地化研究。

（4）数据采集和分析过程应公开、透明、简单。

数据库的建立应该遵循明确的规则，而这些规则应在评估之前就清晰阐述。这是以往数十年来相关学术单位和商业机构的惯例。他们的数据处理的流程也发表在同行评议的文献中，这样透明的流程保证了复查的可能性。比如 2010 年荷兰莱顿大学科学技术研究中心（CWTS）所创建的一项指标引发了一场学术争论，而这一指标随后被修改[6]。这一领域的新进机构也应遵守此标准。我们不能接受评估中的暗箱操作。

对于指标而言，简单就是美，因为简单增强透明性。但简单化的指标也可能会导致偏颇的结论（参见原则 7）。因此评估者应竭力保持平衡，采用的指标应足够简单明了但又不会曲解复杂的问题。

（5）允许被评估者检验相关数据和分析。

为保证数据质量，所有的被评估者应当有机会查证评估所用的数据是否准确、全面地包括了他们的相关研究产出。评估者则应通过自行验证或者第三方审查来确保数据的准确性。大学可以在他们的科研信息系统中执行这一原则，并以此作为一项重要标准来选择信息系统提供商。精确和高质量的数据需耗费时间和经费去搜集和处理，因此需要足够的预算。

（6）考虑发表和引用的学科差异。

最好能提供一套指标让不同的领域各取所需。几年前，一组欧洲的历史学家在全国的评审中得到了较差的结果，因为他们出版书籍而不是在被Web of Science索引的期刊中发表论文，另外他们不幸被划在了心理学系。历史学家和社会科学家往往要求学术评审考虑书籍和本国语言的论文，计算机科学家则往往要求加入会议论文。

不同领域的引用率也有差别：数学期刊的最高影响因子大概是 3，细胞生物学却高达 30。因而相关指标需要根据学科来标准化，最可靠的学科标准化方法是通过百分位数：每一篇论文的得分取决于其在整个学科的被引次数分布中的位置（比如说最高的 1%、10%或者 20%）。在使用百分位数方法时，个别极其高被引的论文将略微地提高其大学的排名，但在使用被引次数均值时却可能会将其大学的排名从中等拔到顶级[7]。

（7）对于学者个人的评估应基于对其整个作品辑的质化的评判。

年龄越大，h指数越高，即使是在没有新论文发表的情况下。h指数在不同的领域也有所不同：生命科学家高达 200，物理学家最高 100，而社会学家最多只有 20 到 30[8]。这同时也取决于数据库：有些计算机科学家在Web of Science中的h指数只有 10，但在Google Scholar中却有 20 到 30[9]。研读和评判一位学者的论文远比仅仅依靠一个数字合适。即使在比较很多学者时，能够综合考虑多方面的信息更为适宜，比如个人专长、经验、活动、影响等。

（8）避免不当的具体性和虚假的精确性。

科技指标不可避免地会在概念上有些模糊和不确定，并且建立在一些很强但并不普适的假设的基础之上。比如说，对于被引次数到底代表了什么这一问题就存在很大的争议。因此最好能使用多个指标来提供一个更为可靠和多元的呈现。如果不确定性和潜在错误可以被量化，那么应该在发表指标结果的同时提供置信区。如若潜在错误率不可量化，那么研究人员至少不应盲目追求精确度。比如，官方发表的期刊影响因子精确到小数点后三位数，这样可以避免期刊之间打成平手。但考虑到被引次数所存在的概念上的模糊性和随机误差，实在没有必要在相差不大的期刊之间分个伯仲。在此情形下，避免虚假的精确度意味着精确到小数点后一位就已经足够了。

（9）认清科技指标对科研系统的影响。

科技指标改变研究人员的动机进而改变整个科研系统，对这样的结果我们应有充分的预期。这意味着一套指标总胜于单个指标，因为单个指标更易于被操纵，也更容易取代真正的目标成为驱动研究的指挥棒。举例来说，在 20 世纪 90 年代，澳大利亚政府根据各高校的论文数量来分配经费，从而大学可以估算出一篇论文的经济 价值：在 2000 年一篇论文大约可以换来 900 澳元（折合 450 美元）的经费。可以预料的是，澳大利亚的高校发表论文数据显著增加，但多发表于低被引的期刊，意味着论文质量的下降[10]。

（10）定期审查指标并更新。

研究的使命和评估的目标会随着时间而改变，科研体系也在不停地变化和演进。曾经有用的指标可能会变得不那么合适，新的指标也会不停出现，指标体系也应随之调整。意识到不良后果后，澳大利亚政府在 2010 年推出了更为复杂的科研评估体系，而这一体系更为重视科研质量。

以后的路

遵循这十项原则，科研评估将在推动科学发展和社会进步方面发挥更为重要的作用。科研指标可以提供非常有价值的信息，但我们应谨记指标只是工具，不是目标。

为做出最好的决定，我们同时需要可靠的统计数据和对研究对象的深入了解。量化和质化的证据二者不可或缺，并且这二者都是客观的。科学决策必须建立在高质量的评估过程和充分可靠的数据基础之上。

参考文献

[1] Wouters, P. in Beyond Bibliometrics: Harnessing Multidimensional Indicators of Scholarly Impact(eds Cronin, B. & Sugimoto, C.) 47–66(MIT Press, 2014).

[2] Shao, J. & Shen, H. 2011, Learned Publishing 24: 95–97(2011).

[3] Seglen, P. O. Br. Med. J. 314: 498–502(1997).

[4] Garfield, E. J. Am. Med. Assoc. 295: 90–93(2006).

[5] López Piñeiro, C. & Hicks, D. Res. Eval. 24: 78–89(2015).

[6] van Raan, A. F. J. , van Leeuwen, T. N. , Visser, M. S. , van Eck, N. J. & Waltman, L. J. Informetrics 4: 431–435(2010).

[7] Waltman，L. et al. J. Am. Soc. Inf. Sci. Technol. 63: 2419–2432（2012）.

[8] Hirsch，J. E. Proc. Natl Acad. Sci. USA 102: 16569–16572（2005）.

[9] Bar-Ilan, J. Scientometrics 74, 257-271（2007）. 10. Butler, L. Res. Policy 32: 143-155（2003）.

[10]Butler, L. Res. Policy 32: 143-155（2003）.

作者介绍：Diana Hicks是佐治亚理工公共政策学院教授。Paul Wouters是荷兰莱顿大学科学技术元勘中心（CWTS）的教授兼主任，Ludo Waltman 是该中心的研究员，Sarah de Rijcke 是该中心的助理教授。Ismael Rafols 是西班牙国家研究委员会和瓦伦西亚理工大学的科学政策研究员。

翻译：王健，比利时鲁汶大学研发监测中心（ECOOM）博士后。

附录4 数据平台与工具

附录 4.1 数据库列表[1]

1. ACM Digital Library（美国计算机协会数字图书馆）
2. Altmetric（替代计量学数据库）
3. Aminer（国内新兴的数据检索与分析平台）
4. arXiv（预印本数据库）
5. CNKI（中国知网）
6. Crossref（Search the metadata of journal articles，books，& more）
7. CSCD（中国科学引文索引·中国科学院文献情报中心）
8. CSCI（中国科学引文索引·中国科学技术信息研究所）
9. CSSCI（中文社会科学引文索引·南京大学）
10. DataCite
11. Derwent Innovation（专利数据库）
12. Dimensions（多源科技文献数据检索与数据分析平台）
13. DOAJ（Directory of Open Access Journals）
14. Engineering Village（原EI工程索引数据库，隶属于爱思唯尔）
15. Europe PMC
16. Google Scholar（谷歌学术）
17. incoPat（专利数据）
18. Lens-Explore global science and technology knowledge（专利与论文数据库）
19. OpenAlex（免费开放的科学文献数据库）
20. Open Editors（编委数据库editormetrics）
21. Overton（政策引文数据库）

[1] 数据库括号后为简要备注。

22. OpenCitations（开放引文数据库）

23. PATSTAT（专利数据）

24. Pkulaw（北大法宝）

25. PlumX（补充计量学数据库）

26. PubMed（医学数据库）

27. Research Gate（科研之门平台）

28. Retraction Watch（撤稿数据库）

29. ScienceDirect（爱思唯尔全文数据库）

30. Scholarly Migration Database（学术迁移数据库）

31. Scopus（爱思唯尔索引型数据库）

32. Semantic Scholar

33. ScholarGPS（学者、机构、国家或地区的全球排名分析数据库）

34. Taylor & Francis（全文数据库）

35. Wanfang（万方数据库）

36. WikiData（维基数据）

37. Web of Science（科睿唯安）

38. Westlaw China（法律数据库）

39. Wiley（全文数据库）

40. 智慧芽专利数据库

附录 4.2　工具列表

1. Arena3D（在线工具平台：多层网络分析）

2. Biber（R语言）

3. Bibexcel（Olle Persson开发的文献计量学工具箱）

4. Bibliographic Analysis Tool（文献分析工具）

5. Bibliometric.Com（文献计量在线分析平台）

6. Bibliometrix/ Biblioshiny（R语言）

7. BiblioTools / BiblioMaps（Sébastian Grauwin开发）

8. BICOMB（书目共现分析系统）

9. Citation Gecko（在线工具平台）

10. Citespace（陈超美，2003年开发）

11. CitNetexplorer（Nees Jan van Eck 和Ludo Waltman，2014年开发）

12. Connected Papers（在线工具平台）

13. Copalred

14. Cortext（在线工具平台）

15. CR Explorer（参考文献出版年谱分析工具）

16. DIVA（Steven Morris，2002年开发）

17. Elicit（在线工具平台）

18. Cite-fractional citation tool（在线工具平台）

19. Gephi（网络计算与可视化通用工具）

20. HistCite（加菲尔德开发的引证历史网络分析工具）

21. InCite（科睿唯安开发的计量指标在线分析工具）

22. Inciteful（在线工具平台）

23. IN-SPIRE

24. Itginsight

25. Knowledge Matrix（韩国科技信息研究所开发）

26. Litmaps（在线工具平台）

27. Loet Leydesdorff（科学计量学工具箱）

28. Lupus-Visual Bibliometrics

29. Mapequation（在线工具平台）

30. Metaknowledge（Python包）

31. Netscity（科学文献地理信息识别与在线分析平台）

32. Network3DWeb（在线工具平台）

33. Open Knowledge Maps（在线工具平台）

34. Publish or Perish（计量指标计算与分析软件）

35. PURE Suggest（在线工具平台）

36. Pyscisci（Python程序）

37. Retina（在线网络可视化工具）

38. RPYS I/O（Jordan Comins等开发的在线参考文献出版年谱分析工具）

39. SATI（文献题录信息统计分析工具）

40. Scholar Metrics Scraper（在线工具平台）

41. SCI2（Katy Börner 和Kevin W.Boyack等开发的科学知识图谱工具）

42. Science Scape（在线工具平台）

43. Scientopy（Python语言）

44. Sciland Viewer（在线工具平台）

45. Scimago Graphica（Scimago组织开发的数据可视化工具）

46. SCIMAT（M.J.Cobo等开发的科学知识图谱工具）

47. Scipawiz（在线工具平台）

48. Scite（在线工具平台）

49. SciVal（爱思唯尔开发的在线科学计量指标分析平台）

50. Tree of Science（在线工具平台）

51. Visualbib（在线工具平台）

52. VOSviewer（Nees Jan van Eck 和Ludo Waltman，包括Online版本）

53. Webometric Analyst（网络计量学分析工具）

54. 科技文献数据治理与统计分析系统（LDGAS）

55. 科学结构图叠加分析系统（MSSS）

56. 知识矩阵可视化系统（KMVS）

附录5 推荐的学术刊物

附录5.1 中文刊物

《科学学研究》(*Studies in Science of Science*)

《科学学与科学技术管理》(*Science of Science and Management of S.&T.*)

《科研管理》(*Science Research Management*)

《情报科学》(*Information Science*)

《情报理论与实践》(*Information studies：Theory & Application*)

《情报学报》(*Journal of the China Society for Scientific and Technical Information*)

《情报杂志》(*Journal of Intelligence*)

《情报资料工作》(*Information and Documentation Services*)

《数据分析与知识发现》(*Data Analysis and Knowledge Discovery*)

《图书情报工作》(*Library and Information Service*)

《图书情报知识》(*Documentation，Information & Knowledge*)

《图书与情报》(*Library & Information*)

《现代情报》(*Journal of Modern Information*)

《信息资源管理学报》(*Journal of Information Resources Management*)

附录5.2 英文刊物

COLLNET Journal of Scientometrics and Information Management

Data Science and Informetrics（杭州电子科技大学主办）

Frontiers in Research Metrics and Analytics（*FRMA*）

Information Processing & Management

Journal of Altmetrics

Journal of Data and Information Science（中国科学院文献情报中心主办）

Journal of Data Science，Informetrics，and Citation Studies

Journal of Documentation

Journal of Information Science

Journal of Informetrics（*JOI*）

Journal of Scientometric Research

Journal of the Association for Information Science and Technology（*JASIST*）

Library Trends

Quantitative Science Studies（*QSS*）

Research Evaluation

Research Policy

Scientometrics

Social Studies of Science

Technological Forecasting and Social Change

附录6 推荐的学术读物

附录6.1 学术著作[1]

1931：Bukharin, N. I. , Needham, Joseph & P. G. Werskey. Science At the Cross Roads Papers Presented to the International Congress of the History of Science and Technology Held in London from June 20th to July 3rd 1931. 中译本:(苏联)尼古拉·伊万诺维奇·布哈林, 亚伯拉罕·费多尔维奇·约费, 鲍里斯·米哈伊洛维奇·赫森, 等. 十字路口的科学[M]. 北京: 北京大学出版社, 2023.

1934：POPPER KR. The logic of scientific discovery[M]. New York: Routledge. Edited by Hutchinson Publishing Group. 1934. 中译本: [英] 波普尔, 科学发现的逻辑[M]. 查汝强, 邱仁宗, 译. 北京: 中国美术学院出版社, 2008.

1939：BERNAL JD. The social function of science[M]. London: Routledge. 1939. 中译本: [英] J D贝尔纳. 科学的社会功能[M]. 王骏, 译. 北京：北京大学出版社, 2021.

1945：BUSH V. Science, the endless frontier: A report to the President[M]. United States. Office of scientific research and development. 中译本: 范内瓦·布什. 科学无尽的前沿[M]. 崔传刚, 译. 北京: 中信出版集团, 2021.

1954：BERNAL JD. Science in History[J]. MIT Press Books, 1971. 最早于1954年出版, 最近一个版本由美国麻省理工学院出版社出版。中译本: [英] 约翰·德斯蒙德·贝尔纳. 历史上的科学[M]. 伍况甫, 彭家礼, 译. 北京: 科学出版社, 2015.

1961：PRICE D J D S. Science since Babylon[M]. Yale University Press, 1961. 中译本: 普赖斯. 巴比伦以来的科学[M]. 任元彪, 译. 石家庄: 河北科学技术出版社, 2002.

1962：KUHN TS. The Structure of Scientific Revolutions[M]. University Of Chicago Press, 1962.《科学革命的结构》提出了“范式”的概念, 并从科学史观的角度阐明了科学的演化, 在国内多次被翻译, 最新中译本: 库恩. 科学革命的结构[M]. 张卜天, 译. 北京: 北京大

[1] 学术著作按照出版时间顺序排列。在授课过程中, 任课教师可以根据实际情况安排学生学习或阅读相应的著作或章节。此外, 对于开设“科学学经典文献选读”或“科学计量学经典文献选读”课程的教师, 也可以根据实际需要进行选择。

学出版社, 2022.

1963：PRICE D J D S. Little Science, Big Science[M]. Columbia Univ Press, 1963. 中译本: 普赖斯. 小科学, 大科学[M]. 宋剑耕, 戴振飞, 译. 世界科学社, 1982.

1964：GOLDSMITH M, MACKAY AL. The science of science: society in the technological age[M]. Souvenir Press, 1964. 中译本: [英]戈德史密斯, 等. 科学的科学——技术时代的社会[M]. 赵红州, 蒋国华, 译. 北京: 科学出版社, 1985.

1966：格・姆・多勃罗夫. 普通科学学导论 НАУКА О НАУКЕ, ВВЕДЕНИЕ В ОБЩЕЕ НАУКОВЕДЕНИЕ, 俄文版由基辅科学思想出版社于1966年出版, 中译本由王兴成等翻译, 由天津科学技术出版社于1984年出版。

1969：НАЛИМОВ В В. , МУЛЬЧЕНКО З М. Наукометрия: изучение развития науки как информационного оропесса[M]. Москва: Наука, 1969. 纳利莫夫于1969年出版了世界上第一本科学计量学专著《科学计量学: 把科学作为信息过程来研究科学的发展》, 首次提出了科学计量学Scientometrics这一术语。

1972：CRANE D. Invisible colleges: Diffusion of knowledge in scientific communities[M]. University of Chicago Press, 1972. 中译本: [美]戴安娜克兰. 无形学院: 知识在科学共同体的扩散[M]. 刘君君, 等译. 北京: 华夏出版社, 1988.

1973：MERTON RK. The sociology of science: Theoretical and empirical investigations. University of Chicago press, 1973. 中译本: [美] R. K. 默顿. 科学社会学[M]. 鲁旭东, 林聚任, 译. 北京: 商务印书馆. 2003.

1974：科学学: 问题・结构・基本原理[M]. 韩秉成, 等译. 科学出版社, 1984.（俄文版出版于1974年）

1976：NARIN F. Evaluative bibliometrics: The use of publication and citation analysis in the evaluation of scientific activity[M]. Cherry Hill, NJ: Computer Horizons, 1976.（《评价性文献计量学: 使用出版物与引文分析来评价科研活动》, 普赖斯奖获得者作品）

1977：ZUCKERMAN H. Scientific elite: Nobel laureates in the United States[M]. Transaction Publishers, 1977. 中译本: [美]哈里特・朱克曼. 科学界的精英: 美国的诺贝尔奖获金得者[M]. 周叶谦, 冯世则, 译. 北京: 商务出版社, 1979.（注: 作者为默顿的夫人）

1978：龚育之. 关于自然科学发展规律的几个问题[M]. 上海: 上海人民出版社, 1978.

（被赵红州先生称为中国第一部科学学专著（《科学史数理分析》, p388））

1978：ELKANA Y, LEDERBERG J, MERTON RK, et al. Toward a metric of science: the advent of science indicators[M]. John Wiley & Sons, 1978.（《迈向科学测度》）（Based upon a conference sponsored by the Center for Advanced Study in the Behavioral Sciences and the Social Science Research Council）

1979：GARFIELD E. Citation Indexing: Its Theory and Application in Science, Technology, and Humanities[M]. Wiley, 1979. 中译本: 尤金・加菲尔德. 引文索引法的理论及应用[M]. 侯汉清, 等译. 刘煜, 等校. 北京: 北京图书馆出版社, 2004.（普赖斯奖获得者作品）

1979：LATOUR B, WOOLGAR S. Laboratory Life: The Social Construction of Scientific Facts[M]. Sage Publications, Beverly Hills, 1979. 中译本: [法] 布鲁诺·拉图尔, [英] 史蒂夫·伍尔加. 实验室生活: 科学事实的建构过程[M]. 修丁, 译. 上海: 华东师范大学出版社, 2023.

1981：关西普等. 科学学纲要: 理论科学学基础[M]. 天津: 天津科学技术出版社, 1981。

1981：POTTER W G. Bibliometrics Library Trends. Graduate School of Library and Information Science（University of Illinois）, 1981.（该书是由Library Trends出版的专题文集, 是对文献计量学相关研究的系统综述, 是具有较高价值的学习资料）。重要论文的题目依次为: ①Empirical Laws, Theory Construction and Bibliometrics（O' Connor, Daniel O.; Voos, Henr）; ②Lotka's Law Revisited（Potter, William Gray）; ③Bradford's Law: Theory, Empiricism and the Gaps Between（Drott, M. Carl）; ④Empirical and Theoretical Bases Of Zipf's Law（Wyllys, Ronald E）; ⑤General Bibliometric Models（Hubert, John J）; ⑥Citation Analysis（Smith, Linda C）; ⑦Obsolescence（Gapen, D. Kaye; Milner, Sigrid P）; ⑧The Law of Exponential Growth: Evidence, Implications and Forecasts（Tague, Jean; Beheshti, Jamshid; Rees-Potter, Lorna）; ⑨Teaching Bibliometrics（Schrader, Alvin M）。

1983：ХАЙТУН, С. Д. , Наукометрия: Состояние и Перспективы[M]. Москва: Наука, 1983. (海通博士的《科学计量学: 现状与前瞻》)

1983：田夫, 王兴成. 科学学教程[M]. 北京: 科学出版社, 1983.

1983：GRIFFITH BC, SMALL HG. Small. The Structure of the Social and Behavioral Sciences Literature[M]. Stockholm: Royal Institute of Technology Library, 1983.（《社会与行为科学文献的结构》, 普赖斯奖获得者作品）

1984：ZIMAN J. An Introduction to Science Studies: The Philosophical and Social Aspects of Science and Technology. Cambridge: Cambridge University Press, 1984. 中译本:（英）约翰·齐曼. 元科学导论[M]. 刘珺珺, 张平, 孟建伟, 译. 长沙: 湖南人民出版社, 1988.

1984：赵红州, 科学能力学引论[M]. 北京: 科学出版社, 1984.（国内科学计量学创始人作品）

1985：SCHUBERT A, GLÄNZEL W, BRAUN T. Scientometric indicators: a 32 country comparative evaluation of publishing performance and citation impact[M]. World Scientific, 1985. 中译本:（匈）布劳温（Braun T）等. 科学计量学指标: 32国自然科学文献与引文影响的比较分析[M]. 赵红州, 蒋国华, 译. 付志良, 校. 北京: 科学出版社, 1989.（普赖斯奖获得者作品）

1986：CALLON M, LAW J, RIP A. Mapping the dynamics of science and technology: sociology of science in the real world[M]. Basingstoke: Macmillan Press, 1986.（提出了共词分析）

1986：王兴成, 徐耀宗. 科学学五十年[M]. 沈阳: 辽宁人民出版社, 1986.

1987：BRAUN T, BUJDOSÓ E, SCHUBERT A. Literature of Analytical Chemistry: A Scientometric Evaluation[M]. CRC Press: Boca Raton, Fla. , 1987.（普赖斯奖获得者作品）

1988：邱均平. 文献计量学[M]. 科技文献出版社, 1988.（1982年首次油印, 1985年铅印, 2019年第二版由科学出版社出版。后续在科学出版社出版了“五计学”丛书, 包括《文献计量学》（第二版）、《信息计量学》（第二版）、《科学计量学》、《网络计量学》以及《知识计量学》。）

1988：Маршакова ИВ, 1988. Система цитирования научной литературы как средство слежения за развитием науки[M]. Наука. 该著作被誉为苏联科技情报学界研究的“奠基之作”, 受到米哈依洛夫等著名情报学家的权力推荐。后国内引进出版, 科学引文索引与科学前沿预测 [M]. 赵云龙, 等译. 北京: 兵器工业出版社, 1992.

1988：VAN RAAN AFJ. Handbook of quantitative studies of science and technology[M]. Elsevier, 1988.（《量化科技元勘手册》, 普赖斯奖获得者作品）

1990：EGGHE L, ROUSSEAU R. Introduction to informetrics. Quantitative methods in library, documentation and information science[M]. Elsevier Science Publishers, 1990. 中译本:

利奥·埃格赫, 罗纳德·鲁索. 情报计量学引论[M]. 田苍林, 葛赵青, 译. 北京: 科学技术文献出版社, 1992.（普赖斯奖获得者作品）

1993：CALLON M, COURTIAL JP. La Scientométrie[M]. Presses Universitaires de France, 1993.（法文著作《科学计量学》, 贝尔纳奖获得者作品）

1993：丁学东. 文献计量学基础[M]. 北京: 北京大学出版社, 1993.

1995：梁立明. 科学计量学: 指标·模型·应用[M]. 北京: 科学出版社, 1995.

1997：HESS D J. Science studies: An advanced introduction[M]. New York University Press, 1997.（《科学元勘高级导论》）

1999：庞景安. 科学计量研究方法论 [M]. 北京: 科学技术文献出版社, 1999.

2000：GEISLER E. The metrics of science and technology[M]. Bloomsbury Publishing USA, 2000. 中译本: 埃利泽·盖斯勒. 科学技术测度体系[M]. 周萍, 等译. 武夷山, 校译. 北京: 科学技术文献出版社, 2004.

2000：蒋国华. 科研评价与指标（国际会议论文集）[M]. 北京: 红旗出版社, 2000.（我国科学计量学开创者作品）

2001：蒋国华. 科学学的起源[M]. 石家庄: 河北教育出版社, 2001. 最新版: 蒋国华. 科学学的历程[M]. 北京: 首都经济贸易大学出版社, 2024.（我国科学计量学开创者作品）

2001：赵红州. 科学史数理分析[M]. 石家庄: 河北教育出版社, 2001.（我国科学计量学开创者作品）

2001：LEYDESDORFF L. The challenge of scientometrics: The development, measurement, and self-organization of scientific communications[M]. Universal-Publishers, 2001. 中译本: 洛埃特·雷迭斯多夫. 科学计量学的挑战[M]. 乌云其其格, 等译. 武夷山审校. 北京: 科学技术文献出版社, 2003.（普赖斯奖获得者作品）

2004：GINGRAS Y. Les dérives de l'évaluation de la recherche: du bon usage de la bibliométrie[M]. Raisons d'agir, 2014. 英文版: Gingras Y. Bibliometrics and research evaluation: Uses and abuses[M]. MIT Press, 2016. 中译本: 伊夫斯·金格拉斯 . 大学的新衣: 对基于文献计量学的科研评价的反思[M]. 刘莉, 等译. 上海: 上海交通大学出版社, 2021。

2005：EGGHE L. Power laws in the information production process: Lotkaian informetrics[M]. Emerald Group Publishing Limited, 2005.（《信息生产过程中的幂律》，普赖斯奖获得者作品）

2006：方勇. 科学计量学的方法论研究[M]. 重庆: 西南师范大学出版社, 2006.（方勇. 科学计量学的方法论研究[D]. 北京大学博士研究生论文, 1999.）

2006：MOED H F. Citation analysis in research evaluation[M]. Springer Science & Business Media, 2006. 中译本: 科研评价中的引文分析[M]. 佟贺丰, 等译. 科学技术文献出版社, 2010.（普赖斯奖获得者作品）

2007：VARGAS-QUESADA B, de MOYA-ANEGÓN F. Visualizing the structure of science[M]. Springer Science & Business Media, 2007.（《科学结构的可视化》）

2009：EOM SB. Author Cocitation Analysis: Quantitative Methods for Mapping the Intellectual Structure of an Academic Discipline[M]. IGI Global, 2009.（《作者共被引分析: 学术领域知识结构的量化映射方法》）

2009：THELWALL M. Introduction to webometrics: Quantitative web research for the social sciences[M]. Morgan & Claypool Publishers, 2009. 再版: THELWALL, M. Introduction to WeBometrics: Quantitative Web research for the social sciences[M]. Springer Nature, 2022.（《网络计量学导论》，普赖斯奖获得者作品）

2010：BORNER K. Atlas of science: Visualizing what we know[M]. MIT Press, 2010.

2010：VINKLER P. The evaluation of research by scientometric indicators[M]. Chandos Publishing, Oxford, 2010. 中译本: [匈牙利] 皮特・温克勒. 基于科学计量学指标的科研评价[M]. 马峥, 潘云涛, 郭红, 等译. 科学技术文献出版社, 2014.（普赖斯奖获得者作品）

2012：CHEN CM. Turning points: the nature of creativity[M]. Springer Science & Business Media, 2012. 中译本: 陈超美. 转折点: 创造性的本质[M]. 陈悦, 等译. 北京: 科学出版社, 2015.（国际科学文献可视化领军学者陈超美教授著作）

2013：DIODATO VP, GELLATLY P. Dictionary of Bibliometrics[M]. United Kingdom, Taylor & Francis, 2013.（《文献计量学字典》）

2014：BORNER K, POLLEY D E. Visual insights: A practical guide to making sense of data[M]. MIT Press, 2014. 中译本: 凯蒂・伯尔纳, 戴维・E. 波利. 数据可视化实用教程[M].

稽美云, 余虹山, 等译. 北京: 清华大学出版社, 2017.(国际数据可视化领军人物Borner K, 特别将该书推荐给要学习文献可视化的读者)

2014：CHEN CM. Mapping Scientific Frontiers: The Quest for Knowledge Visualization [M]. London, England: Springer-Verlag, 2014. 中译本: 陈超美. 科学前沿图谱: 知识可视化的探索[M]. 陈悦等译.2 版. 北京: 科学出版社, 2014.(国际科学文献可视化领军学者陈超美教授著作)

2014：CRONIN B, SUGIMOTO CR. Beyond bibliometrics: Harnessing multidimensional indicators of scholarly impact[M]. MIT press, 2014. 中译本:(美)布莱斯·克罗宁, 卡茜迪·R杉本等. 超越文献计量学: 利用多维度指标评估学术影响力[M]. 王传毅, 等译. 北京: 中国科学技术出版社, 2022.(普赖斯奖获得者作品)

2015：CRONIN B, SUGIMOTO CR, eds. Scholarly metrics under the microscope: from citation analysis to academic auditing[M]. Association for Information Science and Technology by Information Today, Incorporated, 2015.(普赖斯奖获得者编辑作品)

2015：ROEMER R C, BORCHARDT R. Meaningful metrics: A 21st century librarian's guide to bibliometrics, altmetrics, and research impact[M]. Amer Library Assn, 2015.(《有意义的测度: 21 世纪图书馆员关于文献计量学、替代计量学和研究影响的指南》)

2015：ZHAO DZ, Strotmann A. Analysis and visualization of citation networks[M]. Morgan & Claypool Publishers, 2015. 中译本: [加] 赵党志, [德] 安德烈亚斯·斯特罗特曼. 引文网络分析与可视化[M]. 李杰, 王磊, 李慧杰 , 译. 北京: 首都经济贸易大学出版社, 2020.

2015：HOLMBERG K J. Altmetrics for information professionals: Past, present and future[M]. Chandos Publishing, 2015.(《面向信息从业者的替代计量学: 过去、现在和未来》)

2015：BORNER K. Atlas of knowledge: Anyone can map[M]. MIT Press, 2015.

2016：DING Y, ROUSSEAU R, WOLFRAM D. Measuring scholarly impact[M]. London: Springer International Pu, 2016. 中译本: Ying, Ding等. 学术影响力的测评: 方法与实践[M]. 窦永香, 于琦, 等译. 武汉: 武汉大学出版社, 2017。

2016：TODESCHINI R, BACCINI A. Handbook of bibliometric indicators: Quantitative tools for studying and evaluating research[M]. John Wiley & Sons, 2016.(《文献计量指标

手册》)

2016：SUGIMOTO C. Theories of informetrics and scholarly communication[M]. De Gruyter, 2016.(《信息计量学理论与学术交流》, ISSI前主席作品)

2017：BALL R. An introduction to bibliometrics: New development and trends[M]. Chandos Publishing, 2017.(《文献计量学导论》)

2017：CANTU-ORTIZ FJ. , ed. Research analytics: Boosting university productivity and competitiveness through scientometrics[M]. CRC Press, 2017.(《研究分析: 通过科学计量学提高大学生产力和竞争力》)

2017：MOED H F. Applied evaluative informetrics[M]. Berlin: Springer International Publishing, 2017.(《应用评价性信息计量学》, 普赖斯奖获得者作品)

2017：QIU JP, ZHAO RY, YANG SL, et al. Informetrics: theory, methods and applications[M]. Springer, 2017.(《信息计量学: 理论, 方法与应用》, 邱均平教授作品)

2017：CHEN CM, SONG M. Representing scientific knowledge[M]. Springer, 2017.(《科学知识的表示》, 国际科学文献可视化领军学者陈超美教授著作)

2018：ERDT M, RAAMKUMAR AS, RASMUSSEN E, THENG YL.(Eds.). Altmetrics for research outputs measurement and scholarly information management[M]. Springer Singapore, 2018.(《面向研究产出计量与学术信息管理的替代计量学》)

2018：ROUSSEAU R, EGGHE L, GUNS R. Becoming Metric-Wise: A bibliometric guide for researchers[M]. Chandos-Elsevier, 2018. 中译本: [比] 罗纳德·鲁索, 等. 智慧计量: 科学计量学使用指南[M]. 杨立英, 等译. 北京: 科学出版社, 2023.(普赖斯奖获得者作品)

2018：SUGIMOTO C R, LARIVIÈRE V. Measuring research: What everyone needs to know[M]. Oxford University Press, 2018.(《每个人都需要知道的研究测量》, ISSI前主席作品)

2019：BRAUN T, BUJDOSÓ E, SCHUBERT A. Literature of analytical chemistry: A scientometric evaluation[M]. CRC Press, 2019.(《分析化学的科学计量与评估》, 普赖斯奖获得者再版作品)

2019：GLÄNZEL W, MOED HF, SCHMOCH U, THELWALL M. Springer Handbook of

Science and Technology Indicators[M]. Springer Handbooks. Springer, Cham. 2019.（《科学技术指标手册》，普赖斯奖获得者作品）

2020：BALL R. Handbook bibliometrics[M]. Walter de Gruyter GmbH & Co KG, 2020.（《文献计量学手册》）

2020：SOORYAMOORTHY R. Scientometrics for the humanities and social sciences[M]. Routledge, 2020.（《人文社会科学领域的科学计量学》）

2020：BIAGIOLI M, LIPPMAN A. Gaming the metrics: Misconduct and manipulation in academic research[M]. MIT Press, 2020.（《计量游戏: 学术研究中的不端行为与操控》）

2021：LEYDESDORFF L. The evolutionary dynamics of discursive knowledge: Communication-theoretical perspectives on an empirical philosophy of science[M]. Springer Nature, 2021.（《交流互证知识之演化动力学: 观察一种经验性科学哲学之交流理论视角》，普赖斯奖获得者Leydesdorff生前最后一部专著）

2021：WANG D, BARABÁSI A. The Science of Science[M]. Cambridge: Cambridge University Press. 2021. 中译本: 王大顺, 艾伯特-拉斯洛・巴拉巴西. 给科学家的科学思维[M]. 贾韬, 汪小帆, 译. 天津: 天津科学技术出版社, 2021.

2021：BORNER K. Atlas of Forecasts: Modeling and Mapping Desirable Futures[M]. MIT Press, 2021.

2022：LAMBA M, MADHUSUDHAN M. Text Mining for Information Professionals[M]. Springer, 2022.（《面相信息从业者的文本挖掘教程》）

2023：KULCZYCKI E. The Evaluation Game: How Publication Metrics Shape Scholarly Communication[M]. Cambridge University Press, 2023.（《评价游戏（评价博弈）》）

2024：李杰, 张琳, 黄颖, 等. 科学计量学手册[M]. 北京: 首都经济贸易大学出版社, 2024.（国内第一本科学计量学手册）

附录6.2 期刊论文

1945：BUSH V. As we may think[J]. The atlantic monthly, 1945, 176（1）: 101-108.（文

章描述了一种被称为MEMEX的机器，其中已经具备今天的超文本和超链接概念，他因而也被称为“互联网先知”。）

1955：GARFIELD E. Citation indexes for science: A new dimension in documentation through association of ideas[J]. Science, 1955, 122（3159）：108–111.

1956：PRICE D J D S. The exponential curve of science[J]. Discovery, 1956, 17: 240–423.

1956：PRICE D J D S. The science of science[J]. Discovery, 1956, 17: 159–180.

1962：YUASA M. Center of scientific activity: its shift from the 16th to the 20th century[J]. Japanese studies in the history of science, 1962, 1（1）: 57–75.（《科学中心的转移》）

1963：KESSLER MM. Bibliographic coupling between scientific papers[J]. American Documentation, 1963, 14（1）: 10–25.（首次提出了文献耦合的概念）

1965：PRICE D J D S. Scientific foundations of science policy[J]. Nature, 1965, 206: 233–38.

1965：PRICE D J D S. Networks of Scientific Papers[J]. Science, 1965, 149（3683）: 510–515.（普赖斯经典论文《科学论文的网络》）

1966：NALIMOV VV, 1966. Kolichestvennye metody issledovaniya protsessa razvitiya nauki[J]. Voprosy filosofii, 12:38–47.（首次提出了科学计量学）

1969：PRITCHARD A. Statistical bibliography or bibliometrics? Journal of Documentation, 1969, 25（4）: 348–349.（首次提出了文献计量学）

1969：BROOKES B C. Bradford's law and the bibliography of science[J]. Nature, 1969, 224: 953–956.（布拉德福德定律与书目科学）

1972：GARFIELD E. Citation analysis as a tool in journal evaluation: Journals can be ranked by frequency and impact of citations for science policy studies[J]. Science, 1972, 178（4060）: 471–479.

1973：SMALL H. Co–citation in the scientific literature: A new measure of the relationship between two documents[J]. Journal of the American Society for information Science, 1973, 24（4）: 265–269.（首次提出了文献的共被引）

1973：MARSHAKOVA IV. System of document connections based on references（in Russian）[J]. Nauchno–Teknicheskaya Informatsiya, 1973, 2（6）: 3–8.（首次提出了文献的共被引）

1981：WHITE H D, GRIFFITH B C. Author cocitation: A literature measure of intellectual structure[J]. Journal of the American Society for information Science, 1981, 32（3）: 163–171.（首次提出了作者的共被引分析）

1984：ZHAO HZ. An intelligence constant of scientific work[J]. Scientometrics, 1984, 6: 9–17.（《科学劳动的智力常数》，国内第一篇发表于*Scientometrics*的论文。）

1985：ZHAO HZ, JIANG GH. Shifting of world's scientific center and scientists' social ages[J]. Scientometrics, 1985, 8: 59–80.

1990：赵红州, 唐敬年, 蒋国华, 等. 知识单元的静智荷及其在荷空间的表示问题[J]. 科学学与科学技术管理, 1990（1）: 37–41.

2004：VAN RAAN A F J. Sleeping beauties in science[J]. Scientometrics, 2004, 59（3）: 467–472.（首次提出了科学的"睡美人"现象）

2005：HIRSCH J E. An index to quantify an individual's scientific research output [J]. Proceedings of the National Academy of Sciences, 2005, 102（46）: 16569–16572.（首次提出了h指数）

2006：EGGHE L. Theory and practise of the g–index [J]. Scientometrics, 2006, 69（1）: 131–52.（首次提出了g指数）

2006：CHEN CM. CiteSpace II: Detecting and visualizing emerging trends and transient patterns in scientific literature[J]. Journal of the American Society for Information ence and Technology, 2006, 57（3）: 359–377.（引文空间理论与模型的提出）

2008：BLONDEL VD, GUILLAUME JL, LAMBIOTTE R, LEFEBVRE E. Fast unfolding of communities in large networks[J]. Journal of statistical mechanics: theory and experiment, 2008（10）: 10008.（提出鲁汶聚类算法）

2019：TRAAG V A, WALTMAN L, VAN ECK N J. From Louvain to Leiden: guaranteeing well–connected communities[J]. Scientific reports, 2019, 9（1）: 5233.（莱顿聚类算法）

附录6.3 学位论文

1936：MERTON RK. Sociological Aspects of Scientific Development in Seventeenth-Century England[D]. Harvard University, 1936.（1995年普赖斯奖获得者Merton的博士论文）

1943：GOSNELL CR. The rate of obsolescence in college library book collections[D]. New York University, 1943.（最早对文献老化现象进行研究的学位论文）

1956：MORAVCSIK MJ. Negative To Positive Ratio in Pion Photoproduction From The Low Theory With Recoil[D]. Cornell University, New York, United States, 1956.（1985年普赖斯奖获得者Moravcsik的博士论文（物理学））

1957：GRIFFITH BC. A Study of The Relation Between Phoneme Labeling and Discriminability in The Perception of Synthetic Stop Consonants[D]. University of Connecticut, 1957.（1997年普赖斯奖获得者Griffith的博士论文）

1961：GARFIELD E. An Algorithm for Translating Chemical Names to Molecular Formulas[D]. University of Pennsylvania, 1961.（1984年普赖斯奖获得者Garfield的博士论文（结构语言学））

1966：EVAN LI. Search Procedures Based on Measures of Relatedness between Documents[D]. Massachusetts Institute of Technology, 1966.（博士生导师为文献耦合思想的最早提出者Roberto Mario Fano；该论文就是在Fano的思想上的进一步发展。）

1966：Braun Tibor. A Radiometriás Végpontjelzés Néhány Új Lehetőségéről[D]. Dissertation, 1966.（《关于放射度量终点指示的一些新可能性》）

1971：SMALL H. The helium atom in the old quantum theory[D]. Thesis（Ph. D.）University of Wisconsin, Madison, 1971.（1987年普赖斯获奖者Small的博士论文）

1973：VAN RAAN A F. Excitation Processes in Helium: Electron-Impact Excitation and Collisional Transfer of Excitation Energy[D]. Utrecht: Rijksuniversiteit Utrecht/Utrecht University, 1973.（1995年普赖斯奖获得者Raan的博士论文）

1974：WHITE HD. Social Science Data Sets: A Study for Librarians[D]. University of California, Berkeley. 1974.（2005年普赖斯奖获得者White的博士论文）

1976：MARTIN BR. The Origins, Development and Capitulation of Steady-State

Cosmology: A Sociological Study of Authority and Conflict in Science[D]. University of Manchester, UK, 1976.（1997年普赖斯奖获得者硕士论文）

1979：BRAUN T. Poliuretánhabok Radioanalitikai És Nyomanalitikai Alkalmazása. a Szilárd Fázis Egy Új-Analitikailag Hasznosítható-Geometriai Formája Folyadék-[D]. dissertation, 1979.（《聚氨酯泡沫在放射分析和残留分析中的应用》。作为一种新的分析上可利用的几何形态的固相, 1986年普赖斯奖获得者Braun的学位论文）

1984：LEYDESDORFF L. Werknemers en het technologisch vernieuwingsbeleid[D]. De Horstink, 1984.（2003年普赖斯奖获得者Loet的博士论文）

1985：EGGHE L. Stopping Time Techniques In Analysis（R. N. P. , Radon Nikodym Property, Convergence, Martingale, Inequalities, Adapted Sequences）[D]. Universitaire Instelling Antwerpen（Belgium）, 1985.（2001年普赖斯奖获得者Egghe的博士论文）

1988：BELL E R J. Trend Analysis in Scientometrics[D]. Aston University（United Kingdom）, England, 1988.（1988年博士论文《科学计量学的趋势分析》）

1989：MOED HF. The Use of Bibliometric Indicators for The Assessment of Research Performance in The Natural Ano Life Sciences: Aspects of Data Collection, Reliabilitv, Validitv Ano Applicabilitv[D]. Leiden University: DSWO Press, 1989.（1999年普赖斯奖获得者Moed的博士论文）

1989：THELWALL M A. Bimodule Theory In The Study of Non-Self-Adjoint Operator Algebras（Af Algebra）[D]. Lancaster University（United Kingdom）, 1989. 数学博士学位。（2015年普赖斯奖获得者Thelwall的博士论文）

1989：KLAVANS R. Strategies for competitive interaction[D]. University of Pennsylvania, 1989.（2023年普赖斯奖获得者Klavans的博士论文, Advisor: Hamilton, William. ）

1990：BAR-ILAN J. Applications of one-way functions and randomization in security protocols（单向函数和随机化在安全协议中的应用）[D]. Jerusalem: Hebrew University of Jerusalem, 1989.（2017年普赖斯奖获得者Bar-Ilan的博士论文, 指导老师: Michael OR和Michael BO）

1990：BOYACK KW. A study of turbulent nonpremixed jet flames of carbon monoxide/nitrogen using coherent anti-Stokes Raman spectroscopy[D]. Brigham Young University, Utah,

United States, 1990.（2023年普赖斯奖获得者Boyack的博士论文）

1991：INGWERSEN P. Intermediary functions in information retrieval interaction[D]. Faculty of Business Administration, Institute of Informatics and Management Accounting, Copenhagen Business School, 1991.（2005年普赖斯奖获得者Ingwersen的博士论文）

1992：ROUSSEAU R. Concentration and diversity in informetric research[D]. Universitaire Instelling Antwerpen（Belgium）, 1992.（2001年普赖斯奖获得者Rousseau的博士论文, 博士导师: Egghe L.）

1992：PERSSON O. En produktionsmodell foer tallskog i Sverige = A growth simulator for scots pine（Pinus sylvestris L.）in Sweden[D]. Sveriges Lantbruksuniversitet（Sweden）, 1992.（2011年普赖斯奖获得者Persson的博士论文, 学位名称: Skogl. Dr. Doctoral）

1995：CHEN CM. Dynamics of writing with collaborative hypertext: analysis and modelling[D]. The University of Liverpool（United Kingdom）, 1995.（CiteSpace开发者陈超美教授的博士论文）

1997：GLÄNZEL W. On a Stochastic Approach to Citation Analyses: A Bibliometric Methodology with Applications to Research Evaluation[D]. Leiden University, 1997.（1999年普赖斯奖获得者Glänzel 的博士论文, Promotor: Prof. Dr. A. F. J van Raan.）

1997：BÖRNER K. Konzeptbildende Analogie: Integration von conceptual clustering und analogem Schließen zur effizienten Unterst ü tzung von Entwurfsaufgaben:（motiviert durch und illustriert an Aufgaben aus der Bauarchitektur）. Infix, 1997（University of Kaiserslautern）.（SCI of SCI软件的主持开发者Katy B教授的博士论文《概念形成类比: 结合概念聚类和类比推理以高效支持设计任务》）

1997：CRONIN B. The scholar's spoor: Tracking influence, rights, and recognition in academic life[D]. Queen's University Belfast（United Kingdom）, 1997.（2013年普赖斯奖获得者Blaise的博士论文）

1997：SYBILLE H. Mapping of structures in science & technology: bibliometric analyses for policy purposes [D]. Rijksuniversiteit, Leiden, 1997.（Advisor: Prof. Raan, A. F. J. van；Prof. Hariolf Grupp.）

1999：Wouters PF. The citation culture[D]. University of Amsterdam, Amsterdam, The

Netherlands.（博士论文导师: S. S. Blume和R. P. Hagendijk ）

1999：NOYONS ECM. Bibliometric mapping as a science policy and research management tool[D]. Faculty of Science , Leiden University, 1999.（博士论文导师: Raan, A. F. J. van. ）

2003：BORNMANN L. Stiftungspropheten in der Wissenschaft: Zuverlässigkeit, Fairness und Erfolg der Peer–Review[D]. Kassel, Univ. , Diss. , M ü nster, Waxmann, 2003.（2019年普赖斯奖获得者Bornmann的博士论文《科学中的基金会先知: 同行评审的可靠性、公正性和成功》）

2003：ZHAO DZ. A comparative citation analysis study of Web–based and print journal–based scholarly communication in the XML research field[D]. The Florida State University, 2003.（赵党之的博士论文）

2004：WAGNER CS. International collaboration in science: a new dynamic for knowledge creation [D]. Amsterdam School of Communication Research （ASCoR）. University of Amsterdam, Amsterdam, The Netherlands.

2007：LIANG LM. Rhythm indicators for measuring the evolution of science: Constructions and applications[D]. University of Antwerp, 2007.（导师: 鲁索； 作者: 梁立明）

2007：RINIA EJ. Measurement and evaluation of interdisciplinary research and knowledge transfer[D]. Faculty of Social and Behavioural Sciences , Leiden University. 2007.（博士论文导师: Raan, A. F. J. van）

2009：ZHOU P. Mapping knowledge production and scholarly communication in China[D]. University of Amsterdam, Amsterdam, The Netherlands, 2009.（Copromotor: Prof. dr. L. Leydesdorff）

2010：THIJS B. Eight clusters: a dynamic perspective and structural analysis for the evaluation of institutional research performance[D]. Faculty of Social and Behavioural Sciences , Leiden University, 2010.（博士论文导师: Raan, A. F. J. van； Glänzel, W. ）

2010：WEST J D. Eigenfactor: ranking and mapping scientific knowledge[D]. University of Washington, 2010.

2010：LARIVIÈRE V. A bibliometric analysis of Quebec's PhD students' contribution to the advancement of knowledge[D]. McGill University（Canada）, Quebec, Canada, 2010.（现任*Quantitative Science Studies*主编的博士论文）

2010：SUGIMOTO C R. Mentoring, collaboration, and interdisciplinarity: An evaluation of the scholarly development of information and library science doctoral students[D]. The University of North Carolina at Chapel Hill ProQuest Dissertations Publishing, 2010. Marchionini, Gary.（前ISSI主席的博士论文）

2011：VAN ECK N J. Methodological Advances in Bibliometric Mapping of Science[D]. Erasmus University Rotterdam, ERIM PhD Series Research in Management.（VOSviewer软件开发者Nees的博士论文, Promotor: R. Dekker（Rommert））

2011：WALTMAN L. Computational and Game-Theoretic Approaches for Modeling Bounded Rationality[D]. ERIM Ph. D. Series Research in Management. Erasmus Research Institute of Management.（2021 年普赖斯奖获得者 Ludo的博士论文, Promotor: U. Kaymak（Uzay）, R. Dekker（Rommert））

2011：LIU Y X. The diffusion of scientific ideas in time and indicators for the description of this process（Doctoral thesis）[D]. Antwerp University, 2011.（导师: 鲁索；作者: 刘玉仙）

2012：GUNS R. Missing links: Predicting interactions based on a multi-relational network structure with applications in informetrics[D]. Universiteit Antwerpen（Belgium）, Informatie en Bibliotheekwetenschap, Belgium.（Advisor: Rousseau, Ronald. Delsaerdt, Pierre. ）

2012：MEDINA C. Links in science: linking network and bibliometric analyses in the study of research performance[D]. Centre for Science & Technology Studies（CWTS）, Faculty of Social and Behavioural Sciences , Leiden University. 2012.（Supervisor: Raan, A. F. J. van）

2014：COLLIANDER C. Science mapping and research evaluation: A novel methodology for creating normalized citation indicators and estimating their stability[D]. Umeå universitet, 2014.（Supervisors: Rickard Danell and Olle Persson ）

2023：SJÖGÅRDE P. Mapping the structure of science through clustering in citation networks: granularity, labeling and visualization[D]. Karolinska Institutet, 2023.（Principal Supervisor: Sabine Koch）

2023：WIGGERS G. The relevance of impact: bibliometric-enhanced legal information retrieval[D]. Institute for the interdisciplinary Study of the Law , Faculty of Law , Leiden University, 2023.

附录6. 4 纪念文集❶

GLÄNZEL W, SCHUBERT A, SCHLEMMER B. The Multidimensional World of Tibor Braun: A Multidisciplinary Encomium for His 75th Birthday special volume of the e–zine of the international society for scientometrics and informetrics. 3, 2007.（Tibor Braun纪念文集）

ÅSTRÖM F, DANELL R, LARSEN B et al. Celebrating Scholarly Communication Studies Communication Studies: A Festschrift for Olle Persson at his 60th Birthday. special volume of the e–newsletter of the international society for scientometrics and informetrics. 5, 2009.（Olle Persson纪念文集）

LARSEN B, SCHNEIDER JW, ÅSTRÖM F et al. The Janus Faced Scholar: A Festschrift in Honour of Peter Ingwersen. special volume of the e–zine of the international society for scientometrics and informetrics, 6, 2010.（Peter Ingwersen纪念文集）

GLÄNZEL W, SCHLEMMER B. The Two Behavioural Principles of Manfred Bonitz: A Festschrift for His 80th Birthday. special volume of the ISSI e–Newsletter, 25, 2011.（Manfred Bonitz纪念文集）

GLÄNZEL W, SCHLEMMER B. András Schubert: A World of Models and Metrics. special volume of the e–zine of the international society of scientometrics and informetrics. 12–S, 2016.（András Schubert纪念文集）

CRONIN B, HELEN BA. The web of knowledge: a festschrift in honor of Eugene Garfield[M]. Information Today, Inc. , 2000.（Eugene Garfield纪念文集）

SUGIMOTO C. Theories of informetrics and scholarly communication: A Festschrift in honor of Blaise Cronin [M]. De Gruyter, 2016.（Blaise Cronin纪念文集）

Profesional de la informaciόn / Information Professional. Vol. 32 N ú m. 7（2023）: Tribute to Loet Leydesdorff.（Loet Leydesdorff纪念文集）

---

❶ 通过纪念文集可以系统地了解特定学者的学术贡献和当时科学计量学界对学科研究态势的认识。

附录6.5 课外读物[1]

2011：林赛·沃斯特. 希望的敌人: 不发表则灭亡如何导致了学术的衰落[M]. 王小莹, 译. 商务印书馆, 2011.

2012：丹尼尔·卡尼曼. 思考, 快与慢[M]. 胡晓姣, 等译. 中信出版社, 2012.

2013：安托万·德·圣埃克苏佩里, 小王子[M]. 李继宏, 译. 天津人民出版社, 2013.

2016：亚历克斯·阿贝拉. 兰德公司与美国的崛起[M]. 新华出版社, 2016.

2017：威廉·萨默塞特·毛姆. 月亮与六便士[M]. 中国华侨出版社, 2017.

2017：罗家德. 复杂-信息时代的连接、机会与布局[M]. 中信出版社, 2017.

2018：赫尔曼·哈肯. 大自然成功的奥秘: 协同学[M]. 凌复华, 译. 上海译文出版社, 2018.

2019：古斯塔夫·勒庞. 乌合之众: 群体心理研究[M]. 亦言, 译. 中国友谊出版公司. 2019.

2019：杰弗里·戈勒姆. 人人都该懂的科学哲学[M]. 石雨晴, 译. 浙江人民出版社, 2019.

2019：理查德·费曼. 费曼讲演录: 一个平民科学家的思想[M]. 王文浩, 译. 湖南科学技术出版社, 2019.

2019：爱德华·威尔逊. 给年轻科学家的信[M]. 中信出版社, 2019.

2019：纳西姆·尼古拉斯·塔勒布. 黑天鹅 如何应对不可预知的未来[M]. 中信出版社, 2019.

2019：伯特-拉斯洛·巴拉巴西, 巴拉巴西成功定律[M]. 贾韬, 等译. 天津科学技术出版社, 2019.

2020：亚伯拉罕·弗莱克斯纳. 无用知识的有用性[M]. 张童谣, 译. 上海教育出版社, 2020.

---

[1] 送给《科学计量学导论》的读者和各位仍有学术理想的同学们。

2021：安德烈亚斯·瓦格纳. 如何解决复杂问题[M]. 胡正飞, 译. 浙江教育出版社, 2021.

2021：詹姆斯·格雷克. 混沌: 开创一门新科学[M]. 楼伟珊, 译. 人民邮电出版社, 2021.

2023：斯科特·佩奇. 模型思维[M]. 贾拥民 译. 浙江科学技术出版社, 2023.

附录7 推荐的学术会议

北欧文献计量与研究政策研讨会（Nordic Workshop on Bibliometrics and Research Policy）

成都科学计量与科技评价天府论坛（Chengdu Conference on Scientometrics & Evaluation）

国际科学计量学与信息计量学学会会议（International Conference on Scientometrics and Informetrics）

国际科学技术史大会（International Congress of History of Science and Technology）

国际科学技术与创新指标会议（International Conference on Science，Technology and Innovation Indicators）

国际科学学与创新学术会议（International Conference On Science of Science and Innovation）

国际文献计量增强信息检索工作坊（International Workshop on Bibliometric-enhanced Information Retrieval）

国际元科学学术会议（Metascience Conference）

科学计量学与信息计量学青年学者论坛（Young Scholars Forum on Scientometrics and Informetrics in China）

全国科技评价学术研讨会（National Symposium on Science and Technology Evaluation）

全国科学计量学与科教评价研讨会（National Conference on Scientometrics and Scientific Evaluation）

元科学学术年会（Metasciences Conference in China）

团队科学学会议（Science of Team Science Conference）

文献计量与学术影响力社区会议（BRIC-Bibliometrics and Research Impact Community）

中国科技政策与管理学术年会（Annual Conference on Science and Technology Policy and Management in China）

中国情报学年会（China Information Science Annual Conference）

附录8 重要组织或机构

Center for Science and Technology Studies（CWTS），Leiden University

Centre for Research & Development Monitoring（Expertisecentrum Onderzoek en Ontwikkelingsmonitoring，ECOOM），Belgium

Institute for Scientific Information（ISI），USA

International Society for Scientometrics and Informetrics（ISSI）

Research on Research（RoR）Institute

Science Policy Research Unit（SPRU），University of Sussex

Science-Metrix，Canada

Scimago Lab，Spain

SciTech Strategies，USA

北京科学技术情报学会 元科学专业委员会

国家智能评价与治理实验基地（复旦大学）

南京大学信息管理学院

武汉大学信息管理学院

中国科教评价研究院（杭州电子科技大学）

中国科学技术信息研究所

中国科学学与科技政策研究会 科学计量学与信息计量学专业委员会

中国科学学与科技政策研究会 科技管理与评价专业委员会

中国科学学与科技政策研究会 科学学理论与学科建设专业委员会

中国科学技术史学会

中国科学技术情报学会

中国科学技术期刊编辑协会

中国科学院文献情报中心（北京、成都、武汉等）

中国社会科学评价研究院

中国科学院科技战略咨询研究院

中国科学技术发展战略研究院

中国科学技术指标研究会

后记：科学计量学的历程

AFTERWORD

人生总是在忙忙碌碌中度过，再回首感慨万千。回想自己从接触科学计量学到撰写本书，已经有十年的时间。十年间发生了许多令人印象深刻的事情，然而科学计量学似乎始终占据着重要的位置。我想借着《科学计量学导论》出版的机会，回顾一下过去十年个人在科学计量学（似乎用“Safemetrics”更为恰当）的研究历程，以记录这段艰辛又难忘的时光。

“答案在风中飘扬（Blowing in the wind）”

“这短短的一生我们终将会失去，你不妨大胆一点，爱一个人，攀一座山，追一个梦”（《大鱼海棠》）。回望过去十余年，虽然我就像《阿甘正传》（*Forrest Gump*）中开场的羽毛一样*Blowing in the wind*，但幸运的是我似乎没有放弃自己追求的理想。这里我想以我从事Safemetrics学习或工作的地点为主线谈起，因为大概这些地点我是不会记错的。它们依次是北京→斯图加特→台湾新竹→代尔夫特→上海→辽宁→北京。

北京：开启科学计量学的学习之路

北京（Beijing）：2012 年在确认硕士转博士之后，我开始陷入了人生的“迷茫期”，现在看来博士的选题仍然是一件极其艰难的事情。同年，我的博士生导师郭晓宏教授带着我拜访了我国安全科学的创始人刘潜先生（1933—2024）。在谈到我要做安全科学与科学计量学交叉的研究时，刘老居然很是支持，而且似乎特别了解科学计量学。在后来的交流中我才知道，原来早期他在创建安全科学学科的时候，与来自科学学和科学计量学领域的同代人有密切的交往。在刘老的书架上，我看到了王兴成、赵红州以及蒋国华等老一代科学学与科学计量学先驱给刘老的赠书。这无疑增强了我研究安全科学计量学的信心。自与刘潜先生交流以来，我们建立了深厚的师生情谊，先生更是在我正确学术价值观的塑造上起到了重要的作用。先生去世前一年还发微信给蒋国华教授，希望能支持我在学术道路上健康成长，至今回忆，令人动容。

这一时期，给我的科学计量学和科学知识图谱学习造成深刻影响还有中国科学技术大学的罗昭锋老师。实际上，我与罗博士素未谋面，十年后才通过各种渠道与罗昭锋老师建立了联系。当时，罗博士在“文献管理与信息分析”课程中将以CiteSpace和HistCite为代表的科学计量与数据分析工具传播给了我，我想这一时期初入科研大门的学生们很多人都听过罗老师的课程。也正是在这个课程中，罗老师邀请了中国科学院图书馆的周宁丽老师做了“科学知识图谱CiteSpace利用方法”的讲座（2010 年 11 月 25 日），使我在后来的学习中了解到了CiteSpace软件。2013 年 8 月 24—25 日，我在大连理工大学参加了由刘则渊教授和陈超美教授策划主办的“第三期科学知识图谱与科学计量学方法与应用高级研习班”，进一步加深了我对科学计量学与科学知识图谱的认识。与此同时，通过该活动我与刘则渊教授（1940—2020）、陈超美教授以及WISE实验室的相关成员建立了长达十余年的友谊。特别是与刘则渊教授和陈超美教授亦师亦友的学术交流以及他们对我的激励和教诲令人难忘。

2016 年，博士毕业前夕，在陈超美教授的指导下，我将前期自己整理和分享的所有CiteSpace资料进行了系统性的梳理。特别是进一步补充了CiteSpace的理论介绍，由此形成了《CiteSpace科技文本挖掘及可视化》一书。在撰写书稿期间，我积极和软件的开发者陈超美教授进行了多次深入交流，并将书稿电子版发给了刘则渊教授和武夷山先生，希望他们能多多提出建议。两位学者不仅给书稿提出了修改建议，同时也应邀为该书撰写了序言。此后，我与武夷山先生保持了近十年的联系和交流，武先生在我科学计量学的研究中更是给予我极大的支持和帮助（特别是《科学计量学手册》的撰写和元科学专业委员会的成立）。《CiteSpace科技文本挖掘及可视化》成稿后，作为一名将要毕业的博士生，很少有出版社愿意出版这本书，至少我联系的出版社都是拒绝的。最后，还是我的博士生导师郭晓宏老师帮忙联系，最终在首都经济贸易大学出版社出版。后来出版社告诉我，该书的出版是成功的。截至2024年3月1日，《CiteSpace科技文本挖掘及可视化》被引已经超过4 100次，总印刷达到18次，印数超过了23 600册。该书的成功出版奠定了我与首都经济贸易大学出版社长达十余年的合作基础，也促成了“科学计量与知识图谱”系列丛书的陆续出版；同时，更是坚定了我对自己很多“判断”的信心。

斯图加特—台湾新竹—代尔夫特：把科学计量学与安全科学结合起来

斯图加特（Stuttgart）：2013 年一个深秋的夜晚，天下着小雨，我一个人带着几件行李，在斯图加特市区寻找落脚之处，这便开启了我在德国的求学之旅。德国求学使我有大量独处的时间来钻研科学计量学和知识图谱（所在德国机构是专门从事风险技术的）。在德国期间，我首次撰写了成体系的CiteSpace的学习指南，并通过科学网免费分享给了大家。这也是 2016 年《CiteSpace科技文本挖掘及可视化》的基础材料。2014年 10 月 17 日，在我即将离开德国之际，R-Tech的同事们在一张小卡片上写满了给我的寄语，我甚是感动。其中，我的德国导师夫妇Sasa和Neca写的是：“*You were the biggest Bibliometrician of R-Tech ever！ Good luck of many thanks for the great work done.*”这段经历对我后来独立从事学术研究产生了重大的影响，也是在这个时期我把自己的研究命名为Safemetrics（安全计量学），还专门依托R-Tech建立了网站。

在德国期间，我报名参加了由比利时鲁汶大学Wolfgang Glänzel在维也纳大学举办的欧洲暑期科学计量学学校（European Summer School for Scientometrics，Vienna，2014 年 7 月 6—11 日）。通过该暑期学校，我第一次系统地了解了科学计量学的知识体系，同时，也认识了Wolfgang Glänzel教授。后来Wolfgang还专门从比利时把自己的讲义 *Bibliometrics as a Research Field* 邮寄到德国，供我学习和参考。在德国学习快要结束的时候，我表达了想继续到他的课题组从事科学计量学研究的想法，Wolfgang表示欢迎，但由于我个人经费欠缺未能成行。

也是在这一时期，我与代尔夫特理工大学安全系Andrew Hale教授建立了联系，并开启了安全科学计量学的学术合作。在文献调研中，我发现*Safety Science*的首任主编Andrew Hale曾经发文试图来统计和分析主要安全科学期刊的刊文主题特征。对我来讲，这似乎是一个很好的结合点。在进行了充分的准备后，我给Hale教授发送了邮件，并通过Skype进行了线上的讨论。在大约八个月后，我们开始了第一篇论文的合作。在完成初稿后，Hale教授几乎对我的稿件全部进行了修改（差不多是重写了一遍），至今我回忆起来仍十分感动。最后，我的第一篇安全顶刊论文得以发表。由于我的博士课题与安全科学的历史发展和演化有关，Hale教授为我提供了大量的文献资料，同时邀请我到英国当面交流和沟通。遗憾的是，由于赴英签证审批下来太晚而错过了当面交流的机会。在 2016 年博士毕业当年，由我出面邀请了Hale来中国进行学术交流，我陪同他访问了西安和北京的多所高校。后来，他为此专门撰写了“游记”，记录他的首次中国行。

台湾新竹（Taiwan，Hsinchu）：多年前，李开伟（Li KaiWay）教授应邀到我的母校授课，课程的名称已经记不清楚了，其内容主要和人机工程学（ergonomics）相关。李老师是国际上专门从事滑倒跌倒研究的权威专家。课程的内容没有太听懂，但当时李老师关于科学研究的案例分析和方法论令我印象深刻。在结束德国的学习之后，我与李开伟老师进行了联系，并于次年开始了在中国台湾的学习和交流。在开伟老师的实验室中，我进一步加强了科学计量学在安全人机工程领域的应用，大约在2~3年后也与开伟老师一起发表了论文。在李老师的实验室，我认识了热情的庆忠学长，期待着与几位师生多年后能够重聚。此外，在台期间我应邀到“台湾工业安全卫生学会”做了安全科学知识图谱的报告，见到了安全界的前辈吕继增先生，深刻感受到先生对提升劳工安全卫生条件的深深情怀以及“为天地立心，为生民立命，为往圣继绝学，为万世开太平”的理想和抱负。2020年先生离世，《工业安全卫生月刊》从此没有了“安全数学”。

代尔夫特（Delft）：我一直认为我是从事安全科学研究的，至少在未完全进入科学计量学专业研究机构之前是这样的。那么，作为安全科研人员，能与领域内全球领先的大学或研究机构建立合作关系是重要的。2015年年底，在代尔夫特理工大学安全科学组前负责教授Hale Andrew的推荐下，我来到代尔夫特从事学术研究和交流活动。在这里，我认识了后面与我长达近十年合作的Genserik Reniers教授。因为Reniers的缘故，我也与他的合作者Floris Goerlandt建立了长期的学术合作和友谊，后来Floris专门邀请我到加拿大戴尔豪斯大学授课。在安全科学研究中，我们组成了“铁三角”，通常一篇论文可能会在一整天被完善和修改（跨“时区”协作），合作以来我们一起发表了十余篇学术论文。也是在荷兰期间，我拜访了普赖斯奖获得者Loet Leydesdorff、安全科学领域的思想家Erik Hollnagel以及当时已经在科学计量学领域小有名气的青年学者Nees Jan van Eck和Ludo Waltman（后来在2021年获得了普赖斯奖）。

Reniers身兼数职，作为比利时人，他一方面在比利时的安特卫普大学（University of Antwerp）和比利时鲁汶大学（KU Leuven）执教，同时也在代尔夫特理工大学（TU Delft）安全科学组从事科研与教学工作。交谈中还获知，他似乎和知名的普赖斯奖获得者鲁索（Ronald Rousseau）认识，鲁索的女儿好像也是她的同事。这是我第二次发现了科学计量学与安全科学的关联。2019年1月18日，我从上海专门到荷兰访问了代尔夫特理工大学，拜访了Reniers。当我再次提到鲁索的时候，他说要介绍我们认识。后来，我在组织撰写《科学计量学手册》过程中联系了鲁索教授，也请他为该手册撰写了英文版的序言。在这次访荷期间，我也与Loet Leydesdorff（1948—2023）见了最后一面。同一家咖啡厅，同一张桌子，我们谈到了Synergy。

在代尔夫特期间，出于学术问题探讨的目的，我联系了南丹麦大学的Erik Hollnagel教授。Hollnagel是国际知名的安全科学学者，我认为他是我见到的最睿智和最具原创思想的安全科学家。之所以与他联系，是因为当时他出版了一本*From Safety I to Safety II*的专著，我看后对他的思想甚是认同，但又有诸多不解之处。因此，我们商量好见面时间后，我于2014年12月3日到达丹麦。我们的话题主要围绕Safety II思想的价值和应用展开。谈到我的研究的时候（即用文献来挖掘安全科学的演化），Hollnagel说曾经在一个会议上见过加菲尔德。这一刻，我又一次感受到了知识世界是关联的。

上海—辽宁：安全科学计量学实践与发展的深化

上海（Shanghai）：2016年7月，我博士毕业后，工作仍然毫无着落。然而，不知道为什么，我从来就没有为工作着过急，也不知道其他人都是在拿到博士学位前就已经确定了工作单位（后来才发现不是我不着急，是因为无知。不知道工作应该是毕业前就找好的）。我先是在北京面试了安全科学类的院校，最后无果或者中途放弃了。投了当时和科学计量相关的高校或研究机构，当然此类机构连面试的机会都没有。某天，在刘老家里讨论安全科学史的一些问题，其间来自上海某高校的学院领导和刘老为筹建“刘潜安全科学图书馆”的事情通话，刘老就随口提到了我工作的事情。就这样，我阴差阳错地从北京来到了上海。之前，上海并没有出现在我找工作的范围内，一则比较远，二则我对上海了解很少。当然，到上海工作并不是一帆风顺的，直到2016年10月才办理了正式的入职手续。

到上海工作后，我着手创建了“安全科技趋势研究中心（Research Center for Safety and Security SciTech Trends）”，主要采用科学计量学与知识图谱的方法技术，对安全科技态势进行监测，其间策划和组织了安全科学学术地图系列工作，依托中心发表了《安全科学学术地图》（综合卷）和《安全科学学术地图》（火灾卷）两部领域科技态势研究报告。犹记得当时我想出版一套“安全科学学术地图”系列丛书的抱负，因为我想让丛书成为特殊的“安全科学百科全书（Safetypedia）”。离开上海后，虽然该方面的工作有一定的延续，也陆续出版了《安全科学学术地图》（热爆炸卷）和《安全科学学术地图》（问题-方法卷），但就目前的情况来看，该项工作不得不暂时停滞。此外，“安全科技趋势研究中心”是没有具体经费支撑的，发展也相当困难。值得一提的是，在上海期间，为上海图书馆（上海科技情报研究所）做了一次“知识图谱走进百姓生活”的展览，主题为“情报发现的新范式——知识可视化”。后来这次展览的素材和资料被清华大学、首都师范大学以及江苏大学等借展，产生了不小的反响。也是在这一阶段，我和另外一位好朋友一起设计和开发了Bibliographic Analysis Tool软件。

在上海工作期间，我申请了冯长根老师的博士后，并专门从事“学术链”的研究和开发工作。冯老师的“学术链（Science Chain index）”思想可以简单概括为，从海量文献中识别出“里程碑”或“开创式”的学术研究成果，并通过这些论文来刻画科学发现的“学术链”。在研究期间，我们从传统的科学计量学方法入手做了一些尝试。可以说，学术链上的文献是引文网络中对科学发展起到实际推动作用的文献。跟随冯老师从事科学研究，让我感受到了一位杰出科学家的爱国情怀以及思考问题、分析问题和解决问题的方式，这段经历对我后来的科学研究和学术合作产生了积极的影响。

辽宁（Liaoning）：2020年年初的某个中午，辽宁的朋友打来电话咨询学术研究上的一些问题，我便一一回答。不知道为何，对方突然提到了我的职称问题。我也坦然说明目前的情况，今年的副教授申请已经进入评审过程（后来获知外审结果还不错）。经过多次沟通，我还是决定到辽宁。到辽宁工作后，便着手策划建立了校级研究院“安全科学与应急管理研究院（Institute of Safety Science and Emergence Management）”，研究院的名称是妥协的结果，实际上我最早给研究院定的名称是“安全交叉科学研究院”，当时我记得自然基金委的交叉学部刚刚成立不久。为研究院设计logo时，我想让设计人员以“乌比莫斯带”（象征着“有界无限”）为主要元素来设计，最后也未能实现。

在辽宁工作期间，有一天杭州电子科技大学的宋博士和我联系，说是看到我报名参加了杭州电子科技大学举办的第十届科教评价与信息计量研讨会，邱均平老师请他邀请我加入中国科学学与科技政策研究会科学计量学与信息计量学专业委员会，这也是我首次加入与科学计量学相关的学术组织。

北京：科学计量学的系统回顾与反思

北京（Beijing）：2022年是我职业生涯的新起点，当然对于从安全科学领域完全转换到科学计量学与科技情报领域来讲，我又开始了“学术流浪”的生活。值得一提的是，陈超美教授曾经的同事成了我现在的同事。当然，告别了昔日在安全科学领域的朋友和伙伴们，不得不适应新的环境。来自职业生涯的压力要比以往更大（至少心理压力是空前的）。我也只能自己安慰，这或许丰富了自己的人生，还能认识新的朋友并产生新研究想法。当然，我想工作的变动更重要的是重塑了我的世界观、价值观和人生观，也促使我不得不思考人生的意义和生命的价值，有些时候我的思想会飘到九霄云外。我也开始重视自我“内在”的评价，淡化“外在”的评价；我开始重视人生长期的意义，淡化短期的回馈。这或许是我从北京到上海、从上海到辽宁、再从辽宁到北京的心路历程吧。然而，人是社会化的动物，很难不受社会化的影响（树欲静而风不止）。频繁在理想与现实之间徘徊，生存会更加艰难，甚至会让人陷入抑郁。不得不感叹，生命之短暂，“月亮”与“六便士”不能兼得。我也在很多生存下来的人（包括我自己）身上或多或少地看到了阿Q的影子。不得不感慨，“人人都笑阿Q，但人人都是阿Q”。阿Q的精神胜利法不知道支撑了多少人在抑郁中挣扎地活了下来。

虽然在新的环境和学科领域遇到的困难是很大的，然而沿途的收获也是很多的。首先，为了不和安全科学共同体脱节，由我发起并作为第一负责人，在*Safety Science*期刊上组织了Safety Science in China的专刊。后来，也在《安全与环境学报》《安全》等期刊上多次组织了专刊。然而，由于时间的原因，我不能投入大量时间进行安全科学的研究，更多的是“空想”。进入科学计量学领域后，2023年年初，个人新冠转阴后的第一周，又以初生牛犊不怕虎的心态策划和组织了《科学计量学手册》（最早命名为《科学计量学·百科卷》）的撰写工作。《科学计量学手册》从计划到出版历时不到一年，共联合了国内外250余名学者和专家，有17位普赖斯奖获得者撰写了特殊寄语。其间，由我联合国内外科学学、科学计量学、人工智能、计量语言学等领域的青年学者，在北京科学技术情报学会成立了“元科学专业委员会（Metasciences Committee）”，并依托该专委会组织了“数智时代的科技情报实践工作坊”、“元科学学术年会”和“科学计量学前沿学术沙龙”等活动。在组织撰写《科学计量学手册》工作期间，我还系统性收集了以往国内外学者出版的科学计量学著作，结合相关文献绘制了《科学计量学发展简史》、《科学计量工具简史》、《科学计量指标简史》以及《普赖斯奖简史》等科学计量学发展历史谱系图。同时，在前期积累的各类工具的经验基础上，也依托相关项目先后主持研发了“科技数据治理与统计分析系统（Literature Data Governance and Analysis System）”、“科学结构图叠加分析系统（Mapping the Structure of Science System）”以及“知识矩阵可视化分析系统（KnowledgeMatrix Visualization System）”等软件或平台。我想未来无论如何，这段经历都是值得回忆的。

为学术共同体做些事

为学术共同体做些事情吧（Do something for the community）！这是我个人对自己从事学术研究一点要求。因为，作为学术共同体的一员，我们是命运共同体，需要彼此的帮扶以实现学科的可持续发展。此外，“为学术共同体做点事情”的要求又不是很高，这不像一定要发SCI论文或者申请国家课题。学术共同体内部有太多的事情可以做了，我想首先从坚持“开放科学”谈起。

坚持学术研究上的开放，是我从事学术研究对自己的基本要求，这一点深受Loet Leydesdorff、陈超美教授以及武夷山研究员等学者影响。自2014年以来，我先后撰写了免费开放获取的科学知识图谱系列工具指南，包括《CiteSpace中文指南》（第1–7版）、《VOSviewer中文指南》（第1–2版）、《SCI2中文指南》、《BibExcel中文指南》、《科学结构图叠加指南》、《安全科学学术地图集》、《VOSviewer画册》以及《Citespace画册》等，先后分享的资料页码应该超过了5 000余页，各种来源的下载量和浏览量应该也超过了百万。当然，分享也是有反馈的，在我参加的很多关于科学计量学和科学知识图谱的学术交流活动中，总是会遇到一些青年学者或者在读学生向我当面表达感谢（当然，其中也难免有一些客套）。特别是一些科学知识图谱的应用研究学者和学生会告诉我，我所分享的资料给他们的研究带来了帮助。我想你只要做事情，总是会被人看到，特别是欣赏你的人。

自 2016 年来，我也积极组织科学计量学的教育与科普工作。我们创建了“科学知识前沿图谱”（后来更名为“开放科学计量学”）微信公众号，定期发布科学计量学与科学知识图谱的最新研究成果和工具使用经验，受到了科学共同体的广泛关注。截至 2024 年 3 月，已经有超过 64 300 人订阅。此外，个人的科学网博客的访问量也超过了 396 万次。同时，在科学计量学的教育方面：一方面，策划了“科学计量与知识图谱”系列丛书，主要包含了《CiteSpace科技文本挖掘及可视化》（2016/2017/2022）、《BibExcel科学计量与知识网络分析》（2017）、《R科学计量数据可视化》（2018/ 2022）、《科学知识图谱原理及应用》（2018）、《引文网络分析与可视化》（2020）、《Python科学计量数据可视化》（2023）、《MuxViz多层网络分析与可视化》（2023）、《科学计量学手册》（2024）、《科学学的历程》（2024，蒋国华著）以及《科学计量学导论》（2025）等。另一方面，与陈超美老师在高等教育出版社的支持下共同录制了“知识图谱与CiteSpace”中文慕课。与此同时，在互联网上也分享了大量与科学知识图谱工具相关的学习视频。这一系列丛书和视频，在一定程度上促进了科学计量图谱在各个领域的应用，当然同时也出现了滥用的现象。在科学知识图谱学术交流和科普方面，我作为活动负责人先后组织了数十场形式多样的科学计量与知识图谱的培训、讲座以及学术会议等活动。其中，包含了“科学知识图谱前沿实践研讨会”（2016）、“CiteSpace科技文本挖掘及知识发现研习班”（2016）、“科学知识图谱方法与工具研习班”（2018）、“Workshop for Bibliometric Mapping”（2019，Nees Jan van Eck）、“数智时代的科技情报实践工作坊”（2023）、“元科学学术年会”（2023）以及“科学计量学前沿学术沙龙”（2023）等。同时，先后在国内外数十所高校或研究单位以学术讲座和课程的形式讲授了科学计量学与科学知识图谱（例如：清华大学图书馆、中国工程院、中国科学院、加拿大戴尔豪斯大学、代尔夫特理工大学、“台湾中华大学”、澳门大学以及应急管理部信息研究院等）。我想，这一系列的活动，使得科学计量学与科学知识图谱在科学研究中得到了广泛的传播和应用，至少在一定程度上影响或改变了“听众”在科学研究中“文献回顾”的范式。

我不知道自己已经绘制了多少张科学知识图谱，或许有近万张了吧！在这些知识图谱中，我也基于学术出版数据为多位学者绘制了学术画像。2022 年，随着工作的变动，我想我自己也该回顾一下过去十年来的工作了。于是基于以往个人英文论文的发表记录，绘制了自己的学术画像（见附图）。为了保护合作者的隐私，这里仅仅显示了机构层次的合作。当看到画像的那一刻，我的内心是复杂的。每一个节点后面都有一批人，每一个节点后面都有我们的科研故事。当然，这张自画像也完整地呈现了我的科学计量学历程（从北京到北京）。同时，这张图也刻画了个人科研“库恩”式的发展，从前科学阶段到了现在的科学危机。

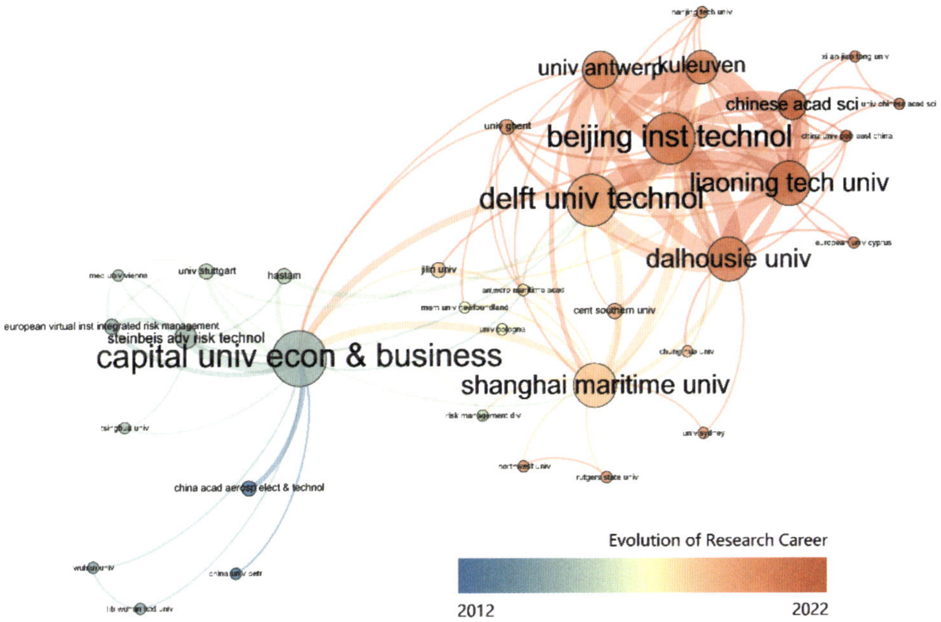

附图　2012—2022年学术合作自画像（Self-portrait of my academic collaboration）

当然，没有人的生活不是艰难的，正所谓“人无远虑必有近忧”。回首过去感慨万千！用流水账的形式记录自己过去十年科学计量学的历程或许是最好的纪念方式。当然，这里还不得不把一些话藏于心里。我特别担心遗忘一路走来的那些点点滴滴，因为过去十年的很多事情已经逐渐模糊。我想未来若干年后，这本书的最大价值可能就在“后记”部分，对于读者和我来讲都是如此。同时，我也希望这段历程能激励我继续积极努力地生活。

尾声

写到这里，我想以这本书画上“科学计量与知识图谱”丛书的句号。这套逆当前科研“评价”潮流的丛书，对我的升职加薪没有多大的帮助（更是没有基金资助），但是我觉得这套书的策划和出版有着特殊的意义。一方面，我看到了学术界和业界对此系列图书的需求；另一方面，这就是我现在特别想做的事情，正所谓“箭在弦上不得不发”。我不想给当前自己特别想做的事情设定条件，特别是在当前能克服的情况下（虽然很难）。对于自己内心想做的事情，就做起来吧！正如巴菲特所说的那样：“你财富自由之后想做什么工作，现在就该做什么工作，这样的工作才是理想的工作。做这样的工作，你会很开心，能学到东西，能充满激情”。

梦想经不起等待。曾经在上海讲授《安全科学导论》课程中，通过学生提交的作业我学习到了这句话：“你永远不知道，明天和意外，哪个先来”（《萤火虫之墓》）。当然，人生不必悲观，我会继续以“先投入战斗，才能见分晓”（拿破仑）为行动的座右铭，继续做一个“实干家”。我也是一个理想主义者，也希望在力所能及的时候，尽可能地不被所谓的考核指标或计量学指标左右（作为科学计量学学者，虽然我也在学习指标，但是我厌恶指标），继续为“安全科学”和“科学计量学”学术共同体做点事情。在即将收尾的时候，不知为何，内心有一种将要离开“科学计量学”的感觉，或许我的内心仍然潜藏着对“安全科学”深深的热爱。

最后，我要感谢生命中的所有不期而遇，未来在哪里我也不知道。我不是想告诉读者，我很迷茫。我是想说“不确定性”才是生命的本质，让我们一起随心起舞（Uncertainty is the nature of life，just dance with your heart）。

“像牛一样劳动，像土地一样奉献！”

2024年01月05日第一稿 于北京

2024年03月19日最终稿 于北京